设计调查

李乐山 等著

中国建筑工业出版社

图书在版编目（CIP）数据

设计调查/李乐山等著. —北京：中国建筑工业出版社，2007（2024.3 重印）
ISBN 978-7-112-08537-8

Ⅰ. 设... Ⅱ. 李... Ⅲ. 设计学 Ⅳ. TB21

中国版本图书馆 CIP 数据核字（2007）第 037511 号

责任编辑：吴 绫
文字编辑：高 瞻
责任校对：李志立 关 健

设计调查

李乐山 等著

*

中国建筑工业出版社出版、发行（北京西郊百万庄）
各地新华书店、建筑书店经销
北京嘉泰利德公司制版
建工社（河北）印刷有限公司印刷

*

开本：789×1092 毫米 1/16 印张：28½ 字数：748 千字
2007 年 6 月第一版 2024 年 3 月第十一次印刷
定价：68.00 元
ISBN 978-7-112-08537-8
（42443）

前　言

一、设计调查的专著

本书是国内第一本关于设计调查的专著。

本书第一部分是设计调查基础。第二部分是我指导学生完成的若干设计调查报告，一步一步教这些学生，使他们逐步能够初步进行设计调查，每一步都不容易。

1999 年我从德国回来后在国内企业和学校进行了调查，那时我就发现我们设计领域缺乏一个系统的设计调查方法，也没有这门课程。这是我们设计专业的缺陷。这一问题促使我把设计调查作为一个课题，经过 7 年系统研究，建立了系统的设计调查方法，这是本书第一部分的内容。

设计调查是一个崭新的领域，是设计专业应该具备的基本职业思维方式和行为方式之一，是设计师应该具有的一部分能力和知识，是设计过程必不可少的步骤之一。缺乏设计调查会造成什么后果呢？你不知道是否应该把一个产品列入研发计划，不知道自己企业是否生产某一个产品，你不知道你的用户人群是什么人，你不知道你设计的东西是否符合用户的使用需要，你不知道你设计的产品是否符合国际标准，尤其是可用性标准，你不知道用户人群在使用该产品时存在什么问题，你不知道用户如何学习操作使用，你不知道用户操作使用中出现什么错误，你不知道该产品存在哪些安全问题，你不知道你的用户人群在这个设计对象上的审美观念是什么，你不知道大约多少人喜欢你设计的产品，你不知道用户人群如何在自己生活中定位你设计的这个产品。……换一口气，我还能列出 10 个你不知道的问题。够了，听了这些让人感到心烦。

我换一个方式表达这个问题：进行设计调查能够解决什么问题？能够使你跳出自我中心的设计观念，能够使你从个体思维逐步换位从用户角度的思维，能够使你逐步体谅用户、变得有爱心比较善良，使得能够提高职业责任感，能够使你明白各类用户需要什么，能够使你明白用户的操作方式，能够使你了解用户对具体产品的审美观念，能够使你明白具体产品要设计什么，能够知道如何减少用户操作出错，能够知道如何减少用户学习操作，能够知道你设计的产品是否符合用户需要。……换一口气，还能列出 10 个可以改善的方面。够了，听了这些让人高兴了吧！

二、如何衡量企业的设计水准

你说呢？衡量一个企业设计水准，并不是看它眼下定单有多少，金额是多少。这些都是以往的业绩，很可能明年就变了，也许几个月就全变了，也许搞砸一个大设计项目，企业就全垮了。不信，你去问问企业总经理。大约从以下三方面去衡量企业的设计水准。第一，是否有大量高水平的设计师的合作，是否有多专业人员的分工与协同。合作、协同是关键，而不是个人单干。如果做不到设计师的合作，该公司最好的结果是缩水成为个体户，这只不过是个体农耕方式的体现。不懂如何考虑用户需要，却会自我中心式的思考问题；缺乏合作观念，只会拆台；缺乏社会责任感，只靠自我利益驱动；设计短寿命的产品，缺乏社会大眼光；没有未来观念，不考虑环保和生态问题，能发展吗？社会基层的大量的人群是受个人和家庭利益驱动的，然而任何时代的社会规划者都要具有社会责任感。设计是规划未来，设计师已经属于社会规划层的人，除了个人利益外，更应该具有职业的社会责任感。很遗憾，设计师缺乏工业时代的价值观念和群体行为方式，这是当前妨碍提高设计水准的最大的问题之一。这个问题严重妨碍了许多发展。例如，有人说，我们软件算法水准不低，可是几十年我们搞出来了几个像样的计算机和软件？我们设计了几个像样的飞机汽车，甚至数码照相机？个体农耕式的设计行为只能完成一个人工作量的那些产品。只有通过社会调查，通过设计调查，也许能够使某些设计师从自我小井里跳出来。第二，是否有长远规划和系统思想。他们应当是一个具有工业社会价值观念群体。最重要的是，不再时时事事全面依靠个人"灵感"，他们应该思考不依靠灵感如何能够设计出大量的东西？他们应该思考是否具有"以人为本"和"以自然为本"的系统的设计思想和设计方法，他们是否清楚什么叫"以机器为本"，为什么出现"以人为本"，为什么一定要尽快转到"以自然为本"？他们要能明白我们所处的历史时代的价值观念，要明白时代的变迁引起的社会心理问题，要明白什么是机械论的设计观念，它引起了什么问题，要具有能力对社会心理进行科学分析，明白工业社会存在的弊病和持续的社会需要，明白要解决的大量工作和生活中的问题。你有多少灵感？你靠灵感能设计出多少东西？有人说："我从竹子得到设计灵感。"这句话隐含着另一句话"竹子发出灵感"，或者把竹子当作"灵感之父"或"灵感之母"。每当我听到类似的话时，就感到十分困惑，不知道这句话表现了高水准、还是低水准？表现了天才的自豪，还是卑微的谦虚？我们的思想会受到外界的启发，然而更需要深入系统的思想。个人英雄主义的时代已经过去了。"寻找巨人肩膀"在今天会被别人当作"盗窃知识产权"之嫌。不进行艰苦深入的社会心理调查，不进行大量的孤独的探索尝试，就不可能发现大量的社会需要，不可能形成大量的新设计思想，也不可能设计出大量的符合用户需要的东西。任何成功的设计都是由一群具有开拓探索价值观念的人群经历艰苦卓绝劳动创造的，不是在浮躁的时尚口号中产生的。依靠系统科学的设计调查，就可能使你不断设计出符合用户需要的新东西。通过大量的设计调查，也许能够使某些设计师明白这些道理。第三，是否积累了大量设计数据，是否能够进行设计调查和科学实验收集设计数据。企业公司是否积累了大量的设计数据，是衡量设计水准的最有代表性的标志。如果一个设计公司说："我有大量资金，有许多设计师，我没有大量设计数据。"那一定是一个没有多少年经验的新公司，一定没有持续设计过一个成系列的产品。像汽车、飞机等产品，高水准的设计公司已经经过几代人积累的天文数字的资料。甚至像数码设备、照相机、电视机等产品，也需要积累大量的设计数据。除了大量的工程实验数据外，尤其要积累大量的用户人群的社会心理调查数据，包括他们的价值观念、期待、生活方式、使用方式、审美观念等。这些数据使设计师能够很快全面了解用户人群的需要和使用特性，这样设计的产品才能比较符合用户需要。这两方面都依靠设计调查过程去挖掘和获得。忽视系统的设计思想、设计方法、设计调查方法和大量的调查数据，只依靠个人灵感（也就是经常换人），是企业公司无法积累经验、无法提高水准的最重要的原因，因此无法持续发展。这些人应该到高水准的大型企业去看一看，也许会让他们吃惊的。这些事情一直盘旋在我脑子里，引出了本书的写作目的。

三、设计调查与市场调查的区别

以往由于缺乏设计调查，设计人员及许多单位在进行新产品设计前，都用市场调查代替设计调查。市场调查的基本目的是为制定营销策略（产品策略、价格策略、分销策略、广告和促销策略等）提供参考，解决企业产品推广、客户服务、市场开发过程中遇到的问题。市场调查的结果可供营销计划，广告效能评估，品牌管理，服务质量监测，市场细分，销售量预测，价格预测等。它的基础知识是市场营销学、消费心理学、统计学、经济学、社会学、决策学等。然而市场调查的这些目的、内容和调查对象往往不符合设计的需要。设计调查是为了设计和制造产品。设计任何产品，需要进行市场调查，此外还需要考虑满足用户需要和企业生产制造的可行性。笔者经过七年研究，建立了系统的设计调查方法和知识体系。设计调查具有自己的调查目的、调查对象、调查内容、调查方法、调查分析方法，这些都与市场调查有区别。

1. 设计调查与市场调查目的不同。市场调查是调查市场上已经有的产品。而设计是规划未来，设计调查是为了策划设计新产品而进行的调查，要调查未来的产品，这些产品在市场上不存在，在市场上无法调查。设计调查包含了长远和全局考虑、近期以及眼前目的。设计调查主要包含以下三个目的。第一，设计调查长远目的是为规划企业和人类长远生存发展进行的各种有关调查。第二，设计调查的近期目的是为了规划新产品的设计与制造而进行的调查。第三，设计调查的眼前目的是为了具体设计与制造，分析新产品的可行性报告，建立设计标准，制定设计指南、产品检验标准和方法、可用性测试标准和测试方法。

2. 设计调查与市场调查方法不同。设计调查方法包含了市场调查的各种方法，还包含了心理学的实验方法，例如：观察用户操作、用户心理实验、用户回顾记录等方法，它的典型调查方法是使用情景分析方法和用户语境分析方法，还采用眼动仪等测试仪器。而市场调查很少使用这些方法和仪器。

3. 设计调查与市场调查的对象不同。市场调查的对象是消费者，这些人的目的是购买消费，因此要了解他们的购买动机。设计调查的对象是用户而不是仅仅为了消费，要了解他们的使用动机、使用过程、使用结果、学习过程、操作出错及如何纠正。用户人群可以被分为专家用户、普通用户、新手用户或偶然用户等等。

4. 设计调查与市场调查内容不同。设计调查的基本内容包括，但不局限于文化与传统，价值观念与期待，生活方式，设计审美，使用过程，产品可用性，高档产品的设计特征等等。这些主题可以细化为大量的具体调查课题，本书对每个主题都列出了大量的调查研究课题。这些课题可以作为企业公司的研究课题，也可以作为学校老师与硕士生和博士生的研究课题。

5. 设计调查与市场调查所起的作用不同。市场调查的基本作用是维持和开拓市场。设计调查有几个基本作用。第一，设计调查是调查未来产品，市场上不存在的产品，为企业生存和生产服务。没有适合的产品为企业创造利润，企业无法生存。市场上怎么调查没有出现的未来的产品？第二，代表用户角色在企业中起作用。在市场经济中，各个角色几乎都代表企业利益，用户是弱势群体，没有话语权。只有设计师有可能代表用户利益，主要体现在从设计的可用性、质量、审美、价格上考虑用户需要。第三，通过设计调查，建立可用性测试标准和测试方法。市场调查无法完成这一任务。

四、设计调查的基本步骤

我让 7 名研究生各自写出设计调查的步骤，每个人写的都不一样。其实设计调查并无统一步骤，而各人写的东西反映了自己的能力、经验和缺陷。对于同一个调查课题，不同人进行调查时，调查步骤及采用的方法可能差别很大。设计调查的过程主要取决于调查人的能力与经验，其次还取决于调查目的、调查问题的复杂程度以及调查对象等。当你缺乏经验时，可以去请教专家，然而解决问题最主要的方法是尝试。不敢尝试，成功的几率是零；敢于尝试，成功的几率起码是 50%。通过尝试就能获取经验，就知道应该怎么做了。有些调查是要花费资金的，因此从一开始设计调查就要考虑成本。下面列出设计调查过程的基本步骤，谨供初学者参考。

第一步：确定调查目的和任务。最初调查目的是模糊而抽象的，要具体确定设计产品的定义。要明确该产品设计中的限制条件，例如资源限制、加工限制等。要明确所作调查对象的范围。要明确调查的目的不是调查，而是为设计提供系统的要求、设计指南、设计标准和检验方法。这时还要考虑时间的安排和调查经费。

第二步：制定调查计划。调查计划是对设计调查目的的进一步描述，调查计划至少需要考虑以下几点内容：确定调查对象，确定调查内容，设计调查方法，调查报告的输出格式和时间要求。调查计划越周全详细，调查实施就会越灵活。根据目的确定调查对象，你设计网上购物软件的用户界面，就要调查潜在的用户人群，也许年轻人比较多，也许家庭妇女感兴趣。你设计数码照相机，就要调查使用它的各种用户人群。根据目的确定调查内容。如果调查产品可用性设计，调查内容可以是用户的认知、操作、学习、出错的用户模型。根据目的确定调查方法，可能包括：访谈、问卷、观察、实验、参观等。可以基于产品质量管理的产品实验，根据人机工程学的人体尺寸配合实验，根据设计心理学和社会学的访谈等一系列方法。也许这时你还无法确定具体方法，因为往往在考虑各个具体问题时，才会考虑解决问题的方法。

第三步：确定调查框架结构，也就是先确定一个调查模型，包含各个影响因素以及各个因素之间的关系。这时要考虑如下几个问题。第一，这个框架包含哪些因素。第二，采用什么方法建立框架。你可以先写一个提纲列出各个因素，可以先列出搞不清楚的问题，你可以先访谈专家请教这个问题。第三，在抽取影响因素时，要考虑这个框架的结构效度，也就是要注意把因素找全，各个因素应该是真实的。例如要调查"用户使用手机有哪些动机"，那么先确定影响使用动机的各个因素，它们与动机是什么关系。如果缺少一个因素，必然就缺少对它的调查。第四，还应该考虑哪些问题通过访谈去解决，哪些问题通过问卷调查去解决，哪些问题通过实验去解决。第五，进行具体调查前，要考虑调查的效度和信度问题。建立框架结构，是关系到调查成败质量的关键，是进行调查时要考虑的第一个问题，要反复进行思考和修改。这个问题考虑越迟，越难进行修改，付出的代价越大。本书第一部分的"第十二节调查效度分析"和"第十六节如何进行访谈"具体分析了这些问题。如果你还搞不清楚这个问题，就把这个问题作为访谈专家的第一个主要问题。

第四步：访谈。一般先进行访谈，这可以使你从外行变为入门者。你要根据调查框架结构设计调查提纲，也就是把调查框架结构中的各个因素转变成访谈的问题。如果在访谈中发现新因素，那么就修改你的框架结构。本书第一部分的"第十二节调查效度分析"具体分析了这些问题。观察和实验方法一般在进行用户调查时采用。本书不分析这些问题。

第五步：问卷调查。根据访谈结果，分析下一步对哪些问题要进行问卷调查，一般说，问卷调查可以解决大量用户人群统计数据进行调查的问题。设计问卷的过程，是把各个影响因素转化成为一个一个的调查问题，确定调查对象、抽样方法、调查数量。设计调查问卷时要考虑调查效度和信度，参考本书第一部分的第十节到第十四节。你还可能采用观察、实验、参观等其他调查方法。

第六步：问卷统计分析。按照预先确定的调查目的，对问卷结果进行统计。一般可以使用 SPSS 软件进行统计分析。SPSS 软件使用手册上具体讲述了如何进行操作。

第七步：讨论分析调查结果。讨论分析调查结果是设计调查的核心工作，从中得出设计调查的结论，以及进一步要改进的问题和要再深入调查研究的问题。一般说，这一部分内容大约占整个调查报告篇幅的三分之一到一半。如果一份调查报告只写了调查得到的结论，没有分析不足之处，没有分析如何改进，阅读这种报告时要考虑它如何分析效度和信度的。没有效度分析，这份报告是有问题的。

如果在上述调查过程中任何一步做得马马虎虎，必然会影响到调查的真实性、全面性和可靠性，这样的调查质量就难以符合设计的要求。这不但是水准问题，也是职业道德问题。在其中任何一步缺乏经验时，都要进行尝试。例如，设计的问卷必须能够被别人理解，而你不敢确定自己设计的问卷是否能够被别人理解时，那么就去进行尝试性调查，请人看问卷，请他说自己对每个问题是如何理解的，怎样提问更容易理解更容易使人愿意回答，哪些问题问的不适合，哪些问题无法回答等。在第一部分的第十四节到第十七节"调查信度分析"、"如何改善调查信度"、"如何进行访谈"、"如何设计问卷"，提供了一些方法。

五、设计调查报告基本内容

设计报告的写作方法是多种多样的。一份设计调查报告起码要包含下列内容：

1. 调查课题名称：这是阅读者最关心的信息。
2. 调查公司（调查人）名字：写上调查公司名字和调查者的名字表示了要承担责任。
3. 调查地点及调查时间：从调查时间可以判断其调查内容的有效程度。
4. 调查目的及调查内容：这是阅读者首先要看的东西。
5. 被调查人数及背景信息：以此判断调查效度和信度。
6. 调查方法：包括访谈目的及访谈问题提纲，如何进行访谈以及访谈记录（放在附录中）；问卷调查目的，问卷设计的基本思想以及调查问卷（放在附录中）。
7. 抽样方法：为什么要那么多抽样数量，如何弥补抽样的缺陷，从中可以分析调查信度。
8. 调查结果的分析：包括调查中的发现、调查统计图表及数据，调查结论的分析讨论。
9. 调查效度及信度分析：从中了解调查的全面程度、真实程度和可靠程度。
10. 附录：一般在附录里列出调查问卷、访谈记录和其他有关的资料等。

六、用户调查是设计调查的一个大专题

设计调查包含用户调查，它是设计调查中包含的一个专题，广泛使用在用户界面设计、可用性标准和测试方法。我们在用户调查方面进行了七年的系统研究工作，建立了用户调查的系统方法。主要包含如下目的。

1. 调查用户人群的使用动机，主要包括用户的价值、需要、追求、兴趣、期待等。

2. 调查他们追求的生活方式和期待的生活质量。

3. 调查他们的行动特性、操作使用特性。

4. 调查他们的感知和认知特性。

5. 调查用户的审美观念及表现形式。

6. 用户调查的结果是建立用户模型、制作模型或原型，制定用户界面及有关结构的设计指南以及建立可用性标准和测试方法。

这些信息是设计物人关系所必须有的。这方面的内容在笔者的《工业设计思想基础》（中国建筑工业出版社，2000 年），《工业设计心理学》（高等教育出版社，2004 年）及《人机界面设计》（科学出版社，2004 年）中都已经系统分析了，并将在今后要出版的《人机界面设计（应用篇）》和《设计美学》中进行更深入的分析。

七、写作说明

笔者 1999 年自德国归来这七年的研究过程中，每年都带领学生进行了大量的设计调查实践，每名学生的调查都要写成调查报告。笔者对这些调查报告要求比较严格，每次都要分析讲述几名学生的报告初稿，指出不妥当之处以及修改方法，让学生再进行讨论，学生一般要反复重写六、七稿才能合格。本书发表了其中一个专题的设计调查报告：高档产品设计调查报告。其中手机有两份调查报告，其调查的问题、框架结构都不相同。这些报告仅供学习参考使用，不作为企业产品设计的依据。参与本书写作的有：张煜（数据分析方法），李江、张煜、欧阳杰（抽样方法、抽样举例）。此外还有工业设计 41 班本科生和 51 班研究生：高档产品的基本特征（于利国、孙铭泽），MP3 调查报告（徐剑琴、刘照），高档家具设计调查（冯世博、孙鹏、史鹏峰），高档电冰箱设计调查（夏文超），高档大巴设计调查（丁嫣），高档 PDA 设计调查（梁震），高档数码照相机设计调查（李姝），高档笔记本电脑设计调查（王俊峰），高档洗衣机设计调查（闫晓萌），高档手机设计调查 1（薛华、张若思），高档手机设计调查 2（侯丽君），高档小轿车设计调查（亚森江），高档空调设计调查（赵书中），高档复印机设计调查（李萌）。通过具体设计项目或研究项目进行学习，经常进行讨论，学生能学到真本事，进步也比较快。

西安交通大学机械学院工业设计系

2006 年 8 月 1 日于西二楼

目 录

第一章
设计调查基础

第一节　设计调查基本目的

一、设计调查的全局长远目的

设计调查是企业总经理、总工程师、总设计师或设计总监经常要考虑的基本问题，主要包含以下内容。

1. 设计是规划未来，设计调查是规划未来社会生活方式，规划人性的发展变化。不论设计师有意或无意，设计任何产品，都起到规划的作用，通过产品规划个人、规划家庭、规划企业、规划城市、规划乡村。设计调查的长远作用和目的是考虑如何通过一个个具体产品概念去规划企业的生存方式，规划未来生产方式，规划人们的生活方式，规划未来的文化，规划人类未来生存方式和行动方式。这种规划思考依据价值观念。表面上我们在讨论家里需要什么产品，实质上我们得体现我们的价值和生活方式。设计调查首要目的是调查、发现、预防和改善与生活方式的规划以及与产品有关的社会问题、心理问题和环境问题。当前我们延续的生活观念主要是西方工业革命以来形成的，这是不可持续的，因此西方人文界在1968年就从"现代"转到"后现代"，冲破了西方现代价值系统，不再追求数量，转向不依赖地矿资源的经济发展，例如发展信息技术，而不再发展钢铁工业。当前，四个基本因素影响我们对规划策略的考虑。

第一，如何对待人。人有生活目的，可能是理想驱动、责任驱动、事业驱动。如今，过分强调利益驱动，使得工业革命以来这几代人将成为人类历史上最自私的人。这在1980年前对许多中国人是陌生的。而在20世纪80年代出生的这一代人已经几乎不知道过去的中国人的生存动力是什么。他们以为人从来都是自私利益驱动的，从来都是自我中心的。在无限自私利益的驱动下，不少人失去了家庭责任感、社会责任感。不少设计师的最高设计理念是迎合欲望，美其名曰："满足人们追求的生活方式"，而忽视这个口号掩盖下的某些生活方式的负面作用。例如，放纵、多变、好斗、失去同情心和善良。导致这些人性恶化的主要因素是：贪婪欲望、自我中心。人性恶化是万害祸根，将导致许多政治问题、社会问题、心理问题和环境问题。人性恶化，将导致人们失去爱心、失去安全感、失去归宿感，将影响社会安定、家庭和睦以及冲突与战争。设计是什么？是规划，规划未来。如今，我们必须认真思考一下：如何通过产品设计、图文设计、服装设计、动漫设计去规划未来的人性？如今我们迫切需要调查我们中国文化中人生存的意义是什么？我们理想的生存生活概念是什么？我们通过设计如何促进善良和爱心？如何规划我们的未来？我们需要思考，设计是否促进了社会病态、心理病态和环境病态？

第二，如何对待生存环境。在动人口号掩盖的无穷物欲观念下，在科学技术手段的高效运作下，人们掠夺式地、毁灭性地、不可逆转地开发自然资源。你只要看看卫星上拍摄的地球就会发现，地球上很多地方已经是穷山恶水，荒无人烟，令人恐怖，人类能够生存的环境越来越小。人类追求富裕促使自然资源的加速耗尽，并由此导致了许多争夺资源的战争，把人类辛辛苦苦建设的东西又全部破坏。也许你还没有得到汽车，却迎来了战争。气候变暖和能源问题早已经变成国际政治问题之一，关系着许多国家的安全。由于石油问题，中东从20世纪60年代至今战争一直不断。2006年八国首脑聚会圣彼德堡讨论全球能源安全问题，7月16日发表"全球能源安全"声明，与此同时国际原油价格刚刚突破每桶78.4美元的历史新高。法国总统希拉克再次呼吁："如果气候变暖问题没有取得任何进展，我们就无法讨论能源安全问题。人类正在火山边缘跳舞"（《新京报》2006年7月17日，康平文）。除了在政治层面上的努力外，我们迫切需要从专业角度进行全局战略性调查。如今，我们需要认真调查一下工业革命以来的各种设计思想和各种设计产品，重新规划我们的能源概念、交通方式、生产方式和生活方式，哪些设计思想使人类三百年就几乎耗尽了地球几十亿年形成的地矿资源？什么设计思想破坏了我们的生存环境？我们急迫需要调查地球上的石油到底还能使用多长时间？我们到底需要哪些交通工具？城市内交通工具到底应该是什么样的？什么情况下需要汽车那样的高速高耗能的交通工具？我们可以采用什么新型的动力取代石油？

第三，如何对待垃圾。我们必须重新思考追求无限富裕的后果。我们享受完所设计的一切产品后，只剩下一个东西被永久保留下去——废物垃圾。物质享受是一时的，垃圾却是永存的。垃圾关系到人类自身的生存。到垃圾场去看看，那里的绝大多数东西都与设计有关，其中有不少是我们设计师、工程师用灵感创造出来的得意作品，那里有许多优秀学生的获奖作品，那里有许多伟大科学家、发明家、设计师的辉煌成果。然而如今还没有出现任何一位科学家、发明家或设计师能够产生灵感去高速降解各种废物垃圾，无法解决核废料的安全存放问题，无法区分有益的雨水或生活废水，无法解决城市污水排放问题，就连塑料问题都解决不了。如此下去，城市周围也许将形成可畏的垃圾景观群山，如果人类降解垃圾的速度赶不上制造垃圾的速度，最终地球上到处将是垃圾山，它会把城市埋葬，把农田吞噬，把河流淹没。也许最终人类将被自己设计的垃圾所埋葬。如果人类破坏了自然环境，也就将准备了自己的死亡。20世纪70年代垃圾与污染问题就成为西方工业化国家的政治问题之一。如今，到时候了，我们急迫需要调查，哪些设计思想制造了无法处理的垃圾？哪些产品可以被自然降解或人工降解，它们是用什么思想设计制造出来的？谁在规划加速我们人类的死亡？哪些伪劣的"政治家"把我们引导于有陷阱的道路？哪些伪劣的"科学家"和"发明家"、"设计师"规划了我们提前死亡的道路？人属于大自然中的一分子，要想维持人类较长生存，必须实现维持自然界正常循环。自然界正常生存，人类才能正常生存。各种毁灭人类的生活方式，哪一样不是被设计出来的？追求无限物质享受的设计，实际上是规划如何加速人类灭亡。在此我大声疾呼：为了子孙的生存，我们必须尽快转到以自然为本的生活观念和设计规划观念上。

第四，如何对待"以人为本"和"以自然为本"。工业革命时期，占主流的设计观念是"以机器为本"，用机器控制人、奴役人的设计观念，造就了用机器压榨人的残酷历史。当前许多设计师的观念是"以人为本"，它是针对西方工业革命以来的"以机器为本"，是为了制约"以机器为本"的负面作用。然而过分放纵"以人为本",将导致人欲无穷。它曾使古罗马人想征服欧洲、亚洲,它曾使西方现代人想征服东方、征服世界各国,它使人类想征服自然。几千年过去了,人类什么也没有征服,却把地球搞得乱七八糟,反而导致自我中心猖獗,使人与人难以和睦生存,给人类自己造成严重内伤,使人类本性越来越异化,出现了越来越多的心理病态,危害到人类自己。因此我们必须设法制约"以人为本"的负面作用,并尽快从"以人为本"的设计观念转到"以自然为本"。针对这个问题,设计调查的主要目的是发现哪些生活方式无法使人类持续生存发展,什么样的生存和生活方式才是可持续发展的,什么样的生产方式、能源方式、城市概念、交通概念等无法持续存在。根据这些观念,才能设计出符合人类可持续生存发展的产品。

2. 行业调查及规划。企业领导人、部门领导人经常需要了解行业情况。每个人考虑自己未来前途时也要了解行业情况。行业调查包括,行业现状、是否有发展机遇、生产技术发展趋势及水准、行业人员素质、资源投入情况、组织生产的难易程度、制造工艺的可行性、材料、模具、成本等。我们正处在巨大转变的前夕,那些以消耗地矿资源、制造污染的生产方式严重威胁人类的生存,那种高耗能、高放热、大量消耗水的生产方式不可持续,必须尽快放弃这些生产观念,必须发展新的生存观念、生产概念和生产方式,不再把美国式的无限追求物质消耗作为衡量"现代化"的标准,不依赖地矿资源而依赖可再生资源或废料,生产生活过程低放热,例如,可以调查是否可以采用生物生长的方式制造家具、房屋和衣服?规划调查最终目的要促进善良和爱心,走向以自然为本的人类生存和发展策略上。这些问题都是设计界首要考虑调查的重大问题,而市场调查不关心这些问题。

3. 企业策略与产品策略调查。企业策略是考虑如何从全局未来角度规划企业的生存、转型或持续发展规划。这是企业领导人考虑的核心问题之一。企业策略集中体现了文化,体现了它的核心价值观念、道德、群体行动方式,以及熟悉的生存方式。英国工业革命从销售煤炭和发展纺织开始,并采取了自由竞争策略。德国却从铁路钢铁等重工业开始,并采取了官、商、产、学、研的合作与统一。我国从发展出口服装业及劳动密集型产业开始,采取了类似与农耕生产的比较松散的自由发展方式。这些都反映了各国文化观念,反映了各个民族所熟悉的行动方式。如何生存,如何在夹缝中生存,是企业策略调查的核心问题。具体讲,企业策略调查包含以下基本问题,例如,采取与同行共同生存的观念,还是采取竞争去挤垮同行;如何在缺乏资金的情况下创业;如何从外行变为内行;采取来料加工,还是面向自主设计;采取劳动密集型,还是走向技术密集型;采取模仿,还是积极走向自主创新;占领本地市场、面向国内市场,还是走向国际市场;采取技术进口,还是走向技术产品出口;如何从出口原材料转变为出口高附加值产品等。这些问题时刻都在企业领导人头脑里回旋,需要对这些问题经常进行调查分析,从而使企业规划发展中保持清醒头脑。

产品策略调查考虑如何规划企业如何定位产品项目,最基本的两个问题是:搞什么产品,如何搞。在决定前,要了解与设计产品有关的行业背景信息,例如,技术现状与发展趋势,设计与制造经验,各种设计造型及制造可行性,各种审美表现形式与成型工艺和表面处理工艺的可行性。该技术是否成熟并适合批量生产,该企业的技术人员水准,设备与原材料情况,当前是否适合发展该产品,并预计生产规模等。只有把这些信息搞清楚,企业负责人和设计人员才能决断是否应该开发一个产品。一个产品未上市,当然不存在消费者,因此在市场上无法找到这些信息。因此无法通过市场调查挖掘这些对设计所必需的信息。

当前我国企业在新产品研发中普遍存在几个问题。第一,搞不清楚西方技术创新的基本思想是什么，导致自主创新能力比较差，这是由于对现代性缺乏长远理解，以为追求数量是"发展"现代化的主要标志。第二，对以机器为本、以人为本、以自然为本的设计思想缺乏理解。西方在 1968 年以后在思想领域发生了重大变化，提出了"可持续发展"战略，提出了"不依赖地矿"的生产概念。由此，欧洲许多国家不再追求数量发展，而集中力量利用现有地矿资源发展下一代可持续发展的能源和生存方式（风力发电、恢复湿地沼泽等生态平衡等），而美国则发展知识经济或信息经济。这两者共同之处是，都在逐渐转变工业革命以来的传统经济概念，储备煤炭和石油等能源，不再把钢铁、交通运输等作为经济发展的主要标志。当前我们仍然盲目发展以地矿资源为本的产品生产，对放热、污染和资源枯竭给人类和地球造成的生存危害性估计不足，不明白以自然为本的产品设计策略、可再生资源、无垃圾生产生活对人类的长远意义。例如可以进行工业生态园的设计调查，压缩空气汽车设计调查。市场调查的价值观念不关注这些对人类长远有重大影响的问题。第三，规划产品策略。在追赶西方先进国家时，往往采取下列产品策略：按照定单加工西方产品；派人到西方学习产品设计；模仿；购买西方成熟产品专利；参加西方展览会；跟进西方成功产品；逐步自主设计产品。某企业家最初的产品策略是：为了防止剽窃，他们决定自己设计产品，自己投资工厂生产，自己建立 30 人的销售网去销售该产品。他不擅长制造工艺，因此在企业里他经常焦头烂额，还赔了 20 万元资金。他也不擅长销售，很难管理那 30 个销售人员。经过五年实践，他认识了该行业的情况和自己的能力，从而改变了产品策略和企业策略。他不再办工厂，而是委托别的企业生产，他不再办销售网，而是让擅长销售的公司代理销售，他只专心搞设计。搞什么设计？过去他搞产品设计，每年要推出许多新产品设计方案，每个方案都要与企业协调可行性制造工艺，这不是他的特长。如今他固定了若干产品方案，也就是说固定生产企业，不需要改变原材料、制造工艺和模具。他只从事该产品外观上的图案设计。此外，经常遇到的产品策略问题包括：设计可行性调查，高档产品的设计调查，快速反应的产品设计调查，一次性产品的设计调查（只投产一次饱和性占领市场）等。

　　4. 生存策略调查。从本质上说，企业策略和产品策略都属于生存策略的内容，这是工业社会考虑生存策略的主要方式。在这方面需要调查的基本问题是生存策略考虑的基本问题是什么？当前我们中国人追求的生存策略有哪些？具体说，考虑的问题如下。如何生存？求职，还是创业？自己创业办企业的目的是什么？去城市生存，还是去农村生存，在国内生存，还是去国外生存？去大城市生存，还是去小城市、乡镇生存？去沿海，还是去内地？去北京，还是去上海，或深圳？依靠什么生存？依靠稳定职业，依靠自有企业，依赖大企业，依赖利息，还是依赖强势？从无到有，采用什么策略？从小到大，采用什么策略？

二、设计调查的具体目的

　　除了上述问题外，企业总经理、总工程师和设计总监还会考虑如下问题。原则上，这些问题更多由产品设计师考虑。

　　1. 调查分析新产品的研发、设计和制造可行性，例如，打算搞什么新产品，如何搞，可以采用什么新技术，是否能够得到这些技术，需要什么水准的人才能掌握这些技术，什么样的专业人员才能完成研发、设计与制造，需要多少投资，需要什么设备，需要什么原材料和多少时间等。对这些问题的调查，往往是到其他研究单位、大学或企业，找有关专家，参观展览会等。针对我国当前产品的普遍性问题（多为中低档产品），当前比较典型的任务之一是调查分析高档产品特征和影响因素。本书的内容就是围绕高档产品进行的调查报告。

2. 调查确定新产品概念。2003 年我们在两个新产品概念设计中遇到一个新问题。当时国内外手机企业都在尽力探索一种全新的"综合数字娱乐产品"的概念。当时市场上并不存在这种产品，也无人知道这个产品是什么东西。因此，无法通过市场调查去了解。曾有某大公司的总经理一个月来找笔者四次，反复提出同一个问题："那到底是一个什么样子的东西？"无人知晓。市场调查无法解决这类问题。同年，某个公司要设计野营旅居汽车。市场上很少有这种车，使用过这种汽车的人也很少，无法通过市场调查获取设计信息。2006 年我们又遇到一个新概念产品：手机电视。这些新产品概念都无法从市场上得到，我们只能通过调查潜在用户的有关生活方式、行为方式、操作情景和操作语境，确定该产品的概念，挖掘有关设计信息，最终建立了设计指南。

3. 了解用户反馈信息。设计调查目的之一是用户反馈调查。用户与消费者是两个不同的概念。用户关注的是使用目的、需要和如何操作。消费者关注的是消费兴趣和目的、引起注意、价格等因素。对于现有产品，市场调查能够确定消费人群。但是对于未来要设计的新产品，市场上并不存在，如何通过市场调查确定用户人群？这并不是在市场上确定的，而是在设计调查中确定的。在设计调查中，确定任何产品，都必须要定位用户人群。通过用户调查发现他们的目的需要和操作需要，他们的审美观念，他们的产品定位，按照该用户人群的需要设计该产品。而不是先设计产品，再到市场上寻找消费人群。一般新产品的设计都可以采用这种方法。

4. 用户调查。它包含以下几部分。第一部分，通过用户调查，建立用户模型。按照用户的使用目的、使用需要和使用特性，设计调查最终要建立各种用户模型，其中主要包括：用户行动模型（任务模型）、思维模型（认知模型）、学习模型、出错模型、非正常模型。其中一部分内容是描述用户的审美需要，从而确定产品颜色和造型。计算机或数字产品的人机界面设计采用这种方法。在这方面存在一些误解，认为已经存在了用户模型，误以为只要套用一下就可以了。用户模型是对用户人群的使用要求的总结，各种用户人群的使用要求是不同的，根本不能套用别人的用户模型。第二部分，根据用户模型，建立用户界面及有关的硬件和软件结构的设计指南，作为其他工程设计和制造人员的依据之一。很多书上或资料上都把设计指南抄来抄去，许多人误以为把它们套用过来就行了。任何用户界面设计指南都是针对具体问题和具体需要而建立的。每个产品用户界面的设计指南是从它的用户模型中提取出来的，它并不是对各个产品都适用的。例如军用软件把提高操作速度作为最重要的指标之一，而信息和控制类软件把安全操作作为最重要的指标之一，这两者要求完全相反，根本不能推广使用。第三部分，通过用户调查，建立可用性标准和可用性测试方法。这也是根据用户模型建立的，在市场调查中无法获取这些信息，也无法建立这些标准和测试方法。在这方面存在两种误解。首先，误以为国际标准提供了可用性标准，只要把它搬过来应用就可以了。国际标准只提供了原则性的规范，而每一个具体设计的产品的使用目的、人群、场合都不同，都存在各自特殊的标准方面的问题。例如，商务用手机、儿童用手机与老人用手机都有具体的可用性要求，测试内容和测试方法各不相同。其次，有些人误以为在具体设计项目中建立了一个可用性标准和测试方法，这是"弥补了国内外空白"，误以为干了一件惊天动地的大事业。这种评价十分幼稚，其实这是每一个用户界面设计项目都要进行的一项例行工作，就像裁缝天天都在修补衣服、天天补的都不一样、天天都在弥补空白。如果你干不了这项工作，就是不胜任岗位而要被辞退。

思考问题：你认为设计调查还应该从事哪些方面的调查分析？

第二节　文化与设计调查

文化是什么？是群体的行动方式，它包含群体求生的方式、安定的方式或追求变化的方式。它还体现在生活方式、交往方式、思维方式、感情方式、冲突方式、艺术表达方式等方面。它的核心含义体现在价值观念、道德、情感及行动方式等方面。其中，价值观念决定世界观和人生观，决定什么是真善美。价值观念也决定了每个人把什么产品看作是"最重要的"、"必需的"或"应该的"。人的生存依赖社会群体、依赖文化。我们正在从农耕社会转向工业社会，价值、道德、情感和行动方式都在发生变化。这意味着"最重要的"、"必需的"或"应该的"的含义正在发生变化。

设计是什么？设计是规划性行动，设计规划未来；设计是针对问题，规划文化的价值、道德、情感和行为规范。它规划人类生活方式、生存环境、交流方式、城乡概念、能源概念、交通概念等等。这些"方式"和"概念"都是我们要经常调查、必须搞清楚的基础问题。这个问题涉及到各种产品设计、服装设计、图文设计、媒体设计、动漫设计等。

设计反映文化，设计也影响文化的变化。从设计角度看，一个产品的文化象征体现在：价值象征、道德象征、认知象征、审美象征（感情象征）。这些文化象征是人们赋予各种物品的含义。一个产品最重要的目的是使用，此外，不同产品被赋予不同的文化象征。这些文化象征反映在产品、建筑、服装、图文等方面。

调查产品的文化因素，其目的是促使我们从自己的文化中复苏，开拓我们的未来文化，探索、设计和规划我们未来的生存方式。这个问题关系到我们的人生观念，我们追求的未来。

一、价值体系与设计的关系

从社会角度看，文化的核心是社会的价值体系。自古以来，人类就尝试规划群体的价值、道德、情感和行为方式。在春秋战国的战乱时代，诸子百家都研究如何治理国家。孔子的规划提出了"稳定为目的，家庭为核心，修身为前提"的价值观念体系，依靠血缘关系，把家庭爱心发展成为治理家庭安定的道德伦理和行为规范，再把国家看作为大家庭，用仁爱思想去治理国家。因此孔子被称为是伟大的设计师。西方思想启蒙形成了另一套规划，它以"征服为目的，个人为核心，自主自由为前提"的价值体系，由此使人强大有力，从而能够反对宗教，征服自然。中国文化以家庭为本，西方文化以个人为本。这都是被规划出来的价值观念。中国传统文化追求稳定。而"西方现代性求新求变"（这是我们许多人对西方现代性的理解），由此形成了某些人的设计观念：追求新颖，追求变化。当设计不出任何新产品时，提出这种设计观念也许是一种促进。另一方面，在这种观念影响下，一些人在设计中只追求视觉刺激、听觉刺激、感官刺激。以为"创新"就是制造新的"刺激"。把"创新"看作盲目的"求新求变"，再等同于无限"追求新颖"、"追求刺激"，这种极端化导致各种浮躁心理，促使盲目的变化，这将可能导致无法预测的心理后果，将危及到人心是否善良、是否还有信任、是否还有感情忠诚、是否心理健康。有人曾警告说："现在什么都在变，家庭千万不要变。"

我们需要调查我国人民当代与产品有关的价值观念。简单说，价值观念指人们的信仰、信念、理想、品质、人生经验的抽象系统。它决定人们的道德观念、行动方式、认知方式以及审美观念。价值系统是文化的核心。我们传统文化中设计制造的是"自给自足"的生活性产品。鸦片战争后我国传统文化的价值系统受到西方价值系统的挑战，使我国人民明白了西方还在设计制造"力量"的征服性产品。这两者的冲突时时影响着我们的社会生活。价值观念决定世界观和生活观，也决定着我们的设计观念。不论有意无意，人们实际上把各种东西都赋予价值观念，都进行价值判断，从而认为"这是值得的，那是不值得的"，"这适合我，那不适合我"，"这是必需的，那是不必的"。设计的价值在于规划未来的生存方式。

什么导致全面系统的创新？是设计价值观念。"以机器为本"、"以人为本"、"以自然为本"这三种设计价值体系导致时代的大量创新。回顾人类历史，几千年来也只存在这三种设计价值体系。工业革命以来系统发展了古希腊的机械论，全面实施的以机器为本的设计价值，用机器奴役人、控制人，把人看作机器追求无限效率，造成巨大的负面作用。提出以人为本的设计观念，是为了扭转以机器为本的负面作用，使机器操作适应人的生理和心理特性，减少职业病和工伤事故。然而人欲无穷，一味追求以人为本，造成物欲横流，破坏自然，又走到另一个极端。为了弥补以人为本的缺陷，笔者提出以自然为本的设计价值观念。这是人类的最高追求。只有与自然和谐，人类才能持续生存。

我们需要对当代人们的道德观念进行调查，这涉及到生存、可持续发展、环境保护。道德是自我约束的内容及方式。当前迫切需要进行道德调查分析，道德与哪些因素有关，哪些因素对道德起正面影响，哪些起负面影响，哪些不道德问题又对设计产生负作用，如何通过我们的各种设计去引导和促进道德的提高？

我们从设计角度提出生存道德和使用道德。第一，生存道德指我们为了自己的生存不应该损害别人、不应该损害后代的生存、也不应该损害自然界万物的生存与循环。第二，使用道德指我们使用各种产品不应该损害别人及后代。提出这两个道德，针对的主要问题是，从古希腊、古罗马、文艺复兴继承下来的物欲横流和性欲横流，到工业革命以后传播到许多国家，使人类成为历史上最自私的几代人，他们上吃祖宗，下害子孙，耗尽地球资源，制造大量无法处理的垃圾，把地球搞得乱七八糟。我们设计的各种东西，被使用完之后都将变成垃圾，垃圾是惟一被保留下来的东西，这意味着我们设计的东西可能都要变成垃圾。设计师从一开始设计时，就应该考虑以后剩下的垃圾是否能够被降解？到垃圾山上看一下，哪些东西不是设计的结果？如果我们缺乏设计道德，那么我们设计东西很可能就是垃圾，产品垃圾、图文垃圾、信息垃圾。扭转这些道德问题的一种方法，是从"以人为本"的设计价值尽快转到"以自然为本"。通过调查，寻找实现"以自然为本"的途径和方法。

我们需要调查企业文化。企业文化是企业生存依靠的精神力量或文化力量，是对经济发展的重要弥补。企业文化的核心是生存价值、企业道德和行动方式。回顾工业革命整个过程就会发现，第一次工业革命时期西方各国的大工厂如今还存在的不多了，美国第一次工业革命保留至今的大多数是商业企业，而德国的大型工厂西门子克虏伯等公司却能够从第一次工业革命保持至今。为什么其他大工厂不能保留下来？是什么因素促使的？搞清楚这个问题，也许能够使我们设法把今天的工厂规划得更好，使其得以持续生存发展。具体从文化角度需要调查下列各个方面：

1. 你是否有核心价值观念？它是什么？是否稳定？持续多长时间？调查各个年龄阶段的人群，看他们是否有核心价值观念，是否稳定？

2. 你追求的生活方式是什么？是否稳定？估计能持续多长时间？对各个人群调查这个问题？

3. 你的审美观念是什么？它是否稳定（或能稳定多长时间）？对各个人群调查这个问题。

4. 你对生活的期待是否稳定？对产品是否有比较固定的期待？举例说明。对各个人群调查这些问题。

5. 设计产品需要预测几个月或几年？结合具体的产品设计过程，分析什么因素可以作为预测因素？调查我国各个社会群体的核心价值观念是否稳定，是否能够以价值观念作为设计调查的预测因素？

6. 在各种产品设计中，预测因素可能不同。自己选择一个产品，分析在设计该产品时什么因素可以作为预测因素？

7. 创新设计的目的是什么，要解决什么问题？可行的创新主要依靠什么？

8. 西方人文社科艺术界为什么从 1968 年不再追求"现代"而出现"后现代"？西欧设计界主流在后现代时期追求什么？

9. 你认为人类社会哪些方面需要比较稳定？哪些方面需要追求变化与创新？

10. 哪些因素阻碍创新设计？我们文化中哪些因素可以促使创新设计？我们的设计界是否能从我们文化中复苏？

11. 以"刺激"观念设计的东西对人的心理起什么作用？是否会影响一些人的性格发生变化，生活方式发生变化，家庭关系发生变化？正面的，负面的？

12. 以"刺激"观念设计的东西是否能够符合大多数人的需要？它符合哪些人的什么需要？"追求刺激"设计的东西是否能够被企业认可？这种设计观念是否能够持续设计出大量的符合大多数需要的新产品？

13. 调查我国各个社会群体追求的生活方式与外国文化影响之间的关系。

二、行动方式与设计的关系

文化是群体的行动方式。行动方式从群体目的角度包括，求生方式、稳定方式、变化方式。从心理因素角度看，行动方式包括：感知方式、认知方式、动作方式、感情方式、交流方式、冲突方式等。设计是规划未来和体现文化，也就是从这些方面去规划群体的行动方式。从人的角度来看，文化体现在个人的核心价值、性格、生活方式等方面。不论设计师能否意识到，各种设计都体现文化的这些方面，都在体现某种文化，都在提倡、探索和规划未来某种文化。由于中国文化与西方文化对待个人和家庭的价值观念不同，造就了人的不同性格，形成了不同的生活方式，不同的行动方式及不同的需要层次，也引起了不同的设计思想。

我们尝试从行动方式角度调查文化在设计中的体现、产品与行动方式的关系。设计，实际上是规划和改变人的行动方式。例如，计算机的出现，引入了一种新的行动方式。从这个意义上看，设计是一种文化策略，设计本身就是文化产业，设计调查本身也是文化产业。

城市改变了人的行动方式（生活方式、工作方式、交流方式等）。同样，机器改变了人的行动方式。各种产品都在改变人的行动方式。同样，服装、图文、建筑等，在适应人的需要，也在改变人。

这方面存在三大类调查问题。第一，我们需要调查人适合什么行动方式。"生命在于运动"，这个"运动"当然是指体力运动。体力劳动、脑力劳动哪一种更适合人？或者，两者兼有，而以体力劳动为主。脑力劳动，要坐在那里干，过分强调脑力劳动，抬高了计算机的价值，也是导致心脑血管疾病最主要的原因。这个重大问题是否从人类本质上进行过调查研究？没有。而如今无节制地宣扬智力开发、知识创新、发展城市，这些都是在不断否定体力劳动，提倡脑力劳动。这种单一极端的观念并没有经过系统的科学分析和事实检验。我们需要从人的文化传统、生理特性、心理特性等方面进行调查，为我们中国人规划更合理的行动方式。第二，城市和乡村，哪个更适合人生活？当前我国人民普遍追求城市生活，为什么？因为它占有大量资源和权利，而农村缺乏。如果在农村建立这些设施资源，人们喜欢在哪里生活？如果我们深入进行探索，也许会摆脱西方城市带领的各种问题。第三，当前的城市和产品如何改变人的行动方式。我国正从农耕社会转向工业社会，从农村生活转变到城市生活，人们的生存方式和生活方式有什么变化，人们为什么要追求这些变化，这些改变将带来什么短期效果和长期后果。具体说，西方哪些东西在改变我们的城市，我们城市哪些东西改变了农村人的生活方式，工业社会的产品如何影响和改变人的行动方式？尤其是微电子产品、计算机及数字产品，对人的行动方式有什么影响？提供了什么新的行动方式，对人产生什么影响。生活方式各个因素与产品各种因素之间存在什么关系。从而可以从产品设计如何影响行动方式、生存方式、生活方式、交流方式等。作为产品设计者，我们需要集中调查我国人民当代追求的行动方式，尤其是调查追求的生存方式、生活方式、工作方式、人际交往方式、休闲方式等。这就是文化策略所考虑分析的问题，从文化产业上规划未来。所针对的问题是当前盲目发展城市，由此造成大量的生存和生活方式的问题。

我们需要调查、比较农村与城市的价值观。我国当前存在一种现象，我国大城市模仿西方生活方式，小城市模仿大城市，农村人模仿城市人的生活方式。似乎都不是为自己活着，而是为了让别人看自己像他人那样活着。我们自己的生活价值观念是什么？我们自己为什么活着？明朝末期，我国的经济水准处于世界第一，我国人民的道德水准也是西方所羡慕的。至今，许多国家对汉学的研究中仍然十分赞扬中国传统文化的力量。换句话，我国城市人应该观察思考农村人的生活方式。通过对我国农村价值观与生活方式的调查，从我们自己的文化中复苏，寻找适合我国人民未来的价值体系和生活方式，不要再盲目抄袭国外的。去看看《清明上河图》，也许能够对我国传统文化的城市概念有所思考。

我们应该调查分析我们中国人的生活质量感。人民对生活质量感的理解关系到他们选择的生活方式和各种产品。反之，我们通过产品设计，也许能够影响人们的生活态度以及生活质量感。需要调查人们对生活质量感的定义，我国传统文化对生活质量的解释，当代人们对此概念的不同解释。总结出那些关系到生活质量感的主要因素。根据这些来设计一份调查问卷。

我们应该调查传统风俗与现代化行动的关系。例如，调查如何度过各种节日。传统节日逐渐消失，外来节日却很红火。为什么？

我们可以调查各种过年方式。除了中国传统的全家团圆在一起，看春节晚会，吃年夜饭的过年方式外，出现了新型的方式，比如全家外出旅游等。也有很多人觉得，过年越来越没有年味儿了。什么原因造成这种现象？不同年龄段的人对过年的看法如何？从中发现人们价值观念的变化。

再例如，为什么中国传统大家居建筑以四合院为多？西安城传统的四合院，河南孟津老城的四合院，山西平遥古城大宅院，北京的四合院，都有共同的建筑思想——场院（大厅），大围墙。我们迫切需要从设计角度调查，这种建筑与儒家的家庭观念有什么关系？我们进行过初步调查，这种共同的院场提供了"同堂距离"。什么叫同堂距离？它指"既同堂，又有距离"，这个距离"既能保持几代人亲密关系，又能缓解冲突"，四合院的结构和场院提供了同堂距离。它必须设在各个核心小家庭的中间。四合院里的场院和围墙起三个作用。第一，在各自屋内正常声音说话时，邻居在屋内院内听不见，也可以保持小家庭的相对独立和安静自主。第二，在室内大声呼唤时，邻居屋内能够听得清楚，彼此距离能够形成交流环境，能够保持大家庭的亲密互助联系。第三，在大院场（或大厅）里可以进行大家庭的共同活动，可以让各家孩子在一起活动。大宅院的围墙又形成了大家庭的共同的安全象征符号。这些设计都维护了中国传统以家庭为本的思想。西方传统的家庭住宅，有一栋二层小楼或者平房，周围有菜地花园，而不是在住房中间有场院。这种建筑可以有一个核心家庭，此外也可以供老人居住生活。然而由于缺乏安定距离的场院，很难适合两三个兄弟姐妹一起生活。西方现代高楼的设计，并没有同时考虑给小家庭提供活动空间，又给三四代人的大家庭提供交流环境，也没有考虑给同一层的邻居提供交流的环境。高层楼房也有面积很大的户型，然而它考虑的只是核心小家庭的居住生活，也没有考虑三代人共同生活的需要。因此这种建筑无法维系大家庭。当前我们迫切需要调查：

1. 调查小康生活概念是什么？小康生活必须具有哪些产品？我国当前有哪些人达到小康水准了？

2. 是否能够在设计中从我们的文化中复苏，例如是否能够在现代建筑中加强家庭稳定和睦的文化因素？是否能够实现三代同堂，以关怀老人、照顾老人？能否改进西方传来的建筑形式，以适应中国人的家庭价值和生活方式？

3. 选择几个产品，调查我国各个社会群体给这些产品所赋予的文化象征含义。结合各种具体产品的设计，调查分析文化象征是如何体现的。

4. 中国文化与西方文化或者其他各种文化是否能够融合？文化的哪些因素可以相互融合，哪些方面无法融合？

5. 当前市场哪些商品变化很快，是由于消费者需要变化得快，还是设计者缺乏对用户的了解？

6. 调查和睦家庭生活方式的因素？

7. 调查一下多少人需要"钱＋大房子＋孤独灵魂"？

8. 如何改善我们的生活方式？从价值观念上，从设计上考虑这个问题。

9. 老人、残疾人和儿童需要什么工具性产品去辅助他们的各种行动（生活、工作、交流等）？

10. 计算机办公系统、计算机通信方式、计算机娱乐、各种数字产品、网络系统等，对人们的行动方式有什么影响？引起了哪些新的行动方式？（这方面的调查问题很多，见下节）。

三、设计与文化审美的关系

审美是什么？审美是指外界各种形式通过感官、认知和情感引起的情感性的心理感受。审美指情感性的心理感受，分析审美过程不是分析外界形式，外界形式是审美的媒体。分析审美时应该集中在内心情感性的心理感受上。为什么把审美提高到文化层面上看待？因为审美涉及到了社会心理健康、生活方式、人生观念。西方工业革命以来，利害驱动和极端追求物质，严重刺激精神，而造成了大量的社会疾病和心理疾病。社会疾病包括：扩大贫富差距、弱肉强食、家庭破裂、青少年犯罪、毒品、性解放、儿童及妇女问题等社会问题。心理疾病包括：丧失爱心、不善良、进攻性、仇恨、嫉妒、报复、生气、焦虑、紧张、失去安全感和友好感、冷漠、贪婪、懒惰、好斗、自私、心理刚硬、激烈等不正常心理。强调审美，是为了净化精神、平和精神，弥补这些心理不健康的因素。

西方有代表性的工业设计师如何对待这些问题？英国 19 世纪后期维多利亚时代的"圣贤"思想家和美学家罗斯金，艺术与手工艺运动的发起人莫里斯，包豪斯的核心人物都代表下层人民，追求善良和公正，通过艺术进行社会改革。他们都是世界上伟大的艺术家。他们不是美术界的三流人跑到工业设计界来蒙那些对美术外行的人，也不是在美术界无法生存的人到工业设计界来寻找饭碗。他们有社会责任感和使命感，也有高超的专业能力，他们用纯洁艺术思想作为社会改革的动力，用艺术代表善良、公正、爱心、纯洁、高尚，以抗衡商业利益对工业和科学技术的极端作用。他们建立了新的艺术领域——工业设计。他们放弃全世界艺术界的主流，而埋头思考现代社会的新审美观念，经过多年努力终于创造出几何形体为主的新造型体系，开辟了现代设计、技术美、机器美的崭新艺术。20世纪里各种艺术先锋派都昙花一现，只有工业设计成为20世纪的艺术的主流发展，一直不断发展到今天，参与的人数越来越多，作出的贡献越来越大。要做到这些成就，是要有崇高的社会理想的，是要付出巨大个人代价的。西方工业革命中出现的一些问题，如今在我国也出现了，而我国当前缺乏大量的这种人。在此我大声疾呼：崇高纯洁的工业艺术创作首先需要高尚纯洁的爱心和善良之心。

许多人把这些社会问题和心理问题看作为道德问题，深入调查分析就会发现，其中很多是通过情感刺激和心理感受刺激而引起的。对于大多数人来说，说教对道德几乎没有什么作用。能够对道德起作用的是感化情感和善恶分明的后果惩戒，这些都要通过感官和认知进入人的内心。审美的作用是让人关注自己的感官、精神和情感平和，避免现实社会中利害驱动的负面刺激。休闲是一种大众审美活动。我们应该调查大众休闲生活方式。休闲生活方式是1968年以后西方出现的一种大众生活方式，是对高度紧张的西方工业价值观念的修正，对西方工作方式和生活方式的弥补修正。人们在假日去公园、郊区、深山、农村，就是进行审美体验、软化精神、放松紧张与焦虑、关注家庭生活。当精神得到改善，态度和心情也能变得比较良好，维护了家庭和社会稳定。在如今紧张的社会生活中，这种审美活动成为一种必需的休闲活动。老年人的主要活动是：绘画、太极拳等。青年人的主要活动是：家庭生活、体育、旅游、郊游等。

与此同时，如今许多媒体和网上充斥着"美女"形象，这些几乎是艺术设计界搞出来的。谁调查过它起了什么作用？有人调查发现，其直接作用是打击大多数女性的自信心，诱发他们的嫉妒心，对男性进行性诱惑，这将直接影响到下一代人的家庭观念和社会稳定。有人称，性张扬和性诱惑如同鸦片、恶魔和癌症，染上这个毛病后很难医治好，惟一的办法是预防和避免。在此我大声疾呼：保护灵魂净洁，远离恶魔绝症。

我们需要对我国人们当代审美观的调查。当前影响我国人们审美观念的因素有哪些？主要包括：传统文化的审美观念、西方现代审美观念和后现代审美观念，以及这些观念的融合。我们的传统审美观念主要体现在柔和、对称、精致等方面。西方现代审美观念体现在几何感、机器感、张力感等方面。而后现代却出现了完全不同的发展。我们正处在剧烈变化的过程中，今后将会逐渐稳定下来，人们的审美观念也会逐渐趋于若干稳定的发展方向。我们设计界应该探索发现适合我国未来文化发展的审美观念。通过产品设计，发展和体现这些审美观念。我们需要调查：

1. 调查我国人民当代的审美观念？这是一个很大的调查研究项目，我们已经进行了7年了。

2. 调查当前市场哪些商品变化较快，是由于消费者审美观念变化得快，还是设计者缺乏对用户的了解？

3. 当前转型社会或工业社会里，通过产品的审美设计如何改善人们的心理健康？列举具体设计实例。

4. 调查审美活动在各种人群的现实生活中有哪些形式？是否能够规划若干新的审美活动？

5. 大多数在追求什么样的审美观念，还是追求无休止的刺激和变化？

6. 哪些方面的设计需要追求稳定的审美观念和心理感受？

7. 选择设计具体的小轿车、电视机、MP3、电话、家具或者环境艺术，尝试体现我国文化的审美观念。当然，不是生搬硬套一个传统图案形式，而是延续文化审美观念，创新我国当代的审美观念和表现形式。

四、教育与设计的关系

孔子规划了社会价值体系后，依靠谁去传播儒家那一套观念和行为方式？那时没有教育部，没有教育法，没有教育经费，没有师范学校培养教师，没有教学名师，没有大量学校，没有义务普及教育制度，没有法律去强迫普及教育，然而儒家思想却能够传播了两千年。其中的奥妙是什么？因为儒家教育思想解决了教师、学校、教材的问题。所教所学，都是每一个家庭感觉必不可少的东西，每个家庭都是一个义务学校，每个家长都是义务教师，血缘关系的生存需要形成了自迫性的义务教育，这种需要就是法律。两千年来，没有教学评估，没有教学工作量，但是儒家思想深入到每个家庭，每位家长都成为合格的义务教师，一代一代传播同样的价值思想和行为方式，从而使我国农耕社会成为世界上最稳定的社会制度。这是一个奇迹。我们如今的现代化教育比得上儒家教育工效吗？

我们要培养什么样的人？人人都会说，要培养人品好、能力强、知识多的人。但实际上，我们多数教师重视书本知识传授（也许传授不少过时无用的东西），对价值观、世界观、人生观的精神境界、心理品德教育往往束手无策。知识教育不能替代人品塑造。能力培养也不能替代道德培养。如果人品不好，知识越多，能力越强，对社会的破坏作用越大。一个行业出问题，这个行业的领导有责任。如今各行各业中出现了共同的道德问题，正反映了我们教育的普遍缺陷。这一代学生从生下来，听到看到的就是"金钱"、"竞争"和"实力"，人心冷漠已经成为普遍现象，他们知道什么叫爱心吗？他们知道什么是兄弟情义吗？他们知道什么叫善良吗？本人在一次课堂上对 107 名大学生说："自己认为知道善良是什么含义的举手。"只有 5 人举手。有的学生说："我从小到大，从来没有一位老师教育我们什么是善良。"对此我感到十分伤心。当我呼吁大学生去改变贫穷家乡面貌时，一名学生说："听到这句话我真想哭！"

文化传播是通过教育起作用的。教育效率低，再好的文化思想也难以传播。为此我大声疾呼解决三个问题。第一，转变教育观念，人品道德重于能力和知识，教育首先要塑造具有高尚的、有抵御能力的人品，人文教育必须渗透在各门课程和科学研究中。第二，人文教育中，首先要培养善良和爱心，这样他们才可能有分辨能力，做正确的事情，少做或不做坏事，这样才可能抵御侵蚀和打击。第三，工业设计必须有社会道德，道德不是空谈，道德渗透在职业的各个方面，道德教育必须要结合普遍的社会问题、心理问题和环境问题。

建筑设计、工业设计、图文设计、服装设计、媒体设计等，是在规划未来的社会生活文化，这关系到下一代人要建立一个友好、公正的社会和幸福的家庭，还是弱肉强食、家庭被破坏的个体社会。如果从事设计的人本身就缺乏对工业时代文化的深入理解，将对社会产生很大的危害，他们就可能会成为西方社会病态、心理病态和环境病态的继承者和传播者，而不是我国未来幸福社会的创造者，更不会为弱者服务。我国许多学校的设计专业缺乏高水准的人文素质教育，甚至有些教师给学生传播着颠覆传统的叛逆观念、自我中心、单打独斗、性解放观念、如何抄袭、如何蒙骗客户等缺乏职业道德的观念和行为方式。在此我大声疾呼：人文素质高于专业素质。

从 2000 年起，我国大约还要十多年才能实现工业化，而在精神文化上需要更多时间才能适应工业时代。设计师担负着规划设计我国工业时代精神文明的重任。很遗憾，如今没有几位教师明白这一重任。

包豪斯的艺术家们不是把个人金钱名利放在第一位，包豪斯许多作品没有署名，他们的教师甚至出售自己的作品，来给学生提供助学金。虎狼吃饱之后就不会伤害人了，而凶恶的人在吃饱喝足之后才开始害人。我们有些人眼光短浅，只为追求个人眼前名利和金钱，失去职业道德，不择手段，最后把设计行业搞得声名狼藉。我国当前各个城市都有许多这样的故事。在此我大声疾呼：金钱至上，虎狼不如。

包豪斯培养出世界一流设计师。而我们工业设计中，有些来自工科的教师在本专业中水准不很高，有些来自艺术专业的教师在艺术专业中水准也不很高，由这样的人建立设计专业，"两头取其差"，能够培养出多少高水准的学生？许多学生在大学四年中没有设计过一个能够被生产的产品，反而把三流绘画当作产品设计。有多少学校调查过他们的工业设计专业毕业生能找到职业的人占多大比例？一年后不被解雇的占多少？能在企业和公司里稳定工作两年以上的占多少？如今不少学校设计专业的名声是"全军覆没"、"流浪汉专业"。

我们面对的社会正处在一个新的陌生的工业时代。我们必须潜心研究我国人民当代的审美观念，必须研究我国未来可持续的发展策略，必须能够抵挡各种不良的潮流，这需要耐得住孤独、失败、痛苦，正如罗斯金、莫里斯以及包豪斯当年一样。如今很少有人具有这样的社会责任感和事业心，每年从学校向社会上推出大量低水平的人，双重性格、次品、废品。而我们有些教师一点也不为误人子弟而感到亏心。我在此大声疾呼：不善良者，不得为师；无责任感，不得为师；无能力者，不得为师。我在此大声疾呼：人人起来，杜绝纸上谈兵、闭门造车、剽窃抄袭和弄虚作假。

我们应该培养什么样的人？如今只强调"智力开发"，孩子从幼儿园就开始学习算术、英语、钢琴等。我们需要调查唯智力开发到底有什么结果？《每周文摘》2006 年 7 月 25 日刊登《北京科技报》一篇文章《精神失常成就天才？》，莫斯科一家精神病院调查发现，精神病患者的直觉力很高，远高于正常人。该文章说很多天才易患精神病，俄国画家伊萨克·列维坦有躁狂抑郁性精神病，同病的人还有列夫·托尔斯泰、弗洛伊德、狄更斯、康德、歌德、圣西门等人。安徒生也患躁狂症。荷兰画家凡高有间歇性神经分裂，发作时充满了忧闷仇恨，37 岁自杀。患这种疾病的还有俄国作家果戈里、法国作家小仲马、美国作家海明威、德国画家丢勒等人。法国作家大仲马、奥地利作曲家莫扎特还患有轻度躁狂性精神病。其实，人们早就知道，达芬奇是同性恋，柴可夫斯基有抑郁症，图灵因同性恋自杀，尼采疯了，著名奥地利哲学家维特根斯坦因同性恋自杀。该文章认为天才同精神病确实有关系。如今家家都是独生子女，都希望自己孩子成才，谁希望自己的孩子成为天才兼精神病？看看如今大学精神病比例及自杀情况，难道还不要从根本上思考培养目标吗？我们迫切需要调查：

1. 我们的教育界是否能够培养出大量有社会责任感、高专业水准的人？怎么培养？
2. 工业设计是实践性很强的，脱离大量的真实实践能学会设计吗？
3. 你认为当前工业设计专业教育存在什么问题？如何改进？
4. 工业设计职业到底需要什么样的人？
5. 传授知识，人文素质和能力，请按照重要程度排序。

6. 工业设计师应该具备什么人文素质？如何培养这样的人文素质？

7. 工业设计师应该具备哪些能力？如何培养这些能力？

8. 什么是真本事？如何才能学到真本事？

9. 过分强调智力教育会导致什么后果？

10. 你认为什么是个性化？你认为是否应该实施个性化教育？极端个性化会导致什么后果？

第三节　使用动机的调查

一、现有的动机理论

用户使用动机调查是设计调查的一个重要方面。从心理学看，迄今人们对动机的研究没有达成共识，甚至连动机的定义也没有达成共识，Kleinginna 和 Kleinginna（1981 年）发现存在 98 个动机的定义。动机是什么含义？简单说，动机是长期目的引起的综合结果，最终成为一个明显行为的激励力、选择力、方向力和持续行为的力量（Biehler & Snowman，1997 年）。

Biehler 和 Snowman（1997 年）列举的动机理论包括：行为主义动机理论、认知心理学动机理论、人本心理学动机理论（马斯洛自我实现理论）、合作与竞争动机等。

此外，美国 J. Nuttin（1984 年）提出了一个需要理论。他认为，人的需要动机包含四方面：第一，人所固有的生长和发展中的基本动力。例如，为了要生活（或生活得更好）、要生长（或更健康的生长）、社会群体要生存（或高质量的生存生活）。第二，人际之间各种互动关系引起的需要。例如，家庭关系、社会交往、交流是基本需要。第三，发挥人的特定作用的需要。例如，人的感知需要，手机、通信、电视电话等，使得父母能够随时与外地的子女保持密切联系。第四，"需要"的概念意味着某种形式的"匮乏"、"急待解决的问题"、"迫切愿望"。

不知道那些理论对分析用户使用动机有多大作用？仅一个马斯洛的自我实现理论就把不少人搞糊涂了。这个理论并不适合分析一般人的需要。如果你不同意，那么就看看有多少设计师是依据这个理论设计出大量被广泛使用的产品了？好像没有几个人吧！

1954 年和 1957 年马斯洛出版了《动机与人格》（许金声等译，华夏出版社，1987 年），提出层次需要理论。马斯洛自我实现理论是在美国特定文化（强调个人主义价值）、特定时代（反对行为主义心理学）而建立了一个理论框架，并不是一个普遍适用的动机理论。他以爱因斯坦等 30 名美国精英为榜样，建立了需求层次，而普通老百姓不具有那样的雄心壮志，没有那些能力，也没有那样的人生计划。让老百姓按照爱因斯坦的方式去生活，无疑要把他们搞成精神分裂。果不其然，20 世纪 60 年代末 70 年代初，80% 的美国人以各种方式投入到"自我实现"的追求中，发生了空前的个人主义大爆炸，造成了美国家庭与社会的剧烈动荡。等到大梦醒来，发现职业没有了，家庭没有了，只剩下孑然一人。1982 年美国丹尼尔·扬克洛维奇（Daniel Yankelovich）出版了《新规则：在一个天翻地覆的世界寻找自我实现》（译名《新价值：人能自我实现吗?》英文原名：New Rules：Searching for Self-Fulfillment in a World Turned Upside Down, New York：Bantam Books, Inc.），调查了大量的美国人在这个理论影响下的行动后果。20 世纪 80 年代以后西方许多国家都对自我实现理论的生活效果进行了调查分析。

如今人们已经很清楚，追求自我实现的结果是得到孤独。这个理论过分强调事业成功，也许只能供那些事业型的人作为事业参考。这个理论不是为了设计产品而分析人们的生活和工作需要建立的理论。

人们的需要可以被分为目的需要和方式需要。这个理论本身只强调分析了五六种目的需要（生理需要、安全需要、归属需要、自我实现需要、认知和审美需要），当时社会心理学理论中并没有提出"方式需要"的概念，当然也没有分析每一种目的需要背后大量的方式需要，而产品设计思想正来自方式需要。

这个理论把需要分为若干层次，其中把认知需要和审美需要看作为最高层次的需要。对吗？其实，人从具有意识后，认知（包含感知）一直是人的基本需要，天天都必须认知。一个婴儿每天都需要观察、理解、交流、学习，这都是他所需要的认知活动，没有这些认知活动，也许到60岁时他的智力仍然像一个婴儿。同样，审美是人的基本需要，不是最高层次的需要。我的女儿最早会说的三句话之一就是："这个好看！"那时才一岁多。"爱俏不穿棉，冻死不可怜"，讲的就是把审美需要摆到生理需要之前。

多数人的需要是按照价值观念和目的建立的。目的不同，价值观念不同，需要就不同，因此这些因素影响个人的需要层次结构。多数人并没有那个死板的层次框架。生理需要与归属需要，哪个重要？对于大多数婴儿、儿童、少年、老人来说，可能同等重要。对于美国人和中国人来说，有差别吗？当然有。

以上这些需要理论都不适用于我们在设计中调查用户的需要。我不得不建立适合专业目的的需要理论。在笔者所写《工业设计心理学》中分析了需要。本书第一章第七节和第八节主要分析了用户需要分为目的需要和方式需要，对于设计人员来说，用户的方式需要是设计调查的主要内容。在操作使用产品时，用户最重要方式需要主要体现在行动需要和认知需要上。

二、产品设计需要的用户动机理论

1. 哪些因素可以构成用户动机，或者说，用户动机包含哪些因素？无法一概而论。例如，一个班级中个人的学习动机因素各不相同，而且个人的学习动机无法相互取代。价值观可能影响动机，价值观不同，动机可能不同。追求的生活方式不同，动机可能是不同的。在适当情况，下列因素都可成为用户动机：价值、生活方式、审美观念、习惯、条件、环境、社会期待、能力、知识、倾向（偏好、定位）、需要、兴趣、愿望等。

2. 对用户动机影响较大的因素包括，价值、需要、追求的生活方式。这三个因素都有一定的组成因素和结构。分析用户动机时至少要注意三个方面。第一，保持与自然界的和谐共存。这是持续生存需要。保持自然生态平衡，没有污染等。第二，用户的人生动机、核心价值、追求什么或人生目标。这些因素大致能够判断用户属于什么类型的人，是追求传统的还是追求现代；追求稳定还是追求变化；"够用就行"还是"还要再好"。各个年龄、各个人群的人生动机是不同的。例如家庭幸福团圆、事业成功、经济上够用（或达到小康、或富裕等）、心理平和、解脱烦躁郁闷、身体健康。应当注意，享乐主义不是人类的健康需要，它危及人类的生存。第三，对产品的目的动机（为了什么行动的需要、审美需要）和方式动机（具体操作使用需要）。后者包括知觉需要、认知需要、操作动作需要、评价需要、纠错需要、学习操作需要等。这是设计要考虑的主要问题。

3. 动机结构可以被分为目的动机和方式动机。目的动机指最终目的，方式动机指实现目的动机的方法，它考虑如何去实现目的动机。同样，也可以定义目的价值与方式价值，目的意图和方式意图，目的需要与方式需要，其中目的价值与方式价值的概念是由 Rokeach

（1973年）提出的，其他概念是李乐山提出，这些概念实际上是一个行动的各个阶段，把它们都分为目的部分和方式部分，有利于理论结构的一致性和完整性。

4. 动机具有如下基本特性。第一，目的动机的种类很少，我们一般人在生活中的需要可以被概括为以下四类：

（1）生存需要：日常最基本的，主要指人的生理需要、认知需要、群体生存需要、安全家庭感情需要。它意味着动物性的各种需要。

（2）生长或发展需要：又被称为人的文明需要，主要包括社会性需要、道德性需要。

（3）超越自我需要：例如理想信念、环境生态需要、可持续发展需要、事业成功需要等。

（4）虚幻的需要：由某些所谓理论制造的各种虚幻大饼。实际上是为了满足极少数人的商业利益而制造的诱惑，它们也许是某些人追求的暂时的刺激或享受，然而也是长久的破坏等。例如，无限享受理论、懒惰理论等。

在设计每一种产品时，用户的目的动机（目的需要）的类型都很有限。第二，对于每一种目的动机，都存在很多方式需要。完成同一个目的，可以有许多方式途径。设计要解决的问题往往是提供适当的方式需要。第三，各种不同类型的行动（例如感知行动、认知行动、技能行动、表达行动等）中，影响目的动机和方式动机的因素是不同的。第四，同一种行动中，个人的动机因素各不相同。第五，不存在广泛适用的动机理论。在每个设计项目中，要针对具体用户动机问题，通过设计调查（用户调查）分析，建立目的需要因素框架和方式需要因素框架。

5. 对设计动机的调查。设计对用户心理所起的作用。设计可能有很多动机，例如设计的动机可以包括，符合用户价值、符合用户生活方式、符合需要、符合兴趣、符合期待等。设计的动机还可以包括，符合用户感知、符合认知、符合计划、符合操作、符合评价。有人提出了设计要给用户刺激，被称为刺激性设计，在这方面要调查，例如视觉刺激、触觉刺激、听觉刺激、性刺激对人精神的关系。在这方面需要调查，人们的感官动机意图有哪些？多少比例的人需要这些刺激，要达到什么效果？当前的产品设计、图文设计、动漫设计、服装设计、环艺设计等在这方面起到了什么作用？这些调查的目的是，如何通过设计促进用户心理的健康发展，如何减少和避免不健康的心理病态。设计师不应该成为心理病态的设计者或传播者。

三、用户动机调查

下面分析与用户目的动机有关的各种调查问题。

1. 对于各种名牌产品的态度。是不是名牌的就代表好。对哪类产品人们更依靠品牌去判定一个产品的优劣，为什么。调查不同用户对何种产品的选择要求较高，而对何种产品的选择要求较低。在生活中，用户对不同商品的选择是不同的，有些人喜欢选择豪华的金玉其外的，而有些人则注重的是产品内在的品质；有些人对家电类产品要求很高，而有些人却注重和外表有关的产品，宁愿家中一贫如洗，也要穿好戴好。调查不同分类的人对产品的具体要求，挖掘人们的价值观和生活方式。

2. 农民工使用的电子娱乐产品需求调查。很多国内电子产品价格较低，便成为了低收入人群的产品，其中，农民工占了很大部分。但是设计这些产品却都没有去实际调查这一人群。他们进入城市打工，聚集生活，工作繁重，娱乐机会少，是电子产品的一个弱势群体。

3. 中国人偏好的信息交流方式调查。调查不同年龄层次和不同职业的人经常使用的交流方式与不同的对象采用的交流方式。目的是描述各种不同的用户群习惯采用什么方式交流，这些用户群的特点，为设计通信工具和软件搜集数据。调查交流方式包括通过即时通信软件（QQ/

MSN/Google talk）、打电话/手机、短信、BBS/论坛/校友录、Blog、电邮、写信、面对面交谈。

4. 各种家庭产品使用动机。调查各种家用电器（冰箱、洗衣机、空调、电视）的使用目的和使用方式，探索比较健康的家庭生活方式。家庭使用电视的动机和态度调查，调查电视机对家庭成员交流方式和家庭关系的影响。不同的家庭成员使用电视的目的、时间、节目类型、收看频率、收看的长度都不同，成员之间互相影响、互相迁就，电视在家庭中的使用、观看的电视内容以及对生活的影响。其次，家用电脑的使用动机调查。电脑慢慢成为家居的一部分，但不是每一个家庭成员都能获益。尤其是家长们，当孩子住校或者不在的时候，电脑闲置了，觉得无需用，它的意义就不存在了。主要包括两人家庭、孩子处于各个年龄段的家庭、全部成员都工作的家庭。

5. 移动数字产品对人们生活的改变和影响。哪些功能延续了现有人们的生活方式，哪些是通过设计引入到人们生活中的，它给人们的价值观念、生活方式、人际关系带来什么利弊。个人数字终端与行动方式的关系调查。例如，手机、相机、摄像机、游戏机、MP3、MP4、扫描笔、电视、广播、上网、电子词典、个人身份、钥匙、各种磁卡、GPS、验钞机、支付工具、远程控制、助残工具、生活用品、同声传译等。调查目标用户人群，他们对这些产品的功能需求、操作方式，想用移动设备整合哪些产品。

6. 移动产品的多媒体发展调查。了解手机等通信工具从一般的语音通信到现在的短信和多媒体通信发展，它们符合用户的什么使用需求特征。分析现有的通信的方式和建立在数据传输和认证基础上的生活方式，在最后建立移动产品通信发展技术列表，并通过调查来了解用户的需求。例如，调查人们倾向用手机或是 PDA 作为工具？

7. 办公环境中行动方式与数字产品的关系。第一，办公环境中人们期待的沟通方式。沟通时如何记录交谈内容，沟通后的信息处理，各种沟通渠道，如因特网、电信网之间的整合问题，保密性问题等。第二，了解用户使用笔记本、PDA 的工作方式，了解用户对便携式办公产品的期待，描述不同用户的特征。第三，办公工具的使用问题调查。办公工具的多样性，如电脑、笔记本、PDA、固定电话、移动电话、显示设备、纸张等，引起的问题，是否增加了工作强度、出错率、占工作位、是否携带方便等。信息交流是否便利、是否增加了复杂性、工作成本。第四，办公环境中的健康状况。长期在办公环境中容易产生哪些职业病，哪些产品的设计问题引起不健康隐患，哪些错误的使用带来健康问题，期望的休息方式，对于资料、衣物或食品等的存储方式。

8. 互联网对于生活影响和人们的看法及态度，抵制什么，欢迎什么，原因在什么地方，与此相关的他们原有的生活方式是什么样的。调查人们主要用网络来干什么。对网络实名制的看法。分析人们对互联网信任程度的调查，根据调查哪些方面是需要使用实名制并认证的？哪些是不需要的？了解人们利用网络都能做什么，并把一些网络能做的具体事情进行归类，比如娱乐、交流等，并在这些类别下面再细分成，如娱乐下有玩游戏、听音乐、看电影等。关于上网习惯的调查。研究网上浏览习惯和爱好，包括上网的时间，上网的持续时间，上网的主要场所，上网的目的，对于网络各方面内容的满意程度，对于网络各方面不足的看法。网上下载工具的使用调查。各式各样的下载工具层出不穷，用户选择的标准是什么，他们一代一代更替的原因是什么，同一时期同一功能的下载工具，用户是怎样进行选择的，选择的原因包括哪些方面，界面易用性？速度？对于计算机的保护等等。观察每一类用户在下载工具的选择上有什么不同的倾向。

9. 网络购物行动方式的调查。对网络购物的态度和习惯的调查。选择/不选择网络购物的原因有哪些。网络购物相比于其他方式购物有什么特点。在现在的情况下影响人们使用网络购物的最大因素是什么？交易的安全性？售后服务的复杂性？促使人们使用网络购物的因素有哪些？快捷？方便？便宜？了解人们在购物过程中究竟需要了解哪些产品信息方能确定购买意向，无论是目前以提供产品图片和文字说明的购物网站或是将来可能普及的三维产品动态演示网站，这些方式为用户提供的信息是否是用户购买商品期望了解的信息，除此之外用户还需要了解哪些信息才能够决定是否购买，通过此项调查帮助用户能够更加方便明白地在网上挑选商品。

10. 新概念产品的设计预测调查。例如，要设计一种手机电视，提供一种新的生活方式，可用手机浏览商店、购物并付款，代替银行卡付费的手机。调查内容包括：了解这种新的行为方式是否能够被接受，哪些人接受，他们的用户特征，了解这些用户期待的手机付费方式，作为设计付费手机的参照。可以了解家庭不同成员的购物方式、他们的消费观念、家庭财产的管理方式。

11. 家用通信终端。结合现有家庭通信设备（广播、电视、电话、电脑网络等），对家庭通信进行分析，了解家庭希望什么样的交流通信渠道、内容、形式、目的等，调查与通信的生活方式，调查人们对于通信期望达到的目标。其结论可能是具有启发性的，例如是否需要对各种通信设备进行整合，是否会出现一种新概念。

12. 环保家居与智能家居调查，人们对环保家居、智能家居的理解、期待和接受程度。尤其是要调查智能化的目的是什么？是否能够与人们现有生活方式融在一起。需要调查：哪些方面需要智能化、哪些方面需要传统化？

13. 电脑游戏调查。调查的内容包括单机版游戏、联机游戏、网络游戏。调查内容包括：人们玩游戏的动机、目的以及心态；调查人们在游戏中的状态；调查在游戏后的心情状态；周围的人怎么看待玩游戏的；如何减少或避免负面作用，如何促进其正面作用。

14. 特殊人群产品的调查。首先，调查弱势群体电子产品使用动机。当前很少考虑弱势群体电子产品使用动机。没有针对他们调查所设计的电子产品，没有为他们的人身状况，特殊的使用环境而考虑产品设计。这些题目可能包括：老年人视听产品或通信产品的调查。老年人喜欢戏剧、时报、睡眠、回忆过去。他们生活有节制、安详、稳定、有规律，他们的生活可能就是围绕着亲友展开的，比如接送孩子、约棋友等。现在的通信产品没有一个是针对老年人的。残疾人电子产品调查。他们有着身体上的缺陷，他们的想法、价值观和同龄人不同。他们需要电子产品辅助他们做些事情，比如交流、获得有用的信息知识。他们很聚集，生活的圈子很小。设计产品让他们接受，对他们有用，就比普通人群难度要高。此外，接触到他们、了解他们、本身就有难度。儿童使用数字化产品的社会问题。初中生就使用几千元的手机，这对其发展是没有好处的。低龄人需要多少通信、需要什么样的娱乐？尤其是中国教育的文化下，这些数字产品在他们的学习生活中有多少比重，没有规划过。可以借鉴VALS的方法。通过对使用产品的动机，对使用者进行分类。同时调查产品的使用情况，可能从使用环境、使用程度、使用频率进行研究。

15. 电子书调查。人们的阅读习惯，人们对它的看法，对它的期待等，哪些人购买，哪些经常使用，以及对电子书的期待等。

16. 体育运动态度和看法调查。人们日益关注健康，在公园、山区、田野里，人们广泛进行各种体育活动。需要调查的问题主要包括：采取什么体育运动方式，需要什么体育运动器材，人们对于运动的投入和看法进行调查。

17. 企业中新产品创新设计与制造过程的调查。这是我国企业当前存在的一个普遍弱点。通过这个调查，应该总结出企业如何能够发展自主知识产权的新产品设计和制造。例如，设计公司、模具公司、企业制造这三者如何协作沟通？设计人员应该具备什么品质才能够进行创新设计？什么是高档产品？出口产品的设计有什么特点？

四、环境保护、健康生活方式调查

1. 调查对待环保的态度所存在的问题及解决方法。环保问题在我国是一个很严重的问题，与欧洲20世纪70年代相比，我们落后很多。在这方面需要进行大量调查，寻找可行的方法减少污染进行环保。设计师应该称为这方面的探索者和开路者。

2. 调查研究我们中国人的城市规划方向。从1996~2003年，7年间中国耕地减少了1亿亩，这些土地，绝大部分被城市所占用。国土资源部曾发表过这样一个数据：现在全国城乡建设用地约24万平方公里，人均建设用地已经达到130多平方米，远远高于发达国家人均82.4平方米和发展中国家人均83.3平方米的水平。世界上最繁华的城市纽约，包括郊区在内，人均占地也才112.5平方米。大中城市，近年来纷纷按国际大都市的标准，建设了许多大的公共设施，例如大马路、大绿地、大广场、大标志性建筑，速度过快，人均用地过大，公共设施奢侈浪费，建设性破坏，对城市面貌和文化古迹带来很大破坏。我国城市发展占用的农业用地已经发展到危害我们生存的严重地步。设计师不应该成为危害我们生存的规划者。

3. 对水的污染浪费以及改进方法进行调查。水的浪费及污染主要有两个来源。第一，工业废水是由于落后的生产制造工艺导致的。第二，城市水污染浪费是一个普遍性问题，这是由人居环境设计、产品设计、建筑设计造成的。应该通过调查，改进设计，彻底杜绝这些浪费与污染。设计师不应该成为环境污染的设计者，不应该被称之为破坏生态平衡的设计者。

4. 调查放热。根据热力学第二定律，在一个封闭系统里（例如地球），无用的热（或者熵）将增高，这将使地球温度升高，使该系统朝无序方向进展，最终后果将不堪设想。工业革命以来，人工放热剧烈增加，这将加速这个系统的无序过程。这意味着，即使我们不增加任何垃圾和污染，仅剧烈放热这一个问题就会导致严重生存问题。减少放热是一个迫在眉睫的问题。我们需要调查哪些工业生产大量放热，如何减少这些放热，如何减少日常生活放热。

5. 系统调查日常生活中的有害物质的种类，以及对人和环境的危害。调查废弃家电产品的污染及处理方法。家电产品每年有大量的被报废成为垃圾，这些垃圾的危害非常严重。当前必须尽快调查探索分解处理方法。在这方面需要调查的问题包括：我们日常生活居住环境有哪些有害物质？我们的食物哪些是有害物质？这些有害物质通过什么途径进入我们环境的？如何杜绝这些传播途径？如果这些问题再不引起人人注意，那么当你得了致命的疾病时，当你家新生婴儿出现畸形时，后悔是来不及的。设计师不应该成为毒害健康的罪人。

6. 调查如何用环保性产品全面替代家庭日用品或城市规划。电池污染很厉害，应该对使用电池的产品逐个进行调查，看是否能够用其他能源代替电池，例如用摩电式发电机代替手电筒的电池。现在城市规划中把雨水当作废水排走，雨水是否可以被利用？产生垃圾是否可以被利用？自行车是一种环保性很好的交通工具，调查高档自行车因素排序，提出产品设计改进指标和发展趋势，以及发展影响因素。进行电动车调查，现有的电动车辆类型与主要技术。了解多少人能够接受、购买、使用电动车，以及他们的使用情况。了解电动车现在的发展趋势、技术瓶颈、人们购买的目的、他们使用中遇到的问题、人们对电动车的期望等。要对移动数字产品环保设计调查，了解存在的环保设计问题，开发低辐射、少贵重金属元件的以及易于回收的移动数字产品。

第四节 生活方式调查

一、生活方式含义

生活方式是什么含义？人人都明白。然而却很难用文字描述清楚。生活方式是一个综合概念，包含的意思很广泛。生活方式是一个人或一个群体价值观念的影响，通过日常生活中的行动、行为、现象表现出来。生活方式受哪些因素影响？价值、态度、需要、环境条件、社会期待、生存目的、兴趣、观点、习惯等影响。国外对这些因素进行了各种尝试和分析，发现了各种具体条件下比较稳定的因素，找到了适合具体调查目的的主要因素，建立了若干不同调查方法（对用户动机调查，也可以采用类似的思维方式）。生活方式表现形式有哪些？日常的生活习惯、日常各种活动、产品的使用行为、时间支配、消费行为、休闲活动、体育活动等。生活方式的英文词汇可以是：lifestyle、life-style、life style、style of life、way of life。在这些词汇下都能找到许多有关文章。

Veal 于 2000 年列出了 26 个生活方式的定义，可参见下地址：

www. business. uts. edu. au/lst/research/bibliographics. html

为什么在设计中要调查用户人群生活方式？原因可能如下。生活方式（或追求的生活方式）是工业社会或追求发达社会的一个主要社会心理动机，用这个因素可以预测用户需要和期待等设计因素。而同时，用户核心价值观念不明确不稳定，无法作为设计产品的预测因素，无法作为主要设计因素。

二、生活方式的传统研究领域

研究生活方式的领域包括：社会学中文化研究的一个领域，社会心理学有关研究领域，市场研究中生活方式的统计分析（Psychographics），后现代关于休闲与旅游方式研究。

1. 韦伯社会学理论对生活方式的研究。韦伯最早提出了生活方式的概念，在社会学领域中开辟了一种新的研究方法。在韦伯的《经济与社会》（Economy and Society）中"阶级、地位与政党"一章中认为，社会的划分不仅按照阶级，它是依据经济关系划分的；社会的划分还依据身份，它是按照各人的荣誉以及生活方式区分的。他提出生活方式由两部分组成：生活行为（Life conduct）和生活机会（Life chances）。生活行为指行为的选择或自我取向。生活机会主要指的是阶级地位。也就是说，人们选择他们的生活方式，而他们的选择是由他们的社会地位决定的。他从社会学的角度探讨了生活方式与社会阶层之间的关系。按照这一观点，一个群体的生活方式划分的该群体的界线，又加强了他们的荣誉以及他们的群体地位。这个理论存在三点问题。第一，该生活方式具有构成因素，但是没有测试方法，因此只能作为一般性描述理论，而无法对各人的生活方式进行具体测试。第二，物质和精神对人的生活方式都有影响。经济关系只反映了物质方面，这个理论缺乏分析精神方面对生活方式的影响，例如自我中心、个人主义价值概念、家庭概念、服装风格、是否酗酒等都对生活方式有明显的影响。第三，只强调经济的影响，其作用是加强了阶级与斗争概念，不很适合我们国家今天的经济建设目的。

2. 文化理论领域对生活方式的研究。文化的影响本身就形成了一定的生活方式，这是由价值观念、道德体系、习俗惯例（传统）、或者宗教传统所形成的，因此有人把生活方式的研究看作是一个"子文化"领域。例如，我国北方农村睡炕的地区的家庭设施明显不同于其他用床的地区，日本人、朝鲜人的家庭设施明显不同于西方，游牧民族的生活习俗明显不同于农耕民族。Murata 和 Iseki（1974 年）调查总结的日本人生活方式如下：生活扩展型（16%）、被动的没精打采型（15%）、节俭勤劳型（14%）、挥霍追求快乐型（13%）、平和稳定型（14%）、无目标无关注型（14%）、自我放纵孤立主义型（14%）。1982 年澳大利亚有人对墨尔本成年人市场细分研究，取样 1844 个，调查内容涵盖了媒体使用和兴趣、购物行为、休闲活动和兴趣、工作类型和满意度、综合的幸福度和满意度、观点态度和信仰、以及统计特性。通过因素分析和分类研究，按照休假、娱乐、喝饮方式、购物行为和经济等方面，总结出 15 种生活方式人群。其中，男性分为 7 类：追求体验、青年自由活跃、成功父亲、家庭奋斗者、文雅世故、澳洲盲目爱国者、年长传统人。女性分为 8 类：（1）独立女士、（2）轻佻女性、（3）事业母亲、（4）家庭协调者、（5）悲观家庭主妇、（6）世故女性、（7）娇惯的祖母、（8）老主妇（Age，1982 年）。

3. 心理学方面对生活方式的研究。1929 年奥地利心理学家和精神病学家阿德勒（Alfred Adler，1870~1937 年）在这方面进行了研究，第一次提出了生活方式（Life-style）的概念。弗洛伊德认为，意识与潜意识之间存在冲突。他反对弗洛伊德的理论假设，提出了另一个关于人的理论假设。他认为人在 4 到 5 岁时形成了生活方式，这一时期密切联系到自我的发展，由此固定了对人生的态度，人是一致的和完整的，道德体系和一套完整的指导原则形成了这个一致性和整体性，1929 年他把这种整体性称为生活方式。他认为，生活方式包含的因素有：动力（Drive）、情感（Emotion）和文化体验（Cultural experience）。这一理论被他的追随者们用于处理精神分裂症和家庭理疗。但是他并没有深入分析存在哪些道德体系、或指导原则，也没有系统分析生活方式的构成因素，因此也没有测试方法。（Veal，2000 年）

4. 社会心理学对生活方式的研究。20 世纪 60 年代以后，美国等西方国家的市场调查分析方法跳出的传统的领域，而采用了一些社会学和社会心理学的思想方法。例如，市场研究人员开始对生活方式发生兴趣，他们认识到人们的购买行为已经不同于传统的社会阶级界线，而是受生活方式影响。为了弥补传统的社会经济因素的不足。

市场调查中，人们采用过不同的因素结构框架。最常用的因素结构是：人口统计量、社会阶级、心理特性。Plummer（1974 年）把社会心理学思想用于市场调查，把使用比较广泛的生活方式的测试方法 AIO（Activities，Interests and Opinions）进行深入分析，建立了一个新的因素结构，测试人们的如下活动。第一，他们把多少时间花费在哪些活动上。第二，他们兴趣是什么，在他们周围环境中什么是重要的。第三，他们如何看待自己和周围事物。第四，背景信息，年龄、收入、教育和居住地及他们生活的环境等一些基本的特征。从而建立了下表。其中，也考虑了生活方式与产品的关系。其主导设计思想是力图把影响因素包含全面，其结果是不全面，而形成了一种支离破碎的调查过程。

请注意，这个调查模型没有把价值观念作为预测因素。为什么？那个时代美国社会受如下几个问题剧烈冲击。第一，20 世纪 60、70 年代美国侵略越南的战争引起美国国内长期不稳定，最终引起人民的强烈反对。第二，20 世纪 60 年代后期席卷美国、德国、法国、英国等西方国家的激烈的学生运动。第三，美国大规模的黑人运动，以至美国黑人领袖马丁·路德·金被暗杀。第四，80% 的美国人参与"自我实现"，引起家庭、社会剧烈变化。第五，西方各个国家出现了"68 学生运动"，引起强烈社会冲突。这些问题导致美国社会动荡、核心价值观念的变化和不稳定。那个时代出现的社会调查和市场调查都面临这个问题（表 1-4-1）。

AIO 调查因素表
表 1-4-1

活动	兴趣	观点	背景信息
工作	家庭	自己的观点	年龄
爱好	家居	社会事物	教育
社会活动	职业	政治	收入
假期	社区	商业	职业
娱乐	娱乐消遣	经济	家庭大小
俱乐部成员	服装	教育	住处
社区	饮食	产品	地域
购物	媒体	未来	城市大小
体育	成就	文化	人生阶段

20 世纪 70 年代美国建立了 VALS（Values and Lifestyles）系统，提出了按照价值和生活方式体系划分人群，目的是要建立更实际的市场细分方法。通常在调查中，提出 300 个价值观念的语句，根据认同的程度，进行统计处理和因素分析，由此决定他们的行为方式，尤其是消费行为，从而划分人群。Wells（1974 年）发表了一系列文章，建立了这方面的研究方法。后来 VALS 成为斯坦福国际研究所（SRI International）产品。作为一个预测美国人消费的系统，它的有效性主要体现在预测因素。经过多年分析后，他们的专家认为应当按照稳定持续的个性特征，例如动机，划分消费者人群，而不是社会价值观念划分，他们认为价值观念是变化的，这可能是 20 世纪 70 年代以后美国社会的特征之一。在这种社会历史背景下，很难把稳定社会的价值观念作为社会预测主要因素，而要采用动机心理学分析方法，把比较稳定的消费者的偏好态度与选择作为主要预测因素。1989 年《美国人口统计学家》（American Demographer）第 11 期（六月号）发表 M. F. Riche 的文章《20 世纪 90 年代的统计描绘图》（Psychographics for 1990s），公布了新的 VALS（Values，Attitudes and Lifestyles）结构及分类结果。VALS 调查问卷按照一组描述生活方式的变量因素（价值、态度和生活方式），包含了 40 个问题，其中 5 个背景性问题，30 个问题关系到价值观念。这种模型依据三个假设：第一，在价值与态度之间存在因果关系；第二，价值与行为之间也存在因果关系；第三，价值与态度影响购买行为和消费行为。假如这一假设是正确的，那么休闲活动和家庭活动也受这些价值和态度的影响，对活动类型有影响。因此具有类似价值体系的人也具有共同的生活方式。这种对价值概念的假设迄今仍然是该调查的最重要的效度依据。它通过调查把美国人的生活方式分为 8 种：创新者，思想者，实现者，体验者，信仰者，奋斗者，制造者，求生者。这种方法中也表现出韦伯理论和阿德勒理论的踪迹。网上可以查到该系统的调查问卷，消费者人群的划分。参见地址：http://www.sric-bi.com/VALS

此外，日本也建立了 VALS 数据库。我国有人也建立了中国 VALS。

Brooke Warrick 在 20 世纪 80 年代不满意 VALS 的方法。他认为 20 世纪 70 年代 VALS 主要存在两方面不足。第一，VALS 的消费者模型忽略了地缘影响，地缘是西方分析历史、政治、经济、文化的主要传统概念之一。第二，VALS 把调查结果填入预先定义的消费者类型中，而不是根据具体新情况建立新消费者群体，于是他离开了在 VALS 公司，1987 年他建立了自己的调查公司 LIVES（Lifestyles，Interests，Values，Expectations，and Symbols），开始了独立的生活方式研究（Noble，2001 年）。这一方法强调价值因素的稳定性和预测性。他们认为，20 世纪 80 年代美国的社会心理已经不同于 20 世纪 70 年代，价值在家庭活动、亲朋好友交往中得到加强，价值比观点稳定、持续时间长，价值与生活方式以及人口统计信息决定子文化，这些方面决定的对产品的态度和使用。因此，该方法认为，在当时的时代背景中，美国人主流的价值、生活方式和子文化是稳定的，价值可以帮助我们去了解产品与服务对消费者的含义，价值能够解释消费者的兴趣和对未来的期待，也能解释反映这些兴趣与期待的各种象征（Symbols）。这一理论的目的之一是，按照消费者的价值去改善产品，更准确地定位产品，更容易地发现市场并得到真诚的消费者。他们通过调查，把美国人分为如下三类。第一类，核心人群，在美国人中占 29%，他们的数量在减少，很传统、有家庭权威、注重家庭关系、关心他人、经营私人企业、注重宗教权利。平均年龄 53 岁，平均收入 23750 美元。第二类，现代人群占美国人口 47%，数量稳定。代表了主流和官方文化，他们是物质主义者，信仰宗教、关注成功、显示地位、愤世嫉俗、即使收入很高也担心经济问题，家庭属于第二位关心的，只关注每天的事情。平均年龄 39 岁，收入 42500 美元。第三类，文化创新人群，占美国人 24%，人数在增加。他们可以被分为两个群体。第一个群体是核心文化创新人群（10.6%），有很强的心理和精神兴趣、利他主义、理想主义、注重人际关系、很强的环保思想、他们关心文化创新。第二个群体是绿色人群（13%），更关心生态政治和理想主义，心理和精神关注比较少。女性与男性比为 60∶40。平均年龄 42 岁，收入 47500 美元。这个人群是调查中新发现的，大约从 20 世纪 90 年代初期起，美国社会学家 Paul Ray 命名一个新社会人群"文化创新族"（Cultural Creatives，http://www.culturalcreatives.org），它成为一个新概念进入这个世界。如何看待这个人群？还要经过若干年等他们积累一定生活经验。参见地址：www.americanlives.com/analysis.html

另外，Lynn R. Kahle（1983 年）在 20 世纪 80 年代也对 70 年代初建立的 VALS 的有效性提出问题，他以价值体系作为主要依据，建立了 LOV（the List of Values）体系。按照这一框架他从 1983～1986 年对美国人价值观念进行了调查，区分了生活/价值群体。依据 Rokeach 提出的价值概念。他测试的关键价值是：成就感、被尊重、娱乐 – 快乐 – 激动、安全、自尊、与他人的友好关系、自我实现、归属感。在网上还可以找到其他列举价值的方法。参见地址：www.auditmypc.com/acronym/LOV.asp

美国 PRIZM 系统。PRIZM 是 Claritas 公司的消费者生活方式划分系统，它依据美国人口普查局的数据分析，并获得大约 1600 个地区资料来源。PRIZM 把美国消费者分为 15 个大人群和 62 个消费者人群。这个系统也对各个人群的产品进行了描述。Claritas 是目标市场行销信息公司，1971 年以后 Claritas 在美国就已经成为比较著名的市场调查公司，它涉及到消费行为、消费者费用、家庭商业事务。Claritas 是美国 VNU 的一个子公司，VNU 是世界上最大的信息和媒体公司。Claritas 的消费者细分方法几乎对所有著名的市场数据库都很重要，例如 ACNielsen、Arbitron、Gallup（盖洛普咨询有限公司）、IRI、JD Power、Mediamark、Nielsen Media Research、NFO、NPD、Polk Automotive、Scarborough 和 Simmons、以及许多"财富 500 强"公司。参见地址：http://www.tetrad.com/pcensus/usa/prizmlst.html

Frank 和 Strain（1972 年）按照 AIO（Activities，Interests，Opinions）去研究生活方式。他们认为生活方式是：每个人组织他个人生活的方式，也就是说，独自的个人性的方式，不仅是个人信仰、价值和日常行为规范，而且也是每个人生活在群体、阶级或整个社会中的规范。他们按照这种结构对市场进行细分，得到 5 类市场：青年人独立不受约束、老年高成功者、中间者、青年依赖者、老年低成功者。

这些市场测试存在一些问题。第一，这些市场方法存在具体的因素和调查测试方法，但是缺乏比较系统的理论框架。有些人认为，可以把这些市场方法看作为阿德勒理论的弥补，因为这两者都依据价值观念，但是并没有搞清楚，市场调查的价值体系与阿德勒价值体系之间的相关程度到底怎样。第二，对评价具体产品的效度质疑。20世纪80年代有人对这些方法的效度提出问题。他们认为，这些方法太一般化，无法评价具体每个产品。而调查问卷的效度问题正是最关键的问题，也是最难解决的问题之一。（O'Brien and Ford，1988年；Yuspeh，1984年）。这些问卷调查方法可以把被试者划分成为确定人群的成员，但是他们的生活方式与所需要的产品之间有什么密切关系，通过他们的调查能够发现什么信息改进产品的设计，这些问题通过这些调查方法是很难确定的。

5. 生活方式空间研究。1968年西方工业化国家艺术圈、媒体圈等出现一种新的社会现象——"后现代"，这是一个十分复杂的社会现象，其中一些典型特征是：在这些圈里出现与传统价值观念根本不同的观念——反价值观念，价值观念已经不是过去的含义。类似地在这些圈里还出现了反艺术、反文化、反道德、反文明等许多陌生的观念。社会学家无法使用熟悉的传统的"文化"、"价值"等观念分析新出现的社会现象，而生活方式成为一个可用的概念。第一，Bell（Bell，1976年）认为，"生活方式"这个概念的出现，是对西方传统文化的一个冲击，对道德、对惯例的冲击。在现代时期，"现代主义文化"取代了宗教，成为"合法社会行为"。以往强调"性格"，它包含了道德代码和训练的目的。现在变为强调"个性"，它强调自我，强制性地寻找个人之间的差异。简单说，不是工作，而是"生活方式"成为满意的来源和判断所期望的社会行为的依据。其矛盾之处在于，生活方式变成了自由自我的形象，这不是实干家的形象，而是所谓的"激烈派艺术家"的形象，他们公然反抗社会惯例。这是资本主义所存在的一个"文化矛盾"。他认为，"文化，对于一个社会、一个群体、或一个人，是不断提供一致身份的过程，这是通过一致的审美观点、自我道德观念、按一种生活方式，这些显示在一个人装饰家庭和自己的对象上，体现在表达这些观点的品位上。因此，文化是这种敏感的领域、感情的领域和道德感情的领域，也是寻找这些感觉的智力的领域。"然而西方社会大多数人，并不同于少数人的艺术圈或媒体圈，美国迄今仍然采用以社会价值观念为主的调查方法——VALS方法。

第二，1968年后在美国、德国等西方现代国家曾经出现过大规模的"郊区化"的生活方式变化。这引起社会学家的注意，他们认为这可能会形成一种新的生活方式，既不是城市生活，也不是农村生活，而是郊区生活。然而这些新生活方式对以往生活方式的概念没有什么新发展，因为他们发现它并未包含任何新的生活方式，只不过是这些人群的居住地统计数据从城市变到郊区。而且郊区居住也出现一些新问题，到一定程度后就发展很慢了，不再成为青年人追求的生活方式了，如今这方面的研究已经很少了。第三，生活方式空间研究指"地缘统计"研究。它依据计算机模拟对小区域范围人口统计数据进行模拟，由这些处理结果，形成了所谓的"区域生活类型"，各个不同区域类型的居民具有明显不同的休闲方式和消费方式，这两者被称为他们的生活方式。当然"休闲"概念本身就出现在后现代（1968年以后）。这种观念还认为，生活方式本身就包含若干因素的混合，其中，住房条件、社会经济因素、人口统计因素、休闲行为、消费行为在各个地方（地缘）是明显不同的因素。英国建立了一个著名的地缘统计系统 ACORN（A Classification of Residential Neighborhoods），ACORN与休闲之间的关系被进行了大量研究。一个类似的系统 MOSAIC 也被用于英国和澳大利亚。这种方法弥补了以价值为基础的市场研究统计在新时期的不足。另一方面，地缘方法也存在其他生活方式定量方法的问题——缺乏理论支柱。这意味着，结构效度（或者框架效度）很可能被质疑：这些因素从因果关系上是否成立，这些因素是否能够真实全面反映"生活方式"的含义。然而这并不是说没有理论解释，而是说建立这些方法的人对寻找这样的理论解释不感兴趣。

6. 其他研究。有人认为，西方社会的各种生活方式是通过市场体系而出现的，市场研究人员收集和分析大量数据，试图总结出所导致的各种形式。还有人认为，西方的生活方式由金钱和势力决定的，是"资本"和"统治阶级"控制的广告和行销策划的结果。其他人认为，在有些国家，生活方式是被规划出现的，而不仅仅是"自然发生"的。对生活方式的研究还体现在其他方面，例如，工人如何应付退休生活、社区生活方式、妇女、青少年、家庭、假日市场和旅游等休闲方式，文化产业，消费文化对生活方式的影响。有些社会学家把消费行为作为当代社会生活的核心活动，人际的互动中，作为消费者、广告人、市场商人和文化"制片人"是关键的过程，在这些过程中形成了各种生活方式。

三、生活方式调查的具体问题

生活方式调查包含以下各个方面调查题目和内容，然而不局限于这些问题。

1. 调查追求的生活方式。一般说，核心价值观念是相当稳定的心理因素，许多成年人的核心价值观念可能保持一生。处于剧烈变化的时期，例如战争、政治动荡、职业剧烈变动、家庭与生活的剧烈动荡、经济的剧烈变化、人们的核心价值观念会受到剧烈冲击、形成价值真空、缺乏核心价值观念、或者价值观念不稳定，因此很难用哪个价值观念预测人们对产品、建筑或服装的未来想法。那么用什么社会心理因素可以作为预测因素呢？对于各种具体设计对象，预测因素是不同的。然而人们追求的生活方式（追求的生存方式或求生方式）有时可以作为设计的预测因素，因为它是面向未来一段时间的。应该注意的是，人们追求的生活方式，与现有的生活方式并不一定相同，追求的生活方式也不一定反映在他们现有的生活状况上。在调查人们追求的生活方式时，还应该注意区分过渡时期的追求或者是最终追求。

下一个问题是，追求的生活方式包含什么稳定因素可以被作为预测因素？

我们还需要调查如下问题。第一，人们追求什么样的生活方式？忽视了什么？当前许多人只追求物质生活的改善和提高，典型口号是"上档次"，其中掺杂着盲目的形式主义的攀比，也掺杂着享乐主义的贪欲观念。他们信仰什么生活观念？他们是否认为物质富裕程度与快乐呈线性关系？什么是健康的生活方式？如何形成健康的生活方式？第二，各个社会人群追求什么样的生活方式？大约需要多长时间能够达到其目标？第三，维持家庭稳定和睦、维持社会稳定和睦、维持职业顺利成功的生活方式有什么特征？引起家庭、社会不和睦、甚至破裂的因素是什么？第四，设计一份调查问卷，让被调查人规划计算一下自己一生要赚多少钱，花费在哪些方面？从中可以系统地看出他们追求的生活方式。笔者经过7年思考尝试，建立了这一调查问卷。第五，当前普遍缺乏稳定的核心价值，而同时又受西方价值观念影响，自我意识、个人的自主独立、物质追求增强。这些观念会引起什么后果？你认为正面后果和负面后果是什么？

2. 调查生活方式体现的价值和态度。这种模型假设在价值与生活方式的行为之间存在因果关系，态度与行为之间也存在因果关系，价值与态度影响购买行为和消费行为。生活方式包含象征体系或与社会不同声望群体所联系的象征性行为行动。这些象征是通过社会互动由其他人来判断评价的。他们按照期待、重要性、价值、美、善、公正来进行评价。假如这一假设是正确的，那么休闲活动和家庭活动也受这些价值和态度的影响，对活动类型有影响。因此具有类似价值体系的人也具有类似的生活方式。在经济比较发达的西方，价值观念对生活方式的追求的影响，更体现在精神方面，在西方更强调个人主义、个人的独立自主（自治）、个性、个人能力或力量等精神方面。按照对待人生态度，Ginzberg（1966年）把美国受教育妇女分为以下四个人群：第一，个人主义者（52%）：追求自治。第二，强势者（10%）：主要动力是影响别人和事件。第三，支持者（29%）：基本定位是帮助和服务别人。第四，公共事务者（9%）：时间和精力用于改善社会。

3. 调查对人生和社会的定向。Schutz 等人（1979年）认为，生活方式是对自我、他人和社会的定向。这种定向反映了个人的价值和认知风格。这种定向是依据个人社会阶段的文化环境和社会心理环境，从个人信仰中发展出来的，这些因素形成了个人的优先选择观念，由此构成了他们的目的和选择。从时间的使用方面，生活方式反映在七种角色上：工作者、持家者、家长、配偶、朋友、社会（社区）工作者、休闲者。在这种概念下，形成了三个主要因素：第一，各个角色花费的时间：角色层次、角色结构；第二，角色的情感方面：个人如何感知这些角色，个人把时间如何花费在这些角色上，个人在这些角色上花费的时间是否满意；第三，角色价值、角色的互动方面：角色的单独定位或群体定位，角色的正式定位或非正式定位，参考群体。该作者访谈了300人的生活方式，他们的调查结果表明，各个生活领域与统计变量以及满意度之间的关系是很差的。

4. 调查人们的活动（行动）与时间安排。这是描述生活方式的最直观的一组变量，生活方式包含各种有关活动，例如家庭事务、消费方式、休闲活动，家庭事务又包含整理家务、做饭、洗衣服、抚养孩子、室内装饰、各人关系、旅游、周末安排、晚上活动等。

5. 调查兴趣。Greenberg 和 Frank（1983年）研究了兴趣与生活方式的关系。他们对13岁以上的2476名美国人进行调查，看他们对139种休闲活动的兴趣程度、对59种需要的重要性的划分，以及对这些兴趣的理由。通过因子分析，形成了兴趣人群和需要人群如下四个兴趣人群：成年男性集中于机械结构和户外生活，钱和自然产品，家庭和社区为中心的事情，家庭关系；成年女性集中于关注年老，艺术和文化活动，家庭和社区为中心的事情，家庭整体活动；青年人集中于体育和科学、运动和社会活动、室内游戏和社会活动；混合的：新闻和信息、自私（Detached）、世界主义自我丰富、高度多变。人们的需要如下：社交刺激、提高地位、独特的创造性成就、跳出问题、理解他人、更大的自我认同、跳出厌倦、智力刺激和培养。

6. 调查各种生活方式的人群。许多定义把生活方式看作为群体现象。然而个人也从属于一定生活方式。生活方式是一个人或一个人群的个人和社会行为特性的类型。这里的"行为"包括与伴侣、家庭、亲戚、朋友、邻居和同事的各种关系中的活动，例如消费行为，休闲、工作和公民行为和宗教活动等。各种行为类型涉及到价值观念和社会人口统计特性，可能包含了一致性和可识别性，是通过广泛而有限选择所形成的，它的影响因素并没有被列在该定义中，而是属于研究的问题。

7. 调查生活方式与人生关系。生活方式是依据如下因素，例如个人的个性、文化传统、家庭和生活类型、教育、收入和职业。一个人的生活方式是一个人行为方式；了解一个人用确定的生活方式如何在一个生活领域内行为，就能提供很强的迹象说明在其他人生阶段可能做些什么（Murphy，1974年）。

8. 调查旅游与生活方式的关系。Przeclawski（1989年）研究了生活方式与旅游的关系。

不同生活方式要求不同的旅游类型，反过来，旅游类型又影响生活方式。提出了以下6种生活方式类型。第一，享乐主义（快乐主义）：追求安逸愉快生活。第二，控制征服欲：寻求支配其他人。第三，生物性：追求健康的长寿命。第四，完美者：目标是改善自己。第五，创造性：热心为别人留下成就。第六，利他性：热心帮助他人。这六种生活方式对应的旅游类型如下：第一，为快乐而旅游。第二，剥削性旅游，目标是剥削该地区。第三，为休闲和健康而旅游。第四，为教育和学习旅游。第五，创造性旅游。第六，为任务而旅游：帮助该地区人民。

9. 调查生活方式包含的综合因素。Bosserman（1983年）总结了 Izeki（1975年）对生活方式的解释，提出生活方式包含以下四个方面。第一，生活方式是日常生活的样式，角色自觉地和有准备地进行每日、每周、每月、每年和整个人生的事情。它包含：（1）解决一些任务，为生存和发展进行功能准备；（2）受他自己需要的控制而形成动机；（3）受价值、信仰、生活目的和生活设计的引导；（4）选择和利用文化和社会提供的各种资源、设备和机会；（5）受到文化框架的限制。第二，生活方式不是学来的被动的东西，而是自己主动规划的结果。第三，生活方式是有组织的整个覆盖了家庭预算，居住和服装习惯，对各个心理因素的时间分配，例如核心生活兴趣、期望、烦恼和关心的事情等。第四，生活方式可以通过仔细选择的变量进行描述和测试。Bosserman 评价这个框架说，他的生活方式的概念代表了一种新的方法，把阶级、地位和文化变量结合在一起。

10. 休闲方式调查。20 世纪 70 年代，西方工业化国家出现了广泛的休闲（Leisure）生活方式，这也被看作为"后现代"的一个社会特征。这个时期对生活方式的研究，体现了西方对各种有关问题的分析，例如工人退休生活、社区生活、妇女、青年、家庭、假日和旅游、消费、以及休闲方式。例如，德国人比较重视全民的体育锻炼活动，而不是极少数人的职业球队的活动。有人调查了体育与德国人生活方式的关系，从 13 ~ 21 岁取样 4000 名德国人，调查的因素包括：性别、年龄、体育和身体概念、个性、与父母关系、娱乐偏好、对健康的观点、以及一般的政治和社会定位，通过因子分析，产生了 5 种生活方式人群，它显示了体育对生活方式所起的作用（Brettschneider，1990 年）：第一，"无体育"人群：感兴趣于计算机、音乐等，对身体或社会关系没有担忧（取样的5%）。第二，体育是手段，以提高身体形象、表现男性的刚毅，主要关系是同辈人，不是成年人（4%）。第三，有负面身体概念，健康无关紧要，关心身体形象（17%）。第四，娱乐族，面向健康的享乐主义（快乐论），接纳体育健康形象，但是没有艰苦工作，具有形象和风格意识（13%）。第五，正常的青少年人群，对各种事情一般具有和谐的观点，在身体形象和人际关系方面没有问题（61%）。

Tokarski（1984 年）认为，为了了解当代的休闲，就要了解人们对休闲活动所赋予的含义，承认休闲是多功能的，去研究各种活动与生活方式的关系，该报告调查了 360 名工作男性，46 种休闲活动和 24 种可能的含义，通过因子分析产生了 10 组活动和 6 种含义。这些活动主要有以下几种。休息：打瞌睡、不做事、松弛休息。欣赏自然：徒步旅行、散步、观光等。生产性、自利性活动：花园活动等。与家人在一起：聊天、看电视等。教育、文化、政治和社会活动。在休闲时间里从事合法或非法工作。干家务，例如做饭。体育、听收音机和音乐、乐趣。这些活动的含义主要有效率、愉快、满意、自信。个人兴趣的活动：约束、害怕、拒绝。

11. 生活质量的调查。这个问题是社会各个人群所关系的最重要的问题。对这个问题的调查可能出自各种目的和需要。调查目的决定调查的问题。总的来说，所调查的方面包括：

政治与社会环境调查、经济环境调查、社会文化环境调查、自然环境调查、住房调查、安全调查、健康调查、生活满意度调查、生活环境调查、教育调查、服务满意度调查、雇员职业满意度调查、雇员观点调查、雇员士气调查、社区服务调查、交通运输调查、物价调查、医疗调查等等。欧盟建立专门机构调查生活质量，对欧洲 28 个国家生活质量进行调查，该机构认为，生活质量在欧洲是按照价值定位的社会目的确定的，例如生活机会平等，受保证的最低生活标准，就业和社会保险等。因此生活质量不但包括收入、教育和物质资源，还包括健康保险、家庭事务、社会关系。其核心是客观生活条件和主观感觉评价。核心问题包括：就业、经济资源、家庭生活、社区生活、健康、教育。你可以看到网上调查问卷，（参见网址：http://www.eurofound.eu.int/areas/qualityoflife/eqls.htm）。

例如新西兰从 1999 年起政府建立了生活质量调查项目，每次对 6 个大城市进行调查，已经发表了两份调查报告，2001 年生活质量报告，2003 年生活质量报告（参加地址：www.bigcities.govt.nz/）。2004 年，在《生活质量白皮书》中，国际游戏开发者协会（International Game Developers Assiciation）调查了美国游戏工业的生活质量。其结果如下，34% 的开发人员打算 5 年内离开游戏工业，51.2% 的人打算 10 年内离开；仅有 3.4% 的人说他们的合作者平均有 10 年或更多的经验；紧张情况无所不在，回答者中有 35.2% 的人每周工作 65~80 小时，13% 的人超过 80 小时紧张工作，46.8% 的人超时间工作没有任何报酬；其配偶抱怨"你工作太多"（61.5%），"你总是压力过大"（43.5%），"你赚的钱不足"（35.6%）（参见网址：http://www.igda.org/qol/whitepaper.php）。

12. 调查极少数人群中新出现的社会心理现象。例如硬帽子（Hard Hat）、社会名流、经理人、国际航班富豪、阔族。或者以地缘命名的人群，例如"北岸族"（North Shore set）。或者命名"特殊"人群的生活方式，例如新潮人物、粗野人、赶时髦人、浮华人、高端市场人、嬉皮士、朋克、Sloane Rangers、生瓜（Preppies，US）、雅皮士（Yuppies）、丁克（Dinks）、空巢（Empty Nesters）、Surges。多数人可能不把他们看作"生活方式类型"中的一部分。一些生活甚至连名称也说不上来。在这方面研究中，"生活方式"指偏离社会主流价值观念和惯例的各种行为方式，尤其是 20 世纪 60 年代后期西方接受了"后工业"概念之后所出现的一个观念，指个人经历和生活历史上的特殊方面，甚至是不健康方面，表达了青年时期处于叛逆心理所出现的各种行为。出现了许多新的行为，放弃工作而依赖父母生活、逃避责任和义务、使用毒品、沉湎于纵酒狂欢、性解放、迷恋网络、不断追求新刺激，把淫秽作为一种政治风格，追求"意外惊喜"和地下电影。在这种历史时代中，研究社会现象时按照新情况用生活方式划分人群，不再按照阶级去划分人群。其中有些是不可持续的生活方式，有些是社会心理不一致性所反映的问题，有些是心理不健康的反应，有些是不成熟的生活方式（Veal，2000 年）。

四、生活方式与产品的关系

1. 在市场调查中，一个主要目的是关注与产品销售有关的因素。在追求物质生活时期，核心价值观念出现真空或不稳定，难以作为市场未来的预测因素，然而社会主流人群所追求的生活方式是比较稳定的，可以作为预测因素，可以提出如下假设，人们的生活方式与所购买和使用产品是相关的，生活方式通过各种生活活动所花费的时间与金钱来体现。

Wind 和 Green（1974 年）提出，生活方式通过 5 种方式进行测试：产品与消费的服务；活动、兴趣与观点；价值体系；个性特点；对各种产品类型的态度、以及从中寻找的益处。

Gruenberg（1983 年）对 1244 名大城市美国居民进行调查，通过因子分析，从 18 种业余活动中得出 6 种活动人群：文化消费、家庭至上的活动、娱乐和游戏、信息互动、组织性活动、户外活动。

Cosmas（1982 年）通过对 250 个态度、兴趣和观点的反应的 Q 因子分析，对 7 类产品族的使用（179 种产品）的 Q 因子分析（$n = 1800$），从中得出了生活方式人群为：传统人群、受挫人群、生活扩张人群、移动人群、世故人群、主动和立即满意人群。产品族为：个人关心类、购买成品类（Shelf - stocker）、做饭类、自我放纵类、社会类、孩子和个人外貌类。生活方式与产品族之间有清晰的关系类型。这些种调查结论可以对产品策略的定位起一定参考作用。

2. 生活方式调查研究，在工业设计调查和用户调查中属于一种比较新的思想方法。有些设计项目的用户调查采用生活方式调查比较容易获取设计信息。当前主要工作是选择具体设计项目，进行用户生活方式调查，积累从"用户生活方式"向"建立设计指南"的经验方法，迄今还比较缺乏系统理论依据。

什么情况下需要调查生活方式？第一，跨文化设计产品。为其他国家设计出口产品时，跨文化设计的困难之一，是很难理解他们的价值观念，然而比较容易了解他们的生活方式、态度和审美倾向，通过生活方式调查可以比较直观发现他们对产品的使用需要和审美需要。第二，设计新概念产品或过去不存在的新产品。例如设计综合数字娱乐产品、野营旅居车等产品，设计师很少见过这些产品，缺乏该产品的系统概念，市场上很难见到，很少有经验用户或专家用户。第三，与追求改变生活方式有关的产品。例如室内装饰、家具、汽车等产品，直接关系到人们所追求的生活方式，其价值观念就是比较单一的"追求新生活方式"，而生活方式包含了大量的具体内容，从中能够发现设计信息。

第五节　设计审美调查

一、什么是审美活动

大脑包含很多类型的活动。其中最大量的思维活动，可能是积累经验的思维活动，它积累各种事实，积累各种事实导致的结果，我们的生活经验、工作经验几乎都属于这种形式。第二类是逻辑思维活动，通过逻辑思维，最终获得逻辑结论，那就是科学思维，例如理解含义、演绎、归纳等，其实人脑不擅长逻辑思维，要不然为什么哲学家也经常出现逻辑错误、数学家都以失败告终。第三类是审美活动。审美是通过知觉形成的情感或情绪心理感受，而不是通过感知引起的逻辑感和逻辑思维。它主要包括知觉感受、认知感受、情绪感受。审美感受最终都导致情感情绪，大脑的审美活动会影响逻辑推理和其他大脑活动，但是审美本身并不是进行复杂的逻辑推理。审美活动包括（并不局限于）：

1. 视觉导致的情感感受：例如，视觉刺激、眼花缭乱/平和（不刺激）、动感/静感、紧张感/安定感/稳定感/张力感、柔和/粗糙、震撼、庄严、崇高、壮丽、壮观、宏伟、壮丽/凄凉、渺小、华丽/单调、新奇感、新颖感、好奇、视错等等。

2. 认知导致的情感感受：通过认知（例如，理解、想象、熟悉/不熟悉、认同/不认同、沉思、赞扬、疑问、交流）等活动，最终导致情感结果。

3. 直接的情绪感受：例如情感道德判断、善良/不善良、同情/嫉妒、怜悯、健康情感/

心理病态/不健康情感、幸福、害怕、悲哀、惊奇、生气、失望、稳定感/不稳定、舒适/不舒适、动感/平静或不平静、激动、烦躁、喜好/反感、爱、恨、崇拜、希望、追求、梦幻、好奇、震惊、恐惧、神秘、奇怪、疑惑、犹豫、压抑、悲观、孤独、暴躁、腻烦、郁闷、嫉妒/宽容、压抑/绝望。

这些审美心理可以被分为两大趋势方向，健康审美情感与不健康审美情感。健康的审美观念包括，平和的愉悦、崇高、纯洁等等。在这两者之间存在大量的审美观念。建筑设计、产品设计、服装设计、图文设计的目的之一应该是提供健康的审美情感。

在审美与造型方面存在一个普遍性问题：把造型误当作为审美，每谈到审美时都只说形式。例如，在分析柔和时，总说"水是柔和的"，"微风里的柳树飘动是柔和的"。这些都是柔和的表现形式，审美的外界载体。审美是心理情感感受。在分析柔和的审美观念时，应该描述柔和是什么心理体验，是什么情感。

二、什么因素影响审美能力

审美能力受两方面因素影响。首先，它是人人具有的能力，每个人都有自己独特的审美观，不是模仿得到的。其次，通过学习获得审美体验，激发这种能力。这意味着外界环境可以促使发展这种能力，或者抹杀了这种能力。

审美评价受两方面因素影响。第一，审美观念受客观因素作用：在一定文化环境中、一定人群中、一定时代，在一定的社会核心价值主导下，社会审美观念具有一定趋势。例如中国人、日本人、欧洲人都具有一定的审美趋势；中国农业时代、工业时代的审美趋势有一定区别；农村、城市、地域的审美也有区别。1840 年鸦片战争以来，由于受到西方列强的武力侵略，我国传统文化价值观念受到很大刺激，造成彻底批判传统文化的观念，至今仍然有许多人盲目崇拜西方的一切。批判传统文化并不会出现我国的新文化。我们应该从自己文化中复苏，开拓创新我们工业时代的文化及审美观念，才能实现我们的精神需要。文化交融是一个漫长的过程，把各种文化在短期内进行迅速融合，必然导致价值冲突。第二，审美观念受主观因素作用：个人的价值观念、道德、天性、经历、心情、思维对审美起一定影响。设计师在进行设计时，应该了解和反映用户的的审美观念。

三、当代设计审美针对什么问题

1. 席勒（2003 年）提出美育是针对不健康的情感（审美观念）。所谓不健康的情感主要有：第一，负面道德引起的负面愉悦情感。例如，通过杀人感到愉悦，通过欺骗榨取别人钱财而感到刺激和愉悦，把自己的幸福建立在别人的痛苦之上。第二，挫折失败导致不可解脱的负面情感，例如烦躁、暴躁、悲观、嫉妒、仇恨、绝望等。第三，缺乏教养引起上层社会的生活腐败堕落，下层社会生活的低级趣味、粗鲁、野蛮、愚昧。

席勒提出美育的目的是通过感化来改善道德净化心灵。他认为，未受教养的自然人受"感性冲动"支配，冲动对象是物质生活，占有欲、享受欲、性欲、被知觉欲望控制。理性人具有"理性冲动"，冲动对象是秩序和规则，受精神和道德支配。达到精神理性人，首先要让人恢复精神健康，具有高尚纯粹、美的灵魂，从自然人（被感性冲动支配）走向精神理性人（精神能控制物质与欲望），使人具有高尚纯粹的灵魂。休谟曾说："道德不是理性的结果"。是通过感知、认知和情感的感化的结果，是严格的戒律的结果。把激情转化为"符合道德的内容"。如何改善道德？让艺术成为人性教师，使人恢复心理健康。

2. 设计审美是为了弥补心理病态，满足净化精神的需要。审美没有物质财富目的，是为了精神平和，以此抵制金钱的负面作用，制约工业革命以来大量出现的社会病态和心理病态，主要表现在以下几方面：第一，劳动异化。劳动本是人的基本需要，劳动带来愉悦。工业革命以来，改变了劳动的性质，通过机器大生产追求无限利润，把工人当作机器，为钱而工作，造成反感劳动（劳动异化），改变了人际关系，人情淡漠。第二，贪婪欲望，极度物质主义和享乐主义。第三，家庭破裂，大量青少年犯罪，以及吸毒。第四，自杀率高。法国19 世纪著名社会学家涂尔干写《自杀论》，分析了欧洲工业革命以后的自杀问题。第五，普遍的过度劳累和紧张，造成焦虑、压力、恐惧、无助。根据调查，我国 5％人口有不同程度心理障碍，13％患有不同程度精神疾病。北京地区轻型精神症患病达 35.16％（《青年参考》，2000 年 7 月 24）。

通过设计审美去弥补心理病态，满足净化精神的需要。这是工业设计的新使命。英国工业革命造成残酷斗争和道德败坏，出现了许多现代社会和心理弊病。莫里斯痛恨工业革命带来的野蛮与残酷。他的理想是艺术公社。在诗情画意般的花园里，人们善良无邪，像亲密兄弟，自由劳动，友好合作，不受金钱腐蚀和诱惑，不为市场铜臭所熏心。包豪斯的目的是归还人性。

3. 设计审美应该弥补消费观念的负面作用，反对刺激消费。1960 年美国的培卡德在《制造浪费》中批评消费社会。他遣责商业提倡的消费意识是"有计划的使东西报废"。例如鼓吹时髦东西，设计流行风格，而不是设计实用东西，也不把质量放在首位。德国豪克在《产品美学的批判》中批判了资本主义经济体系中设计观念的负作用，只追求市场时髦和暂时的流行性，给产品披了一个虚假的外套。他把这种外形设计称为"化妆打扮"。

为此目的，可以设计价格低而质量高无附加装饰的住宅（功能主义建筑），淡化经济表现的身份地位，不规划富人住宅区和穷人住宅区（避免社会人群的隔离），为流浪汉设计住宅，设计住宅让三代人共同生活（例如四合院等）和家具，设计能够促进家庭情感的夫妻双表、双椅、双杯、感情信物、家庭特征的系列服装，设计缺水地区的饮水器具，设计减轻体力和脑力负担的机器工具和劳动方式。反对设计可能导致青少年犯罪的各种色情物品和传媒，反对设计刺激青少年性冲动的服装，反对设计色情场所、色情媒体、肾形桌、口红沙发、女体形马桶，反对设计吸烟器具。

4. 发展 sublime，建立以自然为本的审美观念。康德在《判断力批判》中提出两个审美观念，其中一个是"美"，另一个是 Erhaben。后者几乎被人们已经忘记，有些人从来不知道它。它的含义是：庄严、伟大和崇高。这个词被翻译成英文的 Sublime，它的含义是：庄严的、雄威的、崇高的、壮观的、卓越的、伟大的。这个词在美学著作中被翻译成崇高。这些含义似乎已经成为"过时的老人词汇"。如果把它翻译成当前我们容易理解的词，那就是"震撼的"、"敬畏的"。康德提出了审美观念："自然界是震撼的、敬畏的"。敬畏自然是一种审美观念，是人类两大审美心理之一，这是康德的基本意思。其实，在康德之前，几千年前人类就知道自然的无比力量，我国古代治水的许多故事就描述我们中国人敬畏自然的心理。如今每年都出现许多水灾、旱灾、地震、飓风、海啸、森林火灾等，其中许多灾害是人类过分破坏自然循环所造成的。这关系到我们人类的生存。人类是自然界的一个环节，人类应该敬畏自然，人类应该顺从自然循环。这就是以自然为本的基本观念。如今应该恢复这种健康心理了。我们设计师应该从这种以自然为本的观念出发，

1）调查各种媒体，设计界促使哪些不健康的审美观念？你认为可以如何改变？

2）调查工业革命以来哪些能源不可持续？

3）调查工业革命以来的城市概念存在什么不可持续的因素？

4）调查不健康的不可持续生活方式。

5）调查什么因素导致产生这么多无法降解的垃圾？

6）雨水是不是废水？为什么城市要把雨水作为废水排泄？造成什么问题？

7）城市交通概念是否可持续？如何改进？

8）调查全世界每年交通事故的人数有多少？其中汽车、火车、飞机各占多少？如何改变？

9）工业革命以来哪些生产方式不可持续？

10）哪些废物不可降解？

四、产品的什么因素影响现代审美观念

这个问题是每位设计师都要考虑的问题。

1. 制造材料是审美特征的载体和象征之一。任何历史时代都使用特定的制造材料，因此材料成为时代象征。西安半坡村是五千年前的一个部落群体。它的陶器采用的材料很明显与以后任何时代都不相同，因此一看到那些陶器，人们就联想到那个时代，而不会认为那是现代东西。由此人们能够区分石器时代、青铜时代、铁器时代。我国农业社会里建筑材料是青砖，家具主要采用木材制作。现代设计也用材料表现时代象征，主要采用工业时代新出现的材料来体现时代特征。工业革命以后，建筑上用水泥、钢筋结构、大玻璃窗作为主要材料，以区别农业社会的砖土石木的建筑材料。在我们 20 世纪 50 年代到 20 世纪 80 年代初期，家具几乎都使用木材制作，20 世纪 90 年代后，家具大量使用了塑料、钢材、锯末刨花制作的密度板以及若干人造材料。塑料在各个国家都曾被看作是现代的象征。1960 年当初次见到一个外国人穿聚氯乙烯透明塑料的雨衣时，人们都感到十分新奇，十分高级。1961 年我国开始出现尼龙袜子。1967 年我国开始出现月白色"的确良"布料，塑料单开始被大量使用，几乎家家户户都买了塑料单作为窗帘和桌布。各种塑料中聚丙烯可降解程度为 60%，是最有前途的塑料，它变成了"可持续发展"的象征，成为"后现代"的象征。我国在 2000 年以后开始在家具上使用聚丙烯。

2. 制作技术与工艺是审美观念的载体和象征之一。制作技术与工艺主要反映在对材料的加工方法，面、边、角以及安装拆卸的结构的处理。秦始皇兵马俑采用的制作工艺，与紧接着的汉朝兵马俑明显不同，由此人们能够明显区分各个时代的造型。工业社会里，出现了许多新的机械加工工艺。车、刨、磨、铣、镗、电火花、线切割、快速成型等，这些工艺能够制造出以往无法实现的造型，能够加工过去难以加工的材料。这些特征都是"现代"的象征，通过产品材料和造型体现出来，使人感受到新颖，高质量和精致等审美感受。

3. 物品的表面处理是审美载体和象征之一。表面处理反映时代特征。兵马俑的表面颜色，唐三彩的表面，明瓷，清瓷，20 世纪 50 年代家具（涂漆）、20 世纪 90 年代家具（贴面）的表面处理都不相同。在表面处理上如何体现现代？20 世纪 20 年代包豪斯采用电镀钢管家具体现现代性。涂釉、涂漆、烤漆、喷油、电镀等表面处理工艺使人感受到以往从未有过的审美感受——纯正、光顺。

4. 造型是审美观念的载体和象征之一。造型（或形体）主要指比例、曲线、曲面类型、整体形状、结构。造型反映了价值观念和审美观念。我国历史上各个朝代的瓷器造型都有一些"典型特征"，当人们看到这些特征，就能够联想各个历史时代。半坡村的水壶是尖底的，

以后任何时代几乎没有这样的造型，宋瓷、清代瓷器，它们的造型和比例都不相同。明朝家具的特征是非洲紫黑木和特有的造型比例和花纹。过去几千年中人们采用了各种"效法自然"的造型观念，使用了各种曲线和造型，人们凡看到这些曲线造型，都同那个时代联系起来，因此感到不新颖，不现代。工业时代人们期待什么造型？什么造型能够反映人们在工业时代的审美观念和心理感受？这个问题不是靠灵感创造的，而是靠社会心理调查分析而获得的。这要从工业社会核心价值观念引起的审美观念进行考虑。

五、现代设计的特征

现代设计，就是功能主义设计，也就是机器美或技术美。西方工业社会的核心价值观念是——追求新颖，因此要寻找新颖的审美表现形式。这种审美思维的产生主要基于下述思想。

1. 几千年来人类已经创造了各种文化中的符号、象征、形式美概念，建筑、日用品、家具等已经把各种形式发掘尽了。人们一看到这些东西，就自然联想到过去，因此感到"不新颖"。那么，什么造型新颖？那么就要思考，什么形式迄今为止还没有被普遍使用过？那就是——彻底的几何图形。

2. 历史各个时代的造型，都是靠当时的技术方式制造出来的，换句话，各种技术都是时代的象征。家具、兵器、建筑都带着时代技术的特征。迄今为止，工业时代是历史上没有的，工业时代的技术特征是什么？机器。机器的特点是什么？第一，加工彻底精致几何形式，直线、圆弧、矩形等。第二，金属、塑料制品表面的处理方式，抛光、电镀、法兰、上漆、喷塑等。创造新的表面处理工艺，就创造了新的可能性。第三，机器表现了强大的力量感。

3. 如何造型去体现现代？怎么能够把几何形式在提高、抽象，变成一种系统的造型形式？结构主义设计和荷兰的新形式代表了这些精华。

4. 工业社会中大量的人在经济上仍然是社会中下层，他们需要价格较低、质量高的产品，附加装饰提高成本。用机器进行大生产的几何形的产品成本较低、价格较低。

5. 工业时代出现了大量的新颖的形式概念，例如，火车站、邮局、银行、学校等，这些东西改变了城市概念。自行车、摩托车、火车、飞机等各种新颖交通工具，改变了交通概念，适应了工业社会追求效率速度的新价值观念。电冰箱、电视机、洗衣机等各种家用电器等，这些东西改变了家庭概念。怎么设计它们的形式？外形跟随功能。苏里文把它称为自然界万物的规律。

这些新审美观念及体现方式，是通过社会心理深入调查研究，通过大量技术创新才实现的。

六、我国用户人群产品的审美观念的调查

作为设计师，我们首先想知道，我们中国人当代在建筑、产品、服装、图文等方面上有哪些主要审美观念？这个问题是最基本的问题，是设计审美调查的第一个问题。只要一设计产品，每位设计师都会考虑这个问题，甚至几百次几千次的提出这个问题。1999年笔者从德国回来后，就把这个问题作为"产品设计"和"设计美学"课程的第一重要问题，带领学生对这个问题已经进行过7年调查。主要从两方面调查这个问题。第一，普遍性的审美观念调查。其中最基本的调查问题是，我国传统有哪些审美观念？西方现代审美观念表现是什么？第二、结合具体产品设计、服装设计、图文设计，调查研究具体的审美观念及表现方式。中国传统审美观念包括：柔和感、平和感，它在各种造型中体现为稳定、厚重、对称、精致等。西方

现代审美观念包括：张力感、动感、机器感（科技感）、几何感等。每遇到产品设计项目，都要对各种审美观念进行调查、讨论和分析。在设计具体产品时，都应该调查如下基本问题。

在这方面，我们需要调查：

1. 中国哪些传统审美观念在工业社会里弥补健康精神需要？

2. 如何在设计造型中开拓创新我们的工业时代审美观念？

3. 调查了解各个人群在什么产品上喜欢什么中国传统审美观念？

4. 产品设计中体现了哪些西方现代审美观念？

5. 我国各个用户人群是否喜欢西方的现代设计的几何造型？哪个人群喜欢？对哪些产品喜欢几何造型？喜欢什么样的比例？

6. 用户人群喜欢什么产品具有机器感？

7. 用户人群喜欢什么产品用银灰色？

8. 用户人群对各种产品喜欢什么材料感（质感）？

9. 我国人民对各种产品有哪些审美观念？

10. 设计界引导了哪些不健康的审美形式？可能迎合什么社会心理问题？

第六节　可用性调查

一、可用性测试概述

用户使用产品的最重要目的是——使用。产品必须有用，必须可用。产品设计的基本目标是可用性。可用性设计和评价的目标是为了让用户能够在特定使用环境中达到目的满足需要。

设计数字产品概念、用户界面、在用户任务计算机化过程中，设计人员要从事三件工作：

1）依据心理学进行用户调查，建立用户模型。这是以下工作的基础。

2）按照用户模型制定用户界面有关的设计指南。这是工程师的设计依据。

3）按照在用户调查中特别要进行可用性调查，建立可用性标准及测试方法。这是检验产品可用性的依据。

由此可以看出，对产品可用性的调查，在设计计算机产品或数字产品时，是最经常遇到的任务之一。本节目的是，使读者初步掌握如何设计可用性调查过程，主要工作包括专家用户访谈、设计调查问卷、进行调查、分析调查结果。本节内容主要参照国际标准 ISO9241 以及（Bevan & Macleod，1994 年）。

可用性定义。国际标准 ISO9241《带有视频显示终端的办公室工作的人机学要求》（Ergonomic requirements for office work with visual display terminals）提出了可用性定义如下：一个产品可以被指定用户使用，在一个指定使用情景中，有效地、有效率地、满意地达到指定目标的程度。通俗说，可用性通常指一个产品被容易使用的程度。ISO/IEC9126 中对软件可用性的定义如下："软件的一组属性，它关系到使用所需要的费力程度，以及由规定的或隐含的一组用户的个人对这些使用的评价"。

可用性是设计产品中的一个重要考虑，因为它关系到用户使用产品能够有效、有效率、满意工作的程度。国际标准 ISO9241 规定这三个因素的含义如下：

1）有效（Effectiveness）：用户达到指定目的的精确性和完全性。

2）效率（Efficiency）：用户精确完全达到目的所耗费的资源。

3）满意度（Satisfaction）：使用舒适和可接受程度。

这三个参数决定了可用性测试要完成三方面：第一，测试能够达到预期使用目的的程度（有效性）；第二，测试达到目的所花费的资源（效率）；第三，测试用户发现该产品使用可接受的程度（用户满意度）。

因此存在三种潜在方法测试一个产品的可用性：

1）分析该产品和使用情景。测试可用性可以通过评价产品在特定情景可用性所要求的特性。这些适当的特性被列在 ISO9241 的其他部分中。然而它只给出了部分指南。

2）分析互动过程。测试可用性时，可以建立该产品的用户与任务的互动模型。然而，现有的分析方法对可用性没有给出精确的评价。因为这种互动在人脑中是动态的，因此无法进行直接研究。然而测试大脑的费力程度和认可程度是间接测试影响可用性因素的重要方法。

3）分析有效性和效率，这些是从一个特定情景中使用产品、以及测试用户对该产品的满意度而得出的。因为存在直接测试可用性的方法，所以它是最终测试。假如一个产品在一个特定情景中可用性比较高，那么这种测试就比较好。

需要注意的是，可用性在 ISO9241 中的定义依赖软件的品质，它截然不同与 ISO9126 中所定义的可用性，诸如功能性、可靠性和计算机效率。这些软件品质都对工作系统的使用质量有影响。

使用情景（Context，Scenario）分析。产品是否可用，都不能脱离具体使用环境和情景，因此任何产品的可用性调查研究，都应该在用户具体使用情景中进行。

ISO9241 采用的方法益处如下：

1）可用性框架和使用情景因素可以被用来说明、设计和评价产品的可用性。

2）用户操作的满意度提供直接测试特定情景中产品是否可用。

3）测试用户操作和满意度提供基础用来比较不同技术的产品的相对可用性。

4）一个产品的可用性可以被定义、存档和检验为质量体系的一个部分，并与 ISO9001 一致。

二、可用性描述

设计过程中必须规定和评价可用性。在制定新产品可用性要求前，可以用 ISO9241 第 11 部分的信息作为框架去规定该产品的可用性要求，以及要完成的验收测试标准。要确定特定的测试可用性的环境和语境、所选择的有效性、效率和满意度的测试，以及根据这些测试的验收标准。用户特征、他们目的和任务、以及完成任务的环境，对使用提供的重要信息，对规定产品设计和生产要求也提供了重要信息。

产品开发必须规定可用性标准。研发人员用 ISO9241 第 11 部分作为指南去规定产品可用性目标，产品研发组也可以用可用性的定义和框架，去建立一个对可用性概念的共同的理解，可以帮助产品研发组强调与产品可用性有关的众多因素。在研发各个阶段，可以用这些目标作为可用性测试标准。可以作为提高可用性的决策依据，也可以作为可用性和其他要求之间进行折中的依据。

为了测试或说明可用性，必须把它分解成有效性、效率和满意度，把使用情景分解成为若干可测试可验证的特性因素。这些因素和关系列入图中。在测试可用性时需要下列信息（图 1-6-1）。

1. 描述使用情景因素，包括用户、设备、环境和任务。它可用来描述现有情景或期待的

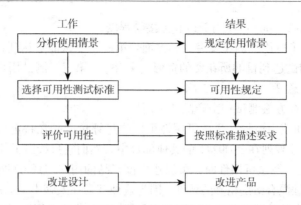

图 1 - 6 - 1   设计过程中的情景分析、可用性分析

情景。

2. 可用性测试包括：情景中有效性、效率和满意度的目标或实际值。

描述用户。用户的有关特性需要被描述，这些特性包括：用户的知识、技能、经验、受教育程度、培训、体力特征、技能动作特征。必要时，要定义不同类型用户，例如按照不同水平的经验可以把用户分为专家用户、经验用户、普通用户（一般用户）、新手用户、偶然用户等。也可以按照不同操作角色把用户分类。

描述设备。设备的有关情况需要被描述，包括硬件、软件和材料，按照可用性评价所需要的操作特性的品质进行描述。

描述环境。环境指有关的物理和社会环境。包括：技术环境（例如局域网）、物理环境（例如工作站、家具）、气候环境（温度、湿度）、社会文化环境（例如工作惯例、组织结构和特点等）。

描述使用产品的目的。用户的工作系统是依据总目的建立的，这个总目的包含一系列行动目的。在这一步，应该把用户全部目的寻找完全。

描述用户任务。用户的每个使用目的构成一个行动，一个行动起码包含四个阶段：建立目的意图、建立计划、实施过程、评价及结束行动，评价时需要依据反馈信息。描述用户任务，就是要描述这些内容。

产品可用性的说明和测试应该按照其使用的总目的、各个具体目的、有关的使用情景、各个任务等，在这些目的和主要任务下测试有效性、效率和满意度。

如何选择测试用户。测试要符合实际，如果该产品不经常使用，就很难存在经验用户或专家用户，更多存在的是偶然用户，那么测试可学性就比较重要。

测试有效性涉及到用户使用产品的目的与实现这些目的的精度和完整性的关系。例如，预期目的是按照指定格式精确生成两个文件，那么精度应该测试拼写错误和格式偏差，从源文件转到目标文件的字数是否完整。

三、各个因素的测试原理

1. 有效性测试。有效性被定义为用户达到目的的精确性（精度）和完整性。要测试精度和完整性，必须形成一个可操作的标准规定，这可以被表达为输出的质量和数量，例如，规定一个输出文件格式，其中包括要处理的文件的数量和长度。精度可以被定义为输出的质量，完整性可以被定义为所达到的目标数量的百分比。

假如要求单独测试有效性，它有可能与精度和完整性的测试结合在一起了。例如，精度和完整性被计算为百分比，对有效性以某个百分比的数值影响。如果一个产品的测试中没有适当的折中方法，精度和完整性的测试应该分别进行。

2. 效率测试。效率测试涉及到完成的有效性与所用资源的关系。暂态效率可以被定义为达到指定目的的有效性与所用时间的比值。类似情况，也可以用于体力、智力、材料或资金消耗。

测试效率涉及到所达到资源耗费的有效水平。有关的资源可能包括体力和智力困难（Effort）程度、时间、材料和资金。例如，

人的效率测试 = 有效性/人工困难程度（Effectiveness Divided by Human Effort）

暂态效率 = 有效性/时间（Effectiveness Divided by Time）

经济效率 = 有效性/花销资金（Effectiveness Divided by Cost）

例如，假如预期目的是打印一份报告，效率可以是被打印的有用拷贝的数量除以该任务的资源耗费，诸如劳动时间、处理费用和材料耗费。

3. 满意度测试。满意度描述使用的舒适和可接受程度。这是用户对产品互动的一个主观反映。满意度的测试可以通过态度等级或使用中正面与负面评价的比例。附加信息也许可以从长期测试中获得，例如旷工率、健康问题报告、用户调换工作的比例等。

满意度可以用主观测试，也可以用客观测试。客观测试可以依据观察用户行为（例如，人体姿势、人体运动、缺席次数），或者依据监督用户的生理反映。主观测试满意度时，可以定量处理用户主观表达的反应、态度或观点。这一定量处理可以用许多方法完成。例如，让用户用数字表达他们感觉的强度，也可以按照偏好给各个产品排序，也可以依据问卷给用户态度分等级。态度等级具有一定优点：它可以很快被使用，比较符合实际，不需要特殊技能。态度问卷可以用心理测试技术来建立，并且可以估算出信度（Reliability）和效度（Validity），可以防止伪造数据、反应偏差和诱导。它们的结果也可以与过去的进行比较。SUMI和QUIS就是采用的用户态度问卷方法。

4. 认知工作量（Cognitive Workload）。工作量指任务的体力和脑力方面。体力工作量是由人体运动、步行、姿势位置等所引起的。设计计算机硬件应该考虑高速输入和维持人机对话活动对体力的要求。另外，操作计算机时，用户的感知（视觉寻找、搜索、发现、识别等）、记忆、理解、构思表达、交流、建立目的、构思计划、评价、等构成"认知工作量"。为了判断用户操作负担，需要测试用户认知工作量。

5. 认知困难度（Cognitive Effort）。它是关系到用户操作精度和完整性所花费的一个资源，使用户达到目的，并因此促成了对效率的度量。认知工作量具有一定特性，负担过高或负担过低，都会导致低效率。一个任务要求过少的脑力劳动程度，也会引起低效率，因为它导致厌倦、并缺乏警觉性（它直接降低有效性）。认知负担过高也会导致低效率，它引起信息丢失和出错。当安全是关键问题时，例如航空交通控制、过程控制等，认知负担过高是重要问题。测试认知负担可以预测这些问题的类型。

可用性是一个产品的总体特性，是在一个情景中产品的使用质量（品质）。各种预测可用性的方法都有局限性，都不能作为有效的标准。只能作为参考。而可用性的问题在于很难具体描述应该具备哪些属性，因为从本质上它取决于产品使用环境和情景。迄今，已经有许多方法具体描述可用性，例如对话原则（Dialogue Principles）、指南和检查清单（Guidelines and Checklists）、分析程序（Analytic Procedures）等。

四、对话设计原则

ISO9241 第 10 部分规定了如下对话原则，对每个用户界面的互动设计原则都提供了例子，这些原则都是用户界面的设计指南。国外许多可用性测试问卷也把这 7 条作为可用性测试标准。

1. 适合任务（Suitability for the Task）：当任务支持用户有效地、高效率地完成任务，就认为该对话适合任务。

2. 能够自我描述（Self Descriptiveness）：当每步对话通过系统反馈或按照用户要求进行解释，那么就认为这个对话是自我描述的。

3. 用户可控制（Controllability）：如果用户能够启动和控制人机互动的方向和节奏直到满足目的，就认为该对话是可控制的。

4. 符合用户期待（Conformity with User Expectations）：当对话一致并符合用户特性（例如用户知识与经验以及共同接受的约定习惯），就认为该对话符合用户期待。

5. 容错（Error Tolerance）：尽管输入出现明显错误，用户不需要修正行动或投入最少的干预，仍然能够达到预期的结果，就认为该对话是容错的。

6. 适合个性化（Suitability for Individualisation）：如果软件界面能够被修改以适合用户需要、个人偏好和技能，就认为该对话具有个性化能力。

7. 适合学习（Suitability for Learning）：如果对话系统支持并引导用户学习如何使用系统，就认为该对话适合学习。

五、如何看待这些可用性原则

1. 以上这些原则是设计用户界面的基本依据，但是这些原则并不是"被抽象出来的普遍性原则"。迄今为止，不存在普遍适用的用户界面设计原则。ISO9241 对每一条原则都提供了具体例子，通过这些例子可以理解在哪些情况中可以应用。

2. 迄今为止，不存在普遍适用的可用性测试原则。不应该生搬硬套以上这 7 方面的设计原则，可以把它们作为可用性调查的基本参考方面。

3. 因为各个产品的设计目的不同，针对问题不同，有不同侧重的可用性要求，因此可用性测试时也应该按照具体需要设计具体测试标准和测试方法，应该按照具体需要去设计用户调查问卷、用户测试方法等，因此可用性测试和调查并不能按照统一的标准格式和内容。

六、用户满意度测试——SUMI 测试

爱尔兰 University College Cork 的人因素研究组（Human Factors Research Group（HFRG）at University College Cork, Ireland）开发出软件可用性测试清单（Software Usability Measurement Inventory，缩写为 SUMI），通过测试用户满意度去评价用户感知到的软件质量（User Perceived Quality）。它是 MUSiC 项目中的一部分。它是国际标准化的 50 项问卷，在英国、德国、荷兰、西班牙和意大利都有效。大约花费 10 分钟可以完成一次调查。这个测试要求的人数至少为有代表性的用户 10 人。SUMI 提供了三种测试：

1）整体性的评价。满分为 100，平均分 50，标准偏差 10，大多数软件得分为 40~60 分。

2）可用性分解因素：它把可用性、整体性评价分解成 5 个子参数：喜欢程度（Affect）、效率（Efficiency）、帮助性（Helpfulness）、用户控制程度（Control）、可学习性（Learnability）。

3）测项交感分析（Item Consensual Analysis，给出更详细信息）。把被测软件与标准相比好坏，列出被测试软件各个测项得分。通过人们反映喜欢或不喜欢，对软件的特定测试方面进行评估。这样给出该软件潜在可用性缺陷的诊断信息。

SUMI 从以下五方面评价用户对软件的可用性的看法：

1. 可学习性（Learnability）：用户觉得他们能够开始使用软件并学习新特性的安心程度。易学习性指觉察到的学习、记忆的费力程度和用户手册文件质量。

2. 效率（Efficiency）：用户觉得软件辅助他们工作的程度。效率是量度由互动引起的用户感知的暂态效率和脑力工作量（Mental Workload），它包含了明显行动、与用户期待的兼容性、对用户任务的适应性、以及各种操作过程的长度。其含义不同于 ISO9241 中的效率。

3. 令人喜欢（Affect Likeability）：用户对软件的一般情绪反应，例如是否喜欢。在进行可用性测试中，用户的情绪特性是一个重要参照，情绪是评价行动结果而产生的知觉的感觉，用户可能感觉好、热情、幸福或相反，它测试用户在使用产品过程中的感觉、行为意图和具体经验。

4. 用户控制（Control）：用户觉得他们控制（而不是软件）控制的程度。可控制强调产品对用户操作行动的反应。它包含可靠性、出错处理、灵活性、操作速度、过程长度、易导航、易使用等方面。

5. 对用户的帮助（Helpfulness）：用户觉得软件辅助他们使用的程度。有帮助指能够觉察到系统提供的信息的作用，其评价因素是：信息量、突出性、清楚性、可理解性、帮助对话的有用性、各种标记和命令的质量。

这个问卷一共有 50 个问题，用户可以回答：同意、不知可否、或者不同意。网上若干地方可以查到 SUMI 调查问卷，例如地址：http://sumi. ucc. ie/uksample. pdf.

七、使用可用性案例

1. 选择可用性标准。选择可用性测量值取决于产品的要求和企业所需要的标准。可用性目标可以以主要目的（例如可学习性或适应性）作为测试参数，这可能意味着忽略许多"次要功能"，这往往是实际上比较可行的办法。可用性测试也可以以子目标（例如寻找和替换）作为测试参数，这种方法往往用于早期开发过程。

有必要建立如下两个可用性标准。第一，最低可接受的可用性标准。第二，可用性的目标标准。如果测试一群用户时，判据值应该是平均值（例如，完成任务的平均时间为 5 分钟），对于各人的标准值（例如，每个用户都要在 5 分钟内完成任务），或者对一定百分比的用户（例如，90% 用户能够在 5 分钟内完成任务）。

测试可用性所依据的数据应该能够反映用户与产品互动的结果。可以采用客观方法收集数据，例如测试输出、工作速度、或特定事件的出现。另外的方法就是主观方法，例如用户表达自己的感觉、信心、态度或偏好。客观测试提供了对有效性和效率的直接结果，而主观方法可以直接用于满意度的测试。

应该注意，在测试可用性的每个因素时，获得的数据很可能既包含客观方法，也包含主观方法。例如，满意度可以从用户的行为客观测试中推断出来，而有效性和效率的评价可以从用户表达对工作的主观看法中推导出来。所收集的数据的对可用性预测的效度，取决于用户、任务和使用情景是否对实际情况有代表性，是否反映测试的本质。一种极端情况是，你也许在"现场"进行测试，用实际工作情况作为评价可用性的基础。而另一个人也许在"实验室"里评价产品的某些特定方面，其使用情景是在人为控制方式下建立起来的。实验室方法的优点是对变量有比较大的控制，可以得到预期的重要效果。它的缺点是人工建立的实验室环境可能产生不切合实际情况的结果。因此，评价可以采用不同方式，根据测试目的、实际情况，以及与设计的关系，发挥各自的优越性，避免各自的弱点，可以在现场，也可以在实验室。

2. 可用性测试案例。下面电话设计案例说明了如何定义或测试可用性，也就是如何规定有效性、效率和满意度。可用性测试可以对总目的实施（产品的总任务），也可以对具体子目的实施（一个子任务）。然而必须明确你的测试目的：如果你的测试目的是确定产品质量，那么就要比较详细测试各个任务。如果只是针对某个问题进行测试，就只测试与它有关的任务，可能会忽略一些无关的任务（表1-6-1、表1-6-2、表1-6-3）。

可用性定义　　　　　　　　　　　　　　　　　　　　表1-6-1

可用性目标	有效性测试	效率测试	满意度测试
总体可用性	达到的目的百分比 用户成功完成任务的百分比 被完成的任务的平均正确度	完成任务的时间 每单元时间完成的任务 完成任务的资金花费	满意度的等级 长时间中的使用率 提意见的频率

测试一个产品期待特性案例　　　　　　　　　　　　表1-6-2

可用性目标	有效性测试	与专家用户相比的相对效率	满意度测试
适合于培训过的用户	有效完成任务的数量 用到的有关功能百分比	与专家用户相比的相对效率	对主要特性的满意度
适合于行走使用	第一次尝试中成功完成任务的百分比	第一次尝试所花费的时间 第一次尝试的相对效率	主动使用的百分比
适合于很少使用或间歇使用		再学习所花费的时间 重复出错的数量	重复使用的频率
最少支持条件要求		所花费的时间 学习判断的时间	
可学习性		学习判断的时间 再学习判断的时间 学习的相对效率	学习不费力的百分比
出错容错	被系统纠正或报告的出错百分比 容忍用户出错的数量	纠正错误所花费的时间	处理出错的比例

用户说明——某电话产品预期用户人群应该具有下列特征　　　表1-6-3

特征	要求
技能和知识	
产品经验	会使用具有"等待"、"转接"功能的商业电话系统
系统知识	无要求
任务经验	无要求
培训	无要求
组织的	无要求
资格	无要求
语言能力	最小阅读年龄11岁
体力特征	
视觉	矫正到正常标准视觉测试要求
听觉	正常听觉测试标准
手灵活性	单手能够灵活操作

八、设计指南的缺陷

现在已经存在许多改善可用性用户界面指南。第一，有些指南提供了用户界面特性（例如，提供帮助，菜单的屏幕布局等）。第二，有些提供更高级属性（例如一致性灵活性等）。现在网上已经有大量的用户界面设计指南（User Interface Design Guidelines）。第三，1993 年公布的 ISO9241–14 可能是要求最高的菜单对话指南。它提供了 112 条建议。缺乏用户界面设计心理学知识的人往往希望得到设计指南和清单。但是它们有许多缺陷：

1. 这些指南往往是针对某个特定系统和特定用户进行的调查得出的结论，然而表达成一般性的原理，其实并不一定具有广泛性，其含义也变得模糊，无法看出它的前提、条件、注意问题等。不同的人对同一条设计指南可能理解完全不同。

2. 任何设计指南都是针对具体问题，而不是为了获得"普遍真理"，因此都具有限定条件，不能保持一个设计指南是全面有效的。

3. 一个成功的用户界面都会符合一般设计指南的基本原则，但是如果把设计指南作为"真正设计指南"，要按照它的要求去进行设计，就会发现许多设计指南彼此可能是"矛盾"的，你无法折中不同指南要求。

4. 设计指南往往没有说明针对什么问题、适合什么用户，这是有效解决问题的依据，如果不了解这些前提，设计师可能误解设计指南，因此设计师的理解和经验成为使用设计指南的背景依据。

5. 许多可用性原则是在特定用户操作环境和情景特性下获得的，因此也只有选择适当的用户和适当任务才能进行评价。

6. 要逐条评价一个产品是否与设计指南一致，是非常耗费时间的。因为这样脱离了使用情景，实际上并不是这样进行测试评价的。而是依据用户模型建立可用性测试标准和测试方法。

7. 设计指南并不能保持产品的可用性水准。一般情况下，是在具体使用过程中，不断发现问题，不断改进产品可用性的。判断标准并不是看它是否与设计指南一致，而是看是否能有效地完成任务。

8. 把设计指南变成"普遍原则"后，对它的解释就更依赖专家的个人经验和见解。他的水准就确定了你的产品的可用性水准。如果你遇到一个糊涂专家，那就惨了！

9. 用设计指南评价产品时，用检查清单去对照产品的可用性设计，看哪些符合，哪些不符合，也许这样能够发现一些设计问题，但是遇到两条冲突原则时，它并没有告诉你优先原则和各条指南的重要程度。

因此，最有效的方法是：掌握用户调查方法，能够自己建立用户模型，能够自己编写设计指南和清单，能够自己建立可用性标准和测试方法。这样，你对其内部各个内容之间的关系，如何使用各个原则，就会心中有数。

九、MUSiC 建立的可用性测试方法

1. MUSiC 项目（Metrics for Usability Standards in Computing）。它是国际标准 ISO9241 的主要依据，因此了解它对于理解可用性有帮助。它是欧洲若干国家合作项目 ESPRIT 中的一部分，其目的是与工业界合作建立可用性定义和测试的各种方法和工具。已经建立了各种工具供用户为基础的可用性测试：用户操作、用户满意度、认知工作量、以及供分析测试可用性的各个方面（SANe），此外，提供了一个情景指南手册（Context Guidelines Handbook）去确

定用户、任务和环境的关键特性，一个评价设计管理软件（Evaluation Design Manager）在计划和完成评价时指导各种选择。

情景指南手册。可用性测试必须在适当情景中进行，它必须符合该产品的使用情景。因此 MUSiC 建立了一个系统方法描述使用情景和测试情景。如果不能全部满足这些情景，就要特别注意，不要把这些研究结果过分概括化。描述测试情景，是任何评价报告的一个基本部分。情景指南手册包含了一个使用调查问卷情景和一个情景报告表，它提供了实际操作步骤如何使用它们去描述产品的使用情景，以及如何描述适当的测试情景。情景的关键因素成分会直接影响评价过程的可用性，这些因素是能够被确定下来的。下列过程是最有效的。

MUSiC 操作测试方法是在英国国家物理实验室开发的，它提供一套有效方法，提取操作为基础的可用性参数。并且用软件工具 DRUM（Diagnostic Recorder for Usability Measurement）支持这个测试，它提供了视频录相，视频剪辑工具，有效加速视频分析速度，帮助管理评价数据。

2. 目的。MUSiC 建立的方法，是测试可用性的第一个综合方法。它要求把在设计过程中从下列步骤考虑可用性。

1）确定实际设计项目对可用性的目标。

2）确定可用性的关键成功因素。

3）为这些关键成功因素确定适当的可用性目的。

4）在设计要求说明中添入可用性目的。

5）在研发过程中测试可用性以保持满足上述目标。

6）把有关可用性方面不足的信息反馈到设计中进行改进。

可用性测试的类型和数量取决于设计目标和有效资源。当然存在如下局限：

1）假如用户界面已经全部被描述好了，在制造原型前可以用 SANe（如果有资金）去获得可用性反馈信息。

2）可以用 SUMI（如果有资金）去获取用户感知到的已经投入使用的软件产品的可用性。

3）用评价设计管理软件（Evaluation Design Manager）或情景指南（Context Guidelines）去设计可用性研究方法（假如有资金）。用 SUMI 等方法获得用户感知的可用性。选择操作测试工具，以获取客观测试的可用性结果及诊断反馈信息。选择认知工作量工具，获取关于认知工作量的信息。

3. 学习曲线。对于学习曲线概念，欧洲存在两种观点。第一种，学术观点。这种观点按照学习时间描述学习效果。用下列公式计算学习曲线：$S = $ 学习收获 (ΔX)/学习花费 (ΔY)。可以把学习过程分为三个阶段，学习曲线也被分为三段。在第一阶段，新手用户（初学用户）学习特性，新手用户缺乏基本概念，操作中会有很多错误，这个阶段花费时间很多，而学习效果不大，长进很慢，这一段曲线是"水平"形状的。第二阶段，吸收阶段，用户学习到一定时间后入门了，然后迅速积累、错误减少、理解加快、记忆加快、操作速度也加快，这一阶段长进很快，这一段曲线斜率很陡。第三阶段，成为专家后，继续学习，需要花很大精力才能获得一点点成效，这一阶段的曲线斜率很小，又成为"水平"线（图 1-6-2）。

第二种，工程师观点。学习被看作是负担或花费，学习曲线表示每一个单位的学习成果所花费的学习时间。$S = $ 花费的时间 (ΔY)/单位成果 (ΔX)。平坦的曲线表现了简单容易的学习，陡峭曲线表现了艰难的学习。

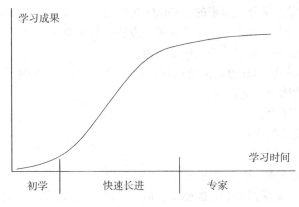

图 1-6-2　学术观点的学习曲线

4. MUSiC 的用户任务测试

（1）任务有效性测试。MUSiC 操作测试方法中，用户使用一个产品完成一个任务的有效性，是比较两个方面：第一，用户完成的任务数量，任务目的在该任务输出所占的比例（用户要干很多任务，才能达到同一个目的，说明完成的任务数量少）；第二，这些任务输出所达到任务目的的程度，它表示了用户达到目的的质量。任务有效性 =（数量×质量）%。

（2）效率，在操作测试方法中，用户的暂态效率被定义为有效性/任务时间。有效性是在特定情景中测试的。它可以比较下列效率：

1）效率被用来比较两个相似产品或版本，让同样用户人群在同样环境里，去完成同样任务。

2）两类或更多类型的用户在同样环境里使用同样产品完成同样任务。

3）同样用户在同样环境和同样产品上完成两个或多个任务。

（3）生产周期（Productive Period, PP）。MUSiC 操作测试方法定义了一个任务生产周期为，用户朝任务目的前进，有效工作时间占总共花费的时间的比例，不考虑是否达到目的。一个任务的非生产周期指：寻找帮助（帮助时间），寻找该产品的隐藏结构（寻找时间），克服问题（阻碍时间）。

$$PP = （任务时间 - 帮助时间 - 寻找时间 - 阻碍时间）/任务时间$$

（4）用户学习。它测试用户在特定情景中学习如何使用产品的速度。可以测试用户重复评价过程时，个人表现出来的操作韵律增加的速度。另外一种方法，测试该用户与专家用户的相对效率，提供了该用户所达到学习曲线上的位置。MUSiC 相对用户效率韵律指同样情景中一个用户相对于专家用户的效率的比率（百分比）。

相对用户效率 =（用户效率/专家用户效率）%

相对用户效率 =（用户有效性/专家有效性）×（专家任务时间/用户任务时间）%

5. 认知工作量测试

它关系到完成任务所付出的脑力耗费程度。它可以有效测试用户完成操作所花费的脑力难度，在安全操作中是特别重要。客观测试方法（Objective Measures）。例如，心率测试属于客观测试方法。主观测试（Subjective Measures）。在许多情况下，在实验室或现场需要更便宜、更简单的测试方法。MUSIC 支持两种问卷方法：主观脑力难度问卷（Subjective Mental Effort Questionnaire, SMEWQ）和任务负担指数（Task Load Index, TLX）。SMEQ 是由格罗宁根大学和戴尔夫特技术大学开发出来的。SMEQ 在各种实验室和现场的实际测试中具有很高效度和信度值。TLX 是由美国 NASA 开发的测试方法，任务负担指数是多维度的等级划分过程，它依据 6 个参数值加权确定总的工作量分值：

1）该任务所要求的脑力和感知活动总量；

2）该任务要求的体力活动总量；

3）该任务的时间压力；

4）个人感觉的成功程度；

5）个人投入的努力程度；

6）不安全感、挫折感、愤怒与压力总量。

其中的前 3 个测试关系到对个人的要求，后 3 个测试关系到个人与任务的互动。从网上可以知道，有人已经在实际过程中，修改了这个测试内容。

第七节　如何调查用户的行动需要

一、用户"需要"指什么？

用户需要可以被分为目的需要和方式需要。目的需要指人生行动的基本匮乏的东西。例如，"交流"是为了弥补"孤独"，它是人生一种基本匮乏，因此交流是一种目的需要。方式需要指实现目的需要所采用的各种途径和方法。同样要"打手机"，但是有以下五方面区别，"谁打"（who/whom）、"何时打"（when）、"何地打"（where）、"说什么"（what）、"如何打"（how），这五类问题是方式需要。目的需要的类型很少，是比较容易发现的。而实现一种目的需要所采用的方式需要是多种多样，设计的重点和难点是满足用户的方式需要。调查用户对产品的方式需要，主要包含调查以下五方面内容。

1. 用户使用产品时环境和情景。用户操作时对环境有一定的要求。环境包括人文的组织环境，具体的技术环境。使用情景指使用过程的剧情，与它有关的各种因素都属于该情景因素，一般说包含时间、地点、心理状态、任务、人物角色、姿势、表情、动作、气氛、过程等。任何操作都发生在确定的环境和情景。产品的任何可用性都对应确定的环境和情景。在具体的环境和情景中，用户采用确定的操作方式。从环境和情景中发现用户的方式需要。例如，使用手机的用户，什么情景中使用耳塞，一般是打电话的时间很长。脱离环境和情景，就没有可用性而言。

2. 用户需要的操作语境。指用户采用的语言，它包含了用户使用的各种符号、词汇、术语、句型、语气、表达习惯等。尤其要了解用户采用的"话语行动"，了解他们如何用口语表达行动，用什么动词表示操作，用什么句型表示操作命令，他们表达操作命令时，采用"动词"+"宾语"（"打开"+"文件"，先想到"打开"，再想到"文件"），还是采用"宾语+动词"（"文件"+"打开"，先寻找文件，再打开）？常用什么词汇，要调查他们的最低词汇量和操作句型。这是设计用户操作命令集、命令格式的依据之一。

3. 用户需要的行动条件。用户需要指完成任务所需要的各种条件，这一部分是调查用户需要的重点之一。一个任务起码包含四个阶段：意图、计划、实施、评价。用户需要指能够完成这四个阶段的行动条件，即意图引导、准备条件、计划条件和计划辅助工具、操作条件、评价条件。此外，还要考虑非正常情景（例如各种突发事件，各种恶劣环境条件）时的安全和操作条件。这一部分内容是本节的重点。

4. 用户需要的认知条件。用户在操作过程中各种心理过程所需要的条件，这一部分也是用户调查的重点之一。用户认知条件主要包括：感知条件、注意条件、记忆（回忆或识别）引导、了解条件、交流条件、学习条件、纠错条件、尝试（进行各种探索尝试性操作）条件、选择引导、决断条件、反悔条件等。

5. 用户学习操作的需要。用户需要学习行动任务，不希望学习大量的面向机器技术的专业知识。用户希望学习"如何干"的知识（过程性知识），而不希望学习大量的"如何说"的知识（陈述性知识）。当前学习计算机操作太耗费时间。许多儿童学习骑自行车只需要 10 小时左右。大多数学习驾驶汽车大约 20 ~ 40 小时。而学习计算机操作，学习任何一个软件的操作，几乎都需要 100 小时以上，这种学习耗费了用户大量时间精力，而计算机公司却漫不经心地三年一升级，五年一换代，造成辛辛苦苦学习的知识都作废。

6. 用户的审美需要。审美指通过产品、通过产品与人的互动、通过产品与周围环境互动，所引起的感知、认知心理过程，导致的情绪感受。用户审美是有目的的，用户的审美目的并不是设计人员的目的。设计人员必须通过用户审美调查，才能了解用户通过各种产品的审美目的。我们经过 7 年审美调查发现，多数人在学习、工作和生活紧张压力之余，需要通过舒缓平和（而不是刺激）来恢复心理。只有极少数人需要不断寻求刺激、激情、或多变，其中多为青少年，其实也是青少年中的极少数。对每一个产品，各种用户的审美期待是多种多样的，只有通过调查才能发现存在哪些审美需要，以及他们的人数比例是多少。这样就能够按照这种比例，设计出多种不同的外观。

7. 用户需要的辅助任务条件。例如包装、运输、拆卸、安装、保养、维修、储存等任务所需要的条件。本书不分析这些需要。

下面分析用户需要的行动条件。

二、用户需要意图引导

产品应当符合用户的行动意图（动机，目的），并给用户提示各种任务意图的操作。命令名称应该反映用户行动意图，这本身就是对用户的意图引导，例如"打开文件"、"打印"都表示用户的目的意图。在各种不同类型的产品上，人们采用不同的符号表达行动的意图。打字机的键盘上用字母表达各个键的目的意图，"A"这个键表示能够打出字母"A"或"a"，因此键上的这个字母对用户来说是意图引导，也是计划引导。但是，计算机键盘却不透明。各个字母的组合可能成为一条命令，你不可能直接看出来哪些组合构成命令，你无法直接看出"F1"到"F12"表示什么？这些都给用户带来记忆负担。应当向用户了解如下需要。

1. 用户还希望该产品具备什么功能？现有的哪些功能是多余的？哪些功能不符合用户行动意图？

2. 用户对各种功能希望提供什么样的意图引导？例如，采用语音、灯光、汉字或英文，采用什么颜色，什么形状结构等。

3. 用户希望在什么位置显示意图引导？例如，在按键上，在按键旁，屏幕上部，屏幕下部等。

4. 用户如何理解界面上提供的各种操作引导？从这个问题能够构成很多具体调查问题。

5. 对于特殊功能，例如有危险的，有时间要求，有严格操作顺序要求的任务，如何能够引起用户警觉而不至于手脚慌乱？如何弥补用户的失误操作？

6. 在非正常情景中如何提醒用户，例如如何在黑暗中比较容易发现房间内电源开关？

三、用户需要准备条件

在操作使用机器前，要进行一系列准备操作，使得机器处于正常工作状态，例如，为座式照相机安装座架，有些产品需要安装电池，仪表的零点需要调整，投影仪的调整，测试仪器要连接导线、传感器等。在产品设计中应当尽量简化准备过程。过去的机械式照相机提供了暴光速度、光圈、摄影距离三个参数，每照一张相片，必须要调整这三个参数。除了专业摄影师，一般人在照相时都经常忘了一两个参数。20 世纪 80 年代"傻瓜"照相机能够很快普及，正是由于它省略了这种准备工作，不再让用户调整这三个参数。幻灯机是会议与讲座中经常要用的设备，这是一个相当简单的机器，但它的准备工作相当麻烦，往往难倒许多人，经常耽误很多时间。2000 年以后在我国无人再用 1 千元左右的幻灯机，而使用 1 万元的投影仪，这是一个令人惊讶的现象。设计中要尽量简化准备过程，由机器自己完成有关的准备工作。

四、用户需要计划条件引导和计划辅助工具

人们从事任何行动，都要进行计划。用户在计划行动时会有以下基本特性。第一，用户操作产品时的计划，主要指"何时"、"何处"、"如何"操作、"何物"。设计人员要向用户调查这四方面。第二，用户在操作过程中，要采取若干不同计划方式。有些用户想一步走一步，走错了再退回来从头考虑；有些人想三步走一步；有些人考虑好全部计划后才开始行动。设计人员要调查用户各种可能的计划方式，在设计中尽量综合考虑各种计划。第三，用户在制定操作计划时，要考虑实施任务的步骤或过程所需要的条件、引导、或辅助工具。怎样使用用户能够比较容易寻找、发现、识别这些条件？这关系到要向用户调查计划条件应当符合用户的感知意向性和感知能力，要调查用户在建立计划时，看哪里、寻找什么、如何寻找、如何容易发现、怎样识别等心理过程。第四，实施计划时，用户不得不把自己习惯的行动计划转换成为机器能够接受的操作过程。这是新手用户学习操作计算机时最大困难之一，也是学习操作的主要内容之一，人人都要花费大量时间模仿和记忆机器操作。所谓"熟练用户"，实际上已经变成"机器人"或者"机器化"了。第五，计算机的操作被称为"微操作"，它每一步只能完成很琐碎的一点任务，用大量的操作命令才能完成很小的任务。我们用笔很容易画一条曲线，但是在计算机上画曲线变得很复杂，操作过程很长，因此用户不得不花费很多时间记忆机器命令的运行过程。当前各种软件都没有给用户提示复杂命令和任务的操作过程和运行过程，基本没有给用户提供计划辅助工具或计划引导条件，这是造成困难的一个主要原因，也是设计中的一个严重问题。例如，新手用户需要知道扫描仪的操作过程，发送 Email 的过程，在使用绘图软件时需要知道这条曲线的操作过程。第六，设计的计划特别要注意的各个步骤之间的过渡，应当保持用户的动作、感知和思维流畅过渡，不要引起动作冲突、视觉冲突或思维冲突。第七，人只适合同时干一件事情，而不适合同时干两件事情，不适合两手同时干两件不相关的事情。设计的机器操作也应当符合这些特性。

设计调查中应该向用户了解如下需要。

1. 对用户每个任务具体进行调查，看用户对各个任务有哪些计划方式？

2. 在每一步行动中，用户"何时"、"何处"、"如何"操作、"何物"？这个问题十分复杂，要调查用户每一步的感知、计划和动作，要花费很长时间进行调查。

3. 用户如何寻找、发现、识别各个操作工具？是否容易发现这些操作工具？是否容易理解？

4. 各个操作步骤之间的过度是否流畅，是否有动作冲突、视觉冲突或思维冲突？是否不适当地要求用户双手操作不同任务？是否不适当地要求同时操作两个任务？是否引起用户顾此失彼。

5. 用户操作时，要把行动计划转换成机器的操作步骤。哪些转换比较烦琐？是否能够把机器操作直接采用用户的行动方式？这个问题是用户界面设计的根本问题。这种考虑是对用户界面的彻底革命性的突破，不可能在短期内实现。然而如果不积累思想，就永远无法改变。

6. 用户需要系统提示哪些任务和哪些命令的操作过程？如何在屏幕上提示这些操作过程？

7. 如何在系统里记忆和显示用户的操作过程，以供新手学习或监督操作过程。

8. 操作计划是否灵活。具体说，是否允许用户在操作过程中反悔？例如，后退几步。

9. 操作计划是否灵活。具体说，是否允许用户在一个操作过程中，放弃当前的计划，不需要进行许多状态转换的过渡操作，而能够立即开始另外一个新的任务或新的计划？

10. 操作计划是否灵活。具体说，是否能够同时运行两个或三个任务？

11. 操作是否简单。具体说，各个任务的操作步骤是否琐碎太长？是否能够再减少操作步骤？

12. 操作是否简单。具体说，应该由机器完成的操作任务，是否要求用户去完成？

五、用户需要操作条件和引导

在用户具体每一步操作时，提供的引导和条件。例如，键盘上的每一个按键都做成凹形的，使手指头在依靠触觉定位时容易识别中心位置。钥匙孔都有一个圆锥槽，使得钥匙容易定位插进去。飞机跑道在夜晚由灯光引导降落方向。这个问题大多属于 20 世纪 50 年代到 20 世纪 70 年代传统人机学考虑解决的问题，本书不再分析这些问题。

六、用户需要评价条件和引导

当用户完成每一步操作后，都要评价操作结果。其评价过程是把机器的操作结果与大脑中预期的标准进行比较。用户评价的两个意图。首先，判断是否完成一步操作目的了。如果没有达到目的，要考虑修正计划，完成当前这个行动。其次，如果判断已经完成一步操作目的，用户要根据当前状态信息，计划下一步行动任务。最后，用户关注的主要问题包括：看什么、看多少、看哪里、何时看？机器对于用户每一步操作都应当提供反馈信息，而且都要适合用户的这三个评价意图。具体问题如下：

1. 设计调查要了解的主要问题是用户如何评价操作结果？需要什么样的反馈信息？

2. 用户在每一步操作后，都要评价操作结果，用户都会预测一个结果。对每一步都要了解用户希望采用什么感官评价反馈？视觉评价，还是触觉，还是听觉？对每一步都要了解用户需要什么形式的符号表达信息？需要声音反馈（语音、还是音乐），还是闪动光点，还是振动，还是文字符号，还是图形？提供的反馈信息符号是否符合用户期待？用户是否能够直接感知，而不需要思考反馈后才能理解？

3. 提供的反馈信息的内容是否符合用户期待？用户希望感知什么内容？

4. 用户期待反馈信息出现在什么位置？用户希望在哪里感知反馈信息？

5. 用户希望何时看？反馈信息都是由设计人员规划设计出来的，他们应当按照用户期待的时刻、位置，提供用户期待的反馈信息，并用用户期待的符号形式表达反馈信息的含义。

6. 如果用户操作后没有完成任务，反馈信息应当提示用户如何去弥补？如果完成了当前任务，用户希望得到什么反馈信息？

 7. 提供的反馈信息是否过多？是否符合用户目的？

 8. 当用户需要依据反馈信息进行快速操作时，用户往往期待直接感知，那么要了解用户从总体上对反馈信息是否基本不满意？是否需要与现实类似的自然信息？用户对哪些信息需要自然信息的形式？

七、用户在非正常情景的需要

 例如黑夜、暴雨、大风、大雪等恶劣天气，又如高速、高温、高压等环境，各种突发事件。要了解在这些情景中，用户如何操作使用计算机？这时用户需要什么操作条件？非正常情景中用户的操作，是调查必不可少的一部分内容。许多设计人员忽视了这个问题，因此他们的设计的产品也无法在这些非正常情景中使用（表 1-7-1）。

用户任务模型参考

表 1-7-1

序号	任务目的	计划及问题		实施及问题	评价及问题
1	准备仪器	打开仪器包装，插好各种接线	准备工作比较复杂	将电压线按照颜色插入相应的插孔，将电流线插入电流孔	各个插孔的颜色与接线的颜色相同，便于识别
2	开机	在后面板上发现电源开关按键并按下	在前面板上寻找很长时间，未发现电源开关	按下电源开关按键，打开机器	主机发出一声鸣响，屏幕点亮，出现主界面
3	测量	寻找测量功能并按下对应按键	按下屏幕上测量功能按键	主机发出一声鸣响，出现等待画面，在 2 秒后到达测量界面，同时测量的数据在细微变化	

第八节　如何调查用户的认知需要

 在每一个行动步骤时，用户都要通过大脑活动建立意图、制定计划、控制行动过程、评价行动结果等等。大脑的各种有目的的活动被称为认知，主要包括：感知、注意、理解、表达、交流、学习、选择、决断、发现问题和解决问题（例如，纠正出错）等，这些认知心理过程所需要的条件和引导，主要包括以下各个方面。

一、用户需要感知条件

 感知是任何行动的第一步和最后一步。在每一步行动前，都要先进行感知活动，寻找行动条件。在每一步行动后，都要进行感知活动，评价行动结果。这是调查用户感知行动的两个基本出发点。例如，用户想打开计算机电源，他首先要感知外界，要观察电源部分是否正常，电源开关在哪里。使用结束后要关机，最后要看一下是否关机了。在心理学各个领域中，感知是最复杂的，因为人的感知活动太复杂、太随机、形式太多。我们几乎无法深入到每一个细节去了解，用户什么时候预测出现什么，观察什么，朝那里看，期待什么形式的信息？因此用户界面的感知设计往往也是最复杂的。要想使人机界面符合用户的感知需要，设计人员要耐心进行细致全面用户调查。用户的感知受生理条件影响，这些因素包括，光线的波长、亮度、持续时间、视场、距离和视角等。此外用户感知还受以下因素影响，设计人员必须调查分析这些方面。

第一，用户的行动意图决定他的视觉意向性（视觉计划）。在没有行动意图时，人的视觉是随意的没有目的的。这时容易受外界的刺激吸引。用户确定了行动意图后，也会确定视觉意向性，它主要包括向哪里看，何时看，看什么，怎么看，看多长时间。因此最基本的调查任务是了解用户需要哪些目的信息，了解用户在启动各个任务前，需要寻找什么行动条件信息？用户在完成各个任务后，需要感知什么反馈信息以能够评价行动结果？

这还意味着，用户往往只关注与自己行动有关的信息。外界其他信息被称为干扰。因此要调查用户视觉意向性：用户在每一步行动前朝哪里看，寻找什么信息，何时看，看什么，怎么看，看多长时间等？调查这些问题的目的，通过用户界面设计，提供符合用户目的需要的信息，在用户期待的位置、期待的时间、显示用户期待的信息，既不多一点，也不少一点。

为了达到这些目的，至少要调查用户有关的特性：需要的行动条件是什么，需要的反馈信息是什么，用户期待在屏幕上什么位置去观察，希望各种信息是什么形式，希望信息量多大等。

用户只关注与自己行动有关的信息，也意味着，往往看不到与他行动无关的信息。因此，设计人员要了解用户关注什么信息，只提供用户所需要的。有些设计人员在屏幕上总喜欢显示大量信息，以为显示的越多，用户看到的越多。实际上，用户往往把这些当作信息垃圾，根本不看。

第二，视觉过程主要包括：寻找（Visual Search）、发现（Detection）、区分（Discrimination）、识别（Recognition）、搜索记忆（Memory Search）与识别的东西相比较，最后确认（Identification）。例如，你在屋子里寻找你的一本书，你的视觉和其他行动就可能按照这四个过程进行。其他感知活动，例如听觉过程、触觉过程等，也存在类似过程。设计人员需要积累一定的观察经验，这样才可能知道你应当观察哪里，应当注意什么现象，应当测试什么参数。如果没有任何知识和经验，就根本了解不到任何用户感知心理。在调查用户行动中或在观察用户操作时，如何调查用户的感知方面？调查用户感知的这 6 个处理过程，并了解各个处理过程需要什么有利条件，通过用户界面设计给用户提供这些条件。

第三，美国人机学在军事领域主要测试以下三个感知参数。可探测性（Detectability，又叫可见性）：在探测时，可以从信息品质上发现与其他东西不同。确认性（Identifiability）：刺激信号的属性使得可能区分或确认它与其他东西不同。可识别性（Recognizability，又叫可读性）：信息属性使得可以识别它的内容或（文字、图标、信号的）含义，即符合视觉造型原理。

第四，用户视觉受知识经验影响。人往往只能看到理解的东西，忽略不理解的东西，以为那些东西与自己无关。这被人们称为"熟悉感"，对于熟悉的东西，一下就能识别出来。对于不熟悉的东西，也许会盯着看半天也搞不清楚。这意味着要给用户提供他们熟悉的东西。对于那些用户不熟悉的但是危险的东西，要设法使用户能够了解含义。因此，要调查你所设计的各种信息符号是否符合用户经验，用户对哪些符号缺乏经验，如何弥补？例如，当计算机感染上病毒时，往往看到了病毒图标符号，却不明白那就是病毒。要向用户调查这类问题，搞清楚如何能够提醒用户？

第五，符号形式影响用户感知。信息载体（符号形式）不同，用户的感知方式也不同。人们从实际场景中感知信息时，一个视角内的场景信息是被同时感知，也就是并行感知输入，不仅感知速度快，而且接收到全部信息。对于逻辑信息，人们感知文字数字信息，是一个字一个字串行输入，感知速度慢。如果一个场景中失火了，你一眼就能看到这个全部场景，就能够发现哪里失火了，各个部位情景，是否有人受伤等等。如果一篇文章写道：

"2006年8月9日上午11点，我们家属院内7号楼东侧第一个大门失火了。"你读到文章结束才知道"失火"，而且你只能知道这一点信息，其他现场信息都不知道，信息量远小于图像信息。设计用户界面时，要了解各种显示的信息应当采用什么符号形式，用户希望得到文字表达形式，还是图形表达形式？

第六，信息形式的感知敏感性。人们在长期生活中积累的大量的感知经验，在区分和确认相似信息（例如区别你的手套与我的手套的差别）时，往往从各种物理量角度敏锐地区分不同对象，这叫视觉形式感知敏感性。例如，你的父母从你脚步声就能识别你来了，而其他人往往不能，他们对你的脚步声音很敏感。你能够从颜色上区分你的手套与我的手套，这是对颜色的感知敏感性。类似，人们还会从功能、形状、表面机理、结构、光线、位置关系、高度、相对快慢等物理量敏锐区别类似的对象。由此形成了以下特定的视觉形式敏感性：

形状感知敏感性：当用户观察某些对象时，特别注意形状，各个形状的彼此相对位置关系，通过形状或位置关系理解对象含义与特征。

颜色感知敏感性：通过颜色理解和确认对象含义和特征。

结构感知敏感性：通过结构理解和确认对象含义和特征。

功能感知敏感性：通过功能理解和确认对象含义特征。

表面机理感知：通过表面机理理解和确认对象含义和特征。

生态感知敏感性：观察任何对象时，人们处于该环境中，都是从特定视角观察对象。不同位置观察的视角不同，获得的视觉信息也不同。在教室讲台看教室里的全体学生，那是从一个特定视角看到的"特写镜头"，由此形成透视。如果你任意移动一步，透视发生变化，你看到"特写镜头"的内容就发生变化，有些进入镜头，有些退出镜头。这意味着，人与他观察环境合为一体。这就叫感知的生态感。人们日常看到的东西都属于这种感知活动。

了解这些视觉意向性的目的在于，要调查用户对于各个信息采用什么形式意向性，提供符合用户需要的形式。尤其在屏幕上出现大量的图标信息，为了使用户能够比较发现所寻找的信息，要调查用户对这些信息的形式感知意向性。特别对于那些造成感知困难的信息，要调查用户：对什么形式比较敏感，形状、结构、功能、还是表面机理敏感？这个问题是当前人机界面设计调查中的一个缺陷。

第七，用户视觉注意在屏幕上具有一定的分布概率。Staufer（1987年）通过研究发现，人眼观测计算机屏幕时，视知觉注意并不均匀，往往对左上角比较敏感，占40%。它明显高于其他区域。右下角最不敏感，只占15%。这两者相差两倍多。这意味着在左上角应当显示比较重要的信息。要调查用户希望把什么信息显示在左上角？右上角？左下角？右下角（图1-8-1）？

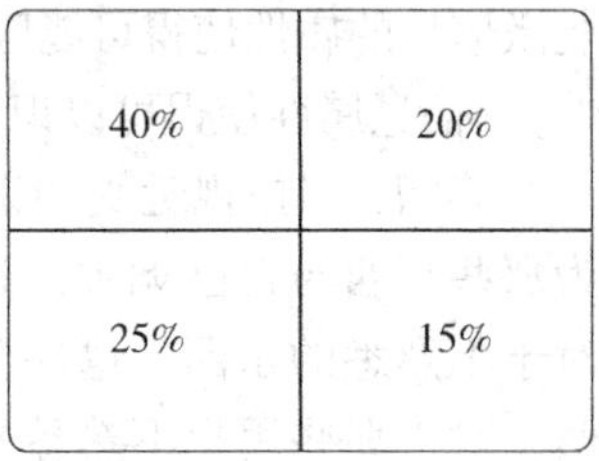

40%	20%
25%	15%

图1-8-1　视觉注意在
计算机屏幕上的分布

第八，视觉短期记忆量为7±2个信息项，例如7±2的单词，7±2个的数字，7±2个图标等。然而这些信息可以被记忆保留的时间很短，由于后续信息不断涌入视觉，占据了视觉记忆，使得原来记忆的信息被冲掉了，造成原有的视觉信息的短期记忆时间仅为"秒"数量级，很少能达到1分钟。这意味着尽量减少无关信息的显示，减慢操作速度，也许能够促进用户的短期记忆时间。针对当前出现大量的"信息垃圾"，笔者提出"核心信息"（关键信息、简化信息）概念，给用户只显示他们意图所关注的含义，而不要添加细致的形式描述信息。设计菜单结构时，要调查用户：如果最多只显示7项，你希望第一级菜单显示哪些项？

显示几个？希望第二级菜单显示哪些项？如果最小只显示 5 项，你希望显示哪些？

第九，感知动作链。人们在长期生活中，对开门、使用筷子、穿衣服、骑自行车、打球等进行的大量的反复练习，已经把感知与动作直接联系起来，遇到什么具体需要，就能直接发出相应的行动，而不需要大脑思维这些活动。这些感知动作链是每个人长期学习所获得的宝贵知识库。如果失去这个知识库，每个人日常将寸步难行，干任何事情都要看说明书，一边看，一边操作。在用户界面上采用用户的这些宝贵经验，就能够明显减少用户对操作使用的学习时间。要调查用户的哪些感知动作链可以被用来作为操作动作？在用户界面上进行尝试，看是否能够把这些用户感知动作链作为用户界面设计的重要参考。例如，鼠标操作，就是运用了人手最简单的感知动作链，使用户能够把注意集中在大脑思维上，使手的动作成为无意识的随动行为。2000 年以后，国内有些公司把三维鼠标的功能添加到普通二维鼠标上，例如增加滚轮等，用户必须用大脑思维控制滚轮动作，加重用户认知负荷，在紧急情况可能引起操作动作失误。这不符合"无意识动作"设计原则。

第十，从自然信息直接感知行动意图。人们在长期生活中积累大量的感知经验，从颜色、形状、重量等就能直接判断对象的状态，例如，从颜色判断蔬菜是否新鲜是否能吃，从车胎形状判断是否需要打气等。这些自然信息与行动意图的联系，也是人们宝贵的知识库。如果你没有这个知识库，就看不出来什么东西能吃，什么能喝，什么能穿等等。那么你干任何事情，也要用说明书，连吃饭也要用。要减少用户学习操作，最主要的方法之一，是采用用户熟悉的自然信息，减少美工创新的陌生图形语言。因此要调查用户不习惯哪些设计的符号？希望把哪些符号改为他们熟悉的什么自然信息？有时仅显示自然信息还不能满足用户需要，还要迭加人工设计的物理信息等。例如在显示的自然风景中要叠加距离、高度、运动速度等。

二、用户对注意的需要

笔者对大学生大约进行过 10 次注意持续时间的调查。大多数人的注意大约能够持续 10 ~ 15 分钟。上课时，他们都安安静静坐在那里，其实心早飞了。如果想要吸引他们注意，那么大约每过 16 分钟就要放松一下，或者强烈刺激一下感知（或改变单调感知信息），或者幽默一下，大伙一笑，又能注意 15 分钟了。在操作计算机时，在从事监督控制任务时，长时间要求用户高度集中注意是不可能的。要引起用户操作注意，采用的也是这三种方法：放松、刺激、幽默。为了解决长时间监督观测时的松懈漏报问题，要采取一些方法提醒感知注意。例如在屏幕上监督火警，平时不要求用户持续集中注意，而在出现火警时，屏幕上显示闪光红色，同时蜂鸣器拉响报警声音，以引起注意。对那些要求用户长时间高度注意的任务，要调查用户，在持续感知疲劳情况下，如何能够引起注意警觉？

计算机是认知工具，用户希望把主要精力集中在脑力活动上，手的活动变成无意识的随动，不需要花费大量时间学习手动操作，不需要专心注意，因此要采取单一的、重复性的动作。这是设计计算机操作的一个重要原则。手机越来越小，按键也越来越小，操作越来越费劲，有些人要用眼镜腿去操作手机按键，可能有些人还希望提供一个放大镜。按照惯例的手机概念，已经不适合用户的使用，因此需要建立新的手机操作概念。是否能够取消手机按键，而采用别的操作方法？

另一方面，使用计算机的大多数用户几乎都是数小时连续操作计算机，引起精神高度紧张，因此应当调查那些操作容易引起高度紧张？

如何能够使用户放松休息？如何设计放松形式？

三、用户对辅助记忆的需要

人的记忆包含两中形式：回忆与识别。回忆指"背诵"，要靠你自己搜索大脑中存储的东西。识别指当你再看见一个对象时能够认识曾经见过，能够区分不同对象。回忆比识别困难得多。减少用户记忆负担的主要方法是，把回忆变成识别。过去计算机操作系统为 DOS 系统，它要求用户靠回忆命令去操作，你必须在大脑里搜索 100 多条操作系统命令。根据"识别比回忆容易"这一原理，苹果机和 PC 机把操作系统变为直接操作界面，它不要求用户从大脑里回忆命令，只要求在屏幕上识别图形菜单命令，这样就大大减少记忆负荷。用户虽然不必记忆命令的名称，然而当前用户记忆困难之一在于要回忆命令的结构和位置。由于命令过分多，菜单被分为 3 层甚至 4 层。例如中文编辑软件，一级菜单只有 9 项，它们的二级菜单数量如下：文件（16 项）、编辑（17 项）、视图（17 项）、插入（18 项）、格式（18 项）、工具（16 项）、表格（16 项）、窗口（4 项）、帮助（9 项）、二级菜单一共为 125 项操作。三级菜单至少有 102 项操作。用户必须记忆这 125 项和 102 项操作的菜单结构和位置。例如，"调整行距"是一个很简单的操作。该软件提供了两种方法改变文字的行距，第一种方法是操作"格式"—"段落"—"行距"；第二种方法是操作"文件"—"页面设置"—"文档网格"—"每页行"。很多用户不知道第二种方法，因此有时候无法改变行距，在这个简单问题上花费很多时间。要设法减少用户记忆负担，给用户提供辅助记忆工具等等。可以用若干方法减少用户记忆负担，例如，采用用户命名，按照用户习惯建立任务过程，采用用户熟悉的图标，采用用户熟悉的菜单结构等。总之，采用用户熟悉的东西，能够明显减少他们的记忆负担。再例如，把菜单项合理分组可以减少记忆负担。要向用户调查如何将菜单项分组？你可以与专家用户进行讨论，建立几个方案，再通过实验调查一般用户倾向哪种组合。还有其他辅助记忆的方法，要通过用户调查去确认用户是否需要记忆辅助工具，什么事情需要计算机辅助记忆？采用什么方式辅助记忆？

要减少用户记忆量，首先要调查用户在操作中不得不记忆哪些东西？哪些记忆符合用户意图，哪些记忆不符合用户意图？

用户在操作中经常要记忆的东西如下，通过用户调查尝试减少这些记忆：

第一，新概念术语。例如新功能，要进行用户调查，采用什么比喻词汇比较适合用户人群中学习最困难的那部分人？

第二，新图标。新图标是一种新的陌生语言，不应当经常创新图标，而应当调查用户熟悉哪些符号？

第三，新的图形操作结构。例如，下拉式菜单，多媒体操作符号。当前新出现的用户界面总增加许多新功能新操作，这不符合用户基本需要。如果汽车操作总这样变化，你还敢开汽车吗？事故和死亡记录可能会成倍增加。要调查用户的基本任务和基本操作需要，把用户界面操作稳定在一个基本结构上。

第四，新的操作方法。一般用户只知道鼠标操作时要单击按键，没有想到什么情况下要双击。你知道什么时候要双击鼠标？类似，新手用户往往不知道鼠标右键里还隐藏了许多命令，不知道什么情况操作右键。调查用户，什么命令不要放在右键？可以采用其他什么方法？

第五，新的操作过程。例如，样条曲线的绘制过程和修改过程等。

另外，记忆与学习过程紧密相连，下面还要分析记忆问题。

四、用户对理解的需要

你知道含义是什么意思？你知道理解是什么意思？我搞不清楚，迄今没有人能够解释清楚。但是我知道理解是人间最困难的事情之一，它是哲学和认知心理学当前研究的一个难题，从 20 世纪 80 年代开始，不少人就开始研究这个问题了，甚至出版了不少书。然而，如今还没有搞清楚它。这个问题的困难程度往往被设计人员忽视了。一位程序员写的程序，另一位程序员往往都不理解，更何况一般用户，由此用户操作计算机产品时经常出现挫折感，甚至经验用户和专家用户也不例外。理解在用户界面设计中指用户是否明白计算机上各种符号与自己任务的关系的含义，这些符号指概念、语句、机器状态、机器反应、图形结构、操作命令、图标等各种符号、各种反馈信息和互动信息等。理解的基本条件是，各种符号应当在用户的经验和知识范围内，符合用户对因果关系的经验解释，不要生造图标符号。对于必要的新概念新操作，要从用户角度进行解释。最起码要对用户调查下列问题：

第一，给用户展示全部图标，调查他们能够理解哪些图标？并写出含义。不理解哪些图标？不了解哪些符号？最好在操作情景中调查这个问题。

第二，若干图标表达同一个含义时，用户倾向于采用哪种图标？

第三，不理解哪些命令的词义或功能？

第四，不理解哪些命令操作过程？

第五，当一个任务需要多条命令去完成时，是否了解该应当由哪些命令构成过程？

第六，不理解哪些操作概念？

第七，屏幕上经常用图形结构模拟操作键。数码照相机等产品的外观，用各种线条、图形、机械结构给用户表达各种操作含义。要了解用户不理解哪些线条？不理解哪些曲线曲面？不理解哪些操作结构？旋钮结构、转换开关结构、图标结构、任务结构、命令结构、任务的计划结构、阅读操作结构等？

第八，不理解哪些任务中用户与计算机的角色（下面分析此问题）？

五、用户对角色与交流条件的需要

当你不得不与一位陌生人共事时，你有什么感觉？心中没底，不知所措。你们也许要先相互介绍情况，建立约定，交换彼此联系方式，建议他干什么，建议你干什么，遇到什么情况时应该怎么办。学习操作计算机，或者操作一个新软件，就如同与一个陌生人交往。你是否有这样感觉，你很想与计算机相互介绍情况，可是你与计算机讲不通，计算机是很笨的机器。在设计用户界面时，请你要牢记这种感觉。在操作计算机时，系统给用户设定的若干角色，例如，控制角色（用户主动控制计算机去干事情），听从角色（按照计算机规定用户去操作），互动角色（"你变，我也变"。事先无法确定干什么，必须按照计算机的反馈确定如何干下一步），分工合作角色（用户与计算机各自完成一些步骤，综合起来才能完成一个任务，例如打印文件）。然而计算机并不提醒用户何时采用什么角色，计算机只会等，而新手用户并不知道计算机在等待自己。计算机偷换角色时不提醒用户，这是计算机给新手用户带来的主要困难之一。所谓"学习操作计算机"，实际上很多内容是用户必须记住各个操作任务时自己的角色，要记住计算机的各种运行状态，要记住遇到计算机什么状态时自己要干什么。为此，要调查用户：

第一，各个任务中的交流过程是什么？这实际上是要建立用户与计算机的交流模型。这

个问题很复杂。最起码要了解交流的关键步骤。

第二，在每一个操作任务前，是否希望计算机告知行为角色？是否要提示新手用户应该干什么？如何干？例如，在打印时，软件是否可以提醒新手用户把纸放到打印机上。

第三，当计算机改换角色时，是否希望有提示？提示什么，如何提示？

第四，用户是否理解各个对话框？是否会操作各个对话框？倾向于操作对话框？倾向于填写，还是选择，还是画勾等？

表1－8－1为一个秘书文字处理软件的调查提纲中的一部分。与用户任务模型相比较，用户认知模型的内容比较复杂，不容易观察，因此要深入分析的问题也比较多、比较难。

认知模型调查提纲　　　　　表1－8－1

建立用户模型要考虑的问题			下一步设计指南要解决的问题
行动名称及情景	行动阶段及需要的条件	认知及需要的条件	要深入调查分析的问题
秘书从大量文件中打开一个文件	意图：打开某文件		在寻找发现文件过程存在什么问题
	计划：具体观察理解用户操作顺序，以及出现的计划问题	文件在哪里 视觉过程如何寻找发现识别该文件 存在什么不便问题（忙乱，随意寻找）	如何使用户知道文件在哪里 文件图标的识别和理解存在问题吗 如何区分各种图标 如果文件很多，如何快速发现该文件
		在哪里寻找"打开文件"命令 如何操作该命令 几步完成操作 是否困难	命令图标，结构是否妥当
	操作：用鼠标双击文件图标 用鼠标点击文件，击右键"打开文件"	如何使用户是否知道"双击" 如何使用户是否知道"右键"命令	采用"双击"鼠标是否恰当 采用"右键"是否恰当 是否有更好的操作方法 不要经常交换使用键盘和鼠标。能够单独鼠标（或单独用键盘）完成每一步操作
	评价：文件是否被打开了	从哪里看到反馈信息	打开文件后显示什么信息
	非正常操作情景	打不开，怎么办？用户需要知道为什么打不开文件	哪些情况下无法打开文件？如何备份 告诉用户各种无法打开文件的问题及如何改进操作
		如何从大量文件中很容易发现一个文件	如何检索文件名称？例如，秘书如何很快能够从1000封来信中查询到一封信 这个问题涉及到文件如何命名，如何排序，如何检索等问题

第九节　用户情景分析

一、什么叫用户情景分析（Context Analysis，Scenario Analysis）

情景分析指在用户使用情景中分析用户需要和操作过程，从中发觉设计信息。为什么要采用情景分析？因为一个产品并不具有固有的可用性，只具有在特定情景中才能确定它的可用性。泛泛说产品可用性是无意义的，可用性是与使用环境和情景联系在一起的。一个产品要求的可用性属性取决于用户、任务和环境的构成，这些因素就属于使用情景。因此进行可用性调查研究时，不能把一个产品孤立起来，也应该在该产品的使用环境和情景中进行。用户的使用情景因素包括：用户、任务、设备（硬件、软件和材料）以及使用产品的操作环境和社会环境。使用情景与可用性的关系密切。为了改变一个产品的可用性，使用情景的任何组成部分（用户、产品、任务设备、或环境）都可以被控制（图1-9-1）。

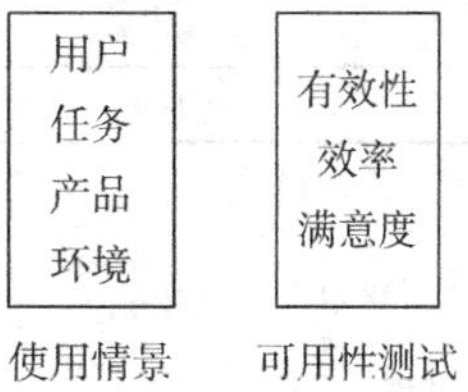

用户
任务
产品
环境

有效性
效率
满意度

使用情景　　可用性测试

图1-9-1　使用情景
与可用性测试

　　产品设计中为什么应该通过情景分析进行用户调查？第一，为了减少或避免脱离实际的用户调查。一般情况下，用户调查的主要方法是访谈和回答问卷。这种调查过程往往是脱离用户存在现场的"空谈"或"纸上谈兵"。用户在被调查过程中，并没有真实操作使用产品，他们的回答的真实性受回忆程度的影响，受他对你问题的理解，还受人际交往关系的影响。第二，尽量使用户处于真实使用过程中回答调查问题。一般访谈和问卷调查过程中，用户处于被动地位，他必须按照你的问题顺序回答，而不是按照真实操作过程和感受。这些因素的影响下使得用户调查距离真实情况差距比较大。第三，产品的可用性特性、产品存在的问题、设计因素是通过一个个使用情景分析出来的，缺少一个情景，就可能遗漏重要的可用性因素和设计因素。用户在实际情景中的使用，是用户调查最重要的环节，用户访谈和问卷调查无法取代用户使用情景调查分析。确定一个情景（包含用户、任务和环境）也许与确定产品参数和特性一样重要。产品的可用性特性是通过一个个使用情景分析出来的，缺少一个情景，就可能遗漏重要的可用性因素。可用性设计的质量高低，在很大程度是取决于是否能够把可用性情景找全。改变使用情景的重要因素，就会改变产品的可用性。例如，环境温度等变化，就直接影响可用性。因此，发现和确定一个可用性情景，与确定产品的参数同等重要。可用性设计的质量高低，在很大程度是取决于是否能够把可用性情景找全。第四，国际标准ISO9241中提出的对话方式原则在设计和评价中应用时要考虑使用情景，必须区别看待用户、任务和环境。

二、用户使用情景所包含的因素

　　情景分析是一种设计调查方法，如何描述使用情景？各个产品使用情景所包含的因素不同、各个因素之间的结构也不同。各个产品的使用情景可以用若干不同方法描述。我们分析使用情景的目的，是考虑如何使用情景与可用性因素关联起来，从中发现用户需要和可用性设计因素。用户使用情景包含四个因素：用户、任务、设备（产品）、环境。这四个因素又可以被分解成为许多因素（见表1-9-1）。

使用情景所包含的二级因素　　　　　　　　　　表1-9-1

用户	目的	环境
用户类型	目的	组织环境
技能和知识	子目的	结构
产品经验		工作小时数
系统知识	计划过程	小组工作
任务经验		岗位功能

续表

用户	目的	环境
组织经验	确定任务的实施标准	工作实践
培训		协助
键盘和输入技能		中断
资格		管理结构
语言技能		交流结构
一般知识		报酬
个人特性		态度和文化
年龄		使用计算机的政策
性别		组织目标
体力能力		工业关系
体力极限		
身体障碍		岗位设计
智力能力		岗位灵活性
态度		操作跟踪
动机		操作反馈
		步调节奏
		自治
		决定能力

设备	任务	技术环境
设备	任务实施计划	配置
基本描述	分为几个步骤	硬件
产品特征	需要什么反馈信息	软件
产品描述	评价标准是什么	参考材料
主要应用范围	如何评价操作结果	
主要功能	遇到障碍如何处理	物理环境
	如何处理出错	
规格	如何学习	工作条件
硬件	非正常情景中如何实施任务	空气条件
软件		听觉条件
材料		温度条件
	任务细分	视觉环境
	任务名称	环境不稳定性
	任务频率	
	任务持续时间	工位设计
	事件频率	空间和家具
	任务灵活性	用户姿势
	体力和智力要求	场所
	任务依赖性	
	任务输出	工位安全性
	出错导致的风险	危害健康的问题保护服和保护设备

除了上述各个因素外，在用户操作情景中要注意如下各个方面，从中发现设计信息。

1. 用户使用情景要包含用户的各个真实操作任务。从心理学角度，"用户行动"、"用户目的"、"操作任务"是同等含义，它包含"用户类型"和"用户目的"。一定类型的用户的每一个目的构成一个任务，也构成一个生活片段，这就被称为是一个使用情景。用户要实施的每个任务，都会联系到具体使用环境以及使用情景。要联系用户使用环境和使用情景，尽量列全用户的操作任务。用户类型、目的、环境都包含许多下属的影响因素。

2. 用户在真实使用情景进行操作时必然会表现出计划过程。各种用户有若干不同的计划方式。有些用户走一步看一步，有些用户先想好若干步才走一步。如同下围棋那样谨慎，大量用户的计划方式处于这两种极端之间。计划时需要一定条件，各种用户需要哪些条件来计划操作过程。遇到特殊问题时，用户如何解决。这些都是设计用户界面所关注的要点。

3. 用户使用情景要包含用户具体实施。具体实施每一个操作时，都存在一定有利条件可以促进操作，这是最要关注的。

4. 用户使用情景要包含用户需要的反馈信息评价标准及评价方法。用户根据产品的反馈信息、对照自己的标准、评价自己的操作结果。

5. 用户使用情景要包含各种非正常使用情景，例如各种可能出现突发事件，各种可能遇到的恶劣环境条件，用户操作时可能出现的各种非正常的心理因素的影响。

可用性测试实质上是以用户的操作心理特性作为评价产品的依据。而人的心理学特性是十分复杂，受环境因素和情景的影响非常复杂。把任何可用性测试结果要普遍化到另一个语境中时都必须十分谨慎，必须注意到用户类型和任务或环境都不同了，原来的测试结果并不一定能够被推广成为普遍性结论。假如可用性测试是短时间测试结果，这些数值可能并没有包含那些对可用性有重要意义的很少见到的事件，例如断续的系统误差，这种误差不连续发生，短时间往往观察不到。对于通用目的产品，必须在若干不同有代表性环境语境中进行可用性测试，在这些环境语境中可用性可能有差别。

三、与产品有关的生活片段的情景分析（Scenario Analysis）

下面通过一个例子具体分析一下情景分析方法。2004 年我国旅居车的使用处于初始阶段，除了野外石油勘探使用外，几乎没有什么人使用过，几乎无法进行市场调查，甚至找不到看见过旅居车的人，更没有进行过用户调查研究。因此很难通过市场调查或用户调查挖掘设计信息。在这种情况下，还有什么办法了解用户需要？只能调查潜在用户所追求的有关生活方式，发现可能有关的设计信息。

第一步，调查潜在用户相关的生活方式。例如周末到西安市南山脚下，许多人开车到那里去度过周末，观察他们的生活方式。与他们进行交谈，然后设计问卷对他们进行调查。最主要调查问题包括：他们旅行目的是什么？他们现有的旅行方式是什么？可能包含有哪些日常生活情景？如何通过旅居车去满足他们的旅行需要？具体调查如下。

1）描述用户有关生活片段。分析确定用户有关的生活片段，也就是用户行动或用户任务，例如确定旅游目的地，计划与准备水电气、食物、被褥等，出发，行车，达到目的地，准备饮食，吃饭，饮水，露宿睡觉，开车过程中睡觉，各种活动，回程等。

2）生活情景调查与分析。观察和记录每个生活片段，从中发现用户需要，目的是提取设计因素。具体观察用户旅游的每个生活片段的情景过程，分析每个生活片段的目的、计划、过程，从中发现与旅居车有关的各个动态因素。例如，主要调查如下问题：您旅行目的地是哪里？选择什么时间出去旅游？旅行多长时间？喜欢去什么地方旅游？希望在那里逗留多长时间？一般愿意几个人去旅游？在旅游地想从事什么活动？携带什么物品和工具？在野外旅游时休息环境中哪些方面很重要？外出旅游不方便之处是什么？野外旅游想带什么食物？对饮水有什么要求？如何睡觉？对睡具有什么要求？喜欢盖什么？垫什么？枕什么？担心什么问题？

3）用户生活语境分析。人们用话语表达行动，因此要注意观察用户在各个活动片段所想的事情和所说的话。这需要采用语境分析（见下一段），按照用户话语行动，描述他们的各个行动过程，分析各个任务的目的、计划、实施及评价所需要的操作条件，从而归纳出用户对各个生活情景的要求。

4）按照用户对一个个生活片段的情景描述，总结出设计要求，主要包括：旅行时间，旅行人数，旅行距离和目的地，旅行携带物品与工具，对旅行休息环境的要求，旅行中的不便问题，旅行中的饮食、饮水、用电、睡眠、方便、恶劣气候等问题。

5）总结用户所需要的行动条件和行动引导，这些信息将被转换成设计要求和设计指南。

第二步，访谈专家用户，进行情景分析。旅居车的专家用户指使用这个车可能走过5万公里以上，大概使用两年以上。专家访谈包含如下步骤。

1）访谈。让他们描述，在使用旅居车过程中的每个任务过程，使用什么设备，有什么问题。同样，要总结出来设计要求。

2）现场演示。到旅居车现场，请专家用户演示使用过程，尤其不要忘记非正常情景的演示，并用有声思维方法口述目的、计划、操作过程、评价操作结果。

3）自己参与真实旅游过程，体验这些过程，进行各种情景操作，甚至包括前期的加水、充电。

4）整理比较专家用户提供的信息与潜在用户的调查数据。

第三步，建立用户模型，提取设计因素。把上述调查信息进行分析，转化成设计要求、设计标准和设计指南。主要包括：旅居车底盘高度要求，旅居车能源容量及补充方式，旅居车休息舱空间大小及安排，窗户设计，舒适性设计，家具可拆卸分析，家具选配，行李架设计，旅行携带设备的放置，附带娱乐设施设计，工具箱设计，餐台设计，冰箱等设备选配及设计。

情景分析适合什么类型的产品设计调查和用户调查？情景分析是在用户真实使用过程中观察真实问题。它主要适合有明显操作动作的产品使用过程，例如如何骑自行车，如何驾驶汽车，如何使用工具机器，如何在各种建筑内进行活动等。在这些过程中，设计人员可以观察到用户的明显动作过程。情景分析过程中，要尽量消除用户的戒备紧张情绪和演戏感，例如到用户熟悉的工作环境和家庭环境，而不要在企业建立所谓的"生活环境"。

第十节 语境分析

一、什么叫语境

什么叫语境（Context）？语言学中的语境指语言环境，或上下文。这里的用户操作语境指用户在操作过程中大脑的思维环境和认知环境，以及用户界面上的操作环境。语言是交流工具，是说话的工具。人思维时的工具或载体是什么？是语言吗？有一部分是语言，另外部分不是语言。从整体上，思维的载体或符号是"虚拟现实"，是虚拟的场景或情景，好像演电影故事，好像在剧场里，好像现实中的真实故事。里面有人物，各种实物，有情节过程，有感情，其中只有对话采用语言。

用户在操作使用产品时思维载体是什么？包含语言文字，但是思维的主要载体是使用情景、产品、环境、操作动作以及情景内一切有关的各种符号。我们暂且把它称为符号操作语言。

当用户用自然语言表达自己操作过程时，采用词语来表达自己的行动，叫话语行动（Speech Act）。然而用户大脑思维并不完全采用词语。在使用产品或操作机器时，用户的思维符号语言是操作情景内的一切有关载体（与操作有关的各种象征符号），有颜色语言、形状语言、结构语言、机器行为语言、温度语言、机器声音语言、质感语言、数字声音语言等等。用户在操作过程和思维过程中，用这些符号构成了思维符号语境，是符号操作思维的语境。因此，在分析用户操作行动时，要深入分析用户的思维载体，以此作为要提取的用户界面表达因素和设计因素。用户操作语境分析主要包括以下几个方面。

1. 真实使用环境。用户是在真实环境中操作计算机完成真实任务，真实环境里的一切有关东西都可能影响用户的操作，各种环境因素可以被归纳为两大类。第一，技术环境，包括硬件和软件，工作条件（空气、听觉、温度、视觉环境），环境的不稳定性，工位环境（空间和家具，用户姿势，场所），工位安全性等。第二，企业文化环境和组织环境。态度和文化、使用计算机的政策、组织目标、工业关系、工作小时数、小组工作、岗位功能、实际工作情况、彼此协助、管理结构、交流结构、报酬、岗位灵活性、操作跟踪、操作反馈、步调节奏、自治程度等。这两方面综合作用形成任务的紧急程度，对用户的工作压力，上司的脾气，同事的合作态度，这些环境元素都会影响用户操作。真实环境中，往往存在一些你意想不到的情景，尤其是非正常情景，这些对发现和改进设计是必不可少的。

2. 认知语境。用户访谈中往往把一个很复杂的事情用很简单一句话就带过去了。例如，"你怎么过河？""买票乘船。"把买票和上船乘船的各种细节都省略了，也许从来就没有深入思考各种细节，只是敷衍地说了一句。而设计师正是通过各种细节去发现设计线索的。用户从事操作任务时，尤其是高度紧张、高难度、责任重大的任务时，用户一定会集中在大脑思维活动中，全部精力集中在考虑如何完成行动。这时用户投入到认知语境中了。用户要考虑操作行动每一点滴的细节。这时他不仅思考行动因素（意图、计划、实施、评价），还要思考环境条件、操作条件等与感知认知有关的因素。例如，把用户带到一条河边，给他提出问题："你现在在考虑怎么过河。"他要考虑各种可能性，游泳，买票乘渡船？从哪游，到哪里买船票？带的钱够不够？是否能买到票？是否准时上船？忘记任何一个步骤，或者任何一个步骤出错，整个行动就会受阻。这些情景中所出现的现象恰恰是设计师要对用户进行调查的。当用户投入到自己的认知语境时，会表现出以下若干特征。第一，沉浸在自己的思维活动中，对外界有一定抗干扰能力。第二，具有连续思维链，主要是围绕行动计划进行思维，因此思考的内容或问题不是孤立的，而不像如同调查问卷或访谈中提出的问题顺序。第三，能表现出个人思维方式的特征，有些人跳跃性思维，有些人要一步一步考虑"因为……所以……"，有些人猜测性思维，有些人尝试一步根据机器反应再进行思考等等。这三方面特征正是设计用户界面所需要的信息，设计师从中要考虑是否给用户提供操作过程的帮助，对每一步出租应该给用户提供什么操作条件，如何使整个操作过程流畅等。在实验室里的调查，或者问卷调查，是按照预先规定问题和调查顺序，不是用户真实的认知语境，他没有进入真实连续操作的认知过程，而是跟随你的问题进行思考，他的思维是支离破碎的、被动的、即兴的，往往不符合真实认知语境中的思维和操作情况。

3. 界面语境。指产品机器上各种与操作有关的用户界面上的各个符号，这个语境主要包括用户界面的形式、结构（各部分之间的关系）、图标、文字、颜色、声音、按键、机器行为等。对用户来说，它们都不是孤立的符号，而是完成各种行动的条件和引导。第一，用户界面应该指示行动目的。例如数码照相机上的电源开关，其形状与颜色可能与其他操作按键不同，这些信息都在提示行动目的。第二，操作过程是界面语境最主要的符号。计算机与各种数字产品的用户界面设计，几乎都忽略了用户的行动计划，这给用户操作造成很大困难。用户界面应当提供行动过程，它应当符合用户行动计划。第三，用户界面提供具体操作动作的引导和动作条件。设计师几乎都注意到这个问题了，例如，按键应该凹一点，钥匙孔要有一定锥度使得钥匙容易插进去。用户的操作过程，就好像用界面符号进行造句的过程，动词表示各种操作动作，宾语是用户界面上的操作符号，用户完成各个操作任务的过程，就是用动词进行造句的过程，造句顺利，说明操作顺利。造句不顺利，说明操作不顺利。例如，"打开电源开关"，当用户想到动词"打开"后，就要在用户界面上寻找"电源开关"。如果他找到，并完成操作了，那么他就完成了这个造句过程。如果无法完成造句过程，就说明没有完成操作。设计师就应该从中发现问题，改进设计。

4. 用户角色语境。任何人在交流中都处于确定角色，每个特定角色在行动中都有一定的行动目的和任务，被称为角色目的和角色任务，例如在干同一件工作时秘书与上级的目的和任务是不同的。特定角色采用不同角色语言、角色态度、角色谈话方式、角色谈话内容、角色相互期待等。社会语言角色类型很多，例如，求学与解惑（学生与老师），服从与命令（士兵与军官），求助与诊断（病人与大夫），会诊与讨论（大夫与大夫）等。用户在操作计算机或各种产品时，也处于某种确定的角色。问卷调查和访谈脱离真实语境调查，明显改变了用户的角色，把他从有目的的操作者变为被动回答者。人机互动时可能出现以下行动方式和多种角色类型：

（1）交流：互通有无，表达理解性语境，了解就是目的。这个语境是：各方表达自己和了解对方，互通情况，互通信息，无意说服或改变对方。

（2）监督或控制（还包括上下级）：物流监督、信息流监督属于此类。上下级交谈也属于此类。上级采用命令性语境、查询性语境，他也知道答案或评价标准。下级采用跟随式、服从式、或被跟踪式语境。

（3）查询（求教）：我提问，但自己不知道答案，要寻求答案。对方采取听取和解答式语境。网上查询资料属于这种语言方式。

（4）分工：各自单独完成一部分。你干一部分，我干一部分，综合各自完成的任务成为完整的整体。使用打印机时，我安置纸，机器打印，这一步属于分工。

（5）讨论：为了共同问题，形成思想流，带有询问、理解、折中等语境。

（6）合作：双方在一起行动，你中有我，我中有你，不可明显分工。理解角色期待，采取动态配合。

（7）上下流水：你说完后我接着说，你干完后我接着干。上游采取表达解释性语言，下游采用询问理解式语言。

（8）互动：交谈过程中要产生应变。你的语言表达引起我的思考和应变，我的语言又引起你的思考和应变。互动是比较难的行动方式和语境。计算机的人机互动属于这种语境。

在操作机器时，用户处于某个角色。角色多样，角色多变，是计算机操作中的主要问题之一。角色变化，很容易把用户搞糊涂了，不知道应该如何操作了。因此，分别保持用户和计算机角色的一致简单，是设计用户界面的一个艰难的任务。

5. 符号背景（例如，有关知识及词语量）。指所谈论的范围领域，根据对象的知识领域和层次，这涉及到概念词语（或专业术语）的词汇量或词汇级别。例如在谈论计算机使用，你的对象可能是小学生、非计算机专业大学生、家庭妇女等。设计人机界面的一个基本假设是：把用户看作非计算机专业的人员，采用一般人的生活词语，而不要采用计算机专业词语。要建立用户操作最小词汇量。

6. 期待与预测。在各种行动方式中，用户都存在预测与期待。在操作行动前用户具有一定期待，开始操作时用户又形成一定预测。你走向一座房子，你期待房子都有门，你预测从房门可以进入房子。你走到房门前看见门是关闭，你期待房子里有人，因此你敲门预测有人来开门。这些都是用户操作行动的基本特征，调查用户预测与期待，可以发现用户的经验、习惯、行动特征，以及所需要的操作条件和引导，并把这些心理特征转换成设计线索。

7. 思维进程。思维进程包括：每段思维长度、思维速度、思维进度（跳跃型、推理型等）。在讨论问题时，各方的思维进程如果不一致，所处的思维语境也不同。从思维链能够表现用户特征。专家用户的思维链比较长，一次思维能考虑很多步骤。新手用户思维链比较短，每次思维只能考虑一步两步。这种进程因素直接影响到用户的思维表达方式，对用户界面设计来说，用户的思维进程直接关系到显示多少信息和显示信息的结构性。例如，用户命令采用"打开这个文件"（动宾结构）还是"这个文件要打开"（宾动结构）？

在设计人机界面前，如何进行用户调查？重要步骤之一是访谈。如何访谈？建立使用情景、提供用户语境，进行用户调查。这是一种比较可行的调查方法。

二、话语行动与语境分析

语言的功能是什么？过去人们认为是交流工具。20 世纪 80 年代以后 J. L. Austin 和他的学生 John Searle 研究的话语行动（Speech Act）引起人们注意。这个概念的基本含义是，当你说话时，你不仅是在交流，"交流"有点"空谈"的感觉，似乎说完就完了，说话可能在表达一个行动，可能建议一个行动，可能表达一个行动过程或表达一个行动意图，这些都是通过话语表达责任。

同样，用户在操作使用产品过程中，也可以用话语表示操作行动。话语行动这个概念给用户调查提供了一种方法：语境分析。

产品语境分析有什么用？用户操作使用产品的过程，他的思维和操作动作构成了一个完整的操作符号体系，被称为操作行动语言。这个语言系统的符号是什么？这个语言系统不仅仅是文字性的语言，包含了各种与使用有关的符号形式：产品外观、结构、文字、颜色、机器声音、机器温度等等。这些符号都是用户操作信息的载体，通过这些符号，用户发现操作目的、操作计划、如何具体实施以及反馈信息等各种与操作有关的信息。这些符号形式多种多样，表达方式也多种多样，句型结构也多种多样。然而这些符号都按照用户目的、计划、操作、评价这些过程构成完整统一的操作语言语句。

为什么要在用户操作语境中进行调查？用户操作产品时，用各种符号（例如语言、图标、按键等）进行思维。我们经常调查用户使用过程，让他们口述操作过程，填写问卷，访谈等，根据他们说的、写的进行分析，这些都依赖语言和文字。这里隐含着一个前提，我们假设他们所说的，就是他们大脑所想的。准确说，他既然用语言进行表达，我们就假设他大脑里也是用语言进行思维。然后我们按照用户语言的描述发现设计信息。我们调查用户，需要他们的口头表达，但是口头表达不一定就是大脑的思维载体，也不是用户的真实操作过程。大脑思维各种不同问题时，使用的载体不同。口语表达与大脑思维是不一致的。

为什么要采用语境分析？第一，"说事"与"做事"不同。实际上，我们"说事"、"想事"在大脑里的载体经常不一致。用户的话语行动与真实操作过程使用的符号并不一致。用户在操作过程中，大脑里的认知载体是由各种对象形体、姿势、动作、结构、有含义的声音、颜色、亮度明暗、词汇组成的。什么时候用词汇，什么时候用颜色、亮度、形体？迄今为止，很少有人深入研究过这个问题。第二，"说事"与"做事"在大脑里采用的符号不同。

在操作语境中设计师可以了解用户认知和思维的操作符号，使得设计的用户界面尽量符合用户的操作符号。对照用户的行动演示与语言表达，分析出来用户哪些表达可能对应大脑里的什么思维载体。分析用户话语行动，进行使用情景分析、用户操作语境分析，能够有效发现用户的操作行动需要，包括感知需要、认知需要、计划需要、动作需要、评价需要等。根据用户这些需要，我们就能够转化成为用户操作条件和操作引导。第三，通过用户的操作话语，使用的符号，操作表达语句句型，尤其是状语结构等，发现他们的使用行动过程，从中观察用户使用目的、计划等，发现用户所需要的各种符号形式，了解他们所需要的感知条件、认知条件、动作条件、评价条件、纠错条件以及非正常情景中所需要的各种条件，为设计提供指南。第四，按照用户操作语境设计人机界面，可以减少用户对人造概念（词汇）的学习。第五，可以使用户减少从词语向操作的翻译转换过程，以减少操作过程的认知工作量（Cognitive Workload）和认知难度（Cognitivce Effort），这是用户界面设计的主要目的之一。第六，这样可以减少用户操作中的出错率。

我们希望通过用户的真实操作情景和操作语境，了解用户使用过程中的思维过程，这样我们就会知道用户的目的、计划等各种与使用产品有关的话语了。我们从设计心理学角度关心两个核心问题：

1. 用户在各个思维阶段采用什么符号载体，用户大脑思维载体（符号）有什么类型？存在哪几种符号形式？尤其需要研究，学习的三个阶段（认知阶段、联系阶段、自主阶段）各采用什么符号，为什么不能统一起来？例如，你在最终学习"鼠标"概念和使用方法时，先记忆书本上（或老师讲述）的名词"鼠标"，然后把这个名词转换成对应的鼠标物体（形体），再按照记忆的规则（文字描述），把词语转换成人体动作，去操作鼠标。其次，在熟练操作时，脑子里往往不是想的名词"鼠标"，而直接想鼠标形体，直接控制你的肢体动作。然后，当遇到鼠标出现问题时，你会说："这个鼠标怎么不好用？"这时你用它的词汇进行思维和表达，而实际上脑子里想的是具体的对象鼠标以及发生的故障现象，同时还抽象出一个口语句子"怎么搞的？"这四个字可能是用文字当载体。这时，画面与语言同时存在。如果提供的信息符合用户大脑思维载体，他就可能直接思维，否则就要进行信息载体的翻译，例如把文字翻译成图像或场景，才能明白含义，这样会增加认知负担，在非正常情景、紧急情况下中可能导致意想不到的后果。这意味着，给用户提供的学习资料上，尽量采用他的思维载体（例如用图形、操作演示过程，尽量减少文字描述），这样可以减少用户认知过程中的符号翻译、记忆、理解过程。再例如，飞机驾驶员在复杂的旋转飞行中需要知道飞机是否处于正常水平平衡位置（头朝上），可以提供文字信息"水平"、"左倾30°"、"180°"（头朝下），然而在旋转中他看到这些文字信息后，要进行翻译才能明白含义。如果旋转速度很高，他还要考虑如何躲避后面追踪的飞机或导弹，他就顾及不到翻译，也许会导致严重后果。因此，我们需要了解用户在操作使用中，大脑对各种信息进行感知和认知时借助什么信息载体。

2. 用户在各种行动方式中，希望通过什么载体（符号形式）感知信息、进行操作和评价？按照什么信息模式进行感知？在操作使用过程中，用户与界面的行动关系很复杂，包括询问、主动控制、反馈控制、服从指令、互动（相互影响）、依赖（自动驾驶）、监督（物流）等。在各种行为方式下，对信息格式的期待是不同的。例如在十字路口，尽管车流人流很复杂，但是人们把这个全景解释为"停/行"这两种状态，这时用户把感知到的各种信息解释为两位的信号，同样在检测仪器中解释为"合格/不合格"，如果把测试仪表的显示器设计成刻度型的，例如1.285为合格，就会明显增加测试人员的认知负担，也会增加测试的出错率，如果把显示器设计成简单弧线，红色部分表示不合格，绿色部分表示合格，这样就减少用户的认知负担。用户如何解释机器的行为过程呢？脑子里想的是机器行为过程的画面，这些画面上包含各个形体（例如轮子、刀具）、各种对象（通过颜色与光线的明暗识别）。还有相应的声音，例如，按键声音、机器运行声音。还有对应操作对象形体，例如，计算机屏幕上的图标、鼠标。把机器声音解释为对应的含义，把"嗡嗡"声解释成"计算机运行正常"。思考操作动作时，你脑子里想的对应的动词，还是对应的动作？新手用户在背诵手册中进行操作，那么他想的是动词和宾语（例如，按下开关），然后翻译成实物。专家用户把感知与动作形成自动链，就形成自动反应动作了。在不同的操作行为中，人们把信息组合成不同的信息模式。在这个问题上我们关注的是在各种不同操作行动方式中，用户如何构建信息模式，如何提供用户所期待的用户界面。了解这些以后，尽力使设计的东西和人机界面符合他们的感知和认知形式。他需要画面时，我们提供他所期待的画面，他需要蓝颜色时，我们提供他所期待的颜色。

三、如何使用语境分析

语境分析主要包含如下目的和任务：

1. 语境调查主要用于什么地方？语境调查比较适合认知工具的设计调查，语境调查实际上是了解用户的认知特性。语境调查是用户调查的一种方式。调查中，尽量不要空对空地说，要拿出具体产品，让用户边看边操作、边问、边讨论。有许多调查表明，脱离实际的问卷调查，给用户提供操作语境（实际拿着产品）进行用户调查，其效果是不同的，用户对图标、结构、操作的理解往往不同。

2. 含义的理解与语境有关。根据具体操作语境调查用户期待的符号，了解用户对设计师提供的各种符号含义的理解。例如，在用户操作真实产品的过程中，对他们进行图标调查，看他们理解（认识）哪些图表，不理解哪些图标，对各种操作动作希望采用什么图标，特别反感哪些图标等。如果脱离真实产品、脱离操作任务，把各种图标画在纸上，对用户进行"虚拟调查"，其结果往往与真实情况差距很大。再例如，为什么工业设计要求制作模型或原型，而不能只依靠计算机绘图？因为计算机绘图只是在二维平面上表现了一个图，用户没有亲自动手尝试操作，无法得到各种具体的关系和感受，也就是说，脱离操作情景和语境。

3. 为用户任务（意图、计划、实施、评价）设计操作语境（与任务有关的认知因素、界面因素、环境因素）。这对设计的潜在含义是：要使用户比较容易完成一个操作任务，在人机界面设计上尽量要按照用户任务把用户界面元素分类组合在一起，以用户熟悉的符号构造一个"小操作环境"，并体现操作过程（用户计划），这些符号能够"不言自明"，不需要再用文字或图标解释，也不要让用户到处盲目寻找和翻译符号。

4. 设计师不要制造外语。学一门外语难不难？难。研究生的外语考试淘汰了不少有专业才华的人。2005年我们系研究生招生的外语线为60分，为全国设计专业最高的，2006年达到65分，不仅是全国设计类最高的，也是我们学校各个专业中最高的。如果能够记住这些体会，那么在设计图标、按键、各种操作符号时，就会体谅用户了。图标是一种语言，图形语言，它表达的含义是与用户的各种操作行动有关，这些含义出自用户的行动需要，而不是出自设计师的创造。图标设计的基本目的不应该是语言创新，而应该是表达用户的操作需要，能够被用户认识，应该能够与用户进行交流。不少设计师把盲目的"图标创新"作为自己水准的标志，他没有想到用户在人机界面上要学习多少外语？每一种语言，用户都得要翻译成与他操作有关的含义，他才能思维连续，用户要学多少东西才会操作机器？翻译过程复杂不？是否能够融入他的思维过程？通过对这些问题的调查思考，就可以看出来，为什么表面形状要简洁？为什么要采取人们熟悉的形状？为什么不要生造图标？为什么不要把外形做得花花绿绿、奇形怪状？就是为了减少语言学习，和语言翻译中间的困难。人机界面上语境，图标也罢，结构也罢，形状也罢，应该采用用户期待的"词汇"。

5. 用户话语行动表现在各种句型中，设计师应该考虑如何从用户表达的句型提取设计信息。这主要体现在以下三方面。第一，通过调查用户操作语境，了解用户界面设计的一致性。在用户界面设计中，"一致性"有许多含义，其中最主要的一个含义是：用户界面要与用户行动特性一致，也就是符合用户意图、计划、操作、评价。用户有声思维中，表达自己的行动计划过程。如果用户界面不符合用户的行动过程，他会说出来不一致的地方。第二，用户句型表现需要的操作方式。用户描述操作过程时，可能使用各种句型。"我开机"，这是简单句，表现了简单操作动作，没有并列任务。"我一边走路，一边打手机"，"我一边打电话，一边拍照"，这是并列句，同时要进行两个三个行动，设计时要考虑哪些操作应该简单灵活等。"我首先干……然后干……"，这表示了两个任务的先后顺序，这是表现行动过程，用户计划，机器的操作过程也应该考虑用户的这些计划。第三，在进行可用性测试时，也可以采用语境分析，检验产品的可用性。让用户用话语描述操作过程，操作语句越简单，说明操作越简单。状语从句越多，就越难操作。条件句越多，说明操作越复杂。"我开机"本来是个很简单的行动，但是如果在话语分析中你发现他语句很复杂，"我首先……怎么找不到开关……然后……然后……才能开机"，这就说明设计得不好。

6. 如何观察用户？用户的表情也是一种符号语言，用户的每一个表情，动作，眼神都反映了他在操作过程中间的话语的句型。他操作时出现一个表情：惊叹，这是一个句型，表明什么含义？他动作很流畅，语速很快，反映了什么？他东张西望，反映了什么？他哎哟一声，反映了什么？沉默是什么含义？用户在操作过程中，往往通过语气、表情、眼神、动作、反感、感叹，表示对操作结果的评价语言。你作为一个设计调查的人，首先要解读用户这些语言的含义，从中发现人机界面设计存在的问题。

从以上这些方面可以看出为什么需要用户语境分析。第一，语境是用户操作行动中在产品人机界面上的认知环境。第二，语境分析特别适合调查认知工具或认知产品的用户界面。第三，通过用户语境比较容易发现界面各种符号语言的设计问题。第四，用户操作句型、特别是操作状语，反映了用户操作过程，从中可以发现设计线索。

四、举例

设计调查中最常遇到的问题是，获得的信息对设计没有什么用处。例如，在某个产品设计调查中为了了解用户的价值观念，访谈前设计人员列举了20多个价值观问题，但是这些问题都没有与调查的产品联系起来。在调查用户生活方式时，设计人员列出30多个问题，也没有与设计的产品联系起来。这样进行访谈调查和问卷调查，可以得到一个统计的结果，但是无法得出设计人员所关注的信息，只是泛泛而谈的东西。

情景调查和语境分析正是为了解决这个问题。访谈时给用户拿出实际的产品，把用户带到现场操作使用，用户联想自己使用这些产品时的情景，进入操作情景，进入操作语境，描述操作中想的问题，从中也自然联系了他价值观、生活方式等。这样得到的信息比较符合设计调查目的。

第十一节　用户调查基本方法

一、用户分类

在调查和设计中，经常要把被调查的人群或用户人群进行定义或分类。如何进行定义或分类？要按照你的调查目的和设计目的，分析人群的特性，然后再定义用户，进行分类。如果能够恰当对目标用户人群进行定义和分类，你的设计调查基本上就能够符合目的满足需要，你所建立的用户模型、设计指南、可用性标准和测试方法，能够基本适合你的设计目的。一般说，经常把用户分为以下四类。当然这不是死规矩。更重要的是从你实际问题中的需要，把用户归类。

1. 偶然用户。例如，你设计人人都可能使用的银行卡，这种用户的基本特征如下。第一，不论他们是否具有数字产品操作经验，不论他们是否愿意使用银行卡（使用动机），他们都有可能要使用。第二，他们偶然使用银行卡，大约一个月用一次，不会有很多时间学习记忆操作。第三，不论他们属于什么文化程度，不论性别、年龄、地域等个人差别，他们都可能要使用这种卡。第四，他们都是新手，然而第一次进行操作时，就要能够顺利通过。第五，他们首先考虑的是操作安全问题。这种用户就可以被定义为偶然用户。由于各个人群都要使用统一的银行卡，因此不必再具体分类。还有一些情况与此类似，例如，网上购物、网上购书等。

2. 新手用户。他们从未使用过你要设计的产品。设计任何产品时，都要考虑新手用户人群对该产品的使用心理，他们是否有使用动机？他们如何学习？如何使用？新手用户具有以下特征。第一，他们缺乏对新产品的操作经验，更倾向于采用以往的生活经验，采用以往各种产品的操作经验。第二，他们的操作更倾向于从自己的想像出发。每一步操作前，他们有一定的操作预测，例如，该产品能够干什么，能够干到什么程度，大概怎样进行操作，可能有什么结果等。第三，他们具有操作期待和预测。每一步操作时，他们对产品的操作有一定期待，例如，我压下电源按键后，红色指示灯会亮。如果它不亮，他就会感到出问题了。在设计用户界面时，要从以上几方面考虑新手用户，要使得他们能够发挥自己以往的经验，符合他们的期待和预测，这样就能够减少学习和出错。

3. 专家用户或专家。第一，专家具有长期的系统的职业经验（例如有 10 年专业经验），或自己独立建立了新的系统的观念；专家是带头人、规划者、探索者、创业者、组织者。只会说不会干的人不是专家。第二，专家用户不但熟悉使用操作，而且还熟悉与使用有关的原理、结构和维修等方面的知识经验。第三，他们不但熟悉自己经常使用的产品，而且还熟悉同类产品的性能，他们能够横向比较各个品牌和各个型号，能够比较它们的特长、缺点等方面情况。第四，他们了解产品在历史各个阶段的演变情况，他们能够分析未来前景的可能性。第五，他们都具有绝招，有创新能力，其中许多人创新性地解决过产品出现的各种问题。第六，他们具有全局能力、战略能力、规划能力、整体结构能力。基本这些能力经验的人才能被称为专家。这种人在现实中并不多。

4. 熟练用户（经验用户）。他们介于专家用户与新手用户之间，又被称为一般用户、普通用户。第一，他们已经经历了认知阶段和联想阶段。学习包含三个阶段：认知阶段，联想阶段，自主阶段。对于学习汽车驾驶来说，前两个阶段大约需要 20 ~ 40 小时。完成学习第三阶段的标志是很少出错，几乎没有事故。一般要五年，甚至十年。对于某个软件的使用来说，普通用户一般完成了 100 小时的学习试用时期。第二，他们能够胜任一般的任务，而不必看说明书或询问别人。第三，他们具有一定操作经验，能够自主独立解决经常性的问题。第四，他们基本忘记了最初学习时的体会，忘记了如何从想像操作，逐步转变为符合机器操作，也就是说，已经基本上"机器化"了。

二、客观方法与主观方法

1. 客观测试方法

客观测试指通过客观一致的标准和客观一致的手段进行测试。当一个因素或参数不由主观决定，而是由客观因素决定时，测试也是由客观决定。例如，环境温度，主观无法决定。客观测试方法是经常采用的方法，在可用性测试等也经常采用。客观测试具有如下特点。第一，可观察性（客观性）：各个因素是可观察的，按照同样的条件，都可以观察到同样的现象。实际上，人的感知范围非常小，视觉波长范围只有 380 ~ 760nm，听频率只有 20 ~ 20000Hz.，只能感到周围很小范围的东西。大量事物超出了人的感知能力。在心理学中，只有明显行为是可观察的，例如人的走路速度，臂力，呼吸节奏，心率等各个生理参数。心理活动的内容无法被客观观察。非行为迄今无法观察，例如意识、动机、思维内容等。第二，重复性：同样测试方法和同样测试条件下，将会得到同样的测试结果。同样，观察不到的东西，也被重复不可观察。第三，结构性（逻辑性）：任何客观测试方法都要依据确定的逻辑关系，各个因素与彼此关系的结构形成了因果关系，这些因果关系可以通过逻辑方法进行推理，它依据共同认可的公理、原理和方法。实际上这些因素和关系的结构，是人解释的结果，是人用符号表示的人理解的东西，也许按照人的需要它反映了客观的某些方面，但是并不是全面客观的真实。第四，标准性：在各次测试中，参照的标准是统一的。而标准是人为建立的。如果你参加过国际标准的会议，就会知道有些会议建立和修改标准的动机经常是国家利益驱动。

严格讲，客观测试在有时只在一定范围内可以被看作客观。人是主观的，往往只测试某些方面，纯粹客观的全面的观察或测试是不存在的，所谓的理论是人建立的，标准是人建立的，这些理论的建立本身就受观察能力、分析能力等主观因素的影响，测试过程的条件受人操作控制，这些都影响测试效度（真实程度和全面程度）及信度（一致程度）。这些被有些人称为"人为自然立法"，而不是"人为反映客观"。

在用户界面测试中，只有对明显行为的测试采用客观测试方法，另外还有非明显行为，采用客观测试方法往往是不适合的甚至是错误的。例如，测试软件可用性时，希望知道用户感觉这个软件的操作时候困难度。通过各种方法可以建立客观的、统一的任务的困难度。但是人的感知和认知具有三个特性：适应性、学习性和相对性。第一，对一个任务适应与不适应的感觉不同。我们中国人，几乎都会骑自行车，但是对于一个具体的车子，当不适应时会感到难骑，适应 10 分钟后，就会感到不难骑了。对于一个很简单的任务，人不适应时会感到困难，适应后就感觉不同了。第二，对一个任务熟悉与不熟悉的感觉不同。初次操作一个很简单的新软件时，往往会感到很陌生，每一步都要思考，甚至出错，困难比较多。第二次操作就会感到比较熟悉了，不很困难了。第三，人的感觉是相对的，虽然他感到一个任务困难，如果再遇到一个更困难的任务，就会感到第一个任务比较简单了。因此所谓客观标准并不适合测试人的操作心理学特征。困难度本身就不是一个孤立定义的心理量，是与人的适应程度、熟悉程度、参照标准有关。

2. 主观测试方法

人的明显行为是可观察的,可以进行客观研究。然而心理学有许多心理因素和参数还具有以下其他特性。第一,非可见行为。很多心理因素是客观不可见的行为,例如大脑思考的需要、动机、计划、评价等,被称为不明显行为,无法进行具体观察,更无法用客观方法进行测试,迄今无法一起测试出来。对这些因素的描述和解释,只能依赖间接手段,或者依赖专家,而无法依赖仪器直接测试。对于不明显行为,当前只能从外围测试某些相关的明显行为,例如用心率联系紧张程度等,然后通过推理解释,这仍然依赖专家。第二,非可见因果关系。许多因果关系的心理活动是无法观察的。哪些因素影响一个人的态度、意图和行动,这些因果关系的机理在人心理内部,不在外部,不是明显行为,迄今无法测试,只能推测。这些因素被称为主观因果过程。第三,人的感知本身就是主观的,这种主观性表现在它相对性上的,这里有三杯水,分别为0℃、30℃、60℃。你左手先放到0℃的水里,再放到30℃的水里,你会感到变热了。你右手先放到60℃的水里,再放到30℃的水里,你会感到变冷了。客观感觉是什么?哪一个感觉是客观的?用户的这些感觉直接影响他们对行动的评价,我们就是要了解哪些因素影响用户的主观感觉。第四,人的认知的本身就是主观的,这种主观性取决于他们的能力、经验、期待、学习等因素。这些因素直接影响用户对操作的期待和评价,我们设计用户界面时,恰恰就是要了解用户的这些主观感觉。客观测试很有限,它无法测出大脑思维内容,无法测出你的动机和审美观念,无法测出你的紧张原因,无法测出你的满意程度。第五,"以人为本"的设计就是以用户的主观评价为本,使得用户界面适应用户的需要、感觉、认知、审美。对于一个产品,可用性是由用户确定的,用户确定是否满意,用户确定是否有效,用户确定效率高低。这些心理因素本身就是主观因素。因此在主观测试方法广泛被用于人机关系调查或用户调查中。

主观测试方法的一个弱点是信度比较低,第一,人的感知能力很有限度,很难感知和区分物理量和化学量。例如很难区别10m和10.1m。第二,熟悉程度会引起人的感知和认知会发生变化。面对同一个任务,第一次操作与第二次操作,对该任务困难度的感觉可能会变化。第三,多种因素的影响会引起对同一个软件的评价发生变化,造成信度低的原因比较多,例如受人为因素及其变化的影响。第四,彼此沟通程度影响测试信度。例如,双方不一定能够正确理解对方,各个问题以及答案的等级是由专家主观设计的,他的见识程度决定了适合人群的范围,测试时大量因素影响被试者的反应。

当前在社会心理调查或用户测试方面主观评价方法遍及用户测试各个方面,例如:

1)按照国际标准 ISO9241 各国建立的测试可用性的大多数方法。例如,著名的 SUMI 方法,美国、德国等各国测试可用性的方法都是主观测试方法。主要测试参数是:感知到的效率、喜欢程度、用户可控制性、可学习性、帮助性。

2)测试认知工作量(Mental Workload,或被译为智力工作量,大脑工作量)的各种测试方法,包括美国 NASA 等方法,主观智力困难度问卷(Subjective Mental Effort Questionnaire,SMEQ)。

此外,还有些参数或因素是由主观与客观因素共同决定的,例如图像的清晰度,既受客观参数分辨率的影响,也受观察者的兴趣、视力、专业知识和观察能力影响(表1-11-1)。

主观测试与客观测试比较　　　　　　　　　　　　　　　　表 1 – 11 – 1

	主观测试	客观测试
适用范围	内在非明显行为（不可观察）	外在明显行为（可观察）
测试方法	询问：书面、口头	观察、测量
分析工具	问卷、访谈、录音	录相、眼动仪、储存文件记录
目的和任务（举例）	定性分析 1. 结构效度：寻找因素、因果关系 2. 预测效度 3. 交流效度分析 4. 用户动机：价值、需要、兴趣、追求、信念 5. 用户任务特性：目的、计划、如何实施、需要反馈信息 6. 认知工作量 7. 用户感知和认知特性 8. 用户评价：满意度、喜欢程度、感觉效率 9. 可用性：可控制性、可学习性、帮助性、适合个性、适合任务	定量分析： 1. 计算信度 2. 任务操作时间，操作速度 3. 短期记忆量，注意时间 4. 效率（占用资源） 5. 视觉方向的运动和速度 6. 出错率 7. 学习时间

三、用户调查基本方法

从上节看出设计调查包含范围和内容很广泛，用户调查可以被看作为设计调查的一个重要任务，其目的是发现一个产品的用户人群，他们的需要、价值观念、生活方式、习惯等方面的特征，挖掘和获取用户的行动心理和操作使用信息，为该产品的设计提供有用信息。当前用户调查被广泛用于计算机和数字产品的用户界面设计中。主要理论依据是动机心理学、认知心理学、社会学心理学、实验心理学等。采用的方法主要包括：

1. 各种访谈。例如，面对面的专家（专家用户）访谈、新手用户访谈、电话访谈、多人参加的专题访谈等，必要时还要进行参观。对各种人群的访谈目的各不相同。一般说，对专家用户的访谈起码有两个基本目的。第一，通过访谈专家，使设计师能够尽快了解有关情况，最起码了解该行业全局情况，发展情况，了解用户需要，了解该产品的研发过程、设计过程和制造方面的情况及问题。你有任何问题都可以请教专家（专家用户）。你可以问如何入门，如何做事情。你可以问经验性的判断和结论，这个做法是否可行，大概会出现什么问题，可能有几分把握。第二，专家用户有丰富经验，掌握可用性方面的系统经验，例如，你在进行手机设计前对专家进行访谈，可以请教全局性的问题、评价性的问题、预测性的问题、你不知道在用户调查方面需要了解哪些问题，如何进行调查，这些问题都可以请教专家用户。例如：

国内哪几个企业是设计手机的主要公司和企业？哪些公司有高档手机产品？

国内市场上的外国产品有哪些？哪些产品是高档手机？它们的产品各有什么特点？

你觉得手机功能应当具有哪些功能？功能还会有什么扩充发展？

你觉得高档手机外观有什么特点？

你觉得手机外观设计当前存在的主要问题是什么？

你觉得国内手机企业今后几年在设计方面主要关注解决什么问题？

我现在承担一个高档手机设计任务，你觉得哪些人可能使用高档手机？

高档手机包含哪些方面的因素才能称为"高档"？等等。

根据这些线索，你可以逐步把调查深入下去。在计算机人机界面设计中，往往要调查新手用户，因为新手用户没有受计算机影响，他们对计算机的看法中少有机械论的影响，也不受计算机编程软件的影响，对改进用户界面设计有启发。例如，在文字编辑软件的用户界面设计中可以向新手用户了解如下问题：

你觉得用与手写相比，这个文字编辑软件怎样？与你想像的软件写字有什么不同？

学习用软件写字花费了多少时间？怎么学的？难不难？学习中有什么问题？

你觉得"文件"、"窗口"、"编辑"等这些词汇是否容易懂？采用什么比喻容易懂？

你觉得哪些功能与你想像的不一样？

你觉得哪些操作太烦琐？

哪些东西不容易记住？

哪些东西难理解？

你觉得汉字输入方法怎样？你想像怎样输入汉字？等等。

专题访谈有时被称为焦点访谈，其目的是针对一些特定问题进行的访谈，请各种有关人员在一起，各人谈自己的看法，对一个问题听取各种用户人群的代表性观点，以及各种观点之间的差异。

2. 观察用户操作。有两类调查方法观察用户操作行动。第一，实验室里的专题实验和观察。一般说，实验室里进行的实验是为了调查某个特定因素对用户行动的影响。为了达到这个目的，就需要把其他各种因素的影响都尽量消除，因此实验室是一间黑屋子，没有任何噪声，温度适中，没有其他任何干扰。这样的实验结果可以看出某个因素的影响，然而这个环境并不是用户真实操作环境，因此如果要推广实验结论必须要谨慎。一般说，这样的实验结果并不是普遍适用的。第二，现场观察用户操作。任何工作现场都存在许多因素对用户操作行动产生综合影响。各种影响因素之间的关系十分复杂，我们很难搞清楚各个因素在什么时候起作用，也很难搞清楚各个因素的具体作用，只能观察到对用户行动心理的最后综合作用，其中有许多我们难以预测的随机因素。但是，正是这些因素的复杂作用，导致了用户行动心理的复杂程度，仅靠书本上的提取出来的支离破碎的心理学知识，远远不够用来发现解决用户操作行动的各种具体问题。我们更倾向在用户操作现场观察。从中可以观察如下情况。第一，了解用户行动特性（目的、计划、实施、评价），在下一步设计中给用户操作条件和引导。第二，发现用户的操作出错情况，改进导致用户出错的界面。第三，发现用户的学习负担、认知负担、体力负担，从而改进界面以减少这些负担。具体说，主要观察如下方面。

用户各种行动目的是什么？哪些功能不符合用户的行动目的？如何修改？

用户有哪些操作过程（操作计划）？哪些命令的操作过程不符合用户的计划？

是否允许用户灵活中断操作，启动另一个行动？

是否允许用户反悔？

用户如何实施具体操作？

用户如何评价操作结果？需要什么反馈信息？

当用户操作出错时，他们怎么办？

用户操作出错是否会破坏系统？破坏文件或数据？如何提供容错特性？

是否能够使用户操作过程不出错？

存在哪些非正常情景？用户如何操作？存在哪些问题？需要哪些条件和引导？

如何记录用户操作过程呢？一般采用几种方法。第一，在真实情景中，把用户操作使用过程录相，以便事后分析时用。第二，使用眼动仪（Eye Tracker）观察用户操作过程中。我们关注的是用户的动机、目的意图和操作计划。这些方面从他们的操作行动上往往看不出来，然而从用户眼睛运动可以看出他们的行动意向性。当用户建立操作意图后，马上用眼睛寻找目标。当用户建立操作计划后，马上用眼睛寻找操作对象。眼动仪是一种仪器，可以戴在头上，当你阅读文章时，操作计算机屏幕时，它可以跟踪眼球运动轨迹，并记录下来或显示出来。目前在我国市场上出售的眼动仪有加拿大的，美国 ASL 公司的（网上地址 www.a-s-l.com，国内销售公司为深圳市瀚翔公司，网上地址 www.hanix.net），德国 SMI 公司的（网上地址 www.smi.de，国内销售公司为北京伊飒尔 ISAR 公司，网上地址为 www.isaruid.com）。

3. 有声思维。用户一边操作，一边口述自己的思维活动。这种方法可以在一定程度上展现用户的大脑活动。然而也存在两个问题，第一，多数人的口述干扰自己正常的思维活动；第二，多数人的口述速度比思维速度慢，无法全面描述自己的思维活动。因此不适合口述复杂的操作过程，只适合某些特定情景、短小的或单一情节的思维描述。上述各种用户调查方法单独都很难胜任全面用户调查的目的，而只适合在某些情况下使用。要比较真实全面了解用户，必须把这些方法综合起来，才能比较有效解决问题。

4. 用户心理实验。用户调查大多采用的是访谈或问卷方法，这些描述与用户真实操作仍然有不同，"说"与"干"不同。当你缺乏基本经验时，要访谈专家用户。用户人群统计性问题适合通过问卷来调查。用户的具体操作过程，最好通过观察记录用户操作行动来获取。访谈和书面调查不能代替观察用户行动。你可以根据需要设计若干不同目的的实验。在现场观察用户的真实操作过程。在实验室里对于一些专题进行心理学实验。一般说，实验方法的基本思想是希望得出各个因素之间的因果关系，因此要尽量找出一个因素对结果的影响，而让其他因素固定不变，例如在无声房间里没有声音干扰，在黑暗环境中没有光线刺激等，从中只有一个控制的因素变化，观察用户的反应。从另一方面看，这种实验环境明显不同与用户的真实操作环境，因此要仔细辨别实验结论，实验室研究的结论并不一定符合实际情况。

5. 用户回顾记录。用户操作结束后，立即回顾并写下有关文字。这种方式不适合记录详细思维过程和操作过程，因为对思维过程和操作过程的记忆往往不真实，并遗忘大部分细节。这种方式也许适合如下两种情况。第一，研究某个专题。它是短小的操作，例如只有一步两步。第二，用户的总体印象和评价。用户操作结束后，让他们写下总体印象和总体评价，而不是写自己思维和操作细节。以上各种方法都适合某些具体情况，也都存在局限性，因此不能单独依靠某一种实验方法，而要把各种方法综合使用，各自解决某一部分问题。

6. 问卷调查。从访谈、实验等得到的用户信息，并不能满足设计需要。设计数据应当来自对用户人群的整体调查（也就是抽样调查），问卷调查就是为了解决这个问题。设计问卷时要考虑下一步如何分析问卷的调查结果。一般都要对问卷答案进行效度分析和信度分析。效度分析包含预测效度、结构效度、内容效度和分析效度的分析。信度分析主要包括相关分析或因子分析。这些分析要求调查问卷采用量化方法，问题的答案设置采用分级方式。例如，你觉得这个软件的操作是否简单？答案应当采用类似如下的形式：（1）十分简单，（2）简单，（3）一般化，（4）复杂，（5）十分复杂。这种量化方法叫李克特量表法。这样得到的结果，才适合进行信度分析的计算过程。不采用这种分档的调查数据，无法进行数学的信度分析。在发放问卷时，要考虑抽样具有整体代表性，也就是说，尽量使这些数量有限的问卷抽样尽量符合整体目标人群的分布情况。回收问卷后，要去除那些填写不合格的问卷，然后对有效问卷进行统计数据分析。网上问卷调查这种方法比较简单，成本很低。然而可能存在如下问题。填写网上问卷的人都是上网的人，而且对你的问卷填写有兴趣。这本身就是一个特定人群。不上网的人基本不会填写这些问卷。这样就限制了被调查的人群及分布。你无法知道回答是否有人一人填写了三份或五份问卷。

7. 认知预演（Cognitive Walkthrough）。也就是"演习"。设计人员在设计一个方案后或制作一个原型后，可以自己先扮演成用户角色，假设各种场景，尝试操作各种功能，尝试各种任务过程，尝试从各种特定角度进行操作，尤其要尝试哪些容易出问题的地方，尽量按照用户的要求去发现设计问题，改进设计。他们可以操作原型，也可以操作模型，纸制模型，模型软件等。当然这种操作与使用真实产品有一定差距，只能大致发现某些方面的问题。在设计过程中，要经常进行这种认知预演性的尝试评价，以便能够及时发现问题、解决问题。

8. 建立用户模型。用户模型是通过调查分析而总结出来的用户的需要、操作行动特性、认知特性等，根据这些特性可以为设计人员提供设计依据和评价人机关系的标准。根据具体设计项目的要求，调查人员可以建立不同的用户模型内容，最常用的是用户任务模型（Task Model）和用户思维模型（Mental Model）。根据这些用户模型，然后建立人机关系的设计指南（Design Guidelines），指导下一步的工程设计和制造人员使用。没有用户调查，就无法建立用户模型，就无法建立用户界面的设计指南。如果一个系统没有用户调查和用户模型，然而却建立了用户界面设计指南，这中间可能缺乏严谨的分析研究工作。

9. 建立可用性测试标准和测试方法。这是最终检验产品可用性的主要依据。没有用户调查和用户模型，也不可能建立适合自己设计的可用性测试方法。这样的测试结果可能存在问题。

10. 用户评价可用性调查。用户操作使用一个硬件或软件后，填写操作评价性的调查问卷，对该系统进行可用性评价。这种调查往往只要求写出总体印象，大致看法，大致的比较结果。

11. 专家评价调查。让专家操作使用一个硬件或软件后，对该系统进行可用性评价。美国尼尔森在《可用性工程》［Usability Engineering, Academic Press.（中译本，刘正捷等译，机械工业出版社，第17页，2004年）］中，提出了专家评价可用性的方法。

四、可用性测试任务类型

测试任务类型是根据具体要求选择的。大约有如下测试方法。

1. 按照用户任务（用户行动）进行测试。第一次测试可用性时，尤其在初完成设计，不是很了解设计效果时，要全面测试用户操作每一个任务的情况。要测试用户操作每一个任务的细致过程，分析每一个任务的目的、过程、实施、反馈信息等，是否符合用户期待。

2. 按照专题进行测试。可以根据具体需要和要求，设置测试专题。例如测试某些要求的任务，你十分清楚一个软件中只有某几个部分可能不适合某些用户需要和使用情况，只测试这些部分。

3. 测试用户操作出错率。这是最简单的一种测试方法，比较容易发现用户界面及结构存在的问题。不熟悉心理学的工程师可以采用这种方法。

4. 测试用户学习。一般要测试两部分。第一，陈述性知识的学习。不理解和难以记忆哪些概念、图标及其结构位置、操作过程等。第二，联想阶段的学习。这需要比较长时间。取决用户所需要的时间，学习汽车驾驶时，从第一阶段到开始到完成第二阶段，大约需要20~40小时。学习一般软件需要100~120小时

5. 按照环境进行测试：例如在真实使用环境里测试。各种特殊环境里测试。在非正常情景中测试。

五、如何学好设计调查

我们从另一定角度看这个问题：对设计调查的造成障碍的主要因素是什么？第一，自我中心，缺乏了解别人的动机，缺乏沟通动机，总以自己作为判断标准。第二，缺乏人际沟通能力和经验。调查实质上是人际交流。交流是一个十分复杂的过程，需要社会心理学、动机心理学基本知识和能力，需要经过大量实践才能提高交流能力、获得交流经验。看书听课基本无法提高交流能力和经验。第三，缺乏设计调查的整体概念，例如，不知道应该以效度和信度的考虑作为设计调查的基本出发点。第四，缺乏设计调查经验，不知道应该调查什么问题，不知道如何进行调查，不知道应该调查到什么程度。如果不会发现问题、深入探索，就很难完成设计调查目的。第五，缺乏设计经验，缺乏企业经验，不知道设计调查需要了解什么。第六，不懂抽样、概率方法、效度和信度分析，这些都需要有概率分析统计数学方法。以上这六方面，主要依靠实践去学习掌握。掌握了书本知识并考试获得 100 分，大约能学到 30% 的知识，而其他 70% 要通过调查实践去掌握。

六、我们调查过哪些课题

从 1999 年至今七年，笔者从我国企业生产、教学、研究、服务出发，系统建立了用户调查和设计调查的知识体系、调查方法、最终输出调查资料的形式。这七年来我们调查过如下课题：

1. 我们中国人当代的审美观念是什么？最初把人们当代审美大致分为：我国传统的、西方现代的、西方后现代的。从中我们发现了自己的任务：我们缺乏自己的现代审美观念。这也正是我们需要去研究发展的。后来我们把这个问题的调查研究逐步深入，结合各种具体产品，把各种审美观念进行深入分类。当前正在建立一个新的知识体系。

2. 我们中国人的着装动机调查。这是服装设计心理学的核心问题。从 2000 年我们开始进行这方面的调查研究中国人当代的着装动机是什么。我们全系的老师学生连续两年的暑假寒假在全国进行这一调查。2003 年写出调查报告。此后我们又进行了第二阶段调查，服装审美观念的调查。

3. 用户界面的设计调查。这是我们系的正常教学计划中的内容之一。每学期的《设计心理学》和《人机界面设计》，以及软件学院的《软件设计心理学》课程上，全班学生都要学习系统的用户调查方法，自己寻找设计课题，各人独立进行调查研究，最终设计出产品。这方面的工作主要包含三部分内容：用户调查与建立用户模型，建立设计指南（包含造型审美），建立可用性测试标准与测试方法。这方面的课题包括：手机用户界面、网站用户界面、多媒体用户界面、C 语言编程界面、数控机床操作界面、汽车驾驶台、MP3 用户界面、数码照相机用户界面、各种应用软件的用户界面等等。我系、我校软件学院学生每年都完成 30～100 个设计调查项目。每年本科生研究生毕业设计中此类项目大约占到三分之二。2004 年一名本科毕业设计项目承担了美国国内某大公司的用户调查及用户模型任务，该企业的评价是我们的学生达到了"职业化水准"。他们把我们建立的这种设计思想和设计方法带到全国各个企业，对国内外许多企业产生一定影响。几乎每年都有学生设计的新产品概念与国外大公司新产品概念一致。

4. 为了设计出口产品，对某些生产行业的状况进行调查，例如电动自行车行业。

5. 高档产品设计调查。这是本书的主要内容。

第十二节　调查效度分析

用户调查属于心理测验，对同一问题的调查结果会受各种各样因素影响，它可能包含三个量：第一，真实情况；第二，偶然误差，也被称为随机误差；第三，固有的系统误差，可以形象表达为下式：

$$调查结果 = 真实值 + 随机误差 + 系统误差$$

调查或测试中往往存在系统误差（或叫固定误差），这种误差在每次测试或调查中都存在，而且影响程度也基本相同，使每次测试或调查都附加了一个固定的偏差，导致测试的准确性比较差，这被称为调查或测试的效度比较差。例如，一份计算机可用性调查表分为五级：很简单、比较简单、一般化、比较复杂、很复杂。一名被调查人测试时心情不好，因此对每次测试的评价都附加了他的坏心情，原来他会写"很简单"的今天写了"比较简单"，原来会写"比较复杂"的今天写了"很复杂"。这就附加了一个固定的系统误差。

通俗地说，信度指"一致性"或"重复性"，也被称为"精度"，那些偶然误差导致"重复性"比较差，这种重复调查结果的一致性被称为调查的信度。例如，你要调查用户对一个软件界面的操作是否简单，答案被分为五级量表（被称为李克特量表）："很简单，比较简单，一般化，比较复杂，十分复杂"。你让一个用户测试了三次。第一次他认为"比较简单"。第二次他认为"比较复杂"。第三次，他认为"一般化"。这三次测试结果存在偶然误差。从理论上说，纯粹的随机误差可以通过求平均值的方法消除，这也就是说，如果只存在纯粹的随机误差，那么把各次测试结果求平均值，就可以消除其随机误差。然而实际情况并不是这么简单。

当前设计调查在我国属于一个新领域。我们在设计调查方面已经进行了六年研究工作。当分析调查结果时，一般要从两方面进行考虑：效度（Validity）与信度（Reliability）。效度指两个方面含义。第一，调查是否真实，它的真实程度。第二，调查是否全面，它反映全面情况的程度。效度这个概念类似于测试准确度（Accuracy）。准确度受系统误差影响。例如，你打靶时每次都中了靶心（10 环），准确度高。在用户调查中，我们不用准确度这个术语，而用效度表示调查结果的真实、全面程度。提出效度这个概念，是担心能否调查到真实全面的内容。例如，你问对方："你喜欢什么颜色？"他喜欢红色，因此他回答："红色。大红色。小时候喜欢粉红，高中时喜欢大红，如今老了，60 岁了，喜欢暗红色。"他如实说了所喜欢的颜色，并且把一生中喜好颜色的变化情况也说清楚了，他的回答如实、全面。这一调查的效度高。

而调查的信度指该调查的重复性或一致性，它受随机误差影响。例如，你问对方："你喜欢什么颜色？"他回答："红色。"你把这个问题问了三遍，他都回答："红色。"重复性高，也就是信度高。如果实际上他并不喜欢红色，而是周围的人大多数喜欢红色，所以他这样回答，那么他没有反映真实情况，那么效度就很低。通常的《概率与统计分析》中所讲的内容只关系到如何分析调查的信度。

一个测试可以是可信的（Reliable）然而却无效（Valid），例如，假如你用温度计测试电冰箱的温度，如果温度计误差很小，那么这种测试是信度比较高。然而如果你用电冰箱里温度计测试的温度表达今天的天气温度，那么效度很低，因为电冰箱里的温度与天气温度不相关。信度是效度的必要条件，却不是充分条件。信度是一种相关的形式。许多原因可以使相关系数可以变小，测试误差也会降低相关性。信度可以被看作一个变量与它自己的相关性。

分析调查报告的效度主要依靠专家水准，数学方法对效度分析不起决定性作用。

一份调查报告的价值主要在于其效度比较高，也就是调查应该比较真实全面反映了被调查的情况。调查效度分析中主要考虑：结构效度、预测效度、内容效度、交流效度、分析效度。同时还要考虑如何提高这些效度。当前我们的市场调查等往往分析置信度，都缺乏效度分析，这样的分析结论可靠吗？

下面简单描述一下各种效度概念。

一、结构效度（巴比，2002 年）

结构指所包含的因素及其各个因素之间的组成关系。最常见的组成关系有两种：

1. 因果关系（Causality）。因果关系包含三层含义，如果 X 是因，Y 是果，有 X 才有 Y，出现 X，才会引出 Y；无 X 就无 Y；X 变化引起 Y 变化是一致稳定。如果出现 X，却没有引起 Y，那么就要考虑是否存在阻碍 Y 的因素。如果不存在阻碍因素，那么就可以得出结论：X 不是导致 Y 的原因，因此这两个变量不是因果关系。然而实际上任何一件事情都是非常复杂的，很难发现和确定因果关系。例如，学习不好（或退步）是什么原因？这个问题似乎很简单，但是实际上很难搞确切。

2. 因素 – 效果关系（Factor-effect）。任何一个系统发生变化，是由很多内部和外部因素的复杂作用引起的，寻找其因果关系是很困难的，人们寻找另外一种观察方法，我们不考虑其各个因素之间准确复杂的因果关系，不具体考虑外界每一个因素引起系统内部哪一个因素变化，我们只了解有几个外界因素影响系统的整体变化，只看引起系统的总变化的外界因素，那么就认为这些因素对系统引起一定效果。换句话，我们只看外界哪些因素与这个系统有关系，也就是只判断相关性。所谓相关性，是指两个变量之间是否有关系，它们一起变化的程度，但是相关性并不是因果关系，而是因素关系（因子关系）。什么叫因素关系？如果 X 与 Y 相关，就意味着可能 X 引起 Y；也可能 Y 引起 X；X 可能引起 Z（多个因素引起的），Z 又引起 Y；也可能存在另一个变量 Z 同时影响 X 和 Y。因此 X 与 Y 之间的变化关系是复杂的，人们很难搞清楚其中的因果关系。一般说，两个变量之间的关系可能是线形关系、非线形关系、单一因素关系（一个因素影响一个因素）、多因素关系（多个因素影响一个因素，一个因素影响多个因素），或者没有关系。因此相关仍然是一个相当复杂的问题，要用很多方法进行判断，只用一种方法，就可能把无关的误认为有关。

任何一个系统都存在确定的结构。结构效度指采用的理论模型的框架结构能够真实全面描述调查对象的程度，是否能够罗列出比较全面真实的因素，以及彼此之间的关系或组成方式。电视机、手机、电冰箱等各种类型的产品的设计因素各不相同，采用什么框架结构能够比较全面真实抓住各个影响因素以及彼此关系，这是结构效度要考虑的主要问题。遗漏一个因素，就会少考虑一大片设计问题，其后果是十分严重的。

在结构效度中应该考虑以下几点：

1）是否站得足够高能够看清楚全局因素？例如，你知道影响一个产品（例如数码照相机）设计的全面因素、或者主要因素吗？

2）如何建立整体结构及其构成因素，如何构建各个因素的概念，如何构建各个因素之间的因果关系？影响一个产品设计的各个因素之间存在一定关系、结构和排序，你清楚吗？

3）是否能够为设计提供有用的设计信息或设计指南？人们往往可以用若干结构表达一个产品的影响因素。但是目的不同，建立的结构也会不同。始终要记住，我们建立设计因素结构的目的是要系统总结设计线索，为设计提供指南。

4）对于当前不清楚的因素要预留空间。你可以暂时不解决它，但是不要搞错它。

例如，我们学生在对高档 MP3 的设计因素进行了两次调查。第一次调查中，建立了一个设计因素框架结构，包含 13 个因素，每一个因素也存在一定结构（图 1 – 12 – 1）。

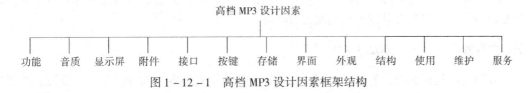

图 1 – 12 – 1　高档 MP3 设计因素框架结构

在这个图中可以看出各个因素名称，各自的关系也表达在图中。对于一个要解决的问题，往往可以建立若干种框架结构。价值观念不同，建立的结构可能不同。目的不同，结构可能不同。知识经验不同，结构也可能不同。这个组的学生把这个因素框架结构进行了效度分析后，发现有些因素彼此有密切关系，可以合并为一个因素，例如，结构实际上属于"做工"的一个子因素。有些因素的结构含义不明确，例如，界面（用户界面）的概念不明确，人们不清楚要调查界面的什么，实际上它属于"使用"这个因素的一部分。显示屏、附件、接口、按键、存储等都属于功能的二级子因素。这样，他们又建立了第二个高档 MP3 设计因素的框架结构，如图 1 – 12 – 2。

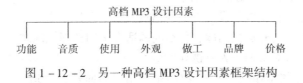

图 1 – 12 – 2　另一种高档 MP3 设计因素框架结构

二、预测效度（巴比，2002 年）

预测效度指该调查对未来设计方案的预测程度。一个汽车从立项到设计和制造，大约需要一两年时间，如果你的设计调查不能预测两年后的有关的汽车发展情况，你的这个调查就不能作为设计制造的依据之一。设计飞机大约要预测五年后的情况。有些服装企业所设计生产的服装的市场寿命只有几周，空调的市场寿命为三个月。这表明它们的设计缺乏预测效度的调查分析。这个问题可以被分解为如下几个问题：

1. 什么因素可以预测未来？什么因素不能预测？被调查的因素是否能够预测它的未来，或者预测是否有效？一般说人类的知识对未来的预测能力相当低，往往采用比较稳定的因素预测未来一段时间，实际上它并没有变化。例如，一般认为价值观念是稳定因素，可以通过价值调查去预测有关的问题。然而在社会剧烈变化的时代，这个因素却变成不稳定的因素了，就不能用价值观念去预测未来。当前我国社会核心价值观念很难用来进行预测，当前处于经济快速发展时期，人们的观念变化比较快，普遍缺乏稳定的理想或信仰（这是价值观念的重要内容之一），因此不能用理想或信仰去预测未来。但是"人们追求的生活方式"却是一个比较稳定的因素，"生活方式"本身不稳定，但是"追求"的生活方式却是比较稳定的，因此可以通过调查所追求的生活方式去预测有关的情况。

2. 预测的信息对未来的设计是否能够提供有效的设计信息或指南？对未来产品外观设计

起作用的是：用户人群的需要、产品概念、外观结构、颜色、形式、材料、制造工艺等。你能够预测出这些因素吗？用什么办法？有什么依据？一些设计师或供销商认为，市场变化太快，人们的需求和审美观念变化太快，设计师跟不上这种变化。这种观念符合事实吗？到底是市场变化得太快，还是设计人员没有抓住用户人群的需要？还有人认为许多设计师并不了解用户，设计中只是表现了自我审美喜好，因此设计的产品只适合与自己观念相似的人，也就是极少数人。你是否可以对此问题进行调查？

三、内容效度（巴比，2002 年）

在确定结构因素后，要把各个因素转化成为具体调查内容和调查问题。一般说，要通过若干问题才能了解清楚一个因素。内容效度指调查因素转化成为哪些调查问题的有效程度，这些调查问题从内容上能够比较真实全面反映调查因素的程度。内容效度首先考虑，一个因素可以转化成为哪些调查问题，这些问题是否能够全面真实了解那个因素的情况。在设计调查问题时应该考虑如下问题：

1. 一个因素可能包含哪些调查内容？通过选择有限调查内容，是否能包含该因素全面真实情况？或者这些调查内容是否足以全面真实推论出设计所需要的基本信息？是否遗漏了某个方面？

2. 一个因素可以通过哪几个问题调查清楚？调查内容是通过设计各种调查问题体现的，只能通过有限的调查问题了解真实全面的情况，因此如何规划问题的布局，如何设计每个具体问题，就成为内容效度要考虑的主要问题。

3. 你设计的问题是否获取与设计有关的信息、得到设计指南？

4. 什么问题适合采用开放性问题，什么问题适合采用选择性问题？

5. 设计的问题是否对被调查人有诱导？

例如，在产品可用性测试中有一个测项是看用户界面是否"适合学习"。在调查这个问题前，设计师对这个问题应该有个基本估计，当前计算机操作中要学而不该学的东西太多。学开汽车大约需要 20～40 小时，而学习任何编程软件或绘图软件的操作大约都要 120 小时，用户在学习操作计算机方面所花费的时间太多，因此要从用户学习方面去改进计算机界面。在调查中你可能提出一个问题："你学习这个软件操作花费了多少时间？"而你以为如果花费了 80 小时就是很好的软件了。这实际上比学习汽车驾驶仍然差得比较大，能否把应用软件的学习时间降低到 20 小时或 40 小时以下？这主要包含以下内容。第一，适合用户学习目的，尽量减少对工具的操作学习，集中在与用户任务有关的学习上。第二，知识被分为陈述性知识和过程性知识。陈述性知识指各种概念、原理、公式等事实。过程性知识指各种行动过程，例如操作过程、交流过程、思维过程、学习过程等。掌握陈述性，就会写文章和说话。掌握过程性知识才会干事情。第三，学习过程包括三个阶段。第一阶段叫认知阶段，主要学习概念和操作过程，软件界面设计应该尽量减少新概念、新图标、新操作过程。减少记忆量、理解量，这两项指标是检验是否适合学习的主要指标。减少学习量的主要方法之一，是采用用户熟悉的概念、图标、操作过程、评价方式等。第二阶段叫联想阶段，主要是把陈述性知识与过程性知识结合起来，反复练习，成为熟练的操作过程。检验指标主要是操作过程的复杂性和操作长度。设计应该尽量减少这两个方面。第四，学习操作的常见方法是：尝试，问人，计算机自动演示操作过程，而不是看那厚厚的说明书。如果用户界面设计得比较符合用户的行动特性，说明书就会比较短少。换句话，说明书很厚，是由于用户界面设计得太复杂，不符合用户的行动特性，因此迫使用户要学习过多的东西。从以上四方面，就可以得出从因素向内容的转化。根据这些分析，就可以设计关于"适应学习"的调查问题了，例如：

你有多少图标不认识？不理解？误解？

哪些图标很难在菜单中找到？（位置记忆）

你对哪些操作过程陌生？

你认为哪些不应该学习？

是否允许你尝试性学习操作？

你在进行尝试性学习时是否担心把计算机搞坏？

是否有操作演示过程？

掌握各种任务的操作要花费多少时间？

学习操作总共花费多少时间？

又例如，"任务适应实用"是可用性的一个测试因素，把这个因素转化成调查问题时必须考虑如下情况：第一，如何选择任务，才能够真实、全面反映情况？第二，用户实际操作任务是很多的，也许无穷，你如何选择测试任务？第三，影响任务测试的因素有：用户特征，任务，情景，你根据什么选择用户、任务和操作情景？第四，如果你选择十个测试任务，要考虑为什么选择这十个任务，而不是别的？

四、交流效度

交流效度指你在调查过程中与被调查人之间的沟通程度。从能力上看，用户调查过程实际上是人际交流过程。交流的水准影响你的调查效果，影响你是否能够了解到比较真实全面的情况。在访谈中、或者你设计的问卷中的问题是否能被用户理解，他们是否能够回答，是否愿意回答，这些问题直接关系到交流效度。也就是说，交流效度的核心问题是："可懂，可答，愿答，如实、全面回答"这五方面问题。而设计师往往忽视了交流效度对用户调查的影响。2003 年我们一个设计小组在企业里承担一个"比较简单"的设计项目：设计纸杯子。他们花费了一整天时间设计了一个调查问卷。通过试调查发现，他们所提出的全部问题都不能被别人直接理解，必须要进行说明。这个问题严重影响了他们的调查结果。最后，在实际问卷调查时，他们在每一人的调查填写过程，都要进行解释。从此他们体会到了交流效度对用户调查的作用。影响交流的因素很多，在下一节将具体进行分析。

五、分析效度

分析效度包含两方面内容：

1. 认知效度：你对调查方法和实验方法的认识程度，你对调查数据的理解程度和分析概括程度。最基本的问题是：

1）你获得的调查数据是否充足，是否能够覆盖全面真实的情况，是否足以建立全局的框架？如何从调查数据认识全局情况，如何从调查数据建立宏观的认知框架？例如，如何验证你的抽样是否适当？可以用抽样人群的男女分布、年龄分布等数据与该地区的男女分布年龄分布数据进行比较，如果基本一致，说明抽样适当。

2）对使用的概念是否有含义解释或定义？该定义是否符合实际需要，是否具有可操作性（能够被测试，或者能够用于调查过程）？如果缺乏一致的认知框架，那么最容易出现的问题之一是各个因素的含义不清楚，各个因素之间的关系不单一或无法确定一致性关系。

3）关于调查方案方法论的分析，也就是，如何思考和构建你的调查方法或实验方法？进行调查和实验，在建立一套调查方法和实验方法时，要考虑的核心问题是：该实验或该调查研究的问题是不是属于真实问题、可探索的问题？如何使方法符合目的？如何认识这个问题？如何能够逼近真实性、系统性（或逻辑性）和全面性？如何能够避免虚假性、随意性和片面性？如何隔离因素之间的相互影响？这些考虑就是方法论的问题。

4）如何认识你的调查数据？采用逻辑方法，专家验证，数据验证。有人在调查住房面积时，写"卧室面积为 $50m^2$"。卧室没有这么大，这是一个明显缺乏生活经验的错误。为了确认他缺乏生活经验，笔者问他："你看这个教室面积有多大？"他回答："$20m^2$。"实际上为 $60m^2$。解决这个问题有两种方法，你自己用尺子去测量一下（数据验证），你也可以问专家用户（专家验证）。再例如，对一个问题他回答"喜欢红色"，而在另一个中隐含着"我喜欢安静，见到红色就感到心烦"。这就属于逻辑不一致。

2. 分类效度（调查数据分类）：分类是最经常遇到的一个科学研究问题，在分析调查数据时也经常要进行分类，因此把分类看作为分析效度的一个指标。分类效度指从调查数据进行分类的有效程度。它经常涉及的问题包括：

1）分类的目的是什么？是否符合最终的设计目的？能够解决什么有关设计的问题？

2）是否能够进行逐类分析？采用什么方法进行分类？如何进行有效的归纳？按照什么变量进行分类？如果在分类中出现比较严重的困难，例如，一个因素既可以被归到一个类别中，又可以被归到另一个类别中，就要回头去分析结构效度。很可能在建立因素框架结构时，对各个因素缺乏定义和结构分析，因此导致有些因素的含义重叠，或者有些因素的分类重叠。例如，如何建立高档产品的结构框架，如何建立用户模型的框架。例如，在调查着装动机时，会遇到"审美"这个概念，你把它当作一个独立的"用户需要"的一级因素，还是当作"用户需要"下属的一个子因素？

3. 专家效度：指参与调查研究或实验的专家用户对全局结构、整体评价的有效程度，还指调查人的调查、分析、总结水准。调查人是否敢于正视自己的效度、是否能够识别真正专家，成为专家效度的关键问题。认知心理学对专家（或专家用户）有确切描述。专家用户具有如下 10 条基本特征：

1）能够熟练使用一种产品。

2）能够比较同类产品。

3）有关的新知识容易整合到自己知识结构中。

4）具有 10 年专业经验。

5）积累大量经验并且在使用经验方面具有绝招。

6）了解有关的历史（该产品设计史、技术发展史等）。

7）关注产品发展趋势。

8）知识链或者思维链比较长。提起任何一个有关话题，他们都能够谈出大量的有关信息。

9）能够提出改进或创新建议。他们的创新或改进方案，其高水平体现在采用简单方法解决复杂问题。

10）具有全局性能力、规划能力或评价能力。这三方面能力是非专家用户与熟练用户和普通用户的关键区别。

高学历不等于专家，名人不等于专家，高职称高职务不等于专家。此外，设计调查中的专家用户应该具有全局性知识。

第十三节 如何验证和改善效度

一、如何验证结构效度

1. 如何检验或提高结构效度？通过专家分析采用的理论模型是否能够调查到比较真实全面的情况？

验证结构包含两方面含义：因素是否全面，各个因素之间的关系是否恰当。验证这两方面实际上很难。

首先，验证该结构内各个因素具有相关性。这说明没有把局外因素拉扯到结构内了。至于存在什么关系，还需要进行深入分析。

验证因素之间是否相关，还要分为两步进行。第一，判断该结构样本是否适合做因子分析，通常采用 KMO 测度（Kaiser-Meyer-Olkin measure of sampling adequacy）或者巴特利特球体检验。第二，假如该结构样本适合做因子分析，那么下一步就是进行因子分析，看哪些因素之间有关系，哪些因素之间没有关系？

KMO 测试取样的适当性，它是比较所观察到的相关系数幅度与部分相关系数幅度的指数，KMO 值的计算公式如下：

$$KMO = \left(\sum \sum r_{ij}^2 \right) / \left(\sum \sum r_{ij}^2 + \sum \sum a_{ij}^2 \right)$$

式中 r_{ij} 为相关系数，a_{ij} 为偏相关系数，它比较各变量的简单相关和偏相关的大小，取值范围在 $0 \sim 1$ 之间。如果各变量间存在内在联系，则由于计算偏相关时控制其他因素就会同时控制潜在变量，导致偏相关系数远远小于简单相关系数，此时 KMO 接近于 1，这表明各个变量之间存在内在联系，因此就适合因子分析。有人认为当 KMO 为 0.9 左右时效果最佳，0.7 以上时效果尚可，0.6 时效果很差，0.5 以下不适合做因素分析。对于因子分析来说，希望一组变量之间是非共线性的。KMO 检验并不能说明因素是否全面或缺少哪个因素，也不能说明因素之间的具体结构是什么，只能说明因素之间是否适合进行因子分析。

另一个表现各个变量之间是否存在关系强度的参数，是巴特利特球体检验（Bartlett's test of sphericity）。巴特利特球体检验从变量的相关系数矩阵出发，相关矩阵对角线的所有元素都为 1，非对角线因素都为零。该检验的统计量是根据相关系数矩阵的行列式得到的，如果该值比较大，且其对应的相伴概率值小于用户心中的显著性水平，变量之间存在相关性，适合于作因子分析。如果该统计量比较小，且其对应的相伴概率大于显著性水平，变量之间不存在相关性，不适合作因子分析。

2. 如何提高结构效度？建立结构，要依靠专家用户。上述检验方法只是初级检验了各个因素是否相关，并没有验证这个结构中各个因素之间的关系是否恰当，更无法验证一个结构中缺少什么因素。分析提高结构效度，还要依靠专家或专家用户，主要依靠他们的全局能力、战略能力、规划能力。专家的水准，这时主要体现在站的高度，解决战略问题的能力，全局规划能力、综合因素的能力。检验一个结构时，可以考虑类似如下的问题：

1）这个结构还遗漏了什么因素？

2）结构内的各个因素之间的关系是否恰当？

3）是否能够否定任何一个因素，或否定任何一个关系？是否能够推翻这个结构？

二、如何检验预测效度

如何检验预测效度，可靠的方法是把设计产品制造出来以后进行测试，看预测的那些东西是否能够得到验证。要想提高预测效度，就应该问：

1. 这种方法能够具有预测能力吗？为什么它有预测能力？
2. 能够预测什么？能预测多长时间？能预测到怎样的细致程度？
3. 预测的东西能够为设计提供信息或指南吗？

如果调查方法或理论模型对未来的产品设计不起任何参考或指导作用，那么就要放弃这种调查，而寻找新办法。如果发现预测程度低，要考虑以下几个问题。第一，是不是没有找到真正的预测因素，或者预测的因素选择得不恰当。第二，是不是预测的题目内容不恰当，是不是把内容效度要考虑的问题作为预测效度考虑的问题。第三，是不是选择的预测专家不合适。

预测未来是科学中最难解决的问题。科学是否真正有预测能力？能够预测什么？不能预测什么？能够预测到什么程度？这些问题都必须有科学根据。请注意，设计调查不是算命，设计师不是算命先生，创新不是占卜未来。在设计调查中必须实事求是。

三、如何改善内容效度

1. 调查什么内容？

这个问题实际上问的是："用户调查与挖掘设计信息之间的关系是什么？"

调查的内容应当是对设计有用的问题。有些问题似乎存在，实际上并不符合一般人的思维方式。例如，"你为什么喜欢红色？"一般人从不这样考虑颜色；即使搞清楚这个问题，对改进设计有多大用处？

设计人员需要解决的问题包括：产品的整体规划问题、外观与颜色问题、用户界面问题、设计指南问题、设计标准问题、设计测试方法问题。涉及到内容效度的第一个问题是：哪些内容的问题可以通过用户调查获取信息？或者说，通过用户调查能够解决什么问题？用户是从生活工作的使用角度提出需要，用户能够描述他们的生活方式。用户不是系统分析员，用户没有从全局角度考虑产品功能的规划问题。产品的系统功能规划不是普通用户考虑的范围。有人在调查中给一般用户提出一个问题："你认为手机应该具备哪些功能？"这个问题属于系统设计人员考虑过的问题，有些专家用户可能会考虑，一般用户很少考虑，因此在专家访谈中可以讨论这个问题，而在问卷中给普通用户提出这个问题不恰当。

用户不是设计师，并不是从设计角度提出设计要求，更不能提出设计指南。有些问题，诸如"你觉得应该怎样设计外观？"是设计师的分内的基本问题，不是用户考虑的基本问题。也许与专家用户、与熟人可以聊一聊这个问题，然而这个问题不属于用户考虑的。

要搞清楚一个因素，需要提出若干问题。有人在图标调查只提出一个问题："图标容易识别吗？"其实图标可用性的问题有很多方面，容易识别，容易记忆，容易理解都是影响因素。单问这一个问题是不能搞清楚用户对图标的需要的。

2. 如何检验内容效度，要访谈专家用户，可以用以下几个问题将内容效度方面的问题调查清楚：

1）你觉得这个问题是否适合从用户访谈（问卷调查，观察）中获取信息？
2）这个因素包含哪些内容，可以用哪几个问题询问清楚？
3）对于这个因素所提出的问题是否全面、准确？

4）这份问卷提的问题是否把各个因素准确、全面地问到了？

5）调查这个因素时是否遗漏问题了？

四、如何改善交流效度

简单说，影响交流效度的因素主要包括：目的，态度，交流能力。是否有交流目的愿望？自我中心阻碍交流。自我中心表现为：以自己为价值中心判断他人，缺乏理解别人的愿望，不容忍别人的想法，不会采取跟随方式与别人交谈，缺乏体谅和宽容态度，不会从别人角度看自己，不考虑别人的期待和感受。

1）你提的问题是否可答？是否由于你的问题导致对方无法与你配合？

2）态度不友好，强势，或者进攻性的态度阻碍交流。

3）你提的问题是否以中性方式表达准确，而不引起对别人的诱导？

4）对方是否能够明白你提出问题的含义？

5）对方是否能够回答你的问题？

6）你是否理解对方的表达？

7）是否由于彼此的熟悉程度影响交流效果？

8）是否由于概念含义不一致、表达方式和偏见影响交流？

9）思维活跃程度影响交流表达吗？

具体讲，影响交流效度（以及各种信度）的因素大致如下：

1. 明确调查目的。访谈和问卷调查各有不同目的，各适合不同问题。用户调查或设计调查的第一阶段往往是访谈，其目的包括：使自己成为专家用户，使自己了解行业概况，熟悉所调查的对象。因此提出的问题都要围绕这个目的，提出每一个问题时，都要思考："这个问题是否符合调查目的？"第二阶段往往是问卷调查。应该清楚的是，问卷调查的目的是什么？哪些问题适合问卷调查，哪些问题不适合问卷调查？

2. 被调查人首先需要安全感。你认为一个很简单调查问题，有时可能会触及别人内心深处，他们往往不愿意同陌生人谈这些事情，你的态度要表现出对别人的尊重、善意、友好、不介意，例如善意的微笑，语气缓和，随和开朗，使对方感到温和厚道，从容易活跃的聊天话题开始，这对调查和实验起重要作用。调查中对于别人的任何回答都不要表现出惊异、好笑、反感等态度，否则会直接伤害对方。如果你有倾向性态度，也可能对别人起"暗示"和"诱导"作用。例如，在一次调查用户对手机的使用过程中，8名研究生很认真地围着一个人进行调查，各个都埋头写笔记。这种方式就让对方不自在。他们表现得很严肃，没有微笑，这种场面使对方很紧张。他们提出一个问题："你使用过几个手机？"对方回答："我没有使用过手机，而且不喜欢使用手机。"他们没有估计到这种情况，马上表示很惊讶，不由自主地叫了一声"啊"，相互面面相觑。被调查人当时就脸红了，其他人却没有注意到。结束时间被调查人的感受，她说："好像处于被审问的状态"，"你们的反应大惊小怪，让我感到很不舒服，我当时马上就想离开。"调查中不要随意嬉笑，不要表示出自己的倾向性态度。你的一个手势，一个随意的表情，一个无意识的语气，都会影响对方对问题的思考和回答。决不要脱口而说："这不可能"。

3. 对人友好，直接表现在宽容温和的倾听态度，而不是评价式的态度。当你提出一个问题后，对方没有回答问题，却说了很多废话客套话，为什么？是由于我的问题不明确，还是由于他没有思考成熟而讲"开场白"，还是由于他不愿意正面回答问题。如果你不采取倾听态度，而采取强势性询问，自我中心性的调查，诱导性调查，审问式的调查，就打破了别人对沟通交流的心理期待，对方可能想："既然你已经有自己看法了，既然你不愿意听我讲述，那我讲述还有什么必要呢？""我为什么要按照你的想法去说？"也许还会担心："我说出来，他会不会笑话我？"因此，对待各种观点和出现的问题，都要采用中性的跟随态度，不要表现出倾向性，气氛要轻松。

4. 注意发现线索。听话要听音，要注意话语背后的语气、情绪、表情、态度。有些人往往把最重要的话放到最后才说，因此特别注意对方最后"顺便说一下"的那些事情。

5. 识别问题和确认问题，当你发现对方的问题后，还要进一步确认问题到底是什么，而不要误解问题。为此，你经常要说："我理解你刚才所说的意思是……，我的理解对不对？""你认为问题是……，是不是这个问题？"同样，当你讲述结束后，也要请对方确认，例如问："你觉得我刚才的意思是什么？"

6. 理解很难。笔者在 5 所大学对大约 600 名本科生进行过调查，能够与父母彼此理解的学生人数大约为 10% 左右。这意味着你在用户调查中对别人的理解可能更少。在讨论分析初次调查感受时，不少同学感到对方不明白自己提出的问题，自己也听不懂对方回答的含义。在一次调查中，54 名学生中有 19 名学生感到，在调查时双方经常绕来绕去谈不到一起。这要求你从其他方面去弥补：当你缺乏经验时，最好先与同学进行调查尝试，你提出问题，对方及时说："我不明白这个问题。""你的态度有些冷淡。""我感到紧张。"各人谈自己的感受，改进提问方式。

7. 搞清含义。"这个椅子设计得如何？""设计得好"。这个"好"是什么含义？在一次评价座椅时同学们"好"代表的含义有："舒适"、"好看"、"价格合理"、"轻便"、"结实"、"颜色特殊"、"材料新颖"、"造型新颖"等。"这个图标设计得如何？""设计得好。"这个"好"可能表示"容易理解"、"喜欢"、"好看"等含义。如果你缺乏经验，往往用自己的解释代替别人的含义。要搞清楚含义，需要注意三点。第一，深入询问，搞清楚对方评价的含义。当对方说："这个图标挺好。"你要问："好是什么含义？好在哪里？"第二，搞清楚原因。当别人说："因为……"时，可能表示事情的原因，也可能表示借口，你要进一步深入搞清楚含义，不要猜测。第三，调查时应该记录对方的原话，而不要记录自己所理解的含义，也不要记录自己的总结。

8. 表达方式。人们有各种不同的表达方式。有些人直截了当，有些人表面上直截了当，有些人比较含蓄，有些人最重要的事情放在最后讲。他可能说："我认为有三点比较重要。……最后，还想顺便说一下，其实这不重要……"。其实"比较重要"的事情并不重要，而"顺便说"的事情才是最重要的。有些人习惯用比较重的口气表达，这种表达是为了引起注意。如果你误解，可能会认为此人很极端片面。其实，言谈背后具有比较深入的思考。有些人习惯用反话表达，这也是引起注意的一种方法。如果你不理解，可能完全得出相反的结论。

9. 避免流利的阴差阳错式的对话。例如，你问："你是否使用过计算机？"对方回答："我不喜欢计算机。"对方没有回答你的问题，而交谈却一直进行下去。一般说，可能有两种原因导致这种情况。第一，缺乏交流经验，或者还没有集中注意力。你可以用陈述方式重新问一次："我想知道你是否使用过计算机。"提醒对方集中注意。第二，对方不愿意正面回答问题，例如，感到陌生，反感这个问题，缺乏自信，好面子，不愿意表现自己的弱点等。这时，你可以尝试用善意解脱对方，例如说："的确，不少人都不喜欢计算机。我调查这个问题，正是想改进计算机。"如果对方表达交流时采用模糊语言，如果不善于表达，如果缺乏认真考虑，如果匆匆忙忙，如果缺乏调查经验，都可能导致类似情况。为了适应各种情况，你要学会用不同方法调查同一个问题。有时，对方不喜欢直截了当的询问方式，那么可以采用比较间接的问法。有时，一个问题的问法对方不理解，那么换一个的问法。为了验证调查的可靠性，你可以在调查前后，提出同一个问题，或从不同角度询问同一个问题，以验证前后的回答是否基本一致。调查时必须跳出无根据的想像。从事调查和实验，需要大量的关于人的经验，人的思维方式非常复杂，不存在惟一标准的思维方式，绝对不能认为自己的思维方式就是别人的思维方式。

10. 如果对方不愿意与你进行交谈，怎么办？不要勉强，你可以再去寻找其他调查对象。

11. 我们中国人面对生人时往往感到拘谨胆怯，思维封闭，甚至有猜疑和戒备，表现出内向。笔者曾对 56 名工科 3 年级学生进行调查，41 人说自己在熟人面前比较容易表达，只有 15 人认为自己在陌生人面前能够表达自己观点，占总人数 27%，其中男生 6 人（占 17.6%），女生 9 人（占 41%）。

12. 性格内向影响设计调查。性格内向有若干解释，笔者把用户调查中遇到的缺乏交流动机称为性格内向。笔者对大学生进行过至少四次调查，其中 90% 的学生说自己属于性格内向。这对我们的调查意味着什么？你在街头进行调查时，可能 90% 的人没有全面如实回答你的调查问题，你可能很辛苦地站在街头却完成了 100 份问卷调查。你进行设计调查前，要结合具体情况，想恰当方法解决这个问题。在一次分析初次调查尝试时，54 名学生中的 13 名学生说，自己只是附和对方而没有谈出实际情况，大约占了 24%。他们彼此都是很熟悉的同学，然而交谈中就有如此的保留态度，如果与陌生人交谈，可能问题更严重。因此，笔者强调，调查要从熟人开始，从亲戚朋友开始，调查中请他们给你提出建议。积累一定经验后，再与陌生人进行交往调查。

13. 在调查中要经常验证交流效度，主要通过如下问题进行验证：

1）当你提完问题后要问对方："请问你是否理解我提出的问题？""请你讲一下自己如何了解我提出的这个问题？"

2）当对方讲述完，你可以问："我所理解的你的意思是……，我的理解对不对？"

3）当遇到别人不愿意接受调查，就换人，去找愿意接受调查的人。

如果遇到好几个人不愿意回答某题，就要考虑改变问题。

五、如何改善分析效度

分析效度包含三方面，其中重点问题是认知效度和专家效度。经常遇到的问题之一是：如何认识、判断一篇调查报告或论文的真实性和可靠性？最简单的方法是看调查报告或论文的最后一部分。下面举例比较两篇论文的写法。

国外一篇文章《Effects of Keyboard Tray Geometry on Upper Body Posture and Comfort》，发表在《Ergonomics》1999 年 Vol42，No. 10，1333－1349。它是一篇人机学的调查研究报告，一共 8 页。第一部分为引言，占 1 页，综述了以往有哪些论文对该问题进行的调查研究，各得出什么结论。第二部分描述和分析自己的调查方法，调查问题，描述使用的实验设备，如何测试各个因素，以及数据分析。这一部分占 3 页。这两部分在我们一般的论文中也存在，然而该论文的最后一部分在国内大量的论文中往往不存在。该论文的第三部分为"结果与讨论"，占 4 页，占到全文的一半，这一部分论述了该文章的发现和研究问题。该调查中发现两组测试人群的差异很大，再次进行研究，一共发现和研究了 7 个问题。我们不用深入了解具体论文的专业内容，仅从它的论文结构，就能看出这篇论文是在研究问题并得出什么结论。这篇论文的特点在于：敢于揭短，把测试中差异很大的问题揭示出来进行深入研究，这是从反常事情中发现了问题，并进行的研究。揭短，这是科学研究应该做的正常事情，说文雅一些，叫做发现问题和解决问题。

下面再比较我手头的一篇论文，它是《某软件系统的用户界面设计过程研究》，共 90 页。该论文自称是"研究"设计过程，实际上是把"学习"当作"研究"，一个外行学习了一点东西，然后参与别人的设计项目，完成了一部分用户界面的设计规划，采用的设计方法全是套用别人的，自己并没有研究什么。该论文最后一部分写的是"论文的总结与展望"，只有一页半，而不是"讨论与结论"，全部是对自己论文进行的主观评价，使用了废话、空话、大话。例如，"在整个开发过程中都要注重可用性"（废话），"将可用性设计方法融入产品开发流程中是非常必要的"（空话），"……从而保证了调查的全面完整性"（大话），它敢说"保证"，它敢说"全面完整性"，而实际上该论文没有进行效度分析，也没有进行信度计算分析。这是明显的学术欺骗。

识别和改善认知效度可以从以下几方面考虑：

1）从文摘看该论文的贡献是什么。

2）该论文是否明显区分自己的贡献与引用别人的东西。引言除了在文后说明出处外，在文中必须注明出处。

3）是否敢于"揭短"，是否能够定性定量分析自己研究中的不足、缺陷，并深入分析下一步如何进行研究。这是效度分析和信度分析中必然要有的一部分内容。如果论文中没有这一部分，就要对它的效度和信度提出一个大问号。

4）科学不是文学，论文不是散文，科学逻辑不是文学夸张，客观性不是主观描述。坚持这四条极简单的道理，就能够明显提高专家效度。专家评价的基本内容是客观描述该论文或设计所完成的工作，而不是进行文学评价，所谓"文学评价"指采用形容词评价，采用文学词汇或非专业语言评价其水平、重要性或意义。实际上几乎无人能够了解全世界有多少人在研究同一个课题，更不了解各人研究的的内容和水准，另外每天世界都在发生变化，因此无法比较和评价。

5）凡对自己论文进行主观评价的话语，都属于不客观的、非学术评价。

第十四节 调查信度分析

一、基本概念

1. 方差

方差是由下式定义的，如果变量 x 一共有 n 项，这些项的平均值为 $X_{平均}$，每一项与平均值的差为 $x_i - X_{平均}$，方差 σ 为：

$$\sigma^2 = \sum (x_i - X_{平均})^2/n \qquad 1-14-1$$

举例说明这些变量的两种含义。第一，评价若干人打靶能力。如果 x 是每人打靶的环数，$X_{平均}$ 表示每人的打靶总环数除以打靶次数，得出每次打靶平均环数，它表示各人的打靶能力，由此决定各人打靶名次。第二，评价某物真实测试值。如果测试某物重量 x，$X_{平均}$ 表示真值（假如没有系统误差存在，求平均值的话，把随机误差就全部抵消了）。这意味着要想得出真值，就要设法减少系统误差使它为零。减小系统误差的基本办法是提高测量工具的精度，用高一级的标准进行比对，例如把用高一级精度的测试重物的砝码与你实际使用的砝码进行比对，这样把误差减少一个或两个数量级，因而实用中认为系统误差可以被忽略。

2. 信度与相关性

什么叫信度？信度的含义指"重复性"或"一致性"。假如不断重复一个测试能够得到同样的、不变化的结果，那么就认为这种测试是可信的。信度指调查或测试的重复性。参试者在观察实验中对各个测项打分为"观察得分"，这些分数包含两部分，真实应该得到的分数为"真实得分"，和由于各种失误而引起的"错误得分"：

$$观察得分 = 真实得分 + 误差得分 \qquad 1-14-2$$

假如一个调查精确反映了真实得分，这种得分是稳定的，重复性很高，它是可信的。或者说，它的给分出错部分达到 0，它的可信程度达到最高。

一个测试可能信度很高而效度很低。例如，用温度计测试焦虑的程度。温度计读数是可信的，重复一致性很好，信度很高。然而人体温度与焦虑之间没有关系，因此这一测试手段是无效的，效度为零。

误差得分包含两种形式：第一，系统错误，或被称为方法错误；第二，偶然错误，或被称为随机错误。为了通俗了解，信度的含义可以被理解为（误差得分中包含系统误差）：

$$信度 = 真实得分/（真实得分 + 误差得分）\qquad 1-14-3$$

实际上因为我们无法知道真实得分，因此也不知道真实得分的信度。如果我们不能计算信度，那么剩下所能做的就是如何去评估（而不是去进行精确地计算，没有考虑系统误差）它？尝试去得到真实得分的变化性（Variability），或者方差。因此实际上信度的定义被转变如下（分母中没有包含系统误差）：

$$信度 = 真实得分的方差/总得分的方差 = 稳定方差/（稳定方差 + 不稳定方差）$$

$$1-14-4$$

信度系数是真实得分的方差（它是稳定的，因此又叫稳定方差，出错往往是不稳定的）在获得的总得分的方差中所占的比例。例如，也就是说，在 100 份问卷中，真实得分的浮动范围在总测试的得分浮动范围中占的百分比。例如，调查 10 人喜好几种颜色，测试结果他们喜欢 10 种颜色，信度为 80%，就意味着 8 种颜色是真实喜欢的，另外 2 种是随机误差引起的。如果信度系数为 0.82，它意味着在得分中的 82% 是代表了真实的个体差异，18% 的变化性是由于不稳定的随机误差引起的。信度为 50% 意味着得分中一半是由于真实情况的变化所引起的，另一半是由于出错引起的。任何在得分中产生不稳定的因素都会降低信度，这些因素主要包括：主观的（动机、情绪、健康等），测试的（测项的取样、难度、时间长短等），以及环境条件。在上式中，分母是可以计算的，但是分子无法计算，因此信度仍然无法计算。因此要再想其他办法。

如果两次观测的得分分别为 X 和 Y，这两次观察会在一定程度上彼此有关系，它们的关系达到一定程度才能共有"真实得分"部分（分子部分）。因此可以计算 X 和 Y 相关性。相关性的计算如下：

$$相关性 = \sigma_{xy}^2/\left[SD（X）\times SD（Y）\right] \qquad 1-14-5$$

其中，SD 表示标准偏差，也就是方差的平方根（不包含系统误差）。σ_{xy}^2 为两个变量 X 与 Y 的协方差（也不包含系统误差）：

$$\sigma_{xy}^2 = \sum（X - X_{平均}）（Y - Y_{平均}）\qquad 1-14-6$$

其分子部分是协方差，是各次测试共有的方差，它表示了在得分 X 和 Y 中真实得分的变化程度或变化性，因为在 X 和 Y 中真实得分是这两次观察中惟一共有的部分，它也就是代替信度的分子"真实得分的方差"。而它分母也就是代替信度的分子"总得分的方差"。由此相关的定义就等效于信度的定义。这意味着了一个测试中的两次观察结果之间的相关性也就是它们的信度计算方法（表1–14–1）。这个表达式还告诉我们，测试次数越多，相关系数越准确，信度越高。

3. 相关性

什么叫相关？如果 X 与 Y 相关，就意味着可能存在如下关系。可能 X 引起 Y；也可能 Y 引起 X；X 可能引起 W（多个因素引起的），W 引起 U，U 又引起 Y；也可能存在另一个变量 Z 同时影响 X 和 Y。你判断了 X 与 Y 相关，并不意味着你搞清楚它们之间的变化确定关系是什么。相关性是测试两个变量之间的关系，一般说，两个变量之间的关系可能是线形关系、非线形关系、或者没有关系。相关是一个相当复杂性问题，因此要用很多方法进行判断，只用一种方法，就可能把无关的误认为有关。

相关系数概述了变量之间线形关系的强度和方向。相关强度描述了你已知一个变量时可以在多大程度上预测另一个变量。相关方向描述了正（负）关系。例如摄取的热量与体重呈正相关。

一般常见如下几种相关系数（图1–14–1）。

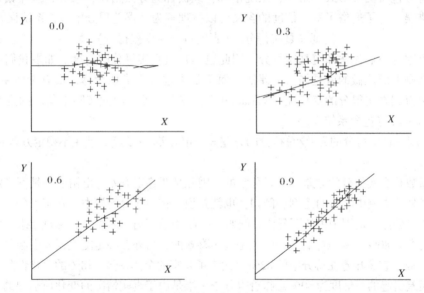

图1–14–1   两个变量 X 与 Y 的相关系数 r 分别为0.0、0.3、0.6、0.9时的散点示意图

1）Pearson 相关系数（Pearson's Correlation Coefficient），它表示两个变量之间的线形关系的程度。它一般用字母 r 表示，写为 Pearson r。这是最常用的相关系数，又被称为积矩相关系数（Product-moment Correlation）。当相关系数 $r = +1$ 时，两个变量之间的关系被称为完全相关，一个变量的值增加，另一个变量的值同样增加。相关系数 r 范围从 -1 到 $+1$。当等于1时，相关强度最大。如果相关系数 $r = -1$ 意味着负相关，也就是说两个变量的关系是，当一个变量的值增加时，另一个变量的值减少。这条相关线是一条向上或向下倾斜的直线。这条线被称为回归线（Regression Line），或最小平方线（Least Squares Line）。如果 $r = 0$，两个变量之间缺乏相关性。相关性越高，信度越高。因此信度的分析就变为相关性分析。这个系数的平方 r^2 被称为确定系数（Coefficient of Determination），确定系数的意思是一个变量的变化有百分之多少可以由另一个变量来解释。其余的百分之多少不能由这个变量来解释，这就是非确定系数。例如，某用户学习 Word 软件的测试分数与学生每天学习多少小时这两个变量的相关系数是0.7。那么

确定系数为 $0.7^2 = 0.49$。它的意思是说，其测试成绩的高低变化（方差 Variance）有 49% 是可以由每天学习时间来解释，那么还有另外的 51% 不能解释，不能解释的这部分方差我们称之为异质系数或非确定系数（Coefficient of Alienation, Coefficient of Nondetermination）。

2）定距变量（类似连续变量）线性相关的求解。Pearson r 测试的仅仅是两个变量之间的线性关系。但是实际上很可能它们之间的关系是非线性的，这时 Pearson r 的线性测试方法就不适用了。如何判断非线性关系？解决这个问题的办法是，在评价每一个相关性时要评价散点图（Scatterplots），SPSS 软件中提供了绘制的方法。这种图显示的是这两个变量的分布情况，从中可以看出各点的走向和分布情况，从而可以大致判断这两个变量之间关系的类型，能够比较看出是不是线性关系。

3）等级变量（不连续的分档变量）之间的相关系数。上面 Pearson r 给出的是变量之间的线性相关性，其变量是定量的或量化的。在有些情况下，无法使变量被量化（参量化），只能给出等级，只不过在定义中把点的坐标换成各自样本的等级。例如，经常使用计算机的程度，答案可能有四个：一直用，经常用，有时用，从不用。最常用的非参量统计方法包括：二项式测试（Binomial Test），卡方测试（Chi-square Test），Cohen kappa，肯德尔 τ（Kendall Tau），肯德尔 w（Kendall W），Spearman ρ（Spearman Rank Correlation coefficient, Spearman 等级相关系数）。

4）二分变量等级相关系数计算，Spearman ρ 相关系数，取值在 -1 和 1 之间。通过它也可以进行不依赖于总体分布的非参数检验。

5）等级相关系数计算，肯德尔相关系数，可以被分为两种。第一，Kendall Tau-b 通常测试两个变量 X 与 Y（2 行 2 列的表），所有的样本点配对，如果每一个点由 x 和 y 组成的坐标 (x, y) 代表，一对点就是诸如 (x_1, y_1) 和 (x_2, y_2) 的点对，然后看每一对中的 x 和 y 的观测值是否同时增加（或减少）。比如由点对 (x_1, y_1) 和 (x_2, y_2)，可以算出乘积 $(x_2 - x_1)(y_2 - y_1)$ 是否大于 0；如果大于 0，则说明 x 和 y 同时增长或同时下降，称这两点和谐；否则就是不和谐。如果样本中和谐的点数目多，两个变量就更加相关一些；如果样本中不和谐（Discordant）的点数目多，两个变量就不很相关。第二，Kendall Tau-c，要使用总的案例数目，而不是总的和谐与不和谐的数据对数。

信度计算公式　　　　　　　　　　　　　　　　　　　　　表 1-14-1

信度计算（这些都可以用 SPSS 软件完成）

1. 计算重测信度的 Pearson r 积矩相关系数（Product-Moment Correlation Coefficient）为（http://www.gower.k12.il.us/Staff/ASSESS/4_ch2app.htm）：

$$r = \sum (xy) / [(N-1)(SD_x)(SD_y)] \qquad 1-14-7$$

其中，x 为各人得分减去偶数测项的平均值。Y 为各人得分减去奇数测项的平均值。N 为人数，SD 为标准偏差。

$$SD_x = \sqrt{\left[\sum (x^2)/(N-1)\right]}, SD_y = \sqrt{\left[\sum (y^2)/(N-1)\right]} \qquad 1-14-8$$

2. Spearman-Brown 公式一般用来确定折半方法的信度 ρ：

$$\rho = (2r_{xy})/(1 + r_{xy}) \qquad 1-14-9$$

3. Kuder and Richardson 于 1937 年建立了一种评价信度的方法。它变成了一个标准方法。Kuder-Richardson 方法被用来测试测项之间的一致性（inter-item consistency）。这个公式被称为 Kuder-Richardson 公式：

$$\rho_{KR20} = K/(K-1)\left[1 - \sum (pq)/\sigma^2\right] \qquad 1-14-10$$

其中，σ^2 为该测试的总得分的变异。K 为该测试中的测项数量，K 为测项的数量，p 为参试者通过了一个给定测项的比例。q 为参试者没有通过一个给定测项的比例。

Kuder-Richardson 公式:

$$\rho_{KR20} = K/(K-1)\left[1 - m(K-m)/k\sigma^2\right] \qquad 1-14-11$$

其中,m 为测试平均值,K 为测项数量,σ^2 为方差,其值如下:

$$\sigma^2 = \left(\sum X^2\right)/(N-1) \qquad 1-14-12$$

4. Cronbach α 系数是信度系数,不是统计测试系数。它测试一组测项(或变量)测试一维潜在结构的符合程度。如果该数据具有多维结构,Cronbach α 通常比较小。测量同质性信度的基本计算公式为:

$$\alpha = Nr/\left[1 + (N-1)r\right] \qquad 1-14-13$$

其中 N 是测项的数量,r 是测项之间的平均相关系数。从式中可以看出,增加测项数量,可以提高 Cronbach α。测项之间的平均相关系数增加,这表明它们的测项都是测试同一结构,也能提高 Cronbach α。

Cronbach α 计算如下:

$$\alpha = \left[K/(K-1)\right] \times \left[1 - \sum (s_i^2)/s_{\text{sum}}^2\right] \qquad 1-14-14$$

其中,s_i^2 表示第 k 个测项方差,s_{sum}^2 表示各个测项的方差的总和。

5. 等级序列相关系数计算

$$\text{Spearman } \rho = 1 - 6\sum d_i^2 / (N^3 - N) \qquad 1-14-15$$

其中,d_i 为第 i 个等级两个变量的差,N 为成对的等级数目。

Kendall tau = (Con-Dis)/总的数据对数

其中 Con 和 Dis 分别为和谐的与不和谐的数据对。

Kendall tau-b:

$$\text{tau-b} = (P-Q)/\text{SQRT}((P+Q+T_X)(P+Q+T_Y)) \qquad 1-14-16$$

其中,自变量 T_x 是约束 X(不是与 Y)的对数,T_Y 是约束 Y(不是 X)的对数。

Kendall tau-c:

$$\text{tau } c = 2m(P-Q)/((N \times N)(m-1)) \qquad 1-14-17$$

其中,P 和 Q 分别为和谐与不和谐的数据对,m 是最小的行数或列数,N 是总案例数。

求相关性的方法假设存在的关系是线性关系。实际上很可能存在几种情况:两个变量的相关性很强,却是非线性的(图 1-14-2),实际上没有简单方法去判断非线性关系。解决方法是,尝试去识别能够描述该曲线的函数,用逼近方法去描绘数据。另一种方法是把这些变量分成等宽度的若干段,例如 4 段或 5 段。

http://www.statsoft.com/textbook/stbasic.html#Correlationsb

如果取样中缺乏同质性,按照公式所计算的相关系数的误差就比较大。表面上似乎高度相关,实际上并不代表这两个变量之间的真实关系,例如,其两组数据是彼此远离的"散点云",彼此没有任何相交处,其相关性实际上是 0,但是计算结果很可能是高度线性相关的(图1-14-3)。

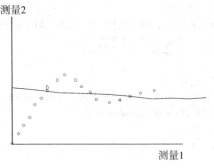

图 1-14-2 非线性相关

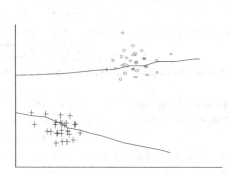

图 1-14-3 不相关

为了能够评价两个变量之间的相关性，重要的是要知道"幅度"（强度）和相关性的重要性（Significance of the Correlation）。一个特殊幅度的相关系数的重要性将会变化，这取决于取样的大小，因为它是从其中计算得到的。

二、影响信度的三个方面

针对可能出现的各种问题，在考虑如何提高信度时主要应该包含涉及调查或实验的三个主要方面：被调查人心理是稳定的（稳定性），被调查人具有明确的心理结构（同质性）和调查人或评价人的一致性（等效性）。

1. 稳定性指参试者或被调查人对同一个问题的若干次回答应该是一致的，这反映他们的心理状态和生理状态应该是稳定的。这是进行心理学实验和调查的最基本要求。如果你问："你喜欢使用计算机吗？"他第一次回答"喜欢用计算机"，第二次回答"讨厌用计算机"，第三次回答"我从没用过计算机"，这种调查结果的稳定性很差，是不可信的。这表明对同一个问题的若干测试是不可重复的。稳定性的要求指出测试应该是能够被重复进行的，同一种测试，在不同情况下对同一组人进行两次或更多次，其结果应该是基本一致的，最多可能出现一些不同的偶然误差。

2. 同质性指被调查人具有明确一致的心理结构体系。在操作行动中，各个心理因素会形成一定关系，视觉活动、思维活动等都是围绕行动目的和计划进行的，彼此构成一个完整的结构。例如，当用户建立行动目的后，他必然会通过知觉寻找操作条件，如果他去干其他事情，说明存在突然干扰或刺激，否则不会存在明确的心理活动过程的矛盾或不一致。同样，视觉活动必然包含：寻找、发现、识别等过程。没有这些过程，就不可能完成一个视觉过程。同样，他们对各个调查问题或测项的回答都属于该结构中的一部分内容，它强调参试者心理内部特性的整体一致性。例如，他喜欢用计算机，那么他肯定会操作鼠标和键盘。如果一个用户说他很爱用计算机，但是他不会用鼠标和键盘，那一定有特殊情况，否则就表明心理缺乏同质性或内部一致性，这种调查结果往往是不可信的。

3. 等效性指采用不同形式，调查同样内容，应该得到基本一致的结果，否则测试数据或调查结果是不可信的。它包含两方面情况。第一，各个评价人的评价基本一致。如果一个评价人给的分数为5分，而另一个评价人给1分。你能肯定谁的评价可信？采用平均方法，$(5+1)/2=3$，这恰恰是中间值，也就是中性态度值，其含义与5分或1分根本不同了，因此采用简单的数学平均方法，就改变了调查结果，也是不可信的。第二，两种不同形式的测试，采用同样内容，对同一组人进行测试，其结果应该是一致的，这也测试了稳定性。

这三方面也是信度测试的基本依据。也就是说，信度应该从这三方面去进行测试或验证（表1-14-2）。

信度概念　　　　　　　　　　　　　　　　　表1-14-2

信度包含的内容	测试方法	测试过程
稳定性(Stability)：重复测试产生相同结果的程度	再测试信度（Test-retest Reliability）	1）对同一人群进行两次重复测试或调查 2）用相关性（用Pearson r）比较这两组得分 3）相关系数至少0.7。短期（两周）再测的相关系数更大，长期（1~2月）再测的相关系数较小

信度包含的内容	测试方法	测试过程
	替换形式的复本测项（Parallel Items on Alternate Forms）	1）用一个测试的两个不同版本（测试内容相同，但是问题不同），比较这两次测试的结果。假如测项真正是同等的（并列的复本），那么它们具有同样的得分和误差。参试者所存在的偏差仅仅为随机涨落 2）采用可比较的测项。实际上很难比较两份测试的同等性。因此主要要求它们测试同样东西，在系统方法上没有差别 3）这种测试可以在同一天进行，可以避免再测试的缺点
同质性（Homogeneity）或叫内部一致性测试（Internal Consistency）或者准确说，叫内部相关性（因为内部往往可能不一致，人往往会说谎也会说实话，这是不一致的，但是彼此是相关的）	测项的总相关性（Item-total Correlation）	测试每个测项与总测试的相关性
	折半测试（Split-half Testing）	折半测试，或折半信度（Split-half Reliability）：把一份总测试问题等分为两半，把这两份问题的得分进行比较或相关分析。最常见的分法是把奇数问题分为一份，把偶数问题分为第二份。折半测试用 Spearman-Brown 公式进行计算，$r = (2r_{hh})/(1 + r_{hh})$。其中 r_{hh} 为这两半的相关系数
	Kuder-Richardson 测试进行一致性测试	对于答案为 yes/no 的问题，可以计算 Kuder-Richardson 系数，$R_{kk} = K/(K-1)(1 - \sum \sigma_i^2/\sigma_t^2)$。$R_{kk}$ 为测试的 α 系数，k 为测项的数量，σ_i^2 为测项的变异，σ_t^2 为总测试的变异
	Chronbach α	对于李克特量表方法的问题，可以计算信度系数 Chronbach α 如下：$$\alpha = [K/(K-1)] \times [1 - \sum (s_i^2)/s_{sum}^2]$$ 其中，s_i^2 表示第 K 个测项变异，s_{sum}^2 表示各个测项的变异的总和
等效性：两个测试是等效的	等效性（Equivalence），又叫复本格式（Parallel Form）	有人把复本测试也看作是内部一致性或等效性的测试方法
	评价人信度（Inter-rater Feliability）等效格式（Equivalent Forms）	1）Gamma 系数 2）Spearman ρ 等级相关系数 3）Kendall 和谐系数 测试等效性。对同一被测人群连续给出两个不同形式而内容相同的测试
	等效格式再测试（Test-retest with Equivalent Forms）	测试稳定性和等效性。对同一被测试人群在比较长的时间间隔给出两个不同而内容相同的等效形式的测试

三、稳定信度（Stability Reliability），也叫再测信度（Test-retest Reliability）

稳定性包含以下两层含义。

1. 它指两个不同时间对同样参试者进行同样测试，也就是对同一人群重复进行两次相同的调查，得到的结果一致的程度，被称为稳定信度。根据两次测试分数，求出这两次分数的相关系数，此系数又称为稳定系数（Coefficient of Stability）。用 Pearson 积矩计算相关系数，得到的相关系数称为再测信度。如果两次测验分数相关程度高，表明测验结果稳定。但是，两次测验结果的稳定性受它们之间的时间间隔长短的影响，因此，一般标准化测验很少用再测信度来估计测验结果的可信性。

一般说，影响稳定信度的因素主要来自两个方面。第一，调查人的不稳定因素影响。这个问题被称为调查信度，或评分信度。第二，被调查人的心理因素不稳定，主要指用户或被试者对自己的感知、认知或操作结果的评价的稳定程度，这个问题被称为稳定信度。其中，两次测试的间隔时间是一个关键因素。如果对一个任务操作两次，如果这两次测试间隔时间很短，第一次操作实际上对第二次来说是一个学习和适应过程，第二次操作的熟练程度可能高于第一次。他在第二测试时仍然记得上一次测试的过程或测试答案。如果两次测试间隔时间太长，同一参试者的生理和心理因素可能发生很大变化，实际上可以被看作"两个不同的人"，而不是"同一人"。这两次的间隔时间取决于各个被测试的变量的稳定性。选择两次测试的时间间隔的主要依据是：参试者的生理和心理特性应该是稳定不变的，他们要遗忘了第一次测试的内容和学习体验，典型的间隔时间是若干周。

两个变量之间的相关性反映了它们彼此关系的紧密程度。最常测试的相关性是 Pearson 积差相关性（Pearson Product Moment Correlation），简称为 Pearson 相关系数（相关性），用 r 表示，有时称为"Pearson r"，它反映了两个变量之间的线性关系程度，数值范围为 +1 到 −1。当相关系数为 +1 时，表明两个变量之间存在完全的正的线性关系。

检验稳定信度的方法是，间隔一定的时间后对同一组被试者将同样的指标重复测试一次。如果每次都得到同样的结果，则此指标即有稳定信度。稳定信度也被称为再测信度（Test-retest Reliability）。在两个不同情况下对同一样本进行同一测试或调查，评估这两次调查的一致性被称为再测信度。这种测试假设这两次测试调查的结构没有本质的变化或明显变化。最关键的问题是这两次测试所间隔的时间，因为两次测试同一项目时，这两次测试的相关性部分取决于它们所间隔的时间。间隔时间越短，相关性越高，间隔时间越长，相关性越低。再测信度的时间间隔选择依测验性质和目的而定，其作用是尽量减少时间元素对测试结果的影响。如果测验是用于长期预测，则测量间隔长一些。使用再测信度应注意，再测信度只是为了发现随机误差的影响，而要注意是否受被试心理因素的长期变化影响。

2. 替换形式的复本测项（Parallel Items on Alternate Forms）。用两个不同版本的问卷调查或测试去完成同一个测试，这两次测试的结果应该稳定一致。两份分数的相关系数为复本系数（Coefficient of Forms）或等值系数（Coefficient of Equivalence）。假如测项真正是同等的（是完全并列的复本），那么它们具有同样的得分和误差。参试者所存在的偏差仅仅为随机涨落。

它的基本方法是：按照同一种心理结构建立一个比较大的用户调查问题清单，这些题目都具有相同的测试目的、测试内容和测项，但是题目（问题）不同，然后随机把这些问题分为两份问卷形式，这两份问卷的题目不同，但是调查的内容相同。把这两份问卷用于同一参试人群样本，他们在这两份问卷测试上的相关系数被称为复本信度。这种测试必须采用可比较的测项，必须能构成内容相同的不同问题。因此主要要求它们测试同样东西，在系统方法上没有差别。这种测试可以在同一天进行，可以避免再测的缺点。从理论上说，这组人群对这两份内容一致的问卷的回答应该一样。这种方法的主要问题有以下两个。第一，你必须建立大量调查问题去反映同一结构，这往往是很困难的。第二，很难通过随机方式把这些问题分为相同的两组。也就是说，实际上很难比较两份测试的同等性。这种方法与下面所叙述的折半信度有些类似。这两者的区别在于复本信度构成的两份问卷彼此可以独立使用，也是彼此等效的测试。什么因素影响复本信度的高低？

有人认为，再测信度系数高于复本信度系数。

四、同质性（Homogeneity）

它也被称为内部一致性（Internal Consistency）。同质性指两层含义：

1. 每一个正常的被调查人的操作心理状态具有相关性（或一致性）和完整性，被调查人对各个测项回答所表现的心理或行为特性彼此密切相关，从各个侧面构成一个结构的整体。这样才能构成一个用户。如果每个用户的操作心理都缺乏一致性，就无法建立一个统一的用户概念。

2. 被调查人群操作心理具有相关性（或一致性）和完整性，对各个测项的回答能够从各个角度形成一个一致的完整的结构，这样才能够代表目标用户人群。我们感兴趣的是：是否不同测项能够从各个侧面了解到他们心理的统一整体结构？如果他们操作心理因素都是矛盾或不一致的，那么就不存在确定的用户人群。其调查结果就很难被用来作为设计人机界面的依据。

同质性用来评价一个被调查人在一次调查或测试中对各个测项反应的心理状态的一致程度，或者说，各个测项所获得的心理或行为特性彼此相关的程度。内部一致性信度所关注的问题是在测试各个问题时被试者的各个心理和行为状态是否彼此密切相关。我们感兴趣的是是否不同指标能得到符合统一整体结构的测量结果？

同质性是指测验的所有测试题目间的一致性，看它们是否反映同一种心理特质或行为。内部一致性信度是：

1）指对相关问题回答的一致程度。

2）设计问题时要有验证一致性的问题。

3）提高内在一致性的主要方法是，在真实情景中进行用户测试，这样迫使被试者主动独立思维，必须自己设置操作任务，必须完成真实任务，这样能够提高各种相关问题的一致性。

4）运用 SPSS 软件提供的信度分析（Reliability Analysis）的 Cronbach α 系数，折半信度检测，问卷题项之间的内在关联性。

同质性的判别标准是：题目间呈高正相关。如果相关很低或是呈负相关，则题目为异质。

可以用以下四种方法测试一致性。

1）折半测试（Split-half Testing）。研究人员常用折半法（the Split-half Method）来做此种信度的分析。具体实施方法如下，用一份完整的测试问卷进行调查，然后把调查结果随机分成两组，也可以按照奇数、偶数题号分半，再用 Spearman-Brown 公式进行计算，$\rho = (2r_{xy})/(1 + r_{xy})$，其中 r_{xy} 为这两半的相关系数。

2）用 Kuder-Richardson 方法进行一致性测试。对于答案为 yes/no 的问题，可以计算 Kuder-Richardson 系数，$\rho_{KR20} = K/(K-1)[1 - \sum (pq)/\sigma^2]$，其中，$\sigma^2$ 为该测试的总得分的变异。K 为该测试中的测项数量，K 为测项的数量，p 为参试者通过了一个给定测项的比例。q 为参试者没有通过一个给定测项的比例。

3）用 Cronbach α 表示信度系数。对于李克特量表方法的问题，可以计算信度系数 Cronbach α 如下：$\alpha = [K/(K-1)] \times [1 - \sum (s_i^2)/s_{sum}^2]$，其中，$s_i^2$ 表示第 k 个测项变异，s_{sum}^2 表示各个测项的变异的总和。依据 20 世纪 40 年代 Guttman 等人的工作，Cronbach 于 1951 年写文章提出了这一概念，因此被称为 Cronbach α。这个系数被广泛用来评价各个测项的内部一致性。它考虑了测项数量的影响，测项越多，测量越可信，Cronbach α 越大。样本中参试者反应越一致，而且各个参试者之间的差异越大，Cronbach α 值越大。变化存在同质性时，Cronbach α 也越大。广泛采用的 Cronbach α 取舍点为 0.70 或更高，有些人采用 0.75 或者 0.80。应该注意，当 Cronbach α 为 0.70 时，测试的标准误差（standard error）将超过标准偏差（standard deviation）的 0.55。

4）等值性（Equivalence），又叫复本形式（Parallel Form）。在用户调查中改变调查形式而不改变调查内容，如果这两次调查结果一致，就认为是等值的。这一假设在心理学中有重要意义。等值信度（Equivalence Reliability）。等值信度是应用在利用多重测项测量同一结构的情况。另一种同等信度的特殊分析方法是做编码者间信度（Intercoder Reliability）的分析。当我们用多位观察者、评判者或编码者时就可用此方法。其目的是检视不同的观察者或编码者是否彼此间的意见一致。复本测试方法如下：建立内容等效但题目形式不同的两个测试，测试后计算两组数值的相关性。复本信度的高低反映了两个互为复本的测验等价的程度。复本信度高低取决于测试内容取样问题。复本信度优于重测信度之处在于：避免了重测带来的记忆效应和练习效应。复本测试方法也有缺点：有些测验的复本很难找到；有些测试因正迁移效应使测验性质改变；如测量的内容很容易受练习的影响，复本信度也无法清除这种练习效应。重测复本信度，即在不同的时间里施测两个等值的测验（复本），得到的相关就是重测复本信度，也叫稳定等值系数。它比单一的重测信度或复本信度都要严格、全面一些。

Kuder-Richardson 提出的 KR20 公式只适合预测题目是二分法计分的。Cronbach α 系数适合于李克特量表记分的测验的内部一致性信度估计法。

假如在 SPSS 中要求折半，会产生四个系数：Cronbach α（给每个调查表格），Spearman-Brown 系数，Guttman 折半系数，以及两个表格之间的 Pearson 相关系数（折半信度），有些人把折半信度称为内部一致信度的一个子类型。

折半信度是求测验两半之间的一致性，而同质性是求所有题目间的一致性。因此折半信度实际上是同质性信度的一种，可以粗略估计同质性。同质性实际上指一个结构内部各个因素的逻辑一致性，这个概念也属于结构效度，因此同质性也有结构效度的含义。

五、评分者信度

指各个观察者、调查者、评价者给出一致结果的程度，也被称为调查信度，评分人信度（Inter-rater Reliability），观察人信度（Inter-observer Reliability），计分人信度（Interscorer Reliability）。如何确定两个或多个评价人对同一参试者测试项目的观察是一致的？这应该建立评价人信度。评估评价人信度的主要方法是看这两个观察人评估之间的相关性。为了解决这些问题，人们采用以下方法。

1. Pearson 相关性。

2. Spearman ρ 等级相关系数。

对于等级序数据，Spearman $\rho = 1 - 6 \sum d_i^2 / (N^3 - N)$

其中，d_i 为第 i 个等级两个变量的差，N 为成对的等级数目。

3. Kendall 和谐系数。

肯德尔和谐系数 W（Kendall's Coefficient of Concordance W）。很多心理测验的得分不是根据客观的计分系统，是由评分者来给被试打分，因此，这样的测验的可靠性如何取决于评分者评分的一致性和稳定性如何。评分者信度因评分者人数不同而估计方法不一样。如果是两个评分者，独立对被试的反应评分，则可以用积差相关来计算，或用 Spearman-Brown 等级相关法计算。如果评分者在两人以上，而且是等级评分，则可以用"肯德尔和谐系数"来求评分者信度。肯德尔和谐系数是按照被评估对象各构成因素所获得的等级及它们之间的差异大小，来衡量评价人打分一致性程度。肯德尔和谐系数为：

$$W = 12 \left[\sum R_1^2 \left(\sum R_1 \right)^2 / N \right] / K^2(N^3 - N)$$

其值在 0 和 1 之间。R_1 为被评价对象的 K 个等级之和，K 为评价人数，有 N 件被评定的东西。也可以是一个评价人先后 K 次评价了 N 个东西。

具体使用中，经常采用以下系数：

$$\text{Kendall tau} = (\text{Con-Dis}) / 总的数据对数$$

其中 Con 和 Dis 分别为和谐的与不和谐的数据对。

Kendall tau-b：

$$\text{tau-b} = (P-Q) / \text{SQRT}((P+Q+T_X)(P+Q+T_Y))$$

其中，自变量 T_x 是约束 X（不是与 Y）的对数，T_Y 是约束 Y（不是 X）的对数。

$$\text{Kendall tau-c：tau } c = 2m(P-Q) / ((N×N)(m-1))$$

其中，P 和 Q 分别为和谐与不和谐的数据对，m 是最小的行数或列数，N 是总案例数。

4. Gamma 系数。它等于

$$\gamma = (P-Q) / (P+Q)$$

其中，P 是总的和谐数目，Q 是总的不和谐数目。从上式中可以看出 Gamma 的含义是，和谐减去不和谐（$P-Q$）占总数（$P+Q$）的比例。当和谐对 P 大于不和谐对 Q 时，Gamma 值为正，否则为负。当和谐对 P 等于不和谐对 Q 时，Gamma 值为 0。Gamma 等效于 Spearman r 或 Kendall tao，它更类似于 Kendall tau。

5. 百分比一致性（Percentage Agreement）

测试评价人之间的一致性或信度。计算方法是他们一致的评价次数除以总评价次数。当前有人对此方法提出质疑，不同意采用这种方法。

第十五节　如何改善调查信度

信度分析时的基本考虑是提高一致性重复性，而不是死套公式。从事用户调查或设计调查，你的经验非常重要，只有自己亲身经历大量调查才能获得这些经验。否则你提出的问题别人很难理解，你很难判断别人回答的内容，你很难把调查深入下去，你很难评价调查结果。影响调查信度的因素主要包括三方面：

1）被调查人心理的稳定性；

2）被调查人心理结构的同质性；

3）调查人（或评价人）或调查手段（例如问卷或调查问题或实验）的一致性（等效性）。

在分析信度时要考虑现有的方法是否能够把信度分析清楚？是否能够找到问题？是否能够发现改善信度的途径。

调查的各个方面都密切关系到人际交流沟通，它影响调查信度和效度。这个问题已经在交流效度中具体分析过了。

一、如何改善同质信度

我们进行用户调查，设计产品，有两个基本假设。第一，人的心理状态的各个方面是密切相关的，这种特性被称为一个人心理的同质性，在许多情况下表现为一致性。第二，我们还假设，用户可以被分为各种人群，每个人群具有共同一致特性，或者彼此密切相关的特性，这种特性被称为各个用户人群的同质性。那么他们对相关问题的回答是相关的，他们具有确定的一致的操作心理结构。这一同质的操作心理结构正是我们建立用户模型的基本依据。这是理论假设，实际上并不完全如此，这种非一致性的程度（或不相关的程度）被称为非同质性。如果我们在用户调查中遇到不同质问题，典型表现为被调查人对相关问题的回答矛盾。例如："你是否喜欢使用计算机？"回答："喜欢"。过了一会儿，你问："你用计算机干什么？"回答："我从不用计算机。"这种极端的问卷回答要被剔除。

1. 什么问题容易导致被调查者回答的非同质性？第一，被调查对象对所调查的问题本身就具有非同质性，具有明显的矛盾心理，处于两种极端状态。第二，缺乏人际沟通能力。误以为存在非同质性。例如，你爱用计算机吗？不爱。那么你为什么每天都用计算机？因为没有其他办法，只能用计算机去完成工作。缺乏人际沟通，对方听不懂你在问什么，你也听不懂对方在说什么意思，一问一答，阴差阳错。设计一份能够使别人清楚理解的问卷是很不容易的。我们学生设计了一个水杯调查问卷，通过试调查发现，别人对每一个调查问题都看不懂。如果人人都填写了这种问卷，那么肯定会出现非同质性问题。因此，他们只好一边解释，一边请别人填写问卷。

2. 对用户调查定位不当，调查问题超越了用户的经验范围和考虑范围，其回答往往是非同质性的。例如，"你认为手机应该有哪些功能？""你认为今后 10 年手机的发展趋势是什么？"有些用户会说："不知道。"也有些用户会讲自己的一些看法，两小时后你再提出这个问题，往往会发现他们的答案改变了。其实这些问题并不是一般人所考虑的。这些问题属于总体规划者所考虑和研究的问题。专家用户可能在遇到具体问题时会从某些角度考虑这个问题的一部分，例如，他可能认为在手机通话时应该能够查询电话号码，然而他往往没有机会去进行总体考虑。普通用户没有考虑过这个问题。因此，如果你在调查问卷中提出这个问题，是由于设计调查定位出错，误以为用户调查是让用户告诉你应该如何规划设计，往往得到非同质性的答案。进行用户调查时，用户只能讲出他的操作感受，他遇到的一些问题，他对新产品需求的想像。你的基本目的是通过这些信息分析用户的使用动机和操作心理，从中分析他们的需要和操作条件，从而转化成为设计指南。规划产品功能是设计者的任务，不是让用户去告诉你的。错误的调查动机包括：企图让用户告诉你未来需要什么产品，让用户告诉你如何改进或设计新产品。这两个基本问题是设计人员在调查中发现的，或者通过分析总结而得出的，而不是让用户告诉你的。

3. 调查方法不恰当或调查问题不合理会引起非同质性回答。访谈、问卷、实验或调查中的问题不适当，问卷的各个问题缺乏同质性结构，访谈问题缺乏同质性结构，例如不存在这个问题，无法回答的问题，钻牛角尖的问题，都可能引起非同质性的回答。例如喜好颜色调查中采用不同方法，就可能得到非同质性回答。喜好颜色调查方法有以下几种。第一，提问"你喜好什么颜色？""你在什么年龄阶段喜好什么颜色？"被调查人一般处于没有思想准备的情况下回答这个问题，其回答往往是即兴的、不全面的、甚至是错误的。第二，提问"你在下列颜色中喜欢哪些？棕、红、橙、黄、绿、蓝、紫、灰、白、黑。"不少人觉得这种方法容易产生诱导性，本来不喜欢棕色，可是反复看的结果就觉得"棕色不难看"，于是回答喜欢棕色，因此这种方法的调查结果往往不符合真实地选择了多种颜色。第三，采用色板指示，如果色板罗列颜色很多，把大量类似的颜色放在一起，经常把人搞糊涂。如果罗列的颜色过少，你会找不到喜欢的颜色。改进的方法是针对各种具体情况，把上述三种方法结合起来使用。另外，在调查颜色喜好时的正常问题是"你喜欢什么颜色？这种颜色引起你什么心理感受？在什么心情时，你喜欢这种颜色？"有人提出一个问题："你为什么喜欢这种颜色？"这个问题对设计没有什么作用，人们一般也不这样思考问题。如果硬性回答这个问题，就可能出现非同质性的答案。再例如，上面曾经说过的问题："你认为手机应该有什么功能？"你强行要求别人回答这个问题，往往会引起非同质性答案。

提高用户调查同质信度的最根本方法之一，是让用户在真实环境中，操作真实任务，不要让他们知道存在着跟踪调查，使他们能够按照习惯的生活方式和行动心理进行操作。从用户实际操作中发现问题，也就是调查真实问题，而不是人为制造虚拟问题、虚构问题。这种测试被称为现场分析和情景分析（Scenario Analysis）。

二、如何改善稳定信度

在调查中要区分比较稳定的因素和不稳定的因素，由此判断哪些问题可以重复测试调查？哪些问题在一定限度内可以重复调查？哪些因素、情况或问题很难重复调查？哪些类型的用户人群可以重复调查？哪些情景可以重复调查？

一般说，被调查者一些比较稳定的心理因素，可以进行重复调查，例如价值观念、追求的生活方式、心理能力、一般感知能力和认知能力是比较稳定的因素。

不稳定的情况大致如下。

1. 受体验影响或受学习影响的各个具体感知或认知过程是不稳定的。最简单的现象是，有三杯水，分别为0℃、20℃、60℃。手试探的顺序不同，感受就不同。手先放到0℃，再放到20℃中，他感到20℃水是热的。如果他先感受60℃，再感受20℃，就会感到凉。例如，要分别测试用户对三个用户界面的操作评价：实际上在测试第一个界面时，用户就存在一定学习过程和适应过程，这种"先入为主"的感知对他操作第二个用户界面的评价有一定影响。例如，习惯于使用PC机操作的用户，使用苹果机时往往感到不适应。反之，熟悉了苹果机的用户也会感到不适应PC机。即使在同一计算机上操作同一软件完成三个操作任务，第一个任务的操作，对用户操作第二个任务有影响，例如使他比较熟悉的菜单布局。前两个任务的操作，对第三个任务的操作有影响。减少这些影响的方法如下。第一，在用户测试操作之前，先让他们学习几分种（例如5分钟），学会各个操作任务都要遇到的共同东西，熟悉共同的基本操作。由此减少学习造成的不同影响。第二，操作不同软件的测试，可以间隔一定时间，例如1～2周，使他们基本忘记了原有的操作经验。第三，选择两组同类人群，限定时间，分别进行不同任务的操作测试，这时容易出现的问题是，两组测试人员的经验和能力差异引起的问题比较大。然而，如果在真实环境中进行这种测试，选择比较大量的用户进行实际操作，测试时间比较长（例如40天）就能够得出比较真实的结果，也能够发现不同用户的操作特性，而不受实验室的测试局限。第四，选择两组同类人群，分别对两个软件进行操作测试，比较结果。同样要注意先后次序的影响，学习的影响。

2. 长任务过程或长思维过程，其步骤比较复杂，往往存在多种计划，被试者往往很难规划或很难记忆全过程，由此，同样用户在两次操作可能采用不同的计划，很难重复操作过程和思维过程。

3. 高度集中的快速前向思维往往不可重复。用户注意集中在向前的认知和操作方面时，他很容易忘记自己的经历过的认知和操作过程，当被试者完成操作任务后再让他回顾复述思维操作过程，往往不是真实的过程。在进行这种测试时，要录相，也可以使用眼动仪，还可以与有声思维结合起来。

4. 心情不好、疲劳程度、过度紧张，影响注意、思维过程、记忆力、学习过程，都是很难重复出现的。因此在选择被测人员时，要尽量选择那些心理因素比较稳定，心情比较平静的人。

5. 访谈或问卷调查时，你有比较充分的准备，而被调查人没有任何思想准备，你的询问往往使人感到措手不及，不知道应该如何回答，考虑的不全面，仅仅是随和式的即兴交谈，脱口而出。为了避免这些问题，采用情景调查，先让他"进入情景"，例如，介绍背景情况，介绍你的调查目的和调查内容，介绍一些其他人的交谈情况，使他进入问题情景，思维活跃起来后再进行询问调查。

6. 调查用户熟悉的事情。如果用户对一件事情不熟悉，对一个问题的思考不成熟，那么他的回答可能会变化。在具体调查时，要经常询问对方"你是否熟悉那个问题？你是否考虑成熟了？"

7. 如果一个问题可能存在多种答案，你以为只有一个答案，或者这一次调查时他只想到一个答案，下一次调查他又想到另外一个答案，这样的答案似乎也在变化。例如调查用户"用什么词语表达'除一个文件'命令？"第一次用户说"用'删除'为命令词语"过一段时间后，他又说："用'清除'"。

8. 跳跃式的交谈，缺乏逻辑连续性，例如在用户正在操作一个任务时，你突然向用户提出关于说明书的设计问题，他的大脑思维没有充分活跃起来，也许回答错误，也许只想到一点，而遗漏其他观点、体验、问题等。

9. 实验室里的测试，如果与真实环境、真实任务、真实过程都存在明显不同，那么测试结果也与真实操作有明显不同，而表现出来不稳定性。

改善用户稳定信度的方法很多，其基本思想是，搞清楚哪些是稳定的与不稳定的心理因素，使用户心理稳定时进行测试，不稳定时不要测试。考虑可能存在哪些不稳定的因素，然后想出对策。比较有效的办法是采用情景调查方法，让用户在实际真实操作环境中、操作真实任务，这样它的操作动机是真实的，思维过程是真实的，操作过程是真实的，结果也是真实的，以外的偶然事件也是真实的，这种调查稳定性比较高。

三、如何改善评价者信度

这里的"评价者"有时指我们调查人，有时指用户，例如让他们操作一个软件后写出评价。评价者信度不高，你就无法判断最后的调查结果，那些结论是真实情况，还是评价人的错觉？

从行业角度看，评价标准受下列三方面影响：

1. 评价规则或评价过程影响效度和信度。当前存在两种不同的评价过程。第一，评价中采取"背靠背"的客观方法，评价人的身份不公开，由评价人提出候选对象，进行评选。如果评价人信息了解不广泛不全面，有可能遗漏重要信息。第二，由本人提交评奖材料，自己报材料，往往有不符合事实自我夸张的嫌疑，这种方式类似与"竞争"。

2. 各种调查和评审往往受各人习惯的"行规"影响，这些行规没有写在调查和评审标准上，没有出现在调查和评审话语中，没有写在评审结论上，但是各个企业各个群体都熟悉和认同它。"行规"之所以能够流行，是由于业内某些人群认同它行业的人群成为最重要的影响评价标准的因素。

3. 每个行业都有一些主导性人物，可能是主导企业，他们的弟子占行业主流，他们的思维行为方式成为实际标准。例如 IBM 基本主导计算机行业，即使它的硬件和软件存在一些问题，别人也会说，那是合理的，因为它的势力大销售量大，只能按照它那样去做。要突破这种不合理性，就要突破那些主导。

从每一个具体的评价人看，评价信度或调查信度可能受下列因素影响：

1）调查人评审人都是主观的，都受自己的价值、动机、情绪、眼界、经验、态度、利益等因素影响。这些因素导致评价标准的差异，评价的局限性。在极端情况，不同评审人可能得出完全不同的结论。

2）形式主义的评价过程，实际上事先已经确定了目标。这包括若干情况。第一，评价人都认为"势头"大的人应该被选中。第二，权势确定评价过程和结果。第三，外行充当专家。这几种情况下，评价信度和效度不高。

3）评价人采用不同标准，或采用一部分评分标准，或者过时的标准，导致系统性偏差，同时降低评价效度和信度。在评价前，首先要认同统一标准，进行尝试性评价。

4）评价人的水准影响它的评价水准，也许评分过分松，也许过分严格，也导致系统性偏差，同时降低评价效度和信度。因此要选择符合水准的评价人。

5）个人偏见，由于熟人或对头，使得评价人的看法似乎通过有色眼镜，要么打分过高要么过低。

6）时间对评价稳定性的影响，时间过长会导致注意不集中，放松评价标准，看错或看漏。如果评价时间比较长，例如 4 小时，也许最初 1 个小时比较严格，最后 3 小时比较松，而且越来越松。评价人搞错了评价标准或题目，他的打分可能明显与其他人不同。因此，要调查评价人保持统一标准的因素。当前已经明白时间是影响评价信度的重要因素，就要从评价时间上调查比较合理的评价持续时间。

7）真实的内行专家，应该具有比较一致的评价标准。什么是内行专家？笔者在德国经历过几次中国武术比赛大会，所请裁判都是国内的武术冠军。他们都感叹中国武术缺乏客观的统一记分标准，而是取决于裁判人的个人水准与能力。这是阻碍中国武术在国际推广发展的重要原因之一。而在实际的裁判过程中，笔者发现，运动员登场表演两三个动作，他们立即能够打出分数，而且各人从头到尾一致性很高。他们在剩余时间放松休息，从而使得自己一直能够保持比较好的精神状态。从他们的裁判过程，笔者体验到了什么叫专家评价。

如何解决这些问题？在体育比赛中，对裁判的打分要取消一个最高分和一个最低分。在心理学测试或调查中，解决办法是建立评价协议，其目的是提高评价效度的信度。包含以下几方面：

1）评价人应该是有比较高的人文品质的专家，也要对专家评价进行一定监督或淘汰。

2）提高评价能力。

3）积累评价经验。

4）首先进行试验性打分，讨论打分标准。

5）选择适当的打分评价方式。例如百分比一致性就是一种方式，各人一致的打分除以总打分。

四、效度与信度

效度指调查研究或实验的真实性与全面性。信度指调查研究或实验的重复性或一致性。

效度是第一位的，信度属于效度的一个因素，是真实性的一个因素。任何研究项目都应该从效度和信度方面进行分析讨论。如果一个调查报告或实验论文没有效度，只有信度分析，它只能说明重复性，而不能说明真实性和全面性。

第十六节　如何进行访谈

设计调查最常用的方法是访谈和问卷调查。一般先进行访谈，总结访谈获取的信息，再设计问卷，进行问卷调查。访谈前要考虑以下问题。

一、确定访谈目的

为什么进行访谈？当我们有问题时，最常用的解决问题的方法之一是请教人。详细的请教别人就是访谈。什么情况比较适合进行访谈？当你在设计前缺乏基本信息，例如，你对要设计的产品比较生疏，不了解行业情况，不了解人们对它的基本看法，不知道哪些因素影响它的设计、制造、销售，甚至不知道应该了解哪些信息时，找不到基本方向和大门时，最简捷的方法是访谈，去详细请教那些了解情况的人。具体说，在设计调查中，访谈和参观可能帮助你解决如下问题：

1. 大致了解行业情况。了解以下情况对于你决定是否可以设计一个产品起参考作用。第一，国内外行业所处的状态，例如，整个行业所处的发展阶段，是否景气，技术是否要被淘汰，是否存在污染问题，国内企业处于上升趋势，还是生产饱和状态，或者处于稳定状态，或者处于衰落过程？由此联系到你要设计的产品对该企业起什么作用？第二，国内外企业情况。例如，国内外哪些企业处于领先地位，国内哪几个企业实力比较强，关键技术是什么，各自设计生产什么产品，国内是否有比较成熟的技术，或者关键技术在国外，第三，你服务的企业的情况。生产该产品需要什么投入（资金、设备、技术人员），该企业有什么技术人员和设备，是否适合设计制造这个新产品，从研发设计到生产成品需要多长时间，存在什么具体问题？第四，当地技术配套是否可行。一个企业往往不可能完成全部制造，需要配套模具、材料、表面处理、零配件的外加工等，这些问题是否能够在当地有效解决？深入了解这些问题后，你才会比较清楚是否可以设计该产品，如何与生产进行配合，哪里可能出现问题而要特别下工夫。不考虑这些问题，是无法决定是否应该设计一个新产品的。如果你不必考虑这些问题，那么企业里一定有人要考虑这些问题，可能是总经理，总工程师或者项目负责人。

2. 使你比较熟悉要设计的产品的一般情况。向专家用户请教如下问题。第一，该产品是干什么用的？它是不是属于可有可无的多余产品？第二，该产品的制造工艺的复杂程度如何？第三，设计复杂性程度如何，设计上存在什么特殊问题？第四，该产品的简单历史，它的技术如何发展至今的？改进趋势是什么？是否要被淘汰的产品？第五，什么人群需要该产品。

3. 理解你的设计任务。通过与客户访谈，或者与你的主管人访谈，你要思考回答以下问题。第一，你的选题是否适合，例如，你是否适合设计这个产品，该企业是否有实力去设计和生产，是否能够销售出去等。第二，如何定位这个产品，选择的用户人群或地域是否适合，这个产品应该是什么概念，什么审美观念？第三，你设计中要解决的问题是什么，是设计高档产品的概念，还是解决操作使用问题，还是解决结构设计问题，还是降低成本，还是按照要求改进某个部分，还是不断翻新花样？

4. 通过访谈建立用户调查的因素结构框架。确立设计项目后，你的设计任务包括：用户调查，建立用户模型，写出设计指南或完成具体设计，建立可用性标准和可用性测试方法。为了完成这些任务，你现在需要建立用户调查的因素框架，例如用户有哪些需要。你最好在有关的使用情景中进行访谈，结合具体操作使用任务，进行语境分析。通过访谈了解以下问题。第一，了解用户可能有哪些需要，发现各个需要因素。第二，用户与该产品有关的生活方式，要结合具体使用情景，包括正常使用情景、学习情景、出错情景和非正常使用情景，从中了解用户的使用目的、使用过程、思维过程。第三，用户对该产品有哪些审美观念？第四，该产品需要改进什么？例如，外观造型和颜色、表面处理、结构、操作、信息显示等，发展并找全其因素。从以上访谈中尽量寻找发现有关的因素，尽量找全因素，发现一个因素，就可以减少有关方面的设计空白。

5. 通过这些访谈中，要基本达到两个目的。第一，使你自己具有内行的思维方式，知道应该如何干了，知道应该如何进行设计。第二，根据访谈获取的信息，设计调查问卷，进一步了解有关的统计信息。

6. 访谈是解决问题最常用的办法。你遇到各种问题，都可以通过访谈寻找专家的帮助。你不知道如何进行访谈，找那些比较有访谈经验的人，例如人事部门的工作人员。你不知道如何设计问卷，可以找设计过问卷的专家。你不知道设计的问卷是否文字晦涩、难以理解，你可以找设计问卷有经验的人，也可以进行尝试性调查。你不知道 MP3 的制造过程，去找制造过的工程师。

二、如何进行访谈

1. 确定访谈目的，并根据这些目的去寻找访谈对象。一般说，访谈的基本目的作用，是使你从外行变为能够找到门路，大致知道如何干事情的基本方法。访谈基本对象是各类专家，例如，专家用户、专业维修人员等。与他们进行访谈的基本话题是：如何学会干事情。

2. 编写访谈提纲。列出要访谈的基本问题。如果你缺乏访谈经验，最好约两三个人一起进行讨论，确定要访谈的基本问题，尽量把访谈问题列详细一些。不仅要写出来提问的各个问题，还要考虑如何访谈这个问题，也估计对方对该问题各种可能的反应，要考虑你下一步应该再提什么问题。如果不考虑这一步，你在访谈中可能会冷场，不知下一步应该干什么。

3. 认知预演（Cognitive Walkthrough）。如果你缺乏访谈经验，如果你不擅长与别人交谈，在访谈中会紧张，甚至连话也不会说了。克服这个问题的方法是最好先与两三个人进行访谈练习，这一过程叫认知预演。例如，你扮演提问者，对方扮演被访谈的专家用户。你提问题，对方回答问题。你们双方不仅要回答问题，而更重要的是说出自己听到对方说话后的感受，提出对方在人际沟通中存在的以下各种问题，并对这些问题进行讨论，提出改进方法，从而积累访谈经验。第一，是否理解你提出的问题，并用自己的话再说出自己对问题的理解。如果不理解，通过双方沟通讨论，提出如何改进这个问题。这一步是为了提高你的表达能力。第二，他感觉你访谈的态度是否可接受，存在哪些令人感觉不愉快的动作、表情、语气、气氛等。如果觉得访谈态度存在问题，讨论如何改进。这一步是为了提高你的人际沟通能力和态度。第三，你是否理解对方的回答，并用语言复述你的理解，让对方确认你的理解是否符合他表达的含义。这一步是为了提高你的理解能力。第四，如何提出即兴问题。即使你事先准备得很充分，也会发现需要临场提出新问题。例如当对方回答不全面时，你可能通过提问去了解全面情况。当对方回答得不清楚，你想追问深一层的含义。这需要你能够即兴发现问题、提出问题。在认知预演中，双方要经常讨论：是否回答全面了、是否回答清楚了、应该再提出什么问题、并把这些情景和即兴问题都记下来。

4. 如何联系访谈对象。如果你缺乏经验，就先找同学、熟人、朋友进行联系，进一步积累访谈经验。你可以通过电话进行联系，直接讲明你要做什么事情、你属于什么单位、你的访谈目的、主要内容、大约多长时间、请求对方帮助支持你。对方同意后，要约定访谈地点、时间、参与的人员。如果对方不同意，你不要勉强，你可以再寻找别人。

5. 访谈中要注意的基本问题。态度友好，减少对方戒备紧张。不要诱导对方回答问题，对任何观点不要表现倾向性，你的惊讶、表情的变化、语气变化都可能成为诱导因素。

6. 如何记录。要记录原话，不要记录你理解后的总结性语句。否则，会失去很重要的用户信息。为了记录原话，你可能想对访谈过程进行录音。这要经过对方同意。你要讲清楚你录音目的，你承诺对录音的使用责任。如果无法录音，你可以两人一组进行访谈，一人专门做记录。

三、制订访谈提纲

下面列举一个例子说明如何写访谈提纲。

例如你面临的任务是要高档手机，第一步要进行访谈调查，访谈目的是：了解影响高档手机的各个设计因素，了解这些设计因素之间的关系。这些设计因素与它们彼此之间的关系被称为结构，如图1-16-1。因此，你访谈的基本目的是了解高档手机的框架结构。如果你什么问题都提不出来。那么就去问别人：什么是高档手机？它应该具备什么特征？以这两个问题作为切入点，逐步追问下去。

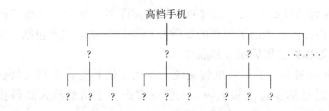

图1-16-1　高档手机访谈目的：发现因素以其关系，建立各个因素的结构

现在城市青年人大多数都使用过手机，大致了解一般手机的特征，为了写出访谈提纲，你可以与别人讨论，你可以参观市场，也可以先与内行进行初步交谈。下面是两名学生写的访谈提纲：

1）高档手机具有最基本的设计因素，这些因素是什么？
2）高档手机的质量包含什么含义？
3）人们从外观如何判断高档手机？
4）高档手机应该具有哪些功能？
5）高档手机应该具有哪些高科技？
6）高档手机的表面应该是什么材料？
7）高档手机表面应该是什么质感或表面机理？
8）直板、翻盖或者滑盖的方式是否影响到手机的档次？

9）手机屏幕的大小是否影响手机的档次？

10）手机的厚度是否影响它的档次？

11）手机的轻巧是否影响它的档次？

12）高档手机的造型应该是怎样的曲线形式？

13）高档手机是否强调附加装饰？

14）手机的输入方式是否影响手机的档次？

15）能源形式是否影响高档手机？

16）操作方式是否影响手机档次？

17）价格影响档次吗？

18）按键造型是否影响手机的档次？

四、访谈后的总结

从访谈获取的信息可以起到如下作用。第一，使你比较熟悉要设计的产品，从外行变成的"思维内行"，即知道应该如何思考设计过程了。第二，访谈专家用户获取用户信息的目的，是设计用户问卷，对有关问题进行统计调查。根据统计结果，建立用户模型，制定人机界面设计指南，制订可用性标准和可用性测试方法。为了达到这些目的，你要做两件事情。第一，按照上述需要，把获取的信息进行分类。第二，为下一步设计问卷做准备。问卷调查目的是为了建立用户模型，写出用户界面设计指南，可用性标准和测试方法。根据这些要求，对访谈进行总结。仍然以手机为例，那两名学生整理的信息如下：

1）高档手机具有最基本的设计因素，这些因素是什么？通过讨论与初步了解，高档手机与质量、功能、外观有关。以这三方面作为开始话题深入问下去。第一，把这三个因素深入了解，并排序，看看哪个因素最重要。第二，高档手机还具备哪些特征？

2）高档手机的质量包含什么含义？通过初步了解，许多人认为质量是高档手机最重要的特征。质量体现在哪些方面？当前了解到的影响高档手机质量的因素包括：高科技、寿命长、耐摔、外壳耐磨、低辐射、售后服务和品牌信誉。

3）人们从外观如何判断高档手机？也就是说，高档手机具有什么视觉特征，什么审美感受，什么视觉属性？通过初步讨论和了解，人们觉得高档手机会给人高科技、新颖的感受。了解高档手机的视觉属性，这是一个切入话题。

4）高档手机应该具有哪些功能？功能是高档手机的另一个明显特征，初步了解到的高档手机功能包括：超大储存容量、超常待机时间、摄像头、听 MP3、看短片。还有哪些功能？

5）高档手机应该具有哪些高科技？一般认为，高档手机应该具有的高科技。哪些高科技属于高档手机应该具备的？初步了解到的包括：无线蓝牙、GPS 定位、红外接口、PDA 功能、语音控制、内置办公软件、无线接入互联网、多媒体播放、内置高像素照相机。根据初步调查结果。这些选项的人数分布均匀，很可能是大家认为高档手机的功能应该很强大，所以在调查问卷中应该添加 您是否认为高档手机应该是功能强大的？

6）高档手机的表面应该是什么材料？一般人对高档手机表面质感有一定要求，认为应当采用金属材料，塑料感使人感觉产品不高档。

7）高档手机表面应该 什么质感或表面肌理？高档手机的外表面应该是细腻的磨砂感。

8）直板、翻盖或者滑盖的方式是否影响到手机的档次？不影响。

9）手机屏幕的大小是否影响手机的档次？不影响。

10）手机的厚度是否影响它的档次？一般认为越薄的手机越高档。

11）手机的轻巧是否影响它的档次？人们不认为越轻越小巧的手机更加高档。

12）高档手机的造型应该是怎样的曲线形式？主流线条为流畅的直线，少数边角为柔和的曲线。

13）高档手机是否强调附加装饰？一般认为附加装饰不属于高档手机。高档的手机应该是风格简约纯正的。

14）手机的输入方式是否影响手机的档次？有影响，但是似乎影响不大。还需要深入调查。

15）能源形式是否影响高档手机？一般认为它应当使用新能源，这也是高科技的体现，环保的体现。

16）操作方式是否影响手机档次？高档手机应当操作简便，使人们拿到就能很容易的进行操作。

17）价格影响档次吗？一般认为高档手机的价位在 3000～5000 元。

18）按键造型是否影响手机的档次？一般认为高档手机具有很平的按键。

通过访谈，这两名学生建立了一个框架结构图。他们用图 1 - 16 - 2 再进行下一步访谈。这样进行访谈，实质上是对这个图进行因素框架的结构效度进行分析和验证，并进一步修正。

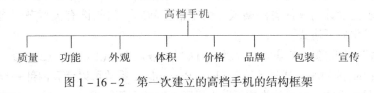

图 1 - 16 - 2　第一次建立的高档手机的结构框架

通过与专家用户进行深入访谈后，他们修改了高档手机的设计因素以及彼此之间的关系，又建立了一个新的框架结构图（图 1 - 16 - 3）。

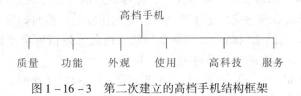

图 1 - 16 - 3　第二次建立的高档手机结构框架

其中对每个因素也进行了深入的结构框架分析，并建立了相应的结构。例如，对外观建立的结构框架如图 1 - 16 - 4。

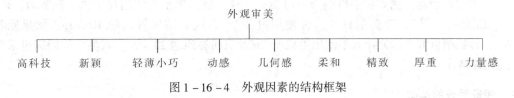

图 1 - 16 - 4　外观因素的结构框架

完成访谈调查后，下一步应该进行问卷调查了。

第十七节 如何设计问卷

一、问卷调查目的是什么？

第一，问卷调查是为了在大人群中获取整体系统的信息。访谈往往只对专家用户进行调查，问卷调查要对新手用户、普通用户、经验用户等各类人群进行大量调查，获取统计性数据，了解整体情况，以及各个人群的分布情况。

第二，问卷调查是为了挖掘与设计制造有关的信息，挖掘与用户界面设计有关的信息，与可用性标准有关的信息。访谈建立了因素框架结构，然而还需要通过对大量人群的调查，获取各个因素与设计有关的信息。其目的是为了下一步建立用户界面的设计指南、可用性测试标准及可用性测试方法。

二、问卷的常用格式

设计问卷格式时考虑两个问题。第一，采用计算机填写或手工填写，最好采用格式（ ），这样可以在其中填写（√）或（×）。不要采用格式①②③，因为计算机在它上面无法填写选择符号。第二，设计问题格式时，要考虑后续的数据处理方法，因为各种统计处理的数学方法对问题格式有确定要求。如果要进行信度的分析，必须按照各种信度分析方法对数据格式的要求去设计问题回答的格式。关于信度问题，请阅读有关章节内容。通俗地讲，调查问题经常采用如下格式。

1. "是/否"性问题（二分变量等级）。回答的格式为：（1）是，（2）否，（3）不知道。对于答案为 yes/no 的问题，通过计算 Kuder – Richardson 系数可以计算内部一致性信度。

2. 李克特量表形式。回答的格式可以为程度不同的等级，例如：（1）非常赞成，（2）赞成，（3）无所谓，（4）不赞成，（5）非常反对。在这五级量表中存在一个中立态度"无所谓"或"不知道"。如果不允许中立态度存在，等级就选择偶数个：（1）非常赞成，（2）赞成，（3）不赞成，（4）非常反对。应当注意，你可以选取任意等级数量。如果等级较少时，也许不能比较准确反映心理感受，这样调查的信度也比较低。然而如果等级过多，例如采用了 10 级，而实际上人的感觉判断不可能那么细致，由此导致信度也比较低。到底选择多少量级，最好通过一些试调查的尝试后再决定。

3. 等级变量。例如，你每天使用计算机多长时间：0 小时、2 小时、4 小时、6 小时、8 小时或更多。这一问题把使用时间分为 5 档。这种问题要按照 Spearman ρ 等级差数法公式求相关系数进行信度分析。它的计算公式为：Spearman $\rho = 1 - 6 \sum d^2 / (N^3 - N)$。其中，$d$ 为两个量之间的等级差，例如上述问题中，每两个量之间的差都为 $d = 2$。N 为项数，上述问题中 $N = 5$。

4. 关联性问题。例如对手机调查中可能有这样一题。你是否使用过手机。答案为：是，否。如果回答"是"，转到题目 A "你使用过几个"，或者请回答问题 10 ~ 16。如果回答"否"，转到题目 B "你为什么不使用手机"，或者请回答问题 20 ~ 26。当然后续问题也采用上述三种格式。

三、测量量表的类型

为了进行数学统计计算，调查量表采用下列格式。

1. 名义尺度（Nominal Scale）。用数字代码作为标号代替类别名称，也称为类别尺度（Categorical Scale）。它被分为两类。第一，标记（Label）：数字仅用来作为编号，不做数量分析，例如公路编号、身份证号码等。第二，类别（Category）：用数字代表物体类别号码，例如职业编号。

例1：性别 （1）男，（2）女。

例2：你喜欢什么牌子的电视机？

（1）夏华，（2）长虹，（3）康佳，（4）海信，（5）创维，（6）TCL。

2. 顺序尺度（ordinal scale）。按照某种判断标准，将选项进行顺序排列，这样得到的是排列等级或比较顺序。在这种比较顺序中，可以比较重要程度，"大于"或"小于"，"好于"或"差于"，"高于"或"低于"。一般采用李克特量表（Likert scale）标定顺序。

例1：按照对高档产品影响的重要程度把下列选项排列顺序：（1）为最重要，（2）为次重要，依此类推）。

（1）质量，（2）外观，（3）高科技，（4）价格，（5）功能，（6）品牌商标。

例2：你对这个数码照相机用户界面的满意程度如何？

（1）非常满意，（2）满意，（3）无所谓，（4）不满意，（5）非常反感。

3. 等距尺度（interval scale）。由一系列连续的、同单位的、按顺序排列的选项所组成，且每两个邻近选项之间的距离都是相等的。在等距量表中，加减运算反映数目的大小差距。这些数值不仅显示大小的顺序，而且数值之间具有相等的距离。其主要功能则在于采用连续且等距的分数说明变量特征或属性的差异情形。

例如，你认为高档家具属于什么价格范围？

（1）100~999元， （2）1000~1999元， （3）2000~2999元， （4）3000~3999元，（5）4000以上。

4. 比例尺度（Ratio Scale）。符合比例的数值之间有相等的比例，比例尺度具有等距尺度的全部特征，而且通过该比例坐标系的"零点"。人的体重可以采用比例尺度来测量，体重100公斤为体重50公斤的两倍。身高、年龄也可以采用比例尺度测量，然而在实际测量的应用上却不多见。心理特征的测量大体以等距尺度为主（表1-17-1）。

四种量化尺度　　　　　　　　　　　　　　　　　　　　表 1-17-1

类型	基本特征	用途	统计处理方法
名义尺度	分类	分类	统计次数，计算百分比，卡方检验
顺序尺度	确立顺序	分类，排序	中位数，百分位数，等级相关系数，肯德尔和谐系数
等距尺度	按照顺序进行分类	分类，排序，比较	平均值，标准差，积矩相关系数，T检验，F检验
比例尺度	过0点的直线，不常用	分类，排序，比较	可以采用上述各种统计方法处理

四、如何设计调查问卷

问卷设计是一种实践性、系统性很强的工作。如果缺乏统计方面的基本知识，不可能设计一份高质量的问卷。同样，如果缺乏丰富的实际调查经验，也不可能设计一份高质量的问卷。设计好调查问卷后，要进行尝试性调查，以发现问卷设计中的各种问题，修改后再正式使用。其中最主要的问题是，被调查人难以独立理解问卷中的问题，因此调查时必须进行解释和辅助完成答案的填写。下面所写的内容，只能被看作是线索提纲，不能作为设计问卷的指南。

1. 问卷一般被分为三部分

第一部分：问卷标题及说明。问卷必须有简明扼要的说明，使人们明白你的目的，打消戒备心理，引起人的关注和支持。还要写明调查时间，调查人姓名，问卷编号。

第二部分：调查问题。在设计调查问题前，要先从全局整体角度考虑要提出哪些方面的问题。然后再具体设计调查问题。例如，从问题类型上可以把用户调查问题分为：用户经验、观念、评价、专题、信任性（确认性）问题（以重复验证效度和信度）。

第三部分：被调查人背景信息。例如，包括被访人的性别、年龄、家庭人口、婚姻状况、教育程度、职业、收入、所在地区等等。对企业调查时，应该包括企业名称、地址、主管部门、员工人数、产品销售量等。这一信息的作用在于有助于资料分析。

2. 设计调查问卷的核心思想

第一，首先要明确调查目的和调查内容。设计调查有两个基本目的，首先，系统了解一个新产品的设计制造过程，其目的是为企业提供设计制造新产品的可行性报告。其次，发现用户动机和操作使用方面的信息，通过设计师及有关人员的分析和设计创新，制定用户界面及外观设计提供指南、可用性标准、以及可用性测试方法。说白了，从设计调查中得到的信息，应该能够知道设计什么，如何设计。然而在每个具体调查中，目的和任务都是十分具体的，而不是这样抽象广泛。

第二，设计问卷要考虑的一个基本问题是：如何能够比较真实、全面了解到稳定、一致的情况。这个问题在统计分析上被分解成为两个问题：调查的效度与调查的信度。效度分析主要考虑"真实全面"，而信度分析主要考虑"稳定一致"。因此设计问卷的基本思想是：

1）深入分析分解问卷调查目的。调查什么人，调查什么问题，调查到的信息对设计起什么作用。

2）调查问卷如何全面了解到真实信息。参见效度分析的章节内容。效度考虑的最基本的问题是，提出的调查问题是否可问，是否可答，是否愿意答，是否容易答准确、答全面。

3）调查问卷如何了解到稳定一致的信息。参见信度分析的章节内容。信度考虑的最基本问题是，提出的问题对方是否容易回答一致、各个问题的答案之间是否密切相关。

第三，如何设计问卷里的问题？主要依据访谈得到的框架因素结构，把这个结构中列出的各个因素转化成为调查的问题。这个问题是设计问卷的主体，有大量的细节问题需要克服，不是通过看书能够解决的，读者可以参照书中的各个例子中的调查问卷。

五、如何设计问题

1. 首先要考虑的问题是整个问卷的结构效度，也就是该问卷要调查哪几个因素？每个因素要通过哪几个问题调查清楚？这些问题之间有什么关系，先调查哪些问题，后调查哪些问题？这些问题是否能够真实全面了解到用户的情况？

2. 其次要考虑的问题是整个问卷的调查信度，也就是如何设计问题才能够尽量使得回答比较稳定一致？

3. 提问题的内容和方式使人愿意讲真实情况，提出的问题不会让人感到不愉快，不会给对方带来负面影响。如果对方回答问题时要担心回答这个问题可能给他造成什么不良影响时，就可能不会如实回答了。例如，你是一名领导，近来工作不顺利，你想了解下属对你有什么建议。你又担心下属不能如实交谈。这时可以采用匿名问卷方式，打印格式。

4. 每一次提问只要求回答一个问题，例如，"你是否喜欢 PC 计算机?"如果一次提问中涉及到两个问题（因素），用户就很难集中思维，例如"你喜欢 PC 计算机和苹果计算机吗?"

5. 在设计答案时应该包含全部答案，多重选择的答案要把全部答案列举完全，而不是只列举了一部分答案。如何能够包含全部答案？理工科学生知道一个逻辑：本体 X 加上反本体 $\bar{X}$ 等于全体，全体 = $X + \bar{X}$（这个逻辑在社会心理方面往往不正确）。他们在设计答案时，只提供两种选择。例如，"你喜欢使用计算机吗?（1）喜欢，（2）不喜欢。"其实还存在如下其他情况：（3）不知道自己是否喜欢，（4）没有考虑过自己是否喜欢。如果很难列举全部答案时，可以列出一项"其他"，供对方填写各种没有被罗列进去的可能答案。例如，"你使用什么厂家的手机?（1）TCL，（2）中兴，（3）爱立信，（4）其他厂家的，（5）没有使用手机。"

6. 需要倾向性回答时，提供的选择答案中不要有中性态度的答案，设法使对方不可能回答含混答案。例如，"你认为这个软件是否好用？非常好用，一般好用，无所谓，不太好用，很难用。"这一问题的答案提供了五种选择可能性，凡提供 3、5、7、9 等奇数选择方式时，其中必定有一个"中性态度"的答案。如果不允许中性回答，就应该取消"无所谓"，提供答案数量为 2、4、6、8 等偶数种的选择方式。

7. 排列问题顺序时，尽量保持思维连续。这样使对方容易活跃思想深入思考。如果调查的问题涉及范围很广，那么把问题分组排列。否则，可能会降低回答的信度。

8. 你的陈述文字要尽量保持"态度友好，立场中性"，不要对别人施加观点诱导，不要暗示选择什么答案，不要使用情绪化词语。

9. 提问题时，不要假设不符合事实的前提。例如，"你使用过几个手机? 1 个，2 个，3 个，4 个及以上"。这个问题实际上假设每个人都使用过手机，其实有些人还没有用过手机。

10. 在书写科学论文时，要使用准确数量词语，不要使用激情化的含混的文学词语，例如用"很多"、"大量"、"多数"等代替准确数量。见下表。尽量用直白的大众词语表达含义，不要使用只有自己明白的词汇，不要使用只有特定人群明白的概念性词汇。当出现形容词时，特别要搞清楚含义，例如要深入询问"好"是什么含义，"好看"是什么含义。不要使用模糊词汇，例如"差不多"，"还行"等（表 1 – 17 – 2）。

常见的文学式夸张性文字代替科学论述 表 1 – 17 – 2

夸张的文学表达方式	比较准确的表达方式
你是否阅读了大量资料	你阅读过几篇资料
进行了大量的用户访谈	访谈过 5 名专家用户，2 名新手用户
参观了许多工厂	参观过 3 个乡镇工厂
进行了长期调查	问卷调查进行了两周
了解过许多产品	了解过五个厂家的 15 个型号的电视机
对国外进行了大量调查	了解过美国 2 家有关企业的生产管理
国内电冰箱企业概括	国内三个最大电冰箱企业近一年的产品设计概括
得出了重要结论	得出了如下三个结论……（读者自己判断重要程度）

六、设计调查问题中经常遇到以下四大问题

1. 脱离调查目的，跑题，陷入到用户的其他事务上，价值观念或生活方式是涉及范围很广的概念，无论从什么角度，都能收集到大量精彩的故事，但是大多数信息对挖掘设计信息

没有什么用，对设计制造新产品和设计外观以及用户界面不起什么作用。我们只关注价值和生活方式与产品设计的关系，只有从这个角度才能获取对设计有用的信息。为了解决这个问题，要从三方面注意。首先，在构建整体框架时，要从"因素—效果"的关系角度考虑列出用户的各个因素是否都与设计信息有关。其次，在设计每个问题时都要考虑是否能够挖掘对设计有意的信息。最好在用户使用现场进行情景调查和操作语境调查分析。

2. 用户调查不是让用户给你提交设计方案。有些人误以为给用户输入一份问卷，就可以从用户输入设计方案，误以为可以从用户得到现成的外观造型图、用户界面设计指南、全部设计方法和信息。用户不是设计师，甚至专家用户也没有像设计师那样系统完整深入地考虑设计过程。用户调查只能提供用户动机，包括价值、需要、追求与产品有关的生活方式、对产品的某些想像、以往的操作经验、以往产品的优缺点，他们能够提供使用体验等。这些信息并不等于新产品设计的直接信息，而是间接信息。用户调查不能代替设计，不能代替设计师的分析总结，用户调查更不能代替创新。进行用户调查或设计调查，是为了发现用户在使用中存在的问题，设计师把这些问题转化为解决方案，为设计师的创新提供目的性。设计师要进行系统分析，并通过创新解决现存各种问题，经过自己的设计创新，满足或超越用户提出的各种需要或要求，并与有关工程师协商讨论解决结构和制造方面的问题，才可能得到新的设计方案。用户调查或设计调查不能代替设计师的设计创新，而是更好催促创新。

3. 缺乏效度考虑。没有分析调查到的信息是否真实全面，是否有代表性。由于在设计问卷时缺乏对调查效度的考虑，缺乏整体因素结构的全面性分析，缺乏对各个因素的单一分类，缺乏调查信息预测性的分析，缺乏对调查信息的认识理解，缺乏与被调查人的沟通考虑，因此很难判断那些获得的信息的全面性和真实性。如果没有对整体结构进行系统分析，有可能各个因素的含义不清楚，不同因素包含重叠含义，调查的各个因素之间的关系紊乱，这些问题在分析问卷时会引起很大困难，很难把调查数据进行系统分类。没有效度分析的调查结果是无效的。

4. 缺乏信度分析。没有分析调查结果的一致性。由于设计问卷时缺乏调查信度的考虑，设计的问题由于格式不当而无法进行数据统计分析，设计的各个问题之间缺乏整体的相关性，缺乏对被调查人的选择标准，缺乏对评价人的判断标准，因此没有办法判断那些调查到手的信息的一致性和稳定性（信度）。没有信度分析的调查结果是无效的。本书中列举的调查报告都没有附加信度分析，因此不能作为设计依据，只能看一看而已。

这里不列举实际的调查问卷，读者可以看本书中各个调查报告。

如果你从未设计过问卷经验，可以多参与设计问卷的讨论，多看别人设计的问卷，多听别人对问卷的分析。从而能够使自己起步。

七、访谈要注意的问题

要谨慎使用语言。语气善意、友好、热情、使用通俗语言或口语，使用简单的字句，语句要简练，不要使用生僻的专业术语，避免进攻性语言，避免粗鲁无教养表达方式，过长的句子，晦涩的用词会让人在阅读时缺乏耐心。

避免一般化的抽象的估计，避免无法比较的判断回答。例如："请问您多久逛一次商店？不曾，偶尔，不常去，常去"。各人的这种估计是不同的。有人把每周去 1 次认为是"偶尔"，而有人认为是"常去"。应当把上述答案改为："每月 1 次，2 次，3 次，4 次，4 次以上"。

避免诱导性答案。例如，"多数人认为，会操作计算机是现代人的特征之一。你会操作吗？"

避免双重判断问题。例如，"你是否喜欢并经常使用计算机？"应该把"喜欢"、"使用"作为两个问题。

要考虑在什么场合进行调查。访谈一般在办公室或宿舍里，可能要进行1小时到4小时。访谈不适合在街头走动情况下进行。问卷可以在办公室、宿舍或街头进行，人来人往匆匆忙忙，问卷调查时间一般不要长于5分钟。如果是在电话调查、在家里、办公室里、教室里，一般问卷调查时间不要长于20分钟。

别人是否理解问卷中的各个问题，这将直接关系到调查效度与信度。因此设计完问卷后要进行尝试性调查。初学者设计的问卷往往不容易被人理解。在调查中不能简单发放问卷，而要一对一，解释别人不理解的语句，帮助对方填写。

网上问卷调查，要注意你调查的对象只是那些上网的人群。如果调查目的是针对其他人群，就要通过其他途径进行调查。

以上只列出了初学者经常遇到的几个问题。其实在实际调查过程中，遇到的问题要多得多。解决问题的主要方法不是看书，而是在实践中想办法，进行尝试，积累经验。

第十八节 数据分析方法

一、定性分析

简单说，定性分析是从逻辑上进行推理分析，而不考虑数量关系。下列问题属于定性分析。

1. 分析可用性模型框架的结构效度。例如，可用性包含哪些因素？这个问题就属于定性分析。

2. 什么因素能够预测未来？能够预测多长时间？

3. 分析交流效度。用户调查实际上是人际交流行动，你认为哪些因素会影响人际之间的表达、理解和交流？

4. 从调查结果中寻找共性、相似性，建立类别。

1）例如各年龄段人群在使用 MP3 时是否有共同处，相同性别、地域、职业的人群在使用计算机时是否有共同处？

2）是否存在类似的频率，例如是否每个季节都买衣服或一年买几次等。

3）是否存在类似的幅度，例如每次买衣服大约花多少钱，买几件等。

4）过程是否有相似性，例如买衣服的过程是否有相似处，都去名牌商店，都要别人陪同等。

5）是否存在相似的原因或影响因素，例如买衣服的原因是否有共同处。

6）产生的效果是否有相似性，例如衣服引起的心理感受是否有相似处。

5. 寻找差异性，区分不同"模式"。例如不同年龄、不同性别、职业的人群使用手机是否有不同需要？不同地域的人群生活方式是否有不同？等。

6. 分析因果关系，或者分析因素效果关系。因素是若干原因作用的结果，不是单一原因。在社会心理方面，无法提取单一原因。对效果起影响作用，不是因果关系，而是趋势关系。因素对效果趋势的影响。

7. 寻找分类的参量（独立自变量），对于不同问题要寻找独立变量、必要条件和充分条件。

举例：定性分析的应用——分析访谈调查结果。首先要完整记录访谈内容，一定要记录原话，而不是调查者理解后写的总结或要点，最好有录音或录相。将录音整理成文字进行分析。分析内容主要包括：（1）从文字背后表达的潜在含义，要注意语气、停顿等所表达的含义，然而不能把猜测作为事实；（2）提取出特别的用词，例如在中国博客用户动机调查中，需要进一步分析用户提到的"偷窥"、"宣泄"的心理动机和社会背景因素；（3）效度分析：提出的问题是否全面、准确，提问方式是否合适，相关问题回答是否一致，问题回答是否准确。让多名分析人员参与，以减少评价人的主观性。访谈结束后，要及时进行分析，以便进一步追问和确认。同时总结访谈中影响交流效果的问题，及时改进，这样做能够让初学者迅速积累经验，提高访谈质量；（4）将访谈的分析结果进行归类，建立分类的层次结构，把多份访谈的分析结果加以合并，调整分类和结构关系，初步建立用户模型并以此作为问卷设计，定量分析的基础。定性分析主要依靠全局性探索发现能力、因果分析能力与经验。定性分析并无固定模式。

二、定量分析

简单的说，定量分析是分析数量关系：范围、程度、大小等。这种方法常用于：

1）计算抽样样本量，见本书中关于抽样的内容。

2）分析问卷调查的数据结果，例如描述统计、推论统计和多元统计分析。

3）对调查结果进行信度分析，见本书关于信度分析的内容。

描述统计包括数据的初步整理、数据集中趋势和离散趋势的度量以及相关关系的度量等方面。描述统计让数据变得清晰、直观，便于进一步分析。

推论统计是由样本观测数据推论总体的情况。推论统计包括总体参数特征的估计方法和假设检验方法两部分，其中假设检验方法又分为参数假设检验和非参数检验方法。

描述统计和推论统计的方法大多只适用于有一个自变量的单因素实验，这种实验往往是在实验室进行，限制了其他变量对结果的影响。实验室调查并不符合实际使用的真实情况，因此要在真实情景下调查，现场操作，尽可能贴近实际使用时的心理、环境等条件，考虑多个因素对结果的综合影响。这就需要用到多元分析方法。常用的多元统计分析方法有多元回归分析、因子分析、聚类分析等。常用的多元统计分析软件有：SPSS、SAS、STATA 等。

实际上，各种统计分析方法自身就有很多数学限制条件，实际情况很难完全符合。因此，在解释和推论定量分析结果时，要注意数学统计方法的局限性。

三、变量类型

在设计问卷或调查方法时，就要考虑后续可能使用哪些数学统计方法。选择统计分析方法，要考虑分析的目的、变量的类型、假设条件以及抽样方法等因素。各种数学统计方法对变量的数据类型有明确要求。例如，问卷中的选择题，选项设置要按照变量类型的要求来设计。

按变量的测量层次由低到高依次分为：定类变量、定序变量、定距/定比变量。需要注意的是：高层次的变量包含了低层次变量的全部特性；由高层次可向低层次转化，但测量精度会降低。

1. 定类变量。变量的不同取值仅仅代表了类型，这样的变量叫定类变量。例如：问卷中性别、职业等变量。"职业"按照 15 种职业分类，分别赋于 1 到 15 的代码。如果被调查者是工人，则对应 1，如果是企业领导或管理人员，则对应 5，等等。定类变量只能用等于或不等于表示，不能比较大小。一般情况下，定类变量数据初步处理成次数、频数、百分比的形式，用列联表来呈现，适合采用卡方等相关性分析方法。

2. 定序变量。变量的值不仅能够代表事物的类型，还能代表事物按某种特性的排序，这样的变量叫定序变量。例如：受教育程度、年级等变量，"受教育程度"变量的取值可以是：(1) 小学及以下，(2) 初中，(3) 高中、中专、技校，(4) 大专，(5) 本科，(6) 研究生及以上；李克特五分态度量表中对"态度"变量可以赋值为：(1) 很不喜欢，(2) 不喜欢，(3) 无所谓，(4) 喜欢，(5) 非常喜欢。定序变量的值之间可以比较大小或有强弱顺序，但两个值的差没有什么实际意义。

3. 定距/定比变量。变量的值之间可以比较大小，两个值的差有实际意义，这样的变量叫定距变量。例如：年龄、月收入、时间、重量、长度等数值连续变量。定距变量的零点是可以任意规定的，所以不一定有确定的意义。例如"温度"这个变量，华氏温度和摄氏温度的零点，其意义不同。定比变量要求有绝对零点。

四、描述统计

1. 频数和频率：把一组数据按照某种类型分组，其中每个组的数据个数，称为该组的频数。把各组的频数用表格表示，称之为频数表。列联表是数据按两种或两种以上类型分组列出的频数表。适用于定序变量和定类变量，对定距变量必须先将变量的取值进行分组，每一个分组作为一个新的选项，然后对这些新的选项进行频数表的计算。用频数除以总个数，就是频率。频率、构成比等常用百分数表示。

2. 指数：指数是以某一数值作为基数、计算其他数值相对于基数的百分数。用于一组数据的横向比较。

3. 集中趋势：描述一组同质观测值的平均水平或中心位置。常用的指标为：众数、中位数、平均值等，见表 1 – 18 – 1 所列。

基本概念　　　　　　　　　　　　　　　　　　表 1 – 18 – 1

指标	众数	中位数	平均值
定义	出现频率最多的值	将观察总数一分为二的变量值。将数据从小到大顺序排列，则取值于 $(N+1)/2$ 处的变量值。当 N 为偶数，取中间位置左右两数的平均值	算术平均数
适合的变量类型	所有变量类型	定序及定序以上的变量	定距及定距以上变量，但有时也可用于定序变量。如求平均等级
适用的情况	当需要很快估计出集中趋势或需要知道最多的典型情况时，适合使用众数	当数据中有极端值或数据不全、分布不对称时，适合使用中位数	当没有极端值影响，数据分布比较对称，适合使用均值
注意问题	对个别值的变动很敏感	对极端值不敏感	受极端值影响较大
三者的关系	分布与三值的关系：正态分布时，三值重合；偏态分布中，三值不重合，在正偏态时，平均值＞中位数＞众数；而在负偏态时则相反，平均值＜中位数＜众数		

4. 离散趋势：描述一组数据间的差异程度。如果数据分布很分散，说明集中值的代表性较低。常用的指标有：异众比率、极差、四分差、方差（标准差）等，见表1-18-2所列。

基本概念　　　　　　　　　　　　　　　　　表1-18-2

异众比率	极差	四分差	方差（标准差）
非众数的各变量值的总频数在观察总数中的比例	最大值与最小值之差	把一组数据按序排列，然后分成四个数据数目相等的段落，各段分界点上的数叫作四分位数。第三个四分位数（Q_3）和第一个四分位数（Q_1）的差	偏差平方的平均值 $$\sigma^2 = \frac{1}{n}\sum_{i=1}^{n}(X_i - \bar{X})^2$$ 标准差是方差的正平方根
所有变量类型	定序及定序以上的变量。易受极端数据的影响	可避免两极端值的影响，定序及定序以上的变量	只适用于定距变量

5. 图形化描述：用图形直观的描述数据的分布情况。定距变量常用直方图、盒形图、散点图等描述，定类、定序变量等常用饼图、条形图等描述（表1-18-3）。

SPSS中常用的统计图形　　　　　　　　　　表1-18-3

条形图	线图	面积图	饼图	盒形图	直方图	散点图

五、推论统计

1. 基本概念

（1）总体与个体：总体指被调查对象的全体数量，或指研究对象的某项数量指标。例如，调查中国人的着装态度，那么全体中国人就是总体。其次要对研究的时间段，成年人的年龄段等进行界定，转化成可操作的总体，例如，20世纪90年代30~60岁城市居民的着装态度。总体的大小有时是有限个，有时是无限个，有限个总体中个体的数目一般用N表示。个体是指构成总体的每一个基本单元，例如每个人或被调查对象的基本单位实体，例如家庭、公司等。

（2）样本：来自总体的部分个体叫做总体的一个样本。从总体中抽取的部分个体X_1，…，X_n如果满足：1）同分布性：X_i，（$i=1$，…，n）与总体同分布；2）独立性：X_1，…，X_n相互独立；则称为容量为n的简单随机样本。对总体抽取一个样本，样本容量为n，进行相同条件下的n次重复的、独立的观察，得到了一组随机变量X_1，…，X_n的观察值X_1，…，X_n，称为样本观察值。抽样框是研究总体的实际名单。通常我们头脑中已经有了研究总体之后，会去寻找可能的样本框，例如：某一地区住户的电话簿或该地区住户的户口名册等。要看哪个抽样框最接近研究总体。

（3）标准偏差：多次重复抽取样本数为n（$\geqslant 30$）的样本，得到的样本均值（呈正态分布）的标准差。是一个用来描述样本均值变异情况的指标，用于衡量从样本均值估计总体均值时抽样误差的大小。标准偏差的理论计算公式为：$\sigma_{\bar{x}} = \sigma/\sqrt{n}$，实际上无法得到$\sigma$，通常用

样本标准差 S 估计总体方差，也就是设 $\sigma = s_{\bar{x}} = S/\sqrt{n-1}$。

（4）置信区间：标准误差的大小决定了置信区间的范围，置信区间小说明估计精度高。

（5）置信水平：常用的是 0.05、0.01、0.001，表示因抽样误差使得总体参数值在置信区间之外的概率。

（6）秩（rank）：数据按照从小到大的顺序排列后，每个观测值的位置。这是处理定序变量数据最常用的概念。

2. 推论统计的数学逻辑

统计学的基本思想是，从样本观测值去推论总体情况。这里要注意几个最基本的数学假设：

1）样本只能推论同一类型的总体。例如：采用网络调查 20~35 岁人群，并不能作为推论整个 20~35 岁人群的合适样本，只能作为该年龄段的上网人群样本。

2）样本是由回置式简单随机抽样得到的，实际中常常把总体看成是无限大，把非回置抽样近似看成是回置式抽样。并且假设抽取的每个个体都参与了完整的调查，即抽样的完成率是 100%，实际调查情况很难符合这一数学假设。

3）只考虑抽样误差，而不考虑非抽样误差，忽略了调查的系统误差对效度的影响。抽样误差是由于总体中每个个体的差异性，以及样本大小造成的样本与总体之间的差异。抽样误差是随机产生的，无法避免，但可以通过增大样本量，抽取同质性强的样本来减小这一误差。假设已知总体的分布，例如：假设总体符合正态分布，假设误差呈正态分布且各组方差整齐，用样本统计量来估计或检验总体参数值。这类统计方法称为参数统计。大多数参数统计要求是定距变量。

我们对总体情况的推论往往是描述参数落在某一范围（置信区间）的概率，这个范围的不确定程度是来自抽样误差。置信区间就是由样本均值估计总体均值时抽样误差的范围。例如：我们估计一个参数落在 0.45 和 0.55 间的概率是 99%，表示的含义是进行 1000 次独立重复概率抽样，会得到 1000 个估计参数值的区间，其中包含参数值的约有 990 次，表明这 990 次估计是可靠的；不包含参数值的约有 10 个，得到这种错误估计是由于抽样误差造成的。

实际上，大多数情况是总体分布未知或无法确定，这时做统计分析常常不是针对总体参数，而是针对总体的某些一般性假设（如总体分布）。我们称之为非参数统计。非参数统计方法可用于定类或定序变量。

3. 显著性检验

抽样调查，是为了了解总体情况。然而还需要检验抽样是否反映总体情况。显著性检验是看样本观测值与总体真值之间是否有显著差异。例如由样本观测值得到"两个变量有强烈相关"的结果，有两种可能：第一，这一结果是正确反映了总体特征；第二，这是由于抽样误差造成，而实际总体情况并非如此。显著性检验就是要对这种可能做出判断。

例如，两个变量相关的显著性检验，首先提出两个假设，原假设为：两个变量相互独立（不相关），也就是指观测到的两个变量相关是由抽样误差造成的，这是待检验的假设；当这个假设被拒绝时，准备接受的假设称为备择假设：两变量相关，也就是表明观测得到的两个变量相关反映的是总体的真实情况。假设总体中两个变量是独立的，如果得到两者的相关性在 0.05 的水平是显著的（从样本推论总体相关的概率为 5%），所表示的含义是：每做 1000 次概率抽样，其中因为抽样误差得出相关结果的次数不会超过 50 次。

显著性检验的一般步骤如下：（1）根据实际问题的要求，提出原假设 H_0 及备择假设 H_1；（2）在假设 H_0 成立的前提下，根据所检验的统计量的抽样分布，计算两变量相关是由于抽样误差造成的概率，并给出用来拒绝或接受原假设的概率标准（显著水平）α；（3）根据"小概率事件不发生"的假设，判断是拒绝还是接受原假设。

使用显著性检验方法需要注意以下问题：

1）显著性检验只是测量抽样误差对变量之间关系的影响，而忽略了非抽样误差，实际调查中根本无法满足显著性检验的抽样假设。

2）显著性检验中得到差异显著的检验结果，并没有表明差异的大小和重要性；得到差异不显著的结果，只能认为原假设未被否定，可能有两种情况存在：确实没有差异或者有差异但因为抽样误差大而被掩盖了，因此不能简单地作出决定肯定或否定的结论。

3）不论差异是由抽样误差造成的还是真实的，显著性检验都不能指出显著性检验所依赖的调查或实验是否存在缺陷。

4）其他条件相同的情况下，样本容量的不同，会导致显著性检验产生不同的结果。通常大样本可能会使原样本很小的差异，被夸大为存在显著性的真实差异，即大样本会使检验统计量十分敏感。

5）计算得到的显著性水平，在标准的显著性水平左或右附近时，会使显著性检验得到完全相反的结论，尽管两种不同的计算得到的显著性水平仅仅存在微小的差异。

4. 检验方法

我们根据数据类型、假设条件和适用场合的不同，来选择不同的检验方法。常用的统计软件 SPSS，SAS 中都有相应的功能模块，本文中只说明各种常用方法的适用场合及假设条件。如需详细了解计算方法，可参考统计学相关书籍。

检验方法分为参数检验和非参数检验两大类：

非参数检验：总体分布未知或无法确定，检验总体分布符合假设或多个样本是否来自相同总体。与参数检验相比，非参数检验不受总体正态分布等假设条件的限制，而且特别适用于分析定类、定序变量，因此实际当中使用范围更广。

（1）卡方检验

卡方检验适用于以下几类问题：1）适合度检验：实际观察次数分配与某种理论次数分配是否存在差异。例如：随机抽取 100 名家庭主妇，问她们是否赞成使用洗碗机，考察她们对使用洗碗机的态度是否有显著的差异。2）独立性检验：从同一总体中抽取的样本，两个变量间是否相互独立（不相关）。例如：调查 30~60 岁人群的着装态度，考察年龄与喜好休闲装是否相关。3）同质性检验：从若干总体中分别抽取随机样本，根据各样本的观测值，判断若干总体是否同质。例如：三个地域的学生使用计算机的水平是否相同。

使用卡方检验需要注意的问题：1）适用于定类变量；2）对于二维表，可进行卡方分析；对于三维表，可作 Mentel-Hanszel 分层分析；3）计算卡方时，必须用绝对数，不能用相对数；4）多组资料进行卡方检验时，各组理论频数最好不应小于 5，通常要有 80% 以上的理论频数 $\geqslant 5$，否则要适当进行并组或增大样本数量；5）在 2×2 的列联表中，当 $5 \leqslant$ 理论频次 $\leqslant 10$，应使用 Yate 校正检验（Yate's Correction for Continuity）；当理论频次 <5 或样本人数 <20 时，应使用 Firsher 正确机率检验（Fisher's Exact Probability Test）；6）对于同一群受试者前后进行两次观察的重复性卡方检验时，应使用 McNemar 检验（McNemar Test）（表 1-18-4）。

相关计算公式 表 1-18-4

卡方检验	$\chi^2 = \sum \dfrac{(f_0 - f_e)^2}{f_e}$ 适合度检验 $df = k - 1$ 独立性检验 $df = (r - 1)(c - 1)$ 同质性检验 $df = (r - 1)(c - 1)$	$f_0 =$ 观察频数 $f_e =$ 理论频数 k：单因子分组的水平数 r：因子分组，列的水平数 c：因子分组，行的水平数
Yate 校 正 检 验（Yate's Correction for Continuity）	$\chi^2_{o\phi} = \sum \dfrac{(\,\lvert f_0 - f_e \rvert\, - 0.5)^2}{f_e}$	
Fisher 正确机率检验（Fisher's Exact Probability Test）	$\begin{array}{ccc} a & b & a+b \\ c & d & c+d \\ \hline a+c & b+d & N \end{array}$ $p = \{(a+b)!\ (c+d)!\ (b+d)!\}/\{N!\ a!\ b!\ c!\ d!\}$	a、b、c、d：四个细格的观察值 N：样本数 p：该种特定排列组合的机率
McNemar 检验（McNemar Test）	前后不一致情形　　　观察值 $+\rightarrow-$　　　　　　　r $-\rightarrow+$　　　　　　　s 总数　　　　　　　　$r+s$ 未校正 $\chi^2_{MC} = \dfrac{(r-s)^2}{r+s}$, $df = 1$ 校正法 $\chi^2_{MC(o\phi)} = \dfrac{(\,\lvert r-s \rvert\, - 1)^2}{r+s}$, $df = 1$	r：前测"喜欢"，而后测却变为"不喜欢" s：前测"不喜欢"，而后测却变为"喜欢"

例题 1：某企业调查用户对轿车的喜好是否不同，调查了 1000 位用户，对 A、B、C、D 四款轿车的喜好情况，得到的结果如下：

车型：A　B　C　D

人数：280　250　245　225

解：假如用户对轿车的喜好不存在差异，则选择四款车的比例分别是 1/4，因此 1000 人中每款车选择的人数是 250 人，代入公式有：

$$\chi^2 = \sum \frac{(f_0 - f_e)^2}{f_e} = \frac{(280 - 250)^2}{250} + \frac{(250 - 250)^2}{250} + \frac{(245 - 250)^2}{250} + \frac{(225 - 250)^2}{250}$$

$$= 6.2 < \chi^2_{0.005}(3) = 7.815$$

因此，用户对这四款车的喜好无显著差异。

（2）二项分布检验

对于二分变量，例如：是和否，有和无或大于某个数和小于等于某个数的个体，检验二项分类变量是否符合来自给定概率分布的总体。要求每个试验中只有两个可能的结果，试验是相互独立的，每次试验的结果是相互排斥的，任何一次试验的每个可能的结果的概率在每次试验中都是一样的。例如：某高校图书馆平均每个学生借书 3 本，在大四年级中随机抽取 50 名学生，这 50 人的平均借书量为 4.5 本，那么大四年级学生的借书量是否高于全校平均水平？

（3）游程检验

对于定序变量，用于检验数据是否符合随机分布可采用游程检验，或检验两组样本是否来自同一总体时，可作为 Mann-Whitney U 检验的备用选择。依时间或其他顺序排列的有序数列中，具有相同的事件或符号的连续部分称为一个游程。游程检验比较容易计算，但是并不是很有效，可以用其他方法代替。

（4）单样本 Kolmogorov-Smirnov 检验（*K-S* 检验）

对于定序变量，检验样本观测值的分布是否是符合理论分布：正态分布、泊松分布、均匀分布、指数分布。当检验结果不能拒绝总体分布为某分布时，并不能说明该样本来自该分布。例如：统计、检验样本的年龄变量，看其是否符合正态分布，由此作为检查抽样是否合适的参考。

（5）两个独立样本的检验

Mann-Whitney *U* 检验：主要用于判别两个独立样本所属的总体是否有相同的分布（与 *t* 检验类似）；

Kolmogorov-Smirnov 两样本检验：推测两个独立样本是否来自具有相同分布的总体；

Moses Extreme Reactions 检验：检验两个独立样本的观测值的散布范围是否有差异存在，以检验两个样本是否来自具有同一分布的总体；

Wald-Wolfowitz 游程检验：考察两个独立样本是否来自具有相同分布的总体。

对这类问题的基本假设是：随机样本；两个样本是独立的；变量为定序或定距变量。

例如：对 2 款三维绘图软件 *A*、*B* 的可用性进行比较，请 30 个新手用户分为两组，一组使用 *A* 软件，另一组使用 *B* 软件，完成可用性测试后，通过问卷请用户主观评价 2 款软件的可用性，问题采用 5 分制量表（5 分表示非常同意，4 分表示比较同意，3 分表示中立，2 分表示比较不同意，1 分表示非常不同意），用问卷的总得分来测量软件的可用性。问这 2 款软件在用户可用性评价上是否有所不同。

（6）多个独立样本的检验

中位数（Median）检验：检验多个样本是否来自具有相同中位数的总体。

Kruskal-Wallis *H* 检验：单向方差分析，检验多个样本在中位数上是否有差异。要求各个总体变量有相似形状的连续分布。当样本存在太多的结点（有两个或两个以上样本值相等称为结点），要修正 *H* 因子。该方法是两个独立样本 Mann-Whitney 检验的推广。假设条件是：独立随机样本，至少是定序变量。

Jonckheere-Terpstra 检验：用于检验多个独立样本是否来自相同总体，适用于定序、定距变量；当数据是定序变量时，Jonckheere-Terpstra 检验比 Kruskal-Wallis *H* 检验更有效。

例如：请质检部门采用 1~20 分来评价 5 个厂家 MP3 的质量，看这些厂家的 MP3 在质量上是否有所不同。

（7）两个相关样本的检验

Wilcoxon 秩和检验：适合处理以下几类问题：1）两组实验对象随机配成对子，检验两种处理结果或一组受试对象的处理前后的比较；2）检验两独立组有无显著差异；3）利用多个样本资料作秩和检验，用来推断各样本资料所代表的总体分布位置是否不同，类似于单因素方差分析；4）多组样本间的两两比较，如多组样本经秩和检验，被推断为各样本所代表的总体分布位置不相同时，应该进一步作两两比较，以确定哪两组总体分布位置不同。假设条件是：两个总体的分布有类似的形状（不一定对称），适用于定序变量。

符号检验：通过计算两个样本的正负符号的个数来检验两个样本是否来自相同总体。适用于定序变量。

McNemar 检验：适用于两个相关的二分变量的检验，以研究对象作自身对照，检验其"前后"的变化是否显著。

Marginal Homogeneity 检验：用于两个相关定序变量的检验，是 McNemar 检验的扩展。

例如，对 15 名新手用户进行绘图软件使用情况调查，2 周后再次测试，统计两次测试完成任务的时间和出错次数，看其完成任务情况是否有所改善。

（8）多个相关样本秩和检验

Friedman 检验：双因素方差分析，考察多个相关样本是否来自同一总体或一个因子各个水平是否对实验结果影响有显著不同。要求两个因子的各种水平的组合都有一个观测值。

Cochran 检验：作为两相关样本 McNemar 检验的多样本推广，适用于定类变量和二分变量。Kendall 和谐系数检验：多个相关样本是否来自同一分布的总体。最常用于评价人信度检验。

例如，调查用户对 5 款手机的喜好程度，调查了 30 位用户，并请他们对这 5 款手机按喜好程度（最喜欢为 5 分，次之 4 分，再次之 3 分，……，最不喜欢为 1 分）排序，问用户对 5 款手机的喜好程度是否相同。

参数检验：总体分布已知，检验样本均值、方差是否有差异。

（9）Z 和 t 检验

对于来自正态总体的样本均值检验，通常采用 Z 检验或 t 检验。Z 检验和 t 检验适合处理以下几类问题：1）独立样本均值之间差异显著性检验，要求两个相对独立的被试组；例如：男生和女生各 10 人，看他们数学成绩是否有差异。2）相关样本均值差异的显著性检验，如同一组被试人分别在 A、B 两种条件下进行操作，问该同一组被试在 A、B 两个不同条件下操作是否有显著差异。3）相关系数的显著性检验采用 Z 或 t 检验。

当总体方差已知时，采用 Z 检验；当总体方差未知，采用 t 检验。样本含量 $n > 100$ 的两个大样本均值比较，采用 Z 检验；当样本容量（样本内包含的样本数量）小于 30 时（$n < 30$），且是两个小样本平均数之间差异的显著性检验，一般用 t 检验。

Z 检验和 t 检验的假设条件是：随机样本，总体呈正态分布，因变量为定距变量。需要观察数据的分布或进行正态性检验估计数据的正态假设（F 检验，Levene's 检验）。

例题 1：将 20 名手机新手用户随机分成两组进行手机发短信实验，一组让他们在实验之前先随意试用半小时（称为探索时间），这一组称为实验组；另一组作为控制组不给予事先的探索时间。正式实验时，记录下用户完成一个发短信任务所需的时间，结果如下，假设实验结果服从正态分布，试检验有无事先探索时间对用户完成任务是否有显著的影响。

实验组：6 2 4 2 3 5 5 6 3 4

控制组：4 2 6 7 5 5 4 7 5 5

解：这里样本是随机分成两组进行实验的 20 名用户，每个样本容量是 10，是两个独立的小样本，实验目的是检验有无事先探索时间对用户完成任务是否有显著的影响，针对以上条件我们采用 t 检验。

首先，设立无差假设，假设有无事先探索时间用户完成任务没有显著的影响，即两组所需时间的平均值相同。

其次，根据条件运用相应的公式计算 t 值。

经过简单的计算可得，$\bar{X}_1 = 4$，$\bar{X}_2 = 5$，$S_1^2 = 2$，$S_2^2 = 2$。因为是正态分布、两总体相互独立和总体方差未知但相等的条件下求解，因此选用公式：

$$t = \frac{(\bar{X}_1 - \bar{X}_2) - (\mu_1 - \mu_2)}{\sqrt{\left(\frac{1}{n_1} + \frac{1}{n_2}\right)\frac{n_1 S_1^2 + n_2 S_2^2}{n_1 + n_2 - 2}}} = \frac{(4 - 5) - 0}{\sqrt{\left(\frac{1}{10} + \frac{1}{10}\right)\frac{10 \times 2 + 10 \times 2}{10 + 10 - 2}}} = -1.5$$

第三，查表求出相应的 t 值，找出危险临界点。

查 T 分布表得 $t_{0.05/2}$ （10 + 10 − 2） = $t_{0.05/2}$ （18） = 2.101

最后，比较计算的 t 值和查表求出的 t 值，得出结论：

因为 $t < t_{0.05/2}$（18），所以在 0.05 的显然性水平下，或有 95% 的把握说，两总体均值的差异不显著，即有无事先的探索时间对用户完成发短信任务无显著影响。

（10） F 检验（方差分析）

F 检验用于检验多组之间是否存在差异，或含有多个自变量并控制各个自变量单独效应后的各组间的比较；回归方程的显著性，一般也采用 F 检验。

F 检验的假设条件是：要求随机样本，总体呈正态分布，各种条件下的组内方差皆相等；因变量为定距变量。

F 检验只能说明在 α 水平下至少有两组均值差异有显著性，并不能知道到底哪两组均值间有差异。因此方差分析之后进行组间两两比较，检验方法有：Newman-Keuls test、Scheffe test、Duncan's multiple-range test、Tukey's Honestly Significant Differences test、Dunnett's test 等。

例题：在着装动机调查中分析年龄因素对人们的着装偏好（五个要素：色彩、款式、图案、风格、装饰）是否有显著影响。

题：选择喜好"鲜亮的颜色"的人数统计结果见表 1 − 18 − 5 所列。

三个城市喜好鲜亮颜色人数统计 　　　　　　　表 1 − 18 − 5

年龄	北京	上海	西安	总样本
小于等于20	33.33%	50.00%	52.50%	54.17%
21～25	61.11%	50.00%	50.00%	57.52%
26～30	66.67%	52.63%	42.03%	53.92%
31～35	50.00%	43.62%	50.84%	49.51%
36～40	37.63%	51.97%	44.17%	43.86%
41～45	39.62%	45.16%	50.60%	44.68%
46～50	38.00%	36.81%	43.48%	37.37%
51～55	43.18%	35.29%	42.11%	36.89%
56～60	42.86%	33.33%	34.29%	31.19%
大于60	25.00%	59.09%	52.00%	42.64%

解：

统计计算结果见表 1 − 18 − 6、表 1 − 18 − 7 所列。

统计计算结果 　　　　　　　表 1 − 18 − 6

组	计数	求和	平均	方差
小于等于20	4	1.9	0.475	0.009218
21～25	4	2.1863	0.546575	0.003107
26～30	4	2.1525	0.538125	0.010185
31～35	4	1.9397	0.484925	0.001085
36～40	4	1.7763	0.444075	0.003449
41～45	4	1.8006	0.45015	0.002014
46～50	4	1.5566	0.38915	0.00095
51～55	4	1.5747	0.393675	0.001494
56～60	4	1.4167	0.354175	0.00263
大于60	4	1.7873	0.446825	0.021756

方差分析表　　　　　　　　　　　　　表 1 - 18 - 7

方差来源	平方和	自由度	均方	F	平均值	$F_{1-\alpha}$
组间	0.139956	9	0.015551	2.78242	0.016917	2.210697
组内	0.167667	30	0.005589			
总计	0.307623	39				

$F = 2.7824 > 2.2107$，故年龄对此项选择有显著影响。

对 20 个题项进行同样的分析，得到见表 1 - 18 - 8、表 1 - 18 - 9 所列结果（$\alpha = 0.05$，Y 表示有显著影响，N 表示无显著影响）：

统计分析结果　　　　　　　　　　　　表 1 - 18 - 8

	色彩			款式				图案					风格					装饰		
选项	1	2	3	4	5	6	7	8	9	10	11	12	13	14	15	16	17	18	19	20
	Y	Y	N	Y	Y	N	Y	N	N	N	N	Y	Y	Y	Y	Y	N	Y	Y	Y

由此可以看出，年龄对人们在着装偏好选择服装图案方面基本无显著影响；对选择色彩、款式、风格、装饰四个方面均有显著影响。

参数检验与非参数检验方法对应表　　　　　　表 1 - 18 - 9

参数检验	非参数检验
t 检验	两个独立样本的中位数检验
t 检验	两个独立样本的秩和检验
t 检验（配对样本）	成对比较、单样本正负号检验
t 检验（配对样本）	成对比较、单样本符号秩检验
单因素方差分析	K 个独立样本的 H 检验
多因素方差分析	Friedman 检验

六、相关性度量

（1）相关性含义

相关性是指两个变量（例如 X 与 Y）之间存在一种连带关系，例如，当 X 变化时，Y 也变化；当 Y 变化时，X 也变化；当另外一个因素 Z 变化时，X 发生变化，Y 也发生变化。

相关系数表示两个变量之间的关联程度，这是通过各种公式计算得到的，取值在 0 与 1 之间，0 代表无相关，相关系数越大，表示相关程度越强，最大相关值 1 代表完全相关。

使用这些公式求相关性，假设存在线形关系。实际上很可能存在几种情况：两个变量的相关性很强，却是非线形的。没有简单数学方法去判断非线形关系。解决方法是把两个因素之间的关系绘制散点图。在 SPSS 中提供了四种散点图：简单散点图、重叠散点图、矩阵散点图和三维散点图。相关系数为 0 并不能否定可能有曲线相关，因此要结合散点图分析。

相关系数计算方法大多数是利用消减误差比例（PRE）的思想构建出来。消减误差比例是指一种对变量间关系的测定，简称PRE。假设在不知道 x 的情况下，对 y 进行预测的全部误差是 E_1，在知道 x 的情况下，由 x 预测或解释 y 的总误差为 E_2，则知道 x 时所减少的误差为 $E_1 - E_2$，消减误差比例 PRE $=(E_1 - E_2)/E_1$。PRE 越大，表示以 x 预测或解释 y 时所减少的误差越多，即 x 与 y 的关系越强。换言之，PRE 的值表示的是用一个变量（x）来解释另一个变量（y）时，能够消除百分之几的错误，即 x 对 y 的解释力有多大。PRE 的值在 0 与 1 之间，当 $E_2 = 0$ 时，PRE $= 1$，说明 x 与 y 完全相关，x 能百分之百解释 y 的变化；若 $E_2 = E_1$，则 PRE $= 0$，说明 x 与 y 之间没有关系，x 对 y 无解释力。

（2）相关系数

在进行相关分析时，要根据变量类型，以及研究目的（是预测、一致性检验，还是测量相关关系）选择合适的相关系数计算方法，尽量用多种方法计算比较，结合定性分析讨论变量间的关系。对于定类变量，常采用的相关系数有 Phi 相关、列联相关、V 系数、κ 系数等；对于定序变量，采用 Spearman 相关、Kendall 相关、γ 系数等；对于定距变量，采用 Pearson 积差相关系数等。详见下表。

1）相关系数计算公式：定类—定类变量（表 1-18-10）。

相关系数计算公式：定类—定类变量 　　　　表 1-18-10

	关系度量	计算公式	使用条件
以卡方为基础的度量	关系系数（phi）	$\phi = \sqrt{\dfrac{x^2}{N}}$	使用 2×2 列联表
	列联系数	$C = \sqrt{\dfrac{x^2}{x^2 + N}}$	使用在大于 2×2 以上的列联表，其值介于 0 与 1 之间
	克瑞玛 V 系数（Cramer's V）	$V = \sqrt{\dfrac{x^2}{N(k-1)}}$	在任何列联表中最大值均可达到 1，在 2×2 列联表中，V 值相等
消减误差比例的度量（PRE）	Lambda（λ）系数	$PRE = \dfrac{E_1 - E_2}{E_2} = \dfrac{E_1}{E_2} - 1$	对称关系（无特定预测关系）
	$\lambda\,yx$ 系数		非对称关系（有因果性预测关系）
	Tau-γ 系数	E_1 为期望误差 E_2 为观察误差	考虑了所有的次数，因此敏感度较 λ 系数高，分析不对称关系时，宜采用 Tau-γ 系数
一致性的度量	Cohen κ 系数	$K = \dfrac{P_o - P_e}{1 - P_e}$ $P_0 = \sum_i^r n_{ii}/N$ $P_e = \dfrac{1}{N}\sum_i^r n_i n_i/N$	评价人对一组项目归类的一致性检验，再测信度检验 加权 κ 系数考虑了不一致程度的差异，认为：第一次回答"非常同意"，第二次回答"非常不同意"和回答"比较不同意"在不一致程度上有差异

2）定序—定序变量

当两个变量以等级次序排列或以等级次序表示时，两者之间不一定呈正态分布，样本容量也不一定大于 30，见表 1-18-11 所列。

相关系数计算方式：定序—定序变量 表 1 – 18 – 11

关系度量	计算公式
Kendall τ_b 系数	$\tau_b = \dfrac{P-Q}{\sqrt{(P+Q+T_x)(P+Q+T_y)}}$ P：一致的配对组总数 Q：不一致的配对组总数 T_x：x 的配对组相等数 T_y：y 的配对组相等数 非正态分布，用于考查评价人的一致性
Kendall – Stuart τ_C 系数	$\tau_C = \dfrac{2m(P-Q)}{N^2(m-1)}$ m：行或列数较小者 N：样本数
Spearman 等级相关系数	$\rho = 1 - \dfrac{6\sum D^2}{N(N^2-1)}$ D 为所测定的两个数列中每对项目之间的登记差，这个差的正值之和等于负值之和；N 为项数。对于非正态的定距变量，也可用该系数
Goodman-Kruskal γ 系数	$G = \dfrac{P-Q}{P+Q}$
Somers d 系数	$d_\gamma = \dfrac{P-Q}{P+Q+T_y}$
Wilson e 系数	$\hat{e} = \dfrac{2(P-Q)}{n^2 - \sum\limits_{i=1}^{i}\sum\limits_{j=1}^{j} n_{ij}^2}$

3）定距—定距变量（表 1 – 18 – 12）

相关系数计算公式：定距—定距变量 表 1 – 18 – 12

关系度量	公式
Pearson 积差相关系数（简单相关系数 r）	$\hat{\rho} = r = \dfrac{\sum(x_i-\bar{x})(y_i-\bar{y})}{\sqrt{\sum(x_i-\bar{x})^2}\sqrt{\sum(y_i-\bar{y})^2}}$ 两个变量都是由测量获得的连续数据；两个变量的总体都呈正态分布或接近正态分布；必须是成对的数据，而且每对数据之间是相互独立的；两个变量之间呈线性关系；要排除共变因素的影响；样本 $N \geqslant 50$ 变量 x 与变量 y 间存在线性关系这一假设，是 r 系数的前提，如果两个变量间的关系不符合线性相关的假设，用 r 相关系数进行分析就会犯错误

4）两变量类型不一致（表 1 – 18 – 13）

相关系数计算公式：两变量类型不一致 表 1 – 18 – 13

定类—定距	相关比例（eta 平方系数 E）	非对称
	theta 系数（θ）	非对称
定类—定序	λ 系数	将定序变量作为定类变量处理
	Tau-γ 系数	
定序—定距	相关比例	将定序变量看作定类变量
	γ 相关系数	将定序变量看作定距变量

（3）相关系数的假设检验

相关系数一般都是利用样本数据计算的，其可信度与样本容量有关，因此需要进行检验：

1）假设总体相关系数 $\rho = 0$ 的检验

从总体相关系数为0的总体中随机抽取的样本，由于抽样的偶然性，计算出的相关系数可能不等于0，因此，不能仅仅根据相关系数的大小，对两个变量之间的密切程度作出判断，还要看 r 在总体相关系数等于0为中心的抽样分布上出现的概率大小如何。如果出现的概率较大，则 r 与总体相关系数等于0的差异无显著意义；如果出现的概率较小，则 r 与总体相关系数等于0有显著差异，即使 r 较小，也应该认为两个变量是相关的。

①当 $n \geqslant 50$ 时，相关系数的抽样分布接近于正态分布，采用 Z 检验：

$$Z = \frac{r - \rho}{S_r} = \frac{r}{\dfrac{1 - r^2}{\sqrt{n - 1}}} = \frac{r\sqrt{n - 1}}{1 - r^2}$$

②当 $n < 50$ 时，则可以用 Fisher 提出的近似的 t 分布进行检验：

$$t = \frac{r\sqrt{n - 2}}{1 - r^2}$$

$$(df = n - 2)$$

③等级相关系数 r_s 的假设检验：

第一，查表法：当 n 较小时，可查 r_s 界值表。

第二，t 检验或查 r 界值表：如 $n > 50$，也可将 r_s 直接代替 r 作 t 检验或查 r 界值表。

2）假设总体相关系数 $\rho = \rho_0 \neq 0$ 的检验

此时要用到统计量 $Z = \dfrac{1}{2}\ln\left(\dfrac{1 + r}{1 - r}\right)$，接近于正态分布，均值和标准差分别为：

$$\mu_Z = \frac{1}{2}\ln\left(\frac{1 + \rho_0}{1 - \rho_0}\right), \quad \sigma_Z = \frac{1}{\sqrt{N - 3}}$$

3）相关系数间差异的显著性检验

确定样本容量为 N_1、N_2 的两个独立样本的相关系数 r_1、r_2 之间是否存在显著性差异，

检验统计量：$z = \dfrac{Z_1 - Z_2 - \mu_{Z_1 - Z_2}}{\sigma_{Z_1 - Z_2}}$，服从正态分布，其中：

$$\mu_{Z_1 - Z_2} = \mu_{Z_1} - \mu_{Z_2}, \quad \sigma_{Z_1 - Z_2} = \sqrt{\sigma_{Z_1}^2 + \sigma_{Z_2}^2} = \sqrt{\frac{1}{N_1 - 3} + \frac{1}{N_2 - 3}}$$

当两个相关系数由同一组被试算得，用 t 检验。

例题：新手用户和专家用户对8款手机的可用性进行评分排序（最高分8分，最低分1分），其结果见表 1 - 18 - 14 所列：

新手用户与专家用户对8款手机可用性排序　　　　　表 1 - 18 - 14

手机型号	A	B	C	D	E	F	G	H
专家排序	7	4	2	6	1	3	8	5
新手排序	1	5	3	4	8	7	2	6
序对差异（di）	6	-1	-1	2	-7	-4	6	-1

因为是定序变量，因此必须使用 Spearman 相关系数，计算得出 $r = -0.714$，说明两类用户的评估呈负相关。

(4) 一元线性回归

一元线性回归分析也是研究两个变量的线性相关性，但比相关分析的应用更为广泛，它不仅可以说明两个变量是否一起变化，还可以计算出预测方程以预计这两个变量是如何一起变化的。预测方程的形式为：$\hat{y} = a + bx$，通常叫作回归方程。y 叫做因变量，x 叫做自变量，其中 a 是常数项，b 叫一元回归系数，它与相关系数 r 类似，公式为：

$$b = \frac{\sum_{i=1}^{n} (X_i - \bar{X})(Y_i - \bar{Y})}{\sum_{i=1}^{n} (X_i - \bar{X})^2}$$

其中 n 为样本量，X_i、Y_i；$\bar{X}$、$\bar{Y}$ 分别为两个变量的观测值和均值。同相关系数 r 一样，若 $b > 0$，表明两变量是正相关；若 $b < 0$，表明两变量是负相关。r 与 b 的绝对值表示的含义不同：r 的绝对值越大，散点图中的点越趋向于一条直线，说明两变量关系越密切；b 的绝对值越大，回归直线越陡，说明 Y 随 X 的变化率越大。如果回归模型中自变量的个数在 2 个以上，就称为多元线形回归模型。

另外相关系数 r 的平方 r^2，叫做决定系数，它的数值越大，表明回归方程 $y = a + bx$ 对观测数据的拟合越好，此时用 x 对 y 用回归方程来预测就会有较好的效果，若 r^2 越小，情况正相反。

对于两组数据进行回归分析之前，先做散点图，确定有相关关系的变量再进行回归分析。另外对于定类、定序变量不适合使用回归分析。

对一元线性回归方程的检验：对于总体回归系数为 0 的原假设，可以用 t 检验。当 t 检验显著时，拒绝原假设，即总体回归系数不为 0，两个变量呈线性关系，当 t 检验不显著时，不能拒绝原假设，两个变量不是线性相关。回归方程的线性关系是否显著，采用 F 检验。计算 F 的显著性水平，如果大于、等于与自己设定的显著性水平，说明回归方程不能通过 F 检验；如果小于该水平，说明可以通过 F 检验。

应当注意的是，应用回归方程来预测因果变量时，一般不应使用超出资料所包括范围的自变量的数值，因为回归线段以外未观察到的点可能出现非线性的趋势。此外，预测的回归方程式只能反映一定时期内变量间的相互关系，随着时间的推移，这种关系会起变化，因此回归模型也要作相应的修改，如果这时还使用原来的模型作预测就会得到错误的结论。回归分析在应用时有许多假设前提，例如其关系是线性的，自变量无测量误差等等。回归分析是一种单向因果关系模型，变量的因果关系不能颠倒。

七、多元统计分析

心理学、社会学调查研究中，一个结果常常受多个因素影响。例如，用户操作行动受很多因素影响。我们希望知道多个因素是如何影响结果的，这种分析就叫多元统计分析。常用的多元统计分析方法有：主成分分析（Principal Component Analysis）、因子分析（Factor Analysis）、判别分析（Discriminant Analysis）、聚类分析（Cluster Analysis）、典型相关分析（Canonical Correlation Analysis）等。应用这些方法的主要目的有几类：（1）降低因素的数目，包括主成分分析和因子分析；（2）分类，包括判别分析和聚类分析。

1. 主成分分析

主成分分析是把原来多个变量转化成少数几个综合指标的一种统计方法。简单说，这种方法相当于我们常用的"平均分"来看待一个学生的成绩好坏，各门课程是原来的变量，平均分是新的综合指标，用"学分数"加权。虽然这一指标的评价效果有待商榷，但是用一个指标来代替各门的成绩使得评价变得简单、直观。主成分分析的数学思想是用原来变量的 p 个线性组合 F_1，F_2，……，F_p 作为新的指标。其中 F_1 的方差最大，称为第一主成分；F_2 的方差其次，且 F_1 与 F_2 的协方差为 0，称为第二主成分；依此类推。F_1，F_2，……，F_p 彼此相互独立且方差递减。

主成分分析主要用于其他多元分析的中间环节，例如在回归分析或聚类分析中，减少变量的数目，同时将原始变量转化成为新变量后的数据可供进一步统计分析；或者用来建立综合评估指标，例如认知能力、居民消费指数等。

主成分分析的一般步骤：（1）将原始数据转化成协方差阵 S 或相关阵 R；（2）求出 S 或 R 的特征值及单位特征向量，方差贡献率；（3）写出主成分 F，将特征值按大小顺序排列，给出对应的累积贡献率。

使用主成分分析的注意事项：

1）主成分分析可使用协方差阵 S 或相关阵 R 来进行分析，当变量单位不同或差异较大时，应使用相关阵进行分析。

2）为了使变异数达到最大，通常主成分不加以转轴。

3）成分的保留：保留特征值大于 1 的成分，放弃特征值小于 1 的成分（Kaiser，1960年）。一般我们取累积方差贡献率达到 85% 左右的前 k 个主成分就可以了，因为它们已经代表了绝大部分的信息。特征值贡献还可以从碎石图看出。

4）当变量彼此独立或相关性低时，不适合使用主成分分析简化变量。

2. 因子分析

因子分析是主成分分析的推广，也是一种把多个变量转化为少数几个综合变量的多元分析方法。因子分析的数学思想是把每个原始变量分解成两部分，一部分由影响所有变量的几个共同因子构成，即公共因子部分；另一部分是单独影响每个变量的因子，即特殊因子部分；用公共因子和特殊因子的线性组合表示原变量。

因子分析的目的：（1）减少分析变量个数；（2）根据相关性的大小把原始变量分组，相关性高的变量分为一组，这每一组就代表了一个共同因子，不同组的变量相关性较低。因子分析的目的就是为了寻找公共因子，并能够解释公共因子的实际含义。因子分析常用于分析问卷的因素结构，将许多彼此有关的变量，可直接观测的变量，例如，性别、年龄、职业、受教育程度、收入、对待家庭态度、社会交往、如何消费、使用产品的期待、上网频率、喜欢看哪类电视节目、喜欢的休闲方式、业余爱好等等生活方式的相关变量，转化成几个彼此独立性大的潜在因子，例如：价值、期待、兴趣、审美等不可直接观测的潜在因子，便于我们构建影响结果的因素结构（表 1 – 18 – 15）。

这两个模型可以看出，主成分分析中把原始变量看成是影响综合指标的"自变量"，原始变量 X 是可观测的，个数是已知的，变量之间可能是相关的；因子分析则是寻找影响原始变量的"自变量" CF，CF 是不可观测的潜在变量，个数是未知的，需要估计的，变量要求是相互独立的。因子分析的数学模型有两个前提假设：（1）共同因子之间相互独立，均值为

主成分分析和因子分析比较 表 1 – 18 – 15

分析方法	模式	通式
主成分分析	$PC_{(1)} = a_{11}x_1 + a_{12}x_2 + \cdots + a_{1p}x_p$ $PC_{(2)} = a_{21}x_1 + a_{22}x_2 + \cdots + a_{2p}x_p$ $\vdots$ $PC_{(m)} = a_{m1}x_1 + a_{m2}x_2 + \cdots + a_{mp}x_p$	$Y = \beta_1 x_1 + \beta_2 x_2 + \cdots + \beta_p x_p$
因子分析	$x_1 = f_{11}CF_{(1)} + f_{12}CF_{(2)} + \cdots + f_{1m}CF_{(m)} + e_1$ $x_2 = f_{21}CF_{(1)} + f_{22}CF_{(2)} + \cdots + f_{2m}CF_{(m)} + e_2$ $\vdots$ $x_p = f_{p1}CF_{(1)} + f_{p2}CF_{(2)} + \cdots + f_{pm}CF_{(m)} + e_p$	$X = f_1 Y_1 + f_2 Y_2 + \cdots + f_m Y_m$ f_{ij} 称为因子载荷（第 i 个变量与第 j 个公共因子的相关系数）

0，方差为 1。（2）特殊因子之间也相互独立，均值为 0，方差为 ψ_i（包括特殊因子方差和误差方差两部分）。

因子分析的一般步骤如下：（1）选择要分析的变量，因子分析适合等距或等比的变量类型，因此问卷设计成李克特量表的形式，近似看成是等距变量；进行因子分析的样本容量至少应是题项数目的 4 ~ 5 倍。（2）将原始数据标准化，准备相关阵，估计共同性。共同性的估计方法有：最高相关系数法、复相关系数平方法、反复因素抽取法等。（3）决定因子的数目，决定因子数目的方法有：保留特征值大于 1 的共同因子（Kaiser，1960 年），保留特征值大于 0 的共同因子，陡坡检验法（Cattell，1966 年），方差累积贡献率不低于 80% 等。（4）从相关阵中抽取共同因子；剔除一个因子只含有一个题项的题目，重新进行因子分析，反复抽取；抽取因子的方法：SPSS 提供了主成分法、主轴法、映像法、最大似然法等 7 种方法。（5）旋转因子，使每个变量仅在一个公共因子上有较大的载荷，便于解释公共因子的含义。转轴的方法有：最大方差法、四次方最大值法、平衡最大值法、标准正交法、Harris-Kaiser 法，最优斜交法、斜交法等。（6）计算因子得分，并进行因子排序，分析因子的实际含义。因子得分还可作为进一步聚类分析的原始数据。

使用因子分析的注意事项：

1）因子分析能够帮助我们构建因子的结构（检验同一级因子之间的独立性及与上一级因子的相关性），但是并不可以检验因子框架的完整性（效度）。因子分析需要反复剔除无关因子，添加新因子来调整结构层次关系，修改问卷。

2）针对样本是否适合做因子分析，通常采用 KMO 测度（Kaiser-Meyer-Olkin measure of sampling adequacy）和巴特利特球体检验（Bartlett's test of sphericity）。

KMO 值的计算公式：$KMO = \left(\sum \sum r_{ij}^2 \right) / \left(\sum \sum r_{ij}^2 + \sum \sum a_{ij}^2 \right)$，$r_{ij}$：相关系数；$a_{ij}$：偏相关系数，它比较各变量的简单相关和偏相关的大小，取值范围在 0 ~ 1 之间。如果各变量间存在内在联系，则由于计算偏相关时控制其他因素就会同时控制潜在变量，导致偏相关系数远远小于简单相关系数，此时 KMO 接近于 1。做因素分析的效果就较好。一般认为当 KMO 大于 0.9 时效果最佳，0.7 以上时效果尚可，0.6 时效果很差，0.5 以下不适合做因素分析。对于因子分析来说，希望一组变量之间是非共线性的，KMO 如果超过 0.9 未必好，要小心共线性。

巴特利特球体检验（Bartlett's test of sphericity）可以检验变量间是否存在相关。假设协相关阵是单位阵（即变量间不相关），一个大的检验值通常意味着检验结果的显著性，因此可以拒绝各变量独立的假设，说明这些变量有相关性，符合因素分析的条件。

主成分分析和因子分析都依赖于原始变量，只能部分反映原始变量的信息，因此原始变量的选择十分重要。分析结果于原始变量和数据质量等都有关系，因此要多次尝试，比较结果后慎重给出合理的解释。

3. 聚类分析

聚类分析是根据研究对象的相关程度，把相关程度比较强的对象归为一类，相关程度比较弱的分为不同类。聚类分析根据对象不同可分为 Q 型（对样本进行聚类）和 R 型聚类（对变量进行聚类）。聚类分析应用于很多领域，例如模式识别，搜索引擎对 Web 文档的分类，市场研究中对消费人群细分，图像处理，保险精算等等。在设计调查中，对用户人群进行分类，对调查因素分类，划分生活方式类型等涉及分类问题时都可以用到聚类分析。

聚类分析的一般步骤：

（1）数据变换处理：为了克服原始数据由于计量单位的不同对结果产生的不利影响，对数据进行标准化转换，最常用的是转换成 Z 分数。

$$Z_{ij} = \frac{X_{ij} - \bar{X}_j}{S_j}$$

（2）计算聚类统计量：描述研究对象相关程度的指标有：距离测度、相关测度和关联测度。其中距离测度和相关测度适用于定距变量，距离测度包括：欧氏距离、明考斯基距离、绝对值距离、切比雪夫距离等；相关测度主要运用相似系数：夹角余弦、相关系数等。关联测度适用于定类和定序变量，常用的有：简单匹配系数、Jaccard 系数等。适用于二分变量的有：欧氏距离、欧氏距离平方、简单匹配系数、Jaccard 系数等等（表 1 – 18 – 16）。

距离测度公式 表 1 – 18 – 16

欧氏距离（Euclidean distance）	第 i 个样品与第 k 个样品之间的欧氏距离为 $$d_{ik} = \sqrt{\sum_{j=1}^{p} (X_{ij} - X_{kj})^2}$$
欧氏距离平方（Squared Euclidean distance）	$$d_{ik} = \sum_{j=1}^{p} (X_{ij} - X_{kj})^2$$
切比雪夫距离（Chebychev）	$$d_{ik} = \max_{1 \leqslant j \leqslant p} \left\{ |X_{ij} - X_{kj}| \right\}$$
明考斯基距离（Minkowski）	$$d_{ik} = \left[\sum_{j=1}^{p} |X_{ij} - X_{kj}|^q \right]^{1/q}$$
绝对值距离（Block）	$$d_{ik} = \sum_{j=1}^{p} |X_{ij} - X_{kj}|$$
自定义距离	$$d_{ik}(q_1, q_2) = \left[\sum_{j=1}^{p} |X_{ij} - X_{kj}|^{q_1} \right]^{1/q_2}$$
卡方测度（Chi-suqare measure）	用卡方测度测量不相似性。该测度的大小取决于两个被测量的总频数期望值。其值是卡方值的平方根
Phi 方测度（Phi-suqare measure）	该测度考虑减少样本量对测度值对实际预测频率减小的影响。把卡方测度规范化。其值是 F 平方统计量的平方根

（3）选择聚类方法包括：分裂法（partitioning methods）、层次法（hierarchical methods）、基于密度的方法（density-based methods）、基于网格的方法（grid-based methods）和基于模型的方法（model-based methods）等。其中最常用的是基于 K-means 算法的分裂聚类法和层次聚类法。分裂法需要事先给定分组数目 K（$K < N$），给出一个初始的分类算法，通过反复迭代改变分类，使得每一次改进之后的分类方案比前一次的更好（同类之间相关性更强，不同类之间相关性更弱）。层次法则是最初把每个对象单独看成一类，把相关性高的合并成一类，迭代直到所有的对象合并成一类。我们可以先通过层次聚类尝试确定合适的分类数目，然后利用 K-means 分裂法对各个类别进行迭代，修正优化分类模型。

（4）描述和解释是各个类别。聚类分析是一种探索性的分析方法，相同的数据采用不同的聚类方法，得出的结果可能不同；不同人对同一个问题进行研究，由于数据资料和聚类方法不同，得出的结果也可能会相差甚远。到底谁更有效，更准确？没有一个权威的标准来评判，要看在具体项目中是否能够解决具体问题。产品设计调查中，进行用户分类要看对设计产品是否有用，比如，通过用户分类，发现不同用户对产品的不同需求，能够找到某类用户的市场空缺；或者发现不同用户对产品可用性的不同需求，可以依据此建立不同的可用性测试标准和指标等。分类是整个研究过程中最复杂、最难的一步，涉及对全局的整体认识、考虑调查因素的全面性、调查方法的选择、采用的统计分析方法等，要进行多次调查，尝试不同调查方法和统计方法，才有可能建立比较有效的分类结构。

4. 判别分析

同样是以分类为目的的还有判别分析，判别分析是建立在已有的大量调查数据基础上，已经建立了比较系统的分类规则，然后把这样的分类规则应用到未知分类的样本上去分类。常用的判别分析方法有：贝叶斯判别、费歇尔判别、非参数判别等。

判别分析的基本要求和假设条件：（1）分类类型在两种以上，且各类样本在判别值上差别比较明显；（2）每一类样本数不得少于两个，且样本数量比变量数量最少多 2 个；（3）所确定的判别变量不能是其他判别变量的线性组合；（4）各组样本的协方差矩阵相等；（5）各判别变量之间具有多元正态分布。

5. 典型相关分析

典型相关分析用来测量两组变量的相关关系。例如：第一组变量是职业、年龄、性别，第二组变量是计算机的使用频率、计算机的熟悉水平和对计算机的态度，考察两组变量之间的关系。典型相关分析的基本思想是把两组变量的相关性转化成两个变量的相关性来考虑，即第一组变量的线性组合与第二组变量的线性组合的相关性，通过选择线性系数使线性化后的变量有最大的相关系数，形成第一对典型变量，第二对、第三对典型变量，并使各对典型变量之间互不相关，这样就把两组变量转化成为几对典型变量间的相关。

由于典型相关分析方法不易操作，而且分析结果往往难以进行合理的解释，实际应用受到了很大限制。但是典型相关分析具有很强的统计分析能力，可以用于探索两组变量间的潜在关系，也可以用于从两组观测变量中抽取起主要作用的公共因子，达到简化数据的目的，而且还可以分析自变量组对因变量组的整体预测作用。因此它能同时起到相关分析、回归分析和因子分析的效果。

6. 举例

例1：各地区居民消费情况主成分分析（表 1 - 18 - 17，数据来源：中华人民共和国国家统计局，2001，《2001 年中国统计年鉴》，北京：中国统计出版社）。

2001 年全国各地区消费情况指数   表 1 - 18 - 17

地区	食品 X1	衣着 X2	家庭设备用品及服务 X3	医疗保健和个人用品 X4	交通和通信 X5	娱乐教育文化 X6	居住 X7
北 京	101.5	100.4	97.0	98.7	100.8	114.2	104.2
天 津	100.8	93.5	95.9	100.7	106.7	104.3	106.4
河 北	100.8	97.4	98.2	98.2	99.5	103.6	102.4
山 西	99.4	96.0	98.2	97.8	99.1	98.3	104.3
内蒙古	101.8	97.7	99.0	98.1	98.4	102.0	103.7
辽 宁	101.8	96.8	96.4	92.7	99.6	101.3	103.4
吉 林	101.3	98.2	99.4	103.7	98.7	101.4	105.3
黑龙江	101.9	100.0	98.4	96.9	102.7	100.3	102.3
上 海	100.3	98.9	97.2	97.4	98.1	102.1	102.3
江 苏	99.3	97.7	97.6	101.1	96.8	110.1	100.4
浙 江	98.7	98.4	97.0	99.6	95.6	107.2	99.8
安 徽	99.7	97.7	98.0	99.3	97.3	104.1	102.7
福 建	97.6	96.5	97.6	102.5	97.2	100.6	99.9
江 西	98.0	98.4	97.1	100.5	101.4	103.0	99.9
山 东	101.1	98.6	98.7	102.4	96.9	108.2	101.7
河 南	100.4	98.6	98.0	100.7	99.4	102.4	103.3
湖 北	99.3	96.9	94.0	98.1	99.7	109.7	99.2
湖 南	98.6	97.4	96.4	99.8	97.4	102.1	100.0
广 东	98.2	98.2	99.4	99.3	99.7	101.5	99.9
广 西	98.5	96.3	97.0	97.7	98.7	112.6	100.4
海 南	98.4	99.2	98.1	100.2	98.0	98.2	97.8
重 庆	99.2	97.4	95.7	98.9	102.4	114.8	102.6
四 川	101.3	97.9	99.2	98.8	105.4	111.9	99.9
贵 州	98.5	97.8	94.6	102.4	107.0	115.0	99.5
云 南	98.3	96.3	98.5	106.2	92.5	98.6	101.6
西 藏	99.3	101.1	99.4	100.1	103.6	98.7	101.3
陕 西	99.2	97.3	96.2	99.7	98.2	112.6	100.5
甘 肃	100.0	99.9	98.2	98.3	103.6	123.2	102.8
青 海	102.2	99.4	96.2	98.6	102.4	115.3	101.2
宁 夏	100.1	98.7	97.4	99.8	100.6	112.4	102.5
新 疆	104.3	98.7	100.2	116.1	105.2	101.6	102.6

解：

1. 模型假设

假设构成全国 31 个省市自治区的消费情况的因素只有：食品、衣着、家庭设备用品及服务、医疗保健和个人用品、交通和通信、娱乐教育文化和居住这七个因素；

假设各数据有效完整。

2. 变量设置

X 为表示 31 个省市自治区的各地区的消费情况所列出的数值对应矩阵（为方便起见，

设 X 代表的矩阵已对数据作了标准化)。

R 为 X 的相关系数矩阵。

P 是 R 的特征根。

A 是 R 的特征根 P 相应的单位特征向量。

F 及其相应的向量是几个主成分。

3. 建立模型

第一步：建立变量（即观测指标）的相关系数矩阵 R（表 1 – 18 – 18）。

第二步：求 R 的特征根 P 及相应的单位特征向量 A、累计贡献率：对 R 这个 7×7 的矩阵，我们容易的算出它的特征根 P 和特征向量 A 和累计贡献率。见表 18 – 18 – 19 所列。

第三步：写出主成分 F（表 1 – 18 – 20）。

相关系数矩阵表　　　　　　　　　　　表 1 – 18 – 18

		X_1	X_2	X_3	X_4	X_5	X_6	X_7
相关系数	X_1	1.000	0.230	0.308	0.190	0.379	0.038	0.563
	X_2	0.230	1.000	0.339	0.008	0.125	0.148	-0.176
	X_3	0.308	0.339	1.000	0.370	-0.108	-0.434	0.192
	X_4	0.190	0.008	0.370	1.000	0.079	-0.167	-0.008
	X_5	0.379	0.125	-0.108	0.079	1.000	0.336	0.183
	X_6	0.038	0.148	-0.434	-0.167	0.336	1.000	-0.084
	X_7	0.563	-0.176	0.192	-0.008	0.183	-0.084	1.000

方差解释表　　　　　　　　　　　表 1 – 18 – 19

成分	初始特征值					
	总计	方差贡献率（%）	累积贡献率（%）	总计	方差贡献率（%）	累积贡献率（%）
1	2.022	28.891	28.891	2.022	28.891	28.891
2	1.670	23.853	52.744	1.670	23.853	52.744
3	1.264	18.051	70.795	1.264	18.051	70.795
4	0.920	13.140	83.935			
5	0.531	7.580	91.516			
6	0.344	4.913	96.429			
7	0.250	3.571	100.000			

成分矩阵　　　　　　　　　　　表 1 – 18 – 20

	成分		
	1	2	3
X_1	0.819	0.348	-0.106
X_2	0.323	0.106	0.828
X_3	0.703	-0.516	0.238
X_4	0.470	-0.299	0.159
X_5	0.334	0.719	$7.698E-02$
X_6	-0.238	0.786	0.260
X_7	0.603	0.218	-0.641

从以上结果可以看出，前三个特征值累计贡献率达 70.795%，说明前三个主成分基本包含了全部指标具有的信息，所以，取前三个特征值，它们对应的特征向量为：

所以前三个主成分为：

第一主成分：$F_1 = 0.819X_1 + 0.323X_2 + 0.703X_3 + 0.470X_4 + 0.334X_5 - 0.238X_6 + 0.603X_7$

第二主成分：$F_2 = 0.348X_1 + 0.106X_2 - 0.516X_3 - 0.299X_4 + 0.719X_5 + 0.786X_6 + 0.218X_7$

第三主成分：$F_3 = -0.106X_1 + 0.828X_2 + 0.238X_3 + 0.159X_4 + 7.698E-02X_5 + 0.260X_6 - 0.641X_7$

4. 模型分析

由上述三个主成分的表达式，我们可以得到：

在第一主成分的表达式中，第一、三、四、七项指标影响比较大，可以看成是反映了食品、家庭设备用品及服务、医疗保健和个人用品、居住的综合指标。

在第二主成分的表达式中，第五、六项指标的影响特别大，可以看成是交通通信和娱乐教育文化的综合指标。

在第三主成分的表达式中，第二项影响特别大，可看成是单独反映衣着的指标。

例2：在关于数字娱乐产品使用动机调查中，采用 SPSS 软件对 705 份问卷中 19 个题项（表 1-18-21）进行因子分析，共获得 7 个因子，由于第 7 个层面只包含 1 个题项（3 让我显得与众不同，有品位），不适宜单独构成一个因子，故将该题删除，再次进行因素分析，最终获得 6 个因子，见表 1-18-22，分别进行命名：生活情趣因子、科技体验因子、兴趣偏好因子、情绪调节因素、效率因子、潮流因子。6 个因素的累计解释方差为 59.251%，基本可以解释总体变量的特征，但因子分析效果并不理想，见表 1-18-23。*KMO* 值为 0.731，表示适合进行因子分析，见表 1-18-24。

问卷题项

表 1-18-21

	非常同意	比较同意	中立	比较不同意	非常不同意
1 让未来的生活将更加科技化	1	2	3	4	5
2 帮助我管理各种信息和资料	1	2	3	4	5
3 让我显得与众不同，有品位	1	2	3	4	5
4 这是潮流时尚	1	2	3	4	5
5 感受科技带来的新奇体验	1	2	3	4	5
6 记录下生活中难忘的瞬间	1	2	3	4	5
7 帮助我提高工作效率和生活的便利	1	2	3	4	5
8 是时代进步的产物	1	2	3	4	5
9 丰富个人兴趣爱好	1	2	3	4	5
10 让我的生活充满乐趣	1	2	3	4	5
11 放松身心、缓解压力	1	2	3	4	5
12 打发时间、排遣寂寞	1	2	3	4	5
13 方便我随时随地高效获取各种信息	1	2	3	4	5
14 让我很有自我满足感	1	2	3	4	5
15 有一个个人空间，做自己喜欢做的事	1	2	3	4	5
16 增加生活的品位和情调	1	2	3	4	5
17 增进我与亲人和朋友的情感交流	1	2	3	4	5
18 在别人面前可以炫耀一下	1	2	3	4	5
19 调节情绪、改善心情	1	2	3	4	5

转轴后的成分矩阵　　　　　　　　　　表 1 - 18 - 22

	成分					
	1	2	3	4	5	6
10 让我的生活充满乐趣	0.700	0.054	0.097	0.197	−0.085	−0.140
11 放松身心、缓解压力	0.627	0.167	−0.003	0.333	0.205	0.100
6 记录下生活中难忘的瞬间	0.581	−0.427	0.112	−0.241	−0.053	−0.134
17 增进我与亲人和朋友的情感交流	0.568	0.031	0.493	−0.113	0.019	0.124
16 增加生活的品位和情调	0.423	0.065	0.109	0.239	−0.064	0.402
8 是时代进步的产物	−0.054	0.772	0.040	−0.073	−0.115	0.143
5 感受科技带来的新奇体验	0.184	0.678	0.037	0.115	0.045	0.197
1 未来的生活将更加科技化、知识化	−0.059	0.567	0.034	0.139	−0.463	−0.400
9 丰富个人兴趣爱好	0.105	−0.018	0.808	−0.041	0.033	−0.045
15 有一个个人空间，做自己喜欢做的事	0.045	0.046	0.743	0.206	0.136	0.076
12 打发时间、排遣寂寞	$5.101E-05$	−0.099	0.126	0.843	0.128	0.086
19 调节情绪、改善心情	0.192	0.132	$-2.971E-05$	0.626	−0.018	0.018
2 帮助我管理各种信息和资料	−0.168	−0.099	0.081	0.025	0.751	0.034
13 方便我随时随地高效获取各种信息	0.137	−0.037	0.194	0.199	0.655	−0.162
7 帮助我提高工作效率和生活的便利	0.384	0.410	−0.142	−0.225	0.467	0.012
18 在别人面前可以炫耀一下	−0.150	0.175	0.202	−0.104	0.061	0.729
14 让我很有自我满足感	0.004	0.115	−0.259	0.178	−0.227	0.605
4 这是潮流时尚	0.311	0.086	0.396	0.237	0.198	0.432

方差解释表　　　　　　　　　　表 1 - 18 - 23

成分	初始特征值			正交转轴后		
	总和	方差百分比（%）	方差累积率（%）	总和	方差百分比（%）	方差累积率（%）
1	3.158	17.547	17.547	2.127	11.817	11.817
2	2.118	11.765	29.312	1.856	10.312	22.128
3	1.574	8.742	38.055	1.831	10.174	32.303
4	1.382	7.680	45.735	1.651	9.172	41.475
5	1.241	6.896	52.630	1.628	9.047	50.522
6	1.192	6.621	59.251	1.571	8.730	59.251
7	0.977	5.429	64.681			
8	0.910	5.054	69.735			
9	0.867	4.815	74.549			
10	0.745	4.138	78.688			
11	0.687	3.814	82.502			
12	0.608	3.379	85.881			
13	0.536	2.976	88.857			
14	0.473	2.628	91.484			
15	0.448	2.490	93.975			
16	0.403	2.238	96.212			
17	0.370	2.055	98.267			
18	0.312	1.733	100.000			

KMO and Bartlett 检验		表 1 – 18 – 24
Kaiser-Meyer-Olkin 取样适当性度量		0.731
Bartlett 球形检验	卡方近似值	2332.210
	df	153
	Sig.	0.000

进一步通过快速聚类分析（K-Means Cluster Analysis），按照上述的 6 个因子对调查人群进行分类。表 1 – 18 – 25 反映了各个群体的分布情况。由此可见，群体 1（11.2%）注重的因素为兴趣偏好；群体 2（14.5%）注重的因素为潮流、情绪调节、效率；群体 3（20.6%）注重的因素为科技体验、效率、兴趣偏好；群体 4（27.9%）注重的因素为生活情趣和潮流；群体 5（6.0%）注重的因素为情绪调节和科技体验；群体 6（19.9%）注重的因素为效率、生活情趣、情绪调节和兴趣偏好（表 1 – 18 – 26）。

聚类分析结果　　　　　　　　　　　　　表 1 – 18 – 25

	群体					
	1	2	3	4	5	6
生活情趣因子	– 0.10845	– 0.79683	– 0.68393	0.63589	– 0.17795	0.51168
科技体验因子	– 0.56046	– 0.79928	0.99188	0.06962	0.47896	– 0.37291
兴趣偏好因子	1.02106	– 0.13838	0.29197	0.03130	– 1.99131	0.36309
情绪调节因子	– 0.99812	0.38549	– 0.19844	– 0.14714	0.85210	0.43636
效率因子	– 0.39545	0.17386	0.38441	– 0.73695	– 0.16515	0.78276
潮流因子	– 1.33072	0.65803	– 0.04067	0.61819	– 0.24804	– 0.48719

各群体人数分布表　　　　　　　　　　　表 1 – 18 – 26

类别	人数	百分比
1	79	11.2%
2	102	14.5%
3	145	20.6%
4	197	27.9%
5	42	6.0%
6	140	19.9%
总计	705	100%

结合调查数据统计分析结果，以及技术、成本等考虑，最终确定了该产品的目标用户群体以 20 ~ 30 岁左右的男性为主，该用户群体中 25.4% 的人以科技体验、提高效率、兴趣偏好为主要动机；20.1% 的人以注重生活情趣和受潮流影响为主要动机；17.2% 的人以受潮流影响、调节情绪和提高效率为主要动机；14.2% 的人以提高效率、注重生活情趣、情绪调节和兴趣偏好为主要动机。

第十九节　抽样方法

一、抽样的基本原则

选择抽样方法时要考虑以下问题：

1. 我们进行用户调查，当然希望了解所有用户的需要。然而，一般情况下，用户总体人群十分庞大，例如几千万人或者几亿人，我们不可能调查这么多人，甚至在几个月内连几万人也无法调查。我们只能通过抽样调查很少一些用户，当然希望抽样用户具有以下三个特性：能真实代表用户总体人群的基本特征、能反映用户总体人群的各种典型特征，能全面反映总体特征。这三个特性（代表性、典型性、全面性）就是抽样的基本思想。对这三个问题的考虑也就是为了提高抽样的效度（真实性和全面性）。

2. 采用各种数学方法是为了解决这三个问题。概率抽样要求两个条件是"随机抽样"和"样本足够大"，只要抽取的样本足够大，随机抽样得到的数据就能够反映真实特性。这句话在数学上很容易说到，实际上很难做到，甚至无法做到。实际操作时，所谓的"随机"往往都受条件限制而无法实现。比如，网上"随机"抽样实际上抽到的只是上网的人，这不是数学含义中的"随机"。按照电话号码本"随机"抽样，实际上抽的都是那个号码本上存在的电话，而且都是在家里的人，这也不是"随机"。在街头某一地点的拦截调查是不是随机抽样？不是。这样调查的人，局限于几种情况：可能是住在附近的人，或在这个时段出入此处的人。在现实中，无法实现"随机"抽样。在现实中很难估计什么叫"抽样样本足够大"？"抽样一万人，样本是否足够大"？因此实际调查时，一开始我们就要考虑调查效度，也就是从抽样结构和实际操作去设法弥补这些缺陷。数学上的这些"想像条件"无法被实现，必须找出等效的方法。实际调查中，我们可以用"抽样结构效度"代替"随机抽样"。从可操作角度看，"随机抽样"和"取样足够大"的概念，被转化成"抽样的结构效度"概念。什么叫"抽样的结构效度"？人口分布具有若干附带有关因素，例如，性别、年龄、受教育程度、收入、居住地区等，人口数量可以被描述为按照年龄的分布数量（被称为"人口—年龄分布"表），人口数量也可以被描述为按照受教育程度的分布数量等。年龄、受教育程度等这些因素被称为人口的结构因素。这样，"如何随机抽样人口？"被转化成另一个问题："使得抽取的人口数量基本符合附带因素的分布比例"。例如，使抽样的人数大致符合西安市的人口—年龄的结构比例。按照这些结构因素比例的抽样结果，大致符合"取样足够大"的"随机"抽样结果。此外，这样结构性取样，样本量会比随机抽样的样本量小很多。下一步就是要通过试验尝试，把概率论的假设条件转换成实际可操作的取样条件。

3. 在不同调查中，目的不同，对应的方法不同，选择的调查人数也不同，要具体分析。不论用什么抽样方法，最后都要考虑用什么公式（或什么方法）来确定抽样人数。下文中将举例说明如何计算抽样人数，以及结合实际情况如何设计抽样方法。

二、常用抽样方法

1. 概率抽样（Probability Sampling）

概率抽样有一个基本数学原则——随机性，要求总体中的每一个个体被抽中的概率是已知的，如果总体中的每一个个体被抽中的概率相等，就叫做等概率抽样，或者称为完全随机抽样；如果总体中的每一个个体被抽中的概率不相等，例如每一个个体被抽中的概率跟它占总体的比重相关，比重越大的被抽中的概率越高，这叫做不等概率抽样。按照概率抽样，是为了使样本能够大致代表总体的特性，成为总体的缩影。概率抽样是获取充分反映总体内部差异样本的有效方法，因此从数学角度看，概率样本比非概率样本对总体更具代表性。另外，采用概率抽样方法能够估计抽样误差和代表性。然而，在实际调查中，"随机性"是很难甚至根本无法做到的。常用的概率抽样方法有：简单随机抽样、系统抽样、分层抽样、整群抽样、多阶段抽样等。

（1）简单随机抽样（Simple Random Sampling）

简单随机抽样是先确定抽样范围，将所有个体进行编码，按照随机数表或计算机程序来选择样本。最常被引用的例子：掷硬币、黑箱摸球等。而在社会学、心理学调查中很少能够用到简单随机抽样的方法，原因是抽样框（研究总体的实际名单）很难获取，调查效率较低，可能结果并不是最精确的。

（2）系统抽样（等距抽样）（Systematic Sampling）

从总体人群 N 个用户中抽取 n 个样本。首先对总体 N 进行随机排序，例如可以按照门牌号码排序，其排序与研究变量分布无关；再计算出抽样距离 K：$K = \dfrac{N}{n}$；按照这一固定的抽样距离抽取样本。例如：需要从容量为 10000 人的总体中抽取一个容量为 1000 人的样本，那么抽样距离为 10，同样对所有个体进行编码，随机选择 1~10 之间的号码，将这个号码代表的个体作为抽取的第一个样本，然后每 10 个个体选取一个样本。如果抽样名单是以与抽样间隔一致的循环方式排列的，抽样有可能产生重大偏误。例如，某学校每班 30 人，学号顺序按先女后男的顺序排列。如果该校有 100 个班，即总体为 3000 人，设定的样本大小为100，那么抽样间距为 30，恰好随机选择的号码为 1，极有可能抽取的样本都是女生。为了避免这种情况产生，首先要调查清楚总体中的个体是否存在某种分布规律。

（3）分层抽样（类型抽样）（Stratified Sampling）

先将总体中的所有单元按照某个因素（例如，性别、年龄、成绩、收入等）划分成若干类型或层次，然后再在各个类型或层次中采用简单随机抽样或系统抽样的办法抽取一个子样本，这些子样本合起来构成总体的样本。

分层抽样是把异质性较强的总体分成一个个同质性较强的子总体，再抽取不同的子总体中的样本分别代表该子总体，所有的样本进而代表总体。

分层的标准如下：1）以调查所要分析和研究的主要变量或相关的变量作为分层的标准。2）以保证各层内部同质性强、各层之间异质性强、突出总体内在结构的变量作为分层变量。3）以那些有明显分层区分的变量作为分层变量。采用分层抽样能有效的减少样本量，下文中会有详细论述。

分层抽样的比例问题考虑如下：1）按比例分层抽样：根据各种类型或层次中的个体数目占总体中个体数目的比重来抽取子样本的方法。2）不按比例分层抽样：有的层次在总体中的比重太小，其样本量就会非常少，此时采用该方法，主要是便于对不同层次的子总体进行专门研究或进行相互比较。如果要用样本资料推断总体时，则需要先对各层的数据资料进行加权处理，调整样本中各层的比例，使数据恢复到总体中各层实际的比例结构。

例如，某企业共有 3000 位工人，想从中抽取 100 位作为样本，设有 1800 位男工，1200

位女工，若用简单随机抽样的结果可能女工过多，或男工过多。因此最好的方式就是采用分层抽样，按男女的比例 6:4 来选取。在男工部分抽取 100×0.6＝60 位，女工部分抽取 100×0.4＝40 位，其次在男女工人中，利用简单随机抽样分别抽出 60 人、40 人，这 100 人便构成我们要的样本。

（4）整群抽样（Cluster Sampling）

抽样的单位不是个体，而是成群的个体。它是从总体中随机抽取一些小的群体（例如，按照公司，社区，街道等为单位抽取），然后由所抽出的若干个小群体内的所有元素构成调查的样本。对小群体的抽取可采用简单随机抽样、系统抽样和分层抽样的方法。

之所以要用到整群抽样，是因为无法获得总体的抽样框。例如要对某个社区抽样调查时，无法获得社区内每个人的信息，这时就可以以家庭为单位进行整群抽样（可以随机抽取居民住宅进行调查，如抽取 12 栋 3 单元 5 号），然后对于被抽中的家庭中的每个个体进行调查。

整群抽样要求已知子群中每个个体的情况，每个个体的信息比较容易集中获取。因为要对子群的每个个体进行调查，所以通常每组的个体不宜太多。

这样抽样的优点是：简便易行、节省费用，特别是在总体抽样框难以确定的情况下非常适合。它的缺点是：样本分布比较集中、代表性相对较差。

分层抽样与整群抽样的区别在于：分层抽样要求各子群体之间的差异较大，而子群体内部差异较小；整群抽样要求各子群体之间的差异较小，而子群体内部的差异性很大。如果子群内部差异也小，但是又只能进行整群抽样（无法获得每个个人的信息），可以一方面增大抽取的子群体数；另一方面对于每个子群体而言，由于内部差异小，可以不用调查该子群里的每个个体。这种调查方法，就是多阶段抽样。

（5）多阶段抽样（Multistage Sampling）

按照元素的关系，把抽样过程分为几个阶段进行。适用于总体规模特别大，或者总体分布的范围特别广的情况。例如：调查西安市常住居民的着装色彩偏好，第一阶段，先按照区进行抽样，第二阶段，对每个被抽中的区，再按照街道抽样，列出被抽中的各个区的街道名称，从该列表中随机抽取一些街道。第三阶段，对每个被抽中的街道，列出所有的社区，抽出一些社区。第四阶段，对抽中的每个社区按顺序登记所有的住户，根据住户清单，再进行住户抽样。要考虑各个抽样阶段子群的同质程度及人数比例，非比例抽样要进行加权处理。

实际上，前面介绍的分层抽样和整群抽样都是多阶段抽样的特例。对于二阶段抽样，如果在第一阶段的样本量为全体，那么就是分层抽样；如果在第二阶段的各个子群体样本量为该子群体的全体，就是整群抽样。

该方法的缺陷是：每阶段抽样时都会产生误差，例如，抽取的街道在居住情况上可能有很大差异，有些街道可能是居民聚居地，有些可能是工厂、商业聚集地。因此尽量在第一阶段增加样本数量，适当减少最后阶段的样本数量，来减少随机误差的影响。之所以要尽量增加第一阶段的样本数量，是因为第一阶段的样本量对调查的精确度影响最大。实际上，如果第一阶段的样本量为所有子群，那么抽样就变成了分层抽样。如果第一阶段的样本量为 1，那么除非抽中的子群和需要调查的全体的特质一样，否则误差会非常大，从社会统计的角度说，可以说是没有效度。例如，要调查西安市市民对颜色的喜好，结果在第一阶段只抽取了碑林区（有不少城中村），那么在后面几阶段中，样本量再大，结果都存在偏误。相反，如果在第一阶段就抽取了西安市的所有区，那么就算是在以下几阶段样本量少一些，也仅仅是精度不够而已。以上是定性分析。关于样本量的定量分析，在本节第三部分中有详细叙述。

2. 非概率抽样（Nonprobability Sampling）

非概率抽样不是按照概率原则，而是根据人们的主观经验或其他条件来抽取样本。常用于探索性研究。虽然不如概率抽样那么严格，但却是调查中比较实际、可行的方法。常用的非概率抽样方法有：就近抽样、判断式（或目标式）抽样、滚雪球抽样、配额抽样等。在用户调查的初期，进行用户访谈主要采取这些方法，根据调查目的确定调查对象，例如：对手机的新手用户、普通用户、专家用户进行定义后，寻找合适的用户调查，这就属于目标式抽样。当缺乏调查经验时，可从周围的熟人圈开始调查，这就属于就近抽样。调查初期采用非概率抽样能够提高调查的效率，更有针对性，结果适合定性分析。但是结果推论时要格外小心，要讨论影响推论的各个因素，同时进行更大范围的概率抽样调查，通过数据定量分析验证结论。

（1）就近抽样

就近抽样是最简单和节省成本的办法。例如：到附近一些学生宿舍抽样，到最近的餐厅抽样，在街口拦住过往行人进行调查，在图书馆阅览室进行调查，利用报刊杂志向读者进行调查，对本班级的学生的调查；调查亲戚朋友熟人等等。这些调查都没有保证同类人群总体中的每一个成员都具有同等的被抽中的概率。那些最先被碰到的、最容易见到的、最方便找的对象被抽中的机会大。样本选取局限在很小的范围，不能代表总体情况。

（2）判断式抽样

判断式抽样（或目标式抽样）是指有目的的选择调查对象。例如，选择知情者，选择熟人亲友，在用户调查中只选择专家用户，只选择新手用户，选择一些观点差异悬殊的人作为调查对象。这样只能反映这个特定人群的情况。曾经有人调查表明，计算机的专家用户喜欢使用快捷键，而新手用户则不同。样本的代表性难以判断，不能推论。

什么时候适合采用这种方法？第一，为了使自己尽快成为专家用户。第二，研究特殊问题。第三，研究者的分析判断能力较强、研究方法与技术十分熟练、研究的经验比较丰富时，采用这种方法往往十分方便。

（3）滚雪球抽样

当我们无法了解总体情况时，总是先找个别人入手，对他们进行调查，向他们询问还知道哪些符合条件的人，进一步扩大调查的范围，这样可以找到越来越多具有相同性质的群体成员，直到能够比较全面了解到这个群体情况。

（4）配额抽样

配额抽样首先根据影响研究变量的各种因素对目标总体分类，找出不同特征的成员在总体中所占的比例（例如：男女比例、年龄层比例、教育程度比例，人口数比例等），采用这种抽样方法要求在抽样前对样本在总体中的分布有准确的了解。在实际情况中，很难做到随机抽样时，可以采用配额的方法"使得抽取的人口数量基本符合人口特征分布比例"，例如，在对西安市民色彩调查进行多阶段抽样的最后一个阶段，对每户（或个人）进行抽样时，理论上可以随机抽到每户，实际情况可能是没人在家，拒绝调查等等，此时已不能完全做到随机抽样，所抽到的样本人口特征不一定符合总体的人口特征分布，因此，可以通过配额抽样的方法补充数据，保证样本符合总体年龄－性别比例分布、受教育程度比例分布等。

关于人机界面设计中用户调查时的取样方法，可以查阅 J. Nielsen 的《可用性工程》（刘正捷等译，机械工业出版社，2004 年）。

三、如何确定抽样人数？

1. 简单随机抽样

下面分析两种情况下样本量的计算方法：

（1）无限总体，有放回的简单随机抽样

数学条件：总体无限大，有放回的简单随机抽样（就是抽出的样本在下一次抽取时放回待抽取的总体之中，仍然与其他未被抽中过的个体有同样的抽中概率）。

实际适用情况：通常情况下，当有限总体数量非常大时，例如全国性的人口普查，西安市居民调查（人口超过了 100 万）等，或者总体是动态变化的、数量持续增加时，我们把总体看成是无限总体。对无限总体采取有放回抽样可以得到简单随机样本。但是不便于实际操作，当总体 N 远大于样本量 n 时（一般取 $\frac{n}{N} \leqslant 0.1$），可以将不放回抽样近似看成是有放回抽样。

下面推导这种情况下样本量的计算公式：

设随机变量 Y 的总体服从正态分布 $Y \sim N(\mu, \sigma^2)$，总体方差 σ^2 已知时，从总体中抽取简单随机样本 $y_1, y_2, \cdots, y_n$，总体均值 μ 的估计量为

$$\hat{\mu} = \bar{y} = \frac{1}{n} \sum_{i=1}^{n} y_i \qquad 1-19-1$$

可以证明，样本均值 $\bar{y}$ 是总体均值 μ 的无偏估计。构造函数

$$U = \frac{\sqrt{n}\,(\bar{y}-\mu)}{\sigma} \sim N(0, 1) \qquad 1-19-2$$

什么是无偏估计？设 $y_1, y_2, \cdots\cdots, y_n$ 为总体 Y 的一个样本容量为 n 样本，θ 为总体分布中的未知参数，Θ 是 θ 的取值范围，若估计量 $\hat{\theta} = \hat{\theta}(X_1, X_2, \cdots, X_n)$ 的数学期望 $E(\hat{\theta})$ 存在，且对于任意 $\theta \in \Theta$ 有 $E(\hat{\theta}) = \theta$，则称 $\hat{\theta}$ 是 θ 的无偏估计量。例如，σ^2 是总体方差，s^2 是样本方差，用样本方差来估计总体方差，我们可以得出，$E(s^2) = \sigma^2$（推导过程可参考数、理统计相关书籍），所以样本方差 s^2 是总体方差 σ^2 的无偏估计。其含义是用样本方差去估计总体方差时，或存在正偏差或存在负偏差，但在多次重复抽取样本时，正负偏差相互抵消，样本方差的理论均值等于总体方差，也就是说只存在抽样误差，不存在系统误差。

假设置信度水平为 $1-\alpha$，总体均值 μ 的置信区间为：

$$\left(\bar{y} - \frac{\sigma}{\sqrt{n}}\, t_{\alpha/2},\ \bar{y} + \frac{\sigma}{\sqrt{n}}\, t_{\alpha/2} \right) \qquad 1-19-3$$

其中：

σ^2 是总体方差（其定义是每个个体与总体平均值的偏差平方的平均数）；

$$\sigma^2 = \frac{1}{N} \sum_{i=1}^{N} (y_i - \bar{y})^2 \qquad 1-19-4$$

$t_{\alpha/2}$ 是标准正态分布在特定置信度水平对应的上侧分位数，每一个置信度水平对应一个

$t_{\alpha/2}$ 值，下文中简写成 t；

n 为抽样样本数量；

置信区间长度用 L 表示，即 $L = 2t\sigma/\sqrt{n}$；用 d 表示估计误差，为置信区间长度的一半，即 $d = L/2$。由此可以推导出当总体方差已知时，符合正态分布的简单随机抽样，样本量的计算公式是：

$$n = \frac{t^2 \sigma^2}{d^2} \qquad\qquad 1-19-5$$

这样，确定 d，t，σ 的值，就可以求得抽样人数 n。下面我们来看看在实际调查中 d，t，σ 的值是如何确定的？

第一，d 为估计误差，是我们设定的调查精度。也就是说，对于总体方差为 σ^2，大小为 n 的被调查样本，我们估计总体均值有 $1 - \alpha$ 的可能性落在样本均值的 $\pm d$ 的范围内。例如，我们抽取样本的年龄平均值为 36.9 岁，我们估计总体年龄的均值可能会落在 36.9 ± 0.5 岁范围内，这里的置信区间长度就是 $L = 0.5 - (-0.5) = 1$ 岁。因此估计误差 $d = L/2 = 1/2 = 0.5$。

第二，我们要设定一个置信度水平 $(1 - \alpha)$。通常置信度水平取 95%，99%，99.9%，它表示因抽样误差使得总体均值落在置信区间之外的概率。我们确定了置信度水平，查表即可得到对应的 t 值（表 1 - 19 - 1）。

标准正态分布常用上侧分位数表　　　　　　　　　　　　　表 1 - 19 - 1

$\alpha/2$	0.10	0.05	0.025	0.01	0.005	0.001
t	1.2816	1.6449	1.960	2.3263	2.5758	3.0902

第三，在实际调查中，总体方差 σ^2 一般来说是不可知的（因为我们无法得知每个个体的情况），因此我们要使用样本方差 s^2 这一统计量：

$$s^2 = \frac{1}{n-1} \sum_{i=1}^{n} (y_i - \bar{y})^2 \qquad\qquad 1-19-6$$

我们用样本方差来近似总体方差。当样本量 $n \geqslant 30$ 时，可以证明，样本方差 s^2 是总体方差 σ^2 的无偏估计。以 s^2 替换式（1 - 19 - 2）中的 σ^2，构造函数

$$T = \frac{\sqrt{n}\ (\bar{y} - \mu)}{s} \sim t\ (n-1) \qquad\qquad 1-19-7$$

因此，在置信度水平为 $1 - \alpha$ 时，总体均值 μ 的置信区间为：

$$\left(\bar{y} - \frac{s}{\sqrt{n}} t_{\alpha/2}\ (n-1),\ \bar{y} + \frac{s}{\sqrt{n}} t_{\alpha/2}\ (n-1) \right) \qquad\qquad 1-19-8$$

其中，$t_{\alpha/2}\ (n-1)$ 是 t 分布在特定置信度水平对应的上侧分位数（表 1 - 19 - 2）。

$n = 46$ 时，t 分布的上侧分位数表　　　　　　　　　　　表 1 - 19 - 2

$\alpha/2$	0.10	0.05	0.025	0.01	0.005
$t\ (n-1)$	1.3006	1.6794	2.0141	2.4121	2.6896

比较表 19 - 1 - 1 和表 19 - 1 - 2 可以看出，当 n 大于 45 时，t 分布曲线与正态分布曲线形状类似，我们可以直接用正态分布的上侧分位数来计算。此时，样本数量的计算公式为：

$$n = \frac{t^2 s^2}{d^2} \qquad\qquad 1 - 19 - 9$$

对于数值变量（例如年龄），我们可以直接用式 1 - 19 - 6 计算样本方差 s^2。而在社会学和心理学调查中，我们往往调查的是定类变量，例如"喜好颜色的态度"（是否喜好某个颜色。例如：是否喜欢红色）。如果回答"是"（喜好红色），设该分类变量取值为 1。如果回答"否"（不喜好红色），该分类变量取值为 0。此时，我们称这个变量服从（0—1）分布。

用数学语言来描述：对于一个随机试验，设随机变量 Y，如果试验结果 e 符合某个特征 e_1，则 $Y = 1$；否则 $Y = 0$，

$$Y = Y\ (e)\ = \begin{cases} 1, & \text{当 } e = e_1 \\ 0, & \text{当 } e \neq e_1 \end{cases} \qquad\qquad 1 - 19 - 10$$

则称 Y 服从（0 - 1）分布。设由变量 Y 构成的总体中有 N 个单元，可划分为 C 和 C' 两类，C 类单元数目为 A，C' 类单元数目为 A'。C 类单元占总体的比例 P 定义为

$$P = \frac{A}{N} \qquad\qquad 1 - 19 - 11$$

此时的样本方差

$$s^2 = \frac{n}{n-1} P\ (1-P) \qquad\qquad 1 - 19 - 12$$

当 $n \geqslant 30$ 时，s^2 近似等于 $P\ (1-P)$，代入式（1 - 19 - 9），即得到

$$n = \frac{t^2 P\ (1-P)}{d^2} \qquad\qquad 1 - 19 - 13$$

当 α，d，P 取不同值时，抽样人数 n 对应的取值见表 1 - 19 - 3 所列。

α，d，P 取不同值时，对应的 n 值比较 表 1 - 19 - 3

置信度水平 95%（$\alpha = 0.05$）	$t = 1.96$	$d = 0.10$	$d = 0.05$	$d = 0.04$	$d = 0.03$	$d = 0.02$	$d = 0.01$
当 $P = 0.5$ 时，n 取最大值		$n = 96$	$n = 384$	$n = 600$	$n = 1067$	$n = 2401$	$n = 9604$
当 $P = 0.1$（或 0.9）时		$n = 35$	$n = 138$	$n = 216$	$n = 384$	$n = 864$	$n = 3457$
置信度水平 99%（$\alpha = 0.01$）	$t = 2.58$	$d = 0.10$	$d = 0.05$	$d = 0.04$	$d = 0.03$	$d = 0.02$	$d = 0.01$
当 $P = 0.5$ 时，n 取最大值		$n = 166$	$n = 666$	$n = 1040$	$n = 1849$	$n = 4160$	$n = 16641$

而事实上，在确定抽样人数之前，样本方差也是未知的。通常采用两种办法，一种是利用以往类似研究数据，作为近似替代值，而像我们做的色彩调查等以往基本无数据可借鉴；另一种方法是先做小样本量（$n \geqslant 30$）的试调查，用试调查抽样的方差作为近似值，求出抽样人数 n_1；按照 n_1 进行第二次调查，得到样本方差，再次求出抽样人数 n_2；比较 n_1、n_2，如果 $n_1 > n_2$，则按照 n_1 抽样，如果 $n_1 < n_2$，则独立抽取 $n_2 - n_1$ 数量的样本调查，得到的结果与第二次调查（n_1）的结果合并，求出此时的样本方差，再次计算抽样人数 n_3；以此类推。

在抽样调查中，如果我们多次抽取样本量为 n（$n \geq 30$）的不同样本，每一次得到的样本均值都会有所不同，但会在一定范围内波动，它是服从某一分布的随机变量。例如，从西安市常住人口这个总体中，从年龄段为 10 到 11 岁的人中抽样 593 人，一共抽取 20 次，得到的年龄均值为 10.7 岁，10.8，10.6，10.7，……。这些平均年龄组成一个分布函数，这个函数就被称为抽样本均值分布函数 F（t）。当每次抽取样本数大于 30 人时，这个分布函数符合正态分布，我们很关心这个分布函数的方差，因为实际中使用样本均值方差（记作 V（$\bar{y}$））来表示调查的精度更为方便。可以得出

$$V（\bar{y}）=\frac{\sigma^2}{n} \qquad\qquad 1-19-14$$

样本均值方差的含义是，多次重复抽取样本数为 n（$n \geq 30$）的样本，对得到的样本均值求其方差。这是一个用来描述样本均值变异情况的指标，用来衡量用样本均值估计总体均值时抽样误差的大小。实际上，样本均值方差的真实值跟总体方差一样是不可知的（通常情况下抽样只进行一次），我们只能通过一个估计量来近似计算。样本均值方差的无偏估计量是

$$v（\bar{y}）=\frac{s^2}{n} \qquad\qquad 1-19-15$$

（2）有限总体，无放回的简单随机抽样

数学条件：有限总体，无放回的简单随机抽样（就是抽出的样本在下一次抽取时不放回待抽取的总体之中）。

实际适用情况：总体数量较小，例如：对某个学校全体学生的抽样；只能采取无放回抽样，例如：对某种产品的破坏性检验；对于有限总体采取有放回抽样，当总体 N 远大于样本量 n 时（一般取 $\frac{n}{N} \leq 0.1$），可以将不放回抽样近似看成是有放回抽样。

下面我们使用样本均值方差这一统计量来推导这种情况下样本量的计算公式。

总体均值 $\bar{Y}$ 的估计量为：

$$\hat{\bar{Y}}=\bar{y}=\frac{1}{n}\sum_{i=1}^{n}y_i \qquad\qquad 1-19-16$$

可以证明，样本均值 $\bar{y}$ 是总体均值 $\bar{Y}$ 的无偏估计。

样本均值方差

$$V（\hat{\bar{Y}}）=V（\bar{y}）=\frac{S^2}{n}\left(1-\frac{n}{N}\right) \qquad\qquad 1-19-17$$

式（1-19-17）中

$$S^2=\frac{1}{N-1}\sum_{i=1}^{N}（y_i-\bar{Y}）^2 \qquad\qquad 1-19-18$$

可以证明，s^2（见式（1-19-6））是 S^2 的无偏估计量，因而样本均值方差的无偏估计为：

$$v（\hat{\bar{Y}}）=v（\bar{y}）=\frac{s^2}{n}\left(1-\frac{n}{N}\right) \qquad\qquad 1-19-19$$

当 $n \geq 30$ 时，样本均值的分布函数近似服从正态分布，由 $d=t\sqrt{V（\bar{y}）}$，我们可以推导出

$$n=\frac{t^2Ns^2}{d^2N+t^2s^2} \qquad\qquad 1-19-20$$

式中：

N 为被调查人数的总体数量，例如，西安市的常住人口总数。

t 是抽样样本均值分布函数 $F(t)$ 在特定置信度水平上的分位数。当 n 比较小时，采用 "t 分布" 的上侧分位数 t。当 $n \geqslant 30$ 时，t 分布趋近标准正态分布，因此从标准正态分布分位数表中查取 t。

s^2 为样本方差。

d 为我们设定的估计误差，为置信区间长度的一半。

（3）两个公式的比较

式（1-19-20）要求的数学条件是有限总体，简单随机不放回抽样。此公式中出现了 N，是指计算抽样数量 n 时不可忽略 N 的影响。当 N 很大时，此公式覆盖了式（1-19-9），也就是说在满足一定条件时，式（1-19-20）可以化简为式（1-19-9）。下面推导这个转化条件。

如果把式（1-19-20）的右侧分子分母都除以 Nd^2，该分数的值不变：

$$n = \frac{t^2 N s^2 / N d^2}{[d^2 N + t^2 s^2]/Nd^2} = \frac{t^2 s^2 / d^2}{1 + t^2 s^2 / Nd^2} \qquad 1-19-21$$

令 $n_0 = t^2 s^2 / d^2$，此时的 n_0 就是式（1-19-9），可以得到

$$n = \frac{n_0}{1 + \dfrac{n_0}{N}} \qquad 1-19-22$$

当 n_0 远小于 N 时（一般取 $\dfrac{n_0}{N} < 0.01$ 时），$\dfrac{n_0}{N}$ 可以忽略，此时式（1-19-20）就简化成为式（1-19-9）了。

现在讨论式（1-19-22）：第一，我们可以先求出 n_0，n_0 的大小取决于我们设定的置信度水平、估计误差以及样本方差。当 $\dfrac{n_0}{N} \geqslant 0.01$ 时，这意味着总体不够大，要考虑总体数量对样本量的影响，样本量要按照式（1-19-20）计算；当 $\dfrac{n_0}{N} < 0.01$ 时，这意味着，当总体 N 大于一定数量时，取样就可以被认为与 N 无直接关系了。可以不考虑 N 对取样的影响。既然取样数量与 N 无关，那么取样 n 就与 N 的变化无关。样本量可直接按式（1-19-9）计算。所以式（1-19-9）适用于总体 N 很大，样本均值分布函数服从正态分布的情况。

例如：调查西安市人口的年龄，如果已知 $\sigma = 10.7$，设 $L = 2$，$d = L/2 = 1$，置信度水平为 95%，则 $t = 1.96$，可得到 $n_0 = 440$，令 $\dfrac{n_0}{N} < 0.01$，则 $N > 440/0.01 = 44000$ 人。当被调查人口总量 N 大于 4.4 万人时，就可以采用式（1-19-9）了。而实际上西安市人口总体数量超过 1 百万人口，因此式（1-19-20）可以被近似简化成为式（1-19-9），这样上述两种计算抽样的公式才是等价的。

第二，当 $n \geqslant 30$ 时，样本趋近正态分布，这意味着可以直接采用正态分布的参数；当 $n < 30$ 时，要求总体方差符合正态分布并已知总体方差，或者采用 t 分布的参数计算，查表 19-1-1 和表 19-1-2 可以看出，当置信度水平为 99%，n 大于 45 时，t 分布下的 $t = 2.6896$，而正态分布下的 $t = 2.5758$。采用两个值分别计算得到的 n 值相对误差不超过 1.1%（表 1-19-4）。

式（1–19–9）和式（1–19–20）比较　　　　　　表 1–19–4

抽样方法	测量平均数	使用本公式的条件
有放回抽样	$n = \dfrac{t^2 s^2}{d^2}$	总体为无限总体或者被调查总体足够大（实际调查中要根据具体情况确定总体多大时，才适合使用该公式），有放回的简单随机抽样（就是抽出的样本在下一次抽取时放回待抽取的总体之中，仍然与其他未被抽中过的个体有同样的抽中几率）
无放回抽样	$n = \dfrac{t^2 N s^2}{d^2 N + t^2 s^2}$	有限总体，无放回简单随机抽样（就是抽出的样本在下一次抽取时不放回待抽取的总体之中）当 $N \gg t^2 s^2 / d^2$（一般取 $\dfrac{n_0}{N} < 0.01$）时，使用两个公式结果一致。可以等价地使用第一个公式，N 的具体大小需要根据 d、t 和 σ 的大小来决定

2. 分层抽样

采用分层抽样，是为了减少样本量。因为如果抽样的各层内部同质性很强，那么各层的方差 σ^2 会很小（实际上，σ 就是样本同质性的数学表达），由于各层内部的抽样仍然采用简单随机抽样或系统抽样，所以可以由简单随机抽样公式各层的样本量，其中 t 和 d 都是人为设定的，σ 就成为了惟一决定 n 的变量，而且 n 同 σ 的平方成正比，这意味着 σ 对 n 的影响很大，也就是说，各层的同质性对于样本量的影响很大。

下面举一种极端的情况来说明，例如，调查"是否喜欢白色"，我们需要得到的是喜欢白色的人数占总人数的百分比 P，假设总体的标准差 $\sigma = 0$，这意味着所有的人都有同样的选择：或者都选"是"或者都选"否"。这种情况下，只需要随机调查任何一个个体（这是一个样本量 n 为 1 的样本），就可以知道 P 的精确值，如果被抽取的人选"是"，就说明所有的人都会选"是"，则 $P = 100\%$，如果被抽取的人选"否"，就说明所有的人都会选"否"，则 $P = 0\%$。从社会统计的角度说，$\sigma = 0$ 代表人群的同质性非常强。反之，当人群同质性不强的时候，比如，会有一半人选"是"，而另一半选"否"，可以算出这个时候 $\sigma^2 = P(1-P) = 0.5 \times 0.5 = 0.25$，那么就必须有更多的样本量来保证统计结果足够精确。所以，方差实际上代表了人群的同质性。这也说明了为什么社会调查中采用分群调查可以减少样本量或者增加精度。例如，对于一个只有一半人选"是"的人群，我们只要能精确的把他们分成两层，其中的一群人都选"是"，而另一群人都选"否"，则这两层人的方差 σ^2 都为 0。那么只要在这两群人各抽出一个个体，就可以知道整个人群的状态。如果不分层，只抽取两个个体，就只会有 50% 的几率得到正确的结果。

对于分类变量，如果按分层抽样，仍然可以采用简单随机抽样公式来计算，此时的总体方差为 $\sigma^2 = \dfrac{\sum N_h P_h \sum N_h (1 - P_h)}{N^2}$，$h$ 表示层数；其中 N 为总体数量；N_h 为每层的总人数；P_h 为每层中该变量取值为 1 的人数百分比。我们可以看出，如果各层的 P_h 值相等，即等于简单随机抽样公式。实际上，P_h 是未知的，同样可先采用前面介绍的试调查的方法，或者按照保守估计（当 $P_h = 0.5$ 时，$P_h(1 - P_h)$ 达到最大值 0.25），求出抽样人数。

3. 多阶段抽样

对于普通二阶段抽样，样本均值的方差计算公式（金勇进著，《抽样技术》，中国人民大学出版社，北京，2006.6）如下：

$$v\ (\bar{\bar{y}})\ = \frac{1-f_1}{n}s_1^2 + \frac{f_1\ (1-f_2)}{nm}s_2^2 \qquad\qquad 1-19-23$$

其中，$f_1 = \frac{n}{N}$，$f_2 = \frac{m}{M}$；n 为第一阶段样本量，N 为第一阶段的总体数量；m 为第二阶段样本量，M 为第二阶段的总体数量；s_1^2 表示第一阶段抽样数据的方差，s_2^2 表示第二阶段抽样数据的方差。从式（1-19-23）可以看出，s_2^2 对于样本均值的方差 $v\ (\bar{\bar{y}})$ 的影响比 s_1^2 小得多。因此，在多阶段抽样中，第一阶段样本单元的方差对于最后结果影响最大。同样可以看到，m 对于样本均值的方差 $v\ (\bar{\bar{y}})$ 的影响比 n 小得多，也就是说，第一段抽样样本量对于精确度的影响最大。因此，在多阶段抽样调查中，要尽量照顾第一阶段抽样，增大第一阶段的样本量。

采用多阶段抽样时，可根据简单随机抽样公式计算出样本量，再乘以设计效应 *deff* 得出最后的样本总量。设计效应 *deff* 的定义是"其他抽样方法的估计量的方差除以简单随机抽样的估计量的方差（样本量条件相同）的比值"，目的是为了比较不同抽样方法的效率。*deff* 是一个经验数据，根据案例资料显示，*deff* 的范围在 1.3~3 之间。（金勇进著，《抽样技术》，P183，中国人民大学出版社，北京，2006.6）。因为多阶段抽样的误差要比简单随机抽样大，因此要达到同样的精度需要更多的样本量，一般多阶段抽样要把抽样样本量增加到 2.0~2.5 倍。实际调查中，还要根据现有的资源和条件，比如可以获取到的样本框、调查人员、经费、时间等因素综合考虑设计多阶段的抽样方法以及确定各阶段的样本量。

通过上述办法确定样本量进行调查之后，可以再次计算修正调查的样本量，进行下一次调查。

如果我们采用三阶段抽样，例如分别抽取街道（n）、居委会（m）、住户（k）。在其他条件不变的情况下，我们只考虑调整第一阶段的样本量 n。这是因为在多阶段抽样中，第一阶段抽样对于结果的准确度影响最大。如果考虑各个阶段的样本量，计算会很反复。

我们先计算第一阶段抽取的第 i 个街道的平均值的估计量：

$$\hat{\bar{Y}}_i = \frac{1}{mk}\frac{1}{m}\sum_{j=1}^{m}\frac{1}{z_{ij}}\Big(\sum_{u=1}^{k}y_{iju}\Big) \qquad\qquad 1-19-24$$

再计算总体平均值的估计量：

$$\hat{\bar{Y}} = \frac{1}{nmk}\frac{1}{nm}\sum_{i=1}^{n}\frac{1}{z_i}\sum_{j=1}^{m}\frac{1}{z_{ij}}\sum_{u=1}^{k}y_{iju} \qquad\qquad 1-19-25$$

然后计算第一阶段各街道之间的方差：

$$s_1^2 = \frac{1}{n-1}\sum_{i=1}^{n}(\hat{\bar{Y}}_i - \hat{\bar{Y}})^2 \qquad\qquad 1-19-26$$

同样方法可以算出第二阶段各居委会之间的方差 s_2^2，第三阶段各住户之间的方差 s_3^2。

对于普通三阶段抽样，样本均值的方差计算公式如下：

$$v\ (\bar{\bar{y}})\ = \frac{1-f_1}{n}s_1^2 + \frac{f_1\ (1-f_2)}{nm}s_2^2 + \frac{f_1f_2\ (1-f_3)}{nmk}s_3^2 \qquad\qquad 1-19-27$$

其中，$f_1 = \frac{n}{N}$，$f_2 = \frac{m}{M}$，$f_3 = \frac{k}{K}$，n 为第一阶段样本量，N 为第一阶段的总体数量；m 为第二阶段样本量，M 为第二阶段的总体数量；k 为第三阶段样本量，K 为第三阶段总体数量。计算第一阶段样本量时，不改变 m，k，将前一次调查得到的 s_1^2，s_2^2，s_3^2 代入式（1-19-27）

中，由 $v(\bar{y}) = \dfrac{d^2}{t^2}$，最后可以得到第一阶段需要抽取的街道样本数量 n。如果 n 大于前一次调查抽取的街道数量 n_0，需要增加 $n - n_0$ 条街道补充调查。

第二十节　抽样举例

一、西安市居民颜色偏好问卷调查

调查目的：色彩调查是为了让设计者了解我国人民对各种颜色的喜好分布是什么，分析在一个产品上各种颜色和哪些心理因素有关。本次调查的目的是，通过调查，统计分析调查数据，建立人们在产品和服装色彩喜好方面的心理模式，作为未来相关设计的依据。包括：（1）人们对各颜色喜好的分布；在各种产品和服装上颜色喜好的分布。（2）通过相关分析，分析与人们对颜色喜好相关的因素，并试图从调查中发现其他影响因素。

调查范围：本次调查以西安市常住居民（根据第五次人口普查规定：常住人口由居住半年以上的外来流动人口和户籍人口两部分组成）作为调查对象。为了减少调查成本和时间，本次调查范围包括西安市内的 6 个区：碑林区、雁塔区、莲湖区、新城区、未央区、灞桥区；并没有调查西安远郊的 4 县 3 区（西安市现辖 9 区 4 县，人口 725 万，我们调查的这 6 个区人口 360 万）。调查对象的年龄范围从 18～60 岁。

调查前的准备：

（1）讨论分析：人们对颜色的基本喜好与哪些因素相关？人们对产品、服装颜色的喜好与哪些因素有关？选择哪些产品进行调查？

笔者认为人们对颜色的基本喜好的相关因素和他们对服装、产品颜色的喜好的相关因素并不完全相同。与颜色基本喜好相关的因素包括：年龄、性别、性格、职业、受教育程度、地域、经历、价值观念（信仰、追求、态度）、不同文化下颜色的象征意义等；对服装颜色喜好的相关因素还包括：服装的款式、面料、搭配、季节、穿着场合、角色期待等；对产品颜色喜好的影响因素在不同产品上都不同，包括：使用环境、材料、颜色表现产品的结构、使用时的感知、认知、情绪感受、使用经验、使用目的等。

经过讨论，笔者认为选择调查产品的原则是：选择人们熟悉的产品，被调查者对该类产品有比较深入的了解；受颜色影响较大的产品，被调查者在选择某种产品时，颜色是一个比较关键的影响因素；新概念产品，例如数字产品，被调查者对此不熟悉，调查他们对产品的心理感受期待，而不是直接调查喜欢什么颜色。同时考虑到问卷要便于作答、统计，本次调查选择的调查对象包括：服装、鞋、家电、家具、交通工具、公共设施等。

本次问卷调查中涉及的定量分析的因素有：年龄、性别、职业、受教育程度、血型、地域；其他影响因素本次调查仅做定性分析，在以后的产品和服装专题调查中再详细分析。

（2）量化调查因素：例如"您喜欢什么颜色？"这个问题如何转化成为统计变量？调查者可以把这个问题分解成对具体颜色喜好的多个变量，诸如：是否喜欢红色/蓝色/白色/绿色/……，对每个变量来说，如果选择"是"，设此变量的取值为 1；反之取 0。每个变量都是一个服从（0—1）分布的定类变量。如果被调查者喜好的颜色是红色，那么对于变量"对红色的态度"取值为 1，而其他变量取值为 0。

考虑到被调查者描述的颜色不便于统计分类。我们在调查中给被调查者提供了色卡，包含 12 个色相、每种颜色从深到浅分为 4 个等级，另外白色到黑色分为 5 个等级，共 53 种颜色选项。请被调查者先描述是什么颜色，再让被调查者从色卡中选出与其描述最接近的颜色。提供色卡的目的是为了使调查者统计时统一标准（评价人一致性信度），并验证被调查者之间的一致性信度和前后一致性信度。例如：同样都描述的是"红色"，有的人在色卡中选的红色偏深，有的人选的偏浅，通过色卡统计更准确；有些被调查者先后回答不一致，描述的是"白色"，在色卡中选择的却是浅粉色、浅黄色，此时要进一步确认其选择。

实际调查时还可能遇到一些情况，对调查结果的精度会有一定影响。例如，被调查者喜欢的个别颜色，我们的色卡没有列出，因此要先进行试调查，听取被调查者的反馈意见，色卡的颜色不易太多或太少，太多时统计结果过于分散，太少则包含颜色不全；有时可能由于印刷质量不良，色卡颜色存在细微差别，这种情况我们应尽量避免；如果调查是在晚上，由于环境灯光颜色影响，所看到的颜色与自然光下的略有差别，这种情况也应尽量避免，尽量选择在自然光线下调查；颜色跟材质、表面肌理、光泽等都有关，例如银色、木材色、透明色等，色卡无法表现这些效果。此时最好让被调查者举例描述，可以对被调查者感兴趣的个别问题进行深入访谈。

设计抽样方法：设计抽样方法时，我们主要考虑的因素有：调查受哪些因素影响，数学抽样方法的实施条件和实际调查实施的可行性（人力、物力、经费、现有条件等）。从数学角度讲，概率样本能更好的代表总体，并且能够估计抽样误差。我们希望样本反映西安市的总体情况，所以首先考虑采取概率抽样。概率抽样可实际操作，要求样本中每个个体被抽中的概率是已知的，即必须有一个明确的抽样框（调查总体所有元素名单），同时要求抽样框容易获取，并且是最新的和完整的。事实上，我们无法获得西安市所有居民的名单（姓名、住址），但我们可以获得的相对较完整的抽样框是西安市人口普查统计资料，其中包括西安市所有街道（行政单位名称为街道办事处，镇/乡为同级单位，以下均简称街道）的名单及各街道的户数、人数和男女比例，每个街道下属的所有居委会（村委会为同级单位，以下均简称居委会）的名单及各居委会的户数、人数和男女比例（详见《陕西省西安市 2000 年人口普查资料》，陕西省第五次人口普查办公室编辑，中国统计出版社，2002，11）；在每个居委会中我们可以获得所有住户（门牌号）的名单。因此，我们采用多阶段抽样方法。由于阶段抽样方法每个阶段都会有抽样误差，级数越多误差越大。为了减少抽样误差，尽量较少抽样的级数，假设每个群中元素的内部同质性高而群与群之间的差异性大，尽量增大群的样本量，从而减少群中元素的样本量。最终本次调查采用二阶段抽样：第一阶段，因此先按照各个区的户从西安市 6 个区所有居（村）委会名单中抽取一些居委会；第二阶段，获得抽中的每个居委会中所有住户（门牌号）的名单，从中抽取一些住户。由于不同社区的住户数不同，因此每个居（村）委会被抽中的概率也应该不同，故在抽取居委会时采用 PPS 抽样（Sampling with Probability Proportion to Size，有放回的与单元规模大小成比例的概率抽样，也叫做不等概率抽样）。

结合本次调查具体介绍一下 PPS 不等概率抽样。在抽取居（村）委会的时候，例如一共有 4 个居（村）委会，分别有 100 户、200 户、500 户、200 户。如果要从中抽取一个居（村）委会，显然这 4 个被抽中的概率是不同，他们的概率分别是 10%、20%、50%、20%。用数学的语言描述就是，对总体中的 N 个单元进行有放回的，独立进行 n 次抽样，设 Z_1、Z_2、…、Z_N 分别是各个单元被抽中的概率，抽中第 i 个单元的概率为 Z_i，那么 $\sum_{i=1}^{N} Z_i = 1$。如果每个单元中包含的子单元为 M_i，则 $Z_i = M_i / \sum_{i=1}^{N} M_i$。操作方法是：可以做十个小纸条，每个小纸条分别写 1、2、3、…、9、10（或在计算机中按 1~10 的序号列表，其中 1 号代表第一个居委会，2~3 代表第二个居委会，4~8 号代表第三个居委会，9~10 号代表第四个居委会）。随机抽取一个小纸条，如果是 1，那么表示第一个居委会被选中。如果是 2 或 3，那么表示第二个居委会被选中。如果是 4~8 中任意一个数，那么表示第三个居委会被选中，如果是 9、10，那么第四个居委会被选中。可以看到，1 出现的概率就是 10%，而 2 或 3 两个数出现的概率就是 20% 了，从 4~8 一共 5 个数，那么概率就是 50%。

确定样本量：

（1）初步计算样本总量：先根据简单随机抽样公式计算出样本量，此时按照样本方差最大来估计抽样人数，即当 $P = 0.5$ 时（P 为喜欢某种颜色的人数占抽样总人数的百分比），样本方差 $P(1-P)$ 达到最大值 0.25。设本次调查的置信度水平 95%，估计误差 $d = \pm5\%$，可直接用式（1-19-13）计算得到 $n = 384$ 人。因为多阶段抽样的误差要比简单随机抽样大，因此要达到同样的精度需要更多的样本量，一般多阶段抽样要把样本量增加到 2.0~2.5 倍，这里取增大 2.5 倍，最后确定调查的样本总量为 $2.5 \times 384 = 960$ 人。

（2）分配各阶段样本量：本次调查采取二阶段抽样。第一阶段，进行居委会抽样；第二阶段，进行住户抽样。由于第一阶段对于精度影响最大，所以尽量增大第一阶段的样本，在第一阶段抽取 240 个居委会，第二阶段每个被抽到的居委会中，抽取 4 个人。本次调查共有 52 位调查员，为了方便对调查员进行管理，以西安市的区为单位分层，每个调查小组负责一个区，按照每个区的住户数量的比例来配额，使得各区抽取的居委会数量比例符合各区人数的比例，最后确定雁塔区抽取 53 个居委会，新城区抽取 35 个居委会，未央区抽取 31 个居委会，莲湖区抽取 42 个居委会，碑林区抽取 46 个居委会，灞桥区抽取 33 个居委会。

这样抽样虽然比较简单方便，但存在的不足是，每个居委会的人数都不同，如果每个居委会都按照 4 人抽取，人数少的居委会的居民被抽中的概率就大于人数多的居委会。改进的办法是，根据被抽中的居委会居民人数比例决定每个居委会要抽取的人数。

抽样调查实施过程：第一阶段抽样，列出西安市 6 个区所有居委会的名单，按 PPS 抽样方法抽取 240 个居委会；第二阶段对居民进行抽样时，采取两轮调查：第一轮，我们首先采取以户为单位的随机抽样入户调查，这样做的原因有两点：第一，无法获得居委会中每个居民的名单，但是可以获得住户门牌号的列表；第二，调查中最困难的一步是说服某一户人家接受调查，因此一旦有一户人家愿意接受调查，那么最好从一户中尽量多地获取样本量。虽然这样做某种程度上降低了调查的工作量，但是有可能造成抽样误差。一家人对颜色喜好可能相互受影响，使得一家人的同质性较高，而不同家庭之间的差异性较大。同时，实际调查中，一般一户人家很难所有人愿意接受调查，基本上每户被调查的人数在 1~2 人，基于这两方面考虑，本次调查要求每户人家被调查者不得超过 2 人。此时的样本量尚未达到计算的总样本量。完成第一轮入户调查之后，对年龄、性别、受教育程度等个人信息进行统计，检查是否符合西安市总体分布（表 1-20-1 和表 1-20-2），对缺少的部分进行补充配额抽样。由于配额抽样属于非随机抽样，为了使调查顺利进行，让被调查者容易接受调查，建议第二轮调查在居民区内或者居民区附近的公园、广场、菜市场、居民健身场地、社区服务站等地邀请路人调查，同时要确认受邀请的路人居住在目标社区之内，同时符合需要配额的人口特征要求。根据调查的具体情况，还可能要求调查人口数据符合职业比例和收入比例等，本次调查未涉及。

西安常住人口各年龄段抽样人数（每100人）　　　表1-20-1

年龄段	男	女	年龄段	男	女
20~29	16 人	14 人	40~49	13 人	12 人
30~39	16 人	15 人	50~59	7 人	7 人

各学历抽样人数（每100人）　　　表1-20-2

学历	人数	学历	人数
大学	12	小学	25
高中	22	文盲	3
初中	38		

这里存在一个问题：补充配额抽样时，如何确定按照什么因素进行配额？是按照人口的统计特征？还是按照影响色彩偏好的因素进行配额？正确的做法应该是对各种影响色彩偏好的因素分布进行配额，例如地域、收入、受教育程度、职业、血型、性格特征等因素共同配额。而鉴于诸如职业、性格特征这样的因素应该根据色彩偏好的特性来划分，没有可以参考的数据比例，准备工作要从对被调查人群按颜色喜好进行聚类，划定比例开始，本次调查的一个目的也是为了找到相关的影响因素，建立各种因素的人群比例，作为今后调查的抽样配额依据。也可以参考已有的资料或者根据现有的理论，按照基本人口特征聚类，得到关于性格特征的比例数据，然后对各个因素进行配额。

实际调查中遇到的问题及解决方案：

（1）我们在前期获取总体抽样框时就遇到了困难，首先让各个调查员去街道办或社区获得数据，但基本不成功，街道办的数据不完整或以各种理由推辞无法查询数据。我们又找到西安市统计局，但是目前只有2000年西安市人口普查的数据资料，这算是可以获得的比较完整的数据资料。而现今已隔6年，一些居委会已经不存在、或者拆迁、或者合并到了其他社区里，对于这种情况我们的处理办法是对于不存在或拆迁等造成无法调查时，将居委会剔除，从剩余的里面重新抽取一个居委会；如果合并到其他社区就在新社区中抽取。另外各居委会的人数上也存在一定误差，采用PPS非等概率抽样时各居委会被抽到的概率就存在误差，此情况还未作处理，建议采取的办法是对存在误差很大的居委会补充抽取住户。

（2）实际上，在现有的资源和环境下，在最后一阶段无法实现随机抽样。主要遇到的情况有：绝大多数居民对入户的戒备心理强，不愿沟通，愿意配合接受调查的人数实在不多；有些社区无法进入；调查虽然主要选择在双休日白天，考虑到大多数居民能在家中，但实际调查中很多在家的多为老人，导致年龄分布不均，而上班或外出的人很难调查到；调查进行到一半时由于其他意外情况而中断放弃，不得不重新抽样；等等；因此首先应摸清该地区居民生活习惯、文化层次、流动情况等，调查时要表明调查动机，消除别人的戒备心理等，这些都需要积累调查经验。对城内居民建议请居委会、社区服务人员配合。相比之下，远郊农村的居民比较容易入户调查，同时可以请村委会或村长配合，调查比较容易实施。另外，居民社区的情况多样增加了调查复杂性，例如在商品房社区中，人口特征比较复杂，差异较大，调查需要增加抽样人数。而且这类社区居民相互之间来往较少，调查难度较大；单位家属院人口生活水平比较接近，背景相似，差异较小，抽样人数可以适当减少。

（3）愿意接受调查的多为性格外向，高中以上学历，年龄在 20～40 岁左右的人。很多老年人表示对颜色没有过多追求，"无所谓"，"能穿能用就行"，不太愿意接受调查；或文化程度较低的人认为自己的能力无法完成调查。遇到这些情况我们应该尽量耐心的鼓励他们，同时把填写问卷用访谈代替，由调查员代为填写。调查员的态度是调查可否成功的关键，我们是否真诚友好、礼貌热情、耐心、委婉请求等等都是对方是否愿意接受调查的第一步。

这里仅讨论了抽样过程中对调查效度造成影响的一些问题，这是整个调查过程开始的第一步。调查方法、问卷设计、数据分析等方面对调查效度和信度的影响在其他章节有进一步的详细分析。

今后还需要做哪些工作？

（1）针对设计调查的特点，建立较为完善的用户抽样框和某些行业、企业的抽样框，能够进行全国性或区域性的用户调查，可以根据产品种类分行业、企业调查。

（2）培训调查员，包括建立调查员统一的行为规范、提问方式、分析标准，从而提高调查员的内部一致性信度。

（3）设计实验说明精度和抽样方法之间有什么关系。我们常说"在95%的置信度水平下，保证抽样的相对误差在 ±5% 的范围内"，这是多次重复，简单随机抽样得到的数学理论值，但实际上我们只抽样一次，并且现实情况复杂得多，无法保证做到完全随机抽样，必须通过实验来验证抽样精度是否符合理论值。例如，本次所做的色彩调查，在不改变调查内容、调查人群范围的情况下，比较不同条件下的结果，分析影响结果精度的因素：1）不改变抽样方法、抽样人数，多次重复实验；2）不改变抽样方法，改变抽样人数，比较不同抽样人数下的精度；3）不改变抽样人数，采用分层抽样、多阶段抽样等不同抽样方法对比。

第二十一节　高档产品设计调查

一、为什么要进行高档产品设计调查

1999 年回国后我经常听有人说，我国家电产品出口不少，然而多数不属于高档产品，而是低档或中档，被放到跳蚤市场销售。什么是高档产品？高档产品并不是高价产品，而是指各个方面都为高品质的产品，高档产品包含许多因素的考虑和设计，而不是只考虑一个因素（例如外观），而不像我们当前所熟悉的那种只考虑一个因素（造型）的设计，也不像来料加工的方式。如果漏掉一个因素，就可能从高档变为中挡或者低档产品。为什么我们设计的基本上属于中低档产品？这个问题经常回旋在我头脑中。我们设计的产品与别人的有什么差别？其实差别不大，有些设计和制造人员经常这样说，我们产品与国外同类相比其实只有一点点区别，可是人家的属于高档，而我们的却属于低档。有的人说，我们有些产品技术性能并不差，但是外观设计不如人家。还有的人说，还有的人认为我们的主要差距是外包装不如人家。其实我们与人家高档产品其实就有那一点点差别，而这一点点差别就足以区分高档和

中低挡了。要弥补这一点点差别，却需要花费 10 倍以上的努力。实际上，差别并不只是一点点。

为什么我们大多数企业设计制造的都属于中低档产品？为什么德国设计制造高档产品的企业远多于我们？这不是设计师个人因素决定的，也不是个别企业的偶然现象，而是一个普遍性问题。因为我们很少从全局整体上考虑高档产品的设计应该包含哪些方面，或者说不很了解一个正常产品设计应该包含哪些方面，以为只需要外观造型，要求高一些的再增加结构设计和模具设计。其实这样设计出来的仍然属于低档产品。我想这个问题是来自从我们的设计教育，我们从教育上从来没有搞清楚如何设计高档产品，实际上我们一直在传授如何设计低档产品。按照我们现在的教学目的、内容和方法，教育出来的大部分学生只会设计低档产品，这并不是他们的动机，也不是是教师的动机，然而却是我们教育的结果。高档产品设计应该包含哪些因素？如果你问老师："高档电视机设计应该包含哪些因素？"你猜猜有多少老师能够回答出来？

没人问过我这个问题。如果问了我也回答不出来。然而我不懵人，我不掩饰问题。我发现了这个问题后带领学生去调查研究这个问题，能够想出办法如何去调查它、去设计从教育上弥补它。2005 年 11 月，我带领二年级学生进行这方面调查，大败而归。问题在哪里？我不知道，因为没有任何一名学生完成了调查。无人完成调查，也无人写出调查报告。人人都说自己知道高档产品的含义，可是人人都没有高档产品的概念，人人都没有提出问题，我也就无法知道问题在哪里，其实到处都是问题。今年 4 月，我又卷土重来，不克服遇到的问题我一般是不罢休的，我带领 10 名一年级研究生和二年级本科生重新进行高档产品设计调查。其目的是了解有哪些因素可能影响高档产品的设计，也就是说要了解，我们设计一个高档产品时，应该考虑哪些因素。每位参加者自己选择一个产品作为调查课题，自己组合成小组，自己设计调查方法和过程。

我本以为两周就能够完成这项调查，没想到学生每周交来的调查报告都达不到基本要求。花两周都搞不明白什么是高档手机，什么是高档家具？我吃惊但没有发火，从 2005 年暑假以来我决心改好脾气。我发现学生们自己以为知道什么是高档产品，其实他们并不知道高档产品的含义，他们说不清楚高档产品设计时应该考虑哪些因素。不少学生不知道应该向谁调查高档产品的设计，不知道应该调查什么问题，不知道如何才能调查全面，如何进行系统分析。从中我深深感到问题的严重性，我更确信我们正在培养低档产品的设计人员，或者正在培养废品次品或未来的失业者。

于是我每周进行一次讨论，在屏幕上打开一份调查报告，分析所存在的问题，分析哪些调查问题不妥当，哪些调查方法不合适，然后提出改进方法。我大约讲三分之一的时间，然后让大家进行讨论，各人都把自己的调查报告拿出来进行分析，重新改进设计调查方法，并在小组讨论中进行尝试性调查。这就是我讲课的基本方式，尽量减少陈述性知识，主要教学生学会如何干事情，针对学生所存在的问题而讲述过程性知识。学生所出现的问题主要有以下几点。

1. 缺乏职业经验，调查目的不明确，或者纸上谈兵地空洞地说一下调查目的，却搞不清楚如何把调查目的转变成为调查过程。

2. 缺乏交流沟通能力，不会进行访谈，不会设计调查问卷。这个问题可能是许多调查统计课程所忽略的严重问题。这个问题通过讲课是无法解决的，学生需要大量实践，才能提高沟通（理解、表达、协同）能力。

3. 眼界狭隘，遗漏重要调查因素。例如，只围绕外观进行调查，只调查工业设计师，没有跳出狭隘的职业圈子。这意味着他们隐含认为高档产品是由外观所决定的。对大多数产品而言，外观设计并不是高档产品的最重要因素。他们都没有调查工程师，缺乏对高档产品中高科技地位的认识，缺乏对制造技术指标的认识。这样设计的产品自然是低档产品。

4. 缺乏调查效度和信度的概念。调查效度指该调查全面真实的程度。在调查的每一步，都必须把效度作为最重要的考虑依据。否则就不知道调查的结果是真是假，自然也搞不清楚什么是高档产品的特征。本次调查只进行了效度分析，由于时间关系而没有进行信度分析。

二、教学中所存在的一些问题

从 2006 年 4 月到 6 月，带领学生前后反复进行了 7 次重新调查才基本达到要求。这本身就表明我们培养的人不适应高档产品设计。通过一次次的反复，他们的眼界逐渐从"低档"转变为"中档"，最后也许达到了"高档"。从中我发现了我们工业设计教育中的一些低水准问题，这主要表现在以下几点。

1. 我们把工业设计当作了一个"独立学科"，实际上让工业设计师孤立起来的，他们有意无意地只考虑"造型"，把这一个因素孤立起来了，脱离实践、脱离其他各个有关的领域，造成眼界狭隘，这无疑于传统的个体农耕劳动方式。在我国当前的企业生产方式下，个体行为比较流行，群体合作比较差，各个职业之间的联系合作比较差，这样培养的设计师从本质上是低档产品的设计师。在实际设计制造中，假如影响一个高档产品的因素有十五个，把各个方面高端素质和高端技术综合在一起，才能造就高档产品，尽管你在从事外观设计，然而必须考虑到这些因素的作用，给自己留出空间，起码能够与各方面专业人员共同考虑这些问题，企业中并不存在"专业"和"学科"之分，搞不出合格产品，什么专业什么职称都没用。高档产品是各个方面的综合体现结果。而我们教学中缺乏这种思维方式，基本上不知道哪些因素影响一个产品成为高档，不知道应该综合哪些方面的因素才能导致高档产品。教师传授的就是中低档产品的外观设计。

2. 对许多产品来说，外观设计往往不是其高档产品的前三个影响因素（表 1 - 21 - 1）。在我国当前环境下，只局限外观造型而忽略其他因素，就意味着定位低档或中档产品，而不是高档产品的设计。

学生们调查发现的外观因素占设计的第几位 表 1 - 21 - 1

产品	洗衣机	数码照相机	手机	大轿车	电冰箱	PDA	沙发	床
设计因素数量	9 个	7 个	7 个	6 个	13 个	8 个	9 个	10 个
外观占第几位	第 4 位	第 3 位	第 3 位	第 6 位	第 13 位	第 6 位	第 8 位	第 8 位

3. 缺乏实际设计经验的积累和训练。这是由于课堂上往往进行"虚拟"设计，脱离真实设计课题，脱离企业制造，也脱离用户需要。

4. 更重要的是眼界比较低，缺乏综合眼光，思考得更少，从来没有尝试过领先者的孤独感、疲惫感和困惑感。我们许多教师和学生不懂制造工艺，缺乏对新技术、高科技的了解，缺乏对高品质的体验，或者，从来没有见过高档复印机、高档电源插座、高档机床，而他们还以为自己是新潮的引领者。要这样老师设计高档产品，要这样学生设计高档产品，难，难于上青天。

我们这次调查，就是为了使教师和学生认识这些问题。首先从我这个老朽做起，今年我61了，老迈年高，百战出征还要当先锋，写到这里我想起了可怜的赵子龙。

三、什么是高档产品

在这次调查前，有些人以为高档就是高价格、名牌、豪华、昂贵的消费产品。通过这次调查，他们明确认识到，高档产品最重要的特征不是豪华产品或者高消费产品，而是高品质、功能性的产品。下层社会和穷人也需要他们的高档产品。低价格产品也有高档的，例如，电源插座、手表、家具、眼镜、童车、钢笔、自行车、杯子等，都有高档与低档之分。如果我们为下层社会设计出低价位的高档产品，中上层社会和富人也会购买和使用这些产品，让他们下一波崇拜穷人的高档产品。高档产品并不是专指高价产品，高价格的产品也不一定是高档产品，高价的可能是"宰人"的高消费品，这是穷人无法享受到的有钱人的特权。没有欲望，就不会被骗。

高档产品基本以下若干基本特征：

1. 符合高标准。高档产品要符合有关国际标准。国际标准或欧洲标准主要目的之一是保证高质量，最重要的标准包括：质量体系认证标准 ISO9100、环境管理体系认证 ISO14006、环境管理体系认证 ISO14002、可用性标准 ISO9241、多媒体可用性标准 ISO14915。要达到这些标准，就不能缺少任何一个设计因素，必须综合考虑每一个设计因素。

2. 员工素质高。高档产品是由高素质的人所设计和制造出来的。"高素质"意味着以下几点。(1) 社会责任感，弥补心理缺陷、社会问题和环境问题，保证安全、质量、环境、人机关系等方面。(2) 眼界高，例如，追求精益求精，不断完美，脱离了"凑合"、"混日子"、"差不多"的观念。(3) 眼界广，关注各领域的新成果、新技术、新材料、新概念等。

3. 高品质的技术。采用新技术、新材料、高质量的材料。制造工艺完美，尤其在表面处理、结构设计方面采用新工艺。能够发觉各种制造工艺的审美特性，能够密切把制造工艺与审美表现联系起来，能够通过技术手段实现各种审美观念。我们的设计师在这方面十分欠缺。

4. 纯正。设计纯正、造型纯正、颜色纯正、结构纯正、加工纯正。没有制造痕迹、修理痕迹、安装痕迹（没有螺钉孔，安装线条等）。如同 Ipod，你看不出来如何安装如何拆卸。巧妙的结构设计和精致的机器加工才能达到这种效果。例如高档西服连钉扣子也采用机器。

5. 设计在于细节。高品质往往体现在细节。高档产品在于细节、高技术在于细节、质量在于细节、精益求精在于细节、设计水准在于细节、配色在于细节、表面处理在于细节、结构处理在于细节、模具制造在于细节、造型也在于细节、高档产品在任何细节处理上都很严谨。而与国外高档产品相比，我们设计制造的产品在细节上往往比不上人家的。甩手掌柜不考虑具体事情，马马虎虎、夸夸其谈，这正是我们水准不高的体现之一。

6. 结实耐用，不需要（或尽量减少）维修保养。

7. 可用性。符合用户人群使用目的，符合他们的任务、操作过程、使用情景。尤其是考虑了在非正常情景、非正常任务中，给用户提供操作使用条件和引导，设法避免事故、危险和伤害。

8. 审美品味高尚。高档产品的高尚审美观念主要体现在：平和（或升华）、简洁、颜色少、纯正、脱离了"视觉刺激"、脱离了"卡通"。

这八条并不能概括各种高档产品的全部特征，而是列举了一些早已经成为不言而喻的特性。在本书调查报告中往往没有列举上述许多基本特性。另一方面，各种高档产品的基本因素都不相同，很难抽象出一个普遍实用的高档产品特征。在设计各种具体产品时，都要通过调查搞清楚那种产品具体的高档因素。

四、高素质人设计高档产品

通过这次调查，大家终于明白了以下几点。任何一个高档产品并不是由一个因素决定的，而是由许多因素构成，下表列出各个产品高档因素的数量。例如一份调查报告列出高档电冰箱的影响因素有13个，这仅仅是一级因素数量，影响高档电冰箱的二级因素有48个。当然，其中大多数属于技术方面的品质，例如制冷能力、容积、控温能力、保鲜能力、噪音、耗电、环保、环境温度适应性、易控温、维护、取放食物、售后服务等。而我们学生从来就没有这一概念。通过这次调查大家还明白了，并不是我们与人家只有某一方面的差距，也不是只有一点点差别，而是我们几乎在大多数产品的大多数性能上都与人家有一点点差距。

产品是设计者和制造者的镜子。从产品就可以看到设计师、工程师的水准。

你只考虑了一个因素，你的产品的往往也就只设计那一点。这样也许就是低档产品。

高档产品的影响因素有几十个，忽略哪一个因素，在那个因素上就是平庸或缺点，这样的产品就不是高档，高档与低档产品的确"只差一点"。

高档产品背后站立着高档的设计者和制造者。

设计的产品不属于高档，最主要的一个原因是由于我们培养的人不属于高档。这体现在以下几点。

1. 我们往往只考虑高档产品的一个或几个因素，不能达到高档产品全部要求。影响高档产品的因素很多，高档产品是各种高档因素的综合结果，缺少其中一个因素，都不能被看作为高档产品。过去搞设计，往往只考虑造型、颜色、材料、表面处理和结构，顶多五个因素。即使把这五个因素做到极致，实际上考虑的不是高档产品，而是中档或低档产品。设计高档产品要求工业设计师的知识面比较宽，要对新观念、新技术、新材料比较敏感。

2. 各种高档产品的影响因素不同。要了解某高档电冰箱，就必须对它的影响因素进行调查分析与综合。要了解高档手机，就要对它的影响因素进行调查。否则就不知道设计高档产品应该考虑其他哪些因素。这要求工业设计师必须会从事各种高档产品调查，这也是设计调查的基本任务之一。

3. 高档产品的各种技术因素分别有专人考虑解决相应问题，然而工业设计师应该知道存在这些因素，在设计过程能够与这些人员沟通协同设计。

4. 外观对大多数产品来说，是高档产品的必要因素之一，但是往往不是前三位的影响因素。工业设计师在设计过程中，应该搞清楚外观设计对该产品到底起什么作用。这只有通过调查才能搞清楚，这是设计调查的另一个任务。

这份报告发现影响高档电冰箱外观的二级因素有10个，比例、造型一致、细节、把手形状、手感、门、材料与面饰、颜色、显示屏和按键造型。如果忽略其中任何一个因素，设计出来的造型就可能不纯正，就不再是高档外观了。我们教学生时往往只考虑其中某些因素，很少综合考虑影响高档产品的外观因素有哪些，这样设计的外观就不纯正。设计调查的第三个任务是搞清楚各类用户人群对该产品的审美观念，从而作为外观设计的指南。

第二章
产品设计调查

第一节　高档产品因素调查

一、概要

1. 调查目的

了解人们心目中对高档的理解，调查他们对于高档的一些思维想法及价值观，还有人们对质量感知属性的调查，总结出影响高档的一系列因素及其相对重要性，从而给以后产品设计的调查和考虑提供一定的参考依据。

2. 资料的收集

先是收集以前做过的问卷所作的总结，从几种具体产品中总结出一些因素。然后在百度和中国知网搜索质量相关资料，把一些文献里所提到的要素进行统计总结，同时在价值观方面我们先是问了几个人，让他们说出关于高档的理解，我们再进行提炼。最后小组讨论总结各个因素。

3. 上次问卷的总结

上次做问卷时，首先我们调查的目的不是很好，想得到设计点，而最终却没有对设计点进行分析，这次我们的问卷的目的比较明确。

其次没有进行框架效度的分析，导致我们自己都不清楚所调查因素是否全面。在问卷设计上，我们采用的都是选择题，没有办法进行信度分析，这次改为了量表法，可以信度分析，问卷也变简洁。同时试调查时没有注重对因素的增补。

4. 资料的归纳

将所有开始收集到的一点点因素抽象出各大因素，然后又把小因素划分出来，设计成问卷，最终归纳到 10 个大因素，32 个小因素。

二、试调查的说明

1. 试调查的简单说明

试调查主要目的是增补自己问卷中的因素及对问卷的问题进行改进。

试调查了 8 份，4 个客户和 4 个学生，注意他们做问卷时所遇到的问题，我们也提示他们，让他们指出问卷中有什么不懂和需要改进的地方。同时也会做简单的访谈。

2. 试调查的问卷

高档产品的调查问卷   表 2－1－1

在您心目中，您同意高档产品应该具有以下的一些特征吗？

您的同意程度	(低→高) 1 2 3 4 5
1. 高档产品应该是使用寿命相对比较长的	□ □ □ □ □
2. 高档产品的质量应该是很可靠的	□ □ □ □ □
3. 材料的好坏直接影响产品的高档与否	□ □ □ □ □
4. 对于高档产品其基本造型很重要	□ □ □ □ □
5. 高档产品应该附有一些附加装饰	□ □ □ □ □
6. 高档产品应该有很好的质感	□ □ □ □ □
7. 高档产品能在同类产品当中脱颖而出，立刻能吸引住您的注意力	□ □ □ □ □
8. 产品用英文作标识会比中文来得高档	□ □ □ □ □
9. 高档产品应该整合一些新颖的功能	□ □ □ □ □
10. 高档产品应该便于自己的拆装和清洁	□ □ □ □ □
11. 高档产品的很多功能应该需要一定的学习才懂	□ □ □ □ □
12. 高档产品的自身功能应该很强很可靠	□ □ □ □ □
13. 高档产品的细节应做得很细腻、细致	□ □ □ □ □
14. 高档产品应该在加工处理工艺上感觉比较有难度	□ □ □ □ □
15. 高档产品应具有较好的售后保修包换等服务	□ □ □ □ □
16. 高档产品应能更好地达到你开始购买的期望值	□ □ □ □ □
17. 好的包装能提升产品的档次	□ □ □ □ □
18. 较好的广告宣传也能提升产品在您心目中的档次	□ □ □ □ □
19. 像促销之类的活动会影响产品在您心目中的地位	□ □ □ □ □
20. 高档产品在价格上应该比同类产品要高	□ □ □ □ □
21. 购买高档产品您会觉得很愉悦	□ □ □ □ □
22. 使用高档产品会让您觉得有一种优越感	□ □ □ □ □
23. 高档产品应该有较好的文化内涵	□ □ □ □ □
24. 高档产品应该有较小的物理伤害（辐射身体伤害等）	□ □ □ □ □
25. 高档产品应该有较小的化学伤害（有毒甲醛等）	□ □ □ □ □
26. 高档产品应该体现对使用者的一种关怀（人性化）	□ □ □ □ □
27. 高档产品使用起来应该是比较方便、很容易上手	□ □ □ □ □
28. 高档产品使用的舒适性要很好	□ □ □ □ □
29. 高档产品更新的周期应该比同类产品要长	□ □ □ □ □
30. 高档产品应该体现一种很强的流行性	□ □ □ □ □
31. 高档品是奢侈品，是少数人才能使用的	□ □ □ □ □
32. 高档品是高品质的产品，应该人人都能使用	□ □ □ □ □
33. 您认为产品的质量好最主要是指哪方面（写一条）	

您的个人信息：

性别：男 女 职业：_____

年龄：30 岁以下   31~40 岁   41~50 岁   50 岁以上

最后谢谢您的支持！祝您全家幸福！

3. 试调查的总结

在因素方面没有得到有用的增补，问卷的结构基本没有变化，只是在问题上面作了些小的改动（具体的改动可以参考最终问卷）。

当时出现一个没有懂量表意思的客户，但当时以为只是个别，所以在问卷的开头没有做一个简单的说明，还有选项的错位也没有发生，这与调查份数太少有关。

试调查时没有对专家用户进行，这导致我们的问卷最终没有得到更多有用的因素。

三、问卷的效度分析

1. 框架效度分析

框架效度是指检查问卷中因素是否全面，是否还缺什么。

在考虑因素的时候我们主要致力于关于质量的研究。查阅资料时我们也更多地去寻找关于质量的因素，先后查阅了以前关于质量的一些定义和说明，总结出以下的一些因素，而关于安全性、做工方面的问题，为了便于调查，都放在了别的因素里。

除了产品本身的调查外，我们也考虑了产品本身以外的因素，增值效应和其他了解这两栏主要是针对顾客们价值观所做的考虑。在考虑价值观方面的时候，开始是询问身边的人群，问他们高档品会给他们什么样的感觉，有些会说它的稀有性或是满足虚荣心，所以我们就想到增值效应这方面。厂商服务和广告宣传是对他们思维想法的调查。而外观做工等都是靠自己以前的一些经验和和同学的讨论总结出的。

最后总结出 10 个大因素（一般产品所共有的因素），分成 32 个分因素。框架如下：

因素框架结构　　　　　　　　　　　表 2 - 1 - 2

总的因素	分因素	相关解释
内在质量	使用寿命	主要想知道高档品在结实耐用方面人们关注的程度，主要涉及的是结构、材料等技术要求
	有效性	产品自身的功能等工作的可靠性，主要涉及内部技术含量
	材料的好坏	材料的运用直接影响设计的好坏，对材料的研究和合理利用已是当务之急
外观表现	基本外形	基本造型是产品最直接的外在表现，人们也开始追求好的外观给他们带来的赏心悦目
	附加装饰	追求纯正，同时人们是否也在追求有体现一定个性和品位的附加装饰呢？
	色泽	色彩五花八门，在眼花缭乱的产品中，精彩的色彩搭配或是纯正无比也能脱颖而出，这已成一门学问
	质感	质感是包括材料、色彩、处理工艺等的综合因素，是一种视觉上和触觉上的感觉
	中英文标识	外国品牌的冲击和国内品牌尚未打响，大家对外来货的喜欢可能导致对外语标识的认可
	与众不同	其实是一种视觉冲击，或者故意搞怪，或者引导潮流
功能要素	整合一些新颖的功能	现在在电子类产品中，多功能已成时尚，它代表着高端还是潮流？
	便于拆装和清洁	这是对使用者的考虑，自己能方便地拆装和清洁，这可能更受顾客欢迎
	很多功能需要一定的学习才懂	高端的功能可能需要更多的使用前的学习，高深难懂的操作是否能体现高档呢
	自身的功能很强很可靠	纵然是追求多功能，大家是否还是把自身功能可靠性放在第一位了呢？仅有可靠的功能会不会产生对产品档次的影响
细节做工	细节做得很细致	优秀的产品多是近乎完美，完美的设计，完美的做工。人们在手中玩弄产品时，也是在欣赏完美的细节
	感觉加工处理工艺有一定的难度	让你看不出加工的痕迹，没有过多的人工痕迹，一气呵成，是否也是高档的一种体现

总的因素	分因素	相关解释
厂商方面	售后保修包换等服务	很好的售后服务能提升产品的附加价值，但这是否与高档相关呢
	信誉保证（能达到或是超过自己预期的期望值）	人们对想买的产品开始都有一定的期望值，能满意地买到自己想要的产品，这是否是高档品所必需的因素
包装宣传	较好的包装	除了质量竞争外，完美的包装也是吸引顾客的一种有效方法，但好的包装能实现产品档次的提升吗？还仅仅是用着体面
	较好的广告宣传	越来越有创意的广告使我们对某些产品有较好的印象，有时我们相信广告，是它提升了产品在大家心目中的地位还是我们能相信的只有权威的媒体了呢？
	做促销等活动的影响	大肆的促销等商业活动充斥我们的眼球，我们购买是因为价格的优惠，但这些活动是否影响产品在他们心目中的地位呢
增值效应	价格炫耀	是否高档品的价格要高于同类产品呢？高档产品附有较低的价格？那些有钱人会去买吗
	提升身份地位	有一定的社会地位的人群是否觉得低档产品有损他们形象呢？使用高档品能体现身份地位、提升身份地位
	购买时的愉悦感	购买高档品的同时我们在欣赏它们，这给他们一种额外的价值
	产品有一定的文化内涵	无论中国传统的风格还是西方的一些风格，里面体现出一定的文化内涵
负面作用	物理伤害	一是直接对肉体上的伤害，二是像辐射之类的物理性质的伤害
	化学伤害	现在大部分的产品上都有化工制品，里面含有很多对身体有伤害的毒素，像甲醛之类常见的化学品
使用感受	对人的关怀（人性化的设计）	从使用者的角度去考虑使用方式、使用环境、使用的舒适性、使用方便性
	方便，很容易上手	产品操作简单，很少有高深的需要很多学习的过程
	使用舒适性	符合人机的设计，符合人的思维和行动习惯
其他了解	周期性	想了解高档产品和同类产品相比，其更新的周期该短一些还是长一些
	流行性	想了解高档品是否该是一种引领潮流时尚的
	对质量的调查	希望了解人们对于质量，最关注的是什么

2. 内容效度分析

内容效度是指如何设计问题把这些因素问全问清楚，能否全面真实地了解情况。

针对32个分因素设计了32个小问题，由于是关于高档品总的调查，所以在设计问卷的时候没有对因素进行深入产品细节的调查，只是提取了产品共有的概念性的因素进行设计问卷。

我们把问题设计成中性的陈述句，让被调查者考虑是否同意我们所阐述的观点，问卷采用量表级，分设五个不同等级的同意度。在此过程中我们主要要将专业的术语转化为人们可以很好理解的简单句子，像人性化设计这一条，我们在问的时候就问产品能体现一定的对使用者的关怀，一般经常接触产品这个大家都能懂（如噪音小）。同时在问及人们价值观方面的问题时就要避免不礼貌，别让被调查者感到难于回答，像价格炫耀这一问题，我们问的是高档产品是否比同类的价格要高，这样问也能调查出人们对高档品价格的看待。

为了避免问题过长，我们设计问题时基本用的都是短句，在调查时我们在他们身边必要时给出一定的补充解释，这样也可以和被调查者多做一些交流。

3. 交流效度分析

交流效度是指针对设计的问题而言，它涉及到问题是否可问，是否可答，人们是否愿意答，答了我是否理解。这涉及到我们和被调查者之间的沟通问题。

试调查的时候我们会问被调查者是否能完全懂我们的问卷，列的问题是否有歧义，读起来会不会别扭。

在试调查中我们发现一些问题：有些问题问得没有任何意义，大家的倾向性基本没有区别，像开始做的一个"高档产品应该有很好的舒适性"，这其实是一个毋庸置疑的问题，大家基本都选非常同意，后来我们改为"对于高档产品来说，其舒适性是至关重要的"，这样就能调查出舒适性在大家心目中的地位。还有有些问题问得他们不懂，像"高档产品的加工处理工艺难度会较大一些"，其实我们想了解的是是否在外观上做得看不到接缝或是不知道怎么拆装的效果会提升产品的档次，后来我们改为"高档产品会给您一种它的加工工艺比较难的感觉"，这样大家会感觉较容易理解一些。

由于调查的是抽象的高档产品而不是具体的产品，有些被调查的人会问我们应该参照什么回答，我们就说就是高档产品，是一个广泛的定义，然后他们就开始答题，我们也不清楚他们是否是参照某一个具体实际的产品。

在做问卷的时候我们会在被调查者的身边，会给他们一定的补充解释，这样就更好地避免理解的偏差。试调查时发现有些被调查者对我们设计的量表不是很理解，所以开始的时候我们就会给他解释。有时候当他们不理解问卷上的一些东西时，我们会说这个问题问得不好或是排版不好，说我们自己做得不好，这样避免影响被调查者的心情。

开始列出的同意程度，以及后面的量表大家不是很懂，所以每做一个我都解释给他们听，这样防止他们的理解错误，以后设计问卷时一定要在开始时做一个简单的文字说明。

由于后面选项和前面的问题离得比较远，所以他们做的时候可能会看错一行，导致错误，应该用一些标志来区分相邻的两行，如把偶数行的背景做成灰色的。

4. 分析效度分析

分析效度是指如何分析所调查出来的结果，总结出结论。它涉及到分析的目的和一些分析方法。

这项分析我们主要是针对我们的调查目的而进行的。问卷中分三部分，一部分是对产品本身的一些因素进行的调查，第二部分是人们对高档价值观上的理解所进行的调查，第三部分是对人们对质量的感知属性所做的调查。在分析的时候基本是按照这样的一个思路走下来的。

根据每个问题的得分，我们进行了对高档产品因素重要性的排序及相关因素的分析。这可以提炼出重要的因素，为以后考虑设计时作重要参考。

量表问卷方式主要是想进行信度的分析，这次问卷前31个问题都是采用量表法，所以要进行信度的分析即重复性。

最后是对人们对质量的感知属性的总结，问卷设计时没有把我们自己想的一些关于质量的因素列出来，只是让他们自己想，这样避免产生引导作用。

四、问卷统计分析

1. 被调查者资料分析

此次调查收回有效问卷43份，男士有30人，女性13人；导购19人，普通用户24人。主要在国美、永乐、开元等商场完成我们的调查。

2. 问卷数据分析

前32题主要通过统计同意度的得分来进行分析，这部分将在下一部分分析。

32题统计的结果如下，这些都是被调查者自己想出的。

人们对质量的感知属性统计结果　　　　　　　　　表 2 - 1 - 3

排序	一	二	三	四	五	六	七
质量第一要素	性能	耐用	服务	可靠	材料	方便	做工
人数	15	14	8	6	5	3	2
比例（%）	34.9	32.6	18.6	14.0	11.6	7.0	4.7

　　性能及产品各部件工作效果成了人们对质量第一考虑因素，紧随其后的是耐用。由于这些因素都是被调查者自己想出的，没有我们任何的提示，所以这份数据真实反映了人们对质量的第一要素的看法。

　　3. 各因素排序及分析

　　以下是各因素同意度的得分及按照得分从低到高的排序。在问卷中非常不同意的 1 分，不同意的 2 分，中立的 3 分，同意的 4 分，非常同意的 5 分，最终得分及排序如下：

各因素的得分及排序　　　　　　　　　　　表 2 - 1 - 4

排序	各因素（按得分排序）	同意度得分	排序	各因素（按得分排序）	同意度得分
1	售后服务	4.604651	17	购买时有优越感	3.883721
2	细节做工	4.534884	18	工艺难度大	3.837209
3	功能可靠	4.465116	19	使用寿命长	3.813953
4	使用舒适	4.418605	20	有效性	3.790698
5	人性化设计	4.395349	21	价格较高	3.651163
6	较小的化学伤害	4.395349	22	广告宣传	3.604651
7	较小的物理伤害	4.372093	23	购买时愉悦感	3.581395
8	材料	4.302326	24	新颖功能	3.418605
9	使用方便易上手	4.302326	25	很强流行性	3.372093
10	与众不同脱颖而出	4.162791	26	促销活动影响档次	3.348837
11	文化内涵	4.093023	27	便于自己拆装清洁	3.302326
12	包装	4.046512	28	高档即高品质	3.232558
13	表面质感	4.023256	29	高档即奢侈品	2.976744
14	更新周期较长	3.953488	30	较多学习	2.813953
15	基本外形	3.953488	31	附加装饰	2.813953
16	超过期望值	3.930233	32	外文标识	2.744186

　　得 3 分以上的都是偏于同意，而前 28 条因素都是在 3 分以上，所以对于高档品设计我们这 28 条因素都得考虑。

　　高档品即时奢侈品、需要较多学习、附加装饰能提升档次、外文标识更显高档这四个因素得分都在 3 分以上，人们对这些观点还不是同意。

　　前 13 条的得分都在 4 分以上，是我们在设计时得重点考虑的，而令人比较意外的是服务却成了得分最高的，达到了 4.604651，这也提醒我们除了产品本身以外，我们还得考虑怎样的设计能给厂商维修等服务带来好处。

　　得分进前 3 的因素中还有做工和功能的可靠，在我们和导购交谈中他们介绍材料、做工、外观是客户最看重的三个因素。而在调查中材料得分位居第 8。

　　在 4 到 7 名中基本都是关系到人们自身的一些因素，舒适性及对自己身体上的伤害，这可能是人们在产品自身要求达到后开始追求更深层次的表现，这也反映了人们追求一般事物的过程。

产品自身的因素还有表面质感（得分 4.023256）、基本外形（得分 3.953488），工艺难度大（得分 3.837209）、使用寿命长（得分 3.813953）、功能有效性（得分 3.790698）、新颖功能（得分 3.418605）、便于自己拆装和清洁（得分 3.302326）。

以下是人们价值观及思维想法的调查结果，涉及到的问题有 12 个，得分基本集中在 3 到 4 分之间。与众不同、文化内涵及包装的得分都在 4 分以上，更新周期较长、购买时的优越感、超期望值、广告宣传、价格炫耀这些因素在 3.5 到 4 分之间，很强的流行性、促销的影响在 3 到 3.5 之间。

在调查中有一个我们有意识地设计的两个对比的问题，"高档品是奢侈品，少数人才能使用"还是"高档产品是高品质，人人都该使用"，最后调查的结果是两者的得分基本相近，后者稍高（得分 3.232558），前者得分是 2.976744，没有调查出比较明显的结论。

4. 最终总结

由于是一个总的产品的调查而不是具体的某个产品，所以在总结时只是作了一个简单的概括。

各因素的总结   表 2-1-5

排序	各因素 （按得分排序）	同意度得分 （总分 5 分）	简单总结
1	售后服务	4.604651	设计时我们得考虑厂家维修等售后服务的便利性
2	细节做工	4.534884	做工永远是人们所非常关注的，我们设计时也要把细节做细致
3	功能可靠	4.465116	涉及到内部的元件，内在的质量。而在设计时也要注意保护内部的元件，使它们工作更稳定持久
4	使用舒适	4.418605	符合人机工程的设计是人们现在很是需要的，让使用者感觉到设计对自己的关心
5	人性化设计	4.395349	人性化设计除了人机方面的，还有噪声的降低，减少知觉上的刺激和疲劳
6	较小的化学伤害	4.395349	含甲醛等毒素的材料现在用得比较多，降低这些因素对人的影响也成了人们的追求
7	较小的物理伤害	4.372093	这和上一因素相似，辐射等也成了很重要的问题，尽量降低这些对人的伤害也是我们的责任
8	材料	4.302326	新材料的开发和利用也是高档品的很重要的因素，我们设计时要着重了解材料相关的资料
9	使用方便易上手	4.302326	设计时要做到功能的简洁性和外观布局的简洁合理性
10	与众不同脱颖而出	4.162791	这其实是调查人们选择高档产品时的一种思维过程，高档产品与众不同不是因为搞怪，而是因为其他因素赋予它的气质
11	文化内涵	4.093023	文化内涵涉及到产品的一些背景，这样的产品才能存活时间更长，设计时要考虑人们的习俗惯例，生活方式
12	包装	4.046512	好的包装也能提升产品的档次
13	表面质感	4.023256	表面质感涉及到颜色和工艺
14	更新周期较长	3.953488	人们认为高档品的更新周期要长一些
15	基本外形	3.953488	外形也是很重要的因素，但不是最重要的，也不是我们设计时仅仅追求的
16	超过期望值	3.930233	人们认为购买高档品应该能超过他们的期望值
17	购买时有优越感	3.883721	人们购买高档品时会有一种优越感，但不是非常强烈
18	工艺难度大	3.837209	表面的工艺能体现一定的工艺难度，这会使人们觉得它很高档
19	使用寿命长	3.813953	高档品的使用寿命应该较长一些，但很多人还是觉得无所谓，不会有什么影响
20	有效性	3.790698	这个比较意外，得分这么低。但设计时还得注重
21	价格较高	3.651163	很多人还是偏向于高档品的价格要较高，但也不是很强烈，价格不是高档的评价标准

续表

排序	各因素 （按得分排序）	同意度得分 （总分5分）	简单总结
22	广告宣传	3.604651	广告宣传对提升产品在人们心目中的档次不是很有效，作用不是很明显
23	购买时愉悦感	3.581395	购买时有一定的愉悦感，但也不是很明显
24	新颖功能	3.418605	对于新颖功能人们觉得有会更好，没有其实也不会影响产品的档次
25	很强流行性	3.372093	高档品不一定体现很强的流行性，不一定要引导潮流
26	促销活动影响档次	3.348837	促销多少还是会影响产品在人们心中的地位，但不会很大
27	便于自己拆装清洁	3.302326	厂家的服务很重要，但不一定要便于自己的拆装和清洗。设计时也不一定要考虑使用者是否容易拆装清洁
28	高档即高品质	3.232558	高档产品既不是完全高品质，也不完全是奢侈品，大家觉得两者都有点相关
29	高档即奢侈品	2.976744	
30	较多学习	2.813953	高档品的功能应该是简洁的，而不是需要很多的学习量
31	附加装饰	2.813953	附加装饰对提升产品档次不会有效果，人们还是比较追求纯正简洁
32	外文标识	2.744186	外文标识还是中文标识对档次不会有什么影响

五、附录

1. 最终问卷

高档产品的调查问卷

表 2 - 1 - 6

在您心目中，您同意高档产品应该具有以下的一些特征吗？

您的同意程度	（低 → 高） 1　2　3　4　5
1. 高档产品应该是使用寿命相对比较长的	☐ ☐ ☐ ☐ ☐
2. 对于高档产品来说，其有效性是至关重要的	☐ ☐ ☐ ☐ ☐
3. 材料的好坏直接影响产品的高档与否	☐ ☐ ☐ ☐ ☐
4. 对于高档产品其基本外形很重要	☐ ☐ ☐ ☐ ☐
5. 高档产品应该附有一些附加装饰	☐ ☐ ☐ ☐ ☐
6. 对于高档产品表面质感是至关重要的	☐ ☐ ☐ ☐ ☐
7. 高档产品能在同类产品当中脱颖而出，立刻能吸引住您的注意力	☐ ☐ ☐ ☐ ☐
8. 产品用英文作标识会比中文来得高档	☐ ☐ ☐ ☐ ☐
9. 高档产品应该整合一些新颖的功能	☐ ☐ ☐ ☐ ☐
10. 高档产品应该便于拆装和清洁	☐ ☐ ☐ ☐ ☐
11. 高档产品的很多功能应该需要一定的学习才懂	☐ ☐ ☐ ☐ ☐
12. 高档产品的基本功能应该很强很可靠	☐ ☐ ☐ ☐ ☐
13. 高档产品的细节应该做得很细腻、细致	☐ ☐ ☐ ☐ ☐
14. 高档产品会给您一种它的加工工艺比较难的感觉	☐ ☐ ☐ ☐ ☐
15. 高档产品应具有较好的售后保修包换等服务	☐ ☐ ☐ ☐ ☐
16. 高档产品应能超过你开始购买的期望值	☐ ☐ ☐ ☐ ☐
17. 好的包装能提升产品的档次	☐ ☐ ☐ ☐ ☐
18. 较好的广告宣传也能提升产品在您心目中的档次	☐ ☐ ☐ ☐ ☐
19. 像促销之类的活动会影响产品在您心目中的地位	☐ ☐ ☐ ☐ ☐
20. 高档产品在价格上应该比同类产品要高	☐ ☐ ☐ ☐ ☐
21. 购买高档产品您会觉得很愉悦	☐ ☐ ☐ ☐ ☐
22. 使用高档产品会让您觉得有一种优越感	☐ ☐ ☐ ☐ ☐
23. 高档产品应该有较好的文化内涵	☐ ☐ ☐ ☐ ☐
24. 高档产品不应该有较大的物理伤害（辐射、身体伤害等）	☐ ☐ ☐ ☐ ☐

续表

您的同意程度	（低 → 高）				
	1	2	3	4	5
25. 高档产品不应该有较大的化学伤害（有毒甲醛等）	☐	☐	☐	☐	☐
26. 高档产品应该体现对使用者的一种关怀（人性化的设计）	☐	☐	☐	☐	☐
27. 高档产品使用起来应该是比较方便、很容易上手	☐	☐	☐	☐	☐
28. 对于高档产品其舒适性是至关重要的	☐	☐	☐	☐	☐
29. 高档产品更新的周期应该比同类产品要长	☐	☐	☐	☐	☐
30. 高档产品应该体现一种很强的流行性	☐	☐	☐	☐	☐
31. 高档品是奢侈品，是少数人才能使用的	☐	☐	☐	☐	☐
32. 高档品是高品质的产品，应该人人都使用	☐	☐	☐	☐	☐
33. 您认为产品的质量好最主要是指哪方面（写一条）					

您的个人信息：

性别：男　女　职业：＿＿＿＿＿

年龄：30 岁以下　31～40 岁　41～50 岁　50 岁以上

最后谢谢您的支持！祝您全家幸福！

2. 上次问卷的分析结果（供参考）

- 人们认为高档产品首先应是高质量的，而后较为关注的是外观、售后服务、品牌、价格、功能、做工。在谈到质量时大家都把品牌信誉放在第一位，使用安全和结实耐用随后。
- 运用高科技的产品大家都认为比较高档。
- 新能源的探索和在产品中的应用对提高产品的档次已是很好的一个办法。
- 仅想用整合多种功能来实现提升产品的品位可能有点困难，高档品在功能上可能与普通产品没有太大的区别。
- 高档品与价格没有必然的联系，低价格的产品依然可以是高档的。
- 大圆弧、柔和的造型或者是方正简洁的都不能体现高档。
- 附加装饰并不能有效提高产品的档次。
- 超过半数的人认为高档产品应该给人以一定的视觉冲击，有眼前一亮的感觉。
- 文字不管用中文还是英文都不会影响产品的档次。
- 黑色、银色和白色、金色的产品更能体现高档。
- 高档产品给人带来的心理感受更多的是精致、新颖、高科技、动感、柔和、方正简洁、精密复杂，而只有很少一部分人选择了厚重、力量和体积大，这里面多数也是中国人自古以来一直追求的心理感受。

大部分人在选择高档产品时，首先关注的是产品的品牌，他们认为好的品牌应该有很好的质量，在售后服务和材料方面的应用都比较好，高科技和新能源的应用都是提升档次的好办法，而更多的附加装饰和提高价格对提升档次都是徒劳无功的。

关于质量：大家都一致认为高档的首要要素是质量，高档即要高质量。质量就是产品在材料、做工、功能的可靠性等方面做得比较好，在外形上作出的效果也要给人一种高质量的感觉。材料主要表现在手感、质感方面比较好；做工要精细，一些缝隙要做得尽量的小；功能要稳定；色彩不要太艳丽，暗淡一些会比较好。

第二节　MP3 设计调查

一、调查目的

通过调查，了解影响 MP3 高档的因素与内容，为以后设计高档产品提供一些依据。

二、调查的效度分析

1. 预调查的效度

在进行问卷调查前我们进行了对 MP3 导购与使用者的预调查。共进行了两次预调查，第一次共调查 10 人，其中包括 3 名 MP3 专卖店的导购，7 名在校大学生；第二次预调查共调查了 7 人，两名 MP3 导购，一位从事过 MP3 生产设计的人士，4 名在校大学生。

访谈 MP3 专卖店的导购是想了解已知的高档品牌的 MP3 有哪些特点，不同品牌之间产品有什么相似性或者存在哪些不同；访谈设计生产过 MP3 的人士是希望他能对问卷提出一些合理的建议；而访谈 MP3 的使用者，是为了了解用户的使用感受，他们在使用 MP3 的过程中会遇到哪些情况。

预调查的形式：

拿着预先设计好的问卷，让导购、使用者去填写，在他们填写的过程中注意他们有什么问题。他们填写完问卷之后，我们询问是否理解问卷中涉及的内容。不理解或者需要经过解释才能理解的问题都是需要更改的问题。

这种形式的目的：

① 检验问卷是否涵盖了尽可能全面的因素。

② 检验问卷中的问题是否合理，是否能被理解。

预调查的结果：

通过进行预调查，又补充了一些因素，并对问题的提法进行了修正，达到了一定效果。

2. 调查问卷的效度

（1）框架效度

调查问卷一共修改了 4 次。

第一次设计的问卷中，总结出相关的 13 个因素，涉及到 MP3 的功能、音质、相关部件（包括显示屏、其他附件、接口、按键、存储设备）、显示（界面）、外观、结构、使用、维护、售后服务。

影响高档的因素及因素内容　　　　　　　　　表 2 − 2 − 1

因素排序		因素中细分内容的排序			
序号	因素名称	序号	内容名称		内容的解释
1	功能	1	播放的文件格式		MP3 可以播放的音乐文件的类型（MP3、WMA、WAV、ASF 等）
		2	FM 收音机		
		3	FM 发射	内嵌发射器	发射模块集成在主机电路板上	具备发射频段电波的功能，可以将音乐或有声文件以某一 FM 频段射频发射出去，拥有 FM 接收终端的用户在被覆盖的范围内接收发射出来的音乐信号
				外置发射器	发射模块单独出来，类似耳机线控

因素排序		因素中细分内容的排序			
序号	因素名称	序号	内容名称		内容的解释
1	功能	4	录音	外录	就是直接录制语音等外部声音
				内录	录制 FM 的功能
				直录	也称 Line-in 直录功能，通过 Line-in 接口，可以直接从其他卡带机、CD 机录制 MP3 格式的文件。MP3 上的 Line-in 孔同时是外置 MIC 和光纤输出的孔
				声控录音	有声音时开始录音，无声时自动暂停录音
		5	复读功能		A-B 复读（任意点间复读）、语音调速、按设定秒数回读
		6	EQ 音效设置	界面	参数图形均衡器、图示均衡器、Parametric EQ	MP3 不同的声音播放效果：CLASSIC、POP、JAZZ、ROCK、NOMAL、AUTO、USER SRS 环绕音响效果（3D 立体音响效果）、淡入淡出
				设置形式	数字显示修改参数，还是用滑动控制器（滑条）作为参数调整的形式	
		7	固件升级		升级 MP3 的操作系统。厂家对固件的开发速度影响着固件升级的实现
		8	TTS 功能		TTS（Text-to-Speech）语音合成技术，又称"文语转换技术"，或者"文语转换系统"，是指将任意组合的文本文件转化为声音文件，并将声音输出的技术，简单说就是让机器把文字资料"读"出来
		9	定时关机		
		10	闹钟		
		11	时钟		
		12	蓝牙功能		能够实现在收听 MP3 时方便接听电话，通过 MP3 与蓝牙手机的联系，使用 MP3 接听来电，挂机后自动继续播放音乐。要求手机具备蓝牙功能
		13	浏览图片		
		14	游戏		
		15	自定义 LOGO,开机动画		
		16	摄像、拍照		
		17	计算器		
		18	日历		
		19	歌词同步		是否支持显示屏上显示歌词
		20	电子书		支持文本阅读 TXT 文件
		21	移动存储器		无驱 U 盘（针对闪存）或者随身硬盘（针对硬盘存储）
		22	电子词典		
		23	支持后台播放		听音乐时可以进行其他的操作，如浏览图片或阅读电子书
		24	电子相册		
		25	记忆播放功能		开机后从上次停止的位置继续播放
		26	播放视频文件		视频格式 MTV、AMV、MPV、DMV 等需使用锂电池，电池容量一般在 300～650mAh
		27	读卡器		针对支持扩展存储的 MP3，考虑传输速度（读写速度）
		28	播放时间		温度、音量、背光是否开启、电池的容量
2	音质	1	机身性能指标	压缩率	
				采样率	一般支持 44.1kHz
				信噪比	音源产生最大不失真声音信号强度与同时发出噪音强度之间的比率，用 SNR 或 S/N 表示，单位 dB，信噪比越高，音响器材越好
				传送率	传送率决定 1 小时的数据处理量。该值越高，所包含的信息越多，因此堪称高音质。但该值过高，则会失去高压缩率，相反，若追求高压缩率而该值过低，将会失去高音质。最好是适当平衡的传送率，MP3 推荐的传送率是 128kbits/s。根据音质要求，传送率在 32～320kbits/s 中可选

续表

因素排序		因素中细分内容的排序			
序号	因素名称	序号	内容名称		内容的解释
2	音质	1	机身性能指标	总谐波失真	指用信号源输入时，输出信号比输入信号多出的额外谐波成分。通常用百分数来表示。一般说来，1000Hz 频率处的总谐波失真最小，因此不少产品均以该频率的失真作为它的指标
		2	耳机性能指标	谐波失真	是一种波形失真，在耳机指标中有标示，失真越小，音质也就越好。声压级为 94dB 时，谐波失真不超过 1%，100dB 时不超过 3% 的耳机为高保真耳机
				线材的影响	不同的信号线都改变着声音的特质
				耳机的灵敏度	是指在同样的响度的情况下，需要输入的功率的大小，灵敏度越高所需要的输入功率越小
				耳机的声音特点	不同的人喜欢不同的声音特点
		3	解码芯片		决定其音质好坏的关键
		4	PCB、布线的影响		印刷电路板布线不合理，会造成信号间的干扰，造成音质变差，或者工作不稳定。信号的纯度越高，音质越好
		5	软件编程设计		好的软件，好的操作逻辑会使用户更方便舒适的使用 MP3
		6	电源设计		设计不好，不仅耗电量大，还可能造成对音频信号的干扰
		7	元器件选用		小电阻小电容等，如果元件选择不当一般来说对音质都有影响
		8	文件格式		例：MP3、WMA，一般是与压缩率相联系的
		9	环境因素		
3	显示屏	1	显示屏种类	FSTN 屏幕	功耗小、视角宽、成本不高，缺点是不能进行彩色显示，并且屏幕的响应速度慢
				CSTN 屏幕	属于彩屏中的一种，省电，响应速度慢，目前市场上采用此种彩屏的 MP3 多为彩屏 MP3 中的中低价产品
				TFD 液晶屏	比 STN 亮度和色彩饱和度好，比 TFT 省电。优点是高画质、低功耗、小型化、动态影像的显示能力以及快速的反应时间。但可视角度和综合显示效果仍不及 TFT
				UFB 液晶屏	通常可显示 65536 种色彩，对比度是 STN 的两倍，耗电量比 TFT 低，能够达到 128×160 像素的分辨率，色彩还原较差。是三星手机的专用彩色显示技术
				TFT 液晶屏	出色的色彩饱和度、还原能力和更高的对比度，更快的相应速度，缺点就是比较耗电，而且成本也比较高
				OLED 屏幕	主动发光（既不需要背光源）、广视角、高清晰、响应快速、能耗低、低温和抗震性能优异、柔性和环保设计。但是寿命短、屏幕大型化难
		2	显示屏大小		视频 MP3 的屏幕通常是 1.3～2.2 寸
4	其他附件	1	电池	普通电池	AA 指 5 号电池、AAA 指 7 号电池。普通电池方便购买
				专用电池	一般为可充电的锂电池或口香糖充电电池，内、外置均有，锂电池最大的好处就是几乎无记忆效应，能量强。专用电池可以使机体形状更薄，缺点是电池损坏后更换不便
		2	线控装置		
		3	Mini 音箱		
5	接口	1	接口类型		并口（EPP）、USB、IEEE1394
		2	连接形式	直插接口	类似 U 盘那样，本身就可以插在主板的 USB 口上，而无需另外再接一根传输线
				无直插接口	需要数据线进行转接，但在外形体积上可以做得更灵活，也更小巧

因素排序		因素中细分内容的排序		
序号	因素名称	序号	内容名称	内容的解释
6	按键	1		按键大小、形状、相对机身位置、材料、质感、凹凸幅度（影响按键行程）
7	存储设备	1	存储形式	内置存储　闪存存储，硬盘存储
				扩充存储　CF 卡、SM 卡、MMC 卡、SD 卡存储
		2	存储容量	
8	显示（界面）	1	显示内容	音量调节、采样率、曲目名称（ID3 支持）、电池状态
		2	显示形式	显示内容如何显示，排布
		3	屏幕颜色	黑白、单色、七色、4096 色、65536 色（真彩色）、26 万色
9	外观	1	造型	
		2	颜色	
		3	细节	连接处缝隙大小，USB 接口有无防尘盖
		4	材料或面饰工艺	外壳，按键，附属部件（耳机线，保护袋，耳机接线口）
		5	外形尺寸	大小、厚度
		6	重量	
10	结构	1	防静电	塑胶层的设计
		2	抗震	
		3	抗冲击	结实
		4	防潮防水	要求密闭性好，塑胶层
		5	各部件是否紧凑	电池盖、直插的 USB 接口盖是否容易松动，按键是否容易松动
11	使用	1	操作 —— 操作的便捷性	很少步骤实现功能
			操作 —— 是否容易操作	容易学会（操作说明书，经验）
		2	佩戴方式	佩戴在脖子上；手臂上，或者有其他方式
		3	按键行程与时间	需要较长时间按下按键才可实现某种功能
		4	兼容性	兼容操作系统，就是指 MP3 的驱动程序是否能和目前市场上的各类操作系统良好兼容运行。对文件的传输是否有限制
		5	可能出现问题	出现无效操作
12	维护	1	拆装	是否方便，要求设计的结构合理，巧妙
		2	保护机身，防划伤磨损	
		4	电池的使用	干电池及充电电池不要在机器里放置过久，以防电池破损漏出液体而腐蚀损坏机身。对于使用可充电锂电池的产品而言，每次使用的时候，最好是在用完全部电后再充电，不然电池的记忆效应可能导致电池寿命缩短
		5	保护耳机	防水防尘
13	售后服务	1	服务时间	服务延续时间
		2	服务范围	可以享受的服务程度，整机定期维修，更换
		3	服务效果	服务态度好，周到，服务易获得

注：因素的序号先后不代表其重要程度。

在第二次修改后的问卷中，对这些因素的分类进行了调整，调整后，这些因素主要分为功能、音质、使用、外观、做工、品牌效应、价格这 7 个因素。其中，"使用"这个因素是按照用户的"操作过程"进行具体划分的、比如，在用户收听 MP3 时，他会出现哪些操作，相应的会出现什么问题，哪些需求。首先是"操作过程"这个大的概念，在操作过程中，"操作是否容易实现"，"是否会出现误操作"。其中，会涉及到"下载歌曲"这一环节，这又关系到 MP3 本身与电脑的兼容性，是否需要管理软件，"管理软件是否容易操作"，等等。

第三次修改问卷，主要是增加了一些问题，修改对问题的描述。

因素框架简表

表 2 - 2 - 2

因素名称	因素内容	
1. 功能		1. FM 功能
		2. 录音
		3. 升级系统
		4. 歌词同步
		5. 支持后台播放
		6. 支持蓝牙
		……
2. 音质	1. 硬件	1. 耳机
		2. 解码芯片
		3. 使用线材
		4. PCB 板、布线
		5. 电源
		6. 元器件
	2. 性能指标	1. 采样率
		2. 文件压缩率
		3. 传送率
		4. 信噪比
		5. 谐波失真
	3. 使用环境	
	4. 个人爱好	
3. 使用	1. 操作过程	1. 操作的便捷性
		2. 无效操作
		3. 错误操作
		4. 操作提示
	2. 下载歌曲	1. 管理软件
	3. 操作界面	1. 显示内容
		2. 显示方式
	4. 操作键	1. 形式
		2. 形状
		3. 按键行程
		4. 按键间距
	5. 接口	1. 接口如何维护
		2. 接口位置
		3. 接口类型
	6. 佩戴	1. 佩戴方式，便携性
	7. 使用时间	1. 电池
		2. 使用形式
		3. 环境
	8. 寿命	1. 结实
		2. 表面涂敷工艺
		3. 耐磨
		4. 防水防汗
	9. 存储设备	1. 存储形式
		2. 存储容量
	10. 后期维护	1. 拆卸
		2. 部件更换

因素名称	因素内容		
4. 外观	1. 造型		
	2. 颜色	1. 机身	
		2. 按键	
		3. 显示屏	
	3. 材料		
	4. 表面工艺	1. 加工工艺	
		2. 涂敷工艺	
5. 做工	1. 细节		
6. 品牌效应		1. 做工	
		2. 真实材料	
		3. 合理设计	
		4. 售后服务	
		5. 宣传	
7. 价格			

（2）内容效度

设计调查问卷时，第一次是先罗列出所有考虑到的因素，然后根据因素尽可能多地想出问题，然后对这些问题进行简单的排列分类，分为适合使用李克特量表提问的，和作为选择题的这两种。后来发现，这样设计出来的问卷结构层次不清楚，很容易忽略对一些因素的考虑，或者容易使问题比例失调。比如，在第一次设计的问卷中，有关"功能"的问题占了将近 1/2 的篇幅。

第二次修改问卷时，我们是按照下表的形式设计问卷的。排列所有因素，对因素所包含的内容进行尽可能得细分，根据最终的"小因素"进行提问，以下是对因素及内容的问题设定表。

为了调查问题是否表达的恰当合理，在预调查与调查中我们会问用户对问题的理解，结果发现，最终仍有一些问题是用户不太了解的，需要解释才能清楚其含义。

因素与问题的设定表　　　　　　　　　　　　　　　表 2 − 2 − 3

因素名称	因素内容		问卷中问题考虑	设计中的考虑
1. 功能	1. FM 功能 2. 录音 3. 升级系统 4. 歌词同步 5. 支持后台播放 6. 支持蓝牙 ……		设置成选择题 MP3 是否需要整合许多功能	用户最关心的是哪些功能，涉及到多种技术的整合
2. 音质	1. 硬件	1. 耳机 2. 解码芯片 3. 使用线材 4. PCB 板、布线 5. 电源 6. 元器件	声音听起来清晰（音乐层次分明）音域广、重低音，播放时有临场感、真实感、立体感、音效表现力强，可以清楚体现出多种音效	耳机灵敏度，不同芯片的使用，线材影响，PCB 布线，电源或元器件之间电磁干扰
	2. 性能指标	1. 采样率		
		2. 文件压缩率		

续表

因素名称	因素内容		问卷中问题考虑	设计中的考虑
2. 音质	2. 性能指标	3. 传送率		传送率在 32～320kbits/s 之间可选
		4. 信噪比		
		5. 谐波失真		
	3. 使用环境			
	4. 个人爱好			
3. 使用	1. 操作过程	1. 操作的便捷性	操作容易学会	按键排布，采用多少按键可以实现所需功能
		2. 无效操作	出现无效操作的机会少	功能与按键的对应关系
		3. 错误操作	是否设计有容错功能 对每步操作进行提示	
	2. 下载歌曲	1. 管理软件	配套的软件容易使用，歌曲管理方便	对软件的操作，软件是否容易学习
	3. 操作界面	1. 显示内容	根据喜好自定义显示内容	用户在使用时最需要注意什么
		2. 显示方式	图形、文字、图文结合	
	4. 操作键	1. 操作形式	普通塑料按键、旋钮、触摸式按键、金属平板按键	用户倾向于选择哪种形式的
		2. 形状	形状适于操作	
		3. 按键行程		
		4. 按键间距	按键间距适中，不会出现误操作	
	5. 接口	1. 接口如何维护 2. 接口位置 3. 接口类型	设计有防尘帽接口位置是否安排合理	接口位置，防尘帽是否容易打开或扣和
	6. 佩戴	1. 佩戴方式	手臂上、脖子上、耳朵上，是否便携	
	7. 使用时间	1. 电池		电池容量、类型
		2. 使用形式		是否使用背光灯、音量开启大小
		3. 环境		温度
	8. 寿命	1. 结实		结构方面的设计，采用好的材料
		2. 表面涂敷工艺	表面涂敷工艺好，颜色不易脱落	
		3. 耐磨		
		4. 防水防汗	密闭性好	
	9. 存储设备	1. 存储形式	内置存储/扩充存储 闪存存储/硬盘存储	
		2. 存储容量		
	10. 后期维护	1. 拆卸	结构方便拆卸	对部件的更换，维修
		2. 部件更换	部件可以通用	标准化，通用化
4. 外观	1. 造型		简单几何造型、柔和曲线、结构明显、张力感的造型	
	2. 颜色	1. 机身 2. 按键 3. 显示屏	机身各部件颜色相近（调和色）或相反（对比色）	
	3. 材料			材料的性能，是否能实现所需的造型，材料是否环保
	4. 表面工艺	1. 涂敷工艺 2. 加工工艺		不同表面工艺带来的直接使用效果（视觉、触觉）

因素名称	因素内容	问卷中问题考虑	设计中的考虑
5. 做工	1. 细节	接合处紧密顺滑，无毛刺及瑕疵，按键紧凑、平整、不松动，表面光顺，防尘帽的设计	
6. 品牌效应	1. 做工 2. 真实材料 3. 合理设计 4. 售后服务 5. 宣传		精细的做工，采用真实、性能优越的材料（同时会是较高成本），性能可靠的器件，人性化设计。品牌是一个"综合"概念，是对上面因素的总体反映
7. 价格			

以下是历次所作的修改：

1）将第一次中使用李克特量表调查的"功能"方面的问题转化为选择题。只对用户的态度作了解。如，在李克特量表中设定一个表述："MP3 中整合许多功能"，第三次又改为两个对立的表述："MP3 功能强大，具有拍照、游戏、日历等功能"和"MP3 功能简单、普通，只有听歌、FM 广播等功能"。看用户怎样看待目前 MP3 种附加有许多功能的现象。

2）对操作键进行重新分类和改变问题的表述。

将"您认为高档 MP3 的按键形式是　A. 按键　B. 旋钮　C. 触摸屏　D. 金属平板按键"改为"您认为高档 MP3 的键的操作形式是（可以多选）　A. 普通塑料按键　B. 旋钮　C. 触摸式按键（类似 ipod）　D. 金属平板按键（类似 MOTO V3 的）"。

3）增加"感受"的种类。我们很难调查出用户喜欢哪种造型的 MP3，一方面是因为用户很难描述出这些造型，另一方面是即使描述出来，相互之间的理解也会产生一定差异。所以我们转而调查用户的"感受"，希望能通过了解用户对一些造型的心理感受，即从"感受→造型"。例如：用户认可的是"柔和"的感觉，我们就知道"曲线"、"对比不强烈的颜色"会是用户心中所想 MP3 所包含的一些元素。当然这样的调查方法是不准确的，因为每个人对"柔和"的界定是不同的。我们只能得到一些参考。

我们列举了可能会有的感受："A. 小巧　B. 厚重　C. 柔和　D. 几何感　E. 硬朗　F. 精致　G. 机械感　H. 科技　I. 动感　J. 结实　K. 简洁　L. 精密　M. 新颖　N. 其他＿＿＿"。

4）增加对显示屏颜色的调查。这是在第一次设计问卷中所忽略的问题。

5）在"用户信息"中增加"使用过的 MP3 个数"这一项，这样对"用户对 MP3 的熟悉度"会有一定了解。

（3）交流效度

这方面的问题主要存在于：

1）调查中表达是否准确。由于对 MP3 的相关信息掌握得不全面，因此在与 MP3 导购交流时，对自己的想法表述得不准确，在对用户解释内容时出现一定偏差，引起误解。

2）对交流内容的考虑。这包括对"已知问题"和"可能出现问题"如何应对两个方面。在进行预调查时，我们没有对可能出现的问题进行预先的估计，出现访谈中突然不知如何提问的情况。

3）交流时双方的心情、状态。对方一边填写问卷，一边做其他的事情，中途有事情打断调查，调查时不专心都会影响效度。

4）交流环境。最终是影响交流双方的心情。比如，天气很热，周围嘈杂，不断有人从身旁经过等。

（4）分析效度

对框架和内容的分析是采用比较判断的方法进行取舍或更改。例如，在罗列具体"功能"时，去掉了一些出现极少，只在少数厂商的产品中应用的、不广为人知的功能，如"蓝牙功能"。在对问卷内容的调整上，更改用户不理解的问题，从使用感受的角度去提问。对对象的分析，主要是从交流过程中对方的言语表达去推测判断对方所说话语的真实度，从他们的填写态度判断问卷的可信度。

三、调查结果分析

1. 调查对象

这次调查 43 人，其中包括男 27 名、女 16 名，9 名 MP3 导购、34 名普通用户。

2. 问卷统计结果

以下是对李克特量表中内容的评分与排序：

李克特量表中内容评分与排序　　　　　　　　　　表 2－2－4

对 MP3 的描述	平均分	排序
按键手感很好	4.3864	1
接合处比较紧密顺滑，没有明显的毛刺及瑕隙	4.3864	1
表面处理工艺的耐久性是至关重要的	4.2955	2
按键排布紧凑，不松动	4.2273	3
可以对歌曲进行管理，分类（如按照歌手分类歌曲）	4.0909	4
挂绳、耳机插口、接口位置相互间不干扰	4.0227	5
操作过程中，对用户的操作会进行提示	3.9773	6
操作容易学会	3.9545	7
可以自动搜索、自动下载音乐	3.9318	8
数据线接口外设计有防尘帽	3.9318	8
MP3 机身表面光顺	3.9318	8
不会出现误操作	3.8181	9
多种佩带方式	3.7955	10
自带驱动管理软件的，软件容易使用（如 ipod）	3.7727	11
按键表面平整	3.7727	11
可以扩充存储容量	3.7045	12
可以根据喜好自定义屏幕显示内容	3.7045	12
USB 帽（盖）容易打开	3.6591	13
机身与按键颜色相近	3.2955	14
MP3 功能简单、普通，只有听歌、FM 广播等功能	3.2045	15
MP3 功能强大，具有拍照、游戏、日历等功能	2.8181	16
数据接口为厂家专用接口，不与一般接口通用	2.3636	17

在评分中，3 分以上的是倾向于"认同"，3 分以下是倾向于"不认可"。从上表中可以看出，只有两项的分值低于 3 分，其中，分值低的原因可能包括题目的设置有问题。

以下是对选择题的统计结果。

键的操作形式   表 2 - 2 - 5

	人数	百分比		人数	百分比
普通塑料按键	4	9.09	触摸式按键（类似 ipod）	26	59.10
旋钮	13	29.55	金属平板按键（类似 MOTO V3 的）	25	56.82

存储容量   表 2 - 2 - 6

存储容量	人数	百分比	存储容量	人数	百分比
512M	10	22.73	4G	5	11.36
1G	14	31.82	与容量无关	13	29.55
2G	3	6.82			

好音质的条件   表 2 - 2 - 7

	人数	百分比		人数	百分比
声音听起来清晰，层次分明	31	70.45	声音丰满	12	27.27
音域广	16	36.36	高音不刺耳，听起来舒服	16	36.36
重低音感强	25	56.82	左、右声道的一致性好	18	40.91
播放时有临场感、真实感、立体感	38	86.4	音效表现力强，可以区分出各种音效	26	59.09

用户对功能的选择   表 2 - 2 - 8

	人数	百分比		人数	百分比
多种音效	34	77.27	日历	7	15.91
FM 收音机	25	56.82	浏览图片	13	29.55
闹铃	10	22.73	电子相册	12	27.27
时钟	15	34.09	玩游戏	7	15.91
电子书	19	43.18	自定义开机画面	9	20.45
摄像、拍照	5	12.50	支持后台播放	19	43.18
视频播放	20	45.45	其他		

显示屏类型   表 2 - 2 - 9

	人数	百分比		人数	百分比
单色	4	9.09	冷光屏（OLED）	17	38.64
七彩背光	4	9.09	彩屏	26	59.09

用户对造型的选择   表 2 - 2 - 10

	人数	百分比		人数	百分比
硬朗的简单几何造型	12	27.27	结构明显的造型	9	20.45
有柔和曲线的造型	21	47.73	有张力感的大曲面造型	6	13.64

菜单管理的界面   表 2 - 2 - 11

界面类型	人数	百分比	界面类型	人数	百分比
图文结合	33	75.00	只有文字	9	20.45
只有图片	2	4.55			

用户对颜色的选择　　　　　　　　　　　　　　　　表 2 - 2 - 12

	人数	百分比		人数	百分比
单色	30	68.18	多色	17	38.64
双色	4	9.09			

用户对单色的选择　　　　　　　　　　　　　　　　表 2 - 2 - 13

	人数	百分比		人数	百分比
黑色	21	47.73	红色	1	2.27
白色	20	45.45	黄色	0	0
蓝色	3	6.82	紫色	3	6.82
绿色	0	0	灰色	4	9.09
橙色	1	2.27			

高档 MP3 给人的感觉　　　　　　　　　　　　　　表 2 - 2 - 14

	人数	百分比		人数	百分比
小巧	22	50.00	科技感	19	43.18
厚重	12	30.00	动感	8	18.18
柔和	14	31.82	结实	13	29.55
几何感	9	20.45	简洁	24	54.55
硬朗	7	15.91	精密	19	43.18
精致	26	59.09	新颖	15	34.09
机械感	4	9.09			

机身表面　　　　　　　　　　　　　　　　　　　　表 2 - 2 - 15

	人数	百分比		人数	百分比
细腻磨砂感的塑料	17	38.64	烤瓷质感的塑料	20	45.45
透明半透明感	11	25.00	亚光感金属	12	27.27
光亮的金属	14	31.82	镜面般光亮的塑料	9	20.45

四、调查总结

1. 调查前期准备不够充分，对 MP3 的了解不够全面，导致在做预调查时出现交流不畅的问题。

2. 对因素的分类与归纳不够清晰和彻底。哪些因素是应该列为调查内容的，哪些是不需要进行调查的，没有划分清楚。没有对列出的所有因素进行调查。

3. 选择"MP3 给人带来的感受"的词汇时，没有进行调查前的验证。合理的方法是挑选一些具有代表性的 MP3 图片，预先让被调查者针对每张图片说出自己最先想到的几个两个字的词语，然后对这些词语进行归类筛选，再采用"词语→图片"的方式，最终选择出一些相反的词语对，使用李克特量表进行调查。

附录

调查问卷（1）

一、以下是对高档 MP3 的一些描述，请您按照认同度进行打分，认同度越高，分值越高

例如：对于"可以保存选定的 FM 频道"，你如果非常认同这个观点，就在"5"下打勾

	非常 不认同	不认同	中立	认同	非常 认同
2. 可以保存选定的 FM 频道	1	2	3	4	5

1. 可以调节收听的 FM 广播的接收范围	1	2	3	4	5
2. 可以保存选定的 FM 频道	1	2	3	4	5
3. 立体声和普通声道可以自己设定	1	2	3	4	5
4. 立体声和普通声道由机器设定	1	2	3	4	5
5. 可以将 MP3 中的音乐以 FM 电波形式发送出去	1	2	3	4	5
6. 录制声音或音乐时可以调节录制质量	1	2	3	4	5
7. 可以实现有声音时开始录音，无声音时自动暂停录音					
	1	2	3	4	5
8. 可以调节音乐的播放速度	1	2	3	4	5
9. 可以升级 MP3 的操作系统	1	2	3	4	5
10. 可以将文字转化成声音播放出来	1	2	3	4	5
11. 具有闹钟、时钟和日历的功能	1	2	3	4	5
12. 可以通过 MP3 接听来电而不必拿出手机	1	2	3	4	5
13. 可以浏览图片，作为电子相册	1	2	3	4	5
14. 可以玩游戏	1	2	3	4	5
15. 可以自定义开机画面，LOGO	1	2	3	4	5
16. 具有摄像、拍照的功能	1	2	3	4	5
17. 可以当作计算器	1	2	3	4	5
18. 可以当作电子词典使用	1	2	3	4	5
19. 播放时可以同步显示歌词	1	2	3	4	5
20. 可以一边听音乐，一边进行其他操作，如阅读电子书					
	1	2	3	4	5
21. 开机后可以实现从上次停止的位置继续播放	1	2	3	4	5
22. 可以播放视频	1	2	3	4	5
23. 可以附带有迷你小音箱	1	2	3	4	5
24. 有线控装置	1	2	3	4	5
25. 菜单操作界面多是图形表示	1	2	3	4	5
26. 播放时显示的内容可以自己设定	1	2	3	4	5
27. 操作很简洁，按键功能分明	1	2	3	4	5
28. 操作时很清楚怎样可以实现想要的功能	1	2	3	4	5
29. 按键与机身的材质相同或相近	1	2	3	4	5

30. 按键手感很好，长时间使用都感觉舒服	1	2	3	4	5
31. 表面不易磨损，长时间使用颜色基本不变	1	2	3	4	5
32. 结构方便拆卸	1	2	3	4	5
33. 耗电少	1	2	3	4	5
34. 售后服务范围广	1	2	3	4	5
35. 售后服务易获得	1	2	3	4	5

二、您心目中高档 MP3 的外观特征

36. 您认为高档 MP3 的按键形式是

A. 按键　　　　B. 旋钮　　　　C. 触摸屏　　　　D. 金属平板按键

37. 您认为高档 MP3 的风格是怎样的

A. 硬朗的简单几何造型　　　　B. 有柔和曲线的造型

C. 结构明显的造型　　　　D. 有张力感的大曲面造型　　　　E. 其他

38. 您认为针对菜单管理的界面是

A. 图文结合　　　　B. 只有图片　　　　C. 只有文字

39. 您认为高档 MP3 使用的颜色是

A. 单色（a. 黑色 b. 白色 c. 蓝色 d. 绿色 e. 橙色 f. 红色 g. 黄色 h. 紫色 i. 灰色）

B. 双色（_____ + _____）（希望您能写出颜色搭配方案）

C. 多色

40. 您认为高档 MP3 给人的感觉是（可以多选）

A. 轻巧　　　B. 厚重　　　C. 柔和　　　D. 硬朗　　　E. 张力

F. 精致　　　G. 机械感　　　H. 含蓄　　　I. 动感

41. 您认为高档 MP3 的机身表面是（可以多选）

A. 细腻磨砂感的塑料　　　　B. 透明半透明感　　　　C. 光亮的金属

D. 烤瓷质感的塑料　　　　E. 亚光感金属　　　　F. 其他

42. 你认为高档 MP3 在细节表现上应该做到（可以多选）

A. 接合处比较紧密顺滑，没有明显的毛刺及瑕疵　　　B. 机身各部分风格一致

C. 按键紧凑、平整　　　　D. 按键不松动　　　　E. 表面光顺

F. 接口处设计有防尘帽　　　G. 表面不宜磨损、褪色　　　H. 使用较纯的颜色

I. 很有分量感　　　　J. 按键间距适中，不会出现误操作

K. 挂绳、耳机插口、接口位置合理

用户信息

性别：□ 男　　□ 女

年龄：□ 20 岁以下　□ 20～30 岁　□ 31～40 岁　□ 41～50 岁　□ 50 岁以上

使用 MP3 时间：□ 不到 1 年　□ 1～2 年　□ 2～3 年　□ 3 年以上

收入：□ 800 元以下　□ 800～1500 元　□ 1500～2500 元　□ 2500～3500 元　□ 3500 元以上

职业分类：_____

调查问卷（2）

一、以下是对高档 MP3 的一些描述，请您按照认同度进行打分，认同度越高，分值越高

例如：对于"MP3 中整合许多功能"，你如果非常认同这个观点，就在"5"下打勾

	非常 不认同	不认同	中立	认同	非常 认同
1. MP3 中整合许多功能	1	2	3	4	5✓

1. MP3 中整合许多功能	1	2	3	4	5
2. 操作简洁，按键功能明确	1	2	3	4	5
3. 出现无效操作的机会少	1	2	3	4	5
4. 对用户的操作会进行提示	1	2	3	4	5
5. 配套的软件容易使用	1	2	3	4	5
6. 多种携带方式	1	2	3	4	5
7. 可以根据喜好自定义显示界面	1	2	3	4	5
8. 按键适于操作，手感很好	1	2	3	4	5
9. 按键间距适中，不会出现误操作	1	2	3	4	5
10. 数据线接口外设计有防尘帽	1	2	3	4	5
11. 表面处理工艺的耐久性是至关重要的	1	2	3	4	5
12. 结构方便拆卸	1	2	3	4	5
13. 同品牌不同机型的部分部件可以通用	1	2	3	4	5
14. 机身与按键风格相同或相近	1	2	3	4	5

二、您心目中高档 MP3 的外观特征

15. 您认为高档 MP3 的操作键的形式是（可以多选）

A. 普通塑料按键　　　　　B. 旋钮　　　　　　　C. 触摸式按键（类似 ipod）

D. 金属平板按键（类似 MOTO V3 的）

16. 您认为高档 MP3 具备的功能有

A. 多种音效　　　B. FM 收音机　　　C. 闹铃　　　　D. 时钟

E. 电子书　　　　F. 摄像、拍照　　　G. 视频播放　　H. 日历

I. 浏览图片　　　J. 电子相册　　　　K. 玩游戏　　　L. 自定义开机画面

M. 支持后台播放　N. 其他

17. 您认为高档 MP3 采用的显示屏颜色

A. 单色　　　　　B. 七彩背光　　　　C. 冷光屏（OLED）　D. 彩屏

18. 您认为高档 MP3 的风格是怎样的

A. 硬朗的简单几何造型　　　B. 有柔和曲线的造型　　　C. 结构明显的造型

D. 有张力感的大曲面造型　　E. 其他

19. 您认为针对菜单管理的界面是

A. 图文结合　　　　　　　B. 只有图片　　　　　　　C. 只有文字

20. 您认为高档 MP3 使用的颜色是

A. 单色（a. 黑色 b. 白色 c. 蓝色 d. 绿色 e. 橙色 f. 红色 g. 黄色 h. 紫色 i. 灰色）

B. 双色（_____ + _____）（_____ + _____）……（希望您能写出颜色搭配方案）

C. 多色

21. 您认为高档 MP3 给人的感觉是（可以多选）

A. 小巧感　　B. 厚重感　　C. 柔和感　　D. 几何感　　E. 张力感　　F. 精致感

G. 机械感　　H. 科技感　　I. 动感　　　J. 结实　　　K. 简洁　　　L. 精密

M. 新颖

22. 您认为高档 MP3 的机身表面是（可以多选）

A. 细腻磨砂感的塑料　　　　　B. 透明半透明感　　　　C. 光亮的金属

D. 烤瓷质感的塑料　　　　　　E. 亚光感金属　　　　　F. 其他

23. 你认为高档 MP3 在细节表现上做到（可以多选）

A. 接合处比较紧密顺滑，没有明显的毛刺及瑕疵　　　B. 机身各部分风格一致

C. 按键紧凑、平整　　　　D. 按键不松动　　　　　E. 表面光顺

F. 防尘帽容易打开　　　　G. 很有分量感

H. 挂绳、耳机插口、接口位置之间不会出现干扰

用户信息

性别：□ 男　□ 女

年龄：□ 20 岁以下　□ 20～30 岁　□ 31～40 岁　□ 41～50 岁　□ 50 岁以上

使用 MP3 时间：□ 不到 1 年　□ 1 到 2 年　□ 2 到 3 年　□ 3 年以上

收入：□ 800 元以下　□ 800～1500 元　□ 1500～2500 元　□ 2500～3500 元　□ 3500 元以上

职业：_____

使用过的 MP3 个数_____

调查问卷（3）

一、以下是对高档 MP3 的一些描述，请您按照认同度进行打分，认同度越高，分值越高

	非常 不认同	不认同	中立	认同	非常 认同
例如：对于"操作简单，步骤少"，你如果非常认同这个观点，就在"5"下打勾					
3. 操作简单，步骤少	1	2	3	4	5̌

1. MP3 功能强大，具有拍照、游戏、日历等功能	1	2	3	4	5
2. MP3 功能简单、普通，只有听歌、FM 广播等功能	1	2	3	4	5
3. 操作简单，步骤少	1	2	3	4	5
4. 操作过程中，对用户的操作会进行提示	1	2	3	4	5
5. 自带驱动管理软件的，软件容易使用（如 ipod）	1	2	3	4	5
6. 可以对歌曲进行管理，分类（如，按照歌手分类歌曲）	1	2	3	4	5
7. 可以自动搜索、自动下载音乐	1	2	3	4	5
8. 多种佩带方式	1	2	3	4	5
9. 可以根据喜好自定义屏幕显示内容	1	2	3	4	5
10. 按键手感很好	1	2	3	4	5
11. 不会出现误操作	1	2	3	4	5

12. 数据接口为厂家专用接口，不与一般接口通用	1	2	3	4	5
13. 数据线接口外设计有防尘帽	1	2	3	4	5
14. 表面处理工艺的耐久性是至关重要的	1	2	3	4	5
15. 机身与按键颜色相近	1	2	3	4	5
16. 接合处比较紧密顺滑，没有明显的毛刺及瑕疵	1	2	3	4	5
17. 按键排布紧凑，不松动	1	2	3	4	5
18. 按键表面平整	1	2	3	4	5
19. MP3 机身表面光顺	1	2	3	4	5
20. USB 帽（盖）容易打开	1	2	3	4	5
21. 挂绳、耳机插口、接口位置相互间不干扰	1	2	3	4	5
22. 可以扩充存储容量	1	2	3	4	5

二、您心目中高档 MP3 的外观特征

23. 您认为高档 MP3 的键的操作形式是（可以多选）

A. 普通塑料按键　　　　　B. 旋钮　　　　　C. 触摸式按键（类似 ipod）

D. 金属平板按键（类似 MOTO V3 的）　　　　E. 其他_____

24. 您觉得高档 MP3 的存储容量应该达到

A. 512M　　B. 1G　　C. 2G　　D. 4G　　E. 与容量无关　　F. 其他_____

25. 您认为好的音质应该具备哪些条件

A. 声音听起来清晰，层次分明　　　　　B. 音域广

C. 重低音感强　　　　　D. 播放时有临场感，真实感，立体感

E. 声音丰满　　　　　F. 高音不刺耳，听起来舒服

G. 左、右声道的一致性好　　　　　H. 音效表现力强，可以区分出各种音效

I. 其他_____

26. 您认为高档 MP3 具备的功能有

A. 多种音效　　　　　B. FM 收音机　　　　　C. 闹铃

D. 时钟　　　　　E. 电子书　　　　　F. 摄像、拍照

G. 视频播放　　　　　H. 日历　　　　　I. 浏览图片

J. 电子相册　　　　　K. 玩游戏　　　　　L. 自定义开机画面

M. 支持后台播放　　　　　N. 其他_____

27. 您认为高档 MP3 采用的显示屏类型

A. 单色　　　　　B. 七彩背光　　　　　C. 冷光屏（OLED）

D. 彩屏

28. 您认为高档 MP3 的造型是怎样的

A. 硬朗的简单几何造型　　B. 有柔和曲线的造型　　C. 结构明显的造型

D. 有张力感的大曲面造型　　E. 其他

29. 您认为高档 MP3 菜单管理的界面是

A. 图文结合　　　　　B. 只有图片　　　　　C. 只有文字

30. 您认为高档 MP3 使用的颜色是

A. 认为单色高档，请您选择颜色（a. 黑色　b. 白色　c. 蓝色　d. 绿色　e. 橙色　f. 红色 g. 黄色　h. 紫色　i. 灰色）

B. 认为双色高档，请您写出颜色搭配方案（＿＿＿＿ + ＿＿＿＿）（＿＿＿＿ + ＿＿＿＿）……

C. 多色

31. 您认为高档 MP3 给人的感觉是（可以多选）

A. 小巧　　B. 厚重　　C. 柔和　　D. 几何感　　E. 硬朗　　F. 精致　　G. 机械感

H. 科技　　I. 动感　　J. 结实　　K. 简洁　　L. 精密　　M. 新颖　　N. 其他＿＿＿

32. 您认为高档 MP3 的机身表面是（可以多选）

A. 细腻磨砂感的塑料　　　　B. 透明半透明感　　　　C. 光亮的金属

D. 烤瓷质感的塑料　　　　　E. 亚光感金属　　　　　F. 镜面般光亮的塑料

G. 其他＿＿＿＿

用户信息

性别：□ 男　□ 女

年龄：□ 20 岁以下　□ 20～30 岁　□ 31～40 岁　□ 41～50 岁　□ 50 岁以上

使用 MP3 时间：□ 不到 1 年　□ 1 到 2 年　□ 2 到 3 年　□ 3 年以上

收入：□ 800 元以下　□ 800～1500 元　□ 1500～2500 元　□ 2500～3500 元　□ 3500 元以上

职业：＿＿＿＿＿＿

使用过的 MP3 个数＿＿＿＿＿＿

第三节　高档家具设计调查

一、概要

1. 调查目的

这次高档调查的目的是：

- 调查用户认可的高档的床、沙发、餐桌所具备的因素；
- 从中发现设计指南。

2. 第一次调查效度分析

第一次家具的高档性调查，在效度上存在以下问题：

（1）框架效度

1）因素不够具体，无法在分析后为我们得到设计指南。

2）因素划分不够细致，许多小因素没有找出。这主要是因为上次做的是笼统的家具高档性的调查，许多具体家具的细节无法在问卷中体现，容易造成用户思维的混乱。所以第二次调查中针对这一点对三种家具：卧室的床，客厅的沙发，餐厅的餐桌进行具体的调查。

3）没有进行调查前访谈，导致知识储备和资料收集的不全面。

（2）内容效度

1）进行了试调查，对一些问题进行了修改，但许多问题还显得不够通俗易懂，在问卷调查过程中存在一些交流上的问题。

2）因为因素没有找全，所以许多具体的问题不能在问卷中体现。

3）对应的，第二次调查采用两次试调查，尽量减少问卷上存在的缺点，增强问卷的可交流性。补充缺少的因素。

（3）交流效度

第一次调查没有进行一个关于交流效度的详细的访谈，无法了解并验证问题是否可问、可答；用户是否愿意答、可理解。

（4）分析效度

1）问卷设计方面没有采用量表法导致信度无法进行分析。

2）只对其中的大因素排序没有对大因素下的子因素排序，分析。

3）只注重于对数据的分析，没有从中得到重要的设计指南。

二、高档床的调查报告

1. 资料收集

资料收集采用网上收集、家具城实际了解情况和访谈三类方法，主要收集以下 3 个方面的信息：第一，材料、结构、功能；第二，通过了解实际家具的购买情况和具体产品，了解用户的购买倾向和产品具体细节；第三，通过对家具城销售人员和教授家具课程的老师的访谈得到一些遗落的资料（这三部分资料的整理，见附录）。

此外，第一次调查的因素也可以用来作为这次框架效度中的一些因素的参照。

通过整理资料，可以从中归纳出高档床的因素，以下问题成为了问卷的主要内容：

舒适性、环保性、结构、材料、表面处理效果、附加功能、造型、可维护性、售后服务、风格。

2. 问卷效度

（1）框架效度

通过五个方面保证框架效度，即因素的全面性：

1）上一次的家具调查分析。上一次的高档家具调查从整体出发，没有得到具体的设计指南，但其影响因素和审美因素的统计还是对这次的调查问卷的设计有借鉴作用，所以我们将上次调查的某些影响因素提取出来，作为这次调查的部分内容。如：质量（进行了细化，变成舒适性，材料，可维护性等因素）、环保、外观、售后服务、功能等。

2）通过资料的搜集，发现大因素下的部分子因素。

3）通过在西部家具城对 6 名家具导购的访谈，发现每个大因素下的部分子因素，如床垫的填充物非常影响舒适度（决定了床垫的软硬程度和弹性）。具体访谈问题如下：床的构成材料有哪些？材料环保吗？表面处理如何？是什么结构？包括什么样的售后服务？因为是在实际的家具城内进行访谈，所以可以针对具体的床现场发掘问题提问。这也补充了我们所欠缺的实际经验。访谈问题都围绕如何发掘更多的因素进行的。

4）通过对一名家具老师的访谈，发现一些遗落的因素。如抽屉的抽拉顺畅、没有声音对床的高档性很有影响。具体问题如下：请看一下还有哪些不专业的地方？弹性有具体的量度吗？床都有什么涂饰？螺栓连接是不是榫接稳定？这些问题都是随着访谈的进行而展开的，开始没有特别精确的规定，但都围绕一点，就是如何发掘更多的因素。

5）试调查后在调查中发现的因素补充（见内容效度中的试调查部分）。

经过上述五个方面的调查，完成的影响高档床的因素如下表：其中大因素 10 个，子因素 30 个。

影响高档床的因素框架结构

表 2 - 3 - 1

大因素	子因素	因素解释
1. 舒适性	坐靠的舒适性	人体坐靠在床屏上时的舒适性
	平躺的舒适性	人睡眠时的舒适性
2. 环保性	材料、涂料、填料对人体的影响	材料、涂料、填料对人体不造成危害
	材料、涂料、填料对环境的影响	材料、涂料、填料对环境不造成污染
3. 结构	床的组成部分	床屏，床架，床垫三个部件结构分明；表面看上去是一体的，分不出床屏、床架和床垫；这几种床的组成方式只有床架对床的高档性有影响
	可拆卸性	床架，床屏部可拆装，便于运输
	稳定性	1. 床架稳定、牢固，翻身时少噪声
		2. 床垫不会产生相对床架的滑动
		3. 抽屉等附件抽拉顺畅，没有声音
	连接结构隐藏	连接结构（螺钉，螺栓等）隐藏
4. 材料	床屏材料	包括：实木、密度板材、皮革包裹木质框架、不锈钢、铝合金、铁等
	床架材料	包括：实木、密度板材、不锈钢、铝合金、铁等
	床垫填充物	包括：弹簧加海绵、硬质海绵、椰棕加棉毡等
	床罩选择	包括：非常光顺的织物（如丝绸）；一般的布制（如棉布）；稍具粗糙感的织物（如麻布）等
5. 表面处理效果	对于木质材料	包括：贴木纹纸、贴木皮、上透明的清漆保留材料本身的纹理、上不透明的涂料产生颜色等
	对于金属材料	包括：电镀，高光亮；亚光金属等
6. 附加功能	储存物品能力	1. 床屏内可以储存物品
		2. 床架内可以储存物品
	床屏上附加灯	床屏上装灯，方便晚上活动
	床上附加护拦	床上附加护拦，防止跌落，方便上下床
7. 可维护性	床屏的清洁	床屏所选用材料便于清洁
	床垫的翻转	床垫可以两面使用
	寿命	寿命长，部件可更换，易维修
8. 外观	床垫外形	
	床屏外形	包括：上部圆弧形⌒、直角形▭、倒角为圆角形▭、倒角为切角形▱等
	床屏花纹	床屏上有雕花
	床屏手感	光滑流畅；有凸凹感层次感
	床屏主要颜色	
	床架主要颜色	
	床罩主要颜色	
	床面高度	坐在床边，脚在地板上时感觉很舒服，腿也没有压抑感
9. 售后服务	服务内容	保修范围广，时间长，可对部件进行翻新
10. 风格	床的种类	包括：普通的平板床；传统的明清式床；欧式的四柱床；上下铺的双层床；日式的榻榻米；折叠床等

(2) 内容效度

内容效度包括：

1）问几个问题可以把一个因素问清楚；

2）这个调查问题最终对设计的启发（发掘设计指南）；

3）问题是否能全面真实的反映因素。

通过对资料收集部分列出了初问卷，然后通过对家具老师的访谈，对普通用户的试调查访谈进行问卷的修改，从中发现问题，补充因素。将问卷中的题目在调查后转化为设计指南（设计指南详细见结论部分）。

试调查部分：

第一次试调查3份，分别在问卷调查后进行了访谈，主要更改了大因素排序的提问方式，将因素的排序改成了五分量表的评分法，避免了让用户浪费更多时间排序，并且有时候用户不能排列两个因素的先后重要性。题目如下：

请您根据下面的十个方面为高档床的各个使用指标排序。（第一位后标1，依次类推）				
舒适□	环保□	结构□	材料□	表面处理效果□
附加功能□	可维护性□	外观□	售后服务□	风格□

改为：

请您给下面十个影响床高档性的因素按重要性打分（不重要到最重要的因素依次为1~5分）。

因素	不重要——重要 1 2 3 4 5	因素	不重要——重要 1 2 3 4 5
1. 舒适	□ □ □ □ □	6. 环保	□ □ □ □ □
2. 结构	□ □ □ □ □	7. 材料	□ □ □ □ □
3. 表面处理效果	□ □ □ □ □	8. 附加功能	□ □ □ □ □
4. 可维护性	□ □ □ □ □	9. 外观	□ □ □ □ □
5. 售后服务	□ □ □ □ □	10. 风格	□ □ □ □ □

第二次试调查4份，分别在问卷调查后进行了访谈，这次试调查更注重细节的修改，对一些用户所不理解的专业性语句进行了解释或更换说法，如：

- 材料的环保性解释为：床使用的材料，涂料，填料对人体不造成危害；床使用的材料，涂料，填料对环境不造成污染。
- 抽屉等附件抽拉自如改为：抽屉等附件抽拉顺畅。
- 床垫稍具弹性改成：床垫弹性低。
- 电镀的表面处理改成：电镀，高光亮。
- 欧式床改成：欧式的四柱床。

此外，还需要进行一个详细的访谈，以达到用户对问题的理解和原意相一致的效果。这一部分详细见交流效度的访谈分析。

问卷的几次修改参照附录。

最终因素的调查可以表述如下表：

高档床大因素、子因素和题目内容的关系　　　　　　　　　　表 2-3-2

大因素	子因素	题目内容
1. 舒适性	坐靠的舒适性	（量表 1）有固定在床屏上的软质靠背
		（量表 2）床上附加有靠垫
	平躺的舒适性	（单选 1）床垫弹性高；弹性适中；床垫弹性低
		（量表 3）要有舒适的枕头
2. 环保性	材料、涂料、填料对人体的影响	（量表 4）材料、涂料、填料对人体不造成危害
	材料、涂料、填料对环境的影响	（量表 5）材料、涂料、填料对环境不造成污染
3. 结构	床的组成部分	（单选 2）床屏，床架，床垫三个部件结构分明；表面看上去是一体的，分不出床屏、床架和床垫，看上去只有床架
	可拆卸性	（量表 6）床架、床屏部分可拆装，便于运输
	稳定性	（量表 7）床架稳定、牢固，翻身时少噪声
		（量表 8）床垫不会产生相对床架的滑动
		（量表 9）抽屉等附件抽拉顺畅，没有声音
	连接结构	（量表 10）连接结构（螺钉、螺栓等）隐藏
4. 材料	床屏材料	（单选 3）实木；密度板材；皮革包裹木质框架；不锈钢；铝合金；铁
	床架材料	（单选 4）实木；密度板材；不锈钢；铝合金；铁
	床垫填充物	（单选 5）弹簧加海绵；硬质海绵；椰棕加棉毡
	床罩选择	（单选 6）非常光顺的织物（如丝绸）；一般的布制（如棉布）；稍具粗糙感的织物（如麻布）
5. 表面处理效果	木质材料	（单选 7）贴木纹纸，贴木皮，上透明的清漆保留材料本身的纹理，上不透明的涂料产生颜色
	金属材料	（单选 8）电镀，高光亮；亚光金属
6. 附加功能	储存物品能力	（量表 11）床屏内可以储存物品
		（量表 12）床架内可以储存物品
	床屏上附加灯	（量表 13）床屏上装灯，方便晚上活动
	床上附加护拦	（量表 14）床上附加护拦，防止跌落，方便上下床
7. 可维护性	床屏的清洁	（量表 15）床屏所选用材料便于清洁
	床垫的翻转	（量表 16）床垫可以两面使用
	寿命	（量表 17）寿命长，部件可更换，易维修
8. 外观	床垫外形	（单选 9）正方形；长方形；圆形；正方形带圆弧边角；长方形带圆弧边角
	床屏外形	（单选 10）上部圆弧形⌒；直角形▢；倒角为圆角形▢；倒角为切角形▢
	床屏花纹	（量表 18）床屏上有雕花
	床屏手感	（单选 11）光滑流畅；有凸凹感层次感
	床屏主要颜色	（单选 12）红棕色；黑色；白色；灰色；黄色
	床架主要颜色	（单选 13）红棕色；黑色；白色；灰色；黄色
	床罩主要颜色	（单选 14）浅淡的颜色如白色，天蓝；鲜艳的颜色如橘红，草绿；深的颜色如深蓝，深灰，黑
	床面高度	（量表 19）坐在床边，脚在地板上时感觉很舒服，腿也没有压抑感
9. 售后服务	服务内容	（量表 20）保修范围广，时间长，可对部件进行翻新
10. 风格	床的种类	（单选 15）普通的平板床；传统的明清式床；欧式的四柱床；上下铺的双层床；日式的榻榻米；折叠床

（3）交流效度

交流效度是指要让问卷中不存在你和被调查者之间的交流障碍；要明确用户是否理解你所提的问题；用户所说的话你是否理解；还要了解哪些问题是用户不愿意回答的，哪些问题可能会被用户误解。

这就需要进行一个关于问卷理解的访谈，寻找一个善于表达而有耐心的人，将问卷的每一个问题理解一遍，从中找到不合理的地方，改正问卷。

我找了一个平时表述很好的朋友和一个同学来作为访谈对象，访谈方式是让他们做问卷，每做一题要他们讲出题目要表达的意思和涉及的范围，另外还要指出他们不理解的地方和专业性的词语。下面列举发现的问题：

1）结构方面：初始的量表20个问题写在一起，后面的分值也在一起，很容易在勾选的时候发生错误，将第三题的答案选在第四题。改进以后每5个问题画一条线加以区分，比较不容易选错。

2）问题的措辞方面：改正了一些晦涩难懂的用语，将用语改成普通用户都能够理解的话语："床屏上有软质靠背"改为"有固定在床屏上的软质靠背"；"有附加的靠垫"改为"床上附加有靠垫"；"床屏所选用材料容易拆掉，清洁"改为"床屏所选用材料容易清洁"。

3）因素划分上的改正："连接结构（螺钉、螺栓等）隐藏"由外观因素改为结构因素。

4）其他细节上的修改不一一列出。

同时考虑到购买家具的主要都是工作后的人，而学生对家具的认识是肤浅的，也没有购买家具的动机。所以调查用户选择为：普通用户，工作以后有一定收入的人群，只调查极少数学生；销售人员，在明珠家具城对导购人员、经理、楼层主管进行调查。

（4）分析效度

分析效度指分析的有效程度，包括用什么方法能够全面、真实地分析调查结果并总结出结论，从而发现设计指南。

解决方法如下：

1）通过因素的排序，来权重设计，在有限的资源、成本下，根据尽可能多和重要的因素来进行设计。因此，因素间的排序和因素内容的排序同样重要。采用均值来比较因素和其中的内容。对用户心目中的重要性进行排序。排序主要针对量表题目（详细见2.3问卷的统计分析）。

2）对于一些选择性的题目进行选项统计，从中得到高档床的一些特征（详细见2.3问卷的统计分析）。

3）通过对因素的排序和统计，发掘设计指南（详细见2.4结论部分）。

4）需要对问卷的信度进行一定的验证，包括重测信度和检验。

3. 问卷统计分析

（1）问卷中调查者的资料分析

本次正式调查问卷为50份，其中有效问卷46份。其中的男女比为3：2，符合调查中男性偏多的期待；年龄分布25岁以下偏大，主要原因为：

1）在家具城中接受调查的导购员相当一部分为25岁以下；

2）调查中发现25岁以下的人比较愿意填写问卷，部分年纪大的用户不太喜欢填写问卷；

3）25 岁为一个结婚的年龄段，这个年龄段有更多的人要购买家具。

其他年龄段人数分布较平均。

职业方面，普通用户和销售人员比例为3：2，能在购买者和销售者两方面反映问题。

这些情况可以通过下列图表表示出来：

被调查者的性别比例　　　　　　　　　　　　　　表 2 - 3 - 3

	人数（总46人）	百分比
男	28	60.7%
女	18	39.3%

被调查者的年龄段　　　　　　　　　　　　　　表 2 - 3 - 4

	人数（总46人）	百分比		人数（总46人）	百分比
25 以下	22	47.8%	35 ~ 45	7	15.2%
25 ~ 35	9	19.6%	45 以上	8	17.4%

被调查者的职业状况　　　　　　　　　　　　　　表 2 - 3 - 5

	人数（总46人）	百分比		人数（总46人）	百分比
普通用户	29	63.0%	家具城经理	2	4.3%
导购	13	28.3%	家具城楼层管理	1	2.2%
家具城老板	1	2.2%			

（2）问卷第三部分侧重对一些单项选择题目的统计和分析

问卷的第三部分是对一些无法用量表询问的一些问题，包括结构上和造型上一些多选一的问题，进行调查和分析。发现用户在一些结构、功能、材料、造型上对高档床的认识如下：

1）床垫的弹性要适中，弹性过高或过低都会影响睡眠质量，而睡眠质量是评价床高档性的重要因素（主要是舒适性）；

2）床的表面看上去是一体的更加高档；

3）床屏、床架的材料选用实木，保留表面的纹理特征更加高档；

4）对于床的金属部分来说表面亚光更加高档；

5）整体形状为长方形的床垫更加高档；

6）上部圆弧或矩形倒圆角、表面质感光滑的床屏更显高档；

7）以红棕色或白色为主色的床屏和床架更显高档；

8）浅淡的颜色如白色、天蓝等颜色的床罩更加高档；

9）类似普通平板床和欧式四柱床更显高档。

这些特征的统计数据如下列各表所示：

床垫的弹性　　　　　　　　　　　　　　表 2 - 3 - 6

	人数（总46人）	百分比		人数（总46人）	百分比
床垫弹性高	9	19.6%	床垫弹性低	9	19.6%
弹性适中	25	54.3%	无所谓	3	6.5%

床的组成形式 表 2－3－7

	人数（总46人）	百分比
床屏、床架、床垫三个部件结构分明	12	26.1%
表面看上去是一体的，分不出床屏、床架和床垫	19	41.3%
只有床垫	3	6.5%
无所谓	12	26.1%

床屏的材料 表 2－3－8

	人数（总46人）	百分比		人数（总46人）	百分比
实木	25	54.3%	铝合金	1	2.2%
密度板材	6	13.0%	铁	0	0%
皮革包裹木质框架	12	26.1%	其他	0	0%
不锈钢	2	4.3%			

床架的材料 表 2－3－9

	人数（总46人）	百分比		人数（总46人）	百分比
实木	27	58.7%	铝合金	4	8.6%
密度板材	7	15.2%	铁	1	2.2%
不锈钢	6	13.0%	其他	1	2.2%

木质材料的表面处理 表 2－3－10

	人数（总43人）	百分比
贴木纹纸	5	11.6%
贴木皮	5	11.6%
上透明的清漆，保留材料本身的纹理	25	58.1%
上不透明的涂料，产生颜色	6	14.0%
其他	2	4.7%

金属材料的表面处理 表 2－3－11

	人数（总27人）	百分比
电镀，高光亮	3	11.1%
亚光金属（表面没有强的镜面反射）	23	85.2%
其他	1	3.7%

床垫填充物种类 表 2－3－12

	人数（总46人）	百分比		人数（总46人）	百分比
弹簧加海绵	18	39.1%	椰棕加棉毡	16	34.8%
硬质海绵	11	23.9%	其他	1	2.2%

床罩材料 表 2－3－13

	人数（总46人）	百分比		人数（总46人）	百分比
非常光顺的织物（如丝绸）	16	34.8%	稍具粗糙感的织物（如麻布）	12	26.1%
一般的布制（如棉布）	17	37.0%	其他	1	2.2%

床垫外形   表 2 - 3 - 14

	人数（总46人）	百分比		人数（总46人）	百分比
正方形	3	6.5%	正方形带圆弧边角	7	15.2%
长方形	19	41.3%	长方形带圆弧边角	12	26.1%
圆形	5	10.9%	其他	0	0%

床屏外形   表 2 - 3 - 15

	人数（总46人）	百分比		人数（总46人）	百分比
上部圆弧形	19	41.3%	倒角为切角形	4	8.7%
直角形	5	10.9%	其他	1	2.2%
倒角为圆角形	17	37.0%			

床屏手感   表 2 - 3 - 16

	人数（总46人）	百分比		人数（总46人）	百分比
光滑流畅	28	60.9%	其他	0	0%
有凸凹感层次感	18	39.1%			

床屏主要颜色   表 2 - 3 - 17

	人数（总46人）	百分比		人数（总46人）	百分比
红棕色	19	41.3%	灰色	2	4.3%
黑色	8	17.4%	黄色	1	2.2%
白色	13	28.3%	其他	3	6.5%

床架主要颜色   表 2 - 3 - 18

	人数（总46人）	百分比		人数（总46人）	百分比
红棕色	17	37.0%	灰色	3	6.5%
黑色	8	17.4%	黄色	3	6.5%
白色	12	26.1%	其他	3	6.5%

床罩主要颜色   表 2 - 3 - 19

	人数（总46人）	百分比		人数（总46人）	百分比
浅淡的颜色如白色、天蓝	29	63.0%	深的颜色如深蓝、深灰、黑	6	13.0%
鲜艳的颜色如橘红、草绿	10	21.7%	其他	1	2.2%

床的种类   表 2 - 3 - 20

	人数（总46人）	百分比		人数（总46人）	百分比
普通的平板床	14	30.4%	日式的榻榻米	3	6.5%
传统的明清式床	9	19.6%	折叠床	2	4.3%
欧式的四柱床	18	39.1%	其他	0	0%
上下铺的双层床	0	0%			

（3）因素的排序及分析

影响床是否高档的因素必须全面考虑，但因为设计和生产过程中会遇到某些限制，所以要求难以全部满足。因此，在设计受限制的情况下，因素的重要顺序可以帮助权重。重要性有两个排序，一个是大因素间的排序，一个是大因素中子因素的排序。

问卷通过询问用户心目中的重要性来测量每个因素的重要程度，而在排序阶段，应该将每个因素所涉及到的设计指南列出，供设计参考。（具体设计指南参照 2.4 结论部分）

问卷的第三部分，是对一些细节不同的选择情况的调查，对这些数据进行统计后排名不分先后。所有因素进行排列后的结果如下表所示。

高档床的因素与内容排序 （单选不进行排序）　　　　　　表 2 - 3 - 21

大因素排序			子因素排序		
重要性排序	大因素名	大因素均分（满分5分）	重要性排序	子因素名	子因素均分（满分5分）
1	舒适	4.717	1	平躺的舒适性	4.261
			2	坐靠的舒适性	3.794
2	材料	4.391		床屏材料	
				床架材料	
				床垫填充物	
				床罩选择	
3	售后服务	4.217	1	服务内容	3.935
4	环保	4.174	1	材料、涂料、填料对人体的影响	4.761
			2	材料、涂料、填料对环境的影响	4.370
5	表面处理	4.130		木质材料	
				金属材料	
6	外观	4.130	1	床面高度	3.870
			2	床屏花纹	2.978
				床垫外形	
				床屏外形	
				床屏手感	
				床屏主要颜色	
				床架主要颜色	
				床罩主要颜色	
7	结构	4.109	1	稳定性	4.239
			2	连接结构	4.196
			3	可拆卸性	4.087
				床的组成部分	
8	风格	4.022		床的种类	
9	可维护性	4.022	1	床屏的清洁	4.196
			2	寿命	3.913
			3	床垫的翻转	3.500
10	附加功能	2.739	1	床屏上附加灯	3.543
			2	储存物品能力	2.902
			3	床上附加护栏	2.565

（4）因素排序差异分析

大因素方面：除了附加功能分数比较低以外，其他因素的分数都十分接近，而且分数维持在 4 分以上的高分，可见前 9 个因素对高档的床来说缺一不可，而附加功能不是高档床所必须拥有的因素。

子因素方面：外观大因素中，床屏上附加花纹这一选项得分很低，说明附加装饰不是高档的。在附加功能大因素下，只有床屏上附加灯这一选项得分稍高，可以算做高档床的因素，其他的储存物品能力和床上加护拦都不是高档床必须具备的因素。

4. 结论

第二次高档家具调查被分成具体家具的调查。这次调查之前的访谈和试调查以及交流效度访谈都帮助我们找到了影响床高档性的因素，共 10 个大因素，30 个子因素。通过对这些因素进行重要性的排序，我们可以从中找到高档床的设计指南。其设计指南如下表：

高档床的设计指南　　　　　　　　　　表 2 - 3 - 22

大因素排序		子因素排序		相关设计指南
重要性排序	大因素名	重要性排序	子因素名	
1	舒适	1	平躺的舒适性	床垫弹性适中能够保证睡眠质量，枕头的舒适程度主要取决于填充物，可根据具体需要选择填充物，因为与床的相关性不是很大，没有进行详细调查
		2	坐靠的舒适性	床屏上有软质的靠背，同时有附加的靠垫，可以保证人坐在床上看书或看电视时的舒适性
2	材料		床屏材料	实木的材料更显高档
			床架材料	实木的材料更显高档
			床垫填充物	没有特别能显示高档的材料，主要看使用中的性能。单就环保性来说，天然的椰棕和棉毡更加环保
			床罩选择	没有特别材料的床罩可以反映床的高档性。各种材料都有优缺点。就外观来说，丝质的床罩有很好的效果；就舒适性来说，棉质的和类麻的材料更加舒适；就环保性来说，天然的材料较化学纤维更具环保性
3	售后服务	1	服务内容	保修范围广、时间长，可对部件进行翻新。这要求床的结构要设计成可拆卸、容易拆卸的结构，避免螺钉的直接连接，多用螺栓或榫卯接
4	环保	1	材料、涂料、填料对人体的影响	材料和填充：天然的材料如椰棕、实木、棉、羽毛等。涂料：通过查看涂料的属性，排除含有过量的铅、汞、甲醛等有害物质及苯、酯、醇、醚类有机挥发物超标的涂料，可用聚氨酯、聚酯、丙烯酸、硝基、天然树脂漆类性能优良的涂料
		2	材料、涂料、填料对环境的影响	材料多采用天然可降解的材料。涂料：通过查看涂料的属性，排除含有过量的铅、汞、甲醛等有害物质及苯、酯、醇、醚类有机挥发物超标的涂料，可用聚氨酯、聚酯、丙烯酸、硝基、天然树脂漆类性能优良的涂料
5	表面处理		木质材料	保留表面纹理被认为是高档的，同时可以进行木材表面上的清漆处理，涂敷为抛光或填孔亚光的漆膜
			金属材料	进行表面亚光处理的金属部分被认为是高档的
5（并列）	外观		床垫外形	长方形或长方形带圆角的床垫是高档的，具体规格参照相关标准
			床屏外形	上部圆弧形◻和倒角为圆角形◻的床屏造型是高档的
			床屏花纹	高档的床在床屏上不附加有花纹
			床屏手感	床屏应该有光滑的手感，这主要取决于其平滑的造型和表面涂饰如抛光或填孔亚光
			床屏主要颜色	床屏的主颜色为红棕色
			床架主要颜色	床架的主颜色为红棕色
			床罩主要颜色	床罩主要颜色为浅淡的颜色，如白色、天蓝
			床面高度	合适的人机尺寸使人坐在床边、脚在地板上时感觉很舒服，腿也没有压抑感。尺寸在 450mm 到 550mm 之间

大因素排序		子因素排序		相关设计指南
重要性排序	大因素名	重要性排序	子因素名	
7	结构	1	稳定性	1. 床架稳定、牢固，翻身时少噪声，取决于床架的连接结构的牢固性和连接方式，榫接最为稳固，优质的螺栓也能达到这个效果 2. 床垫不会产生相对床架的滑动，床垫与床架的配合要合理，有必要的定位结构 3. 抽屉等附件抽拉顺畅，没有声音，滑动结构无太大阻力，可采用滚轮结构或润滑部作摩擦部分
		2	连接结构	连接结构（螺钉、螺栓等）隐藏更加高档
		3	可拆卸性	床架、床屏部分可拆装，便于运输。避免螺钉的直接连接，多用螺栓或榫卯接
8	风格		床的组成部分	床屏、床架和床垫表面看上去是一体的，没有明显的区分界限更显高档
			床的种类	普通的平板床和欧式的四柱床更显高档
8（并列）	可维护性	1	床屏的清洁	床屏所选用材料便于清洁，结构上采用可拆卸结构，便于进行每部分的清洁
		2	寿命	寿命长、部件可更换、易维修的家具是高档的
		3	床垫的翻转	可以两面使用的床垫是高档的
10	附加功能	1	床屏上附加灯	高档的床可以在床屏上装灯，方便晚上活动
		2	储存物品能力	储存物品的能力不影响床的高档性
		3	床上附加护拦	高档的床上不用附加护拦，但针对老年人或是儿童设计时可以考虑增加护拦，防止危险发生，并方便夜晚起身

5. 附录：高档床的调查问卷（包括原始问卷和修改后的最终问卷）

高档床的调查问卷（原始问卷）

1. 下面的题目描述了高档床的特征，请您根据该描述与您对高档床认识的符合程度打分。从1分到5分，表示从非常不符合到非常符合。

示例：对于"床屏上有软质靠背"一题，若您认为，床屏上有软质靠背非常符合高档床的要求，则在5分上打勾

	非常不符合	不符合	普通	符合	非常符合
（1）床屏上有软质靠背	1	2	3	4	5✓

（1）床屏上有软质靠背	1	2	3	4	5
（2）有附加的靠垫	1	2	3	4	5
（3）要有舒适的枕头	1	2	3	4	5
（4）床使用的材料、涂料、填料对人体不造成危害	1	2	3	4	5
（5）床使用的材料、涂料、填料对环境不造成污染	1	2	3	4	5
（6）床架、床屏部分可拆装，便于运输	1	2	3	4	5
（7）床架稳定、牢固，翻身时少噪声	1	2	3	4	5
（8）床架与床垫配合完好，不会发生床垫的移动	1	2	3	4	5
（9）抽屉等附件抽拉自如，没有声音	1	2	3	4	5
（10）床屏内可以储存物品	1	2	3	4	5
（11）床架内可以储存物品	1	2	3	4	5

（12）床屏上装灯，方便晚上活动 1 2 3 4 5

（13）床上附加护拦，防止跌落，方便上下床 1 2 3 4 5

（14）床屏所选用材料容易拆掉、清洁 1 2 3 4 5

（15）床垫可以翻转使用 1 2 3 4 5

（16）寿命长，连接结构不容易损坏松动 1 2 3 4 5

（17）床屏上有雕花 1 2 3 4 5

（18）连接结构（螺钉、螺栓等）隐藏 1 2 3 4 5

（19）坐在床边时，脚在地板上感觉很舒服，腿也没有压抑感

                                                    1 2 3 4 5

（20）保修范围广、时间长，可对部件进行翻新 1 2 3 4 5

2. 请您根据下面的十个方面为影响床高档性的各个因素排序（第一位后标1，依次类推）。

舒适□ 环保□ 结构□ 材料□ 表面处理效果□
附加功能□ 可维护性□ 外观□ 售后服务□ 风格□

3. 选择符合您心目中的高档床形式，在选项上打"√"（单项选择）。

（1）床垫弹性

a. 床垫弹性高 b. 弹性适中 c. 床垫稍具弹性 d. 无所谓

（2）床的组成部分

a. 由床屏、床架、床垫三个部分清晰地组成

b. 表面看上去是一体的，分不出床屏、床架和床垫

c. 只有床垫 d. 无所谓

（3）床屏材料

a. 实木 b. 密度板材 c. 皮革包裹木质框架 d. 不锈钢

e. 铝合金 f. 铁 g. 其他_____

（4）床架材料

a. 实木 b. 密度板材 c. 不锈钢 d. 铝合金

e. 铁 f. 其他_____

（5）如果（3）题和（4）题选择木质的话，请选择您认为高档的表面处理

a. 贴木纹纸 b. 贴木皮 c. 上透明的清漆，保留材料本身的纹理

d. 上不透明的涂料，产生颜色 e. 其他_____

（6）如果（3）题和（4）题选择金属材质的话，请选择您认为高档的表面处理

a. 镜面金属 b. 拉丝金属 c. 亚光金属 d. 其他_____

（7）床垫填充物

a. 弹簧加海绵 b. 只有硬质海绵 c. 椰棕加棉毡 d. 其他_____

（8）床罩材料

a. 非常光顺的织物（如丝绸） b. 一般的布制（如棉布）

c. 稍具粗糙感的织物（如麻布） d. 其他_____

（9）床垫外形

a. 正方形 b. 长方形 c. 圆形 d. 正方形带圆弧边角

e. 长方形带圆弧边角 f. 其他_____

（10）床屏外形

a. 上部圆弧形 ▭   b. 直角形 ▭   c. 倒角为圆角形 ▭   d. 倒角为切角形 ▱

e. 其他_____

（11）床屏手感

a. 光滑流畅   b. 有凸凹感层次感   c. 其他_____

（12）床屏主要颜色

a. 红棕色   b. 黑色   c. 白色   d. 灰色   e. 黄色   f. 其他_____

（13）床架主要颜色

a. 红棕色   b. 黑色   c. 白色   d. 灰色   e. 黄色   f. 其他_____

（14）床罩主要颜色

a. 浅淡的颜色如白色、天蓝   b. 鲜艳的颜色如橘红、草绿

c. 深的颜色如深蓝、深灰、黑   d. 其他_____

（15）床使用面积

a. 大一点（更多活动空间）   b. 适中   c. 小一点（节省空间）   d. 无所谓

（16）床的种类

a. 普通的平板床   b. 传统的明清式床   c. 欧式的四柱床   d. 上下铺的双层床

e. 日式的榻榻米   f. 折叠床   g. 其他_____

4. 您的基本资料

您的性别：□男   □女

您的年龄：□ 25 岁以下   □ 25 ~ 35 岁   □ 35 ~ 45 岁   □ 45 岁以上

您属于：□家具导购人员   □家具城经理   □家具城老板

　　　　□家具城楼层管理   □家具的普通用户

高档床的调查问卷（最终问卷）

1. 请您给下面十个影响床高档性的因素按重要性打分。（不重要到最重要的因素依次为 1 ~ 5 分）

因素	不重要——重要 1　2　3　4　5	因素	不重要——重要 1　2　3　4　5
1. 舒适	□ □ □ □ □	6. 环保	□ □ □ □ □
2. 结构	□ □ □ □ □	7. 材料	□ □ □ □ □
3. 表面处理效果	□ □ □ □ □	8. 附加功能	□ □ □ □ □
4. 可维护性	□ □ □ □ □	9. 外观	□ □ □ □ □
5. 售后服务	□ □ □ □ □	10. 风格	□ □ □ □ □

2. 下面的题目描述了高档床的特征，请您根据该描述与您对高档床的认识的符合程度打分。从 1 分到 5 分，表示从非常不符合到非常符合。

示例：对于"有固定在床屏上的软质靠背"一题，若您认为，"有固定在床屏上的软质靠背"非常符合高档床的要求，则在 5 分上打勾

符合的程度由低到高

（1）有固定在床屏上的软质靠背　　　　1　2　3　4　5

（1）有固定在床屏上的软质靠背　　　　1　2　3　4　5

（2）床上附加有靠垫　　　　　　　　　　　　　　　1　2　3　4　5

（3）要有舒适的枕头　　　　　　　　　　　　　　　1　2　3　4　5

（4）床使用的材料、涂料、填料对人体不造成危害　　1　2　3　4　5

（5）床使用的材料、涂料、填料对环境不造成污染　　1　2　3　4　5

（6）床架、床屏部分可拆装，便于运输　　　　　　　1　2　3　4　5

（7）床架稳定、牢固，翻身时少噪声　　　　　　　　1　2　3　4　5

（8）床垫不会产生相对床架的滑动　　　　　　　　　1　2　3　4　5

（9）抽屉等附件抽拉顺畅，没有声音　　　　　　　　1　2　3　4　5

（10）连接结构（螺钉、螺栓等）隐藏　　　　　　　1　2　3　4　5

（11）床屏内可以储存物品　　　　　　　　　　　　1　2　3　4　5

（12）床架内可以储存物品　　　　　　　　　　　　1　2　3　4　5

（13）床屏上装灯，方便晚上活动　　　　　　　　　1　2　3　4　5

（14）床上附加护拦，防止跌落，方便上下床　　　　1　2　3　4　5

（15）床屏所选用材料便于清洁　　　　　　　　　　1　2　3　4　5

（16）床垫可以两面使用　　　　　　　　　　　　　1　2　3　4　5

（17）寿命长，部件可更换，易维修　　　　　　　　1　2　3　4　5

（18）床屏上有雕花　　　　　　　　　　　　　　　1　2　3　4　5

（19）坐在床边，脚在地板上时感觉很舒服，腿也没有压抑感　1　2　3　4　5

（20）保修范围广，时间长，可对部件进行翻新　　　1　2　3　4　5

3. 选择符合您心目中的高档床形式，在选项上打"√"。（单项选择）

（1）床垫弹性

a. 床垫弹性高　　　　　b. 弹性适中　　　　　　c. 床垫弹性低　　　　　d. 无所谓

（2）床的组成部分

a. 由床屏、床架、床垫三个部件结构分明

b. 表面看上去是一体的，分不出床屏、床架和床垫

c. 只有床垫

d. 无所谓

（3）床屏材料

a. 实木　　　　　　　　b. 密度板材　　　　　　c. 皮革包裹木质框架　　d. 不锈钢

e. 铝合金　　　　　　　f. 铁　　　　　　　　　g. 其他_____

（4）床架材料

a. 实木　　　　　　　　b. 密度板材　　　　　　c. 不锈钢　　　　　　　d. 铝合金

e. 铁　　　　　　　　　f. 其他_____

（5）如果（3）题和（4）题选择木质的话，请选择您认为高档的表面处理

a. 贴木纹纸　　　　　　b. 贴木皮　　　　　　　c. 上透明的清漆，保留材料本身的纹理

d. 上不透明的涂料，产生颜色　　　　　　　　　e. 其他_____

（6）如果（3）题和（4）题选择金属材质的话，请选择您认为高档的表面处理

a. 电镀，高光亮　　　b. 亚光金属（表面没有强的镜面反射）　　c. 其他_____

（7）床垫填充物

a. 弹簧加海绵　　　b. 硬质海绵　　　c. 椰棕加棉毡　　　d. 其他_____

（8）床罩材料

a. 非常光顺的织物（如丝绸）　　　b. 一般的布制（如棉布）

c. 稍具粗糙感的织物（如麻布）　　　d. 其他_____

（9）床垫外形

a. 正方形　　　b. 长方形　　　c. 圆形　　　d. 正方形带圆弧边角

e. 长方形带圆弧边角　f. 其他_____

（10）床屏外形

a. 上部圆弧形▱　　b. 直角形▭　　c. 倒角为圆角形▱　　d. 倒角为切角形▱

e. 其他_____

（11）床屏手感

a. 光滑流畅　　　b. 有凸凹感层次感　　c. 其他_____

（12）床屏主要颜色

a. 红棕色　　b. 黑色　　c. 白色　　d. 灰色　　e. 黄色　　f. 其他_____

（13）床架主要颜色

a. 红棕色　　b. 黑色　　c. 白色　　d. 灰色　　e. 黄色　　f. 其他_____

（14）床罩主要颜色

a. 浅淡的颜色如白色、天蓝　　　　b. 鲜艳的颜色如橘红、草绿

c. 深的颜色如深蓝、深灰、黑　　　d. 其他_____

（15）床的种类

a. 普通的平板床　　b. 传统的明清式床　　c. 欧式的四柱床　　d. 上下铺的双层床

e. 日式的榻榻米　　f. 折叠床　　　　g. 其他_____

4. 您的基本资料

性别：□男　□女

年龄：□ 25 岁以下　□ 25～35 岁　□ 35～45 岁　□ 45 岁以上

职业：□家具的普通用户　□家具导购人员　□家具城老板

　　　□家具城经理　　　□家具城楼层管理

三、高档沙发的调查报告

1. 资料收集

资料收集采用网上收集、家具城实际了解情况和访谈三种方法，内容涉及到 3 个方面，第一，材料、结构、功能；第二，通过了解实际家具的购买情况和具体产品，了解用户的购买倾向和产品具体细节；第三，通过对家具城销售人员和教授家具课程的老师的访谈得到一些遗落的资料（这三部分资料的整理，见附录）。

此外，第一次调查的因素也可以用来作为这次框架效度中的一些因素的参照。

通过整理资料，可以从中归纳出高档沙发的因素，它们组成了问卷的主要内容：

舒适性、环保性、材料、结构、面饰工艺、附加功能、可维护性、造型、家具风格。

2. 问卷效度

（1）框架效度

以下四个方面的因素能够保证框架效度，即因素的全面性：

1）将上次调查问卷中对高档性影响较大的因素提取出来，作为这次调查的一部分影响因素。如质量（分成了舒适性、材料、结构、面饰工艺、可维护性等）、环保性、造型、附加功能等。

2）通过资料的搜集，发现大因素下的部分小因素。

3）通过在西部家具城对 6 名家具导购的访谈，发现每个大因素下的部分小因素。主要有：

①影响沙发就座舒适性的因素，如坐垫的舒适性；

②布艺沙发面料的种类除通常见到的棉布的外，主要还有亚麻编制物和绒面织物；

③影响沙发坐垫质量的几个重要的指标是：就坐时不能有弹簧碰撞或摩擦的声音、起身后沙发坐面应该迅速复原，不能留下凹坑；

④在家具城中发现购买者在选购家具的时候往往是在导购的影响下才注意家具的附加功能，如可折叠，打开变成床来睡觉（自己一直觉得这个不高档，所以开始没有考虑进高档的因素中）；

⑤沙发表面的易清洁性。

4）试调查后，发现在布艺类沙发和坐垫的颜色"选择中漏掉了"布艺类中经常出现的简单的花纹条格和色彩搭配。

经过上述四个方面的考虑可以总结出，影响高档沙发的因素如下表：其中大因素 9 个，小因素 21 个。

影响高档沙发的因素　　　　　　　　　表 2 - 3 - 23

大因素	小因素	小因素的解释和细分
1. 舒适性	沙发尺寸符合人体工学	尺寸符合中国人的人体尺寸，就座舒适
	坐面、靠背适应冬夏两种情况	配两套坐垫、靠背适应冬夏两种情况或者坐面、靠背翻面可以适应冬夏两种情况
	坐面软硬程度	什么样的坐面弹性更舒适
2. 环保性	材料对人体无害	甲醛等对人体有伤害
	材料对环境无害	不可再生材料、珍贵皮革等
3. 材料	沙发整体的材料	实木、皮革、布艺、竹藤编制等不同的沙发材料对高档性的影响
	沙发坐垫、靠垫材料	皮革、布艺、竹藤编制等不同座垫、靠垫对高档性的影响
4. 结构	可拆卸性	沙发可拆卸成小的部件，便于运输
	连接结构隐藏	隐藏连接结构（螺栓螺钉等），美观
	坚固耐用性	寿命长，连接结构不容易损坏松动（比如钉子连接就容易松动；材料不好的情况下，卯榫的结构也容易松动）
		弹簧坐垫的沙发，就坐时没有弹簧碰撞或摩擦的声音
		起身后沙发立即恢复原样，不会留下凹坑
5. 面饰工艺	木材的面饰工艺	木材本身的色泽纹理、贴木皮、贴木纹纸、油漆涂料上色对高档性的影响
	金属的面饰工艺	拉丝金属、电镀高光亮、亚光金属对高档性的影响
	布艺类的表面效果	手感光顺细腻的织物（如丝绸）、手感棉而舒适的织物（如棉布）、粗糙而结实的织物（如麻布）对高档性的影响
6. 附加功能	可临时作为床	采用折叠式，临时增加床铺的数量，方便招待客人
7. 可维护性	坐垫靠背易清洁性	坐面、靠背的面料容易拆卸方便清洗
		坐面、靠背的面料本身容易清洗

大因素	小因素	小因素的解释和细分
8. 造型	总体造型	方正硬朗的造型、几何主体圆润边角的造型、圆润柔和的造型对高档性的影响
	表面装饰	华丽多装饰、简约少装饰对高档的影响
	沙发表面	表面平整规则 表面向外凸起
	颜色	深色系、浅色系对高档的影响
		沙发主体颜色
		坐垫、靠垫的颜色
		金属件作为支脚、扶手等作为点缀
9. 家具风格	风格配套性	选购家具时，家具风格和家庭环境本身风格一致的重要性
	沙发的种类	中式沙发（传统的实木沙发加布艺坐垫） 日式沙发 欧式现代沙发 美式沙发

（2）内容效度

内容效度包括：

1）问几个问题可以把一个因素问清楚；

2）被调查的问题最终对设计的启发（发掘设计指南）；

3）问题是否能全面真实地反映因素。

根据前期总结出的高档沙发因素，设计出问卷进行了试调查，主要是为了验证设计的问卷是否全面反映了最初确定的因素，并且在设计问卷时将一些较专业的词汇解释成通俗的话语，并考虑调查的测试范围是否全面。同时也进行了交流效度的访谈（内容详见交流效度）。

第一次试调查 3 份，主要更改了大因素排序的提问方式，将因素的排序改成了五分量表的评分法，避免了让用户多浪费时间，并且用户不用排列两个因素的先后重要性，减小了用户做题的难度。

题目如下：

请您根据下面的九个方面为高档沙发的各个使用指标排序（第一位后标 1，依次类推）。

舒适性□　　　　环保性□　　　　结构□　　　　材料□　　　　面饰工艺□

附加功能□　　　可维护性□　　　造型□　　　　家具风格□

改为：

请您给下面的九个影响沙发高档性的因素按重要性打分。（不重要到最重要的因素依次为 1~5 分）

因素	不重要——重要 1　2　3　4　5	因素	不重要——重要 1　2　3　4　5
1. 舒适性	□ □ □ □ □	6. 环保性	□ □ □ □ □
2. 结构	□ □ □ □ □	7. 材料	□ □ □ □ □
3. 面饰工艺	□ □ □ □ □	8. 附加功能	□ □ □ □ □
4. 可维护性	□ □ □ □ □	9. 造型	□ □ □ □ □
5. 家具风格	□ □ □ □ □		

第二次试调查两份，这次试调查删除了直接对大因素的调查，被调查者在填写问卷时能够在没有解释的情况下理解这九个因素到底指什么。细节上，增加了对沙发颜色中关于布艺类的"简单的花纹条格和色彩搭配"选项，使被调查者在选择时可以参考的选项更全面。

此外，本次试调查主要是看被调查者对问卷的理解与设计问卷的初衷是不是一致，这部分详见交流效度。

问卷的几次修改参照附录。

最终因素涉及到的问题见下表：

高档沙发大因素、小因素和题目内容的关系　　　　　　　　　表 2 - 3 - 24

大因素	小因素	题目内容
1. 舒适性	沙发尺寸符合人体工学	（量表 1）高档沙发就座一定要舒适
	坐面、靠背适应冬夏两种情况	（量表 2）配两套坐垫、靠垫适应冬夏两种情况
	坐面软硬程度	（单选 1）坐垫很软、坐垫软硬适中、坐垫较硬
2. 环保性	材料对人体无害	（量表 3）沙发的材料、涂料、填充物等不使用甲醛等对人体有害的材料
	材料对环境无害	（量表 4）沙发的材料、涂料、填充物等选用可再生可循环材料，以保护环境
3. 材料		（量表 23）沙发的材料很重要，决定着沙发高档与否
	沙发整体的材料	（单选 2）布艺、皮革、实木、竹藤编制
	沙发座垫、靠垫材料	（单选 3）不需要坐垫靠垫、皮革坐垫、竹藤编制、布艺座垫
4. 结构	可拆卸性	（量表 6）沙发可拆卸成小的部件，便于运输
	连接结构隐藏	（量表 5）隐藏连接结构（螺栓、螺钉等）
	坚固耐用性	（量表 7）沙发寿命长，连接结构不容易失效松动
		（量表 8）弹簧坐垫的沙发，就坐时没有弹簧碰撞的声音
		（量表 9）起身后沙发立即回复原样，不会留下凹坑
5. 面饰工艺		（量表 24）沙发的表面手感和视觉效果决定沙发高档与否
	木材的面饰工艺	（单选 5）木材本身的色泽纹理、贴木皮、贴木纹纸、油漆涂料上色
	金属的面饰工艺	（单选 6）拉丝金属（表面布满顺着一个方向的滑痕）、电镀，高光亮、亚光金属（表面没有强的镜面反射）
	布艺类的表面效果	（单选 4）手感棉而舒适的织物（如棉布）、粗糙而结实的织物（如亚麻编织物）、手感光滑细腻的织物（如绒面织物）
6. 附加功能	可临时作为床	（量表 10）沙发折叠式，展开可以变成床，增加临时床铺
7. 可维护性	坐垫、靠背清洁性	（量表 11）坐垫、靠背的面罩容易拆卸，方便清洗
		（量表 12）坐垫、靠背的面料容易清洗，抹洗就能清洁干净
8. 造型		（量表 22）造型、颜色很重要，决定着沙发高档与否
	总体造型	（单选 7）方正硬朗的造型、几何主体圆润边角的造型、圆润柔和的造型
	表面装饰	（量表 13）沙发表面简约少装饰显得高档
		（量表 14）沙发表面华丽多装饰显得高档
	沙发表面	（单选 8）表面平整规则、表面向外凸起
	颜色	（量表 15）浅色系的沙发更显得高档
		（量表 16）深色系的沙发更显得高档
		（单选 9）实木沙发主体和配套坐垫、靠垫的颜色
		（单选 10）皮革沙发主体和配套坐垫、靠垫的颜色
		（单选 11）布艺沙发主体和配套坐垫、靠垫的颜色
		（量表 21）沙发在支脚、扶手等地方选择钢管作为点缀更显得高档
9. 家具风格	风格配套性	（量表 17）沙发的风格和家居环境的风格保持一致很重要
	沙发的种类	（量表 18）风格自然淳朴的沙发更高档
		（量表 19）沙发宽大松软，就座舒适，占地面积大更高档
		（量表 20）沙发线条简单，整体几何造型更高档

（3）交流效度

交流效度是指要让问卷中不存在你和被调查者之间的交流障碍；要明确用户是否理解你所提的问题；用户所说的话你是否理解；还要了解哪些问题是用户不愿意回答的，哪些问题是用户会误解的。

试调查中发现的问题及改正：

1）量表题中，关于简约少装饰和华丽多装饰对高档性的影响（量表 13、14）和浅色系和深色系对高档性的影响（量表 15、16）中，开始不希望将这四个题目放在一起，觉得这样会导致互相影响，结果在试调查中据调查者反映，将四个题目打乱排放后，显得这个问卷的问题重复，使人烦躁，觉得刚做过一遍又要做，如果将类似的问题排放在一起，这样对一个方面的考虑只需要一次，并且相对立的题目放在一起互相参照，更容易看出被调查者的倾向性。

2）另外修改了一些词语，使被调查者更容易理解。

①将量表 14 的"面料容易拆卸"改成"面罩容易拆卸"。

②将量表 24 的"面饰效果"改成了"表面手感和视觉效果"。

③将单选 1 的"坐垫弹性程度"改成了"坐垫的软硬程度"。

④对单选 6 中的"金属面饰工艺"的选项进行了解释。

3）为了使被调查者更容易理解调查问卷，将所有的因素转化成了通俗的话语，不去直接说明家具的具体因素，只说这个因素带来的效果。

4）同时考虑到购买家具的主要都是工作后的人，而学生对家具的认识是肤浅的，也没有购买家具的动机，所以调查用户选择为：普通用户，工作以后有一定收入的人群，只调查极少数学生；销售人员，在明珠家具城对导购人员、经理、楼层主管进行了调查。

（4）分析效度

分析效度指分析的有效程度，包括用什么方法能够全面、真实地分析调查结果并总结出结论，进而发现设计指南。解决方法如下：

1）通过因素的排序，来权重设计，在有限的资源、成本下，考虑尽可能多的和重要的因素来进行设计。因此，因素间的排序和因素内容的排序同样重要。采用均值来比较因素和其中的内容。对用户心目中的重要性进行排序。排序主要针对量表题目（详细见上一节问卷的统计分析）。

2）对于一些选择性的题目进行选项统计，从中得到高档沙发的一些特征（详细见上一节问卷的统计分析）。

3）通过对因素的排序和统计，发掘设计指南（详细见上一节结论部分）。

4）需要对问卷的信度进行一定的验证，包括重测信度和检验。

3. 问卷统计分析

（1）问卷中被调查者分布情况的分析

本次正式调查问卷为 50 份，其中有效问卷 47 份。

其中的男女比约为 5:4；

年龄分布 25 岁以下偏大，主要原因为：在家具城接受调查的导购员相当一部分为 25 岁以下；调查中发现 25 岁以下的人比较愿意填写问卷，部分年纪大的用户不太喜欢填写问卷；25 岁为一个结婚的年龄段，这个年龄段有更多的人考虑购买家具。

职业方面，普通用户和销售人员比例约为 5:2。

47 份问卷中有一人没有填写被调查者信息。

上述内容可以用下列各表表示出来。

被调查者的性别分布　　　　　　　　　　表 2 - 3 - 25

性别	人数（总共47人）	百分比
男性	25	53.19%
女性	20	42.55%

被调查者的年龄分布　　　　　　　　　　表 2 - 3 - 26

年龄段	人数（共47人）	百分比	年龄段	人数（共47人）	百分比
25 岁以下	21	44.68%	35 ~ 45 岁	11	23.40%
25 ~ 35 岁	10	21.28%	45 岁以上	4	8.51%

被调查者的职业状况分布　　　　　　　　表 2 - 3 - 27

职业	人数（共47人）	百分比	职业	人数（共47人）	百分比
家具的普通用户	33	70.21%	家具城经理	2	4.26%
家具导购	11	23.40%	家具城楼层管理	0	0.00%
家具城老板	0	0.00%			

（2）问卷第二部分对一些单项选择题目进行了统计和分析

问卷的第二部分是对一些无法用量表询问的问题，包括材料上和造型上一些多选一的问题进行了调查。发现用户在结构、材料、面饰工艺、造型上对高档沙发有着如下的认识：

1）沙发坐垫和靠背软硬适中坐着最舒服。

2）高档沙发首选的材料是皮革，其次是布艺、实木。与沙发配套的坐垫、靠垫的材料首选的是布艺，其次是皮革，很少人选择用竹藤编制物做坐垫。

3）在布艺坐垫的面料选择上，有一半以上的人选择了棉布作为沙发坐垫的面料；其次有超过三分之一的人选择了亚麻编制物。

4）在实物沙发的面饰工艺上，一半以上的人选择了保留木制本身的色泽纹理。

5）对于沙发中可能的金属部分，三分之一的人选择电镀的高光，三分之一的人选择亚光。

6）在沙发总体的造型上，被调查者主要还是偏向传统的审美感受，更喜欢柔和圆润的造型。

7）沙发的颜色。

①实木沙发主体颜色为木制的天然色泽纹理，配套的坐垫、靠垫的颜色为米黄或棕色，也有部分人认为实木沙发不需要坐垫；

②皮革沙发主体颜色为棕色或米黄、也有一些人喜欢白色，配套的坐垫、靠垫的颜色和沙发主体颜色一致，或为白色或用简单的条格和色彩组合；

③布艺沙发主体颜色为米黄或白色、灰色，配套的坐垫、靠垫的颜色和沙发主体的颜色一致，或为简单的条格和色彩搭配或白色、灰色。

这些特征的统计数据如下列各表所示。

沙发坐垫、靠垫的弹性   表 2 - 3 - 28

选项	人数（共47人）	百分比	选项	人数（共47人）	百分比
坐垫软硬适中	34	72.34%	坐垫很软	3	6.38%
坐垫较硬	10	21.28%			

沙发主体材料的选择   表 2 - 3 - 29

选项	人数（共47人）	百分比	选项	人数（共47人）	百分比
皮革	22	46.81%	实木	12	25.53%
布艺	13	27.66%	竹藤编制	0	0.00%

沙发对坐垫、靠垫材料的选择   表 2 - 3 - 30

选项	人数（共47人）	百分比	选项	人数（共47人）	百分比
布艺	25	53.19%	不需要坐垫、靠垫	7	14.89%
皮革	12	25.53%	竹藤编制	2	4.26%

布艺坐垫、靠垫面料的选择   表 2 - 3 - 31

选项	人数（共47人）	百分比	选项	人数（共47人）	百分比
手感棉而舒适的织物	24	51.06%	手感光滑细腻的织物	7	14.89%
粗糙而结实的织物	16	34.04%			

实木沙发面饰工艺的选择情况   表 2 - 3 - 32

选项	人数（共47人）	百分比	选项	人数（共47人）	百分比
木材本身的色泽纹理	26	55.32%	贴木纹纸	5	10.64%
贴木皮	8	17.02%	油漆涂料上色	4	8.51%

沙发中可能的金属材料、面饰工艺的选择情况   表 2 - 3 - 33

选项	人数（共47人）	百分比	选项	人数（共47人）	百分比
电镀高光	16	34.04%	拉丝金属	7	14.89%
亚光金属	16	34.04%			

沙发主体造型轮廓的选择情况   表 2 - 3 - 34

选项	人数（共47人）	百分比	选项	人数（共47人）	百分比
圆润柔和的线条轮廓	22	46.81%	方正硬朗的线条轮廓	9	19.15%
主体几何造型和圆润的边角	12	25.53%			

沙发表面形状的选择情况（主要为了验证上一题） 表 2 - 3 - 35

选项	人数（共47人）	百分比
表面向外凸起	23	48.94%
表面平整，大块的平面	18	38.30%

实木沙发主体颜色的选择   表 2 - 3 - 36

选项	人数（共47人）	百分比	选项	人数（共47人）	百分比
实木的天然色泽纹理	27	57.45%	白色	2	4.26%
棕色	12	25.53%	灰色	2	4.26%
黑色	3	6.38%			

实木沙发配套的坐垫、靠垫颜色的选择　　　　　表 2 - 3 - 37

选项	人数（共 47 人）	百分比	选项	人数（共 47 人）	百分比
米黄	11	23.40%	灰色	4	8.51%
棕色	9	19.15%	黑色	2	4.26%
不需要座垫	8	17.02%	丰富的花纹和色彩	2	4.26%
简单的条格和色彩搭配	5	10.64%	竹藤编制物	0	0.00%
白色	4	8.51%			

皮革沙发主体颜色的选择　　　　　表 2 - 3 - 38

选项	人数（共 47 人）	百分比	选项	人数（共 47 人）	百分比
棕色	15	31.91%	灰色	5	10.64%
米黄	15	31.91%	黑色	2	4.26%
白色	8	17.02%			

皮革沙发配套的坐垫、靠垫颜色的选择　　　　　表 2 - 3 - 39

选项	人数（共 47 人）	百分比	选项	人数（共 47 人）	百分比
颜色一致	13	27.66%	米黄	4	8.51%
白色	7	14.89%	黑色	2	4.26%
简单的条格和色彩搭配	7	14.89%	灰色	2	4.26%
棕色	5	10.64%	丰富的花纹和色彩	2	4.26%

布艺沙发主体颜色的选择　　　　　表 2 - 3 - 40

选项	人数（共 47 人）	百分比	选项	人数（共 47 人）	百分比
米黄	17	36.17%	棕色	4	8.51%
白色	8	17.02%	丰富的花纹和色彩	4	8.51%
灰色	7	14.89%	黑色	2	4.26%
简单的条格和色彩搭配	5	10.64%			

布艺沙发配套坐垫、靠垫的选择　　　　　表 2 - 3 - 41

选项	人数（共 47 人）	百分比	选项	人数（共 47 人）	百分比
颜色一致	16	34.04%	米黄	2	4.26%
简单的条格和色彩搭配	10	21.28%	丰富的花纹和色彩	2	4.26%
白色	6	12.77%	黑色	1	2.13%
灰色	4	8.51%	棕色	0	0.00%

（3）对因素的排序

对沙发是否高档因素的考虑必须全面，但因设计和生产过程中会遇到某些限制，难以满足所有的因素。因此，在设计受限制的情况下，因素的重要顺序可以帮助权重。重要性有两个排序，一个是大因素间的排序，一个是大因素中小因素的排序。

问卷通过询问用户心目中的重要性来测量每个因素的重要程度，而在排序阶段，应该将每个因素所涉及到的设计指南列出，供设计参考。（具体设计指南参照第二节"结论部分"）

问卷的第二部分，对一些细节不同的选择情况进行了调查，对这些数据进行统计后排列，排列后的结果如下表所示。

高档沙发因素与内容排序（单选不进行排序） 　　表 2 - 3 - 42

大因素排序			子因素排序		
重要性排序	大因素名	大因素均分（满分 5 分）	重要性排序	子因素名	子因素均分（满分 5 分）
1	舒适性	3.809	1	就座舒适性	4
			2	坐垫适应冬夏两个季节的使用	3.617
2	环保性	3.788	1	对人体无危害	4.021
			2	对环境无危害	3.543
3	面饰工艺	3.681		木材的面饰工艺	
				金属的面饰工艺	
				布艺类的表面效果	
4	可维护性	3.681	1	坐垫、靠垫面罩本身易清洁	3.723
			2	坐垫、靠垫面罩易拆卸，方便清洁	3.638
5	材料	3.660		沙发整体的材料	
				沙发坐垫、靠垫材料	
6	家具的风格	3.660	1	淳朴自然的风格	3.383
			2	线条简单，整体几何造型	3.362
			3	宽大松软舒适	3
7	结构	3.657	1	起身后沙发没有凹坑	3.957
			2	就座时没有弹簧碰撞或摩擦的声音	3.826
			3	连接结构结实，寿命长	3.787
			4	隐藏连接结构	3.733
			5	可拆卸性	2.979
8	造型	3.553	1	简约少装饰	3.532
			2	深色系	3.064
			3	浅色系	2.870
			4	华丽多装饰	2.543
				总体造型	
				表面装饰	
				沙发表面	
				颜色	
9	附加功能	2.804	1	折叠式，可临时增加床铺	2.804

（4）因素排序差异分析

大因素方面：除了附加功能分数比较低以外，其他因素的分数都十分接近，而且分数在 3.5 分以上，可见这 8 个因素对高档的沙发来说缺一不可，而附加功能不是高档沙发所必须拥有的因素。

小因素方面：

1）在环保性这个大因素中，对人体无害这个小因素是所有大因素中小因素得分最高的一个，显然对于高档沙发来说，这点非常重要，但是在环保性中的另一个小因素——对于环境的危害性上，得分就低了很多。

2）结构这个大因素中，可拆卸性的得分低过了 3，说明这点不是高档家具必备的因素之一，其他几个因素得分都很高。

3）造型方面，被调查者更偏向于简约少装饰；而在颜色上，略偏向于深色系，但是分数差距不够突出。

4. 结论

第二次高档家具调查侧重在对于具体家具的调查上。通过这次调查之前的访谈、试调查以及交流效度访谈，我们找到了影响沙发高档性的因素，共9个大因素，26个小因素。对这些因素进行了重要性的排序后，可以从中找到高档沙发的设计指南。设计指南如下表：

高档沙发的设计指南　　　　　　　　　　　　表 2－3－43

大因素排序		小因素排序		相关设计指南
重要性排序	大因素名	重要性排序	小因素名	
1	舒适性	1	就座舒适性	高档沙发在尺寸上一定要符合中国人的身材，保证就座的舒适性
		2	坐垫适应冬夏两个季节的使用	可以配备两套坐垫，坐垫的正反面也可以适应不同季节的需要
2	环保性	1	对人体无危害	材料和填料：天然的材料如实木，棉，羽毛等。涂料：通过查看涂料的属性，排除含有过量的铅、汞、甲醛等有害物质及苯、酯、醇、醚类有机挥发物超标的涂料，可用聚氨酯、聚酯、丙烯酸、硝基、天然树脂漆类性能优良的涂料。在家具城中见到的一种很高档的纯天然涂料是从漆树上提取的，但是价格较贵
		2	对环境无危害	材料和填料：材料多采用天然可降解的材料，不使用珍贵动物的皮毛等作为沙发的原材料。涂料：通过查看涂料的属性，排除含有过量的铅、汞、甲醛等有害物质及苯、酯、醇、醚类有机挥发物超标的涂料，可用聚氨酯、聚酯、丙烯酸、硝基、天然树脂漆类性能优良的涂料
3	面饰工艺	1	木材的面饰工艺	选择上好的木材和精良的加工工业，不需要通过大量的油漆掩饰材料的缺陷，保留木材本身的天然效果即可
		2	金属的面饰工艺	亚光表面的效果被认为是最高档的
		3	布艺类的表面效果	选择棉布普遍受到大家欢迎，不过亚麻编织物也是一个很好的选择
4	可维护性	1	坐垫、靠垫面罩本身易清洁	选择本身易清洁的面料作为坐垫和靠垫的面料
		2	坐垫、靠垫面罩易拆卸，方便清洁	采用拉链的结构，不要用线把面罩缝死
5	材料	1	沙发整体的材料	沙发主体选择皮革，其次可以选择布艺
		2	沙发坐垫、靠垫材料	选择布艺的更高档，触感也较好
6	家具的风格	1	淳朴自然的风格	保留木材原材料的色泽纹理，即使是皮革或布艺的沙发也可以在一些地方露出部分木材，显得天然，颜色上选择饱和度低的色彩。参照日式沙发的特点
		2	线条简单整体几何造型	整体的线条采用直线型，沙发表面平整不凸起，不要加附加装饰。参照欧式现代沙发的特点
		3	宽大松软舒适	沙发坐垫填充物采用弹簧加海棉，使坐垫松软，并且整体的沙发坐宽，靠背的宽度和高度都要增加，参照美式沙发的特点
7	结构	1	起身后沙发没有凹坑	这两个问题主要是针对弹簧坐垫的，主要是弹簧的选材和坐垫加工中的工艺问题
		2	就坐时没有弹簧碰撞或摩擦的声音	
		3	连接结构结实，寿命长	采用好的木材和卯榫结构
		4	隐藏连接结构	将连接件藏在下部、后部等地方
		5	可拆卸性	使用螺纹连接，便于拆卸

大因素排序		小因素排序		相关设计指南
重要性排序	大因素名	重要性排序	小因素名	
8	造型	1	简约少装饰	沙发表面不要有附加的装饰； 色彩采用深色系或者浅色系都决定沙发的高档性，被调查者在这点上没有形成成熟的观点
		2	深色系	
		3	浅色系	
		4	华丽多装饰	
			总体造型	采用柔和曲线的造型
			颜色	实木沙发可以采用天然的色泽纹理，坐垫、靠垫采用米黄或者棕色； 皮革沙发可以采用棕色或者米黄色，坐垫、靠背采用米黄棕色或者白色，也可以采用简单条格； 布艺沙发可以采用米黄色，坐垫、靠背采用米黄色或者采用简单的条格
9	附加功能	1	折叠式，可临时增加床铺	这是不高档的表现，设计中不要采用

5. 附录：高档沙发的调查问卷（包括原始问卷和修改后的最终问卷）

高档沙发的调查问卷（原始问卷）

1. 请您给下面十个影响沙发高档性的因素按重要性打分（不重要到最重要依次为1~5分）。

因素	不重要——重要	因素	不重要——重要
1. 舒适	1　2　3　4　5	6. 环保	1　2　3　4　5
2. 结构	1　2　3　4　5	7. 材料	1　2　3　4　5
3. 表面处理效果	1　2　3　4　5	8. 附加功能	1　2　3　4　5
4. 可维护性	1　2　3　4　5	9. 外观	1　2　3　4　5
5. 售后服务	1　2　3　4　5	10. 风格	1　2　3　4　5

2. 下面的题目描述了高档沙发的特征，请您根据该描述与您对高档沙发的认识的符合程度打分。从1分到5分，表示从非常不符合到非常符合。

1）高档沙发就座一定要非常舒适　　　　　　　　　　　　　　1　2　3　4　5

2）配两套坐垫、靠垫适应冬夏两种情况　　　　　　　　　　　1　2　3　4　5

3）沙发的材料、涂料、填充物等不使用甲醛等对人体有害的材料　1　2　3　4　5

4）沙发的材料、涂料、填充物等选用可再生可循环材料，保护环境　1　2　3　4　5

5）隐藏连接结构（螺栓、螺钉等），美观　　　　　　　　　　1　2　3　4　5

6）沙发可拆卸成小的部件，便于运输　　　　　　　　　　　　1　2　3　4　5

7）沙发寿命长，连接结构不容易失效松动　　　　　　　　　　1　2　3　4　5

8）弹簧坐垫的沙发，就坐时没有声音　　　　　　　　　　　　1　2　3　4　5

9）起身后沙发立即回复原样，不会留下凹坑　　　　　　　　　1　2　3　4　5

10）沙发表面简约少装饰显得高档　　　　　　　　　　　　　　1　2　3　4　5

11）浅色系的沙发更显得高档　　　　　　　　　　　　　　　　1　2　3　4　5

12）舒服地躺在沙发上供临时休息用　　　　　　　　　　　　　1　2　3　4　5

13）沙发折叠式，展开变成床可以临时增加床铺　　　　　　　　1　2　3　4　5

14) 坐垫、靠背的面料容易拆卸，便于清洗　　　　　　　1　2　3　4　5

15) 坐垫、靠背的面料容易清洗，抹洗就能干净　　　　　1　2　3　4　5

16) 沙发表面华丽多装饰显得高档　　　　　　　　　　　1　2　3　4　5

17) 深色系的沙发更显得高档　　　　　　　　　　　　　1　2　3　4　5

18) 沙发风格和家居环境的风格要保持一致　　　　　　　1　2　3　4　5

19) 沙发风格自然淳朴　　　　　　　　　　　　　　　　1　2　3　4　5

20) 沙发宽大松软，就坐舒适，占地面积大　　　　　　　1　2　3　4　5

21) 沙发线条简单体现现代感　　　　　　　　　　　　　1　2　3　4　5

22) 沙发在支脚、扶手等地方选择钢管作为点缀　　　　　1　2　3　4　5

3. 选择符合您心目中的高档床形式，在选项上打"√"（没有特殊说明就是单项选择）。

1) 您觉得哪种弹性的沙发坐面和靠背是最舒适的？

A. 坐垫弹性高　　　　　B. 弹性适中　　　　　C. 稍有弹性　　　　　D. 无所谓

2) 您觉得沙发采用什么样的材料显得更高档？

A. 布艺　　　　　　　　B. 皮革　　　　　　　C. 实木　　　　　　　D. 竹藤编制

3) 您觉得什么样的沙发坐垫和靠垫更显得高档？

A. 不需要坐垫　　　　　B. 皮革坐垫　　　　　C. 竹藤编制　　　　　D. 布艺座垫

4) 对于布艺类沙发，您觉得哪种面料更显得高档？

A. 手感棉而舒适的织物（如棉布）　　　　　B. 粗糙而结实的织物（如亚麻编织物）

C. 手感光滑细腻的织物（如绒面织物）　　　D. 无所谓

5) 对于实木类沙发或者沙发中裸露在外的木制部分，您觉得什么样的面饰效果更显得高档？

A. 木材本身的色泽纹理　　B. 贴木皮　　　　　C. 贴木纹纸　　　　　D. 油漆涂料上色

E. 无所谓

6) 对于沙发中裸露在外的金属部分，您觉得什么样的装饰效果更显得高档？

A. 拉丝金属（表面布满顺着一个方向的滑痕）　B. 电镀，高光亮

C. 亚光金属（表面没有强的镜面反射）　　　　D. 无所谓

7) 您觉得什么样的整体造型，更显得沙发高档？

A. 方正硬朗的线条轮廓　　　　　　　　　B. 主体几何造型和圆润的边角

C. 圆润柔和的线条轮廓　　　　　　　　　D. 无所谓，造型不影响沙发高档与否

8) 您觉得下面哪种情况沙发更显得高档？

A. 沙发表面平整，大块的平面　　　B. 沙发表面向外凸起　　　C. 无所谓

9) 沙发中裸露在表面的木材的部分颜色哪种显得更高档？

A. 黑色　　B. 白色　　C. 灰色　　D. 棕色　　E. 实木天然的色泽纹理

F. 其他_____

● 对应坐垫的颜色

A. 和沙发主体颜色一致或不需要坐垫　　B. 黑色　　C. 白色　　D. 灰色　　E. 棕色

F. 米黄　　G. 采用丰富的花纹和色彩　　H. 竹藤编制物的天然色泽　　I. 其他_____

10) 什么颜色的皮革沙发显得更高档？

A. 黑色　　B. 白色　　C. 灰色　　D. 棕色　　E. 米黄　　F. 其他_____

● 对应坐垫的颜色

A. 和沙发主体颜色一致或不需要坐垫　　B. 黑色　　C. 白色　　D. 灰色　　E. 棕色
F. 米黄　　G. 采用丰富的花纹和色彩　　H. 其他_____
11）什么颜色的布艺沙发显得更高档？
A. 黑色　　B. 白色　　C. 灰色　　D. 棕色　　E. 米黄　　F. 采用丰富的花纹和色彩
G. 其他_____
- 对应坐垫的颜色
A. 和沙发主体颜色一致或不需要坐垫　　B. 黑色　　C. 白色　　D. 灰色　　E. 棕色
F. 米黄　　G. 采用丰富的花纹和色彩　　H. 其他_____
4. 您的基本资料
性别：□男　□女
年龄：□ 25 岁以下　　□ 25 ~ 35 岁　　□ 35 ~ 45 岁　　□ 45 岁以上
职业：□家具的普通用户　　□家具导购人员　　　□家具城老板
　　　□家具城经理　　　□家具城楼层管理　　　其他_____

高档沙发的调查问卷（最终问卷）

1. 下面的题目描述了高档沙发的特征，请您根据该描述与您对高档沙发认识的符合程度打分。从 1 分到 5 分，表示从非常不符合到非常符合。

示例：对于"高档沙发就座一定要非常舒适"一题，若您认为，高档沙发就座一定要非常舒适非常符合高档床的要求，则在 5 分上打勾
符合的程度由低到高
（1）高档沙发就座一定要非常舒适　　　　　　　1　2　3　4　5✓

（1）高档沙发就座一定要非常舒适　　　　　　　　　　1　2　3　4　5
（2）配两套坐垫、靠垫适应冬夏两种情况　　　　　　　1　2　3　4　5
（3）沙发的材料、涂料、填充物等不使用甲醛等对人体有害的材料 1　2　3　4　5
（4）沙发的材料、涂料、填充物等选用可再生可循环材料，保护环境
　　　　　　　　　　　　　　　　　　　　　　　　　1　2　3　4　5
（5）隐藏连接结构（螺栓、螺钉等）　　　　　　　　　1　2　3　4　5

（6）沙发可拆卸成小的部件，便于运输　　　　　　　　1　2　3　4　5
（7）沙发寿命长，连接结构不容易失效松动　　　　　　1　2　3　4　5
（8）弹簧坐垫的沙发，就坐时没有弹簧碰撞的声音　　　1　2　3　4　5
（9）起身后沙发立即回复原样，不会留下凹坑　　　　　1　2　3　4　5
（10）沙发折叠式，展开可以变成床，增加临时床铺　　　1　2　3　4　5

（11）坐垫靠背的面罩容易拆卸，方便清洗　　　　　　　1　2　3　4　5
（12）坐垫、靠背的面料容易清洗，抹洗就能清洁干净　　1　2　3　4　5
（13）沙发表面简约少装饰显得高档　　　　　　　　　　1　2　3　4　5
（14）沙发表面华丽多装饰显得高档　　　　　　　　　　1　2　3　4　5
（15）浅色系的沙发更显得高档　　　　　　　　　　　　1　2　3　4　5

（16）深色系的沙发更显得高档	1	2	3	4	5
（17）沙发风格和家居环境的风格保持一致很重要	1	2	3	4	5
（18）风格自然淳朴的沙发更高档	1	2	3	4	5
（19）沙发宽大松软，就座舒适，占地面积大更高档	1	2	3	4	5
（20）沙发线条简单、整体几何造型更高档	1	2	3	4	5

（21）沙发在支脚、扶手等地方选择钢管作为点缀更显得高档	1	2	3	4	5
（22）造型、颜色很重要，决定沙发高档与否	1	2	3	4	5
（23）沙发的材料很重要，决定沙发高档与否	1	2	3	4	5
（24）沙发的表面手感和视觉效果决定沙发高档与否	1	2	3	4	5

2. 选择符合您心目中高档沙发的形式，在选项上打"√"（没有特殊说明就是单项选择）。

（1）您觉得哪种弹性的沙发坐面和靠背最舒适？

A. 坐垫很软　　　　　　B. 坐垫软硬适中　　　C. 坐垫较硬　　　　D. 无所谓

（2）您觉得沙发采用什么样的材料显得更高档？

A. 布艺　　　　　　　　B. 皮革　　　　　　　C. 实木　　　　　　D. 竹藤编制

（3）根据上面沙发材料的选择，什么样的沙发坐垫和靠垫更显得高档？

A. 不需要坐垫、靠垫　　B. 皮革坐垫　　　　　C. 竹藤编制　　　　D. 布艺坐垫

（4）对于布艺类沙发，您觉得哪种面料更显得高档？

A. 手感棉而舒适的织物（如棉布）　　　　B. 粗糙而结实的织物（如亚麻编织物）

C. 手感光滑细腻的织物（如绒面织物）　　D. 无所谓

（5）对于实木类沙发或者沙发中裸露在外的木制部分，您觉得什么样的面饰效果更显得高档？

A. 木材本身的色泽纹理　　B. 贴木皮　　　　　C. 贴木纹纸　　　　D. 油漆涂料上色

E. 无所谓

（6）对于沙发中裸露在外的金属部分，您觉得什么样的装饰效果更显得高档？

A. 拉丝金属（表面布满顺着一个方向的滑痕）　B. 电镀，高光亮

C. 亚光金属（表面没有强的镜面反射）　　　　D. 无所谓

（7）您觉得什么样的整体造型，更显得沙发高档？

A. 方正硬朗的线条轮廓　　　　　　　　B. 主体几何造型和圆润的边角

C. 圆润柔和的线条轮廓　　　　　　　　D. 无所谓，造型不影响沙发高档与否

（8）您觉得下面哪种情况沙发更显得高档？

A. 沙发表面平整，大块的平面　　　B. 沙发表面向外凸起　　　C. 无所谓

（9）什么颜色的实木沙发更显得高档？

A. 黑色　　B. 白色　　C. 灰色　　D. 棕色　　E. 实木天然的色泽纹理　　F. 其他＿＿＿＿

　　● 对应座垫的颜色

A. 不需要座垫　　　B. 黑色　　　C. 白色　　　D. 灰色　　　E. 棕色　　　F. 米黄

G. 采用丰富的花纹和色彩　　　　　　H. 简单的条格和色彩搭配

I. 竹藤编制物的天然色泽　　　　　　J. 其他＿＿＿＿

（10）什么颜色的皮革沙发显得更高档？

A. 黑色　　　B. 白色　　　C. 灰色　　　D. 棕色　　　E. 米黄　　　　F. 其他＿＿＿＿

- 对应坐垫的颜色

A. 和沙发主体颜色一致或坐垫和沙发是一体的　　B. 黑色　　C. 白色　　D. 灰色
E. 棕色　　F. 米黄　　G. 采用丰富的花纹和色彩　　H. 简单的条格和色彩搭配
I. 其他_____

（11）什么颜色的布艺沙发显得更高档？

A. 黑色　　　　B. 白色　　　C. 灰色　　　D. 棕色　　　E. 米黄
F. 采用丰富的花纹和色彩　　　G. 简单的条格和色彩搭配　　　H. 其他_____

- 对应坐垫的颜色

A. 和沙发主体颜色一致或座垫和沙发是一体的　　B. 黑色　　C. 白色　　D. 灰色
E. 棕色　　F. 米黄　　G. 采用丰富的花纹和色彩　　H. 简单的条格和色彩搭配
I. 其他_____

3. 您的基本资料

性别：□男　□女
年龄：□ 25 岁以下　□ 25 ~ 35 岁　□ 35 ~ 45 岁　□ 45 岁以上
职业：□家具的普通用户　□家具导购人员　　　□家具城老板
　　　□家具城经理　　　□家具城楼层管理　　　其他_____

四、高档餐桌的调查报告

1. 资料收集

以明珠家具城餐桌销售点实际情况了解和对前来购买用户进行访谈的方法为主；网上搜集资料为辅，资料内容涉及 3 个方面，第一，材料、结构、功能；第二，通过了解实际家具的购买情况和具体产品，了解用户的购买倾向和产品具体细节；第三，通过对家具城销售人员和教授家具课程老师的访谈得到一些遗落的资料（这三部分资料的整理，见附录 1）。

此外，第一次调查的因素也可以用来作为这次框架效度中的一些因素的参照。

通过整理资料，可以从中归纳出构成高档餐桌的因素，这成为了问卷的主要内容：

抗污易擦洗，环保性，结构，材料组成，表面处理效果，餐桌可移动，可拆卸折叠，部件可更新，结实耐用，风格。

2. 问卷效度

（1）框架效度

通过下面五个方面来保证框架效度，即因素的全面性。

1）上一次的高档餐桌调查从整体出发，没有得到具体的设计指南，但其影响因素和审美因素的统计对这次的调查问卷的设计还是有借鉴作用的，我们将上次调查的影响因素靠前的提取出来，作为这次调查的部分影响因素。如质量（进行了细化、结实、材料、可维护性等因素）、环保、外观、售后服务、功能等。

2）通过资料的搜集，发现大因素下的部分小因素。

3）通过在明珠家具城对 5 名家具销售人员的访谈，发现每个大因素下的部分小因素。具体访谈问题如下：高档餐桌的构成材料有哪些？材料环保吗？表面处理工艺是什么？是什么结构？因为是在实际的家具城内进行访谈，所以可以针对具体的餐桌进行现场发掘提问。这也补充了我们所欠缺的实际经验。访谈问题都围绕如何发掘更多的因素进行。

4）通过对一名家具老师的访谈，发现一些遗落的因素。具体问题如下：请看一下还有什么遗落的因素，还有一些不专业的地方？餐桌的表面可用面积？回答是："这个问题与餐厅的面积大小有关，不能单一地去问"。餐桌都有什么涂饰？螺栓连接是不是没有榫接稳定？这些问题都是随着访谈的进行而展开的，开始没有特别精确的规定，但都围绕一点，就是如何发掘更多的因素。

5）试调查后在调查中发现的因素补充（见内容效度中的试调查部分）。

经过上述调查，五个方面构成了影响高餐桌的因素，其中大因素 8 个，小因素 20 个。如下表：

影响高餐桌的因素　　　　　　　　　　　表 2 - 3 - 44

大因素	小因素	因素解释
1. 使用性	餐桌可移动	方便用户使用
	餐桌可折叠	节省空间
	耐油腻性	干净卫生，减少用户对餐桌的维护
2. 环保性	组成材料	材料、涂料、填料对人体不造成危害
	材料、涂料、填料与环境	材料、涂料、填料对环境不造成污染
3. 结构	餐桌可拆卸组装	满足用户在不同时期对餐桌使用面积和大小的要求
	餐桌高度可调	适应不同用户的需求，使不同用户都觉得餐桌符合人机
	餐桌连接结构（螺钉，螺栓）隐藏	餐桌显得整体，完整
4. 材料	餐桌表面材料	包括：实木、密度板材、玻璃、塑料、铁等
	餐桌的主体材料（支撑架）	铁、铝合金、实木等
5. 表面处理效果	餐桌表面处理	包括：贴木纹纸、贴木皮、拉丝、上透明的清漆保留材料本身的纹理、上不透明的涂料产生颜色等
	餐桌外部处理	包括：有花纹装饰、镶嵌装饰品
6. 附加功能	储存物品能力	餐桌有抽屉或柜子，便于物品摆放
	作为桌子用于其他用处	书桌、娱乐、承重物品
7. 可维护性	餐桌表面可覆软垫	防止烫坏桌面
	餐桌部件可更换	便于用户维修
	寿命	寿命长，结实
8. 外观	餐桌颜色	材料本身纹理颜色、红色、棕色、白色等
	餐桌风格	仿古典风格、仿西欧风格、中西风格相结合

（2）内容效度

内容效度包括：

1）一个因素需要几个提问才能问清楚；

2）问卷设立的问题从是否对设计有用这一方面出发（发掘设计指南）；

3）问题是否能全面真实地反映因素。

对资料收集部分列出了初问卷，然后通过对家具老师的访谈，对普通用户的试调查访谈进行问卷的修改，从中发现问题，补充因素。将问卷中的题目在调查后转化为设计指南（设计指南详细见结论部分）。

试调查部分：

第一次试调查 5 份，分别在问卷调查后进行了访谈，将因素的排序改成了五分量表的评分法，避免了让用户多浪费时间，并且排除了有时候用户不能排列两个因素的先后重要性的困难。题目如下：

请您给下面十个影响餐桌高档性的因素按重要性打分。（不重要到最重要的因素依次为

1~5分)

因素	不重要——重要					因素	不重要——重要				
	1	2	3	4	5		1	2	3	4	5
1. 抗污，易擦洗	☐	☐	☐	☐	☐	6. 环保性	☐	☐	☐	☐	☐
2. 结实耐用	☐	☐	☐	☐	☐	7. 材料组成	☐	☐	☐	☐	☐
3. 表面处理效果	☐	☐	☐	☐	☐	8. 餐桌可移动	☐	☐	☐	☐	☐
4. 可拆卸折叠	☐	☐	☐	☐	☐	9. 外观	☐	☐	☐	☐	☐
5. 部件可更新	☐	☐	☐	☐	☐	10. 风格	☐	☐	☐	☐	☐

第二次试调查4份，分别在问卷调查后进行了访谈，这次试调查更注重细节的修改，对一些用户所不理解的专业性语句进行了解释和更换说法，如：

1）材料的环保性解释为：餐桌使用的材料、涂料、填料对人体不造成危害；餐桌使用的材料、涂料、填料对环境不造成污染。

2）餐桌耐油腻性改为餐桌抗污性，易擦洗。

3）餐桌的表面处理工艺，去掉拉丝等不适合餐桌的工艺。

4）添加餐桌表面耐划伤性。

5）古典风格：改为中国明清风格。

此外，还需要进行一个详细的访谈，以达到用户对问题的理解和作者原意相一致的效果。这一部分的详细内容可以见交流效度的访谈分析。

问卷的几次修改参照附录二。

最终因素涉及到的问题见下表。

高档餐桌大因素、子因素和题目内容的关系　　　　　　　　　　表2－3－45

大因素	小因素	题目内容
1. 使用性	餐桌可移动	量表（4）餐桌整体可方便移动
	餐桌可折叠	量表（3）餐桌可折叠
	餐桌抗污性，易擦洗	量表（9）餐桌表面易清洗，抗油腻性强
2. 环保性	组成材料	量表（11）餐桌的材料环保
3. 结构	餐桌可拆卸组装	量表（2）餐桌可拆卸组装
	餐桌高度、使用面积可调	量表（7）餐桌使用面积和高度可调
	餐桌连接结构（螺钉、螺栓）隐藏	量表（6）餐桌连接结构（螺钉、螺栓等）隐藏
4. 材料	餐桌表面材料	单选（2）餐桌桌面的材料
	表面材料的耐划伤性	量表（12）表面材料的耐划伤性
5. 表面处理效果	餐桌表面处理	单选（3）餐桌表面处理工艺
	餐桌整体表面外部处理	量表（10）餐桌外表面有花纹等装饰品
6. 附加功能	储存物品能力	量表（5）餐桌有抽屉或柜子，便于物品摆放
7. 可维护性	餐桌表面可覆软垫	量表（1）餐桌表面覆软垫防烫坏桌面
	餐桌部件可更换	量表（8）餐桌部件可更换
	寿命	量表（12）餐桌使用寿命长
8. 外观	餐桌颜色	单选（5）餐桌的主体颜色
	餐桌外形	单选（1）餐桌的外形

（3）交流效度

交流效度是指要让问卷中不存在你和被调查者之间的交流障碍；要明确用户是否理解你所提的问题；用户所说的话你是否理解；还要了解哪些问题是用户不愿意回答的，哪些问题是用户会误解的。

这就需要进行一个关于问卷理解的访谈，寻找一个善于表达而且对此次调查感兴趣的人，将问卷的每一个问题理解一遍，从中找到不合理的地方，改正问卷。

我找了几个比较熟悉的而且对这次调查感兴趣的同学作为访谈对象，访谈方式是让他们做问卷，每做一题要他们讲出题目要表达的意思和涉及的范围，另外还要指出他们不理解的地方和专业性的词语。发现的问题列举如下：

1）提问方式要把握好，不能催促；

2）问题尽量说得明白，减少阅读障碍；

3）因素划分上的改正："连接结构（螺钉、螺栓等）隐藏"由外观因素改为结构因素；

4）减少与设计无关的选项。

考虑到购买家具的主要都是工作后的人，而学生对家具的认识是肤浅的，也没有购买家具的动机。所以调查用户选择为：普通用户，工作以后有一定收入的人群，只调查极少数学生；销售人员；在明珠家具城对导购人员、经理、楼层主管进行调查。

（4）分析效度

分析效度是指分析的有效程度，包括用什么方法能够全面、真实地分析调查结果并总结出结论，发现设计指南。

解决方法如下：

1）合理设置问题，增加文卷的效度，在有限的资源、成本下，根据尽可能多和重要的因素来进行设计。因此，因素间的排序和因素内容的排序同样重要。采用均值来比较因素和其中的内容。对用户心目中的重要性进行排序。排序主要针对量表题目（详细见第 183 页问卷的统计分析）。

2）通过对因素的排序和统计，发掘设计指南（详细见第二节结论部分）。

3. 问卷统计分析

（1）问卷中调查者的资料分析

本次正式调查问卷为 50 份，其中有效问卷 45 份。

其中的男女比为 5∶4，比例适中。

年龄分布 25 岁以下偏大，主要原因为：

● 在家具城接受调查的导购员相当一部分为 25 岁以下

● 调查中发现 25 岁以下的人比较愿意填写问卷，部分年纪大的用户不太喜欢填写问卷

● 25 岁为一个结婚的年龄段，这个年龄段有更多的人要购买家具

其他年龄段人数分布较平均。

职业方面，普通用户和销售人员比例为 2∶1，能在购买者和销售者两方面反映问题。

见下表所示。

被调查者的性别比例 表 2 - 3 - 46

	人数（总45人）	百分比
男	25	56%
女	20	44%

被调查者的年龄段　　　　　　　　　　　表 2－3－47

	人数（总45人）	百分比		人数（总45人）	百分比
25 以下	20	44%	35~45	8	18%
25~35	10	22%	45 以上	7	16%

被调查者的职业状况　　　　　　　　　　表 2－3－48

	人数（总45人）	百分比		人数（总45人）	百分比
普通用户	30	67%	家具城经理	2	4%
导购	10	21%	家具城楼层管理	1	2%
家具城老板	2	4%			

（2）问卷第三部分对一些单项选择题目的情况进行了统计和分析

问卷的第三部分是对一些无法用量表询问的问题包括风格材料和表面处理等一些多选一的问题进行了分析，发现用户在功能、材料、造型上对高档餐桌的认识如下：

餐桌的整体风格　　　　　　　　　　　　表 2－3－49

	排序	人数（总45人）	百分比		排序	人数（总45人）	百分比
明清风格	3	5	11%	中西风格相结合	1	23	52%
仿欧美西式风格	2	15	33%	其他	4	2	4%

高档餐桌的外形　　　　　　　　　　　　表 2－3－50

	排序	人数（总45人）	百分比		排序	人数（总45人）	百分比
正方形	6	2	4%	正方形带圆弧边角	5	3	7%
长方形	2	10	22%	长方形带圆弧边角	1	20	44%
圆形	3	6	13%	其他	4	4	8%

高档餐桌的材料　　　　　　　　　　　　表 2－3－51

	排序	人数（总45人）	百分比		排序	人数（总45人）	百分比
实木	1	18	40%	铝合金	5	3	7%
密度板材	3	7	16%	铁	7	0	0%
玻璃	2	10	22%	塑料	6	2	4%
不锈钢	4	5	11%	其他	7	0	0%

高档餐桌的表面处理工艺　　　　　　　　表 2－3－52

	排序	人数（总45人）	百分比		排序	人数（总45人）	百分比
贴木纹纸	4	4	9%	上不透明的涂料产生颜色	3	5	11%
贴木皮	2	8	18%	电镀、高光亮	5	3	7%
上透明的清漆，保留材料本身的纹理	1	16	36%	亚光金属（镜面效果）	2	8	18%
				其他	6	1	1%

餐桌主体颜色　　　　　　　　　　　　　表 2 - 3 - 53

	排序	人数（总45人）	百分比		排序	人数（总45人）	百分比
红色	3	5	11%	材料本身纹理颜色	1	17	38%
黑色	3	5	11%	橙色	4	2	4%
白色	2	6	13%	蓝色	4	2	4%
灰色	2	6	13%	棕色	5	1	2%
黄色	6	0	0%	其他	5	1	2%

（3）对因素的排序和分析

影响餐桌是否高档的因素必须全面考虑，但因在设计和生产过程中会遇到某些限制，难以满足所有的因素。因此，在设计受限制的情况下，因素的重要顺序可以帮助权重。重要性有两个排序，一个是大因素间的排序，一个是大因素中小因素的排序。

通过询问用户心目中的重要性来测量每个因素的重要程度，而在排序阶段，应该将每个因素所涉及到的高档餐桌的设计指南列出，供设计参考。（具体设计指南参照第二节结论部分）

问卷的第三部分，是对一些细节不同的选择情况的调查，对这些数据进行统计后排名，不分先后。排列后的结果如下表所示。

高档餐桌因素与内容排序（单选不进行排序）　　　　　表 2 - 3 - 54

大因素排序			子因素排序		
重要性排序	大因素名	大因素均分（满分5分）	重要性排序	子因素名	子因素均分（满分5分）
1	环保性	4.5	1	餐桌的材料环保	4.7
2	寿命	4.5	2	餐桌的使用寿命	4.5
3	表面处理效果	4.4	3	餐桌外表面有花纹等装饰品	3.32
4	外观	4.35		餐桌的主体颜色	
				餐桌的外型	
5	材料组成	4.26		餐桌的主体材料	
6	风格	4.2		明清风格	
				仿欧美西式风格	
				中西风格相结合	
7	使用性	4.1	6	抗污易擦洗	4.1
			11	餐桌可折叠	3.5
			9	餐桌可移动	3.41
8	结构	4.0	12	餐桌可拆卸组装	3.08
			7	餐桌高度可调	3.65
			5	餐桌连接结构（螺钉、螺栓）隐藏	3.7
9	可维护性	3.1	6	餐桌表面可覆软垫	3.69
			8	部件可更新	3.43
10	餐桌的附加功能	2.89	13	餐桌有抽屉或柜子，便于物品摆放	2.95

4. 结论

第二次高档家具调查侧重于对具体家具的调查。这次调查之前的访谈、试调查以及交流效度访谈都帮助找到了影响餐桌高档性的因素，共 10 个大因素，19 个子因素。通过调查对这些因素进行了重要性的排序，从中可以找到高档床的设计指南。其设计指南如下表：

高档餐桌设计指南　　　　　　　　　　　　　表 2 - 3 - 55

大因素排序		子因素排序		相关设计指南
重要性排序	大因素名	重要性排序	子因素名	
1	环保性	1	材料环保	使用环保材料
2	寿命	2	餐桌的使用寿命	餐桌设计尽量要从结实耐用出发
3	表面处理效果	3	餐桌外表面有花纹等装饰品	重视餐桌的细节处理，提高它的艺术性
4	外观		餐桌的主体颜色	使用材料本身纹理颜色
			餐桌的外形	从中国人的审美角度出发，餐桌的边角略带小弧度倒角
5	材料的组成		餐桌的材料	从环保出发、自然出发，多采用实木
6	风格		餐桌的风格	适应现代人的心理需求，中西结合
7	使用性	6	抗污易擦洗	使用抗油腻材料
		11	餐桌可折叠	从节省空间出发，运用折叠机构
		9	可移动	增加滚轮
8	结构	12	餐桌可拆卸组装	运用卡接结构，餐桌各部分可以拼接
		7	餐桌高度可调	
		5	餐桌连接结构（螺钉、螺栓）隐藏	
9	可维护性	8	餐桌零件可更新	各部件使用标准件
10	附加功能	13	餐桌有抽屉或柜子，便于物品摆放	可以略加考虑餐桌盛放物品的能力

5. 高档餐桌问卷（最终）

高档餐桌的调查问卷

1. 请您给下面十个影响餐桌高档性的因素按重要性打分。（不重要到最重要的因素依次为 1~5 分）

因素	不重要——重要 1 2 3 4 5	因素	不重要——重要 1 2 3 4 5
1. 抗污、易擦洗	□ □ □ □ □	6. 环保性	□ □ □ □ □
2. 结实耐用	□ □ □ □ □	7. 材料组成	□ □ □ □ □
3. 表面处理效果	□ □ □ □ □	8. 餐桌可移动	□ □ □ □ □
4. 可拆卸折叠	□ □ □ □ □	9. 外观	□ □ □ □ □
5. 部件可更新	□ □ □ □ □	10. 风格	□ □ □ □ □

2. 下面的题目描述了高档餐桌的特征，请您根据该描述与您对高档餐桌认识的符合程度打分。从 1 分到 5 分，表示从非常不符合到非常符合。

示例：对于"餐桌表面覆软垫防烫坏桌面"，若您认为，餐桌表面覆软垫非常符合高档餐桌的要求，则在 5 分上打勾

	非常不符合	不符合	普通	符合	非常符合
（1）餐桌表面覆软垫防烫坏桌面	1	2	3	4	5

（1）餐桌表面覆软垫防烫坏桌面　　1　　2　　3　　4　　5
（2）餐桌可拆卸组装　　1　　2　　3　　4　　5

(3) 餐桌可折叠	1	2	3	4	5
(4) 餐桌整体可方便移动	1	2	3	4	5
(5) 餐桌有抽屉或柜子可用来储存物品	1	2	3	4	5
(6) 餐桌连接结构（螺钉、螺栓等）隐藏	1	2	3	4	5
(7) 餐桌使用面积和高度可调	1	2	3	4	5
(8) 餐桌部件可更换	1	2	3	4	5
(9) 餐桌表面易清洗，抗油腻性强	1	2	3	4	5
(10) 餐桌外表面有花纹等装饰品	1	2	3	4	5
(11) 餐桌的材料环保	1	2	3	4	5
(12) 餐桌表面耐划伤	1	2	3	4	5
(13) 餐桌使用寿命长	1	2	3	4	5

3. 选择符合您心目中的高档餐桌形式，在选项上打"√"。（单项选择）

(1) 餐桌的整体风格

a. 明清风格（八仙桌）　　b. 仿欧美西式风格（长条桌）　　c. 中西风格相结合

d. 其他_____

(2) 餐桌桌面的材料

a. 实木　　　　b. 密度板材　　　c. 不锈钢　　　d. 铝合金　　　e. 铁

f. 塑料　　　　g. 玻璃　　　　　h. 其他_____

(3) 桌面的表面处理

a. 贴木纹纸　　　b. 贴木皮　　　c. 上透明的清漆，保留材料本身的纹理

d. 上不透明的涂料产生颜色　　　e. 电镀，高光亮

f. 亚光金属（表面没有强的镜面反射）　　　　　g. 其他_____

(4) 餐桌的外形

a. 正方形　　　b. 长方形　　　c. 圆形　　　d. 正方形带圆弧边角

e. 长方形带圆弧边角　　　　f. 其他_____

(5) 餐桌的主体颜色

a. 红色　　　b. 黑色　　　c. 白色　　　d. 灰色　　　e. 黄色

f. 材料本身纹理颜色　　　g. 橙色　　　h. 蓝色　　　i. 棕色

j. 其他_____

4. 您的基本资料

性别：□男　□女

年龄：□ 25 岁以下　□ 25～35 岁　□ 35～45 岁　□ 45 岁以上

职业：□家具的普通用户　□家具导购人员　　□家具城老板

　　　□家具城经理　　　□家具城楼层管理

五、附录：资料整理

1. 材料

● 木材

中纤板（MDF，Medium Density fiberboard）

中密度纤维板的简称，中纤板以木纤维为主要材料，通过纤维分离、成型、干燥、高压等

工序制成。特点是内部结构匀称、机械加工性能好、易于雕刻及饶成各种型面、形状的部件。

刨花板（Particle Board）

由原木打碎后经高温高压加工而成，具有不易变形，握钉力强的优点，在全球被作为板式家具的主要材料。缺点是不易做弯曲处理或曲形断面处理，对加工机械要求高。

三聚氰胺板（Melamine Faced Board）

以中纤板或刨花板等为基材，三聚氰胺浸渍纸为表面装饰，在 300 吨/平方米的高压及 200 度高温下加工成的复合板材，加压时用的钢板雕纹不同就会产生不同的压贴面，如亚光板、麻面板、拉丝板等。

实木（Solid Wood）

即天然木材，一般需要经过裁切、烘干等处理后才能被应用于家具制造中。

- 玻璃

雾化玻璃

玻璃工业新革命，意大利玻璃表面处理新技术。耐刮、耐划裂，手感舒适、柔软，不带汗渍、指纹印。改变传统玻璃给人的冰冷及生硬的感观。

透纱玻璃

意大利高科技环保全新产品，耐刮伤、耐花，立体感强，视观清晰。避免传统的打砂处理损害玻璃表面及药水砂处理造成污染的缺点。

透纱十字玻璃

透纱玻璃有诸多优点，再加上优美的设计、全新技术图案等，令玻璃散发迷人美感。

强化玻璃

达国际标准的强化玻璃比普通玻璃强度增加 7 倍，且耐高温，不会因撞击而爆裂，一旦爆裂形成不锋利小块，耐用安全。

夹胶玻璃

两块强化玻璃中间加透明胶水将两件玻璃连接，确保不爆裂，使玻璃增加防撞力，保证高度安全。

ICD 玻璃底漆

玻璃底色，美国高科技新原料。色泽鲜明，坚硬，耐用，防透，耐花。

- 五金

铝合金阳极处理

经过阳极处理，防止空气氧化、腐蚀，使铝材增加光泽，历久如新，充满时代感。避免铁制品因电镀、烤漆、氧化后，造成生锈、脱皮的缺点。

铝合金表面拉丝处理

增加折射角度，形成立体效果。

意大利门铰

开启角度及力度的专利设计，弹片采用精钢制造，轻便耐用。

夹装式底路轨

意大利制造，开启无声，轻便耐用；夹装式避免传统螺丝装爆桶侧板现象。

夹层厚单板柜桶侧板

桦木厚单板经纵横高压定形，防弯曲爆裂性能比一般纤维板柜桶侧板耐用五倍；同全实木柜桶侧板比较，有过之而无不及。

- 油漆（Lacquer）

主要有 PE（聚酯）、PU（聚胺脂）、UV（光固化）等。

- 装饰纸（Decorated Paper）

表面印刷有木材纹理或其他图案，用于装饰木材表面。

2. 结构

床

- 床的结构

床的结构可分为三部分：

（1）床的骨架：由床头板、床尾板、两条轨道、中间的排骨架共同构成完整的骨架组，提供整张床最坚实的支撑。此外，有的床只由床头板、铁床架构成，省略床尾板的简单骨架。

（2）床垫：有了坚固的骨架后，再放上影响睡眠好坏最重要的床垫，给身体最完整的支撑，也确保拥有最佳的睡眠品质。

（3）寝具组：有了床垫后，再铺上整套的寝具组，包括床罩、床裙、床单、棉被、枕头、各式抱枕后，便可拥有一张温暖而充满浪漫气氛的床。

- 套床结构与基本用料

一般床的结构：床架、床拼、床板（排骨架）、床垫、床上用品（被子、枕头、床单、保护垫）。功能床分为气动床和电动床，气动床通过手动提升床板，开启床箱，可存放和取用放于床箱内的物品；电动床可根据需要通过遥控装置调整床的角度。

（1）布艺床头都是能拆卸清洗的形式，既方便又简单；

（2）床箱。

1）功能性床箱

主要特点是节省空间。由起动气杆连接床板和排骨架，保证排骨架和床垫安排的开启和闭合，合用方便、简单。箱体有一定的使用空间，床箱围布可拆卸清洗。

2）普通床箱

高密度纤维板，牢固的排骨架，床箱围布可以拆洗。

（3）床上用品

1）被子

由被套、被芯、被单组成。被芯可选用柔软保暖、可透气的丝棉，被单可选用高密度的全棉布料。

2）枕头

丝棉＋全棉布料

3）床单和保护垫

与被子材料相同，床的基本材料：床架/床拼用料，采用经过长时间烘干处理的优质木材和钢架混合，海绵。布料，西班牙纯棉、高密度涤棉、韩国绒、高密度提花棉布。

- 床垫的结构和基本用料

（1）床网

双层、独立袋装、大芯网、硬网

床网的组成：由蛇簧、弹簧、边铁、弹叉组成

（2）面料

布料：花瑶布、化纤布、涤棉布、毛巾布、提花布、纯棉布、绒布、织锦布。布的宽度

一般为：1.6m、2.1m、2.3m

海绵：

a. 中软棉、高弹棉、波浪棉、再生棉、轻泡棉，乳胶棉（喷胶棉）。一般用做床垫的海绵密度为 16#、18#、22#

b. 喷胶棉：800#、1000#、1500#、2200#、4400#分别有 2m 宽、2.3m 宽

c. 面料的图案有：独立跳花、单线、双线、独立大版图案

（3）填充物

棕：现在全用椰棕 0.3cm、0.8cm 等环保材料

棉毡：目前使用的是高级针刺环保白棉毡，用在椰棕的上面，起到柔软、舒适、平衡的作用

（4）平行网

放置于弹簧上面，起到弹簧之间的平衡作用，现用的是高级环保白色塑胶平行网

沙发

- 沙发的框架最好为榫眼结构，不用钉子连接；结构要牢固，不能有任何松动，否则将严重影响沙发的使用寿命
- 沙发内部结构用料要合理，不得使用腐朽、虫蛀木材。木材含水率一般为 12%，不能超过 13%。弹簧要做防锈处理，衬垫材料要安全卫生，不能用旧料和霉烂变质的衬垫材料
- 徒手重压沙发，应无明显凹陷，不能有弹簧间的磨擦和撞击声，沙发坐垫或靠背泡沫塑料应达到每立方米 22kg 至 25kg 密度，手感不能太松软
- 沙发的面料要整洁无破损，拼接图案要完整，无明显色差。嵌线应圆滑平直，泡钉间距应基本相等和整齐。沙发外露木制部件的漆膜要光滑，色泽均匀。多层板曲木沙发要检查是否有开胶缺陷

3. 种类

床

- 床的种类繁多，有弹簧床、钢丝床、棕棚床、竹床、木板床、两用沙发床等
- 平板床：有基本的床头板、床尾板、加上骨架为结构的平板床，是一般最常见的式样。虽然简单，但床头板、床尾板却可营造不同的风格；具流线线条的雪橇床，是其中最受欢迎的式样。若觉得空间较小，或不希望受到限制，也可舍弃床尾板，让整张床感觉更大
- 四柱床：最早来自欧洲贵族使用的四柱床，让床有最宽广的浪漫遐想。古典风格的四柱代表不同风格时期的繁复雕刻；现代乡村风格的四柱床，可由不同花色布料的使用，将床布置得更加活泼，更具个人风格
- 日床：在欧美较常见，外形类似沙发，却有较深的椅垫，提供白天短暂休憩之用。与其他种类床不同的是，日床通常摆设在客厅或休闲视听室，而非晚间睡眠的卧室

沙发

- 美式沙发：十分舒适但占地较大。美式沙发最大的魅力是非常松软舒适，十分结实耐用。一般来说只有 20m² 以上的大客厅才能考虑买这种沙发。如果希望客厅不要看起来过满，可以只买一个两人坐或一人坐、三人坐的美式沙发，然后可以再搭配两张中式圈椅或一张躺椅，这样看起来既灵活，用起来也同样方便
- 日式沙发：适宜自然朴素的居家。日式沙发最大的特点要数它的成栅栏状的木扶手和

矮小的设计。这样的沙发最适合崇尚自然而朴素的居家风格的人士。这种沙发对于老人也是适用的,硬实的日式沙发使他们感到更舒适,起坐也更方便

- 中式沙发:冬夏皆宜的良好选择。中式沙发的特点突显于整个裸露在外的实木框架上。上置的海绵椅垫可以根据需要撤换。这种灵活的方式使中式沙发深受许多人的喜爱:冬暖夏凉,方便实用
- 欧式沙发:线条简洁,适合现代家庭。富于现代风格的欧式沙发大多色彩清雅、线条简洁,适合一般家庭选用。这种沙发适用的范围也很广,置于各种风格的居室感觉都不错。近来较流行的是浅色的沙发,如白色、米色等

4. 人机性能

- 床高 450 ~ 550mm,太高太低都不舒服
- 床对睡眠本身没有标准,但对一个房间来讲,为了美观就有标准了。不是特别追求个性的话,床垫 60cm 左右适宜
- 床的硬度要适中,褥垫勿太软或太硬。软硬适中的床,可以保持脊柱维持正常生理弯曲,使肌肉不易产生疲劳。过硬的床,增加肌肉压力,使人腰酸背痛,不得不时常翻身,难以安睡,浅睡时间增多;过软的床,则造成脊柱周围韧带和关节的负荷增加,肌肉被动紧张,久而久之就会引起腰酸背痛
- 床铺面积大,睡眠时便于自由翻身,有利于气血流通,筋骨舒展。一般单人床宽90cm,双人床宽150cm,长为180 ~ 190cm。但对于少数身高在185cm以上者就不够了,合适的长度应为身高加20cm左右
- 床的高度以略高于就寝者的膝盖为宜,即一般在0.4 ~ 0.5m,这种高度便于上床、下床。床过高,使人易产生紧张而影响安眠;床过低,则易于受潮,寒湿、潮湿易侵入人体,不仅易患关节炎等病,还使人感到不适,难以安卧

第四节 高档电冰箱设计调查

一、资料收集

资料收集采用了资料收集和访谈的方法,分为三个方面,第一,加工、材料、原理;第二,通过若干使用案例,了解用户的使用情况;第三,影响冰箱消费和发展的方面(这三部分资料的整理,见附录一)。

1. 访谈效度分析

(1)框架效度

框架效度要考虑因素是否完整、真实。因素的寻找和检验要通过专家用户,笔者访谈了5名销售员,1名楼层经理,工龄从3年到8年不等,访谈时间在半小时到1小时之间。从他们那里得不到使用产品的信息,但是对于产品间的性能比较、功能的价值、用户关注冰箱哪些方面,他们比较熟悉,访谈他们这些信息是合适的,而审美、使用情况是难以询问得到的。为了得到完整的框架效度,采取的办法有:

- 收集冰箱的资料,了解工作原理、各个部件、制作工艺。保证在和专家用户进行沟通时,可以理解他们所说的,对他们的回答保持敏感,可以追问。比如伊莱克斯的销售人员说到关于保鲜时,要求对冰箱的不同层精确控温,而我立刻意识到传统的压缩机

使得制冷剂置换热量，产生冷气，但无法分配冷气，我就追问一个压缩机该怎么做到不同层分配不同的冷气

- 访谈专业的电器行和大型商场。被访者来自开元和苏宁电器行，保证了被调查者接触的机型最新且全面
- 访谈不同名牌冰箱的销售人员。不同商家考虑的制造和销售冰箱的策略不同，引发了对冰箱不同方面的关注。可以在更广的范围内寻找因素。比如松下的冰箱关注使用细节，崇尚自动化，自动开门、自动给水、自动制冰；而西门子冰箱比别的厂家更关注耗电，保温层、压缩机、蒸发器的设计都出于省电的考虑
- 通过询问和观察用户在购置高档冰箱时和销售人员的交流，补充因素。购买者考虑更多的是容积和制冷能力，而销售者会向用户从制冷快慢、制冷食物的多少、压缩机的性能来向用户解释；在观察购买者选机的时候，发现他们习惯性地一遍一遍开门，看里面的搁架布置，抽拉抽屉，这是在尝试门的手感、轴的灵活和安全、想像食物取放。Bosch 的销售人员还会向用户解释铰链都是隐藏的，从内部看不见金属键

（2）内容效度与交流效度

访谈的内容效度和交流效度，这里一同考虑。冰箱的访谈，问题不应该是一问一答的，既然调查者可以在商场面对面与被访者沟通，那么就提供了访谈中借助的道具。

对于调查者来说，可以就具体的冰箱发问，更重要的是，试用或观察了一些冰箱，会突然激发新的问题，比如为了平衡温差，LG 采用冷冻风扇加速气流循环，但是调查者发现样机的风扇并没有旋转，于是询问有关冷冻风扇旋转条件的问题。也可以借着具体的冰箱询问，比如"您可以和我说说西门子 KG 系列，比如这个 KG19V21，其性能和其他系列有什么差别？"

对于被访者来说，销售人员接触自己公司的冰箱很久，脑中已有图像。在交流时，他们可以寻找具体的冰箱，甚至是正在工作的样机。比如，调查者疑惑西门子的冰箱省电问题，其中有一款宣称每天只耗电 0.48 度，几乎是同体积冰箱中最低的。销售员就找到这个冰箱，边说边指划西门子 KK 系列的省电措施：底板侧板加厚，保温性比过去好，重量差不多；背板加厚、背后的丝装管蒸发器，置换热效率高、压缩机是 EMBRACO 的高效压缩机。

在访谈时，并不按照访谈的提纲一问一答，而是确定主题，引导被访者。当发现有趣的或者不理解的回答时，笔者可以进行追问。对被访者的不确定的回答，笔者也可以用自己的话解释，并让他们确认。对于每个问题的回答，鼓励被访者举例或者针对销售处的现有样机。访谈的提纲如下：

有关性能的主题如下：

- 顾客在选购的过程中，问些什么问题。通常您是如何回答他们的。
- 在介绍高端机时，您会向顾客介绍些什么？这些特性值得您介绍的原因是什么？
- 用户在挑选冰箱时，会对冰箱进行哪些试用操作。他们当场试用后，哪些感到满意，哪些不满意
- 您觉得高端机有别于普通冰箱的区别是什么？（从环保、制冷性能、部件性能、内部空间、表面处理、耗电去回答）
- 在高端机中，同类产品或者不同产品之间，有哪些冰箱您觉得不错或者您不喜欢的，为什么？
- 在您销售的几年中，冰箱都发生了哪些变化？（从环保、制冷性能、部件性能、内部空间、表面处理、耗电去回答）

- 目前，冰箱行业有哪些新的技术，他们怎么改善和改变现有的冰箱。
- 有没有一些客户的反馈信息，他们喜欢或者抱怨些什么？
- 高端机的售后服务和普通机有些什么不同。什么样的售后服务，让客户觉得是高品质的。
- 高端机中，有显示的数字冰箱有哪些？数字控制和非数字冰箱有什么不同？高端机的数字冰箱和普通机的数字冰箱的区别？

有关使用的主题如下：

- 控制数字冰箱有哪些操作？怎么学这些操作？要求的经验是什么？
- 数字冰箱，如果不对其进行控制操作，它会怎么样？（是否会随环境、时间的变化做相应的调整）
- 如果冰箱可以智能地进行调整，那么手动操作弥补了使用上的什么问题？
- 高端机在考虑内部空间的利用上，和普通机有些什么差别。这些不同，给使用上带来了什么好处。

（3）分析效度

调查资料的整理只是描述性质的总结，按照最初的框架，可以将信息整理为两个部分，一个是冰箱各种特征的描述，是为了得到高档冰箱性能需求的顺序；一个是外观具体的描述，为了得到高档冰箱外观的具体描述。

高档不是高价位，而在于其制造工艺和性能质量。在调查过程中发现，冰箱作为与人们生活密切相关的产品，目的是为了健康地存储食物，那么高档冰箱的制造工艺和性能质量就可以更好满足存储食物的需要，比如某用户上班忙，周末才有足够时间买菜做饭，比如该用户讨厌听到隆隆的压缩机的声音，比如该用户喜欢并且常常喝冷冻饮料，这些都是和用户生活方法有关，只有高质量的冰箱才可以满足。

因此在分析访谈资料的时候，要考虑如何使问卷的统计可以排序，并进行外观描述。很多性能的问题是用户无法回答的，在这个时候，高档调查不同于以往的用户调查，不是要调查用户使用过程中的行为和思维，而是要调查用户对高档冰箱的各个方面的关注和认同程度。因此，简单的罗列因素是不行的，必须将性能结合用户实际可以感受到的使用效果来询问。这时候，可以摘录资料和访谈时用户的原话或者所描述的场景来设计问卷。比如，针对用户上班忙，周末才有足够时间买菜做饭的现象，提出了对体积的要求"体积可以保证用户一次购买，一周享用"，反过来，这句话反映到定量的性能上，必须要求冷冻室 15kg 以上（按照三口之家一周的肉类食物而得）、冷藏室体积 150L 以上。

2. 调查资料的归纳

通过整理调查资料，可以从中归纳出高档冰箱的性能发展的可能方向，这成为了问卷的主要内容：

- 多层控温。电冰箱根据使用需要，改变各空间的温度，以适应不同食品、不同贮藏期
- 快速冷冻。对速冻食物，或者夏天饮料的制作有着帮助
- 平衡温差。利用多个感温头检测箱内温度，根据温差，决定冷风的吹送方向和大小
- 网络化冰箱。海尔正在研制这类冰箱，可以远程控制
- 节能。通过提高保温性能和变频压缩机，实现省电
- 低噪声。压缩机和各个部件的安装吻合程度，决定了冰箱工作时的声音
- 维持食物营养。利用保温保湿，来维持食物的新鲜

二、问卷的效度

本章将分析问卷在设计和调查中的效度问题。问卷共做了3次，第一次有42人，进行修改后调查了16人预测试，最后的问卷共调查50人（问卷见附录二）。

1. 结构效度

对于高档冰箱的问卷属于探索性的因素分析。共有38题要进行探索性因素分析，然而要求样本容量与题目之比为5∶1，样本容量不足，不能做该分析。同时，探索性因素分析的目的在于寻找已出题目背后的关系结构，从而编制适当的问卷，而非检验因素是否完整。

因此，如何判断因素全或不全，应该通过专家访谈、预调查和讨论，保证问卷的效度。冰箱的高档调查共进行了3次。对于每次的调查结果进行分析，并讨论是否有因素遗漏。第一次调查共列出10个因素，调查了42人。调查时，面对面和用户沟通，调查的结果讨论之后，又补充了3个因素。

最后，按照冰箱的组成部分和造型，可以从制冷系统、箱体、电气控制、外形造型和箱内造型，5个方面来询问。获得的因素共有13个，框架如表所示。

高档冰箱因素框架 表 2 - 4 - 1

因　素	内　　容
制冷能力	制冷速度：冰箱空载时，从环境温度（一般为25℃）到冰箱最低温度所需要的时间 冷冻能力：24小时之内，冰箱可以将多少食物从环境温度降到最低温度（单位为kg/h） 速冻能力：将保鲜所有冷气聚集于一处，进行快速制冷 温度平衡性：箱体内各点无温差
容积	容积：冰箱可以存放食物的最大有效容积 容积比例：冷冻室和冷藏室的容积比例
控温能力	控制空间范围：同一箱体内，可以设定各隔层自己的温度，以适应不同食物对温度的需要 温度范围：冷藏室可以达到的最高温度和冷冻室可以达到的最低温度之差 远程控制：利用网络或者手机，远程控制冰箱温度 控制灵活程度：允许用户自行调节冰箱的各隔层温度
保鲜能力	保湿性：不使食物风干，又称软冻 保鲜性：使食物新鲜，而不需冷冻 温度精确性：保鲜保湿对温度的精确性要求很高，偏差不大于1℃
噪声	噪声：来自压缩机、制冷剂在毛细管和蒸发器连接处的流动、压缩机与管道及箱体的共振，发出的声音
耗电	耗电：冰箱一天耗电量，这个指标是在室温25℃、空载、且不开保鲜门的情况下测得的，而真实使用时的耗电与之相差很大
环保	制冷剂环保 箱体和封条的环保
环境温度适应	气候类型：室温对冰箱的耗电和制冷影响很大，冰箱常用四种气候类型来表示（热带、亚热带、温带、亚温带），如果保鲜适应性强，可以适应不同类型的气候（宽气候类型） 适应室温能力：冰箱放在不通风或者干燥处，对冰箱的损害很大，然而宽气候类型可以减小损害
易控温	温度反馈：冰箱报告所有用户关心的温度，且保证用户可以理解所报告的温度是什么含义 智能控温：根据室温和食物多少，自动调整温度，无需用户操心 食物信息反馈：冰箱提供箱体内有什么食物、存放多久等信息
维护	表面清洗：冰箱表面不易沾水印、手印，擦洗方便 耐磨 封条清洗 除霜：冰箱制冷方式（直冷、风冷、直风冷）决定是否需要除霜 箱内清洗 除味

续表

因　素	内　　容
取放食物	调整空间：根据用户需要，可以调节冷冻室、冷藏室的空间比例 隔层材料：各隔层的材料要容易清洗、不易损坏、透明可看见食物 自动开门 抽拉隔层：各隔层抽屉抽拉有隔档，安全 自动制冰 饮料取放：饮料、酒水等圆柱形容器，放置稳定、不滑落
售后服务	服务效率：维修人员专业，可以快速查出问题、快速解决 服务易获得：维修点多，服务上门或者运送到维修点方便，不用用户费心 服务范围：重要元件保修时间长，终生维修
外观	比例、造型一致、细节、把手形状、手感、门、材料与面饰、颜色、显示屏、按键造型

2. 内容效度

问卷的内容效度，是指每个因素下的题目全不全，可以不可以反映该因素。可以从以下方面来获得内容效度：

- 采用试问卷并讨论试调查的结果。第一次试问卷后，扩展了 10 个因素下的内容。第二次试问卷调查了 16 人。虽然在调查过程中只发现了交流效度的问题，但在随后结果的讨论中，增加了容积、控温能力、外观因素下的体积比例、温控范围、手感的内容
- 问卷中的内容效度体现了关于性能问题的调查中。性能不是用户使用冰箱的目的，因此，必须将性能转为以使用效果为表述的问题，让用户可以直观比较，比如"制冷速度"这个性能，专为了"即便我开关冰箱门频繁，但是箱内仍然冷气十足"；"体积"这个性能，专为了"容积大到可以让我一次购买，一周享用"；"速冻能力"这个性能，专为了"夏天做冰镇饮料时，不用等待很久，因为可以快速冻结指定的区域"等
- 去西门子、LG 的网站，通过所提供的冰箱的性能指标，来补充因素的内容。增加了制冷能力因素下的冷冻能力、控温能力因素下的温度范围；某些冰箱特有宽气候类型，增加"环境温度适应"这个因素。因素、因素内容和题目的关系，如下表所示

高档冰箱因素、因素内容和题目的关系　　　　　　　表 2 - 4 - 2

因　素	因素内容	题　　目
制冷能力	制冷速度	一小时内可降至冷冻室最低温度
	冷冻能力	冷冻室里，即便塞满食物，也不会影响制冷的效果
	速冻能力	可以营养快速冻结指定的区域，这样肉类可以立即锁住 可以快速冻结指定的区域，这样夏天做冰镇饮料时，不用等待很久
	温度平衡性	食物在箱内各点的温度均衡，没有温差
容积	总体容积	冰箱容积，可以让家人"一次购买，一周享用"
	冷藏室和冷冻室的容积	冷冻室可以放置大量食物，容积和冷藏室相近
控温能力	控制空间范围	各隔层可以控温，以适应不同食品的贮藏要求
	温度范围	冰箱温度范围大，既适合于储存冷冻肉类，又适合放酒类
	远程控制	网络化冰箱，可以通过电脑、手机进行远程控制冰箱
	控制灵活程度	可以手动调节每个仓室的温度
保鲜能力	保湿性	冷冻的食物不会被风干，失去水分
	保鲜性	保持食物鲜活，不需要解冻
	温度精确性	控温后，温度波动小
噪音	噪声	冰箱的噪声低，只在安静的晚上可以被察觉

续表

因　　素	因素内容	题　　目
耗电	耗电	冰箱每天耗电1℃以下
环保	制冷剂环保	制冷剂材料环保，以及包装材料环保
	箱体和封条的环保	门封条、冰箱内壁材料环保
环境温度适应	气候类型	冬天，夏天的室温对冰箱的制冷温度范围没有影响
易控温	温度反馈	虽然可能会感到麻烦，但还是想让冰箱把每处的温度都告诉用户
	智能控温	根据室内温度和存放食物的多寡，智能温度控制，不用用户去操心
	食物信息反馈	告诉用户食物的新鲜程度
维护	表面清洗	冰箱表面不易沾手印、水印 冰箱表面清水一擦就干净
	耐磨	冰箱表面不会老化，出现脱落或者锈迹
	封条清洗	冰箱内封条容易清洗
	制冷方式	无需手动除霜
	箱内易清洗	即便打翻了饮料水，也容易清洗
	除味	长时间保持冰箱没有异味
取放食物	调整空间	冷冻和冷藏室的空间可以自行调整
	隔层材料	隔层透明，方便看到食物
	开门方式	自动开门，即便双手被占用，也可以将门打开
	抽拉隔层	推拉抽屉方便，有隔档，安全
	自动制冰	可以自动制冰
	饮料取放	取放饮料方便，无需挪动周围的食物 专门提供一个酒水区，不必为了喝水而开冰箱
售后服务	服务效率	排除故障速度快
	服务易获得	维修点多，服务上门或者运送到维修点方便
	服务范围	保修范围广，重要元件保修时间长，终生维修
外观	比例	各箱体的门与整体的比例协调
	造型一致	把手风格与冰箱风格一致，不突兀 冰箱看上去融于家居环境
	细节	冰箱细节精致（比如铰链隐藏、内室表面平整、门封吸合力好、表面纹理细腻）

3. 交流效度

高档冰箱的使用可能与经济收入和学历关系密切，问卷的对象就是基于这个考虑。在询问过程中，首先从年龄、形象上判断调查者是否是经济收入较好或者学历较高的人。此外为了测量对性能的使用需求，没有调查学生，且在被调查者中，女性会首先考虑，因为调查者认为她们更加频繁地接触家务活动。在调查过程中，问卷是当面填写和收回的，这样不但保证了问卷的回收率，也可以随时为被访者解答问题。

在第二次问卷调查时，发现在第二部分询问外观尺寸比例时，被调查者没有明确概念，因此题项进行了修改，通过一些图形进行调查。比如您认为高档冰箱的比例是：

　　a. 冰箱整体比例　　　　　　b. 冷冻室门与整体的比例

　　c. 冷藏室门与整体的比例　　d. 冷冻室与冷藏室的比例

改为了：您认为高档冰箱的比例是：

a.　　　b.　　　c.　　　d.　　　e.　　　f.　　　g.

此外，用户对具体的数值不敏感，比如不知道体积多少尺寸合适、不知道温度几度才合适，所以在问卷的题目中，不应该出现这些精确的描述，避免用户无法回答。如要询问温度范围，将原题"温度范围广，可以在 – 22℃到14℃之间调节"，改为"冰箱温度范围大，既适合储存冷冻肉类，又适合存放酒类"。

4. 分析效度

分析效度关注用什么方法分析可以有效全面地表达信息。调查的结果希望通过因素的排序，来权重设计，在有限的资源、成本下，考虑尽可能多和重要的因素来进行设计。因此，因素间的排序和因素内容的排序同样重要。本文用了均值来比较因素和其中的内容，理由有：

- 根据经验难以判断因素次序。比如容积因素，只可以知道冰箱的容积和重要，但是近几年消费者注重食物质量的趋势，很可能影响这个传统的想法。此外，容积的重要程度无法知道。再如，环保的因素，这是近几年倡导的，它在高档冰箱中的地位如何，没有经验可以判断
- 根据逻辑难以判断。比如，耗电因素是单身人群所关心的，但是高档冰箱的用户群就出于家庭健康的考虑，就没有那么关心耗电情况，这是由于目标用户不同而导致的
- 根据经验难以判断因素中内容的次序。因素的各个内容或多或少地影响因素的重要程度，但是内容具体影响的程度难以确定
- 排序因素内容能用来弥补只排序因素的不足。因素本身是没有重要性的。它的重要性是通过它的内容的重要性赋予的。因此各个内容的重要性对因素的重要性影响很大。比如，"控温能力"有个"远程控温"的因素内容，从逻辑上来看，用户对通过电脑和手机来远程控制冰箱的温度，是很新兴的控温方式，受众可能不多，这就直接影响了"控温能力"这个因素的排序。因此，因素内的内容排序，就说明了在考虑这个因素的时候，要着重考虑哪些方面，而不是因为哪些因素排序靠后，比如"控温能力"在第10位，就考虑很少，或者不予考虑，那设计的冰箱就一定不是高档的了

基于上述考虑，分析效度可以从回答趋势、样本容量、检验信度等角度去考虑，分析思路是：

- 进行因素的排序
- 对因素的关系进行比较
- 统计高档冰箱外观特征
- 由于最后一次调查和第一次调查有25题是一样的，且两次问卷的样本容量在50左右，可以进行重测信度的检验

三、问卷统计分析

1. 抽样质量的分析

本次问卷调查的容量为50人，没有进行抽样，只能从被调查者的背景信息的分布中，观察是否符合之前要调查较高收入和较高学历的人的预期，同时考虑性别、婚姻状况、年龄段是否平均，这些判断只能大概估计被调查者的抽样质量。

一般而言，区域性的调查样本容量需要500人以上，因此，如果要减少抽样误差带给调查效度的影响，只有增加样本容量。

调查性别中男女之比是2:3，符合被调查者女性偏多的期待。年龄段中，30岁以上的占82%，他们比低年龄的人更加熟悉家务活动；在婚姻状况中，有66%的人已婚，他们在选择冰箱的时候会更加考虑家庭的缘故；年收入中，有64%的人5万以上；学历在本科以上占到了84%，如下列各表所示。

性别

表 2 - 4 - 3

	人数（总50人）	百分比
男	20	40%
女	30	60%

年龄段

表 2 - 4 - 4

	人数（总50人）	百分比		人数（总50人）	百分比
30 岁以下	9	18%	36~40 岁	13	26%
31~35 岁	25	50%	41 岁以上	3	6%

受教育程度

表 2 - 4 - 5

	人数（总50人）	百分比		人数（总50人）	百分比
本科以下	8	16%	硕士	20	40%
本科	22	44%			

婚姻状况

表 2 - 4 - 6

	人数（总50人）	百分比
已婚	33%	66%
未婚	17%	34%

年收入

表 2 - 4 - 7

	人数（总50人）	百分比		人数（总50人）	百分比
2 万以下	7	14%	8 万以下	22	44%
5 万以下	11	22%	18 万以上	10	20%

2. 造型元素的统计

问卷第二部分为了获得高档冰箱造型元素，从外观的容积比例、把手形式、把手手感、门形式、冰箱尺寸比例、材料与面饰、表面颜色、显示屏形式、显示屏位置、按键形式、外形风格等细节来询问。发现用户认为高档冰箱外观具有的特征是：

- 冷藏室与冷冻室的比例在 1∶2 到 2∶3 之间；采用双对门或者三门；冰箱的比例是双对门冷藏室在右边、双对门冷藏室在左边且有专门饮料区、三门上门偏大或者双对门冷藏室在右边、且有专门饮料区。三门的尺寸在 180cm × 60cm × 65cm（高、宽、厚）左右；双对门在 180cm × 100cm × 65cm 左右
- 表面材料和面饰是采用镜面钢化玻璃或者拉丝金属；颜色为浅灰、深灰或者深蓝色
- 把手形式为竖长形柱形把手，或者竖长形板形把手；把手的材质为抛光金属或者拉丝金属，背部光滑或者有软质材质
- 显示屏处于门轴一侧或者门上，采用一个和两个 LCD 或者 LED 的液晶屏，且液晶屏是多行显示；操作按键采用机械按键或者触摸式
- 冰箱的造型风格要有张力感的弧线，并且像家具一样高大稳重
- 对细节的要求是转动轴与轴销之间的间隙配合良好、铰链隐藏、内室表面在圆角处平整、没有电镀的塑料件、开关门灵活

这些特征的统计数据如下列各表所示。

冷冻室与冷藏室比例（多选题）　　　　　表2-4-8

	人数（总50人）	百分比		人数（总50人）	百分比
1:2	18	30%	2:3	23	38%
1:3	19	32%			

冰箱门的形式（多选题）　　　　　表2-4-9

	人数（总50人）	百分比		人数（总50人）	百分比
双对门	45	50%	三门	29	32%
双门	15	17%			

冰箱的尺寸比例（多选题）　　　　　表2-4-10

	人数（总50人）	百分比		人数（总50人）	百分比
双门上门偏大	14	9%	双对门冷藏室在左边、且有专门饮料区	30	19%
双门下门偏大	6	3%	双对门冷藏室在右边	34	22%
三门下门偏大	20	12%	双对门冷藏室在右边、且有专门饮料区	27	17%
三门上门偏大	28	18%			

冰箱把手的形式（多选题）　　　　　表2-4-11

	人数（总50人）	百分比		人数（总50人）	百分比
竖长形柱形把手	34	31%	短竖形柱形把手	18	16%
竖长形板形把手	27	24%	短竖形板形把手	20	18%
宽门内嵌把手	12	11%			

冰箱把手的材料（多选题）　　　　　表2-4-12

	人数（总50人）	百分比
和冰箱表面一样	32	45%
正面和冰箱表面一样，背面带有软质材料	28	40%
和冰箱表面材料不同	11	15%

冰箱的表面材料与面饰工艺（多选题）　　　　　表2-4-13

	人数（总50人）	百分比		人数（总50人）	百分比
镜面钢化玻璃	31	24%	抛光塑料	10	8%
镜面金属	17	13%	亚光塑料	6	5%
拉丝金属	44	34%	其他	0	0%
亚光金属	21	16%			

冰箱门的颜色（多选题）　　　　　　　　　　　　　　表 2 - 4 - 14

	人数（总50人）	百分比		人数（总50人）	百分比
深红	17	13%	白	6	5%
深蓝	19	15%	奶黄	3	2%
浅灰	34	27%	乳白	5	4%
深灰	42	33%	其他	1	1%

冰箱的显示屏类型（多选题）　　　　　　　　　　　　表 2 - 4 - 15

	人数（总50人）	百分比		人数（总50人）	百分比
单行一个液晶屏	0	0	多行一个液晶屏	29	35%
单行两个或两个以上液晶屏	17	20%	多行两个或两个以上液晶屏	38	45%

冰箱显示屏的位置（多选题）　　　　　　　　　　　　表 2 - 4 - 16

	人数（总50人）	百分比		人数（总50人）	百分比
置于顶部	13	17%	置于门上	33	45%
置于门轴一侧	28	38%			

冰箱的外形风格（多选题）　　　　　　　　　　　　　表 2 - 4 - 17

	人数（总50人）	百分比		人数（总50人）	百分比
硬朗的几何造型	20	23%	圆润的曲线	9	11%
有张力感的弧线	29	34%	家具一样高大稳重	27	32%

冰箱操作按键的形式（多选题）　　　　　　　　　　　表 2 - 4 - 18

	人数（总50人）	百分比		人数（总50人）	百分比
按键	34	42%	触摸式	34	42%
旋钮	12	16%			

冰箱的造型细节（多选题）　　　　　　　　　　　　　表 2 - 4 - 19

	人数（总50人）	百分比
转动轴与轴销之间的间隙配合良好	38	20%
铰链隐藏	31	16%
内室表面在圆角处平整	32	17%
顶灯内嵌	16	9%
门封吸合力好	25	13%
开关门灵活	27	14%
没有电镀的塑料件	22	11%

3. 对因素的排序和分析

　　影响冰箱是否高档的因素必须全面考虑，但是因设计和生产过程中会遇到某些限制，难以满足所有的因素。因此，在设计受限制的情况下，因素的重要顺序可以帮助权重。重要性有两个排序，一个是因素间的排序，一个是各因素内容的排序。

　　问卷通过询问用户使用效果来测量每个因素的重要程度，而在排序阶段，应该将每个因素的内容所涉及到的冰箱部件及性能列出，供设计参考。

　　问卷的第二部分，是对具体的外观设计的调查，对这些数据进行均值统计后，填入因素顺序表的"相关部件和设计要求"一栏中。所有因素进行排列后的结果如下表所示。

高档冰箱因素与内容排序　　　　　　　　　　　　表 2－4－20

因素间排序		因素中内容排序			相关部件和设计要求
序号	因素名称	序号	内容名称	内容解释	
1	保鲜能力	1	保鲜性	使食物新鲜，而不需解冻	电脑控温、传感器元件
		2	保湿性	不使食物风干，又称软冻	制冷循环系统双循环以上、传感器元件
		3	温度精确性	保鲜保湿对温度的精确性要求高，偏差不大于1℃	传感器元件、保温层导温系数低、动态制冷
2	制冷能力	1	冷冻能力	24小时之内，冰箱可以将多少食物从环境温度（25℃）降到最低温度（单位为 kg/24h）	制冷系统效率、冷冻室体积，总体积为 250L 的冷冻能力在 20 以上
		2	温度平衡性	箱体内各点无温差	动态制冷风扇、传感器元件
		3	制冷速度	冰箱空载时，从环境温度（25℃）到冰箱最低温度所需要的时间	高效压缩机、变频压缩机、蒸发器效率高
		4	速冻能力	将保鲜所有冷气聚集于一处，进行快速制冷	速冻功能、制冷循环系统双循环以上
3	环境温度适应	1	气候类型	室温对冰箱的耗电和制冷影响大，冰箱常用四种气候类型来表示（热带、亚热带、温带、亚温带），如果保鲜适应性强，可以适应不同类型的气候	宽气候类型、高效或变频压缩机
		2	适应室温能力	冰箱放在不通风或者干燥处，对冰箱的损害很大，然而宽气候类型可以减小损害	
4	外观	1	尺寸比例	门、整体之间的比例	冷藏室与冷冻室比例在1：2到2：3之间；采用双对门或者三门；冰箱的比例是双对门冷藏室在右边、双对门冷藏室在左边且有专门饮料区、三门上门偏大或者双对门冷藏室在右边、且有专门饮料区。三门的尺寸在 180cm×60cm×65cm（高×宽×厚）左右；双对门在 180cm×100cm×65cm 左右
		2	细节		转动轴与轴销之间的间隙配合良好、铰链隐藏、内室表面在圆角处平整、没有电镀的塑料件、开关灵活
		3	材料与面饰		表面材料和面饰是采用镜面钢化玻璃或者拉丝金属
		4	造型风格一致		有张力感的弧线，并且像家具一样高大稳重；把手的材质与冰箱表面材质一致，如果冰箱表面是拉丝金属，把手也可以是抛光金属
			颜色		颜色为浅灰、深灰或者深蓝色
		5	控制按键		机械按键或者触摸式
			显示屏		显示屏处于门轴一侧或者门上，采用一个和两个 LCD 或者 LED 的液晶屏，且液晶屏是多行显示
			把手形状		把手形式是竖长形柱形把手，或者竖长形板形把手；背部光滑或者有软质材质
5	环保	1	制冷剂环保		R600a、C-pentan、HFC-245
		2	箱体、封条的环保		不含重金属、卤素等非环保的塑胶条
6	容积	1	总容积	冰箱可以存放食物的最大有效容积	冰箱外观体积、冷藏和冷冻室体积，三门冰箱有效体积 250L 以上，双对门冰箱 450L 以上
		2	容积比例	冷冻室和冷藏室的容积比例	

因素间排序		因素中内容排序			相关部件和设计要求
序号	因素名称	序号	内容名称	内容解释	
7	易控制	1	智能控温	根据室温和食物多少，自动调整温度，无需用户操心	有 LED 或者 LCD 的显示屏，采用文字叙述，避免使用图标；避免菜单结构。可以推荐不同食物合适的保值期和保存温度，也可以根据食物类型来自动调整温度；使用户调节温度档位，而不是要求用户调节具体的温度值
		2	温度反馈	冰箱报告所有用户关心的温度，且保证用户可以理解所报告的温度是什么含义	
		3	食物信息反馈	冰箱提供箱体内有什么食物、存放多久等信息	
8	噪音		噪音分贝	来自压缩机、制冷剂在毛细管和蒸发器连接处的流动、压缩机与管道及箱体的共振，发出的声音	压缩机、毛细管和蒸发器的配合、压缩机与管道及箱体共振
9	控温能力	1	控制灵活程度	允许用户自行调节冰箱的各隔层温度	电脑控温
		2	温度范围	冷藏室可以达到的最高温度和冷冻室可以达到的最低温度之差	制冷循环系统双循环以上，高效压缩机
		3	远程控制	利用网络或者手机，远程控制冰箱温度	数据接口
		4	控制空间范围	同一箱体内，可以设定各隔层自己的温度，以适应不同食物对温度的需要	制冷循环系统双循环以上
10	取放食物	1	隔层材料	各隔层的材料要容易清洗、不易损坏、透明可看见食物	钢化玻璃，且透明
		2	抽拉隔层	各隔层抽屉抽拉有隔档，安全	抽屉有隔档结构
		3	饮料取放	饮料、酒水等圆柱形容器，放置稳定、不滑落	有固定酒瓶区、酒瓶架或者搁盘
		4	调整空间	根据用户需要，可以调节冷冻室、冷藏室的空间比例	各隔层可以控温，或者有可以根据用户需要在冷冻冷藏中自动切换的箱体
		5	自动开门		有专门的大按键，控制冰箱门自动开启、长形把手可以轻松开门
		6	自动制冰		净水过滤装置、微型水泵、给水系统
11	售后服务	1	服务范围	重要元件保修、维修时间长	
		2	服务效率	维修人员专业，可以快速查出问题、快速解决	
		3	服务易获得	维修点多，服务上门或者运送到维修点方便，不用用户费心	
12	维护	1	箱内易清洗		隔层用钢化玻璃、内胆添加二氧化钛有自洁抗菌作用
		2	霜处理	冰箱制冷方式（直冷、风冷、直风冷）决定是否需要除霜	干燥过滤器、直风冷混合制冷方式
		3	耐磨		金属表面氧化膜保护或者钢化玻璃
		4	除味		除臭过滤空气系统
		5	表面清洗	冰箱表面不易沾水印、手印，擦洗方便	金属表面氧化膜保护或者钢化玻璃
		6	封条清洗		封条可以拆卸
13	耗电		耗电	冰箱一天耗电量，这个指标是在室温 25 度、空载、且不开冰箱门的情况下测得的，而真实使用时的耗电与之相差很大	冷凝器、压缩机、保温层

4. 因素排序差异分析

问卷的分析效度部分认为，因素本身是没有重要性的，是通过它的内容的重要性来赋予的。因此排列因素的内容，可以弥补因素间排序的不足。在问卷数据的统计中发现，每个因素之间的重要程度很接近，这说明高档冰箱的 13 个因素，缺了哪一个都会使得冰箱不高档。利用方差分析，可以发现只有制冷能力、耗电、易维护这三个因素间的确存在重要程度的差异，制冷能力比耗电重要、保鲜能力比耗电和易维护更重要，如下表所示。

高档冰箱因素重要性差异的显著性检验　　　　　　表 2 - 4 - 21

因素	被比较的因素	均值差异	P 值
制冷能力	耗电	0.67（＊）	.004
保鲜能力	耗电	0.77（＊）	.000
	易维护	0.66（＊）	.005

注（＊）："均值差异"，制冷能力比耗电的均值（代替真值）相差 0.67（以下两行类推）。0.67 是李克特 7 分量表的测量统计的均值。两群观测值看似有差异，但是这个差异可能是因为随机误差引起的，而非真的有差异。如果其显著度（P 值）小于 0.05%，就说明真值是有差异。

大多数因素的重要性差异不显著，就说明因素排序只可以说某些因素相对另一些因素更重要些，但不等于那些因素可以减弱或者舍去。排序提供了研发时权重设计的依据，对赋予因素含义的因素内容相对来说就变得更为主要，这些内容直接涉及到了部件要求、性能指标和设计要求，因此在表 20 中，不但排序了因素，更注重各因素内容的排序。

5. 重测信度分析

重测信度可用同一量表对同一对象再测量获得。高档冰箱的调查问卷经过了修改，并且前后两次被调查者不是同一的，但是可以用均值检验，部分说明重测信度。

挑选出两次问卷中相同的题目，两次分别累加，进行独立性均值检验。结果显示，t 为 -1.454，p 为 $0.15 > 0.05$，表示两次问卷调查差异不显著。虽然不能说明两次问卷重测信度高，但是如果 t 检验显著，则重测信度一定低。如下表所示。

独立样本 t 检验　　　　　　表 2 - 4 - 22

		Levene's 方差齐性检验		t 检验		
		F	Sig.	t	df	Sig.（2-tailed）
分值	方差齐	13.118	.000	-1.509	90	.135
	方差不齐			-1.454	67.514	.150

四、结论

本次高档冰箱调查的对象是 2002～2006 年制造的冰箱，其在西安地区销售的价位在 4500 元以上。调查通过 5 位用户的访谈和 3 次问卷（最后一次样本量为 50 人），总结了 13 个高档冰箱的因素，45 个因素内容，并进行了因素间和因素内容的排序，结论如下：

- 13 个高档冰箱的因素，按从高到低排序结果是保鲜能力、制冷能力、环境温度适应能力、外观、环保、容积、易控制、噪声、控温能力、易取放食物、售后服务、易维护、耗电。排序因素提供了设计受到限制的情况下权重因素的依据
- 保鲜能力、环保、易控制是传统冰箱（非电脑控温调节的冰箱）不包含的因素，却占据了排序的第 1、5、7 位，说明高档冰箱是要求电脑的温控和简单、有效的操作
- 冰箱的外观在第 4 位，其中比例尺寸的协调、材料和面饰、造型的细节是外观中首先被关注的。比例尺寸给人整体的审美；材料和面饰突出了高档冰箱的用材纯正；细节的关注，

轴、封条、开门的手感、箱内的空间分配，都是增加用户使用时对于高质量的信任感

- 制冷能力、容积分别排在第 2、6 位，它们是传统冰箱（非电脑温控冰箱）关注的因素，但在高档冰箱中的要求仍然突出
- 因素间重要性的差异不明显，说明排序靠后的因素只是相对之前的因素不重要，但是如果减弱或不予考虑，冰箱就不会成为高质量。关注因素内容的排序以及它们涉及的部件要求和性能指标，对高档冰箱设计更有意义

附录一：资料整理

一、冰箱的组成及工作原理

冰箱由制冷系统、箱体、电气控制系统三部分组成。制冷系统由以下部件组成：压缩机，它是动力的主要部件。冷凝器，它是冰箱散热的部件，它散出的热量几乎为冰箱内的制冷量与压缩机的功耗之和。蒸发器，冰箱制冷的源头，热量从这里被置换走。毛细管，冰箱内从高温向低温变化的元件，通过它产生较低的蒸发温度，同时也会产生较高的冷凝温度。干燥过滤器，保证冰箱不脏堵，不冰堵。贮液器，位于蒸发器的末端，只允许制冷剂的气体进入到压缩机中，对压缩机有保护作用，同时还调节制冷剂的流量。制冷剂，冰箱能量的载体。控制系统，对制冷系统的运行起控制作用，分为机械和电脑控制两类。

箱体由外壳、内胆、隔热材料和箱门组成。外壳通常由 0.6～1.0 厚的钢板冲压而成，外表面做喷塑、拉丝或喷漆。内胆由 ABS 工程塑料或 PS 真空吸塑成形。隔热材料多采用重量轻、绝热性能好、不吸湿、粘结性和耐压性的硬质聚氨酯。

电气系统一般由压缩机电机、启动继电器、过载保护器、温度控制器等部分组成，同时还可能采用电子电路或微处理机电路。

冰箱利用制冷剂在制冷管路中循环流动，在蒸发器里面吸收热量蒸发成气体，在外部冷凝器冷凝成液体放出热量，不断地将冰箱内部的热量带到冷凝器上散发到空气中。由于蒸发温度与压力有极大的关系，压力高时蒸发温度也高，压力低时蒸发温度也低。所以在制冷系统中，还要采用不同的压力进行区别。为此，在制冷系统中必须有以下部件：压缩机、冷凝器、毛细管、蒸发器。作为冰箱还必须有保温层才行。为了对冰箱进行温度控制，还必须设计有温度控制器。

二、冰箱分类

电冰箱按原理分类可分为压缩式电冰箱、吸收式电冰箱、半导体电冰箱、化学冰箱、电磁振动式冰箱、太阳能电冰箱、绝热去磁制冷电冰箱、辐射制冷电冰箱、固体制冷电冰箱。

按照制冷方式分为直冷式、风冷式、风直冷式。直冷式又叫有霜冰箱，其冷冻室直接由蒸发器围成，或者冷冻室内有一个蒸发器，另外冷藏室上部再设有一个蒸发器，由蒸发器直接吸取热量而进行降温。此类冰箱结构相对简单，耗电量小，但是温度无效性稍差，使用相对不方便。风冷式又叫无霜冰箱，冰箱内有一个小风扇强制箱内空气流动，因此箱内温度均匀，冷却速度快，使用方便，但因具有除霜系统，耗电量稍大，制造相对复杂。而风直冷式是同时兼顾风、直冷冰箱的优点。

按使用环境温度分为亚温度型、温带型、亚热带型、热带型。在正常使用条件下，不同气候类型的冰箱可正常工作的环境温度范围是不同的。亚温带型冰箱正常工作的环境温度范围是 10～32℃，温带型是 16～32℃，亚热带型是 18～38℃，热带型是 18～43℃。

三、材料的环保（来自白色家电网：http://www.jdbbs.com/forumdisplay）

环保绝热材料中，聚氨酯（PU）泡沫塑料 CFCs 类发泡剂是环保节能的。发泡剂替代技

术的发展可分为三个阶段：以 CFC-11 为代表的第一代；以 C-pentane 和 HCFC-141b 为代表的第二代；以 HFC-245 为代表的第三代。目前，欧洲国家冰箱均使用了 C-pentane，而美国使用 HFC-245。门封条材料以及内衬材料。以前的冰箱门封条材料为 PVC，它对人体健康有害。如今采用不含重金属、卤素等的塑胶条。而以前所用的冰箱内衬材料为 ABS，其在加工和使用的过程中会产生对人体有害的气体。现在已经出现了耐腐蚀性能优于 ABS、在加工过程中无有害气体、与发泡层的粘结性能适中的材料。包装材料。以前包装材料为发泡聚苯乙烯，它不易降解、回收较为困难。如今由废纸等加工而成的环保型材料正在被试用。

四、网上的使用案例（来自白色家电网：http：//www. jdbbs. com/forumdisplay）

西门子 KG19V43TI 使用情况。开机 1.5 小时后，冷藏室到 4℃，冷冻 - 18℃，室温 10℃，放了 1/4 空间的食物。共使用了 4 个温度（湿度）计，同一位置的结果误差在 0.1 ~ 0.3 之间，每次温度的测量时间超过 3 个小时，观察次数超过 15 次，记录结果是取均值：保鲜室，冰箱液晶屏显示 3 ~ 4 度，最上层（容量占冷藏室 1/6 左右）约 5 ~ 7℃，湿度 65；中间层（容量占冷藏室 1/6 左右）约 4 ~ 5℃，湿度 75；下面层（容量占冷藏室 2/6 左右）约 3.5 ~ 4.5℃，湿度 80 左右；果蔬盒（容量占冷藏室 2/6 左右）约 2.5 ~ 3℃，湿度 90；高效保鲜室没有无温度显示，第一层（容量占高效保鲜室 1/2 左右）约 1.1 ~ 1.7℃，湿度 30；第二层（容量占高效保鲜室 1/2 左右）约零下 0.7 ~ 0℃之间，湿度 30；冷冻室的冰箱液晶屏显示 - 2；最上层（容量占冷冻室 1/3 左右）- 2℃，湿度 65；中间层（容量占冷冻室 1/3 左右）约 - 2.1℃，湿度 70；最下层（容量占冷冻室 1/3 左右）低于 - 2.2℃，湿度 70 左右。

松下 NR-C25WU1-W 使用情况。开机采用速冻模式，4 小时内的噪音感觉约 30 ~ 40 分贝，4 小时后的噪音下降，不凑近几乎听不到。4 个小时后冷冻室显示为 - 12℃，高效保鲜室温度为 0℃，冷藏室 8℃以上，直到 24 小时后才降到 8℃以下。开机半年，冷冻冷藏效果达到预期要求。优点：容量很大，对于两口之家足够；制冰快；保鲜时间长，特别是蔬菜水果；压缩机运行安静；高效保鲜室的肉类的保鲜效果好（以 7 天后的烹饪结果为准）。缺点：门封转角处不紧；抽屉抽拉不顺畅；不可控制高效保鲜室的温度。

五、销售人员心目中的市场划分

经过访谈 5 位销售人员体会到的冰箱市场情况，总结了 3 个可以购买的冰箱类型。

实惠类：国产冰箱中新飞的 195CHA、186CHS、美菱的 206K 耗电量低，价格分别为 2500 元上下，销售很旺。冰箱门是拉丝钢板设计，远看像西门子，带有杀菌功能，这是低价位冰箱难得的功能。它们基本采用机械控制，但保温比一般的电脑温控准。西门子的热销冰箱是 KK20V71，也是机械控制，容积 198L，价格 2599 元，实惠。

透明触摸按键类：销售国内和日韩的冰箱销售员都认为今年外观最流行的是深蓝色与暗红为主有机玻璃材质，加上触摸式按键的冰箱。最具代表的是三星 230NHTR，海尔 252WBCS，LGS24NAR，其价格在 4500 ~ 5500 元，两门有 4 个温区，冷藏变温在 4 ~ - 2℃，冷冻变温在 - 2 ~ - 12℃。其中海尔的冰箱采用宇航绝热材料，保温性能好，使得压缩机可以低速工作，这样噪音就小了。

保鲜类：欧美冰箱在该领域技术成熟，西门子 KK22E36TI、KG22E76 和 Bosch 的 KGF29340 是该类中卖的最好的，200L 以上，价格在 4500 元上下，属于高价冰箱中的低档冰箱。此外，伊莱克斯 241E 除了有保鲜功能外，还有净味系统，三箱隔断且三温三控，价格也就 4700 元上下。这些高价位冰箱融于家居环境，像家具而非家电，其中有两款是大块的镜面表面，充当了家里的整装镜。

六、宣传

伊莱克斯的销售人员对自己产品销路好的原因归于宣传，虽然说伊莱克斯比较晚地进入中国冰箱市场，但比其他国外冰箱提供的功能多，价格却差不多（在 4500～5000 元）；宣传中，顾客可以得到使用效果方面的知识，而非强调各种先进技术，直观和贴近生活，因此，近半年内，在西安的国外品牌销量达到了第二位。相比而言，海尔虽然总体销售好，但在中低价位（2500 以下）的市场却不怎么样，销售员解释说海尔并不是质量次，而是顾客觉得市场宣传过好，噱头多，给他们的期望太高了，但是质量却差不多，而且在中低价位冰箱中，比其他品牌贵了 300～400 元。

七、其他需求

询问销售人员有关顾客关心的功能问题，总结了一些功能需求：顾客最看重的是冰箱的制冷效果，同时关心噪声和耗电问题，最近几个月，又开始关心起保鲜和杀菌功能，还有些顾客提出分不清冰箱的运行状态，以及不知道食物存放时间对营养有什么影响的问题。

Bosch 是最晚进入中国市场的品牌之一，但顾客反应好，销售人员认为部分原因是它的高端机考虑周到的缘故，其特点有：首先是采用欧式把手，竟然可以一个指头开门。这些把手是金属的，做工精细，尤其是把手的拐角处光滑；把手可以拆卸换到冰箱的右边，方便习惯右开门的人；虽然是多层控温的，但它考虑到用户操作不方便，用六档控温代替了精确温度的控温。

附录二：问卷

冰箱调查问卷 1

1. 对下列描述，您所需要的和您心目中的高档冰箱是否符合，予以评价：

	您所需要的程度 （低→高） 1 2 3 4 5	高档冰箱符合程度 （低→高） 1 2 3 4 5
（1）冰箱容积大到可以让我"一次购买，一周享用"	□□□□□	□□□□□
（2）各隔层可以控温，以适应不同食品的贮藏要求	□□□□□	□□□□□
（3）根据室内温度和存放食物的多寡，智能温度控制，不用你去操心	□□□□□	□□□□□
（4）可以快速冻结指定的区域，这样夏天做冰镇饮料时，不用等待很久	□□□□□	□□□□□
（5）为了达到保温效果，要用航天材料来做隔热层	□□□□□	□□□□□
（6）食物在箱内各点的温度均衡，没有温差	□□□□□	□□□□□
（7）保持食物鲜活，不需要解冻	□□□□□	□□□□□
（8）冰箱的噪音低，只在安静的晚上可以被察觉	□□□□□	□□□□□
（9）冰箱每天耗电 1℃ 以下	□□□□□	□□□□□
（10）制冷剂材料环保以及包装材料环保	□□□□□	□□□□□
（11）门封条、冰箱内壁材料环保	□□□□□	□□□□□
（12）冰箱的体积高大，像个家具	□□□□□	□□□□□
（13）冰箱看上去融于家居环境	□□□□□	□□□□□

（14）虽然可能会感到麻烦，但还是想让冰箱把每处的温度都告诉用户　□ □ □ □ □　　□ □ □ □ □

（15）网络化冰箱，可以远程控制冰箱　□ □ □ □ □　　□ □ □ □ □

（16）冰箱表面不易沾手印、水印　□ □ □ □ □　　□ □ □ □ □

（17）冰箱表面不会老化，出现脱落或者锈迹　□ □ □ □ □　　□ □ □ □ □

（18）冷冻和冷藏室的空间可以自行调整　□ □ □ □ □　　□ □ □ □ □

（19）可以手动调节每个仓室的温度　□ □ □ □ □　　□ □ □ □ □

（20）专门提供一个酒水区，不必为了喝水而开冰箱　□ □ □ □ □　　□ □ □ □ □

（21）告诉我食物的新鲜程度　□ □ □ □ □　　□ □ □ □ □

（22）双开门的超大容积冰箱　□ □ □ □ □　　□ □ □ □ □

（23）自动开门，即便双手被占用，也可以将门打开　□ □ □ □ □　　□ □ □ □ □

（24）冰箱表面清水一擦就干净　□ □ □ □ □　　□ □ □ □ □

2. 您认为高档冰箱的外观给人的感受是：

	1 2 3 4 5			1 2 3 4 5	
小巧	□ □ □ □ □	高大	柔和	□ □ □ □ □	硬朗
跳跃	□ □ □ □ □	稳重	张扬	□ □ □ □ □	内敛
粗犷	□ □ □ □ □	精细	颗粒磨沙	□ □ □ □ □	光顺

3. 以下观点，你的认可情况是：

	是	否	不清楚
冰箱中采用的高科技，让我感到信任	□	□	□
国外家电品牌比国内家电品牌更让我有信任感	□	□	□
商家广告的投资花费，多半算在产品价格中	□	□	□
家电广告言过其实	□	□	□
触摸式按键比一般按键耐用	□	□	□
纳米除臭比离子除臭效果好	□	□	□
数码控温比机械控温效果好	□	□	□
零度保鲜比高保湿保鲜效果好	□	□	□
宇航绝热材料比加厚保温层效果好	□	□	□

4. 您的基本资料：

性别：□男　□女　　　年龄段：□30 岁以下　□31～35 岁　□36～40 岁

　　　　　　　　　　　　　　　□41～45 岁　□46～50 岁　□50 岁以上

婚姻状况：□已　□未　　年收入：□2 万以下　□5 万以下　□8 万以下

　　　　　　　　　　　　　　　□10 万以下　□10 万以上

是否与老人同住：□是　□否　受教育程度：□本科以下　□本科　□硕士　□硕士以上

高档冰箱调查问卷 2

1. 您觉得您心目中的高档冰箱是否具有以下的特征

（低→高）

1 2 3 4 5

（1）一小时内可降至冷冻室最低温度　□ □ □ □ □

（2）冷冻室里，即便塞满食物（20kg），也不会影响制冷的效果 ☐ ☐ ☐ ☐ ☐

（3）可以快速冻结指定的区域，这样肉类可以立即锁住营养 ☐ ☐ ☐ ☐ ☐

（4）食物在箱内各点的温度均衡，没有温差 ☐ ☐ ☐ ☐ ☐

（5）冰箱容积250L以上，可以让家人"一次购买，一周享用" ☐ ☐ ☐ ☐ ☐

（6）各隔层可以控温，以适应不同食品的贮藏要求 ☐ ☐ ☐ ☐ ☐

（7）温度范围广，由 – 22℃（冷冻肉类）到14℃（存放酒类） ☐ ☐ ☐ ☐ ☐

（8）网络化冰箱，可以通过电脑、手机进行远程控制冰箱 ☐ ☐ ☐ ☐ ☐

（9）可以手动调节每个仓室的温度 ☐ ☐ ☐ ☐ ☐

（10）冷冻的食物不会被风干，失去水分 ☐ ☐ ☐ ☐ ☐

（11）保持食物鲜活，不需要解冻 ☐ ☐ ☐ ☐ ☐

（12）控温后，温度波动小 ☐ ☐ ☐ ☐ ☐

（13）冰箱的噪音低，只在安静的晚上可以被察觉（40分贝以下） ☐ ☐ ☐ ☐ ☐

（14）冰箱每天耗电1℃以下 ☐ ☐ ☐ ☐ ☐

（15）制冷剂材料环保，以及包装材料环保 ☐ ☐ ☐ ☐ ☐

（16）门封条、冰箱内壁材料环保 ☐ ☐ ☐ ☐ ☐

（17）冬天，夏天的室温对冰箱的制冷温度范围没有影响 ☐ ☐ ☐ ☐ ☐

（18）虽然可能会感到麻烦，但还是想让冰箱把每处的温度都告诉用户 ☐ ☐ ☐ ☐ ☐

（19）根据室内温度和存放食物的多寡，智能温度控制，不用用户去操心 ☐ ☐ ☐ ☐ ☐

（20）可以告诉用户食物的新鲜程度 ☐ ☐ ☐ ☐ ☐

（21）冰箱表面不易沾手印、水印 ☐ ☐ ☐ ☐ ☐

（22）冰箱表面不会老化，出现脱落或者锈迹 ☐ ☐ ☐ ☐ ☐

（23）冰箱内封条容易清洗 ☐ ☐ ☐ ☐ ☐

（24）无需手动除霜，自动除霜 ☐ ☐ ☐ ☐ ☐

（25）即便打翻了饮料水，也容易清洗 ☐ ☐ ☐ ☐ ☐

（26）长时间保持冰箱没有异味 ☐ ☐ ☐ ☐ ☐

（27）冷冻和冷藏室的空间可以自行调整 ☐ ☐ ☐ ☐ ☐

（28）隔层透明，方便看到食物； ☐ ☐ ☐ ☐ ☐

（29）自动开门，即便双手被占用，也可以将门打开 ☐ ☐ ☐ ☐ ☐

（30）推拉抽屉方便、安全 ☐ ☐ ☐ ☐ ☐

（31）可以自动制冰 ☐ ☐ ☐ ☐ ☐

（32）取放饮料方便 ☐ ☐ ☐ ☐ ☐

（33）排除故障速度快 ☐ ☐ ☐ ☐ ☐

（34）获得服务方便 ☐ ☐ ☐ ☐ ☐

（35）包修范围广 ☐ ☐ ☐ ☐ ☐

（36）各箱体的门与整体的比例协调 ☐ ☐ ☐ ☐ ☐

（37）把手风格与冰箱风格一致 ☐ ☐ ☐ ☐ ☐

（38）冰箱细节精致（比如铰链隐藏、门封吸合力好、表面纹理细腻） ☐ ☐ ☐ ☐ ☐

2. 您心目中的高档冰箱的外观特征

（39）冷冻和冷藏的容积比例是（多选）

a. 1：2   b. 1：3   c. 2：3

（40）我认为高档冰箱的把手应该如何（多选）

a. 竖长形柱形把手　　　b. 竖长形板形把手　　　c. 宽门无把手

d. 短竖形柱形把手　　　e. 短竖形板形把手

（41）您认为高档冰箱的门是（多选）

a. 双开门，如　　　　　b. 双门，如　　　　　　c. 三门，如

（42）您认为高档冰箱的比例是（多选）

a.　　b.　　c.　　d.　　e.　　f.　　g.

（43）您认为高档冰箱的表面是（多选）

a. 镜面钢化玻璃　　　b. 镜面金属　　　c. 拉丝金属　　　d. 亚光金属

e. 抛光塑料　　　　　f. 亚光塑料　　　g. 其他

（44）您认为高档冰箱的把手的材料是（多选）

a. 和冰箱表面一样　　b. 正面和冰箱表面一样，背面带有软质材料

c. 和冰箱表面材料不同

（45）您认为高档冰箱的颜色是（多选）

a. 深红　　　　　　　b. 深蓝　　　　　c. 浅灰　　　　　d. 深灰

e. 白　　　　　　　　f. 奶黄　　　　　g. 乳白　　　　　h. 其他

（46）您认为高档冰箱的显示屏是（多选）

a. 单行一个液晶屏　　　　　　　b. 单行两个或两个以上液晶屏

c. 多行一个液晶屏　　　　　　　d. 多行两个或两个以上液晶屏

（47）您认为高档冰箱的显示屏位置

a. 置于顶部　　　　　b. 置于门轴一侧　　　c. 置于门上

（48）您认为高档冰箱的按键是（多选）

a. 按键　　　　　　　b. 旋钮　　　　　c. 触摸式

（49）您认为高档冰箱的外观风格是（多选）

a. 硬朗的几何造型　　　　　　　b. 有张力感的弧线

c. 圆润的曲线　　　　　　　　　d. 家具一样高大稳重

（50）您认为高档冰箱的细节应有什么特征（多选）

a. 转动轴与轴销之间的间隙配合良好　　　b. 铰链隐藏

c. 内室表面在圆角处平整　　　　　　　　d. 顶灯内嵌

e. 门封吸合力好　　　　　　　　　　　　f. 开关门灵活

g. 没有电镀的塑料件

3. 您的基本资料

性别：□男　□女　　　　年龄段：□30 岁以下　□31～35 岁　□36～40 岁

　　　　　　　　　　　　　　　　□41～45 岁　□46～50 岁　□50 岁以上

婚姻状况：□已　□未　　年收入：□2 万以下　□5 万以下　□8 万以下

　　　　　　　　　　　　　　　　□10 万以下　□10 万以上

是否与老人同住：□是　□否　受教育程度：□本科以下　□本科　□硕士　□硕士以上

附录三：李乐山老师对高档调查的讲话记录

包豪斯有一个想法，当时的设计都是为资本家有钱人服务的，可不可以设计一种为穷人的东西，让资本家来羡慕穷人，果然他们做到了。

高档不是高价格。价格高的不一定高档。低价格的也可以做出高档的产品。高档是指高品质、高质量，在制作、选材、颜色、表面处理上不能有一点瑕疵，任何一个因素都要做到完美，下面说几个方面，但不是全部：

- 设计纯正。比如 Ipod 如何装配是看不出来，没有制造的痕迹，每个因素累积才成为高档
- 材料要真实。电镀的效果就不高档。功能主义对产品的影响很大。用新的、成熟的技术就是真实材料的延伸
- 产品要实用。最普通的东西，如拖线板也有高档和低档。这个拖线板功能再多也不高档，它不安全，表面材料一摔就碎；那个拖线板就高档，造型简单的弧线和直线，孔是圆的，有导槽，保证插头的两个脚同时接触

高档调查，不同于以往的用户调查，用户调查是调查使用行为、思维、生活方式、价值观念。而这次的调查，叫设计调查，很多内容用户是说不出来的，包括质量、品质、服务、材料、表面处理、新技术、成本、价格、制造工艺，起码十个因素以上。服务也是和设计有关的，它涉及到维护、安装、修理，这就提供了设计信息。过去设计产品，考虑造型、颜色、材料、表面处理，最多五个因素，就算把它们做到极致，也是低档产品。这个调查告诉我们高档产品的设计要考虑的因素很多：

- 调查与设计、制造、运输、包装、成本、材料相关的问题，这些因素直接或间接地影响产品的设计品质
- 很多因素并不直接表现在设计图上，但是设计的每一步思维都离不开这些问题
- 欧洲的高档产品，就是高品质的产品，并不是豪华产品或高消费产品
- 一个产品包含哪些因素，这些因素的内容是什么，要汇总起来。产品的设计，外观是很其次的
- 以后设计产品至少要做两个调查，用户调查和设计调查。这两个调查是产品设计最基本的调查

调查要考虑结构效度、内容效度、交流效度、分析效度。

结构效度指调查的因素全不全、有没有遗漏、是不是真实的因素。结构效度要依靠专家用户来保证。专家用户可以帮助发现新的因素，经常通过以下 4 个途径来实现结构效度：

- 专家用户经常提出新的因素
- 专家用户善于判断因素的重要性
- 产品在历史各个阶段的演变，各个阶段在解决什么问题
- 横向比较各个品牌和各个型号
- 在访谈时要围绕"还有哪些因素"

预测效度属于结构效度。因素有没有预测性，应该在结构效度中解决。如果发现预测的因素受众程度低，提出的问题更要明确：

- 是不是预测的因素不准确
- 是不是题目内容不恰当，这说的是内容效度
- 选择的人是不是合适，这是交流效度

内容效度，要求把访谈问题列出来，说明访谈遇到的问题和深入的方法。内容效度首先考虑因素全不全，一个因素包含哪些问题。这是结构效度向内容效度的转化。比如，用户出

错是个因素，用哪些问题可以把用户出错的各种情况包含进去。再如，"图标容易识别"，其实图标可用性的问题有很多方面，容易识别，容易记忆都是影响因素。单问一个图标容易识别是不能包含因素的所有内容的。再如，高档 PDA 有一题"高速处理器"，这个问题就是不全面的。处理器高不高档，只用速度来判断，是不全面的。

访谈专家用户，用几个问题将因素的内容全面真实地调查清楚。如果问"你觉得这个因素说得是哪方面的问题?"，"使用方面的因素还有哪些?"这样的问题都是诱导，限制了专家的思路。如果问"这些题目是否将高档 PDA 描述清楚了?"让人家不知道从何说起。比较好的提问是："针对这个因素，我提出的问题是否全面、准确?"，"提的问题是否把各个因素准确、全面地问到了"。

交流效度就是问卷的问题用户是否有资格回答、可以回答，愿意回答。要经过试调查，问被试者怎么理解每一道题目，并且复述给被试者确认，这些被试者最好是普通或者新手用户，要首先保证他们理解问题是什么意思。这是，交流效度要考虑题目被试者是否理解，是否回答出现迟疑，是否愿意回答。如果遇到好几个人不愿意回答某题，就要考虑换题。

分析效度。用什么方法分析。分析方法有三类，逻辑，经验，验证。不论用哪种方法，都应该在调查的时候证明自己是真实全面的。比如，有人说卧室要有 50 平方米，我就问，估计一下这个教室多大，这就是依靠经验。再如，上学期调查色彩选择了西安的一个区，因为这个区不能代表西安市，所以城中村也不适合，这时候要考虑弥补的办法? 改调查方法，还是改调查内容。采取什么分析方法，要对方法、误差、样本量进行估计。其中，样本的分析是个大问题，1 个好的专家用户可以顶得上 100 个人。因此，专家的水平很重要，可以采用专家间的比较来估计专家的水平。可见，取样方法是效度问题，而样本量是在说信度问题。

注意，对调查数据的分析不属于分析效度，而是研究结论。

第五节　高档大巴设计调查

一、高档大巴车的调查范围

高档大巴车的范围是大型商用客车。它按照用户不同可分为团体客车、公路客车、公交客车。本次调查范围不包括机场摆渡车。

本次调查的对象是高档大巴车的乘客、司机和拥有高档大巴车的车队或企业管理人员。

本次调查的时间为 2006 年 4 月至 2006 年 5 月，调查中涉及的大巴车品牌包括：西沃、金龙、宇通、奔驰、黄海。

二、报告的效度和信度分析

高档大巴车报告的目的是向设计师提供行业信息、发展前景和高档大巴用户的需求，纠正扭曲的高档认识，使产品实在而不虚华。

1. 效度

（1）结构效度

高档大巴车的影响因素可以通过三种方式获取。其一，通过网络和理论书籍搜集大巴车的行业历史，技术发展，品牌特点，大巴车的市场营销策略，包括市场运作、售后服务、生产物流；搜集大巴车技术层面的因素资料包括底盘、发动机、车身、内饰、电器、空调、造型、工艺工装、生产设备、质保；特别搜集了大巴车设计、安全、测试的专题。其二，通过访谈某一领域专家如设计师，技术专家如生产工程师，专家用户如有 15 年以上驾驶年限的大巴车司机，不断修改建立中的因素框架。如通过访谈，将使用要素由最初的安全、环保、舒适、灵活修改为安全、舒适、灵活、稳定。其三，将有 15 年以上驾驶年限的大巴车司机作为试调查访谈对象，在结束前询问："您认为是否还有什么因素决定着大巴车的高档?"如补充了外观中对内饰部分的调查。

在建立因素框架的过程中，访谈设计师、生产工程师、大巴车司机和车队管理负责人共 5 人（其中访谈西沃公司设计师和生产工程师 2 人，苏州金龙客车公司生产工程师 1 人，大巴车司机 1 人，车队管理负责人 1 人）的方法；两次对修改问卷试调查（共 10 人，大巴车司机 9 人，车队管理负责人 1 人）；查询《中国成年人人体尺寸》，实地测量车内空间，建立大巴车高档影响因素的框架如下表所示。

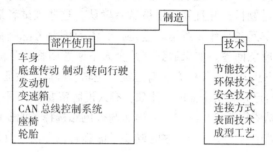

图 2 – 5 – 1　制造因素框架结构

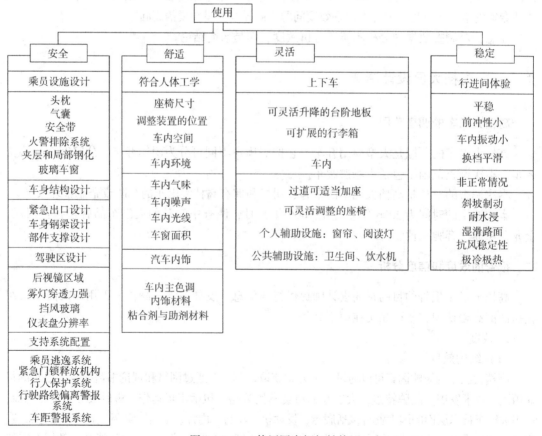

图 2 – 5 – 2　使用因素框架结构

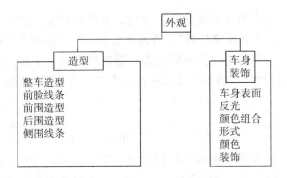

图 2 - 5 - 3　外观因素框架结构

（2）内容效度

在访谈阶段，回答问题时，每一个主题由浅入深提问，为使被访者放松和愿意配合，并不强迫形成一问一答的局面，而是确保在访谈结束后所有问题都能够回答出来。对行业专家、技术专家和专家用户提问的问题按照主题列出：

首先，是有关营销方面的因素对大巴车高档的认识的主题：

- 您所在的单位购进或者售出大巴车的流程是怎样的？
- 通常客户如何描述他们的需求？
- 您的职责使您特别注意对大巴车哪些方面的要求？
- 您认为怎么样的营销服务能为客户留下高品质的好印象？（可以从售后服务、技术支持、服务态度、提供工厂参观方面提示）

其次，是有关设计制造技术因素对大巴车高档的影响：

- 除去对外观和表面处理的要求，大巴车的制造过程中哪些方面决定着它的高档或普通？是否有因为过分看重高档而过于追求某种性能，导致不能物尽其用的浪费？
- 大巴车的哪些部件使用是可以由客户定制的？其高档体现在哪些方面？例如，对某一具体的部件（发动机），技术先进或者性能可靠的指标是什么？而客户在选择时看重的指标是什么？在这些部件上，哪些制造商占据优势？制造这种部件的关键在什么地方，采用什么技术
- 大巴车的哪些性能标准是可以由客户定制的？其高档体现在哪些方面，如对前冲强度的要求，刹车最大扭矩的要求？这些标准性能需使用哪些部件
- 大巴车的车内设施的客户定制项目都包括哪些？哪些方面的因素影响单一设施的定价？如材料、工艺、连接方式、使用的连接剂、制造难度、车内空间的特殊定制（保姆车）。
- 在大巴车的生产过程中，都使用了哪些关键技术，其先进技术和核心技术是什么？各个步骤工艺的核心技术的检验标准是什么？各个阶段的测试要求和过程是怎样的
- 各个后处理技术如喷漆、连接工艺（焊接、铆接、胶接）、测试仪器的使用具有哪些创新

在问卷调查阶段，主要调查用户对使用和外观的观点，因制造阶段高档的要素最终也会体现在使用阶段，且以使用体验来提问符合各类用户的思维习惯。问卷共进行了 2 次试调查，3 次修改问卷，共调查 68 人次（三次问卷的部分被访有重复）。

在试调查中，发现问题并最终修改如下：

- 把题目修改为以用户口吻描述的使用体验，比如将原本题目"行进间车辆前冲性好"，改为"即使紧急刹车，向前冲的感觉也很小"。

- 修改题目中的专业术语为普通词语，让被访者容易理解，比如"较平缓的前围大曲面与侧围相接，小半径曲率转角"，改为"方盒造型，前围为平面或很小的弧面"。
- 修改题目中语言不易描述的比例问题为图形选择问题，比如"车窗下沿高度倾向在 2m 以下还是 2m 以上"，改为"您认为高档大巴车的车窗和车身比例为："

- 修改题目语言中的背景信息为与使用大巴车密切相关的信息，比如删除学历，增加"您使用大巴车的频率"、"常驾驶（或乘坐）的大巴车类别"、属于"大巴车司机、车队管理人员或乘客"的哪一类用户。
- 修改题目中一题多义的题，比如"乘员座位有安全带和头枕"，改为两题，分别为"乘员座位有头枕"、"乘员座位带有安全带"。
- 修改题目中为了询问某一类用户，不适合其他用户的问题，比如为了测量用户对安全的需要，为了使问题适合所有人回答，改为了"乘员座位有头枕"、"乘员座位带有安全带"、"车辆配备气囊"、"具有行人保护系统"、"雾灯采用穿透力强的氙灯"、"采用自适应光线读取仪表盘"、"具有后视镜 LED 转向灯"、"具有车距报警系统"等一组问题。

最终问卷分为三个部分。第一部分的题项为对使用体验的描述，获得五分量表的用户评价，即认为此描述对于高档大巴车而言是否重要。第二部分的题项为对高档大巴车各个要素的权重排序，请被访者就所列的使用和外观要素来均衡评价。第三部分为对外观审美的形式的意向性选择题目。

（3）交流效度

为保证在填答问卷时，被访者乐于并准确地回答问题，可以采取面对面访谈填答的方式，态度诚恳地向用户说明问卷的目的和选择被访者填答的原因，消除被访者的戒心。下面引用此次访谈式调查问卷填答前的介绍：

您好，我是西安交通大学工业设计系的学生。我正在做一个高档大巴车的调查作业，这完全是课程需要，没有任何商业目的。我们选择专业人士如大巴车司机和车队管理者调查，这个问卷很短，大概需要 10 分钟就可以答好。我会一直和你一起答题，如果您有什么建议，我会随时记下来供以后修改用。

在调查中特别注意对于没有参与试调查的被访者，对他们选择时犹豫时间久的，或者反复修改的题目，在完成调查后，进行询问，是什么原因让被访者犹豫迟疑，可能的几种情况如下，都提醒我们要修改调查题目：

- 虽然看懂题目了，但是找不到合适的话来表述；如调查汽车前围向外凸，给被访者什么样的心理感受。
- 没有理解题目的意思，这可能是因为语序或者专业用词。如调查乘客时对"前冲感"不明所以。
- 问题涉及隐私，不愿意回答。如询问受教育程度，或者工资的问题。

（4）分析效度

第一，为什么采用量表的方式而不是直接赋分或者选择的方式？

从填答的过程中考虑，将性能指标转为描述感受的句子，请被访者权衡自己认为的重要程度，更符合被访者的思维习惯。在第一次的调查问卷中，为了节省问卷空间，采用了直接对重要性赋分的方式，结果观察到用户往往混淆两级的方向，并容易以中间分数为基础向两边偏动。当使用展开的量表时，除了不用自己核对两级的说明去赋分，更有一种视觉上提示说明重要性的程度，也方便用户比较自己对某个因素下的小因素的回答。另外，态度测量符合正态分布。量表型的定距数据可以正态分布来处理分析，分析方法与选项问题产生的定类变量相比，更加灵活。可以根据需要进行多种显著性检验。采用五分量表，拥有一个中立态度，这样能够减少询问的紧张感，避免逼迫对选项毫无认识的用户做虚假回答。

第二，分析问卷的方法。排序问题通过比较各个因素的平均分获得。四舍五入时选取小数点后 2 位为基准。以李克特量表的形式给出的问卷题项打分在 1～5 分之间，不会出现数值的极端波动，因此选择使用平均分而非极值或众数。

2. 信度

信度可以分为测量信度和量表信度。

测量信度通常通过比较前后两次同一被访者对同一问卷的问题的一致性来测量，称为重测信度。本次调查未进行前后两次的调查，因此，通过以下几个方面来保证被访答题的前后一致性。

首先，通过试调查，从问卷内容的修改来提高信度，修改题目确保对因素的准确表达和用户准确理解，以提高重测信度。如在第二次试调查后，删除了"车内具有卫生间、饮水机等设施"，"座椅、仪表区，还是顶棚、侧壁、地板和侧窗风格统一"两个题项。

其次，从调查方式的角度提高信度。当面填答问卷可以增加被访者的责任心，使之负责热心地填答。现场观察被访者答题的确定性，遇到被访者犹豫的题目，向被访者解释题意，并记录被访者对题目的评价原话，作为修改问卷的依据，确保被访者当场明白填答意愿后再回答。

第三，通过被试者的选择提高信度。通过熟人调查专业人士（如司机或车队或运营公司服务人员），并当面进行问卷调查。选择的被访者包括经过试调查的被访者和从未经过访谈试调查的被访者，被访者不论对大巴车的高档调查是否熟悉，都应该选择热心、对大巴车的使用和购买经验丰富、表达能力相对强的。可以从未被试调查过的被访者中得到更多的问卷交流效度的修改。

量表信度指题目内部一致性的程度。调查中采用了李克特五分量表，因此对量表内多题项组成的测试因素的信度，进行内部一致性检测，结果如下所列：

对人体工学、车内环境、稳定层面、乘员设施、驾驶区设计、车内灵活因素层面的 α 系数普遍偏低，从 0. 1126 到 0. 4457 不等。题目的各个层面都是经过对不同专家用户进行试调查修改的，信度系数为什么仍低？查询相关的信度研究资料，从侯杰泰发表的文章《信度与度向性：高 α 量表不一定是单度向》的试验显示："α 的数值直接受题目多少的影响，题目越多其值越高。高 α 并不一定是单度向，低 α 者也不一定是多度向。"

因此，本问卷除车内环境、人体工学和车内灵活因素以外的层面，其题目数量都小于 5，会影响 α 值的高低，而引文中试验的结论也说明内部一致性程度不能依靠内部一致性系数的高低来检验，依靠对不同的专家用户进行试调查，反复检验每个层面内部因素的全面性和一致性也可以保证内部一致性。

最后，从结果验证调查的信度。从问卷的两个部分的结论上可以发现，对因素重要性排序和对使用方面的排序，结果基本一致，前三位均依次为舒适、稳定、安全。

三、因素排序

因素排序由调查问卷结果统计而来，在第三次排序调查中共调查三个类别的用户，共 30 人。

1. 外观和使用要素总排序

对安全、舒适、灵活、稳定、内饰、外观六个要素的排序结果如下表所示。

大巴车使用及外观因素排序　　　　　　　　　　　表 2 - 5 - 1

排序	1	2	3	4	5	6
因素名	舒适	稳定	安全	内饰	灵活	外观

2. 使用要素排序

对安全、舒适、灵活、稳定四个使用要素排序的结果如下，各组因素按得分次序排列如下表所示。

大巴车使用因素排序　　　　　　　　　　　表 2 - 5 - 2

排序	名称	因素包含的内容		内容对应的题目
		排序	因素名	
1	舒适	1	人体工学	乘员有空间伸展活动下肢
				座椅材料透气性好
				乘员座椅可上下前后调整位置
				车内座椅采用混合纤维
				坐在座椅上即可调整空调等的排风角度
				行李舱架方便固定和取用行李
				座椅材料有弹性
		2	车内环境	地板材料能有效隔音
				车内空气流通清新
				车内噪声不影响休息
				车内能避免阳光直射
				车窗面积大，视野开阔
				车窗的密封性好
				车窗面积大，光线充足
		3	汽车内饰	车内色调统一和谐
2	稳定	1	前冲感	即使紧急刹车，前冲感也很小
		2	极端环境	在极端环境一样表现稳定
		3	平稳	坐在车上几乎感觉不到车辆的纵向起伏
				车内完全感受不到颠簸
3	安全	1	乘员设施	乘员座位有头枕
				乘员座位带有安全带
				车辆配备气囊
		2	驾驶区设计	具有后视镜 LED 转向灯
				采用自适应光线组合仪表盘
				具有车距报警系统
				雾灯采用穿透力的氙灯
		3	支配系统设置	具有行人保护系统
4	灵活	1	上下车	车辆具有可灵活升降的上下车台阶
		2	车内	车座扶手可隐藏调整
				车内为每个乘员提供阅读灯
				车身或车内具有大的行李舱
				车内具有卫生间、饮水机等设施
				车辆具有高阔的车内空间
				在车内站立时，不用低头仍可见路牌
				车内乘员座椅高过车外行人的头顶

3. 外观要素排序

分别从车身颜色、座椅材料、地板材料、前围线条、整体外观、车身表面、车身装饰形式、后视镜连接、车窗高度比例设置选项，对这些要素的备选项的排序如下表所示。

外观要素排序　　　　　　　　　　　　　　　　表 2 - 5 - 3

外观要素 \ 排序	1	2	3	4
车身颜色形式	单色和装饰	单色	多色	多色和装饰
车身颜色	深色如蓝、黑	鲜艳色如橘红、草绿	银色反光	浅淡的颜色如白色、天蓝
座椅材料	金丝绒	棉布或麻布	厚真皮	薄真皮
地板材料	木地板	磨砂石	塑料地毯	绒线地毯
前围线条	八字造型	反八字造型	平直线条	（此题目仅 1 选项）
整体外观	方盒造型	子弹头造型	（此要素仅 2 选项）	
车身表面	亚光	反光	（此要素仅 2 选项）	
车身装饰形式	不规则的点线	抽象图案	（此要素仅 2 选项）	
后视镜连接	铰链隐藏	铰链裸露	（此要素仅 2 选项）	
车窗高度比例	与前挡风相等	小于前挡风玻璃	（此要素仅 2 选项）	

四、各因素说明

1. 制造

（1）部件使用

大巴车的部件分为车身、底盘、发动机、变速箱、CAN 总线控制系统、方向盘、座椅、轮胎组成。

- 客车车身结构一般分为应力蒙皮和骨架承载式两种形式。高档车应采用骨架承载式，即无车架式底盘与骨架结构车身相结合的结构方式。以支持大的侧窗开口，使立柱细，质量轻，车身外观灵活性提高，便于进行结构计算。此车身要求复杂的焊接方式，难点在于焊接时的装夹和防止焊后变形

- 底盘根据车不同的运动状态，分为行驶、传动、制动、转向等。在行驶方面，高档大巴车发展方向为空气悬挂底盘。例如，高速行驶时悬挂可以变硬，以提高车身稳定性，长时间低速行驶时，控制单元会认为正在经过颠簸路面，以悬挂变软来提高减震舒适性。原理为弹簧的弹性系数也就是弹簧的软硬，能根据需要自动调节。在传动方面，高档大巴车配有恒时四轮驱动系统及一个中央（轴间）差速器，可以让每根轴都能以不同的速度旋转。这就使得在需要（例如转弯）时，所有四个车轮都能以不同的速度旋转。在制动方面，高档大巴车借助传感器和电子系统自动根据车辆运行情况制动。应用 ABS（Anti-lock-Braking System）系统，通过安装在各车轮或传动轴上的转速传感器等不断检测各车轮的转速，由计算机计算出当时的车轮滑移率（由滑移率来了解汽车车轮是否已抱死），并与理想的滑移率相比较，作出增大或减小制动器制动压力的决定，命令执行机构及时调整制动压力，以保持车轮处于理想的制动状态。在转向方面，高档大巴车的发展方向为主动转向技术。其基于传统的齿轮齿条液压转向技术，该系统的附加特点是在转向柱内安装了一个超越式传动机构，通过电动马达对驾驶者预定的转向角度进行修正，而实施控制的依据则是各个传感器的信号，

包括车轮转速、转向角度、偏转率、横向加速度。即使电动马达因发生故障而被关闭和切断，由于方向盘和前轮始终以机械方式相互连接，因此转向机构仍能保持全部转向功能。此外，高档地盘的车架材料为矩形中空管并精密焊接、其模块化程度高，可根据厂家需求组合装配

- 高档大巴车发展方向是使用水平对置发动机，并且使用欧三或欧三以上排放标准的柴油机，燃气发动机

- 高档大巴车要求变速箱能实现动力衔接顺畅，需要紧密精确的齿轮比。变速箱的功能是传递引擎的输出动力，并且变换齿轮的组合以适应不同的需求，档位不同，各档间可以调整成更缜密的齿比变化。而紧密的齿比变化就是动力衔接顺畅，拉转速换速档快速。高档的变速箱为多档位且紧密度良好，如五档甚至六档七档的手排变速箱。变速器是由变速传动机构和操纵机构组成，需要时还可以加装动力输出器。在分类上有两种方式：按传动比变化方式和按操纵方式的不同来分。德国 ZF 为高档变速箱品牌

- CAN 总线控制系统。该技术代表了目前欧洲最先进的控制技术。在客车业的应用中，可以简化整车线束，提高整车电气线路的可靠性、安全性和维修性，具有数据共享和配置灵活的优点，使客车具有电子化、网络化、高安全性和高可靠性

- 方向盘应该具有真实的力感，能够实现传动助力的基本功能，在安全性方面应该具有防止或减缓冲撞的合适刚度设计，新技术为对转向柱回缩结构的应用

- 座椅。良好的座椅设计依然围绕舒适和安全两个方面：提供合适的下肢空间，减小长时间使用以致血液不流通造成的下肢浮肿和僵硬。在事故发生时有效地保护头部、颈部和脊椎。座椅的设计是一个整体性工程，例如 Volvo 公司基于安全设计的座椅就包括三个方面：安全头枕、椅背支撑结构、能量吸收机构。座椅的面料选购中，舒适性和安全性的两个方面分别集中在透气性和摩擦力带来的稳固安全性。研究表明，普通织物（如棉、麻）表面而不是皮革或凉席表面最符合透气性和摩擦力带来的稳固和安全性。此外，按照使用地气候的不同，要求座椅有加热装置

- 轮胎。轮胎分为子午线轮胎和斜交轮胎，铝镁合金车轮及无内胎子午线轮胎可以减少爆胎事故。轮胎规格常用一组数字表示，前一个数字表示轮胎断面宽度，后一个表示轮辋直径，以英寸为单位。例如 165/70R14 表示轮胎宽 165mm，扁平率 70，轮辋直径 14inch。中间的字母或符号有特殊含义：X 表示高压胎；R、Z 表示子午胎；"—"表示低压胎。轮胎在规定条件承载规定负荷的最高速度：字母 A 至 Z 代表轮胎从 4.8km/h 到 300km/h 的认证速度等级。常用速度等级包括 Q：160km/h、R：170km/h、S：180km/h、T：190km/h；H：210km/h；V：240km/h；W：270km/h；Y：300km/h；Z：ZR 速度高于 240km/h

（2）制造技术

制造技术包括下列几个部分：

- 节能技术。在节能技术方面，充分利用电子控制、共轨系统等高新技术改进柴/汽油发动机及其燃烧系统。减小客车自身质量，采用铝、镁合金材料和塑料；利用 CAD（计算机辅助设计）；采用粘接等新工艺、新技术。降低客车的空气阻力，经测试，风阻系数为 0.2 的新车与 0.4 的新车相比较，以 120km/h 的车速行驶，前者燃油经济性比后者改善 25%，节油效果十分明显。发达国家设计的客车外形，其风阻系数在 0.4 左右，有的已达到 0.3，接近一般轿车的水平。目前，欧日汽车行业及相关行业

已成功开发的客车发动机新能源主要有天然气、甲醇、乙醇等；正在试验的新能源有丙烷、沼气、植物油、电能、太阳能等。最新趋势是压缩天然气客车

- 环保技术。欧共体及美国、日本制定了越来越严格的噪声、排放标准。为使汽车产品达到新的环保法规的要求，采用措施有四：改用无铅汽油和电子喷谢式汽油机、共轨系统柴油机；安装排气后处理装置；逐步使用新型能源：天然气、复合动力、燃料电池、生物柴油等；采用可回收利用的材料来制造客车的零部件

- 安全技术。为达到越来越严格的交通安全法规，欧洲汽车公司在提高客车的主被动安全性方面采取了措施有：增加安全附加装置：如安全带、安全气囊；采用高质量的制动元件，如多套独立的制动系统以及性能优良的盘式制动器以提高客车的制动性能；广泛采用高新技术产品，如 ABS、ASR 和 ASD（自锁差速器）以及缓速器。现在有些国家的安全法规规定旅行客车必须安装 ABS 系统；利用先进的试验手段和计算机模拟技术对多方位碰撞的安全性，翻车时顶盖的强度、刚度以及保证乘车人生存空间的车身结构等进行研究，同时采用强度高，抗变形且质量小的新材料，以提高整车的抗碰撞能力；提高客车内饰的阻燃能力，安装发动机火灾报警器，力争将火灾造成的损失降低到最低程度；采用声光车距报警装置、雷达扫描防碰撞报警系统、疲劳驾驶报警装置、自动行驶导向系统等高新技术的电子产品，以全面提高客车的安全防护能力

- 连接方式。车身焊接采用激光或等离子自动切割机下料，一些主要框架和结构体采用机器人焊接（车门、前围、前底板框架等）。有的在调试夹具上将保证构件总成尺寸的主要焊接点焊好后，再用手工焊接其他次要部位

- 表面技术。提高防锈、防蚀能力，如 BENZ 厂采用整体底漆电泳涂漆工艺，而 MAN 厂的一些座椅支架、扶手等管状零件采用涂塑工艺，一般桁架车身框架总成焊接后向管腔内注入发泡聚氨酯塑料使其空间添满，防止车身从内部锈蚀，所有油管、汽管均经过防锈处理，大大提高了使用寿命

- 成型工艺。手糊工艺外，高档车应用玻璃钢 SMC 模压以及 RTM 注射成型工艺

- 车身平整。侧围骨架平整度好、蒙皮的涨拉足够平整

2. 使用

（1）安全

高档大巴车在安全方面的因素及其内容如下表所示。

安全的因素框架

表 2 - 5 - 4

因　素	因素所含内容	解释和要求
乘员设施设计	座椅头枕	提供安全、稳定支撑的头枕
	气囊	减少无意触发的几率
	安全带	符合安全带设计标准
	火警排除系统	在车门相对位置设计安全出口（安全门、车顶安全窗或车侧窗），过道通畅
	夹层玻璃和区域钢化玻璃	
车身结构设计	紧急出口设计	多通过在两侧门夹层中间放置一两根非常坚固的防撞杆，来减轻侧门的变形程度
	车身钢梁设计	在前部设置有较空旷的碰撞变形区以及中强度的保险横杠，在固定保险横杠的两条纵梁，内壁的钢板厚度越靠前越薄，越靠近驾驶舱越厚
	部件支撑设计	发动机支脚采用铝合金材料，在发生碰撞后很容易断裂而下沉，保证其不会冲入驾驶舱伤害乘客。转向柱以及刹车踏板等，受碰撞时要能及时断裂

因　素	因素所含内容	解释和要求
驾驶区设计	后视镜	提高行驶时安全系数，减轻驾驶员的疲劳，同时适应不同的工作环境，反映物象不变形；后视范围尽可能大，最好能消除盲区；在雨、雾、寒冷等特殊天气下能正常工作。电动后视镜，可自动除霜，防飞溅，可折叠
	仪表盘	查看要求为在任何光照情况下都能准确读取里程数等信息，目前的发展趋势为发展自动适应组合仪表
	雾灯穿透力好	使用氙灯，光色近日光并允许高度紧凑前灯设计
	挡风玻璃	撞后能够整片脱落，无碎渣散落，破碎后成为无锐角的小碎片，使用钢化玻璃和夹层玻璃
支持系统配置	乘员逃逸系统	安全门前无座椅挡道、有手柄，台阶，开启警报
	紧急门锁释放机构	碰撞传感器确认已发生碰撞时，系统立即自动地释放门锁
	行人保护系统	发动机罩内设置气囊，据传感器确认释放气囊
	行驶路线偏离警报系统	系统使用声音信号警告驾驶员偏离路线
	车距警报系统	传送前导车辆距离信号，向制动和转向系统输入信号，以避免车辆接触

（2）舒适

高档大巴车在舒适方面的因素及其内容如下表所示。

舒适的因素框架　　　　　　　　　　　　　　　　　表 2 – 5 – 5

因　素	因素所含内容	解释和要求
符合人体工学	座椅尺寸	椅高以膝关节（人体大腿连接小腿所形成的关节称为膝关节）和髋关节（大腿骨连接骨盘所形成的关节称为髋关节）成90°，脚掌轻贴地最合适；深度以大腿长度为基准，至少支撑大腿一半以上，但不抵到膝关节为原则，才能使大腿肌肉平均分摊压力且不妨碍膝盖活动
	装置位置	行李架、空调方向调节，需位于坐姿伸手可触的位置
	车内空间	过道宽度大于100cm。下肢空间大于60cm^2（经过对金龙大巴、宇通大巴共四辆车的测量）
车内环境	车内气味	保持空气清新和空气流通应具备分区空调系统、灰尘粒子和空气滤清装置。传感器自动调节空调风速和温度
	车内噪声	选择性能优异的隔音材料并利用异型吸音槽来缓冲并吸收汽车噪声，止震和隔音并达最佳的吸音降噪效果
	车内光线	光线充沛而不耀眼
汽车内饰	车内主色调	环保安全为车内环境的主要危害。高档客车的汽车内饰应使用天然纤维原料复合的材料，减少重复装修次数，使用环保型的粘结剂和加工助剂。环保型内饰材料主要有：三菱公司开发的"绿色塑胶"；国内长春佳林实业集团公司推广使用的麻纤维复合材料
	内饰材料	
	黏合剂与助剂材料	

（3）灵活

高档大巴车在灵活方面的因素及其内容如下表所示。

灵活的因素框架　　　　　　　　　　　　　　　　　表 2 – 5 – 6

因　素	因素所含内容	解释和要求
上下车	可灵活升降台阶地板	适应路况和乘客情况调整登车台阶的高低。城市公交一级踏步与路台相平。低地板的实施技术：地板高度约320～340mm左右，配备"下跪"系统和其他装置。重点在于门式桥的设计和生产。目前国内多使用进口产品，代表产品为德国 ZF 公司门式桥
	可扩展的行李箱	行李储存空间可扩展

因　素	因素所含内容	解释和要求
车内	过道可适当加座	迅速地加座和恢复过道
	可灵活调整的座椅	能够安全快捷地调整乘员的座椅而不会影响到其他乘员
	个人辅助设施	提供扶手、阅读灯
	公共辅助设施	提供饮水机、卫生间

（4）稳定

高档大巴车在稳定方面的因素及其内容如下表所示。

稳定的因素框架　　　　　　　　　　　　表 2－5－7

因　素	因素所含内容	解释和要求
行进间体验	平稳	坐在车上几乎不能感觉到车辆的纵向起伏
	前冲小	刹车的时候感觉不到车辆向前冲
	车内振动小	从生理感受性和货物完整性衡量
	换档平滑	
非正常情况	斜坡制动	在各种极端环境下仍能保持制动效能和制动稳定性
	耐水浸	
	湿滑路面	
	抗风稳定性	
	极冷极热	

3. 外观

（1）造型

高档大巴车在造型方面的因素及其内容如下表所示。

造型的因素框架　　　　　　　　　　　　表 2－5－8

因　素	因素所含内容	性能要求
整车造型	方盒造型	较平缓的前围大曲面与侧围相接，小半径曲率转角
	子弹头造型	前围略向前倾，与侧围以曲面连接，大圆弧过渡
前围造型	向前凸起	
	平面	
后围造型	向前凸起	
	平面	与整车造型协调统一，有利于平稳行驶，有利于减少噪声
侧围线条	平直线条	
	曲线线条	
前围线条	八字线条	
	反八字线条	
	平直线条	

（2）车身装饰

高档大巴车在车身装饰方面的因素及其内容如下表所示。

车身装饰的因素框架   表 2 – 5 – 9

因　素	因素所含内容	解释和要求
车身表面反光	反光	表面光丽
	亚光	表面不反光
颜色组合形式	车身颜色为单色	单一颜色
	车身颜色为单色＋线条	单一颜色加不定颜色装饰
	车身颜色为多色	组合颜色或彩色
	车身颜色为多色＋线条	组合颜色或彩色加线条
具体颜色	鲜艳的颜色如橘红、草绿、柠檬黄	颜色的选择除产品购买者基于企业品牌、城市风貌、个人喜好的考虑，还应考虑气候条件和文化禁忌
	深的颜色如深蓝、深灰、黑、棕色、香槟色	
	带反光银色的颜色	
	浅淡的颜色如白色、天蓝	
装饰图案	字	装饰的选择除产品购买者基于企业品牌、城市风貌、个人喜好的考虑，还应考虑气候条件和文化禁忌
	不规则的点或线条	
	广告画	
	写实图象	
	抽象图案	

五、问卷调查分析

问卷调查调查 30 人，男女各 15 人。被试者中有 25 人年龄在 26～40 岁间，如下图所示。

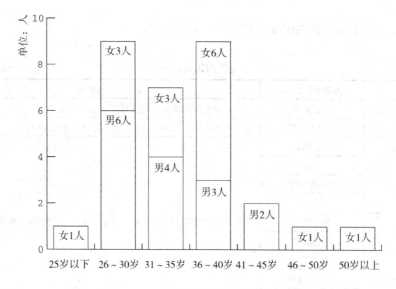

图 2 – 5 – 4　被访者年龄与驾乘类别图

驾乘频率的统计显示被访者中驾乘频率最高的是公交车，其次为单位团体车和机场大巴，如图 2 – 5 – 5 所示。

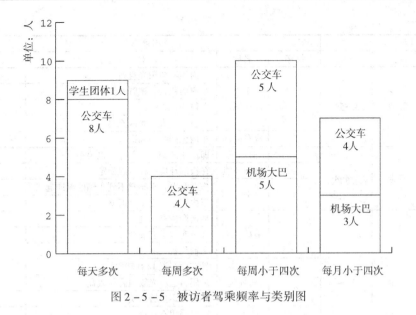

图 2-5-5 被访者驾乘频率与类别图

对安全、舒适、灵活、稳定、内饰、外观六个要素的排序结果如表 2-5-10 所示。

大巴车使用及外观因素排序   表 2-5-10

排序	因素名称	总得分	得分方法说明
1	安全	165	请被试者按照心目中认为的重要顺序为六个因素分别标明分数：从高到低，依次为从 1 到 6 分。在分析时，1 分赋 6 分，2 分赋 5 分，依次类推，计算各因素总分。
2	稳定	150	
3	舒适	111	
4	内饰	90	
5	灵活	81	
6	外观	45	

对安全、舒适、灵活、稳定四个使用要素进行排序，其中舒适因素的排序为人体工学、车内环境、内饰。稳定因素的排序为前冲、极端环境、平稳。安全因素的排序为乘员设施、驾驶区设计、支持系统配置。灵活因素的排序为上下车、车内，结果如表 2-5-11 所示。

大巴车使用因素排序   表 2-5-11

因素			因素所含内容			
排序	名称	均值	排序	名称	对应的题目	均值
1	舒适	3.359	1	人体工学	乘员有空间伸展活动下肢	4.6
					座椅材料透气性好	4.27
					乘员座椅可上下前后调整位置	3.37
					车内座椅采用混合纤维	3.23
					坐在座椅上即可调整空调等的排风角度	3.17
					行李舱架方便固定和取用行李	3.1
					座椅材料有弹性	2.97
			2	车内环境	地板材料能有效隔音	3.9
					车内空气流通清新	3.47
					车内噪声不影响休息	3.13

因素			因素所含内容			
排序	名称	均值	排序	名称	对应的题目	均值
1	舒适	3.359	2	车内环境	车内能避免阳光直射	3.13
					车窗面积大, 视野开阔	3.1
					车窗的密封性好	3.07
					车窗面积大, 光线充足	3
			3	汽车内饰	车内色调统一和谐	3.13
2	稳定	3.498	1	前冲感	即使紧急刹车, 前冲感也很小	3.93
			2	极端环境	在极端环境一样表现稳定	3.53
			3	平稳	坐在车上几乎感觉不到车辆的纵向起伏	3.23
					车内完全感受不到颠簸	3.1
3	安全	3.34	1	乘员设施	乘员座位有头枕	4.4
					乘员座位带有安全带	3.76
					车辆配备气囊	3.0
			2	驾驶区设计	具有后视镜 LED 转向灯	3.33
					采用自适应光线组合仪表盘	3.3
					具有车距报警系统	2.97
					雾灯采用有穿透力的氙灯	2.93
			3	支配系统设置	具有行人保护系统	3.03
4	灵活	3.30	1	上下车	车辆具有可灵活升降的上下车台阶	4.17
			2	车内	车座扶手可隐藏调整	3.4
					车内为每个乘员提供阅读灯	3.37
					车身或车内具有大的行李舱	3.33
					车内具有卫生间、饮水机等设施	3.3
					车辆具有高阔的车内空间	3.13
					在车内站立时, 不用低头仍可见路牌	2.53
					车内乘员座椅高过车外行人的头顶	3.2

通过对三类用户的比较可以得知, 三类用户对使用因素的排序均不同, 分别是: 乘客认为重要顺序依次是灵活、舒适、稳定、安全; 司机认为是安全、舒适、稳定、灵活; 车队管理认为是舒适、灵活、稳定、安全。从使用需要的角度可以解释为: 乘客在满足了舒适、稳定、安全后, 最需要的是灵活的设施; 而司机检测全车的运行, 最先考虑的是安全; 从车队管理的角度来看, 希望能够更好地服务客户, 在满足灵活、稳定、安全的要素以外, 最先考虑的是舒适性, 如表 2-5-12 所示。

三类用户对大巴车使用因素的排序比较   表 2-5-12

用户类别	人数	排序情况		
		排序	因素名	因素均值
乘客	18 人	1	灵活	3.44
		2	舒适	3.31
		3	稳定	3.27
			安全	3.32
司机	7 人	1	安全	3.5
		2	舒适	3.36
		3	稳定	3.28
			灵活	3.27

续表

用户类别	人数	排序情况		
		排序	因素名	因素均值
车队管理	5 人	1	舒适	3.38
		2	灵活	3.275
		3	稳定	3.2
		4	安全	3.08

高档大巴车的总体造型可以是方盒造型,圆角在10cm以内,也可以前脸为子弹头造型,弧度为15°。车身颜色为纯色,以深颜色,如蓝、绿、黑为主,车身装饰为不规则的线条,座椅材料为透气的天然材料,地板材料为天然材料,连接部分隐藏,车窗高度与前挡风玻璃相当,调查结果如表2-5-13所示。

外观和内饰要素的选择偏好   表 2-5-13

因 素	题 目	人数（总30人）	百分数（%）
整体外观	方盒造型,前围为平面或很小的弧面	14	46.7
	子弹头造型,前围前凸,曲面连接侧围	16	53.3
	其他	0	0
前围线条	八字造型	11	36.7
	平直线条	10	33.3
	平直线条	9	30
车身表面	反光	14	46.7
	亚光	16	53.3
	其他	0	0
车身颜色形式	纯色	8	26.7
	纯色和装饰	13	43.3
	双色	5	16.7
	车身颜色为多色和线条	4	13.3
	其他	0	0
车身颜色	深的颜色如深蓝、深灰、黑	14	46.7
	带反光的银色	4	13.3
	鲜艳的颜色如橘红、草绿	12	40.0
	浅淡的颜色如白色、天蓝	0	0
车身装饰形式	字	0	0
	不规则的点或线条	18	60
	广告画	0	0
	写实图像	0	0
	抽象图案	12	40.0
座椅材料	金丝绒布料	12	40
	透气棉布或麻布	9	30
	柔软薄真皮	3	10
	结实厚真皮	6	20
地板材料	木地板	17	56.7
	磨砂石地板	9	30
	塑料地毯地板	3	10
	绒线地毯地板	1	3.3
后视镜连接	铰链裸露	10	33.3
	铰链隐藏	20	66.7

续表

因 素	题 目	人数（总30人）	百分数（%）
车窗比例		20	66.7
		10	33.3

六、结论

1. 结论

通过对高档大巴车因素的调查，总结了三个方面的大因素即制造、使用、外观，从 8 个方面即部件使用、制造技术、安全、舒适、灵活、稳定、造型、车身装饰考虑了这三个因素，为 8 个方面的因素指定了 33 个对应的小因素，且每个因素都有 1~6 个指标来描述。对其中的使用和外观方面的重要性进行了问卷调查，得到的由大巴车司机、乘客、车队管理所组成的 30 名被试者对其重要性的排序为，对使用和外观的重要性排序结果依次为舒适、稳定、安全、内饰、灵活、外观，对使用方面选择整理为排序，结果依次为舒适、稳定、安全、灵活。其中舒适子因素的排序从前到后依次为人体工学、车内环境、内饰。稳定子因素的排序依次为前冲、极端环境、平稳。安全子因素的排序依次为乘员设施、驾驶区设计、支持系统配置。灵活子因素的排序依次为上下车、车内。

从调查过程和调查结果可以看到，高档应该包含以下几个方面的含义：

- 高档不是面向有钱人的，高档产品不意味着高价，镶金戴银。高档产品应该能够以最简洁环保的方式，最大限度地满足用户的需要，它不是技术的堆砌，而是创意的有效组织
- 高档产品的决定要素包括方方面面，缺一不可。高档产品的要素不仅仅是产品的实现和产品的售卖，其产品能够可靠稳定地满足需求也是重要方面
- 在讨论中，李乐山老师曾强调高档产品的表现之一是实用，并举了插座的设计和制造例子。因此，高档产品不是时髦技术、附加装饰的堆砌，而是最大限度地物尽其用，是聪明地使用资源

2. 存在的问题和改进

第一，在调查中，限于资源有限，只进行了样本数为 30 人的问卷调查，调查由于有两次试调查来保证，因此可以部分地弥补问卷数量少引起的代表性缺陷。在进一步的工作中，应该考虑扩大调查样本的数量。同时以新的数量对现有样本的结论进行验证。

第二，在调查中，观察到问卷题量的大小严重影响到被访者的积极性，如何提高填答者的积极性，获得真实准确的观点是一个值得改进的问题。一方面将问卷设计为易用的，可以明确标识且符合思维或视觉寻找的习惯；另一方面应设法回报被访者的配合。

附录

附录一：三次调查问卷

第一次问卷

1. 下面每组词是相对的，请您从每对词中选出你认为更能体现高档大巴车风格的词。

□轻盈—□有体量感　　　□平面—□张力感　　　□理性—□感性

□现代—□传统　　　　　□简洁—□富有装饰性　□新颖—□保守

□机械感—□手工制作　　□轻薄—□厚重　　　　□光顺—□表面磨砂

2. 请你为您心目中的高档大巴车的因素打分，从 1 分到 5 分，越重要的因素打分越高。

外观整洁 [　]	车内空间大 [　]	马力强劲 [　]	品牌 [　]
外观豪华 [　]	车内设施全 [　]	前冲性好 [　]	售后服务 [　]
外观朴素 [　]	车内空气清新 [　]	耗油量低 [　]	环保技术应用 [　]
外观神秘 [　]	车内噪声低 [　]	车辆维护简单 [　]	安全措施齐备 [　]
外观和谐 [　]	车内私密性好 [　]	驾驶台功能全 [　]	

3. 您认为在产品造型的各个方面，下面哪些因素能够体现高档？

造型要素	备选造型（打√）	让你觉得高档的形式？	给你什么感受？（可多选，在词语上直接打√）
前围	1. 内凹 2. 外凸 3. 平面		灵活，动感，机械感，厚重，速度感，科技感，优雅，专业，可信赖，现代，稳重，可爱，商务，传统，和谐，愉快，轻松，刺激
前围层次线	1. 平直 2. 笑线 3. 反笑线		灵活，动感，机械感，厚重，速度感，科技感，优雅，专业，可信赖，现代，稳重，可爱，商务，传统，和谐，愉快，轻松，刺激
后围	1. 内凹 2. 外凸 3. 平面		灵活，动感，机械感，厚重，速度感，科技感，优雅，专业，可信赖，现代，稳重，可爱，商务，传统，和谐，愉快，轻松，刺激
侧围	1. 平直线条 2. 曲线线条 3. 突出驾驶员窗口		灵活，动感，机械感，厚重，速度感，科技感，优雅，专业，可信赖，现代，稳重，可爱，商务，传统，和谐，愉快，轻松，刺激
车窗高度	1. 2m 以上 2. 2m 以下		灵活，动感，机械感，厚重，速度感，科技感，优雅，专业，可信赖，现代，稳重，可爱，商务，传统，和谐，愉快，轻松，刺激
后视镜固定	1. 铰链暴露 2. 铰链隐藏		灵活，动感，机械感，厚重，速度感，科技感，优雅，专业，可信赖，现代，稳重，可爱，商务，传统，和谐，愉快，轻松，刺激
车身颜色	1. 纯色 2. 纯色＋装饰 3. 双色 4. 双色＋装饰		灵活，动感，机械感，厚重，速度感，科技感，优雅，专业，可信赖，现代，稳重，可爱，商务，传统，和谐，愉快，轻松，刺激

-------------------------------------- 基本资料 --------------------------------------

性别 □男　□女　**学历** □高中或中专以下　□高中或中专　□大学或大专　□硕士　□博士

年龄 □25 岁以下　□25～30 岁　□30～35 岁　□35～40 岁　□40～45 岁　□45～50 岁　□50 岁以上

职业＿＿＿＿＿＿＿＿　**月收入** □800 元　□800～2000 元　□2000～5000 元　□5000 元以上

感谢您的帮助！

第二次问卷

1. 请您根据对高档大巴车的理解，为下面的每个描述打分，从 1 分到 5 分，分数越高，

表示您认为这个描述对高档大巴车来说，越是必要的。（在□中填写分数，如5）

乘员座位有安全带和头枕□	车窗面积大，视野开阔□
从后视镜可查看多角度□	车内色调明快□
雾灯采用有穿透力的氙灯□	车内色调沉稳□
仪表盘可视角度大□	行进间车辆平稳□
逃生门采用防夹保护门□	行进间车辆前冲性好□
乘员座椅可上下前后调整位置□	车辆具有可灵活升降的上下车台阶□
乘员有空间伸展活动下肢□	车辆具有高阔的车内空间□
坐在座椅上即可调整空调等的排风角度□	在车内站立时，仍能方便地观看到路边风景而不用低头□
座椅材料透气性好□	
座椅材料有弹性□	车内乘员座椅很高，越过车外行人的头顶□
地板材料能有效隔音□	车座扶手可隐藏□
车内空气清新□	车内为每个乘员提供阅读灯□
车内空气流通□	车身或车内具有大的行李舱□
车内噪声不影响休息□	车内具有卫生间、饮水机等设施□
车内能避免阳光直射□	座椅、仪表区、顶棚、侧壁、地板和侧窗风格统一□
车窗的密封性好□	
高速行驶过程中，车窗无积水□	

2. 您认为哪种外形的大巴车属于高档大巴车？以下各题均可多选，在□中画"√"

（1）大巴车整体外观

□ 较平缓的前围大曲面与侧围相接，小半径曲率转角

□ 前围略向前顷，与侧围以曲面连接，大圆弧过渡

□ 其他_____

（2）大巴车前围线条（进风口造型）

□ 笑线造型　　　　　　　　　□ 反笑线造型

□ 平直线条　　　　　　　　　□ 其他_____

3. 您认为哪种形式的车身装饰是高档大巴车应该具备的？

（1）车身表面应该：　　　□ 反光　　　　□ 亚光　　　　□ 其他_____

（2）车身颜色形式为：

□ 车身颜色为单色　　　　　　□ 车身颜色为多色

□ 车身颜色为单色＋线条　　　□ 车身颜色为多色＋线条

（3）您倾向的车身颜色为：

□ 鲜艳的颜色如橘红、草绿　　□ 浅淡的颜色如白色、天蓝色

□ 深的颜色如深蓝、深灰、黑　□ 其他_____

□ 带反光的银色

（4）您认为高档车的颜色应该表现的：

□热情奔放　　　　　□高速度　　　　　　　□其他

□深沉冷静　　　　　□淡雅和谐

您倾向的车身装饰形式为：□字　□不规则的点或线条　□广告画　□写实图像

　　　　　　　　　　　　□抽象图案

------------------ 基本资料 ------------------

性别 □男 □女　学历 □高中或中专以下 □高中或中专 □大学或大专 □硕士 □博士

年龄 □25 岁以下 □25～30 岁 □30～35 岁 □35～40 岁 □40～45 岁 □45～50 岁 □50 岁以上

职业＿＿＿＿＿＿　月收入 □800 元 □800～2000 元 □2000～5000 元 □5000 元以上

第三次问卷

1. 下面的题目中描述了高档大巴车的特征，请您根据该描述与您对高档大巴车的认识符合程度打分。从 1 分到 5 分，表示从非常不符合到非常符合。

> 示例：对于"乘员座位有头枕"，若您认为，有头枕非常符合高档大巴车的要求，则在 5 分上打勾

	非常不符合	不符合	普通	符合	非常符合
（1）乘员座位有头枕	1	2	3	4	5

	非常不符合	不符合	普通	符合	非常符合
（1）乘员座位有头枕	1	2	3	4	5
（2）乘员座位带有安全带	1	2	3	4	5
（3）车辆配备气囊	1	2	3	4	5
（4）具有行人保护系统	1	2	3	4	5
（5）雾灯采用有穿透力的氙灯	1	2	3	4	5
（6）采用自适应光线组合仪表盘	1	2	3	4	5
（7）具有后视镜 LED 转向灯	1	2	3	4	5
（8）具有车距报警系统	1	2	3	4	5
（9）乘员座椅可上下前后调整位置	1	2	3	4	5
（10）乘员有空间伸展活动下肢	1	2	3	4	5
（11）坐在座椅上即可调整空调等的排风角度	1	2	3	4	5
（12）座椅材料透气性好	1	2	3	4	5
（13）座椅材料有弹性	1	2	3	4	5
（14）地板材料能有效隔音	1	2	3	4	5
（15）车内空气流通清新	1	2	3	4	5
（16）行李舱架方便固定和取用行李	1	2	3	4	5
（17）车内噪声不影响休息	1	2	3	4	5
（18）车内能避免阳光直射	1	2	3	4	5
（19）车窗面积大，光线充足	1	2	3	4	5
（20）车窗的密封性好	1	2	3	4	5
（21）车窗面积大，视野开阔	1	2	3	4	5
（22）车内色调统一和谐	1	2	3	4	5
（23）车内完全感受不到颠簸	1	2	3	4	5
（24）车内座椅采用混合纤维	1	2	3	4	5
（25）车内地板采用实木地板	1	2	3	4	5

（26）坐在车上几乎不能感觉到车辆的纵向起伏	1	2	3	4	5
（27）即使紧急刹车，前冲感也很小	1	2	3	4	5
（28）车辆具有可灵活升降的上下车台阶	1	2	3	4	5
（29）车辆具有高阔的车内空间	1	2	3	4	5
（30）在车内站立时，仍能观看到路牌而不用低头	1	2	3	4	5
（31）车内乘员座椅很高，越过车外行人的头顶	1	2	3	4	5
（32）车座扶手可隐藏调整	1	2	3	4	5
（33）车内为每个乘员提供阅读灯	1	2	3	4	5
（34）车身或车内具有大的行李舱	1	2	3	4	5
（35）车内具有卫生间、饮水机等设施	1	2	3	4	5
（36）在极端环境一样表现稳定	1	2	3	4	5

2. 请您根据下面六个方面为高档大巴车的各个使用指标排序。（第一位后标1，依次类推）

安全□　　　　舒适□　　　　灵活□　　　　稳定□　　　　内饰□　　　　外观□

3. 选择符合您心目中的高档大巴车形式，在□打"√"，可多选。

（1）大巴车整体外观

□ 方盒造型，前围为平面或很小的弧面　　　□ 子弹头造型，前围前凸，曲面连接侧围

□ 其他_____

（2）大巴车前围线条（进风口造型）

□ 八字造型　　　　　　　　　　　　　　　□ 反八字造型

□ 平直线条　　　　　　　　　　　　　　　□ 其他_____

（3）您认为高档大巴车的车身表面应该为：

□ 反光　　　　　　　　□ 亚光　　　　　　　　　　　□ 其他_____

（4）您认为高档大巴车的车身颜色形式为：

□ 车身颜色为单色　　　　　　　　　　　　□ 车身颜色为多色＋线条

□ 车身颜色为单色＋线条　　　　　　　　　□ 其他_____

□ 车身颜色为多色

（5）您认为高达大巴车的车身颜色应为：

□ 深的颜色如深蓝、深灰、黑　　　　　　　□ 鲜艳的颜色如橘红、草绿

□ 带反光的银色　　　　　　　　　　　　　□ 浅淡的颜色如白色、天蓝

（6）您认为高档大巴车的车身装饰形式为：

□ 字　　　　□ 不规则的点或线条　　　□ 广告画　　　□ 写实图象　　　□ 抽象图案

（7）您认为高档大巴车的座椅材料应该为：

□ 金丝绒布料　　　　　　　　　　　　　　□ 柔软薄真皮

□ 透气棉布或麻布　　　　　　　　　　　　□ 结实厚真皮

（8）您认为高档大巴车的地板材料应该为：

□ 木地板　　　　　　　　　　　　　　　　□ 塑料地毯地板

□ 磨砂石地板　　　　　　　　　　　　　　□ 绒线地毯地板

（9）您认为高档大巴车的后视镜造型应该为：

□ 铰链裸露　　　　　　　　□ 铰链隐藏　　　　　　　　□ 其他_____

（10）您认为高档大巴车的车窗和车身比例为（见下图）：

-------------------------------- 基本资料 --------------------------------

基本资料可以帮助我们更好地整理您的意见，我们一定会匿名使用，请您放心！

1）您的性别 □男 □女

2）您的年龄

□25 岁以下 □26～30 岁 □31～35 岁 □36～40 岁 □41～45 岁 □46～50 岁

□51 岁以上

3）您使用大巴车的频率

□一天多次 □一周多次 □每周少于四次 □每月少于四次 □每年少于六次

4）您常常驾/乘的大巴车类别

□城市公交 □机场大巴 □城际公交 □单位团体 □其他

5）您属于：□专业大巴车司机 □车队或汽车公司管理人员 □乘客

6）您的月收入：□800 元 □800～2000 元 □2000～5000 元 □5000 元以上

附录二：前两次调查总结

对于高档大巴车的审美评价高分词为体量感、现代感、张力感、简洁、厚重、理性、新颖、光顺、如附表所示。

对大巴车的审美评价得分

总人数为30人（男22人，女8人）			
第一题	附值	提及次数	百分比（%）
轻盈	1	7	23.3
体量感	2	23	76.7
第二题	附值	提及次数	百分比
现代	1	25	83.3
传统	2	5	16.7
第三题	附值	提及次数	百分比
机械感	1	19	63.3
手工制作	2	11	36.7
第四题	附值	提及次数	百分比
平面	1	6	20.0
张力感	2	22	80.0
第五题	附值	提及次数	百分比
简洁	1	26	86.7
富有装饰性	2	4	13.3
第六题	附值	提及次数	百分比
轻薄	1	6	20.0
厚重	2	24	80.0
第七题	附值	提及次数	百分比
理性	1	18	60.0
感性	2	12	40.0
第八题	附值	提及次数	百分比
新颖	1	22	73.3
保守	2	8	26.7
第九题	附值	提及次数	百分比
光顺	1	22	73.3
表面磨砂	2	8	26.7

第一次针对司机、乘客、车队负责人和设计师共30个人的调查中，大巴车的前围造型提及率最高的是："平面"造型，共16人选择，占总人数的53.3%。大巴车的前围层次线提及率最高的是"笑线"造型，共21人选择，占总人数的70%。大巴车的后围造型提及率最高的是"外凸"造型，共15人选择，占总人数的50%。大巴车侧围线条提及率最高是"曲线线条"，共14人选择，提及率为46.7%。大巴车车窗高度提及率高的备选项为"车窗下沿距离地面2m以下"，共27人选择，提及率为90%。大巴车后视镜固定方式提及率高的备选项为"铰链隐藏型"，共18人选择，提及率为60%。大巴车车身颜色提及率最高的备选项为"纯色"，共18人选择，提及率为60%。各个细节造型要素的评分排序，如附表所示。

高档大巴车造型偏好统计

	题 目	人数（总人数：30）	百分数（%）
前围	内凹	2	6.7
	外凸	12	40.0
	平面	16	53.3
前围层次线	平直	7	23.3
	笑线	21	70.0
	反笑线	2	6.7
后围	内凹	4	13.3
	外凸	15	50.0
	平面	11	36.7
侧围	平直线条	10	33.3
	曲线线条	14	46.7
	突出驾驶员窗口	6	20.0
车窗高度	2m 以上	3	10.0
	2m 以下	27	90.0
后视镜固定	铰链暴露	12	40.0
	铰链隐藏	18	60.0
车身颜色	纯色	18	60.0
	纯色 + 装饰	4	13.3
	双色	2	6.7
	双色 + 装饰	6	20.0

图片引自中国客车网，该图客车为前围为平面，前围分界线为笑线，侧面曲线，隐藏铰链后视镜和纯色车身，符合调查结果的各项造型描述，该车为德国的 SETRA 公司在 2005 年国际商务车展上的产品，如附图所示。

示意图片

（来源：http://www.chinabuses.com/ad/hannover/setra/004.jpg）

分别以造型要素的七道题目的选项和性别、年龄段为变量，进行列联表的相关分析，其结果显示 Pearson Chi-Square 的显著水平均大于 0.05，表明对每道题目各个题项并没有因为被试者的性别和年龄不同而有差异。即被试者并未因为性别和年龄段的差别对造型要素的审美评价有差别，如附表所示。

各题目列联表分析结果表

题　　目	测量指标	相关系数	显著水平检验（双侧）
13	皮尔逊卡方	0.597	0.74
2	皮尔逊卡方	1.753	0.41
3	皮尔逊卡方	0.752	0.68
4	皮尔逊卡方	1.120	0.57
5	皮尔逊卡方	0.076	0.78
6	皮尔逊卡方	1.023	0.31
7	皮尔逊卡方	0.881	0.83

附录三：访谈整理

访谈苏州金龙客车有限公司生产工程师　陆文轩

问：一般是什么东西决定客车的价格，我曾经在西沃实习过，他们的客车贵在底盘是进口的。你们若有对客车定位的高中档，是什么因素决定高档或不高档？

答：首先是客车的长度，比较关键，客车越长肯定越高档。

其次看底盘（进口肯定比国产的好），主要是发动机，进口欧三康明斯发动机比较好；变速箱，进口 zf 自动变速箱；悬架，进口空气悬架；还有 can 总线等相关配置。最后也要看内饰，越豪华越高档。造型显得比较其次。

问：我在西沃的时候他们的长度是 11 和 12 的比较多。是不是低地板的比较高地板的要高档？

答：那不是，如果是公交车的话，那低地板的话比较高档。

问：哦，这样啊，对于内饰来说，客人能够决定的是哪些方面？我在西沃的时候，他们能决定椅子套、地板，好像还有加不加饮水机、卫生间等。

答：我们这儿客户都可以决定，但是一般都是让他们从中选择。

问：什么叫都可以决定，还能决定什么呢？

答：比如说颜色啊，椅子啊，仪表台啊。

问：你们的车，定位就是高档吧？能不能和我说说国内的市场比较好的车是哪儿来的？我不太清楚为什么有苏州金龙和厦门金龙？

答：我们是中高档，厦门金龙是高档定位，我们是他的子公司，他们是大股东。

问：国内还有哪些可以称得上是你们的竞争对手的牌子啊？宇通？

答：惟一的就是它了，看来你比较了解嘛。

问：汽车悬架是作什么的？

答：车轮是装在固定在底盘上的悬架上的。车架间气囊的调节可以改变车的整体高度。

附录四：李乐山老师讲话

2006 年 4 月 30 日。高档调查不是面向有钱人的，高档指的是高品质，高质量。高档考虑的是综合因素，漏掉一个因素就变成低档产品了。

在制作和选材上，颜色、表面处理、材料方面都很重要。不能有一点瑕疵，任何一个因素都要做到完美。设计风格要纯正。Apple 如何装配是看不出来，没有制造的痕迹，每个因素累积才成为高档。要使用真实的材料，包括高科技材料。高科技的应用，对功能主义的影响非常大。要用新的技术，成熟的技术。要实用，最普通的东西，也有高档和低档之分（举例子，插线板最重要的是安全，首先要满足安全这个要素）。如德国的插销板和插销，它的插槽保证了使用的安全，这就是高档产品，但中国的插销板虽然做得有曲线，模具看上去比较复杂，但忽视了安全使用方面，这就是低档产品。

2006 年 5 月 12 日。这一次进行的高档调查，不同于以往的用户调查，用户调查是调查使用行为、思维、生活方式、价值，然而我们这次的调查，可以称为设计调查，这些内容用户是说不出来的，包括质量、品质、服务、材料、表面处理、新技术、成本、价格、制造工艺，起码在十个因素以上，而过去搞设计，只考虑造型、颜色、材料、表面处理，顶多五个因素，这个调查提示我们的问题是，设计时应该考虑哪些因素，调查与设计、制造、运输、包装、销售、成本、材料相关的问题，这些因素直接影响产品的设计品质，其中也许很多并不直接表现在设计图上，但是设计中的每一步思维每一个过程都离不开这些东西。

高档其实就是高品质，并不是豪华产品或者高消费产品，总结每一个产品包含哪些因素，小的因素是什么，以后设计产品至少要做两个调查，用户调查和设计调查，这两个调查是产品设计最起码的东西。

2006 年 5 月 19 日。报告内容应包含对效度的分析。效度分为结构效度也就是框架效度、内容效度、交流效度、分析效度。

结构效度，也称框架效度。主要看因素全不全，搜集因素的最有效度方法就是从专家用户着手，首先要能够分辨专家用户，他们有什么表现，例如专家用户能够提出新的因素，并且判断因素是不是重要，专家用户思维链长，纵向能说出历史，横向能对品牌间的产品作出比较。在试调查时，应该询问"您认为还有哪些方面会属于高档因素"。预测效度属于结构效度，因素有没有预测性，都是在结构效度中需要解决的问题。如果发现预测的因素得分普遍低，那么要确定三方面内容，首先题目说的是不是预测因素，题目内容是不是恰当，这说的是内容效度，然后选择的人是不是合适，这是交流效度。

内容效度首先要列出访谈问题，说明访谈方法，并且说明对访谈是如何深入的，在调查问卷方面，要说明是如何做试调查的，发现了哪些问题，是如何修改的。例如用户出错如果是高档 PDA 的一个因素，要提出哪些问题，可以把用户出错的各种情况，真实全面地包含进去。比如"图标容易识别"，其实图标可用性的问题有很多方面，容易识别、容易记忆都是影响因素。单问一个图标容易识别是不能包含全部因素的。

内容效度要考虑的就是提的问题全不全，真实不真实？这里有一个"高速处理器"，这个问题就是不全面的。高功能处理器呢？是不是高档？处理器高档不高档，是速度一个问题不能包含全面的。

下面的问题是，用哪几个问题能够全面真实地调查清楚内容效度？谁来验证和判断内容效度是否合格？通过专家用户来得到对内容效度的检验。如果问"你觉得这个因素说得是哪方面的问题"，"在使用方面的因素还有哪些"这样的问题都是诱导，限制了专家的思路。如果问"你觉得还有什么因素是高档 PDA 的因素"，就是让人家不知道从何说起，放羊了。比较好的提问方式是："针对这个因素，我提出的问题是否全面、准确"，"提的问题是否全面准确地问到了这个因素的各个方面"。

交流效度就是问卷的问题是否可懂，可答，愿意回答？这方面对于交流效度十分重要，问试调查者中没有经过试调查的人，是否能够理解，出现迟疑的时候，是否因为问题不能回答，不愿意回答。若不愿意回答问题，应该考虑换人。如果一直遇到某个问题都有不愿回答的情况，应该考虑问卷的修改。

分析效度说得是采用什么方法能够自圆其说，用什么方法分析。分析方法有三类，逻辑、经验、验证。不论用哪种方法，都应该在调查的时候证明自己是真实全面的。比如，有人说卧室要有 $50m^2$，我就问估计一下这个，这个教室多大，这就是依靠经验再分析他的分析效度，他到底有没有作出这种分析结论的资格。再如，上学期调查色彩选择了西安的一个区，因为这个区不能代表西安市，所以城中村也不适合，这时候要考虑弥补的办法？改调查方法，还是改调查内容。采取什么分析方法，要对方法、误差、样本量进行估计。其中，样本的分析是个大问题，1 个好的专家用户可以顶得上 100 个人。因此，专家的水平很重要，可以采用专家间的比较来估计专家的水平。可见，取样方法是效度问题，而样本量是在说信度问题。

注意，对调查数据的分析不属于分析效度，而是研究结论。

附录五：资料收集
一、大巴车造型要素总结，如附表所示。

大巴车造型要素

大巴车造型要素摘要

(图片来源：中国客车网 http://www.chinabuses.com/ad/hannover/index.htm)

大巴车造型要素摘要

（图片来源：中国客车网 http：//www. chinabuses. com/ad/hannover/index. htm）

车窗高度	
后视镜固定	
车身装饰	
车身颜色	

二、行业资料

文字资料摘编来源：中国客车网 http：//bbs. chinabuses. com/cgi-bin。

欧洲拥有一套系统的客车制造体系，其整车、发动机、变速箱、底盘、车身等都处于设计与制造技术之前端。我国沿用了欧洲的排放法规，欧洲 ECE R66 安全标准也正在逐渐成为世界的标准。

Mercedes-Benz，拥有 12 条生产线，其产品多次获得年度客车大奖。1997 年 O405 城市客车、2001 年 Cito 城市客车都被授予了欧洲年度最佳客车称号。Mercedes-Benz 在燃料电池客车方面的应用也走在了世界的前列。

Benz Integro

（图片来源：http：//bbs. chinabuses. com/cgi-bin）

Benz Travego

（图片来源：http://bbs.chinabuses.com/cgi-bin）

Citaro

（图片来源：http://bbs.chinabuses.com/cgi-bin）

Mercedes-Benz 城市客车主要有 Cito 系列和 Citaro 系列，长途客车主要是 Travego 系列和 Tourismo 系列。

Setra 出产于德国的乌尔姆市，1950 年，正式更名为 Setra 公司，致力于制造豪华型客车。

在客车历史上，Setra 首次完成了全承载式车身的设计，带来了革命性的变化。现在欧洲客车已经普遍采用了全承载式的车身设计。在 1984 年 Setra 还在全球第一次将 ABS 列为客车的标准配置设备。Setra 公司城市客车主要以 NF 和 UL 系列为主，长途客车则以 HD、HDH 和 DT 系列为主。

S416GT-HD

（图片来源：http://bbs.chinabuses.com/cgi-bin）

S315NF

（图片来源：http://bbs.chinabuses.com/cgi-bin）

S411HD

（图片来源：http://bbs.chinabuses.com/cgi-bin）

比利时最大的商用车制造企业 VanHool，从 1947 年诞生至今已经生产了超过 5 万辆的客车，VanHool 公司本身也成为了比利时客车工业的一面旗帜。另外，VanHool 客车在新型燃料方面的研究也值得称道，目前，其不仅在氢燃料客车方面投入不少，其双燃料客车和天然气客车都获得了用户的好评。

VanHool 城市客车以 A 系列和 AG 系列为主。从 A308、A300、A330、A600 等，A 系列客车普遍采用了低地板设计。AG 系列则以铰接客车为主，AG300、AG500 等。VanHool 的铰接客车不仅提供两节车厢铰接而且还提供三节车厢的铰接客车。2002 年 10 月，VanHool 的 A330 城市客车还被授予 2003 年度客车称号。

低地板 A600

（图片来源：http：//bbs. chinabuses. com/cgi-bin）

低地板铰接客车 AGG300（车长 24m）

（图片来源：http：//bbs. chinabuses. com/cgi-bin）

低地板天然气客车 AG300CNG

（图片来源：http：//bbs. chinabuses. com/cgi-bin）

Irisbus 除了拥有常州依维柯 50% 的股份之外，还拥有波兰 Solaris 客车公司、捷克 Karosa 客车公司、法国 Heuliez 客车公司。

Irisbus 客车产品包括城市客车、长途客车、改装客车和微型客车等。目前其长途客车主要有 Eruo Class 系列、Iliade 系列、Domino 系列等，城市客车主要以 City Class 系列、Aagora 系列、Europolis 系列和 Civis 系列等。其中的 Civis 系列由于其子弹头式的列车型设计，在欧洲城市客车中独树一帜。

Iisbus euroclassHD12

（图片来源：http：//bbs. chinabuses. com/cgi-bin）

Irisbus cristalis

（图片来源：http：//bbs. chinabuses. com/cgi-bin）

第六节　高档 PDA 设计调查

调查高档 PDA 的目的是从调查中了解 PDA 产品用户最看重的因素，把这些因素的重要程度进行排序，并进一步对这些因素进行分解，调查这些因素中与设计相关的用户选择，给设计高档 PDA 产品提供信息。

一、结果分析

1. 对因素进行排序

影响高档 PDA 的因素一共有 8 个，它们各自的二级元素有 57 个，见下表。

一级因素内二级因素的排序结构　　　　　　　　　　　表 2 - 6 - 1

排序序号	一级因素	排序序号	二级因素
1	性能	1	电池容量大，续航持久
		2	较大的内存
		3	高性能处理器
		4	低功耗处理器
		5	屏幕分辨率
		6	大容量内部存储器
		7	音质
		8	屏幕色彩
		9	屏幕面积
		10	兼容多种存储卡
2	质量	1	系统稳定性
		2	使用寿命
		3	三防性能
3	使用	1	资料保护措施好，不容易损失数据
		2	数据安全性好，不容易被窃取
		3	图标容易记忆
		4	触摸屏定位精确
		5	存储传输速度快
		6	手写识别率高
		7	图标容易理解
		8	图标容易识别
		9	环境光线适应性强
		10	软件升级方便
		11	持握手感好
		12	长时间使用无疲劳感
		13	最新的系统版本
		14	与电脑连线的连接方式方便
		15	手写笔尺寸使用舒适
4	品牌	1	完善的售后服务
		2	品牌信誉
		3	品牌认可程度
5	按键	1	按键形状
		2	按键材质
		3	按键位置
		4	按键大小
		5	按键突出的幅度
6	外观	1	表面处理
		2	机身材质
		3	机身造型

排序序号	一级因素	排序序号	二级因素
6	外观	4	厚度薄
		5	机身颜色
		6	体积小
		7	重量轻
7	功能	1	具有摄像头功能
		2	红外接口
		3	无线上网
		4	具有 GPS 功能
		5	使用了当前的最新技术（比如指纹识别）
		6	具有手机功能
		7	具有录音功能
		8	MP3
		9	蓝牙接口
		10	MP4
8	外部设备	1	可以外接键盘
		2	标准的接口
		3	扩展接口
		4	可选配件丰富

　　根据用户调查结果，按照每个因素得分情况，对影响高档 PDA 的每个因素的 8 个一级因素和 57 个二级因素进行降序排序，如表中所示。

一级因素结构表　　　　　　　表 2 - 6 - 2

序号	一级因素	因素总得分（共35人）	序号	一级因素	因素总得分（共35人）
1	性能	158	5	按键	142
2	质量	146	6	外观	140
3	使用	145	7	功能	138
4	品牌	143	8	外部设备	136

二级因素结构表　　　　　　　表 2 - 6 - 3

排序序号	因素名称	因素总得分（共35人）	因素描述
1	资料保护措施好，不容易损失数据	167	具有掉电不会损失资料的特性
2	电池容量大，续航持久	159	一次充电的持续使用时间长
3	数据安全性好，不容易被窃取	156	具有密码、指纹等数据的保护措施
4	较大的内存	150	大内存，运行程序的速度快
5	高性能处理器	150	计算速度快
6	低功耗处理器	149	降低对电池的消耗，增加使用时间
7	图标容易记忆	149	学习后的使用负担小
8	屏幕分辨率	148	可以显示高清晰内容
9	大容量内部存储器	147	可以存储更多的数据
10	触摸屏定位精确	147	可以减少不必要的误操作
11	存储传输速度快	146	传输资料的等待时间短
12	完善的售后服务	145	

续表

排序序号	因素名称	因素总得分 （共35人）	因素描述
13	手写识别率高	144	手写输入的识别率高，能够识别潦草的字体
14	系统稳定性	142	运行时不容易出现程序错误和死机的现象
15	图标容易理解	142	学习使用的过程中认知负担小
16	图标容易识别	141	
17	品牌信誉	140	
18	品牌认可程度	140	
19	环境光线适应性强	139	在强弱光下都可以看清键盘和屏幕
20	软件升级方便	139	系统可以经过简单的步骤自行升级
21	表面处理	139	
22	机身材质	139	
23	持握手感好	138	
24	音质	138	不出现电流杂音，可以表现声音细节
25	按键形状	135	
26	长时间使用无疲劳感	134	形状和持握方式合理
27	屏幕色彩	133	能够还原和表现更丰富的色彩
28	按键材质	133	
29	机身造型	133	
30	最新的系统版本	132	
31	与电脑连线的连接方式方便	132	接口的位置合理，连接方便
32	屏幕面积	132	大面积屏幕，眼睛不容易疲劳
33	可以外接键盘	131	满足迅速输入的需要
34	兼容多种存储卡	131	
35	厚度薄	128	
36	机身颜色	127	
37	标准的接口	126	数据线容易替换
38	扩展接口	125	扩展外部设备的接口
39	手写笔尺寸使用舒适	124	
40	体积小	124	
41	可选配件丰富	123	
42	使用寿命	122	
43	重量轻	121	
44	具有摄像头功能	120	
45	红外接口	118	
46	三防性能	115	
47	无线上网	114	
48	具有 GPS 功能	114	
49	使用了当前的最新技术（比如指纹识别）	113	
50	具有手机功能	106	
51	具有录音功能	104	
52	MP3	103	
53	按键位置	102	
54	蓝牙接口	101	
55	按键大小	94	
56	按键突出的幅度	91	
57	MP4	91	

通过表中因素的排序，可以大致看出来，虽然整体上性能排列在首位，但是二级因素整体上的排序是资料保护措施和电池续航时间排在前两位，其次才是性能方面的因素。然后用户关注的是易用方面的因素，接下来是外观方面的选择，排在最后面的是产品多功能的选择。对于多功能的选择排在后面的情况，由于本次调查的人数为35人，结合当前数码产品趋于同化和多功能一体化的趋势，因此，还需要调查更多人去验证本次调查结论为什么会与当前的趋势不一致。对于使用寿命等质量因素没有排得比较靠前的原因，可能是由于数码产品的更新速度快，导致多数产品，只要不是质量有问题，都能够使用到这个产品的性能已经远远落后于市场的最新产品而自然淘汰的时候。这个特性与一般的家用电器可以长时间保持一个特性不同，但是这个特性会导致资源的浪费，不能够充分地利用已经生产的产品，在设计当中应该考虑到这一点。虽然手持式的产品为了坚固等特点是相对封闭的，但是也要在设计的时候考虑到让用户更易于通过升级部件来提高现有产品的性能满足需要，而不是丢弃现有产品之后去购买最新的产品来替换。

2. 外观和按键因素内三级因素的排序

外观和按键各因素内三级因素排序的总结如下表所示。

外观和按键因素内三级因素结构表

表 2 - 6 - 4

因素	三级因素次序	三级因素	频数（次）	百分比（%）	三级因素解释备注
1. 造型	1	圆角造型	20	57.1	
	2	符合手型造型	10	28.6	
	3	几何造型	8	22.9	
	4	变化造型	5	14.3	机器本身是可以换壳更换形状的
2. 颜色	1	稳重	21	60.0	
	2	深色系	8	22.9	
	3	醒目的颜色	6	17.1	
	4	浅色系	4	11.4	
	5	中性	4	11.4	
3. 机身材质	1	金属	31	88.6	
	2	塑料	5	14.3	
4. 金属表面处理类型	1	烤漆	20	57.1	
	2	亚光	17	48.6	
	3	抛光	12	34.3	
	4	拉丝	4	11.4	
5. 塑料表面处理类型	1	烤漆	15	42.9	
	2	透明	13	37.1	
	3	亚光	10	28.6	
6. 键盘材质	1	金属	21	60.0	金属光泽的按键
	2	软胶	10	28.6	半透明或不透明的软橡胶按键
	3	透明	6	17.1	透明硬质塑料
	4	硬塑料	4	11.4	不透明硬质塑料
7. 键盘形状	1	方形	25	71.4	
	2	椭圆形	14	40.0	
	3	圆形	2	5.7	
8. 键盘凸凹感	1	凸起	16	45.7	键帽呈现圆顶形状
	2	平面	11	31.4	键帽为平面
	3	梯形	10	28.6	键的前边较矮，后边较高的键帽形状
9. 键盘大小	1	中	30	85.7	与使用人的食指指腹比较大小，二者接近
	2	小	5	14.3	与使用人的食指指腹比较大小，小于使用人指腹
	3	大	1	2.9	与使用人的食指指腹比较大小，大于使用人指腹

3. 不同人群对于外观因素的评分

（1）性别对于外观评分的影响

由图2-6-1观察，在性别这个因素中，结果显示为13名男性有9人打4分，2人打5分，基本都给外观一个比较重要的地位，而22名女性选择3分（无所谓）和选择4分（比较重要）的分别为7人和8人，也就是说女性中不看重外观的和看重外观的人比例较为接近，和我们以往的经验相背离，以往我们往往认为女性用户比较重视产品的外观。当然，由于调查数量不多，这个结论需要进一步的验证。如下图所示：

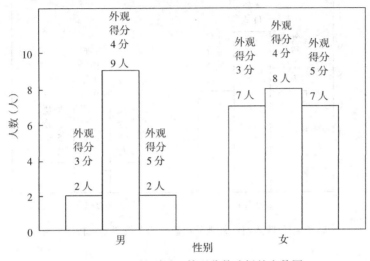

图2-6-1 性别对于外观分数选择的人数图

（2）教育程度对于外观评分的影响

由图2-6-2中可以看出教育程度对于外观的评分影响较大，学历的高低对于外观的评分分布不是均匀的，在高学历人群中认为重要和不重要的人分布比较均匀，而专科和本科人群中认为外观重要但不是非常重要的人是最多的，为13人，选择无所谓和非常重要的均为4人。高中及以下的调查人数过少，不具有统计意义。如下图所示。

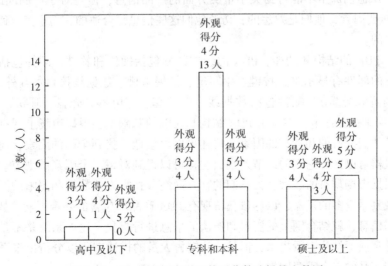

图2-6-2 教育程度对于外观分数选择的人数图

（3）收入对于外观评分的影响

根据图 2-6-3 显示，收入对于外观评分的影响较为明显，收入较低的人群对于外观选择 3 分（无所谓）的人数为 7 人，4 分（重要）的为 11 人，5 分为 7 人，高收入人群 3 分（无所谓）的 2 人，4 分的 6 人，5 分的 2 人选择，说明收入的高低对于用户选择高档产品的外观的影响不明显，收入较低的用户同样也会把外观作为重要的选择因素之一。如图 2-6-3 所示：

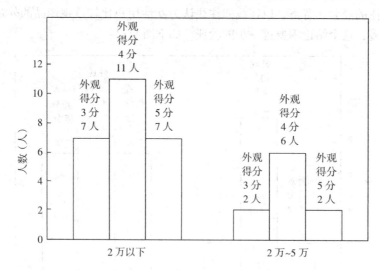

图 2-6-3　收入对于外观分数选择的人数图（人民币：元）

二、结构效度

为了获得全面的因素框架，本次调查采用了二手资料分析和访谈两种方法，其中二手资料收集于网上各 IT 网站和 PDA 论坛，访谈的对象是论坛上的专家用户和商场的销售人员。

1. 访谈的结构效度

访谈对象应当是选择销售员和论坛上使用 PDA 达到 5 年、能够比较不同品牌和类型的 PDA 的用户。从他们那里不能得到关于审美方面的产品信息，但是对于产品间的性能比较，高档 PDA 的重要因素，他们是熟悉的，访谈他们这些信息是合适的，而审美、使用情况是需要去调查用户的。

首先分析 PDA 的结构和功能，PDA 的组成部分包括硬件和软件，硬件包括了主机、配件，主机包括的部件有显示屏、按键、手写笔、扩展卡槽、数据线接口、红外口、耳机孔、电源（分为内置和外置），配件包括数据线、保护套、充电器、光盘、耳机、键盘（部分 PDA 有）、说明书、存储卡。在分析 PDA 结构和功能的基础上，根据市场上现有的多种类型的产品去总结他们共有的和特有的因素，这样可以尽量地寻找到全面的因素，而比较不同型号和类型的机器可以区分它们的细节差别，这样可以得到对每一个因素的细节。对于外观方面的因素，根据市场现有的品牌，去它们的官方网站寻找官方的数据和清晰的图片，并到销售市场上去观察尽量多的机器，以尽量获得现有 PDA 产品所包含的外观因素。从外部、结构上观察不到的信息，就结合网上的资料和访谈的信息进行寻找，比如系统是不是最新的，这个不能够从外观或者结构上看出来，但是，从销售人员的描述就可以分析出来系统是否为最新的也是高档产品的一个重要因素。

2. 因素

通过访谈，网上资料的收集，对第一份和第二份问卷进行总结，经过分析总结之后得到的第三份问卷中需要调查的因素如表 2-6-5 所示。

问卷因素 表 2-6-5

因素	二级因素	
1. 性能	电池	续航时间
		内/外置
	大内存	
	存储器	大容量内部存储器
		兼容多种外部存储卡
	屏幕	高分辨率
		大面积
		色彩
	处理器	处理器主频
		处理器总线
		低功耗
	音质	不出现电流杂音，可以表现声音细节
2. 功能	摄像头	
	MP3	
	MP4	
	录音	
	当前的先进技术（如指纹识别）	
	无线上网模块	
	红外接口	
	蓝牙接口	
	手机功能	
	内/外置 GPS	
3. 外观	材质	金属，塑料
	颜色	
	重量	
	厚度	薄、中等厚度、厚（与手掌厚度相比）
	大小	小、中、大（与手掌大小相比）
	表面处理	细微颗粒感
		金属网纹
		拉丝面板
		钢琴烤漆
	造型	几何感（比如方方正正、棱角、斜面）
		曲线柔和（如圆角造型等）
		机械感
		符合手形的曲线
4. 按键	按键手感	
	按键位置	
	凸凹幅度	平面、中间凸起、中间凹下、梯形面按键
	按键大小	小于手指指腹、等于手指指腹、大于手指指腹
	按键材质	金属、硬塑料、透明硬塑料、软橡胶
	按键形状	圆形按键、椭圆形按键、圆角方形按键
5. 外设	多种接口支持	
	使用标准数据接口和扩展插槽	
	多种功能扩展的配件选择	
	GPS 卫星定位模块	
	可以外接键盘	

因素	二级因素
6. 使用	资料保护措施好，不容易损失数据
	数据安全性好，不容易被窃取
	系统的图标容易识别
	系统的图标容易理解
	系统的图标容易记忆
	传输速度快
	与电脑连线的连接方式方便
	最新的系统版本
	软件升级方便
	持握手感好
	操作舒适，长时间使用无疲劳感
	手写识别率高
	触摸屏定位精确
	环境光线适应性强
	手写笔尺寸合适
7. 质量	使用寿命
	防尘
	防水
	抗震
	系统稳定
8. 品牌	完善的售后服务
	品牌信誉
	品牌认可程度

3. 问卷的结构效度

对于第一份问卷，里面描述的因素一是不全，二是每个大因素下面没有详细的二级因素的调查。比如：量表中一级因素缺少了对于键盘一项的打分，因此后面就不可能对它进行排序；功能因素中因素细节不全，只是从大的方面询问功能是不是专一，没有问这个专一的功能细节是什么，所以即使得到了这个排序的信息也不能够用于设计。因此，这份问卷的调查结果即使调查的其他方面都做好了，最终的调查结果也不能用去设计做设计依据，否则设计出来的产品又是一个缺少因素的低档产品。在第二份问卷中又进行了一次因素的寻找过程，对于第一份问卷缺少的因素进行了补充，比如按键的很多因素；并对于第一份问卷中描述过于笼统的一级因素进行了细分，重新寻找了它们的二级因素，目的就是得到能够用于设计的信息。

在第二份问卷中，虽然因素已经较多，但是对于使用量表排序的因素，仍然存在着对于因素描述不合适、没有把一些因素（比如键盘的大小等因素）列入排序的问题。因此，在老师的指导后又重新设计了第三份问卷，这份问卷首先把一级因素和二级因素的排序量表分开，这样在统计的时候不会产生混乱，对于回答问卷的人也不会产生要问的问题没有可比性的疑问。对于排序的二级因素，为了描述清楚，又进行了因素的重组和细分，比如对于处理器这个因素，问过于专业的信息，比如处理器的主频是多少，是 32 位还是 16 位，不是所有的用户都会去了解这个信息，他们所要了解的是这个处理器的性能是不是能够满足他们的应用需要，因此，这就应该直接询问用户处理器的性能。

但是，在第三份问卷中仍然存在部分信息是不够细致的，比如兼容多种存储卡，没有调查用户都倾向于选择什么类型的卡。其原因是由于当前存储卡基本处于一个价格相当的市场状况，也从一个侧面说明了这些卡的性能功能是类似的。但是如果用于设计时，必然要根据当时的状况去调查当前什么卡是用户乐于选择的，它们之间比较有什么优缺点，比如体积、存储容量、数据安全性等方面综合比较，然后根据设计的需要去选择。

三、内容效度

1. 访谈的内容效度

访谈去了 PDA 专卖店和 PDA 销售柜台，一家是惠普的 PDA 专卖店，在这一家店中逗留了较长的时间，并试用了销售人员推荐的一款高端 PDA 产品。在试用的过程的同时，向销售人员询问了当前主流的高档 PDA 产品的状况：

当前液晶显示技术正在成熟期，屏幕的色彩和分辨率不断提高，当前的主流是 65K 色 QVGA 屏，但是高端产品已经逐渐开始使用 65K 色 VGA 屏和 26 万色 VGA 屏。

而在处理器频率上，目前高端的产品多数为 400~600MHz，内存在 128M~256M 之间，数据接口包含了当前流行的红外、蓝牙和 WiFi 技术。符合了这些主要的技术参数，这个 PDA 的性能就是当前最好的，也就是高档的，而在外观方面，当前的高端机型多采用的是金属材质的外壳，圆角的机型和直角的机型都比较多。像 GPS、摄像头、指纹识别则是部分机型有部分机型没有，用户可以根据需要自主选择。颜色上深色和浅色的都有，这要看个人喜好。

用户最看重的是性能，当然性能高的机器是当前最新技术的体现，比较贵，选择这一类的产品，用户首先考虑哪些功能能够满足他的需要，衡量了价格的因素之后会大概确定一个认可的性能参数，比如处理器的频率多少，内存多大，至于存储卡，由于现在比较便宜，因此不会太注意这个方面，不论是什么类型的卡都可以。对于无线上网的功能现在关注得比较多。一般都要求有这个功能。而手机功能则是根据需要，用户没有必要为了手机功能多花一部分钱。然后才设计到外观的问题，因为无论哪个层次的产品，它的外观都是多种多样供用户选择的，有人偏好圆角的，有人偏好方方正正的，有人喜欢黑的，有人喜欢金属色的。按键大小比较多人会注意，至于按键的材质和颜色方面一般人就没有特殊的要求。

去对销售人员做访谈获得这些信息的时候，手中已经有了根据网上资料和论坛上用户的反馈制作的一份问卷草稿，对销售人员的提问基本上是按照这份问卷草稿的顺序和内容提问的，在问这些问题的时候如果遇到了被访问者回答犹豫的情况，就判断是否是我的问题不合适让他难以回答，如果判断的结果是这个问题容易回答，我就继续追问这个问题是不是不能这样问，如果可以还有什么其他的答案。比如，问他关于外观的时候，我当时的问题是"外观重要于功能吗"，他当时的反应是说对于购买的客户，他们往往是先考虑功能，然后再考虑外观，由于他很肯定地说出了外观不是第一位的，我就继续问了一个"有没有购买的人是先考虑外观的"，他的回答是虽然不多，也是有，因此，这个问题的追问挖掘出来了当时他的第一次回答所掩盖的信息——有些顾客是先考虑外观的。

访谈的问题包括：

"高档 PDA 都包括了哪些大的方面需要考虑的"。

"这些大的因素分别都要考虑什么细节"。

"在功能方面用户都有什么要求"，"还有什么要求"，"有没有说无线上网的功能或者摄像头的功能或者其他的什么功能要求高的"。

"在技术方面有什么要求"，"是不是高档的 PDA 高速处理器都很重要？"，"那内存的大小呢"，"存储卡有什么要求没有"，"还有没有其他的方面"。

"外观是不是人们挑选的时候比较注意的一项"，"在外观上购买的人都注意哪些方面？

比如材质等"，"还有没有其他的方面"。

上面这些问题就是第一次访谈销售人员的时候问的主要问题。很明显其中很多因素都没有问到，被访问者也没有谈出来，有很大一部分是问题设计的原因。因为问的时候总是从一个方面去问，限制了被访谈人当时的思维框架，还有没有其他方面这种比较开放的问题，需要被访谈人作大量的思考，效度不高。

在第二次访谈的时候针对第一次访谈的问题，增加了问题的细节部分。比如大的因素询问"您先看一下我这些问题是否能够包括一个 PDA 是否高档的全部方面"，"您看一下每一个方面有没有缺少什么问题导致这个方面的描述是不完整的"，"请您看一下功能方面除了音质、摄像头、指纹识别、GPS，还有没有其他遗漏的功能"。

2. 问卷的内容效度

两次问卷的内容效度分析如下：

第一次的问卷，第一题是"您是否拥有一部 PDA"，这一题调查的是用户对于 PDA 的使用情况。第二题是，"如果没有，您是否关注 PDA 的信息"，本题调查用户是否了解 PDA 的相关信息。

在第二次的问卷中去除了这两个题目，代替的方式是在给被调查者之前首先口头询问这两个问题来判断用户是否适合回答这份问卷。所以虽然第二次的调查人数不如第一次的多，但是调查对象的选择是比第一次更符合调查"什么是高档 PDA"的目标。

第一次问卷 PDA 功能部分的问题分析："功能性强而专一"这个题是过于宽泛的问法，被调查人会根据自己的理解去解释"功能性"的意思，并且"强而专一"也是一个模糊的概念，答案是让回答者选择"同意、不同意、无所谓"三个答案，因此，在第二份问卷中代替的是询问具体的功能，比如直接询问"GPS、摄像头等功能""手机功能"，让用户判断这个功能在高档 PDA 上是否重要，并根据重要程度打分，答案选项使用的是 5 分量表，从 1~5 分表示"非常不重要，不重要，一般，重要，非常重要"五个重要级别，这在以后的重要程度统计中将可以给排序分析提供简便可行的分析方法。但这些题目出现的另一个问题是，把应该分开来询问的两个功能放在了同一个题目中询问，比如"GPS、摄像头等功能"，如果用户认为 GPS 功能重要，摄像头功能一般，那么他就没有办法打分了，因此这个是第二份问卷需要改进的地方。在第三份问卷中这个问题就是通过把一个具有多因素的题目分成两题的办法解决这个问题。

还有就是一些因素的询问方式仍然存在问题，比如处理器性能这个因素，第二份问卷中使用的问题是"高速处理器"，其实影响处理器性能不单是速度，还有其他的因素，比如总线是多少位的带宽等，但询问普通用户这些专业的问题又会产生不能理解的问题，因此这个因素应当使用"高性能处理器"这个问题，大家都会理解，又能够包含处理器性能的全部，分成了小的因素之后就不是去调查用户而是去调查生产设计的工程师的问题了。

问卷的内容效度另一个存在问题的地方是问卷本身当时为了保证交流效度的提高，不让被调查人看到题目过多而反感，去除和合并了找出来的因素，也就是没有完全按照结构效度去制作问卷。这个在以后的问卷制作中应当特别注意。第二次的问卷在一级因素方面完全包括了因素框架中的全部一级因素，但是在二级因素上没有完全包括。比如，"GPS 和摄像头"，本来这个在框架中是两个因素的，在问卷中却归为了一个题目，失去了效度。

问卷设计分成了两个部分，第一个是部分是 5 量表的形式，第二部分是多选题的形式。采用量表和多选题的目的都是对因素进行排序，区别在于第二部分的外观细节和按键细节中，用户很可能倾向两种或者两种以上的形式都是高档的，而不是具有重要程度的差别，因此这一部分的统计是根据被选择的频数进行排序的。

四、交流效度分析

1. 访谈的交流效度

访谈前的准备：为了在问卷中得到对于 PDA 是否高档起作用的更加全面的因素，需要去访谈 PDA 的销售人员，为了在访谈的时候能够流畅地与 PDA 销售人员沟通，首先需要在访谈之前了解 PDA 的主要相关的参数。从 PDA 方面的论坛了解到的 PDA 主要参数包括：处理器、系统、屏幕、分辨率、内存、扩展槽、数据接口和电池容量等。了解了当前这些主要参数的大致内容范围之后，去了解当前主流产品的参数范围，可以使与销售人员的交流过程中不至于出现低级错误，这样可以达到更好的交流效果，从而提高访谈的交流效度。

访谈销售人员的时间则是专门挑选顾客少的时间，这样销售人员不会由于顾客的到来而忙于应付，这样，他对于我提出的问题的回答才是有效度的。还有就是要保证我们之间交流对话的理解没有误解的情况发生，比如，我问他"购买的人对于键盘的选择是否很看重"，他开始的时候理解的意思是作为 PDA 扩展配件的外接键盘，说多数人不会看这个东西，我感觉到他说的意思好像有不妥的地方，因此又指着用于展示 PDA 说是机身上的这些功能键，而不是专门输入用的外接键盘，这样他才又从功能键上去回答我的问题。类似的交流问题可能仍然存在而未被发现，主要的原因在于没有能够完全深入地了解 PDA 的术语，对于部分术语的使用存在误用的情况。

2. 问卷的交流效度

（1）问卷对象选择对于效度的影响

根据 PDA 的功能特性，问卷调查的人群集中在正在使用这款产品的人群和可能使用这款产品的人群。主要是经常上网并对数码产品感兴趣的大学生，做组织管理工作的管理者，经常需要安排较多事务的职员等。这些人员会从 PDA 的不同方面去考虑这个产品的因素。因而调查这些人可以反映更全面的状况。

本次问卷调查对象共计 35 人，人群分布如下：男性 13 人，女性 22 人。调查对象的职业分布和教育程度分布如表 2 – 6 – 6 和表 2 – 6 – 7 所示。

问卷对象职业统计　　　　　　　　　　　　　　　　表 2 – 6 – 6

职业	材料	厂长	电子工程	工程技术	工程师	工人	机构工程	软硬件测	学生	职员	总计
人数	1	1	1	1	4	1	1	1	14	10	35

问卷对象教育程度统计　　　　　　　　　　　　　　　　表 2 – 6 – 7

教育程度	高中及以下	本科	硕士
人数	2	21	12

调查的人群在职业上比较分散，学生和职员所占比例最大，教育程度主要为大学以上学历，基本符合了 PDA 的使用人群。但是存在着调查的学生偏多的情况。

（2）问卷分发过程对于效度的影响

问卷的分发分为两种形式，第一种是直接面对面，等着被问者做完一份问卷之后回收；另外一种形式为网上将问卷的电子版发给认识的人，说明调查的目的，请他们根据自己的选择完成这份问卷。两种问卷的形式调查的人数基本为一比一。对于调查人员的挑选，挑选的是有使用 PDA 经验或者意图购买 PDA 的人员，被调查人员对于题目中描述的因素会更加了解它们的含义，而不是去猜测它们的含义，这样得到的评分才是较为准确的。应当观察被调查者在做问卷时候的表情，如果发现他有疑问的表情出现，就问他在做哪一题，是怎么理解的，如果理解错误则应当向他解释这一题的含义。如果很多被调查者都对这一题存在疑问，则应该修改问题。

（3）问卷的形式对于交流效度的影响

第三次的调查问卷网上问卷的电子版采用了 Excel-VBA 程序的方式，回答者只需要点选他的答案即可进行选择，和以前直接让对方使用 Word 红色字体来标记答案相比，减少了答卷者用于答卷方式的注意力，增加了他对于问题本身的关注，这个方法的使用对于提高回答问题的效度有帮助，效果可以通过他回答同样问题的一份问卷的时间和耗费的精力进行比较。答卷后经过对答卷人进行询问，多数人均表示这种方式更容易选择他们的答案，而且对于答案的修改也比用红色标记方便，直接点选另一个答案即可。因此，以后为了进一步提高问卷的效度，可以考虑更加合理的问卷形式，尽量让用户关注于调查本身，甚至于可以通过一些方法（比如使用醒目颜色提示当前题目和下一个题目）来提高用户对于问题本身的关注程度。

（4）问卷的问题本身对于交流效度的影响

有些问题是用户难以回答的或者不愿意回答的，比如背景一项中的年收入，如果被调查人的收入太少或者太多，处于隐私的考虑他们都不愿意回答。这就影响了这道题本身的效度。对于这类问题，可以仔细考虑是否要收集这个信息，如果对于这次的调查目的没有关系，则可以舍弃这个问题。对于本次调查，因为 PDA 的设计要考虑到使用的人群特征，因此，这道题的调查还是有必要的。因此要通过向被调查者说明个人资料的使用目的和保密的情况，增加他们对于回答这类问题的安全感，而不是感觉到随时可能被出卖。

五、分析效度

1. 访谈的分析效度

访谈的专家对象的选择问题。根据专家用户的定义和特征，将本次访谈的专家用户使用 PDA 的年限定为 5 年（原因是 PDA 本身是一个新出现数码产品，而且它本身的更新换代速度很快，因此选择使用 PDA5 年的用户），能够说出从 PDA 出现到当前现有 PDA 基本情况、能够比较现有各品牌和类型 PDA 的用户和销售人员。

上述的这些信息是从访谈 PDA 销售人员的对话中总结出来的，其中比较肯定的说法都综合了几个销售人员共同的说法，因此可以消除部分主观的成分。对于访谈销售人员的时间，尽量挑选顾客最少的情况下对销售人员进行访谈，以便最大程度上得到他们的配合，减少外界因素的影响和他们的不耐烦情绪，这样可以使获得的信息尽量符合他们本身的认识而不是对笔者提问的随声附和。

对于外观方面的信息，需要访谈的不是销售人员而是购买人员，因而对于销售人员提到的外观的选择倾向只能够作为调查的一个基础参考，主要涉及的是一些不能够直观观察到、用户也很难直接说出来的因素，以供设计问卷的时候使用，比如软件的升级是否方便。

2. 问卷结果的分析效度

数据分析过程中，排序采用的是根据每一个因素的平均得分排序的方法，既然是对于同一个因素所有人打分的平均值，因此，可以消除一部分人在某一个或者几个因素打分时出现偶然误差的影响，比如看错分值、忘记了分值代表的含义等。但是不能够排除由于题目出现的先后顺序的影响所导致的系统误差。

对于二级因素的排序，与一级因素排序的方法是有所不同的，因为一级因素采用的是1~5分表示重要程度然后计算总分的方法，而二级因素采用的是多选题，以满足一个被调查对象倾向多种选择的可能。因此，二级因素的排序是根据这个因素被选择的总次数来排序的。对于其中的一些因素，比如塑料的表面处理类型，三种类型的被选择次数非常接近，因此虽然排出来了顺序，并不能够在设计的时候就说最高选择次数的这个因素就是人们最倾向的因素。对于机身材质这个因素，选择的倾向性则非常明显（30人选择金属，5人选择塑料），金属是大多数人认为高档的材质。因此根据二级因素排序获得的信息，用于设计时仍然是需要分析它的可靠性，不能直接就认为排在最前面的就是所有人倾向的高档PDA的特征。

排序采用的是每个因素总分的降序排序，因为每一个因素的回答人数都是35人，所以两个统计量是等效的，这样不存在对平均值小数点后四舍五入的问题，也增加了每一个因素比较分值时的易区分程度，减少统计工作中不必要的工作量。

对于个人资料与外观因素交叉统计的图标，目的在于获得不同类型的人群对于高档PDA外观因素的倾向是否相同，有了针对人群就可以对PDA的设计提供一定的参考。

附录

1. 第一次调查问卷

高档 PDA 调查问卷			
问　　题	选项（单选）		
您是否拥有一部 PDA	1. 是	2. 否	
如果有，该产品是您：	1. 精心挑选	2. 自己购买	3. 他人赠送
您对该产品的评价是：	1. 很有档次	2. 富有现代感	3. 一般
如果没有，您是否关注 PDA 的信息	1. 是	2. 否	
您认为高档的 PDA 的以下特征应当是：			
功能：			
• 功能性强而专一	1. 同意	2. 不同意	3. 没有想过
• 多功能（GPS、指纹识别、WIFI 等）	1. 同意	2. 不同意	3. 没有想过
• 外形设计要重于功能	1. 同意	2. 不同意	3. 没有想过
技术：			
• 必须使用了当前的先进技术（如指纹识别）	1. 同意	2. 不同意	3. 没有想过
• 高速处理器	1. 同意	2. 不同意	3. 没有想过
• 高分辨率大屏幕	1. 同意	2. 不同意	3. 没有想过
• 兼容多种存储卡	1. 同意	2. 不同意	3. 没有想过
造型：			
• 有几何感（比如方方正正、棱角）	1. 同意	2. 不同意	3. 没有想过
• 曲线柔和（如圆角造型等）	1. 同意	2. 不同意	3. 没有想过
• 机械感	1. 同意	2. 不同意	3. 没有想过
• 外形富有变化	1. 同意	2. 不同意	3. 没有想过
• 可以随意组合，有不同的样式可以变化	1. 同意	2. 不同意	3. 没有想过
颜色：			
• 浅色	1. 同意	2. 不同意	3. 没有想过
• 中性	1. 同意	2. 不同意	3. 没有想过
• 深色	1. 同意	2. 不同意	3. 没有想过
• 醒目的色彩	1. 同意	2. 不同意	3. 没有想过
• 稳重的色彩	1. 同意	2. 不同意	3. 没有想过

（1）哪种（些）材料可以体现高档？

A. 金属　　　　　　　　B. 塑料　　　　　　　　　　C. 其他_____（请填写）

（2）金属表面哪些处理方式可以体现高档？

A. 拉丝金属　　　　　　B. 抛光金属　　　　　　　　C. 亚光金属

D. 钢琴烤漆　　　　　　E. 其他_____（请填写或描述感觉）

（3）塑料表面哪些处理方式可以体现高档？

A. 亚光　　　　　　　　B. 钢琴烤漆　　　　　　　　C. 钢琴烤漆

D. 透明半透明　　　　　E. 其他_____（请填写或描述感觉）

（4）哪种（些）外观可以体现高档？

A. 小巧的体积　　　　　B. 厚实的体积

2. 第二次调查问卷

尊敬的先生/女士：您好！我是西安交通大学的在校生，由于课程需要，正在进行一项关于高档 PDA 的调查，本调查属于课程作业的一部分，无任何经济利益。衷心希望能得到您的配合！

（1）您认为高档的 PDA 的以下特征应当是：

特征	非常不重要	不重要	无所谓	重要	非常重要
1）GPS、摄像头等多功能	1	2	3	4	5
2）高分辨率大屏幕	1	2	3	4	5
3）必须使用了当前的先进技术（如指纹识别）	1	2	3	4	5
4）高速处理器	1	2	3	4	5
5）兼容多种存储卡	1	2	3	4	5
6）接口丰富	1	2	3	4	5
7）电池容量大，续航持久	1	2	3	4	5
8）图标容易识别	1	2	3	4	5
9）软件升级方便	1	2	3	4	5
10）多种配件可选择性	1	2	3	4	5
11）较大的内存	1	2	3	4	5
12）知名厂商生产	1	2	3	4	5
13）体积小	1	2	3	4	5
14）存储传输方便	1	2	3	4	5
15）完善的售后服务	1	2	3	4	5
16）最新的系统版本	1	2	3	4	5
17）资料保护措施好，不容易损失数据	1	2	3	4	5
18）数据安全性好，不容易被窃取	1	2	3	4	5
19）重量轻	1	2	3	4	5
20）整体外观	1	2	3	4	5
21）持握手感好	1	2	3	4	5
22）厚度薄	1	2	3	4	5
23）手写识别率高	1	2	3	4	5
24）触摸屏定位精确	1	2	3	4	5

25）按键手感	1	2	3	4	5
26）环境光线适应性强	1	2	3	4	5
27）存储容量大	1	2	3	4	5
28）操作舒适	1	2	3	4	5
29）支持多种无线上网方式	1	2	3	4	5
30）具有手机功能	1	2	3	4	5
31）音质	1	2	3	4	5
32）手写笔	1	2	3	4	5
33）机身造型	1	2	3	4	5
34）机身颜色	1	2	3	4	5
35）机身材质	1	2	3	4	5
36）表面处理	1	2	3	4	5

（2）从哪些方面可以体现高档？

1）哪种（些）造型可以体现高档？

A. 有几何感（比如方方正正、棱角、斜面）　　B. 曲线柔和（如圆角造型等）

C. 机械感　　D. 符合手形的曲线

E. 外形富有变化可以随意组合，有不同的样式可以变化

2）哪种（些）颜色可以体现高档？

A. 浅色　　B. 中性　　C. 深色

D. 醒目的色彩　　E. 稳重的色彩

F. 其他请填写你认为高档的颜色_____

3）哪种（些）材料可以体现高档？

A. 金属　　B. 塑料　　C. 其他_____（请填写）

4）金属表面哪些处理方式可以体现高档？

A. 拉丝金属　　B. 抛光金属　　C. 亚光金属

D. 钢琴烤漆　　E. 其他_____（请填写或描述感觉）

5）塑料表面哪些处理方式可以体现高档？

A. 亚光　　B. 钢琴烤漆　　C. 透明半透明

D. 其他_____（请填写或描述感觉）

6）是否支持换壳？

A. 是　　B. 否

7）高档键盘材料：

A. 金属的　　B. 硬塑料　　C. 透明硬塑料的

D. 软橡胶的　　E. 其他材料_____（请填写或描述感觉）

8）高档键盘形状：

A. 圆形按键　　B. 椭圆形按键　　C. 圆角方形按键

9）高档键盘凸凹：

A. 平面　　B. 中间凸起　　C. 梯形面按键

10）高档键盘大小：

A. 小　　B. 中　　C. 大

最后请填写您的个人资料

性别：男/女　　　　　职业：_____

年龄段：□ 20 岁以下　　□ 20～30 岁　　□ 30～40 岁　　□ 40～50 岁　　□ 50 岁以上

受教育程度：□ 初中或以下　　□ 高中/中专/技校/职高　　□大专或本科　　□ 硕士及以上

年收入：□ 2 万以下　　□ 3～5 万　　□ 5～10 万　　□ 10～20 万　　□ 20 万以上

3. 第三次调查问卷

尊敬的先生/女士：您好！我是西安交通大学的在校生，由于课程需要，正在进行一项关于高档 PDA 的调查，本调查属于课程作业的一部分，无任何经济利益。衷心希望能得到您的配合！

- 下面是一些高档 PDA 可能具有的大类因素，请按"1 分表示完全不重要，5 分表示非常重要"进行评分。

因素	完全不重要	不重要	无所谓	重要	非常重要
性能	1	2	3	4	5
功能	1	2	3	4	5
外观	1	2	3	4	5
按键	1	2	3	4	5
外部设备	1	2	3	4	5
使用	1	2	3	4	5
质量	1	2	3	4	5
品牌	1	2	3	4	5

- 下面是对高档 PDA 上述因素的具体描述，请按"1 分表示完全不重要，5 分表示非常重要"进行评分。

（1）您认为高档的 PDA 的以下特征应当是：

特征	非常不重要	不重要	无所谓	重要	非常重要
1）屏幕分辨率	1	2	3	4	5
2）屏幕面积大小	1	2	3	4	5
3）屏幕色彩还原能力	1	2	3	4	5
4）音质	1	2	3	4	5
5）电池容量大，续航持久	1	2	3	4	5
6）高性能处理器	1	2	3	4	5
7）低功耗处理器	1	2	3	4	5
8）较大的内存	1	2	3	4	5
9）大容量内部存储器	1	2	3	4	5
10）兼容多种存储卡	1	2	3	4	5
11）使用了当前的最新技术（比如指纹识别）	1	2	3	4	5
12）具有 GPS 功能	1	2	3	4	5
13）具有摄像头功能	1	2	3	4	5
14）具有手机功能	1	2	3	4	5
15）具有 MP3 功能	1	2	3	4	5

16）具有 MP4 功能	1	2	3	4	5
17）具有录音功能	1	2	3	4	5
18）无线上网	1	2	3	4	5
19）红外接口	1	2	3	4	5
20）蓝牙接口	1	2	3	4	5
21）机身造型	1	2	3	4	5
22）机身颜色	1	2	3	4	5
23）机身材质	1	2	3	4	5
24）机身的表面处理	1	2	3	4	5
25）机身的厚度薄	1	2	3	4	5
26）机身的体积小	1	2	3	4	5
27）机身的重量轻	1	2	3	4	5
28）按键材质	1	2	3	4	5
29）按键形状	1	2	3	4	5
30）按键大小	1	2	3	4	5
31）按键位置	1	2	3	4	5
32）按键突出的幅度	1	2	3	4	5
33）扩展接口丰富	1	2	3	4	5
34）使用标准接口	1	2	3	4	5
35）可选配件丰富	1	2	3	4	5
36）可以外接键盘	1	2	3	4	5
37）资料保护措施好，不容易损失数据	1	2	3	4	5
38）数据安全性好，不容易被窃取	1	2	3	4	5
39）图标容易识别	1	2	3	4	5
40）图标容易理解	1	2	3	4	5
41）图标容易记忆	1	2	3	4	5
42）存储传输速度快	1	2	3	4	5
43）与电脑连线的连接方式方便	1	2	3	4	5
44）最新的系统版本	1	2	3	4	5
45）软件升级方便	1	2	3	4	5
46）持握手感好	1	2	3	4	5
47）长时间使用无疲劳感	1	2	3	4	5
48）手写识别率高	1	2	3	4	5
49）触摸屏定位精确	1	2	3	4	5
50）环境光线适应性强	1	2	3	4	5
51）手写笔尺寸使用舒适	1	2	3	4	5
52）防水性能	1	2	3	4	5
53）抗震性能	1	2	3	4	5
54）系统稳定性	1	2	3	4	5
55）完善的售后服务	1	2	3	4	5

56）品牌信誉	1	2	3	4	5
57）品牌认可程度	1	2	3	4	5

（2）从哪些方面体现高档？

1）什么造型可以体现高档？（可多选）

A. 有几何感（比如方方正正、棱角、斜面）　　　B. 曲线柔和（如圆角造型等）

C. 机械感　　　　　　　　　　　　　　　　　　D. 符合手形的曲线

E. 外形富有变化可以随意组合，有不同的样式可以变化

2）什么颜色可以体现高档？（可多选）

A. 浅色　　　B. 中性　　　C. 深色　　　D. 醒目的色彩　　　E. 稳重的色彩

F. 其他请填写你认为高档的颜色_____

3）什么材料可以体现高档？（可多选）

A. 金属　　　　　　B. 塑料　　　　　　C. 其他_____（请填写）

4）金属哪些表面处理方式可以体现高档？（可多选）

A. 拉丝金属　　　　　B. 抛光金属　　　　　C. 亚光金属

D. 钢琴烤漆　　　　　E. 其他_____（请填写或描述感觉）

5）塑料哪些表面处理方式可以体现高档？（可多选）

A. 亚光　　　　　　B. 钢琴烤漆　　　　　C. 透明半透明

D. 其他_____（请填写或描述感觉）

6）是否支持换壳？

A. 是　　　　　　　B. 否

高档 PDA 的键盘应当

7）材料：

A. 金属的　　　　　　B. 硬塑料　　　　　C. 透明硬塑料的

D. 软橡胶的　　　　　E. 其他材料_____（请填写或描述感觉）

8）形状：

A. 圆形按键　　　　　B. 椭圆形按键　　　　C. 圆角方形按键

9）凸凹：

A. 平面　　　　　　B. 中间凸起　　　　　C. 梯形面按键

10）大小：（与使用人的食指指腹相比）

A. 小　　　　　　　B. 中　　　　　　　C. 大

最后请填写您的个人资料

性别：男/女　　　　　　职业：_____

年龄段：□ 20 岁以下　□ 20～30 岁　□ 30～40 岁　□ 40～50 岁　□ 50 岁以上

受教育程度：□ 高中或以下　　□ 大专或本科　　□ 硕士及以上

年收入：□ 2 万以下　□ 3～5 万　□ 5～10 万　□ 10～20 万　□ 20 万以上

4. 资料整理

首先关注调查 PDA 当前的发展，现在的 PDA 产品已经脱离了最初个人数字助理的概念，成为了结合摄像头、GPS、多媒体、游戏、上网、蜂窝电话和商务办公于一体的数字终端。

现在 PDA 的主流操作系统包括 Windows Mobile OS 和 Palm OS。Windows mobile OS 相比于 Palm OS 的优势在于它的多媒体性能更加强大。而 Palm OS 的优势在于系统本身的容量小，

需要较低的运行环境即可达到较高的运行处理速度。

输入方式除了普遍采用的手写和屏幕间盘之外，还有供偏爱键盘人士使用的第三方键盘设备。

根据用户的使用需求，或是简单的工作计划、简单的游戏，或是无线上网、高分辨率，或是工作和简单的娱乐还是复杂游戏和视频播放，消费者会根据这些需求去考虑他们对于 PDA 的选择。

做这些选择的时候他们会考虑的因素包括：外部存储器的类型、容量，操作系统，显示屏的颜色是单色还是彩色，内存的大小，屏幕的分辨率。

选择完功能方面的需求之后，用户会根据他的身份和风格去选择 PDA 的外观，醒目还是稳重，这取决于使用人的选择。但是这些其实并不是用户使用 PDA 的目的，因此他们首先是在满足他们功能需要的基础上去选择 PDA 的外观。

第七节 高档数码照相机设计调查

一、调查结果描述

1. 调查概况

本次调查为高档数码相机的调查，目的是为了了解数码相机用户对高档数码相机的理解和期待，明确高档数码相机应该具备什么因素，以及各个因素的重要程度。调查时间为 2006 年 5 月 2 日至 5 月 5 日，调查主要以户外手持数码相机的人为对象，调查共发放问卷 56 份，收到有效问卷 50 份。

2. 调查对象描述

（1）性别比例

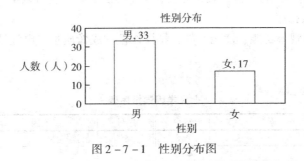

图 2 - 7 - 1 性别分布图

（2）年龄分布

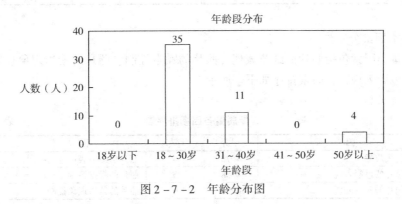

图 2 - 7 - 2 年龄分布图

（3）受教育程度

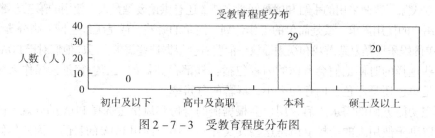

图 2 - 7 - 3　受教育程度分布图

（4）年收入情况

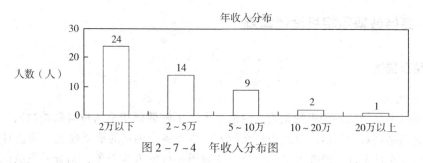

图 2 - 7 - 4　年收入分布图

3. 因素排序

根据调查对象在量表内为每个因素的打分计算其平均值，打分时按照 1 分表示非常不重要，5 分表示非常重要的标准进行评分，表 5 至表 10 均按照此方法，得分表示该因素的平均分。

（1）七大类因素排序

七大类因素为外观、功能、性能参数、易操作性、成像质量、电池性能、品牌，排序结果如下表所示。

七大类因素排序表

表 2 - 7 - 1

序号	因　素	得分	序号	因　素	得分
1	成像质量	4.8	5	易操作性	4.32
2	功能	4.58	6	外观	3.84
3	电池性能	4.48	7	品牌	3.64
4	性能参数	4.38			

（2）各类因素分别排序

成像质量类因素包括照片的细节表现、照片的噪点控制、照片的紫边现象控制、镜头质量、照片的色彩表现，各因素排序如下表所示。

成像质量各因素排序表

表 2 - 7 - 2

序号	因　素	得分	序号	因　素	得分
1	镜头质量	4.78	4	照片的细节表现	4.42
2	照片的色彩表现	4.58	5	照片的噪点控制	4.08
3	照片的夜景表现	4.54	6	照片的紫边现象控制	3.98

功能类因素包括分辨率较大的大显示屏、显示屏的环境适应性、多媒体、连拍、自拍、微距拍摄、三防、防抖、支持多种语言、无线上网、直接打印、电池两用等 12 个因素，各因素排序如下表所示。

功能各因素排序表　　　　　　　　　　　　　　　表 2-7-3

序号	因素	得分	序号	因素	得分
1	防抖	4.46	7	电池两用	3.44
2	三防	4.4	8	多媒体	3.44
3	显示屏的环境适应性	4.2	9	连拍	3.34
4	分辨率较高的大显示屏	4.1	10	支持多种语言	2.9
5	微距拍摄	3.94	11	直接打印	2.74
6	自拍	3.62	12	无线上网	2.38

电池性能包括两方面，一个是电池充好电后单次的使用能力，一个是电池的使用寿命，这两个因素排序如下表所示。

电池性能各因素排序表　　　　　　　　　　　　表 2-7-4

序号	因素	得分
1	一次不间断使用能拍摄照片的张数	4.35
2	电池的使用寿命	4.22

性能参数类因素包括支持手动、具有较高的有效像素、具有多种测光模式、具有较大的光学变焦、具有较大的数码变焦、具有多种场景拍摄模式、具有多种闪光灯模式、具有多种曝光模式、具有多种白平衡模式、开机速度、变焦速度、对焦速度、存储速度、传输速度等 14 个因素，各因素排序如下表所示。

性能参数各因素排序表　　　　　　　　　　　　表 2-7-5

序号	因素	得分	序号	因素	得分
1	具有较高的有效像素	4.54	9	开机速度	3.96
2	拍摄动态画面效果	4.42	10	变焦速度	3.94
3	拍摄静态画面效果	4.26	11	具有多种曝光模式	3.9
4	具有较大的光学变焦	4.22	12	具有多种闪光灯模式	3.9
5	具有多种场景拍摄模式	4.04	13	具有多种白平衡模式	3.88
6	存储速度	4.02	14	支持手动	3.82
7	对焦速度	4.02	15	传输速度	3.76
8	具有多种测光模式	3.98	16	具有较大的数码变焦	3.7

易操作性类因素包括握持方式、握持感、图标含义、菜单设置、按键大小、按键材质、按键形状、按键使用方式、按键位置、可触摸操作屏幕等 10 个因素，各因素排序如下表所示。

易操作性各因素排序表　　　　　　　　　　　　表 2-7-6

序号	因素	得分	序号	因素	得分
1	菜单设置	3.74	6	握持方式	3.58
2	握持感	3.68	7	按键使用方式	3.52
3	按键位置	3.66	8	按键材质	3.40
4	图标含义	3.62	9	按键形状	3.30
5	按键大小	3.60	10	可触摸操作屏幕	2.78

外观类因素包括机身造型、机身材质、机身重量、机身大小、机壳颜色、机身表面处理、做工等7各因素，各因素排序如下表所示。

外观各因素排序表　　　　　　　　表 2 - 7 - 7

序号	因　　素	得分	序号	因　　素	得分
1	做工	4.24	5	机身重量	3.66
2	机身造型	3.84	6	机身表面处理	3.44
3	机身材质	3.80	7	机壳颜色	3.43
4	机身大小	3.66			

（3）因素选项结论

此部分涉及某些因素的具体选择，包括外观、相机表面材质、机身颜色、相机表面处理选择、组合按键形式选择和存储介质形式选择，这部分因素并未做因素间排序，只作了因素内部排序。由于该部分为多项选择题，所以以选项频数作为统计量，以下为该部分调查结果。

选择题部分结论　　　　　　　　表 2 - 7 - 8

因素	序号	各因素内选项	频数（次）	百分比（%）
1. 外观	1	流线型	23	46
	2	小巧	21	42
	3	边角圆润	18	36
	4	厚重	10	20
	5	卡片型	7	14
	6	直棱直角	5	10
2. 材质	1	黑色镁合金	31	62
	2	玻璃纤维钢	14	28
	3	不锈钢材料	7	14
	4	铝合金	6	12
	5	工程塑料	5	10
	6	皮革	5	10
3. 颜色	1	黑色	22	50
	2	银色	10	23
	3	银白色	6	14
	4	灰色	2	5
	5	无所谓	2	5
	6	金属色	1	2
	7	深蓝	1	2
	8	银灰	1	2
	9	柔和的颜色	1	2
	10	白色	1	2
4. 表面处理	1	细微颗粒感	26	52
	2	亚光金属	19	38
	3	抛光金属	15	30
	4	黑色亚光塑料表面压花	15	30
	5	烤瓷工艺	15	30
	6	金属镜面	14	28
	7	橡胶防滑块	4	8
	8	拉丝面板	3	6
	9	金属网纹	2	4

续表

因素	序号	各因素内选项	频数（次）	百分比（%）
5. 组合按键形式	1	圆盘排列	17	34
	2	十字排列	13	26
	3	五向摇杆	11	22
	4	转盘	11	22
	5	拨盘	4	8
6. 存储形式	1	兼容多种存储卡	30	60
	2	微硬盘	13	26
	3	双存储槽	10	20
	4	光盘	5	10
	5	内置存储	2	4

注：上表中图片为作者拍摄。

1) 外观选择

表2-7-8中数据说明对于数码相机的外观来说，流线型、小巧的、边角圆润的外观最能体现高档。当然数码相机越小越便于携带，越能凸显数码相机有别于胶片相机的轻便，但是专业的数码相机和单反相机却由于镜头和内部机构的限制不能做到时尚型卡片机的小巧，但对于面向更大消费群的消费型数码相机来说，它与单反相机或专业相机还是有一定区别的。

2) 材质选择

表2-7-8中数据说明对于数码相机的机身材质，传统的专业机惯用的黑色镁合金最能体现高档。另外金属材质比其他材质更能体现高档。其实工程塑料和黑色镁合金外壳在视觉上给人的印象是一样的，但是握在手里的感觉是不同的。就像NikonD50和SONY F828，表面上看两个机子都是黑色表面带纹理和颗粒的，但是拿在手上就能感觉到两者的不同，前者就缺乏金属质感和体量感。

3) 颜色

表2-7-8中数据说明对于数码相机的机身颜色、还是比较常见的黑色、银色等体现高档，其中黑色比银色更能体现高档。就拿SONY F717和SONY F828作比较，后者的黑色就要比前者显得高档许多。在调查过程中，很多手持带有"大炮"镜头相机的被调查者均比较倾向黑色，而学生级的被调查者就比较倾向流行的银色。

4）表面选择

表 2-7-8 中数据说明对于数码相机的机身表面处理，有细微颗粒感、具有防滑、帮助手持的表面处理方式最能体现高档，其实亚光塑料表面压花也起到这种作用，效果也差不多，可能是因为采用塑料材质使被调查者有些迷惑，其实像 NikonD50 这样的单反相机，虽然表面采用的就是黑色亚光塑料表面压花，但看上去还是比较高档的，只是拿在手里有些缺乏质感，能感觉到塑料的轻飘。

5）按键形式选择

表 2-7-8 中数据并没有显示出多大的倾向性，由于各人使用相机经验有限，对组合按键的使用经验也有限，很多调查对象都只对自己正在使用的组合按键比较熟悉，选择时也限于自己使用过的，因此这道题的效度不高。调查时应该将简图附在选项中，以提高此题的效度。

6）存储形式选择

表 2-7-8 中数据说明现有的内置存储并不被调查对象认为是比较高档的体现，选择最多的是兼容多种存储卡的方式，这个不用支付多余的花费，而且的确是现有存储形式中比较方便的一种，而双存储、光盘、微硬盘等方式在现有数码相机中出现的频率不高，但一些学生及拍照量比较大的被调查者认为光盘或微硬盘更能体现高档，且不会出现没有空间的问题。

二、调查过程

1. 调查前期准备

通过与专卖店销售人员的交谈以及对爱好摄影的发烧友的访谈来明确自己的调查范围。数码相机可以被分为消费型数码相机和数码单镜头反光相机，消费型数码相机一般面向家庭消费者或一些摄影爱好者，它又可以分为家用型和高端消费型（但现在一些低端的单反相机也进入了消费型数码相机的市场），另一方面根据外观消费型数码相机又可分为时尚机型、卡片机型以及实用型相机。本次调查主要涉及的是消费型数码相机，调查主要针对与设计相关的因素，由于专业数码相机更大程度上注重的是质量和镜头，且配件较多，受众面较窄，所以本次没有对其进行调查。

在访谈中发现用户比较关注的几类因素为功能、性能、品牌、技术、品质、售后服务、价格、配件供应、是否为单反、机子外观等，其中一位正打算购买数码相机的准用户说高档有点高级加时尚的感觉，除了性能、技术等硬件参数外，外观也是很重要的，但是最重要的是相片的质量。

得到这些信息后笔者通过一些摄影和数码产品的网站论坛进行更进一步的了解，最初主要针对数码相机的一些专业术语，之后对各大品牌的各个系列相机进行了解，如尼康的 coolpix 系列、D 系列，佳能的 power shot 系列、IXUS 系列、EOS 系列，奥林巴斯的 E 系列（旗舰系列）、SP 系列（功能系列）、μ 系列（时尚系列）、IR 系列（快乐系列）、FE 系列（入门系列），柯达的对准即拍系列、高倍变焦系列、袖珍系列、高性能系列等。每个品牌每个系列的定位和特点都不一样，笔者的目的就是明确每个系列的产品特点。而且由于数码产品发展速度较快，笔者主要了解的是 2005 年至今的产品，也涉及一些上市很久但一直受用户推崇的产品。

以下为调查期间被调查者指出的某些品牌的高档数码相机：佳能 EOS350D，尼康 D50，索尼 F828，柯达 DX7590，奥林巴斯 μ-mini DIGITAL，索尼 T30。

2. 因素查找过程

从外观、功能、技术、材料、材质、颜色、制造工艺等方面查找因素，采用在各个网页里频繁使用的词汇摘抄和参考国际标准来查找，对于高档产品，因素的全面与否非常重要，漏掉一个因素的产品都不再是高档产品了，所以在这一阶段的目标就是尽量把因素找全，做到不遗不漏。

查找收集到的因素

表 2 - 7 - 9

因　素	内　容
1. 分类	家用、高端消费、数码单反 时尚机型、卡片机型以及针对入门级用户所设计的实用型相机
2. 功能	具有短片拍摄能力，全面多媒体功能，MP3，MP4，同步录音，连拍模式，微距拍摄，自拍功能，内置存储空间，防水、防尘、防摔的三防相机，防抖功能，触摸式按键控制，照片初期处理功能，内置图像建议功能，是否有光学/电子取景器，直接打印，大头贴像框，支持多种语言，具有相当的外接扩展性，无线上网功能
3. 外观	轻体积、薄机身、大屏幕
4. 液晶屏幕尺寸	1.8，2.0，2.5，3.0 英寸
5. 机身	黑色镁合金机身，塑料机身，全金属外壳，铝合金镜面，不锈钢材料，铝合金外壳，轻便的工程塑料
6. 机身重量	SONY T7，重量为 115g
7. 尺寸	92mm×60mm×15mm，最薄处厚度仅为 9.8mm（目前最薄的一款相机）
8. 按键	按键包括模式旋钮、快门、方向键、Menu、LCD 与电子取景器转换钮、power 键、变焦键、delete 键、回放、闪光灯、定时、缩放、以及带手动功能的拨轮、曝光、自拍等按键大小以及突出的幅度
9. 按键位置	位于屏幕的哪侧，操作按钮围绕 LCD 排列
10. Power 键开启方式	向下推的滑盖方式，控制拨杆，内陷式，十字操作键，圆盘设计，五向遥控杆，按键的手感非常柔和，菱形的快门
11. 颜色	魅惑红、魔幻黑、星灿银、珍珠银、蓝色，惠普 R607 正面使用银白色背面使用黑色塑料，黑色，贵妃红、爵士黑、沙滩金、丁香紫
12. 表面	细微颗粒感，金属网纹，拉丝面板，防滑颗粒，烤瓷工艺（钢琴漆），黑色胶质防滑块，质感和光泽，光滑外漆，带纹理的外漆
13. 整体	旋转式镜头相机，旋转式 LCD 屏，流线型的外观设计给人强悍、专业、稳重的感觉，连续曲线设计，机身小巧，握持舒适，具有强烈的金属质感，外观优雅时尚
14. 操作	手感、握持感、手柄、握把的设计，单指操作
15. 技术	相机的镜头能否更换，不能进行手动调节，电池两用选择，双ом存插槽设计，功能部件（镜头部件，取景器部件，闪光灯部件，电源部件，显示部件，存储部件），结构部件
16. 性能参数	具有较高的有效像素，具有多种测光模式，具有较大的光学变焦，具有较大的数码变焦，具有多种场景拍摄模式，具有多种闪光灯模式，具有多种曝光模式，具有多种白平衡模式，开机速度、变焦速度、对焦速度、存储速度、传输速度、快门速度、感光速度
17. 技术	单镜头反光，CCD 或 CMOS，感光元件尺寸，支持手动
18. 成像质量	成像质量最重要的决定因素是镜头，成像质量指照片的清晰度、逼真度和是否能表达出摄影者所要表达的东西，包括夜景、色彩、细节、噪点、紫边、油画效果
19. 品牌	质量，服务，价格

3. 因素选择和确定

如此多的因素和描述性的词汇并不是所有人都能理解的，因此笔者要对上述词汇进行处理和分类。根据论坛上用户及发烧友经常使用的评分方式将以上因素划分为外观、功能、性能参数、易操作性、成像质量、电池性能和品牌等七大因素，各因素说明如下表：

因素说明 表 2－7－10

因素排序		各因素间细分内容排序		
序号	因素名称	序号	内容名称	内容解释
1	成像质量	1	镜头质量	
		2	色彩表现	是否会出现偏色或色差
		3	夜景表现	很多相机在解决夜景拍摄这个问题上都不能得到很好的效果，这个是衡量成像质量的一个方面
		4	细节表现	在较大变焦处仍能保持良好的成像质量
		5	噪点控制	噪点是指 CCD（CMOS）将光线作为接收信号接收并输出的过程中所产生的图像中的粗糙部分，也指图像中不该出现的外来像素，通常由电子干扰产生
		6	紫边控制	紫边是指数码相机在拍摄过程中由于被摄物体亮度反差较大，在高光与低光部位交界处出现的色斑现象
2	功能	1	防抖	指光学防抖
		2	三防	防尘，防水，防震
		3	显示屏环境适应性	指在强日光或夜晚的特殊环境
		4	分辨率较高的大显示屏	
		5	微距拍摄	
		6	自拍	
		7	电池两用	既可用 AA 电池也可用可充电锂电池
		8	多媒体	
		9	连拍	
		10	支持多种语言	
		11	直接打印	
		12	无线上网	
3	电池性能	1	一次不间断使用能拍摄照片的张数	电池单次供电能力
		2	电池的使用寿命	电池可充电次数
4	性能参数	1	较高的有效像素	
		2	拍摄动态画面效果（水滴、运动场面等）	快门优先的选择
		3	拍摄静态画面效果	光圈优先的选择
		4	较大光学变焦	
		5	多种场景拍摄模式	
		6	存储速度	
		7	对焦速度	
		8	多种测光模式	
		9	开机速度	
		10	变焦速度	
		11	多种曝光模式	
		12	多种闪光灯模式	
		13	多种白平衡模式	
		14	支持手动	
		15	传输速度	指从存储介质到图像处理终端的速度
		16	较大数码变焦	
5	易操作性	1	菜单设置	
		2	握持感	
		3	按键位置	
		4	图标含义	
		5	按键大小	
		6	握持方式	
		7	按键使用方式	
		8	按键材质	
		9	按键形状	
		10	可触摸操作屏幕	

续表

因素排序		各因素间细分内容排序		
序号	因素名称	序号	内容名称	内容解释
6	外观	1	做工	
		2	机身造型	
		3	机身材质	
		4	机身大小	
		5	机身重量	
		6	机身表面处理	
		7	机壳颜色	
7	品牌	1		代表品质、信誉、服务，每个品牌都有各自的特点，根据记录下的被测者的使用品牌可以推测他对相机的喜好，也可以检验他对一些因素的重视程度

三、调查总结

1. 调查方法

问卷调查前期做了访谈，访谈对象为尼康专卖店的销售人员、索尼专卖的销售人员和一位专家用户，该用户有近5年的数码相机使用经验，近期正打算买一台数码单反相机，对现有数码相机市场比较了解。访谈主要目的就是了解目前数码相机的行业现状。针对销售人员主要想了解市场上哪些相机卖得比较好，哪些属于高档相机，这些相机都是什么人买，买相机的人一般最看重什么方面；针对专家用户主要想了解从用户的角度如何对高档相机定位，高档相机应该具备什么因素，这些因素孰轻孰重。从访谈中得到了一些信息后设计问卷进行问卷调查。

此次调查采用问卷发放式，每份问卷均为面访调查，即与被调查者面对面进行。遇到对方没有填或漏填的题项均当即指出，如果对方没有填答某题，及时问其原因，但对于职业和年收入就不作特别要求，对方不愿透露也不能勉强。

每份问卷平均需要15～20分钟的时间进行填答，一般都找对方坐着休息时或拍摄间隙对其进行调查，如果遇到家庭对象，则调查男性（一般男性较为主动，且女性大多会将问卷推给男性填答）。

调查对象均为数码相机使用者（有些学生调查对象不是数码相机的拥有者），这样能保证他们对数码相机有一定的了解，保证有效问卷的数量。

2. 问卷调查的效度分析

（1）结构效度

检验该问卷涉及到的因素是否全面，通过什么方法来获得这些因素，这些方法是否有效。

本次问卷分为两个层次，第一层为大类因素，第二层为各大类因素下包含的内容，用于描述和反映第一大类因素。在第一次调查中共有23个因素，但并没有按层次和类型来做，试调查时对方的思维跳转较大，思维链被打破，不容易让被测者心中形成一个因素重要程度的排序。第二次调查将因素划分为7大类因素，第二级共包含53个量表因素，5个选择题形式的因素。

7大类因素为外观、功能、性能、易操作性、成像质量、品牌、电池性能等。数码相机不像其他数码产品，它的主要功能还是沿袭了胶片相机，只是实现方式有所不同，因此在很多方面还是呈现胶片相机的特点。数码相机的分类也较模糊，最常见的分类方式为高端消费型数码相机、家用型数码相机和数码单反相机。那么高档相机的位置在哪里呢？分析了各类相机的特点之后，笔者认为高档数码相机应该包括高档的消费型数码相机、高档的家用型数码相机和高档的数码单反相机，那么问卷涉及的因素和问题该如何综合以上这三类相机呢？如果偏向数码单反，受众面太窄，很难找到被测者，且此类相机，机身只是其中很小的一部分，其他配件如镜头、三角架等涉及因素过于专业；如果偏向家用型，傻瓜机基本失掉了性能这个大因素，过于业余，为此笔者将调查的相机范围定在高档的消费型相机、高档的家用型数码相机和低端的数码单反相机，这样找的因素才会让大多数随机的被测者能够理解。

通过在前期对销售人员的访谈和对专家用户（由于数码相机是 1995 年才出现了第一台民用产品，所以考察专家用户的十年使用经验的标准有些不太合适，至少使用 5 年的用户如果能纵向地说出数码相机的发展历史，能横向地比较各品牌和各类数码相机的就可以算是专家用户了）的访谈来确定大类因素，然后通过关注蜂鸟网、色影无忌等专业摄影网站中对数码相机的测评和热点问题的讨论，以及各种关于数码相机的评论来选择各大类因素中的内容。

接着找之前访谈的专家用户对这些因素进行分析，让他就这些因素做一些补充，比如他觉得在成像质量这个大因素下应该增加夜景拍摄质量，在外观这个大因素下应该增加做工，他说他就遇到过某品牌的数码相机在电池卡口的地方处理的不好，扣合的时候容易出错，综合他的建议后找到的因素内容如表 2 - 7 - 8。

（2）内容效度

检验调查过程中各个因素的提问是否恰当，各个因素包含的内容是否真实、准确。

为了提高调查的内容效度，在访谈之前笔者提前了解了一下数码相机的行业状况。现在的数码相机均趋于平民化，为了争夺更大的市场，各种品牌都将数码单反的门槛降低，使得高端消费相机和低端数码单反相机混杂在一个价格范围内，这样也会导致一些消费者的盲目消费，而数码相机的分类也更趋于混乱。当笔者让销售人员推荐一款高档相机时，他们首先会问要多少价位的，由此可见在销售人员眼中，高档是和价格紧密联系在一起的。

对销售人员的访谈问题主要包括：

"哪些机型卖得最好？"

"哪些相机属于高档相机，这些相机什么人买得比较多？"

"请您给我推荐一款高档相机！"

"买相机的人一般最看重什么方面，有没有人对某些功能、性能或其他方面有特别的要求？"

"如果某款相机有多种颜色，购买相机的人大多会选择哪种颜色？"

"有没有人在购买的时候很在意外观，比较在意哪些部分、颜色、手感、材质……"

对专家用户的访谈问题主要包括：

"你觉得哪些数码相机属于高档相机？"

"高档相机的定义，不光是指性能方面，也不是指牌子，你觉得哪些因素构成一个高档相机？"

"你最看重的是相机的什么方面，请你对这些的重要程度进行排序。"

"对于这些因素，你觉得有没有漏掉或者多余的？"

"你觉得以下这些内容能准确全面地描述数码相机的 XX 因素吗？"

通过设计一些相关的题目来检验，如在数码相机的各种性能中，在现阶段数码变焦其实是一个比较鸡肋的性能，它只能实现像素的放大缩小，而放大后的效果就和我们放大点阵图一样，照片会随着放大倍数的提高而失真和不清晰。但把它放在问卷中的目的就是想判断被测者的效度，如果他认为数码变焦非常重要的话就说明他对数码相机并不了解，其他问题的可靠性也就值得怀疑。

为了检验因素的内容效度，笔者还通过试用数码相机来体验使用过程，使用过程可以发现很多易操作性因素的内容，第一次问卷中关于易操作性笔者只通过"图标是否容易识别"这一个描述来调查，这当然就缺乏效度，第二次增加了握持感、按键材质、按键大小、按键使用方式、按键位置等几个描述，但还是不能准确地描述操作性，在老师的点拨下试用相机后增加了握持方式、菜单设置等2个描述，后来又在预调查中发现触摸屏的使用更应该归于操作性而不是功能，为此又对问题的位置进行了改变。通过这个过程才把操作性这个因素描述准确。

根据访谈来设计问卷，并在设计问卷的过程中找专家用户沟通，对不合适的内容进行修改和删减。

调查采用的面访式问卷发放在没有二次调查的情况下能够最大程度地保证它的信度，在允许的情况下笔者会记下被调查对象正在使用的数码相机型号来检验他的回答。

（3）交流效度

检验调查过程中调查者与被测者之间沟通和理解的效度。

通过对普通用户及新手用户的试调查来提高交流效度，将问卷中的各个因素对摄影发烧友及普通的数码相机消费者或者仅仅是使用过数码相机的人群进行过试调查，将第一次问卷中比较专业的单反相机、感光材料CCD、CMOS等技术因素的描述题目剔除，CCD的优点是成像质量好，CMOS的缺点是噪点大，优点是耗电量小，因此可将其替换为镜头质量、成像质量等，以此来提高被调查者的理解程度。

问卷中涉及到的性能参数部分的因素是综合了各个网站、论坛及访谈对象均比较关注的因素，而略去了感光速度、快门速度、感光元件尺寸等较为专业的词汇，这些对于数码相机很重要，但在试调查中的提及率和理解率不高，因此略去。然而通过问题的转化也可以对这些描述进行提问，比如将快门速度转化为拍摄动态画面和静止画面的效果，以此来将有用信息进行转化排序。

所有被调查者在回答问卷时对量表内的因素均无异议，但笔者也会在他们填答的过程中通过观察他们的填答动作来判断，遇到某些让被测者盯着较长时间的题目，笔者会主动询问"您对这个题目有什么疑惑吗"，然后对该题进行解释。有少数人对选择题部分的选项感到陌生，如第2题和第4题，选项中的专业词汇过多，使得被调查者无法区分，且缺乏感性认识。第5题的纯词汇描述以及第3题题目设置位置不当，使得有些人错过了此题，而我也由于缺乏观察而忽略了一些，使得第3题有6人漏答。这些都对调查的效度产生了影响，应该在问卷设计上再进行斟酌，可将询问颜色的题目放在比较醒目的位置，而不是和选择题混在一起，将某些题项的选项以图片形式提供。

（4）分析效度

检验结果是否能真实全面地反应调查的情况。

调查问卷第一部分设计的5分量表为的就是对因素及内容进行排序，排序采用的是计算每一个因素或内容的平均得分的方法；第二部分是对某些因素的不同方式进行选择，采用多选题的方式，根据每个选项的频数来排序，两种排序方法不同，也就无法放在一起进行比较，只能在该因素内部进行比较。前一种排序方法的量表近似于定距变量，因此可进行重要程度的比较，而第二种排序方法仅仅是人数上的比较，不能体现每个选项的重要程度，只能反应各个选项的喜好比例，而这个喜好比例也许是由于被测者的认知和使用局限引起的，也许是因为问卷涉及的选项不全引起的，在排序的效度上不及量表型。

调查时记下的相机型号也能用来检验问卷的分析效度，如颜色这道题，调查结果显示黑色是最被认为代表高档数码相机的颜色，在28个调查中登记的相机型号及调查中见到的相机中有 16 个相机都是黑色的，虽然这些相机并不都属于高档相机，但可以通过这个检验调查结果的分析效度。

附录：

第一次调查问卷

下面是一些高档数码相机可能具有的因素，请按"1 分表示非常不重要，5 分表示非常重要"进行评分。

因　素	非常不重要	不重要	无所谓	重要	非常重要
1. 拍摄短片、影音播放、摄像头等多功能	1	2	3	4	5
2. 较大的、分辨率较高的显示屏	1	2	3	4	5
3. 多种测光模式	1	2	3	4	5
4. 较高的有效像素	1	2	3	4	5
5. 单反相机	1	2	3	4	5
6. 可更换镜头	1	2	3	4	5
7. 具有较大的光学变焦	1	2	3	4	5
8. 具有较大的数码变焦	1	2	3	4	5
9. 具有多种场景拍摄模式	1	2	3	4	5
10. 具有多种闪光灯模式	1	2	3	4	5
11. 噪点、白平衡、紫边等方面有较好的效果	1	2	3	4	5
12. 著名的相机生产品牌	1	2	3	4	5
13. 较强的防抖功能	1	2	3	4	5
14. 存储与传输的方便	1	2	3	4	5
15. 完善的售后服务	1	2	3	4	5
16. 配件可选择性较大	1	2	3	4	5
17. 操作图标容易识别	1	2	3	4	5
18. 成像质量较好	1	2	3	4	5
19. 电池性能持久	1	2	3	4	5

20. 对于数码相机的外观，您觉得下列哪个可以体现高档

A. 小巧的　　　　　B. 厚重的　　　　　C. 直棱直角的　　　　D. 圆角较多的

21. 对于数码相机的材质，您觉得下列哪个可以体现高档

A. 金属　　　　　B. 透明塑料　　　　　C. 不透明塑料　　　　D. 其他＿＿＿＿＿

22. 对于数码相机外观的颜色，您觉得下列哪些可以体现高档

A. 金属色＿＿＿＿＿（请填写颜色名称，如红色、黄色等）　　　B. 黑色

C. 珍珠白　　　　　D. 其他＿＿＿＿＿

23. 对于数码相机外观的表面，您觉得下列哪些可以体现高档

A. 拉丝金属　　　　B. 亚光金属　　　　C. 烤漆　　　　　D. 抛光金属

E. 其他＿＿＿＿＿

24. 对于数码相机的感光材料，您认为下面两个哪个可以体现高档

A. CCD（电荷耦合）　　　　　　　B. CMOS（互补金属氧化物导体）

第二次调查问卷（修改后）

您好！我是西安交通大学的在校生，由于课程需要，正在进行一项关于高档数码相机的调查，本调查属于课程作业的一部分，无任何经济利益。衷心希望能得到您的配合！

- 下面是一些高档数码相机可能具有的几大类因素，请按"1 分表示非常不重要，5 分表示非常重要"进行评分

因素	非常不重要	不重要	无所谓	重要	非常重要
外观	1	2	3	4	5
功能	1	2	3	4	5
性能参数	1	2	3	4	5
易操作性	1	2	3	4	5
成像质量	1	2	3	4	5
电池性能	1	2	3	4	5
品牌	1	2	3	4	5

- 下面是对高档数码相机上述因素的具体描述，请按"1 分表示非常不重要，5 分表示非常重要"进行评分

因素	非常不重要	不重要	无所谓	重要	非常重要
机身造型	1	2	3	4	5
机身材质	1	2	3	4	5
机身重量	1	2	3	4	5
机身大小	1	2	3	4	5
机壳颜色	1	2	3	4	5
机身表面处理	1	2	3	4	5
做工	1	2	3	4	5
分辨率较高的大显示屏	1	2	3	4	5
显示屏的环境适应性（强光下能否看清）	1	2	3	4	5
多媒体（短片拍摄、MP3、MP4、同步录音）	1	2	3	4	5
可触摸操作屏幕	1	2	3	4	5
连拍	1	2	3	4	5
自拍	1	2	3	4	5
微距拍摄	1	2	3	4	5
三防（防水、防尘、防摔）	1	2	3	4	5
防抖	1	2	3	4	5
支持多种语言	1	2	3	4	5
无线上网	1	2	3	4	5
直接打印	1	2	3	4	5
电池两用（AA 电池和可充电电池）	1	2	3	4	5
一次不间断使用能拍摄照片的张数	1	2	3	4	5
电池的使用寿命	1	2	3	4	5
支持手动	1	2	3	4	5
具有较高的有效像素	1	2	3	4	5
具有多种测光模式	1	2	3	4	5
具有较大的光学变焦	1	2	3	4	5
具有较大的数码变焦	1	2	3	4	5

因　素	非常不重要	不重要	无所谓	重要	非常重要
具有多种场景拍摄模式	1	2	3	4	5
具有多种闪光灯模式	1	2	3	4	5
具有多种曝光模式	1	2	3	4	5
具有多种白平衡模式	1	2	3	4	5
拍摄静态画面的效果	1	2	3	4	5
拍摄动态画面的效果	1	2	3	4	5
开机速度	1	2	3	4	5
变焦速度	1	2	3	4	5
对焦速度	1	2	3	4	5
存储速度	1	2	3	4	5
传输速度	1	2	3	4	5
握持方式	1	2	3	4	5
握持感	1	2	3	4	5
图标含义	1	2	3	4	5
菜单设置	1	2	3	4	5
按键大小	1	2	3	4	5
按键材质	1	2	3	4	5
按键形状	1	2	3	4	5
按键使用方式（拨盘、内陷、拨杆、推滑）	1	2	3	4	5
按键位置	1	2	3	4	5
照片的夜景表现	1	2	3	4	5
照片的噪点控制	1	2	3	4	5
照片的紫边现象控制	1	2	3	4	5
照片的色彩表现	1	2	3	4	5
照片的细节表现	1	2	3	4	5
镜头质量	1	2	3	4	5

1. 对于数码相机的外观，您觉得下列哪个可以体现高档（可多选）

A. 流线型　　　　B. 卡片型　　　　C. 边角圆润　　　　D. 直棱直角

E. 小巧　　　　F. 厚重　　　　G. 其他＿＿＿＿＿

2. 对于数码相机的材质，您觉得下列哪种可以体现高档（可多选）

A. 黑色镁合金　　B. 工程塑料　　　C. 铝合金　　　　D. 不锈钢材料

E. 玻璃纤维钢　　F. 皮革

3. 您觉得＿＿＿＿＿颜色可以体现高档数码相机

4. 对于数码相机外观的表面，您觉得下列哪些可以体现高档（可多选）

A. 细微颗粒感　　B. 金属网纹　　　C. 拉丝面板　　　　D. 烤瓷工艺（钢琴漆）

E. 橡胶防滑块　　F. 金属镜面　　　G. 亚光金属　　　　H. 抛光金属

I. 黑色亚光塑料表面压花

5. 对于数码相机组合按键的形式，您觉得下列哪种可以体现高档

A. 十字排列　　　B. 圆盘排列　　　C. 五向摇杆　　　D. 拨盘　　　E. 转盘

6. 对于数码相机的存储形式，您觉得下列哪种可以体现高档

A. 内置存储　　　B. 双存储槽　　　C. 兼容多种存储卡　D. 光盘　　　E. 微硬盘

最后请填写您的个人资料

性别：男/女　　　　　职业：＿＿＿＿＿＿

年龄段：□18 岁以下　□18～30 岁　□31～40 岁　□41～50 岁　□50 岁以上

受教育程度：□初中或以下　□高中/中专/技校/职高　□大专或本科　□硕士及以上

年收入：□2 万以下　□2～5 万　□5～10 万　□10～20 万　□20 万以上

感谢您的合作！

第八节　高档笔记本电脑设计调查

一、调查目的

通过调查了解用户对于高档笔记本电脑的认知情况，为以后设计提出一个设计的参考。

二、调查整理

调查通过三部分，前期通过网路和访谈专家用户了解有关笔记本电脑的相关背景知识。中期设计问卷进行用户调查。后期进行问卷整理、因素排序以及信度效度分析。

（一）因素排序

按照各种因素的特点，笔者把现有的 61 项因素划分成以下 24 个一级因素类。以下是对于 24 个因素进行排序的结构表，如下表。

总体因素结构表　　　　　　　　表 2 – 8 – 1

因素间排序		因素内排序			设计对象和设计要求
序号	一级因素	序号	二级因素	因素解释	
1	售后服务	1	良好的售后服务	主要体现在易维修、费用低	主要通过结构设计来实现。包括易于维修，最好是模块化的维修，这样用户自己就可以根据需要来进行零部件的更换
2	兼容性能	1	系统各硬件之间兼容性强	在添加新的硬件时不会出现硬件之间的干扰	
3	处理器性能	1	CPU 稳定性好		
		2	CPU 的主频数高		
		3	对 CPU 风扇进行温度调节控制	依据 CPU 的温度来控制风扇转速	
4	散热性能	1	散热性能好，余留热量少	能释放各部件产生的热，不至于在机体中间累积	设计中间要注意散热口的设计位置和内部风的流动特性
		2	散热器噪声小		采用静音设计的风扇，或是不使用风扇
5	显示卡性能	1	显卡缓存容量大		
		2	采用独立显卡		
6	使用的材料	1	高性能硬质合金材料		采用镁铝合金
		2	高性能硬质塑料材料		
7	内存性能	1	大容量内存		
		2	最新一代内存		
8	硬盘的性能	1	硬盘的抗震性能强		在结构设计当中也要考虑到对硬件的减震
		2	硬盘容量大		
		3	高转速硬盘		

因素间排序		因素内排序			设计对象和设计要求
序号	一级因素	序号	二级因素	因素解释	
9	硬件安全	1	防水性能好	主要是按键、结构缝隙、鼠标的触摸板、屏幕和笔记本电脑底部的散热器以及电池的防水性	在按键和笔记本电脑底部以及触摸板和屏幕边沿采用防水设计
		2	防盗措施完备		有防盗锁设置以及对硬件的保护措施
		3	电脑组件不易被他人拆卸		
10	电池性能	1	电池待机时间长		
		2	有备用的电池		
		3	有更换电池时不用关机的内置蓄电池		
11	扩展性能	1	内置网卡或是网卡插口		
		2	配备各种接口		
		3	内置高转速光驱		
		4	采用读取和 CD 刻录的组合光驱		
		5	内置读卡器		
12	表面处理工艺	1	磨砂处理工艺		
		2	镜面处理工艺		
		3	表面拉丝处理工艺		
13	结构设计	1	易于维修	主要指在功能集成设计中考虑到容易出错的部件	一些常出错的部件单独模块,不用更换其他正常部件
		2	显示屏连接稳,易于开合		铰链处设计有好的定位性
		3	各个插头使用中接触性能好,不易断开		插头都采用紧配合设计和接口设计中考虑连接的强度
		4	有用于硬件升级的空间	给硬盘和内存提供升级的插口和空间位置	
		5	主要部件模块设计可以独立安装更换升级	不用在更换维修主要的部件如硬盘、内存、显卡时打开笔记本整体外壳,必要的组件有独立的打开机构	
		6	在操作面视觉范围内没有结合缝	结合缝都设置在笔记本电脑的背面或是底部和不容易看到的地方	
		7	主要核心部件集成可移植用于其他数字产品	将 CPU、显卡、内存和硬盘组成小型的模块,可以作为 PDA 之类的处理内核	
14	外形	1	造型精致		
		2	稳重、坚固		
		3	简单大方		
		4	独特别致		
15	硬件系统构架	1	最新的硬件系统构架模式		
16	信息安全	1	具有信息下载硬件锁定	控制信息下载的锁定键	下载锁定键
		2	个人身份鉴定	身份识别的设备	采用指纹识别和头像识别
17	用户安全	1	用户使用的组件可以进行清洁		做好防水处理,按键之间的缝隙不易累积粉尘
		2	使用具有杀毒功能的按键		按键有消毒功能

续表

因素间排序		因素内排序			设计对象和设计要求
序号	一级因素	序号	二级因素	因素解释	
18	键盘的使用性	1	按键大小、键距合适		
		2	按键回弹性好		
		3	手托处支撑感好		笔记本的厚度以及手放置的位置舒适
		4	配备多种手感的键盘可供选择	针对不同回弹性、触感按键的喜好，提供更多的选择	键盘可以在购买或是自己使用中更换
		5	有操作快捷键设置		
		6	快捷键的图标易于识别		
19	便携性能	1	电源适配器携带方便	适配器的大小、形状和电线的收线方式	考虑如何收线不会乱，且在电脑包中放的横向体积小
		2	配置无线鼠标		
		3	各种配件都在携带中有好的固定方式	手提包内对各种配件进行固定	
		4	配备多种可更换的插头	不同插头数和形状的插头	考虑不同国家插座的不同以及漏电保护
20	颜色	1	使用高档的颜色		
21	附带功能	1	增强音响效果	使用外置喇叭增强喇叭的音质和效果	增强喇叭的功率、给喇叭提高更大的供电控制器
		2	不打开系统播放音频	在播放歌曲时不用打开整个系统	考虑在同样的硬件环境中设计类似 MP3 的外置独立系统。如单度运行的 DVD 系统
22	指示系统	1	夜间无灯情况下的键盘显示灯	采用按键背光灯	
		2	指示的图标易于理解		
23	手托	1	手托处操作的范围符合操作	易于操作键盘，使用舒适	考虑键盘的大小和手托的形状关系
		2	手托处易于挥发汗液		手托处热传导性差，不会有内部来的热量，且使用的材料和表面处理容易使汗液挥发
		3	使用舒适的材料		
24	显示屏的性能	1	显示的效果好		
		2	防划痕和易清洗涂层		采用特殊的防划保护和光滑性好的涂层
		3	高亮显示特性		
		4	可触摸屏		
		5	镜面处理的显示屏		
		6	宽屏显示		现有宽屏显示器 9:16 和 10:16 两种长宽比的
		7	屏幕可 360° 旋转		

除了上面从一级因素开始排序之外，在每个二级因素之间进行的排序也可以作为平衡设计中间重要因素的选择。将所有二级因素进行排序得到如下表所示。

二级因素结构

表 2 - 8 - 2

序号	二级因素	统计数值	因素内容
1	良好的售后服务	4.8	易于维修、费用低、服务周到,用户不必为此花费太多的精力
2	CPU 的工作稳定性	4.6667	
3	CPU 的主频数高	4.5333	
4	电池待机时间长	4.3	
5	系统各硬件之间兼容性强	4.2667	在添加新的硬件时不会出现硬件之间的干扰
6	散热性能好,余留热量少	4.2	能释放各部件产生的热,不至于在机体中间累积
7	易于维修	4.1667	主要指在功能集成设计中考虑到容易出错的部件
8	大容量内存	4.1	
9	显示的效果好	4.0333	
10	散热器噪声小	4	
11	内置网卡或是网卡插口	3.9333	
12	硬盘的抗震性能强	3.9	
13	配备各种接口	3.9	
14	显卡缓存容量大	3.8333	
15	防水性能好	3.8333	主要是按键、接缝和笔记本电脑底部的散热器和电池的防水性
16	使用好的材料	3.8	
17	防盗措施完备	3.7333	
18	显示屏连接稳易于开合	3.7	
19	各个插头使用中接触性能好,不易断开	3.7	
20	电源适配器携带方便	3.7	适配器的大小、形状和电线的收线方式
21	硬盘容量大	3.6333	
22	高转速硬盘	3.6333	
23	电脑组件不易被他人拆卸	3.6	
24	按键大小、键距合适	3.5667	
25	有用于硬件升级的空间	3.5667	给硬盘和内存提供升级的插口和空间位置
26	表面处理工艺	3.5667	
27	内置高转速光驱	3.5	
28	有备用的电池	3.5	
29	按键回弹性好	3.5	
30	采用读取和 CD 刻录的组合光驱	3.4667	
31	最新一代内存	3.4	
32	用户使用的组件可以进行清洁	3.3667	
33	内置读卡器	3.3	
34	对 CPU 风扇进行温控调节	3.2	依据 CPU 的温度来控制风扇转速
35	有更换电池时不用关机的内置蓄电池	3.2	
36	主要部件模块设计可以独立安装更换升级	3.2	不用在更换维修主要的部件如硬盘、内存、显卡时打开笔记本整体外壳,必要的组件有独立的打开机构
37	具有信息下载硬件锁定	3.2	控制信息下载的锁定键
38	好的整体造型	3.2	
39	最新的硬件系统构架模式	3.1667	
40	个人身份鉴定	3.1	身份识别的硬件
41	手托处支撑感好	3.0333	
42	在操作面视觉范围内没有结合缝	3.0333	
43	配置无线鼠标	3	
44	增强音响效果	2.9333	使用外置喇叭,增强喇叭的音质和效果
45	各种配件都在携带中有好的固定方式	2.9333	手提包内对各种配件进行固定
46	颜色	2.9333	
47	使用具有杀毒功能的按键	2.9	
48	夜间无灯情况下的键盘显示灯	2.8333	采用按键背光灯

续表

序号	二级因素	统计数值	因素内容
49	手托处操作的范围符合操作	2.8333	易于操作键盘，使用舒适
50	不打开系统播放音频	2.7667	在播放歌曲时不用打开整个系统
51	配备多种手感的键盘可供选择	2.7667	
52	指示的图标易于理解	2.7667	
53	手托处易于挥发汗液	2.7667	
54	显示屏高亮显示特性	2.7	
55	配备多种可更换的插头	2.6667	不同插头数和形状的插头
56	有操作快捷键设置	2.5667	
57	可触摸屏	2.5333	
58	镜面处理的显示屏	2.5	
59	显示屏的长宽比例	2.4333	
60	主要核心部件集成可移植用于其他数字产品	2.3667	将 CPU、显卡、内存和硬盘组成小型的模块，可以作为 PDA 之类的处理内核
61	屏幕可 360°旋转	2.2333	

（二）前期调查分析

前期调查主要是通过浏览网站查询有关笔记本电脑相关的背景知识，在有了调查的内容和初步设想后，对电子商场内包括联想、明基、神舟、宏基、富士通、TCL、IBM 以及 SONY 在内的 8 种品牌的笔记本电脑进行了访谈。访谈主要对象是销售人员，把他们在给笔者推荐笔记本电脑时所提到的考虑电脑购买时的要点，作为一部分因素的来源，还有一部分因素是关注网上电脑评测网站以及一些介绍笔记本电脑发展趋势的网站，以此作为补充。

通过调查得出，笔记本电脑作为高端产品，现在除了以性能指标作为考虑因素之外，还有更多一些非性能因素影响档次划分。笔记本电脑的技术指标包括以下几点：

- 处理器（CUP）。笔记本电脑在处理器的划分上主要是以下几点。1. 处理器的主频。主频数越高，处理器的性能越好。2. 处理器的品牌。处理器的品牌其实是在说明一些技术性能方面的参数。比如说奔腾的处理器和 AMD 的处理器相比，主要就是在散热性能和处理器所能达到的最高频数上的差别。影响结果就是奔腾的处理器稳定、散热性能好，而 AMD 散热电和耗电量大，但是价格便宜。3. 就算是同样品牌的处理器，不同系列的产品也有差异，体现在使用的频数和制作工艺以及最后性能表现上。4. 现在随着技术的发展，处理器又出现了新的分水岭，这就是双核处理器
- 内存。笔记本的内存是衡量笔记本电脑的另一个性能方面的指标。内存的性能参数是它的大小和它的型号。同时稳定性和兼容性也是衡量的标准
- 显示屏。笔记本的显示器都是液晶屏，在性能上需要考虑以下几点

1. 屏幕的长宽比
2. 屏幕的清晰度
3. 色彩的还原程度
4. 屏幕的亮度
5. 屏幕是否能防止划痕或是容易清洁
6. 现在的笔记本电脑有一部分可以是触摸屏设计，这一般针对一些特殊的工作和需要的人群
7. 现在有的显示屏可以 360°旋转，这也是一个考虑的因素

8. 当然，从使用上来说，显示屏在连接处的稳定性也是影响高档的因素

- 硬盘。硬盘的性能参数是容量大小和运转转速。除此之外，在安全性方面还需要考虑硬盘的抗震性

- 电池和重量。笔记本的电池和重量处在一个平衡之中。配备了更大更多（有的笔记本使用双电池）的电池的笔记本比较重，这样对于笔记本电脑在移动上产生了影响。而在移动过程中为了减轻重量而采用小的电池又势必会使使用时间大大缩短。所以在考虑时总会是两者兼顾。一般好的笔记本蓄电时间长而重量也不会增加太多

- 系统的构架。例如迅驰技术是指一整套移动计算技术，其中包括奔腾 M 处理器、855/915 系列芯片组和英特 PRO 无线网卡

- 系统的散热能力。包括散热的方式，现在一般多采用风冷，也有一部分使用水冷。在散热过程中，散热噪声不容忽视

- 使用性能。键盘是直接影响用户使用的一个因素。所以，在键盘方面多考虑使用的舒适度，比如按键的回弹性、键距的大小以及键盘下方的手托处的舒适程度。手托处除了要考虑和键盘配合以外，还有一点比较重要的就是要考虑手托处的散热问题，应该使手托处不易出汗或是汗水易挥发掉

- 在结构设计方面，笔记本电脑要考虑使用的安全性，包括防漏电、防进水、连接处的稳固、插口处的固定。除此之外，还要考虑到为以后硬件升级所预留的升级空间和插口。在结构设计中还应该注意到表面的缝隙，使开模线尽量隐藏起来

- 外形、材料、颜色和表面处理。外形特征可以概括成以下几个特征：简单大方、精致、稳重坚固、独特别致。使用好的材料显得高档，比如表面光泽度好、耐磨轻便的镁铝合金材料以及体积小巧的笔记本电脑都会显得高档。笔记本的颜色也是体现高档与否的一个方面，但是在这里有一些不同的区分，对于不同的用户可能会有一些不一样的答案

- 在论及高档的时候也会有一个范围的问题。高档有时是针对一个层次来说的。有没有独立显卡是划分是否是专业（包括 3D 绘图和 3D 游戏）笔记本电脑的一个非常重要的标志，但是在这些划分之后的层次里面，也有一些关于高低档的划分

笔记本的主要技术特性涉及的相关技术参数如下表所示。

主要技术特性的性能参数　　　　　　　　　　　　　　　表 2 - 8 - 3

序号	因素名称	技 术 参 数
1	CPU 的性能	主频。CPU 核心运行时每秒能达到的最高运行速度。常用单位：GHz
		缓存。用来存储一些比较常用的算法和数据，提供 CPU 处理时的速度。现在常用 CPU 中有一级、二级缓存，现在也出现了三级缓存，它的速度比二级要大一些，但是速度要比内存小。常用单位：M，K
		外频
		倍频。CPU 的核心工作频率与外频之间存在着一个比值关系，这个比值就是倍频系数，简称倍频
		前端总线。前端总线负责将 CPU 连接到主内存，前端总线（FSB）频率直接影响 CPU 与内存数据交换速度
		制造工艺。制造工艺不能直接影响 CPU 的性能，但是可以影响 CPU 的集成度和工作频率
		电压
2	电池容量	电池的规格。比如 9 芯锂离子电池
		电源适配器。比如 90W 主电源适配器（110V/220V）

续表

序号	因素名称	技 术 参 数
3	内存的容量	内存容量。常用单位：M
		内存的型号。例如 DDR II 333
4	显示器性能	显示器大小。常用单位：寸
		显示器的分辨率。常用单位：像素
		刷新率。常用单位：Hz
5	网卡和网卡插口	网卡速率。常用单位：M
6	硬盘性能	硬盘转速。常用单位：秒/转
		硬盘容量。常用单位：G
7	各种接口	USB 接口
		其他接口：IEEE1394a，DVI 接口，VGA 接口，S-VIDEO 接口，RJ11，安全锁孔，RJ45，麦克风，声音输出孔，AC 电源插孔，S/PDIF via dongle
8	内置高转速光驱	倍速。CD 光驱一倍速等于一秒钟读取 150KB 数据。DVD 光驱一倍速相当于一秒钟读取 1350KB 的数据
9	显示屏的长宽比例	窄屏。长宽比是 4：3
		宽屏。长宽比是 16：9 和 16：10

1. 前期调查总结

通过访谈，可以对高档笔记本电脑的一些特性作出以下的描述：高档笔记本电脑在性能上比较突出，普遍是采用了当时最好的处理器系统，如现在最好的都是配备了奔腾IV处理器，还有就是采用高转速和抗震的大空间硬盘；内存一般也在 256M 以上，使用 DDRII 代内存；拥有康宝（Combo）的混合光驱。在显示方面，现在出现的长宽比为 16：9 的宽屏显示器已经作为一种高档的象征。在显示的效果上，高亮、高色彩还原性以及被称为钻石平面的液晶显示屏是高档的象征。

在外形和结构上，一般质量控制和笔记本电脑的尺寸是考虑的因素。比如现在新推出的多次折叠的笔记本电脑，将键盘缩小，在结构上调整笔记本的宽度，并且在厚度上也没有增加。但是这样出现的笔记本电脑在显示效果上就有了折扣。所以现在也不能说是多大的尺寸能说明是高档还是低档。但是可以确定，目前受到技术的限制，超小型的笔记本电脑属于高档的，而超大屏幕的也是高档的。两者在技术实现上都付出了很大的代价。

但是对于高档笔记本电脑在外形上的特点，在访谈中的结论不清楚。低端品牌中，现在普遍认同镁铝合金的外壳比较高档。颜色也多为银白色和金色。中端的电脑是银白色镁铝合金比较高端。高档中比较复杂，有黑色的钛合金，如 IBM；有白色的硬质塑料，如苹果；还有如卖得最贵的笔记本电脑 Tulip 中的 E-Go 系列，采用艳丽的贴图和宝石镶嵌。

2. 前期调查效度分析

从效度考虑，先通过网上了解和之后的专家用户访谈，建立系统的产品概念。在调查过程中，避免因为销售人员推销导致误导的因素，笔者先找到一些品牌的专卖店，但是专卖店的数量有限，不能涵盖现有市场上的笔记本电脑品牌数，所以后面通过对一些代理店进行访谈，得到需要的信息。受眼界所限，在笔者调查过的笔记本电脑中间，真正是高档笔记本电脑不多，所以得到的关于高档笔记本电脑的认识也就受到了局限。作为补救措施，通过对一个品牌多次的调查，来完善不同品牌的相关信息，这样提高了得到的产品特征的信度。代理店的销售由于存在着多个品牌，所以也能更好地了解到关于不同品牌之间的差异。

在访谈过程中，注意到不同专家用户的水准有利于确定访谈对象的数量和种类，还可以判断专家用户的访谈是否有效。在因素框架建立中，也参考了许多专业的笔记本电脑网站，用里面得到的因素来弥补访谈中的不足。这种不足主要是出现在不同的销售人员对不同产品了解差异上，在网上可以得到许多没有访谈到的品牌或是型号的笔记本电脑。

3. 问卷设置和调查

（1）问卷设计分析

在购买笔记本电脑时，现在的做法是要么上网搜索相关的资料，要么找对笔记本电脑比较熟悉的"业内"人士进行了解，还有就是在电脑专卖店或是电脑城中进行多方询问，通过一些比较来慢慢地熟悉，最后在自己认为比较放心的店内挑选。这三种情况下我们都可以得到关于笔记本电脑评价的一些标准和初步划分，也可能是你购买的标准。然而，也可以看出，人们通常是在接受了对笔记本电脑比较熟悉人士对笔记本电脑的评价标准之后才建立自己的判断的。所以，在问卷设计上，把调查的用户类型放在现在笔记本电脑使用者群体当中。他们中间有些在长期使用过程中有了相当的经验和认识，他们应该算得上对高档笔记本电脑有稳定认识的人群。如果没有接触或是对不了解的人作调查，出来的统计分析就没有任何的信度。

从前期准备的分析中，把所有的因素分类之后，可以在问卷设计中从处理器性能，内存的性能，硬盘的性能，显卡的性能，显示屏的性能，散热系统的性能，笔记本电脑扩展能力，使用性能，结构特性，使用的安全性、便携性以及造型、颜色、外观和售后服务等24个方面来总体说明高档电脑的主要特征。在产品中间都会提到品牌，但是它不能算是一个真正的因素，因为它是由品质、性能以及售后服务等因素构建起来，所以在这里不再提出品牌这个因素项。

问卷设计中间为了符合调查的目的，调查内容分为了两块，其中第二部分是对第一部分一些内容的补充。在以后的统计分析中这部分内容将单独分析。

调查过程中准备调查一定数量的女生，但是没有假设性别和这些因素有相关性，在此只是作为抽样的考虑。因为第一次调查中使用笔记本电脑的女生比较难找，所以在开始就注意先调查遇到的女生会使统计出来的数据更能全面地说明学生的认识程度。

（2）问卷效度分析

由于问卷一共进行了两次，所以在第二次设计问卷的时候吸取了第一次的经验，在一些不容易理解的选项里设置了不确定选项。第一次的的因素框架不完整，而且因对于高档产品的认识不足，列出的问题对于产品高档性的描述主要局限在很少的性能因素和更多的外观因素上，在第二份问卷中间增加了这部分的内容。

调查的对象选取上，这次的调查对象全部是学生。而上次的调查中间有9人是老师，21人是学生，对于总调查人数30人来说这个样本量小，这次调查将30份都在学生中间进行。第二次的问卷设计主要是对应了因素框架的内容，保证每个一级因素都涉及之外，还对里面的二级因素项进行了设计。问卷设计是一一对应于因素的，所以保证了全面性。在正式调查之前还做过两份试调查的问卷，发现里面的问题之后才开始问卷发放调查。问题设置中参考一些网上笔记本电脑调查评测的问题进行设置，并在试调查中发现其中不容易理解的问题。但是问卷没有进行过专家用户的最后验证，所以在这一部分的效度中间存在着风险。

（3）问卷调查效度分析

问卷的调查是在交通大学东校区的图书馆、教室和宿舍进行的。调查对象是正在教室和图书馆使用笔记本电脑的用户，以及正在宿舍里使用笔记本的用户。这样调查的用户都有能力回答关于笔记本电脑的问题。因为问卷的数量有限，做大范围的调查在样本的数量方面有问题，所以只是选择学生作为调查的对象。这样和再调查其他类型用户比如老师、工程人员相比会更加有针对性。

　　问卷调查的地点最初是确定在图书馆的自习走廊。但是在这里使用笔记本电脑的用户数量有限，很难达到预期调查的数量，所以在教学主楼也进行了调查。还有一部分是在学生宿舍完成。

　　调查的对象除了正在使用笔记本电脑的用户，还有一些愿意回答的用户。因为在图书馆里的调查对象多数是在学习，所以，首先选取的调查对象是在浏览网页的或是在看一些视频文件的。然后在调查对象休息的时候再进行调查。有的调查对象有事中途离开没有调查完，当时只是把问卷放置，约好时间后再进行回答，这样保证回答的效度。

　　4. 问卷分析

　　（1）一级因素排序数据整理

　　24 个一级因素类按降序排列和测量得到的均值如下下表中所示：

一级因素类排序　　　　　　　　　　　　表 2 - 8 - 4

排序	因素类型	数值（最大值为5）	排序	因素类型	数值（最大值为5）
1	售后服务	4.8	13	结构设计	3.39
2	兼容性能	4.27	14	外形	3.2
3	处理器性能	4.13	15	硬件系统构架	3.17
4	散热性能	4.1	16	信息安全	3.15
5	显示卡性能	3.83	17	用户安全	3.13
6	使用高档材料	3.8	18	键盘的使用性	3.09
7	内存性能	3.75	19	便携性能	3.08
8	硬盘的性能	3.72	20	颜色	2.93
9	硬件安全	3.72	21	附带功能	2.85
10	电池性能	3.67	22	指示系统	2.85
11	扩展性能	3.62	23	手托	2.8267
12	表面处理工艺	3.57	24	显示屏的性能	2.8

　　（2）问卷第二部分补充项数据整理

　　1）高档笔记本电脑散热方式数据整理

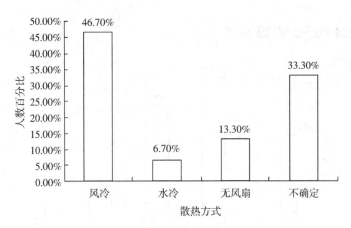

图 2 - 8 - 1　高档笔记本电脑散热方式选择百分比

高档笔记本电脑散热方式各选项人数　　　　　　　　表 2 - 8 - 5

选项	风冷式	水冷式	无风扇式	不确定式
人数（人）	14	2	4	10

如表所示，采用风冷方式是传统的方式，也是认为是高档人数最多的，占总人数30人的46.7%，共14人；不确定居其次的占33.3%，有10人；认为无风扇式高档的有4人，占总人数的13.3%；认为水冷式是高档的有2人，占总人数的6.7%。

2）高档笔记本电脑待机电池时长图

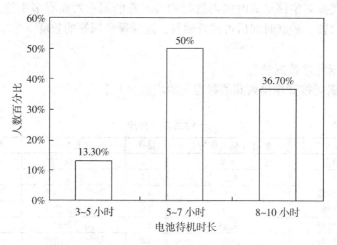

图2-8-2　调查高档笔记本电脑电池待机时长百分比

调查高档笔记本电脑电池待机时长各选项人数　　　　　　表2-8-6

待机时间	3~4 小时	5~7 小时	8~10 小时
人数（人）	4	15	11

认为高档笔记本电脑的电池待机时长在5~7小时的人数最多，为15人，占总人数30人的50%；认为8~10小时的人是11人，占总人数的36.7%；认为3~4小时的是4人，占总人数的13.3%。

3）高档笔记本电脑造型数据整理

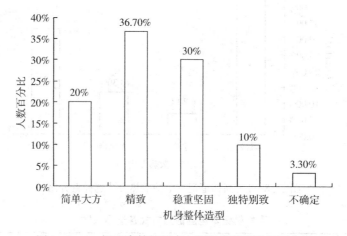

图2-8-3　调查高档笔记本电脑机身造型选择百分比

调查高档笔记本电脑机身造型各选项人数　　　　表 2 - 8 - 7

选项	简单大方	精致	稳重坚固	独特别致	不确定
人数（人）	6	11	9	3	1

在对高档造型特征选择中，认为精致的人最多，有 11 人，占总人数的 36.7%；认为稳重坚固的人数有 9 人，占总人数的 30%；认为简单大方的人有 6 人，占总人数的 20%；认为独特别致的人有 3 人，占总人数的 10%；还有不确定的 1 人，占总人数的 3.3%。

4）高档笔记本电脑颜色数据整理

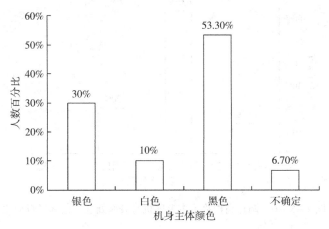

图 2 - 8 - 4　高档笔记本电脑主体颜色选择百分比

高档笔记本电脑主体颜色各选项人数　　　　表 2 - 8 - 8

选项	银色	白色	黑色	不确定
人数（人数）	9	3	16	2

认为黑色显示高档的人数最多，有 16 人，占总人数 30 人的 53.3%；其次是银色，有 9 人，占总人数的 30%；再下来是白色，有 3 人，占总人数的 10%；另外还有不确定的 2 人，占总人数的 6.7%。

5）高档笔记本电脑使用材料数据整理

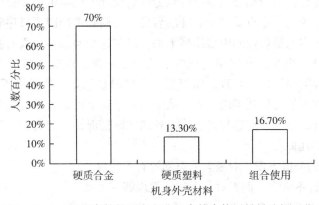

图 2 - 8 - 5　调查高档笔记本电脑机身外壳使用材料选择百分比

调查高档笔记本电脑机身外壳使用材料各选项人数　　　　　　表 2 – 8 – 9

选项	硬质合金	硬质塑料	两种材料组合使用
人数（人）	21	4	5

认为采用硬质合金的人数最多有 21 人，占总人数的 70%；其次是使用硬质合金和硬质塑料的组合有 5 人，占总人数的 16.7%；选择使用硬质塑料的人有 4 人，占总人数的 13.3%。

6）高档笔记本电脑表面处理工艺数据整理

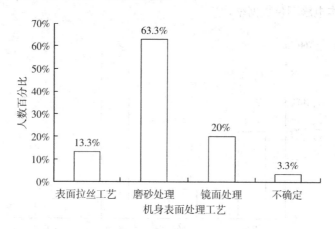

图 2 – 8 – 6　调查高档笔记本电脑机身表面处理工艺选择百分比

高档笔记本电脑机身表面处理工艺各选项人数　　　　　　表 2 – 8 – 10

选项	表面拉丝工艺	磨砂处理工艺	镜面处理工艺	不确定
人数（人）	4	19	6	1

认为磨砂处理工艺体现高档的人最多，有 19 人，占总人数的 63.3%；其次是认为镜面处理工艺高档的数多，有 6 人，占总人数的 20%；然后是认为表面拉丝工艺的人数，有 4人，占总人数的 13.3%；不确定的有 1 人，占总人数的 3.3%。

（3）问卷分析

1）问卷中间的问题

出于设计上的考虑，这份调查主要目的是为以后设计笔记本电脑提供依据，所以在分析的时候主要是以排序为主。这点受到李老师的启发。在调查中把因素排序和统计描述结合起来，将影响高档笔记本电脑设计的因素排列下来。以前这个问题一直没有找到出口，这次是老师告诉我们的方法。但是，在使用过程中也遇到了问题。对于一些因素的聚类做得不太好，或者在聚类之前问卷设计不合理，所以在排序的时候感觉有些排序不太符合实际情况。所以在一开始列因素表的时候列了两组表。从他们的差别上可以看出有些分析中的小因素在单独排列中会有较高的位置，而这与我们认识到的实际情况是相符合的。那么，分析这种问题出现的原因有以下几种：

- 聚类过程中的分析失误，对因素的类别没有弄清楚
- 问卷问题设计不恰当，调查对象无法正常理解
- 对于有的因素还是没有分析清楚

- 还有可能是调查对象选取的问题。调查对象只是在使用笔记本电脑，但是没有考虑到使用的时间和购买时的状况。如果是让别人代购的，那么笔者假设他们对于笔记本电脑理解的程度应该怀疑了。

2）问卷效度分析

分析采用统计描述的方法对各个因素进行频数统计。因为是要得到关于设计笔记本电脑的设计因素，这种频数统计基本上能说明在设计过程中可以把统计排列靠前的因素作为考虑的主要因素。同时，调查得到的因素列表本身也是对于设计的一个很好的设计指导。

但是，因为调查针对对象是大学生，所以设计的指导主要还是大学生。这是这个调查的局限性，不能作为广泛的设计指导使用。样本量对应全校的人数来说能够满足样本的要求。

分析中间没有进行描述性的说明是因为对于学生中间笔记本电脑趋势了解不足，不能很好地把握用户的需求趋势。

附录：

问　卷

您好：我们正在完成一份关于笔记本电脑高档调查的作业，希望得到您的配合。在此，我们表示衷心的感谢！

请选择下面每项内容您认为他们对笔记本电脑高档性所起到的影响的程度。每项内容把这种影响程度分为 5 个级别，分别代表 1. 在评价高档时不考虑；2. 考虑但是可以舍去；3. 考虑但是影响不深，也不能舍去；4. 必然考虑因素，但是不是最主要考虑因素；5. 对高档影响起到决定因素。（以下选择都是单选）

内　容	影响程度				
	1	2	3	4	5
CPU 的处理能力强	□	□	□	□	□
CPU 工作稳定性高	□	□	□	□	□
CPU 可以实现对风扇转速的控制	□	□	□	□	□
最新一代的内存	□	□	□	□	□
大容量内存	□	□	□	□	□
大容量硬盘	□	□	□	□	□
硬盘的抗震性能好	□	□	□	□	□
高转速硬盘	□	□	□	□	□
显卡缓存容量大	□	□	□	□	□
最新的系统构架模式	□	□	□	□	□
显示效果清晰	□	□	□	□	□
屏幕表面有防划和易清洗涂层	□	□	□	□	□
高亮显示	□	□	□	□	□
可触摸屏	□	□	□	□	□
屏幕可翻转	□	□	□	□	□
选用不同比例的显示屏	□	□	□	□	□
镜面处理的显示屏	□	□	□	□	□
可直接投射放映幻灯片的显示屏	□	□	□	□	□
笔记本电脑散热能力强	□	□	□	□	□

内　　容	影响程度				
	1	2	3	4	5
各个散热风扇噪声小	□	□	□	□	□
系统各硬件之间兼容性强	□	□	□	□	□
配备各种接口	□	□	□	□	□
高转速光驱	□	□	□	□	□
采用读取和刻录结合的康宝光驱	□	□	□	□	□
安装内置读卡器	□	□	□	□	□
拥有网卡或是网卡插口	□	□	□	□	□
电池的使用时间长	□	□	□	□	□
有可以备用的电池	□	□	□	□	□
在更换备用电池时可以不用关机	□	□	□	□	□
外置播放器并增加播放器的效果	□	□	□	□	□
不用开机使用的多媒体播放系统	□	□	□	□	□
按键回弹性好	□	□	□	□	□
按键大小，距离合适	□	□	□	□	□
配备多种手感的按键	□	□	□	□	□
快捷键的设置数量足够多	□	□	□	□	□
手托处支撑稳	□	□	□	□	□
快捷键的图标易识别	□	□	□	□	□
设备状态提示灯显示了所有需要的状态	□	□	□	□	□
在夜间无灯条件下有按键灯提供按键照明	□	□	□	□	□
手托的形状符合手的操作	□	□	□	□	□
手托处不易引起出汗	□	□	□	□	□
主要核心部件集成用于其他数码产品如 PDA	□	□	□	□	□
主要部件的模块化使其可以独立安装更换升级	□	□	□	□	□
留有为笔记本电脑进行升级的硬件空间	□	□	□	□	□
屏幕连接处稳固	□	□	□	□	□
各个插口在使用过程中有良好的接触性，不易松动	□	□	□	□	□
在操作面视觉范围内没有结合缝隙	□	□	□	□	□
笔记本电脑整体的防水性能好	□	□	□	□	□
防盗锁的安全性高	□	□	□	□	□
电脑组件不易被他人拆卸	□	□	□	□	□
拥有指纹仪等身份鉴别系统	□	□	□	□	□
信息下载具有硬件保护功能	□	□	□	□	□
易于清洁	□	□	□	□	□
键盘有杀毒功能	□	□	□	□	□
电源适配器方便携带	□	□	□	□	□
配置无线鼠标	□	□	□	□	□
各种配件在携带中有好的固定方式	□	□	□	□	□
配备多种可更换的插头	□	□	□	□	□
整体造型	□	□	□	□	□
颜色	□	□	□	□	□
使用好的材料	□	□	□	□	□
表面处理工艺	□	□	□	□	□
良好的售后服务	□	□	□	□	□
易于维修	□	□	□	□	□

（以下选择都是单选）

你认为哪种散热方式是高档笔记本电脑应该配备的：

□风冷　　　　　□水冷　　　　　□无风扇　　　　　□不确定

电池的使用时间一般多长您觉得符合高档笔记本的需要

□3~4 小时　　　□5~7 小时　　　□8~10 小时

您觉得最能体现高档笔记本电脑造型的描述是：

□简单大方　　　□精致　　　　　□稳重、坚固　　　　□独特别致

您觉得什么颜色的笔记本电脑最高档：

□银色　　　　　□白色　　　　　□黑色　　　　　　　□银灰色

您觉得哪种材料的笔记本电脑最高档：

□高硬质合金　　□高硬质塑料　　□两种合用

您认为哪种表面处理工艺能体现笔记本高档性：

□表面拉丝　　　□磨砂处理　　　□镜面处理

以下是一些关于您的个人信息，请填写。

性别：＿＿＿＿＿＿＿＿　　年龄：＿＿＿＿＿＿＿＿　　　专业＿＿＿＿＿＿＿＿

录入标准

- 背景资料录入
  - 性别：男（1），女（0）。
  - 年龄：1. 18 岁以下
    2. 18~21 岁
    3. 22~24 岁
    4. 25 岁以上
  - 职业：1. 计算机专业
    2. 非计算机专业
- 内容录入格式
  - 问卷前半部分采用的 5 分量表，录入是一次按照选择项对应的数字录入，例如 1 下面对应的项录入数值为 1。
  - 问卷前半部分对于没有选择的选项，当作不确定或是不理解或是对这方面不了解，一律按 0 作为录入。
  - 第二部分是对第一部分某些因素的补充，按照选项的次序从 1 开始录入。对于没有选择当选项当作不确定或是不理解或是对这个方面没有了解，一律按 0 录入。

第九节　高档洗衣机设计调查

一、调查结论

1. 影响洗衣机高档程度的因素及排序

影响洗衣机高档程度的因素框架结构

表 2 - 9 - 1

因素间排序		因素细分内容排序		
序号	因素名称	序号	内容名称	内容解释以及要达到的要求
1	品质	1	做工	洗衣机中的紧固件及其他零部件应符合有关国家标准的规定，其易损件应便于更换； 洗衣桶内壁与洗涤物接触的零部件表面应光滑，正常使用时，不应夹扯和损伤洗涤物； 洗衣机钢铁制件、电镀件、涂漆件或涂塑件、塑料件等一般结构件应该符合国家标准； 洗衣机表面应平整光滑、色泽均匀、耐老化，不得有裂纹、气泡、缩孔等缺陷； 洗衣机洗涤桶应具有耐腐蚀、耐碱、耐磨擦和耐冲击等性能，外形光整、表面处理层不应有露底等现象
		2	故障率（寿命）	洗衣机在额定工作状态下，无故障工作次数（时间）应符合国家标准 GB/T 4288 - 2003
2	性能（技术指标）	1	洗净比	（被测样机洗净率与参比洗衣机洗净率之比） 洗衣机的洗净比应不小于 0.90， 其中有加热装置的全自动滚筒洗衣机不小于 1.00（GB/T 4288 - 2003）
		2	节水	洗衣机额定洗涤用水量与额定洗涤容量之比不大于下列数值：（GB/T 4288 - 2003） a）波轮式洗衣机 20 b）滚筒式洗衣机 13 c）搅拌式洗衣机 15
		3	磨损率	（负载失去的质量与额定负载质量之比） 洗衣机对试验织物的磨损率应不大于下列规定：（GB/T 4288 - 2003） 1. 波轮式洗衣机 a）涡卷式 0.18% b）新水流式 0.15% 2. 滚筒式洗衣机 0.10% 3. 搅拌式洗衣机 0.15%
		4	衣服缠绕率	与磨损率相关 用户希望衣物洗好后取出时仍然可以是单独分开的，而不是两件或多件绕在一起，避免褶皱
		5	噪声	洗衣机洗涤、脱水时的声功率级噪声值均应不大于 72dB（A 计权）（GB/T 4288 - 2003）
		6	节电	洗衣机进行洗净性能试验全过程，单位洗涤容量用电量应符合下列规定： 　　产品名称　　　　　　　　　限定值/（kWh/kg） 波轮式和全自动搅拌洗衣机　　≤0.032 滚筒式洗衣机　　　　　　　　≤0.350
		7	洗涤均匀度	同时洗涤的衣物，洗涤效果应该相同
		8	含水率	脱水机和洗衣机的脱水装置脱水后含水率应符合下列规定（GB/T 4288 - 2003） 脱水方式　　　　　　　　　　　　　含水率/% 手动式：挤水器　　　　　　　　　　< 150 离心式：波轮式和搅拌式全自动洗衣机　< 70 　　　　滚筒式洗衣机　　　　　　　< 70 　　　　普通型和半自动型波轮式洗衣机　< 70 　　　　脱水机及脱水装置　　　　　　< 70
		9	节约洗涤剂	用户对此项功能要求并不是很高，但很多生产厂商以此为卖点

续表

因素间排序		因素细分内容排序		
序号	因素名称	序号	内容名称	内容解释以及要达到的要求
3	功能	1	基本功能	用户使用洗衣机所需要的必不可少的功能；包括：进水、浸泡、洗涤、脱水、排水等
		2	杀菌	包括对衣物的杀菌与洗衣机自身的杀菌
		3	烘干	被洗涤物含水率较低
		4	自身清洁	帮助用户清洁不易人工清洗的洗涤桶
		5	防皱熨烫	免去用户洗衣之后的其他工序
		6	儿童锁	防止洗衣服时儿童对洗衣机进行误操作
		7	预约洗涤	帮助用户合理安排洗衣时间
		8	免使用洗衣粉、洗涤剂	电解水杀菌或无机盐 Ag^+ 离子杀菌
		9	加热	提高洗涤剂中酶的活性，洗衣服更干净
		10	手机远程遥控	帮助用户在无时间时操纵洗衣机
		11	洗衣过程中添加衣物	免去多洗衣一次的烦恼
		12	预洗功能	对很脏的衣服先洗一遍
		13	少量洗	洗少量衣服时可以节省水、电与时间
		14	自动感知重量	自动根据洗衣重量调节水和洗衣时间
		15	模糊控制	自动根据所放衣物选择合适模式进行洗涤，很方便
		16	排水方式	与洗衣机放置位置有关
4	外观审美	1	机身整体体积	向迷你化、超薄化发展
		2	机身整体颜色	白色、银色、米色、搭配色、黑色、绿色、其他
		3	机身外壳材质	符合耐用、耐火、耐热、耐压等要求；目前的趋势是使用抗菌复合材料
		4	机身外壳面饰	精致、细致、烤漆表面比较受欢迎
		5	滚筒开门方式	美观、方便（不用弯腰）；斜装式滚筒最受用户欢迎
		6	上盖颜色	易看到洗涤过程、美观；一般使用透明材料
		7	上盖材质	耐用、耐高温、透明
		8	上盖、前盖开盖方式	方便、不用费太大力、密封性好、结实
		9	内桶材质	结实、防锈、耐压、耐高温；目前的趋势是使用抗菌复合材料
		10	按键形状	方便、易按压；用户无明显倾向的按键形状
		11	按键材质	手感好、有反馈
5	售后与服务	1	售后服务	24 小时内上门维修
6	安全性	1	自动断电	洗衣机的安全要求应符合 GB 4706.24 及 GB 4706.26
		2	异常报警系统	
		3	进水超时保护功能	
		4	排水超时保护功能	
		5	脱水不平衡保护功能	
		6	脱水开盖安全保护功能	
		7	过欠压保护功能	
		8	电机过热保护功能	
		9	停机自动断电保护功能	
7	操作	1	操作控制	简单易用、一目了然；具有多种洗衣模式并应允许用户根据实际情况对洗涤参数进行自由调节
		2	调节方式	按键，旋钮按键操作具有反馈性
		3	显示屏	直观的液晶屏

续表

因素间排序		因素细分内容排序		
序号	因素名称	序号	内容名称	内容解释以及要达到的要求
8	洗涤容量	1	2～10kg	根据不同人的不同需要而确定
9	洗涤方式	1	与众多因素：外观、功能、性能、容量、体积、操作等有关	按照调查结果由高档到低档排序：滚筒全自动式洗衣机；波轮全自动式洗衣机；搅拌全自动式洗衣机；双缸半自动式洗衣机

注：上表中"洗涤方式"一项不在排序之列，调查洗涤方式是为了挖掘洗涤方式背后的其他因素。

2. 影响洗衣机高档程度的因素说明及各因素具体要求

（1）品质

1）做工

①针对洗衣机的一般结构：

洗衣机中的紧固件及其他零部件应符合有关国家标准的规定，其易损件应便于更换。

洗衣桶内壁与洗涤物接触的零部件表面应光滑，正常使用时，不应夹扯和损伤洗涤物。

洗衣机在洗涤过程中，盖上盖后，水不应溢到机外。

洗衣机手动挤水辊的辊面应采用弹性材料，其表面不应有气孔、气泡、裂纹等缺陷，正常使用时不应破损洗涤物。

洗衣机应有水位控制装置，或在洗衣桶内壁应有明显的最高水位和最低水位的耐久性标志。

洗衣机使用55℃热水，按最长洗涤程序运转，至少一个周期，应能正常工作。

洗衣机洗涤桶应具有耐腐蚀、耐碱、耐磨擦和耐冲击等性能，外形光整、表面处理层不应有露底、冷暴等现象。

②针对洗衣机各部分材料：

钢铁制件：

洗衣机钢铁制件（不锈钢除外），表面应进行防锈蚀处理，例如采用电镀、涂漆、搪瓷或其他有效的防锈蚀处理。

电镀件：

洗衣机电镀件表面应光滑细密、色泽均匀、不得有剥落、露底、针孔、鼓泡、明显的花斑和划伤等缺陷。

洗衣机一般结构零件在边缘及棱角部位2mm以外的镀层不应出现锈蚀点。

涂漆件或涂塑件：

洗衣机涂漆件或涂塑件的涂饰层应附着力强，结合牢固，不应有明显的气泡、流痕、漏涂、底漆外露、皱纹、裂痕等现象。

洗衣机涂漆件或涂塑件进行耐腐蚀试验后，腐蚀宽度不应大于1mm。

塑料件：

洗衣机塑料件表面应平整光滑、色泽均匀、耐老化，不得有裂纹、气泡、缩孔等缺陷。

2）故障率（寿命）

洗衣机在额定工作状态下，无故障工作次数（时间）应不低于下表中的规定。试验后，应能继续无故障工作。

洗衣机无故障工作次数（时间）　　　　　　　　表 2 - 9 - 2

型式	无故障运行次数（时间）
普通洗衣机	以定时器一个满量程为一次，共4000次
半自动及全自动洗衣机	以一个常用（标准）洗涤程序为一次，波轮式/搅拌式2000次，滚筒式2300次

一般情况下，用户对上述标准并无精确概念，他们仅希望自己的洗衣机不要出故障，即使有故障，厂家也应该以优质的服务来解决。对于洗衣机的寿命，用户一般希望为 5 ~ 10 年，有些用户认为也不要过长，因为会影响产品的更新换代。

（2）性能（技术指标）

1）洗净比

被测样机洗净率与参比洗衣机洗净率之比。

具体算法见下面两个公式：

$$D_r = (R_w - R_s)/(R_o - R_s) \times 100\%$$

式中：D_r——洗净率，%；

　　　R_w——污染布洗净后反射率，%；

　　　R_s——污染布洗净前反射率，%；

　　　R_o——原布反射率，%。

$$C = D_r/D_s$$

式中：C——洗净比；

　　　D_r——被测洗衣机洗净率，%；

　　　D_s——参比洗衣机洗净率，%。

一般情况下，洗衣机洗净比应不小于 0.70。A 级水平（国际先进水平）的洗衣机洗净比不小于 0.90。

2）节水

洗衣机进行洗净性能试验全过程，单位洗涤容量用水量应按下表的规定：

洗衣机用水量的规定　　　　　　　　　表 2 - 9 - 3

产品名称	限定值/（L/kg）
波轮式和全自动搅拌洗衣机	≤36
滚筒式洗衣机	≤20

一般来说，滚筒洗衣机比波轮及搅拌式洗衣机节水。随着人们对全球水资源匮乏的日趋重视，以及人们节水观念的日趋加强，各生产厂家对节水型洗衣机的设计生产问题尤为重视。但目前市场上出现的很多节水型洗衣机，都是以牺牲洗衣机的洗净比以及漂洗性能为代价的，这样，连洗衣机的基本性能都无法保证，就使得节水没有了意义。所以，研究真正节水型洗衣机仍然是各生产厂家的主要发展方向，也是制约洗衣机创新发展的瓶颈之一。

3）磨损率

负载失去的质量与额定负载质量之比。

洗衣机对试验织物的磨损率应不大于下表的规定：

洗衣机对织物磨损率的规定 表 2 - 9 - 4

产品名称	磨损率	产品名称	磨损率
波轮式洗衣机		滚筒式洗衣机	10%
涡卷式	18%	搅拌式洗衣机	0.15%
新水流式	15%		

4）衣服缠绕率

磨损率的另一个表现，一般用户均不希望洗衣过程中衣物缠绕在一起。

5）噪声

洗衣机的噪声主要产生于运行程序，它来自于两个方面：一是甩干时衣物分布不均衡，导致内桶偏心，从而引发整机振动产生的噪声；二是高速甩干时电机碳刷磨擦产生的风啸声。噪声的关键在于洗衣机的控制系统降低噪声，洗衣机的控制系统应做到两点：减小整机振动；去除碳刷的风啸声。

洗衣机洗涤、脱水时的声功率级噪声值均应不大于 72dB（A 计权）。

洗衣机的机箱前、后、左、右各侧面中央部位的振幅，额定洗涤容量为 5kg 及 5kg 以下时应不大于 0.6mm；额定洗涤容量在 5kg 以上时应不大于 0.8mm；机盖的中央部位的振幅，额定洗涤容量为 5 kg 和 5 kg 以下应不大于 0.8mm，额定容量在 5 kg 以上应不大于 1.0mm。

6）节电

洗衣机进行洗净性能试验全过程，单位洗涤容量用电量应符合下表的规定：

洗衣机用电量的规定 表 2 - 9 - 5

产品名称	限定值/（kWh/kg）
波轮和全自动搅拌洗衣机	≤0.032
滚筒洗衣机	≤0.350

7）洗涤均匀度

洗净比的另一个表现，用户希望所洗衣物的衣领、袖口等易脏部位能得到充分洗涤，不再需要自己手动洗涤。目前市场上大部分洗衣机的做法是进行预洗，即在洗衣物前先将衣领、袖口等易脏部位先洗一遍。但这样做仍然很麻烦，目前仍然没有很好的办法解决，这也是制约洗衣机发展的瓶颈之一。

8）含水率

脱水机和洗衣机的脱水装置脱水后含水率应符合下表的规定：

洗衣机脱水后含水率的规定 表 2 - 9 - 6

脱水方式		含水率/%
手动式	挤水器	<150
离心式	波轮式和搅拌式全自动洗衣机	<115
	滚筒式洗衣机	<115
	普通型和半自动型波轮式洗衣机	<115

9）节约洗涤剂

随着人们环保意识的加强，节约洗涤剂也成了各商家的卖点之一，但目前并不成熟。所谓不用洗衣粉的洗衣机，其洗涤效果并不十分理想。对用户来说，他们并不认为节约洗涤剂是很重要的方面，也许随着环保意识的进一步加强，这个因素会得到用户的普遍接受。

（3）功能

1）基本功能

洗衣机的基本功能是：洗涤、漂洗、脱水。这也是人们购买使用洗衣机的根本目的。

2）杀菌

杀菌已经成为洗衣机发展的主流，目前洗衣机的杀菌方式有很多种，加热是滚筒洗衣机杀菌的普遍方式，其他的有采用新型抗菌材料、新技术（电解水技术及银离子杀菌技术等）、臭氧杀菌、使用抗菌剂等方法。但除加热杀菌外的其他方法均由于成本及真正的杀菌效果等问题没有被用户普遍接受。

3）烘干

目前市场上的衣物烘干方式主要有两种：一种是热风烘干，另一种是恒温蒸汽冷凝烘干。所谓恒温蒸汽冷凝烘干是指衣物中的水分被恒定的环境高温蒸发，然后通过冷凝器冷却凝结成水排出机外，达到干衣目的。

4）自身清洁

抗菌的一个主要方面。

5）防皱熨烫

洗衣机最后一次脱水的最后两分钟时改为轻柔脱水，可有效防止衣物起皱。

6）儿童锁

洗衣机工作时，开盖时间超过 5 秒，洗衣机停止工作并发出报警声。与安全性相关。

7）预约洗涤

可根据用户需要设定洗衣机工作的时间，在用户方便的时候进行洗涤。

8）避免使用洗衣粉、洗涤剂

与节约洗涤剂相关。

9）加热

杀菌的最主要方式，也是提高洗衣机洗净比的保证（高水温有助于提高洗涤剂中酶的活性）。

10）手机远程遥控

智能化洗衣机的代表功能，但没有普及。

11）洗衣过程中添加衣物

波轮及搅拌式洗衣机比较能容易达到的功能，但对于前装式滚筒洗衣机来说比较困难。但目前结合省水性能，已经有滚筒洗衣机生产厂家把最低水位设计在滚筒前开门最低线的下方，这样就可以做到在洗涤过程中随时开门添加衣物，方便洗涤。

12）预洗功能

针对洗涤不平衡问题而设计的功能，是目前解决此问题的有效方式。

13）少量洗

用大容量洗衣机洗涤少量衣物时的特定程序，可以省水，节约时间。

14）自动感知重量

洗衣机智能化的代表，除自动感知重量以采用合适的洗涤模式之外，还可以自动感知衣物含水率，自动调节脱水时间，衣干即停；自动感知水温，自动加热到合适的温度等。但目前尚未全面普及。

15）模糊控制

建立在自动感知的基础上，使洗衣机自动化程度进一步提高。

16）排水方式

一般分为上排水式和下排水式，上排水式需设置单独的水泵，而下排水式仅靠重力排水。

（4）外观审美

1）机身整体体积

与洗涤容量有关，目前趋势向小型化、超薄化方向发展。

2）机身整体颜色

白色、银色为主，黑色及其他颜色也占有一定的比例。

3）机身外壳材质

符合耐用、耐火、耐热、耐压等要求；目前的趋势是使用抗菌复合材料。

4）机身外壳面饰

精致、细致，烤漆表面比较受欢迎，做工是关键。

5）滚筒开门方式

分为前装式、顶装式和斜装式3种，目前市场上最多的是前装式滚筒洗衣机。但相比较而言，斜装式滚筒洗衣机更加省水，而且更加符合人体工程学，使用户在弯腰取衣物时不费力。这也是用户所认为的高档开门方式。

6）上盖颜色

易看到洗涤过程、美观；一般使用透明材料。

7）上盖材质

耐用、耐高温、透明。

8）上盖、前盖开盖方式

方便、不用费太大力，密封性好、结实。

9）内桶材质

结实、防锈、耐压、耐高温。目前的趋势是使用抗菌复合材料。

10）按键形状

方便、易按压；用户无明显倾向的按键形状。

11）按键材质

手感好、有反馈。

（5）售后与服务

在洗衣机出现故障报修后，维修部门应在24小时内上门服务。

（6）安全性

1）自动断电

程序结束5秒钟后，自动切断电源。

2）异常报警系统

进水异常、脱水异常、排水异常以及电解槽工作异常等都能够自动监测、自动报警。

3）进水超时保护功能

洗衣机进水过程中，因水压过低，进水管连接口有杂质堵塞过滤网等原因致使进水时间过长，此时为防止进水阀线圈长时间通电而发热进而烧毁或引燃火灾事故，在微电脑控制全自动洗衣机中，当进水时间超过15分钟（时间较长的达30分钟）而水位仍未达到预定

（选）水位，则微电脑会发出指令使进水阀线圈断电，停止洗衣机进水动作执行。通常，操作键面板上还会显示特定的符号或同时奏音乐或通过蜂鸣器的鸣叫来提醒洗衣机消费者，您的洗衣机进水有问题。

4）排水超时保护功能

洗衣机排水一般通过排水电机或电磁铁的吸合来牵引排水阀门打开而使洗涤筒内的水流向筒外。有时因排水管未放下，或因排水口位置过高、排水管内有异物堵塞，抑或结冰堵塞而导致洗衣机无法排水或排水不畅。但若排水时间稍长，微电脑也会发出停止排水的指令，以免排水电机或电磁铁线圈长时间通电而烧毁。通常在全自动微电脑控制洗衣机中，若排水从开始至 3~6 分钟后仍未下降到一定水位，则排水超时保护功能就启动。在音乐提醒或蜂鸣报警的同时一般都会有特定的符号显示在数码管或荧光屏上或以某一特定位置的发光二极管的显示来表示此一排水超时的信息。

5）脱水不平衡保护功能

洗衣机脱水过程中，因被洗衣物的偏置而会出现严重的不平衡现象。强大的惯性离心力所产生的振动噪声和碰撞将损坏洗衣机本身或相关零部件。因此，一旦振动幅度过大，模糊控制洗衣机的微电脑就会指示机器先行自动纠偏 1 到 3 次。当自动纠偏失效后，微电脑会通过操作面板显示特定符号或蜂鸣提醒洗衣机消费者再行手动纠偏。待纠偏后关上机盖 10~20 秒后，机器再次进入脱水运行。若自动纠偏失败后，必须待手动纠偏完成后洗衣机方能进入余下程序的正常运行。如果此时洗衣机消费者恰巧不在现场的话，则此一状况维持几分钟（至多 20 分钟）后，微电脑会自动切断洗衣机的电源以保护机器不受损伤。

6）脱水开盖安全保护功能

为防止高速运行的洗衣机脱水内筒在转动过程中，手伸入时遭到碰伤和衣物甩出筒外等情况的发生，洗衣机在脱水过程中一旦上盖打开，转动的筒体必须降速或停止。根据 GB4706.26—91 相关国家标准中有关离心式脱水机特殊要求中有关条款的规定，洗衣机脱水时，盖或机门打开 50mm 以后，脱水筒的转速在 7 秒内应降到普通洗涤或更低的转速。因此，微电脑控制全自动洗衣机脱水时若意外将盖打开，脱水会马上停止，并同时显示相应符号或蜂鸣提醒洗衣机消费者。同样，如果消费者忘了关上机盖而机器运行到脱水程序时，微电脑也会发出指令使机器停止下一步的脱水运行并报警。

7）过欠压保护功能

一般地，电压在 200V ± 10% 上下波动的范围内，洗衣机应能正常使用。但就目前讲，洗衣机工作时电压超出 ±10% 的范围也能正常工作，但超出范围过大则就会影响正常运行。为保护机器或相关元器件，有些全自动洗衣机极端欠压达到 174V、极端过压超过 260V 时会自动切断电源，以保护机器不受损坏。

8）电机过热保护功能

洗衣机主电机工作时因各种原因会致使温升过高，这时，主电机里的内藏式自动复位型过热保护器就会启动，保护主电机不受损伤。通常主电机保护器的动作温度为 120~135℃，而恢复温度为 85~95℃。

9）停机自动断电保护功能

当洗衣机完成洗涤程序后，一般会奏响音乐或发出蜂鸣声提醒洗衣机消费者。但若遇消费者走开不在现场而无法切断电源关机时，微电脑控制的洗衣机通常会在 3~5 分钟内自动切断执行部件的电源，以免这些部件长时间通电而意外受损。另外，控制水平高的微电脑型全自动洗衣机除上述安全保护功能外，还有防瞬间脉冲干扰以及瞬时断电保护性能。因为全自动洗衣机微电脑在运行过程中，随时可能遇到某些电磁干扰，如节能电灯的点亮过程、雷击瞬间等都会产生干扰而使洗衣机程序错乱，造成误动作以及不应有的机件损伤。为此，微电脑控制全自动洗衣机控制电路中一般具有抗干扰的安全保护性能。此外，当电网电路因各种原因而产生瞬间断电，如断电时间在 50 微秒左右时，一些微电脑控制全自动洗衣机的电路具有使洗衣机恢复到原先运行的程序继续工作的性能。

（7）操作

1）操作控制

无论何种洗涤方式，一看即明的操作是洗衣机操作的关键。

2）调节方式

用户希望自主选择调节的自由度大一些，可以自动控制洗衣过程。

3）显示屏

大部分用户希望有简洁的液晶显示屏。

（8）洗涤容量

与家中人口数、洗涤衣物的种类等关系密切。

二、调查过程的说明

1. 调查目的

（1）通过调查得出高档产品（洗衣机）所具有各因素的具体内容是什么；

（2）依据用户对高档产品（洗衣机）的使用需求对这些因素进行排序；

（3）建立设计指南，对今后的设计产生帮助。

2. 调查时间

2006 年 3 月～2006 年 5 月

3. 调查过程

（1）查找搜集相关资料；

（2）到西安市"永乐·大中－钟楼店"、"永乐·大中－北大街店"、"国美电器－钟楼店"，以及"国美电器－北大街店"洗衣机销售处对销售人员进行访谈；

（3）继续查找资料；

（4）对洗衣机用户进行访谈；

（5）提取和产品高档程度有关的因素，进行问卷设计；

（6）试调查；

（7）再次到西安市"永乐·大中－钟楼店"、"永乐·大中－北大街店"、"国美电器－钟楼店"，以及"国美电器－北大街店"洗衣机销售处对销售人员进行访谈；

（8）修改问卷；

（9）正式问卷调查；

（10）资料查找（国家标准等）以及对熟手用户的访谈。

4. 调查方式

（1）观察并体验（用户操作洗衣机的过程）；

（2）访谈（销售者以及熟手用户）；

（3）问卷（60 份）。

5. 问卷录入及数据处理

（1）无效问卷剔除标准：

1）填写不完全：全部 30 道题目空缺 5 道题目及以上者。

2）质疑问卷的可信度：题目全部选择相同答案者；全部多选题将选项全部选择者。

经剔除后，剩余有效问卷 57 份。

（2）经剔除后的问卷录入标准：由于全部为选择题，按照被调查者所选答案直接录入。

6. 数据分析

（1）高档洗衣机的洗涤方式排序

高档洗衣机的洗涤方式排序表　　表 2 - 9 - 7

排序	洗涤方式	人数（总人数57）	百分比（%）	排序	洗涤方式	人数（总人数57）	百分比（%）
1	滚筒	42	73.68	3	搅拌	8	14.04
2	波轮	16	28.07	4	双缸	2	3.51

（2）影响洗衣机高档程度的大类因素排序

影响洗衣机高档程度的大类因素排序表　　表 2 - 9 - 8

排序	因素	人数（总人数57）	百分比（%）	排序	因素	人数（总人数57）	百分比（%）
1	品质	33	57.89	5	服务	25	44.64
2	性能（技术指标）	32	56.14	6	安全	25	43.86
3	功能	30	52.63	7	操作	22	38.60
4	外观	28	49.12	8	容量	13	22.81

（3）高档洗衣机应有的功能排序

高档洗衣机应有的功能排序表　　表 2 - 9 - 9

排序	功能	人数（总人数57）	百分比（%）	排序	功能	人数（总人数57）	百分比（%）
1	杀菌	31	54.39	6	预约洗涤	17	29.82
2	烘干	30	52.63	7	免洗衣粉	13	22.81
3	自身清洁	27	47.37	8	加热	12	21.05
4	防皱熨烫	23	40.40	9	手机遥控	6	10.53
5	儿童锁	21	36.84				

（4）用户需要的高档洗衣机容量

用户需要的高档洗衣机容量排序表　　表 2 - 9 - 10

排序	容量	人数（总人数57）	百分比（%）	排序	容量	人数（总人数57）	百分比（%）
1	5~7kg	33	57.89	3	大于7kg	5	8.77
2	3~5kg	22	38.60	4	小于3kg	2	3.51

（5）高档洗衣机的体积

高档洗衣机的体积排序表　　　　　　　　　表 2 - 9 - 11

排序	体积	人数（总人数57）	百分比（%）	排序	体积	人数（总人数57）	百分比（%）
1	依洗涤容量而定	39	76.47	3	小	9	15.79
2	依房间大小而定	11	19.30	4	大	2	3.51

（6）高档洗衣机的颜色排序

高档洗衣机的颜色排序表　　　　　　　　　表 2 - 9 - 12

排序	机身颜色	人数（总人数57）	百分比（%）	排序	机身颜色	人数（总人数57）	百分比（%）
1	白色	32	56.14	5	黑色	8	14.04
2	银色	27	47.37	6	绿色	2	3.51
3	米色	20	35.09	7	其他	1	1.75
4	搭配	9	15.79				

（7）高档洗衣机的外壳材料

高档洗衣机的外壳材料排序表　　　　　　　　　表 2 - 9 - 13

排序	外壳材料	人数（总人数57）	百分比（%）	排序	外壳材料	人数（总人数57）	百分比（%）
1	抗菌复合材料	34	59.65	3	工程塑料	16	28.07
2	组合	20	35.09	4	金属板	9	15.79

（8）高档洗衣机的洗涤桶材料

高档洗衣机的洗涤桶材料排序表　　　　　　　　　表 2 - 9 - 14

排序	洗涤桶材料	人数（总人数57）	百分比（%）	排序	洗涤桶材料	人数（总人数57）	百分比（%）
1	抗菌复合材料	35	61.4	5	组合	5	8.77
2	不锈钢	15	26.32	6	其他金属	2	3.51
3	工程塑料	13	22.81	7	其他	1	1.75
4	搪瓷	6	10.53				

（9）高档洗衣机的操作方式

高档洗衣机的操作方式排序表　　　　　　　　　表 2 - 9 - 15

排序	操作方式	人数（总人数57）	百分比（%）	排序	操作方式	人数（总人数57）	百分比（%）
1	可调模式	22	38.60	3	全部自调	12	21.05
2	组合	18	31.58	4	固定模式	8	14.04

（10）高档洗衣机的操作界面

高档洗衣机的操作界面排序表　　　　　　　　　表 2 - 9 - 16

排序	界面	人数（总人数57）	百分比（%）	排序	界面	人数（总人数57）	百分比（%）
1	液晶	45	78.95	3	无	5	8.78
2	二极管	9	15.79				

（11）高档洗衣机的按键形状

高档洗衣机的按键形状排序表　　　　　　　表 2 – 9 – 17

排序	按键形状	人数（总人数57）	百分比（%）	排序	按键形状	人数（总人数57）	百分比（%）
1	组合	30	52.63	3	方	9	15.79
2	圆	19	33.33	4	其他	4	7.02

（12）高档洗衣机（波轮）的上盖材质

高档洗衣机（波轮）的上盖材质排序表　　　　表 2 – 9 – 18

排序	上盖材质	人数（总人数57）	百分比（%）	排序	上盖材质	人数（总人数57）	百分比（%）
1	透明塑料	34	59.65	3	不透明塑料	3	5.26
2	组合	22	38.6	4	玻璃	2	3.51

（13）高档洗衣机（滚筒）的开盖方式

高档洗衣机（滚筒）的开盖方式排序表　　　　表 2 – 9 – 19

排序	开盖方式	人数（总人数57）	百分比（%）	排序	开盖方式	人数（总人数57）	百分比（%）
1	斜	31	54.39	3	顶	11	19.3
2	前	15	26.32				

　　说明：通过问卷得到基本的因素排序后，又经过相关资料的查阅及对用户的访谈，确定影响高档洗衣机的具体因素内容以及要达到的标准（见本章第一部分）。

7. 信度、效度分析

（1）信度分析

重测信度：第二次问卷调查与第一次问卷调查中有部分题目是重复的，所以可以检验这些题目的重测信度。

高档洗衣机洗涤方式信度检验　　　　　　　表 2 – 9 – 20

排序	洗涤方式	百分比（%）	参考问卷百分比（%）	相对偏差（%）
1	滚筒	73.68	68	7.7
2	波轮	28.07	28	0.2
3	搅拌	14.04	4	69.7
4	双缸	3.51	4	14.0

　　如上表所示，关于洗涤方式的几个选项，除了在百分比上略有差异之外，各选项的排序是一致的。

（2）结构框架效度

本次调查是从用户对洗衣机操作的角度，从其使用心理出发进行因素提取的。这是通过电话访谈 3 名洗衣机熟手用户以及调查者自身使用洗衣机的经验、调查者与销售人员在洗衣机销售处对洗衣机的试用而总结出的。这三名用户均为女性，分别有过 38、31 以及 26 年的洗衣机使用经验，而且均分别使用过传统的双缸洗衣机到现在的全自动洗衣机。

提取出与用户操作有关的众多因素后，经过查阅大量资料以及对销售人员的访谈，将其加以补充、术语化并且归为 8 个大类。在访谈中，寻找了两个洗衣机销售人员作为产品的专家用户。一位是在"永乐·大中——钟楼店"工作的销售员，另一位是在"国美电器——北大街店"工作的销售员。这两名销售人员在洗衣机等家电销售领域各工作过 9 年与 6 年，都能够说出国内外洗衣机发展的历史与各品牌以及不同洗涤方式的洗衣机之间的区别，而且，他们比较了解不同用户对洗衣机不同方面因素的需求，以及决定洗衣机是否高档的因素。在访谈中，主要向他们询问了有关决定洗衣机是否高档的各大类因素，以及每大类因素中包含的小类因素。所问问题包括："什么样的洗衣机是高档的"、"影响洗衣机档次的有哪些因素"、"影响不同用户购买洗衣机的因素有哪些"。这些问题的目的是总结出影响洗衣机是否高档的因素，不同专家用户对这些因素的概括略有不同，所以最终总结了对两个专家用户访谈的共性答案。但他们均认为"产品品牌"是用户决定选择购买洗衣机时比较看重的因素。所以调查时又继续追问："您认为知名品牌比一般品牌好在哪里"或者"知名品牌的优势在哪里"等。他们均认为，一般知名品牌的洗衣机质量好，售后服务比较好，所以，提取出品牌背后的"品质"与"售后与服务"作为影响洗衣机是否高档的两大类因素。销售人员还描述说"洗涤方式"也是影响用户选择洗衣机的重要因素，一般来讲，沿着洗衣机的历史发展，双缸的洗衣机档次最低，而滚筒全自动洗衣机档次比较高，波轮全自动与搅拌全自动洗衣机居中。但"洗涤方式"背后所包含的因素太多，比如说，大多数用户认为，滚筒洗衣机的外观相对美观，会相对节约水，对衣物的磨损率较小等；而波轮洗衣机的洗涤时间相对比较短，相对比较省电等。销售人员描述了很多"洗涤方式"背后包括的因素，几乎均与影响洗衣机档次的其他大类因素有关，故有必要对这些因素进行调查，确定其先后顺序。之后根据不同专家用户对影响洗衣机大类因素的描述，追问了各大类因素所包含的内容。比如："您认为在洗衣机性能方面，有哪些因素影响洗衣机的高档"、"您认为外观方面都包括什么"、"您认为影响洗衣机品质的因素是什么"等。目的是调查各大类因素中包含的小类因素，为之后的问卷设计提供依据。在询问因素时，还询问了销售人员眼中对影响洗衣机档次的不同因素间的排序问题，比如："您认为刚刚您说的那些因素中，哪个影响力最强？其次是什么？"、"在用户选择洗衣机时，最终决定其购买的因素是什么？"等等。除此之外，还向他们询问了不同的用户对洗衣机所看重的不同方面，比如说年轻人喜欢何种洗衣机，而相对岁数大的人一般选择何种洗衣机等。另外询问了销售处当时展示的样机的销售情况，对调查时销售处用户选择洗衣机的过程进行了观察等。

高档洗衣机调查共进行了两次问卷调查，第一次调查中有效问卷共 50 份，但问卷中包含因素不全，经修改与补充后进行了一次试调查，共 3 人，主要是修改问卷中的措辞。第二次问卷调查中有效问卷共 57 份。

（3）内容效度

主要对第二次问卷调查中问卷的内容进行分析（附录：高档洗衣机调查问卷2）

1）整体问卷全部采用选择题，主要对访谈以及资料查阅中得到的决定洗衣机是否高档的各大类因素进行排序，对其中部分大类因素所包含的小类因素进行排序，相当一部分题目还对所调查的用户进行了效度验证等。在排序方面，没有采用一般排序中会采用的量表排序问题，是因为在第一次问卷调查中（见附录：高档洗衣机调查问卷1）采用了量表的形式，但在调查时产生了很多弊端。其一，大部分用户并不能真正了解他们心目中对不同因素的确切排序，尤其分不清"重要"与"非常重要"、以及"不重要"与"非常不重要"之间的区别，填写时很可能是随便进行的。这样会严重影响问卷的效度。其二，量表题不如选择题的操作性强。在第一次问卷调查时，用户一开始面对量表题，会有不会回答与不愿进行回答的现象，需要调查者耐心解释，而且解释之后，被调查者往往很快地草草勾选，并不像对选择题一样进行深思熟虑。

2）吸取第一次问卷调查的经验教训，在第二次调查问卷中，每道题目中的"高档"二字使用加黑处理，目的是引起被调查者的注意，所回答的问题是关于高档洗衣机的，而不仅仅是自己喜好或使用的。此外，第二次调查问卷中所采用的字符全部为小四号，以减小用户的认知负担。

3）基本资料 1～3 题，目的是了解被调查者对洗衣机使用的熟悉程度，以从大体上判断被调查者所答问题是否有效。由于单独用其中任何一个问题均不能完全反映被调查者对洗衣机的了解程度，故使用了 3 个问题。但在调查中发现，有些结婚不久的人虽然对洗衣机很熟悉，但所写的使用年份仍然很少，这种问卷应单独处理或加追问，不应认为其无效；而有些被调查者，被调查时居住在单身或集体宿舍，虽然是其本人自己洗衣服，但回答使用年份时可能回答的是其父母家使用洗衣机的年数，虽然时间很久，但不能代表被调查者对洗衣机十分了解，也无法因此而判定此份问卷极具参考价值，故遇此类情况应加以追问后再进行判断。

4）基本资料 4～5 题，目的是了解被调查者所使用洗衣机的品牌及档位，最终目的是要了解被调查者所接触的洗衣机与其认为高档的洗衣机之间是否存在一定的关系。但是在调查过程中发现，有不少人，特别是单身贵族，所写的答案为其父母家中所使用的洗衣机，不能完全代表此人对洗衣机的了解及认知。

5）选择题第 6 题，目的是了解被调查者所认为高档的洗衣机的洗涤方式。被选答案穿插排列，与基本资料第 5 题的排列方式不同，避免了被调查者的思维定式。

6）选择题第 7 题，目的是挖掘被调查者所认为高档洗衣机洗涤方式背后的真正原因，是与用户的使用息息相关的。洗涤方式因素不是单独存在的，而是依托于其他因素的，调查时不能只是单独询问，而要进一步追问真正的因素，保证调查的效度。而选项也尽量通俗易懂，使用与用户心理有关的语言，避免认知误差，保证效度。

7）选择题第 8 题，目的是了解被调查人所认为高档的大类因素并对之进行排列。

8）选择题第 9 题，目的是调查用户需要的洗衣机排水方式。如果直接询问："您需要什么样的排水方式"，往往会使被调查者产生疑惑或不太懂问题而进行任意选择。洗衣机放置在厨房，可采用上、下排水式；而放置在卫生间，则主要使用下排水方式；若放置在客厅，除了排水方式以下排水为主外，可能还包含外观因素的成分。

9）选择题第 10 题，目的是调查用户对高档洗衣机潜在功能的需求，其中包含目前技术还不完善的功能，但可对用户需要的功能加以了解并加以预测。

10）选择题第 11 题，目的是调查用户对洗衣机容量的需求。但用户使用洗衣机洗衣服时肯定不是先称量衣服再进行洗涤的，所以对以公斤表示的洗涤容量可能并没有太多的概念，所以在判断题中设置了两道题对本题加以判断，保证问卷的信度。

11）选择题第 12 题，目的是调查用户所认为高档洗衣机的体积。由于体积与洗涤容量、洗衣机摆放房间的大小是分不开的，所以在调查时主要想了解用户对高档洗衣机体积标准的判断是完全通过外观还是从自己的需求进行考虑的。但选项 B "超薄或超小"，多少带一些倾向性，在一定程度上误导了被调查者，影响了调查的效度。

12）选择题第 13 题，目的是了解用户认为高档洗衣机所具有的颜色。但被调查者可能会受到目前市场中或其所使用的洗衣机的影响。而且颜色与洗衣机外壳材料、表面处理方式都是分不开的，而用户头脑中的形象则是三者综合的。故本题与下面的几道题联系比较紧密，位置也放到一起，保证了用户思维的连续性。

13）选择题第14题，目的是配合上题，调查用户对高档洗衣机外壳的材质需求。

14）选择题第15题，目的是调查被调查者对高档洗衣机洗涤桶的材质需求。但一些被调查者可能会对材料并不了解，而随意选择，影响调查信度。

15）选择题第16题，目的是调查用户所认为高档洗衣机的控制方式。选项综合了目前市场中绝大部分洗衣机的控制方式。但本次调查中遗憾的是没能对洗衣机操作界面展开调查。

16）选择题第17题，目的是了解用户对显示屏的需求情况。

17）选择题第18题，目的是了解用户对洗衣机按键的需要，但是抛开界面及外观进行调查，会对用户的选择造成影响，影响了调查信度。

18）选择题第19题，目的是了解用户对波轮洗衣机上盖材质的需求，最终目的是为了挖掘用户是否需要看到洗衣机的洗涤过程。

19）选择题第20题，目的是了解用户对滚筒洗衣机筒装方式的需求。但调查后发现，有些用户认为自己没见过的或见过很少的，或市场上最新宣传的就是高档的，而不是从自己的使用及需求出发，影响了调查的效度。

20）判断题第21题及24题，目的是为了调查用户是否真正需要大容量的洗衣机，对选择题第11题进行验证。

21）判断题第22题，目的是为了调查用户对洗衣机安全性的需要程度。

22）判断题第23题，目的是为了调查用户对洗衣机重量的需求，如果经常挪动，则不宜太重。

23）判断题第25题，目的是调查用户是否真正需要洗衣机的众多附加功能，同时验证选择题第10题。

24）判断题第26题，目的是调查用户是否希望洗衣机洗衣过程的省时。

25）判断题第27题，目的是调查用户是否需要洗衣机的自身清洁功能。

26）判断题第28题，目的是调查用户对按键操作的需要性。

27）判断题第29题，目的是调查用户对洗衣机外壳可清洁性的需要。

28）判断题第30题，目的是调查用户是否真正需要节约洗衣粉或洗涤剂，验证选择题第7题中的"节约洗涤剂"选项。

29）整体问卷设计好之后，没有拿着问卷对专家用户进行面对面访谈，而仅是通过查阅资料以及在家电论坛中对各因素进行了内容补充。由于怕过长的问卷会引起被调查者的反感或不认真作答，问卷仅有两页，并没有把全部要排序的小类因素完全列出。这主要通过对熟手用户的访谈以及资料查阅得到。

30）在对操作方面的控制方式因素进行调查时，仅通过对用户习惯使用的洗衣机模式调节以及选择方式进行询问，而这不是控制方式的全部，还应包括按键、旋钮的直观操作程度、显示屏的直观程度等。这些通过问卷没有涉及的部分，主要通过访谈以及资料的查阅来弥补。

（4）交流效度

1）访谈洗衣机销售者时，选择的是经验比较丰富的销售员，最初询问时是以购买者的身份来进行的，这样做，被调查者往往能够非常热情地回答调查者想要了解的问题。对销售处的很多销售人员进行了了解之后，选定了两名在洗衣机销售领域工作时间较长、对行业比较了解的销售人员作为洗衣机专家用户，进行集中调查。

2）由于销售者在进行讲解时往往会出现倾向性，所以，对不同的销售员就相同问题进行询问比较重要，通过比较和分析，最终得到调查者想要的结论。

3）访谈熟手用户时，调查者所选择的都是和调查者比较熟悉的、交流无困难的人。

4）试调查中，主要是针对问卷中的措辞进行修改，通过试调查，将问卷中关于被调查者背景信息的部分进行了修改，主要集中在对洗衣机使用的信息，而没有对个人信息，比如性别、月收入、职业等进行调查。另外，对一些问题采用了更加通俗化的语言，比如选择题第7题中选项A，原选项是：洗净比高，这是关于评价洗衣机技术指标的专业术语，一般用户对其比较陌生，所以改为：衣服洗的干净。对选择题第20题，选项中的"前装式"、"顶装式"与"斜装式"滚筒洗衣机的术语性太强，所以增加图片以方便被调查者理解。

5）进行问卷调查时，主要采取的是邮件调查的方式，所选择的被调查者都是与调查者比较熟悉的，生活条件相对好的，并且倾向于选择相对高档产品的人。回收问卷后对问卷进行审核，发现有问题立即再次发邮件询问，直到完善为止。

（5）分析效度

1）对影响洗衣机档次的各大类因素进行排序，并对每个大类因素下的小类因素进行排序。主要使用SPSS13.0对数据采用统计百分比的方式进行分析，这样分析比较直观，易于看出被调查用户对洗衣机各类因素的需求程度。

2）分析用户对洗衣机各项因素的需求与喜好趋势。主要使用SPSS13.0对数据采用统计百分比的方式进行分析，统计出用户对不同因素的喜好程度，主要是统计外观、功能、操作等主观性比较强以及与用户使用关系较大的方面，用户所希望洗衣机达到的要求。

3）第二次调查时所取的被调查用户都是调查者所熟悉的，生活条件相对较好的，并且倾向于选择相对高档产品的人，他们所作答的问卷在一定程度上能够代表用户对高档洗衣机的要求。但由于洗衣机用户人群数量很大，而所调查的样本数量较小，所以必然存在误差。

三、附录

1. 高档洗衣机调查问卷2

高档洗衣机调查问卷

您好！我是西安交通大学工业设计系的在校生。由于课程需要，我正在进行一项关于高档洗衣机的调查。本调查属于课程作业的一部分，无任何经济利益，衷心希望得到您的配合，谢谢！

基本资料：

1. 您是否会操作洗衣机？

A. 是　　　B. 否

2. 生活中，一般是_____使用洗衣机洗衣服？

A. 我本人　　　　　B. 爱人　　　　　C. 父母　　　　　D. 其他

3. 您家中使用过_____年洗衣机？

A. 不到1年　　　　　　　　　B. 1年以上5年以下

C. 5年以上10年以下　　　　　D. 10年以上

4. 目前您家中使用的是_____洗衣机：

A. 三星　　　　　B. 三洋　　　　　C. 西门子　　　　　D. 荣事达

E. 松下	F. 海尔	G. 小天鹅	H. 博世
I. 小鸭	J. 伊莱克斯	K. LG	L. 惠尔浦
M. 天洋	N. 威力	O. 其他_____	

5. 您目前所使用洗衣机的洗涤方式是：

A. 滚筒　　　　　　B. 波轮全自动　　C. 搅拌全自动　　D. 双缸半自动

选择题：

6. 您认为_____洗衣机比较高档？（可多选）

A. 双缸　　　　　　B. 波轮式　　　　C. 搅拌式　　　　D. 滚筒式

7. 上一题中，您选择的原因是什么？（可多选）

A. 衣服洗得干净　　B. 节水　　　　　C. 噪声小　　　　D. 重量轻，易于搬动

E. 外观漂亮　　　　F. 容量大　　　　G. 节电　　　　　H. 洗涤时间短

I. 自动化程度高　　J. 功能比较多　　K. 节约洗涤剂　　L. 操作起来较容易

M. 洗衣过程中衣服不缠绕，损伤较小　　N. 洗涤均匀，衣领和袖口洗得干净

O. 其他_____

8. 如果您要选择并购买一台高档洗衣机，您主要看重：（可多选）

A. 功能　　　　　　B. 操作方式　　　C. 外观　　　　　D. 使用安全

E. 品质　　　　　　F. 性能　　　　　G. 售后及服务　　H. 洗涤容量

I. 其他_____

9. 您习惯将洗衣机摆放在哪里？

A. 厨房　　　　　　　　　　　　　　　B. 卫生间

C. 客厅　　　　　　　　　　　　　　　D. 视洗衣机的体积及房间的大小而定

10. 您认为高档洗衣机应该具有什么功能？（可多选）

A. 烘干　　　　　　B. 加热　　　　　C. 预约洗涤　　　D. 儿童锁

E. 杀菌　　　　　　F. 自身清洁　　　G. 防皱熨烫　　　H. 手机远程遥控

I. 不使用洗衣粉或洗涤剂　　　　　　　J. 其他_____

11. 您认为高档洗衣机的容量应该为多少？

A. 小于3kg　　　　B. 3kg～5kg之间　C. 5kg～7kg之间　D. 大于7kg

12. 您认为高档洗衣机的体积应该如何？

A. 体积很大　　　　　　　　　　　　　B. 超小或超薄

C. 依需要的洗涤容量而定　　　　　　　D. 依房间大小而定

13. 从洗衣机的整体颜色来说，您认为高档洗衣机应该是：（可多选）

A. 绿色　　　　　　B. 白色　　　　　C. 黑色　　　　　D. 米色

E. 银色　　　　　　F. 两种或两种以上颜色的搭配　　　　G. 其他

14. 对于高档洗衣机的外壳材料，您认为应该是：（可多选）

A. 工程塑料　　　　　　　　　　　　　B. 金属板

C. 抗菌复合材料　　　　　　　　　　　D. 两种或两种以上材料的组合

15. 对于高档洗衣机的洗涤桶材料，您认为应该：（可多选）

A. 搪瓷　　　　　　B. 不锈钢　　　　C. 工程塑料　　　D. 其他金属材料

E. 抗菌复合材料　　F. 两种或两种以上材料的组合　　　　G. 其他

16. 对于高档洗衣机的操作方式，您认为哪种比较合适：

A. 提供多种不能改变的洗涤模式（比如毛衣模式等），择其一直接进行洗涤

B. 须自主设置不同洗涤模式（比如毛衣＋5分钟＋30℃等），设好后进行洗涤

C. 无可选模式，所有洗涤参数可自由调节，调好后进行洗涤

D. 以上几种搭配使用

17. 对于高档洗衣机的操作界面，您认为哪种比较合适：（可多选）

A. 有液晶显示屏　　　　B. 有二极管显示屏　　C. 不需要显示屏

18. 对于高档洗衣机的按键，您认为应该是：（可多选）

A. 圆形　　　　　　　　　　　　　　B. 方形

C. 其他形状　　　　　　　　　　　　D. 多种形状按键共同使用

19. 对于波轮洗衣机，您认为其洗涤筒上盖应该为：（可多选）

A. 透明塑料　　　　　　　　　　　　B. 不透明塑料

C. 透明塑料与不透明塑料的组合　　　D. 玻璃

20. 对于滚筒洗衣机，您认为以下哪种开盖方式比较高档？

A. 前装式　　　　　　B. 顶装式　　　　　C. 斜装式　　　　　D. 其他_____

判断题：

21. 您经常用洗衣机清洗床单、被罩等大件衣物吗？　　　　　　　A. 是　　　B. 否

22. 您希望洗衣机有很多安全措施吗？　　　　　　　　　　　　　A. 是　　　B. 否

23. 您经常挪动洗衣机吗？　　　　　　　　　　　　　　　　　　A. 是　　　B. 否

24. 您每次都使用洗衣机清洗很多衣物吗？　　　　　　　　　　　A. 是　　　B. 否

25. 您是否仅仅使用洗衣机的基本功能（洗涤、脱水等）？　　　　A. 是　　　B. 否

26. 您习惯用很长时间洗衣服吗？　　　　　　　　　　　　　　　A. 是　　　B. 否

27. 您经常清洗洗衣机吗？　　　　　　　　　　　　　　　　　　A. 是　　　B. 否

28. 您习惯使用按键进行操作吗？　　　　　　　　　　　　　　　A. 是　　　B. 否

29. 您觉得洗衣机的外壳好清洁吗？　　　　　　　　　　　　　　A. 是　　　B. 否

30. 洗衣服时，您习惯使用很多洗衣粉或洗涤剂吗？　　　　　　　A. 是　　　B. 否

2. 高档洗衣机调查问卷1

高档洗衣机调查问卷

您好！我是西安交通大学工业设计系的在校生。由于课程需要，我正在进行一项关于高档洗衣机的调查。本调查属于课程作业的一部分，无任何经济利益，衷心希望得到您的配合，谢谢！

基本资料：性别：　　出生年月：　　　职业：　　　受教育程度：

是否会操作洗衣机_____；家中使用过_____年洗衣机；目前家中使用的是_____品牌的_____（① 滚筒全自动式 ② 波轮全自动式 ③ 双缸半自动式 ④ 搅拌全自动式）洗衣机；

1. 如果您要购买并使用洗衣机，会选择什么档位的？

A. 低档　　　　　B. 中档　　　　　C. 高档　　　　　D. 说不好

2. 您在购买洗衣机时主要看重：

A. 价格　　　　　B. 功能　　　　　C. 品牌　　　　　D. 外观

E. 操作简便与否　F. 其他＿＿＿＿＿＿＿

3. 从洗衣机的整体颜色来说，您认为＿＿＿＿＿体现高档？

A. 银色　　　　　B. 白色

C. 黑色　　　　　D. 其他（如金色、米色等）

4. 从洗衣机的洗涤方式来说，您认为＿＿＿＿＿最为高档？

A. 双缸半自动洗衣机　　　　　　B. 波轮全自动洗衣机

C. 滚筒全自动洗衣机　　　　　　D. 搅拌全自动洗衣机

5. 从洗衣机的容量以及体积感来说，您认为＿＿＿＿＿体现高档？

A. 洗涤容量小但体积大　　　　　B. 洗涤容量小且体积小

C. 洗涤容量大且体积大　　　　　D. 洗涤容量大但体积小

6. 从洗衣机的造型来说，您认为＿＿＿＿＿体现高档？

A. 四四方方且直棱直角　　　　　B. 四四方方但边角圆滑

C. 整体曲线感强但直棱直角　　　D. 整体曲线感强且边角圆滑

7. 从洗衣机的外观材质及表面处理工艺来说，您认为＿＿＿＿＿体现高档？

A. 塑料、烤漆处理　　　　　　　B. 塑料、喷漆处理

C. 金属　　　　D. 普通 ABS 工程塑料　　　　E. 透明塑料

8. 从洗衣机的功能来说，您认为＿＿＿＿＿体现高档？

A. 功能多但有的用不上　　　　　B. 功能比较单一

C. 仅具有用户普遍需要的功能即可

9. 您认为洗衣机的档次主要体现在＿＿＿＿＿（可多选）。

A. 功能　　　　　B. 外观　　　　　C. 品牌　　　　　D. 价格

E. 操作简便与否　F. 其他

10. 如果您购买洗衣机，会按上述标准进行选择吗？

A. 会　　　　　　B. 不会　　　　　C. 按照其中一些标准来进行选择

11. 您认为，下列哪些因素对于高档洗衣机是必要的：（请在相应的区域打对勾）

因素	完全不必要	不必要	无所谓	必要	非常必要
省水					
省电					
省洗衣粉					
省时					
省人力					
具有烘干、熨烫功能					
有杀菌功能					
洗涤效果好					
操作简便					
噪声小					
具有显示屏					
使用寿命长					
售后服务好					

3. 李乐山老师讲话记录整理

一、2006 年 4 月 19 日，高档产品调查的目的以及调查与设计的关系

1. 理解高档产品有哪些因素，各因素是什么？切不可漏掉因素。

2. 各因素间的排序情况如何。

要列出所有的因素，并且要具体说、准确说出各大类因素所体现的内容，即子因素。比如说外观因素，其中可能包括造型、材料、表面处理、颜色等子因素。对这些子因素均要进行具体的调查，得到有指导性的结论。比如说外观中的造型因素，长、宽、高中影响高档最关键的尺寸是哪个？数值为多少？按键的材料为哪种类型比较高档？表面处理，哪几种表面处理属于高档等。上述因素同样需要排列顺序。比如外观因素占第五位，其中最重要的因素为产品厚度，具体数值为 XX（精确到毫米级）。在调查之前，自己必须先对上述因素有概念。

调查报告的撰写要简练：主要包括以下两个部分：

（1）正文、结论；

（2）调查过程的说明，包括：

①数据的收集统计与处理；

②信度、效度分析等。

调查报告应具有指导性，可转化为用户模型与设计指南，进而指导设计高档产品。而不是描述现有的高档产品，不可全在低档产品上打转。

比如 PDA 属于新的产品概念，要做出下一步的产品，找到与哪些多功能的数字产品有关，可综合与网络、与操作方式的结合等。

今后进行任何产品设计时均要调查何为高档产品。

二、2006 年 4 月 30 日高档产品的要求

高档产品不是价钱高的，穷人也有高档东西，功能主义就是给穷人设计的高档。而同时有钱人也认为这些产品比较高档。

通过做高档调查，让我们学会做设计调查，了解整个设计制造的现状，了解为什么国内的产品设计比较低档？就是因为忽略了其他因素，而只是从外观进行考虑的，而影响设计的因素、影响高档的因素决不是仅仅停留在外观上的。

下面是决定产品是否高档的最容易忽略的元素。

（1）高品质、高质量。

（2）综合因素。漏掉一个因素都不可，即使是次要因素被漏掉了，生产出的产品也为低档产品。这一点在产品颜色、外观、表面处理方面极其重要。

例：欧洲的 BOSS 服装，全部为机器制造加工，若其中有任何一处为手工，哪怕仅仅是用手工钉扣子，那服装的档次也会因此而下降。

（3）设计风格纯正，看不出制造、安装的痕迹。

例：ipod 产品，设计风格就很纯正，装配的痕迹完全看不出；

包豪斯钢管椅，表面看不出螺钉。

高档产品的每一个因素都很完美，如果每个因素只做到 0.9，那么整体产品肯定是低档产品。

（4）求实。使用真实材料，高科技。

包豪斯的理念就是，采用新技术、成熟技术以及真实材料。

例：学校门口用环氧树脂制作的浮雕就为假材料，这些材料最终无法处理，只能给城市带来污染。

我国的插座，材料为聚氯乙烯，一碰就碎，而且根本不安全，很容易发生危险。而德国的插座和法国的插座就很安全，让人想触电都不成。这些都是高档产品，造型简洁，而且价格很便宜。

即使是最普通的产品也分高、低档。产品所包含的任何因素都要经过严格的讨论。

三、2006 年 5 月 12 日高档产品调查总结

高档调查对设计的作用何在？

此次高档调查与用户调查是不同的，用户调查是从用户的使用行为、需要、价值等方面入手，是与用户紧密相关的。

影响产品高档的因素至少在 10 个以上，而从前我们进行设计时却从来没有考虑过这么多因素，只是考虑造型、材料、表面处理、颜色……即使把这些方面做到极致，也只是低档产品。过去的学校培养出来的都是低档设计师。

本次调查是设计调查，大家得到的影响产品高档的因素大多为品质、质量，接下来为服务，这与产品的材料、结构、包装等方面有关，与设计有关。再接下来可能就是材料、表面处理、新技术、成本价格、制造工艺等。而与产品的包装、运输、成本、材料有关的因素，是直接影响产品设计品质（质量）的。这些因素也许并不直接表现在设计图纸上，但是设计过程的每一步都离不开。

这个问题的实质是设计高质量的产品（这个理念是欧洲提出的），并不是设计所谓豪华产品，高消费产品。

从前的设计只是考虑和外观有关的众多因素，比如结构模具、颜色、材料、表面处理等，而通过这次调查明白了设计产品，尤其是设计高档产品实质上是非常不容易的事情。今后我们无论进行任何设计，都要进行两个调查，一个是设计调查，一个是用户调查。这两个调查缺一不可。

四、2006 年 5 月 19 日关于信度、效度分析

1. 结构框架效度

在因素寻找过程中，要访谈专家用户，那么何为专家用户（与效度紧密相关）？如何判断专家用户？如何判断框架效度？

专家用户特点：能够提出新的因素；能够判断因素的重要性；能够了解产品的历史（纵向）；能够比较各品牌间的产品（横向）。专家用户了解在产品发展历史中，何阶段所解决的问题是什么，何阶段的产品有何特点。

框架效度考虑的问题包括：所要调查的因素是否齐全。可以询问专家用户：还有什么因素？

框架效度的关键：调查专家用户；向专家用户询问还有什么因素（横向比较、历史角度、因素排序）？

2. 内容效度

访谈调查中访谈的问题及方法的问题、深入的问题。

首先考虑调查因素全不全。例如：在关于可用性的那些文章中，关于用户出错和容错部分，列出了一系列问题；关于用户学习过程部分，又列出了一系列问题；关于好用易用部分，又列出了一系列问题。

　　结构效度向内容效度转化时要考虑问卷的设计。问卷的设计应首先考虑结构效度，次之是内容效度。比如首先列出5、6大类因素（举例），之后应该再考虑各大类因素中又包含哪些问题。比如：用户出错是一大类问题，应考虑用哪些问题能够把用户出错完全弄清。

　　设计问题时要考虑到分析，考虑到效度。要弄清哪些问题适合用量表方式，哪些问题适合用多选方式。对因素排序时，使用量表方式比较合适。

　　使用量表方式时，5分量表和6分量表有什么区别？单数分值的量表有中间选项，使人们可以选择中间态度，而双数分值的量表仅能做是、否判断，没有中间态度。调查时，如果采用了5分量表，用户经常选择诸如"无所谓"等中间题项，那说明此用户可能是因为不清楚所问的问题，所以含糊地选择中间选项。这样的用户水平太低，他填写的问卷效度也太低，这样的问卷应当作废。

　　每份问卷必须有检测的问题，目的是看被调查者前后题目答案的一致性，从而检验用户的效度，这属于交流效度的问题。

　　内容效度是考虑问卷中所问问题是不是全，是不是包含了所有的因素，以及如何检验等问题。

　　比如说：高档PDA调查中，有一道题目是调查"高速处理器"的重要程度。"高速处理器"到底包含了多少因素？真正内行的被调查者不明白此题要问什么，而那些能回答出此题的被调查者都是外行，他们所答的问卷效度太低。内行明白处理器除了速度之外，还包括容量、带宽等，所以不能仅用处理器的速度来调查。这个问题不真实、不全面，不能全面真实地反应处理器的问题。调查中还有一道题目是调查"图标容易识别"的重要程度，图标不仅仅是识别的问题，而是涉及到很多很多问题，比如易于记忆、易于识别等，这些均为内容效度中的问题。

　　我们的调查中，结构框架转换为问卷时漏掉了2/3的内容。结构效度转换为内容效度时，应该把结构效度中的每一个因素，考虑用哪几个问题能全面真实地调查清楚。谁来判断是否全面真实呢？应该是专家用户来判断。向专家用户询问时不可诱导，比如，不可询问：在使用方面，还缺什么问题？这样就把因素限制在使用方面了，而专家用户很可能就顺着回答下去而不考虑其他方面。询问时更不可放手，比如询问：您觉得这些问题是否能够全面描述PDA？这两种调查方法均会使内容效度缺失。比较好的做法是，把问卷给专家用户，首先让专家用户判断因素是否全面，这是结构效度的问题。之后再问"您看针对我这份问卷，对每个因素所包含的问题是否齐全，是否全面准确地都问到了？"

　　3. 交流效度

　　询问被调查者是否理解问卷中的问题，如果对方回答"理解"，则应该继续追问，让对方说说他对这个问题的理解到底是什么，看被调查者是否真的理解了问题。这是试调查应该做的事情。试调查主要问普通的被调查者即可，也可以问会审判问卷、知道在问卷中应该如何提问、如何回答的专家用户。

　　询问被调查者问卷中的问题是否可答，让被调查者试回答问题。

　　看对问卷中所涉及的问题（比如说一些隐私问题），被调查者是否愿意回答，如果一个人不愿意回答，那换另外的人进行调查，如果被调查者普遍都不愿意回答，那么说明问题出的有问题，应该修改问题。

　　4. 分析效度

　　分析效度是解决采用何种方法进行分析的，包括逻辑推理、经验以及验证三个部分。最终观察调查结果是否真实、全面。分析是否符合用户的期待、追求与价值。

比如我们上学期所作的色彩调查，调查总体是整个西安市，抽样时选择的是碑林区，这个抽样并不能代表西安市。因为在人口分布等方面，碑林区与西安市并不一致，不具有代表性，这就是分析效度所起的作用。应该采用弥补的方法，修改调查方法与内容。

分析效度是验证是否全面真实地反应了调查情况的。

对统计方法进行分析，分析所使用的方法是否有效？有效程度是什么？为什么采用这种分析方法？应该首先对方法、数据量以及误差量进行分析。

样本的选取要下大功夫，书本上写的为信度分析，而不是效度分析。

效度分析时要看专家的水平，看专家对产品的历史经验以及不同品牌产品间横向比较的经验是否丰富，对因素的考虑是否齐全等。要对不同的专家进行比较，专家比较是很重要的分析方法，用来验证专家。

分析抽样时，要将小样本与总体进行比较，说明保证调查效度应该取的最小样本容量。取样方法很重要，通常数学方法并不能保证取样的效度。比如我们上学期进行色彩调查时，调查西安市常住人口，样本量是500，所采用的抽样方法是多级整群分层抽样方法，把整个500个样本集中在碑林区。碑林区根本不能代表整个西安市，在人口分布、居民类型等方面与西安市均有不同。所以，应该采用弥补的方法，在碑林区抽取的样本不符合西安市这个整体时，就要对不足的人口比如北郊农村人口等按照人口比进行弥补，最终完成抽样。

5. 关于预测性

结构效度中，哪些因素有预测性，是调查之前就应该考虑的问题，所调查的因素应该具有预测性，提的问题应该具有预测性。在交流效度中，要看被调查用户是否明白所要回答的问题为预测问题，看他们是否能够回答出这些预测问题。

第十节　高档手机设计调查（1）

一、调查简介

（一）调查目的：明确高档手机和哪些因素相关，并对这些因素的重要程度进行排序，写出设计指南。

（二）调查方式：分为两次调查。第一次：通过访谈来扩展因素，并调查出大的因素诸如质量、功能等怎样排序。第二次：发放问卷，调查各个小因素，并对此排序，写出设计指南。

（三）调查对象：华中手机卖场楼层经理3名，手机销售员15名。迅捷手机卖场楼层经理2人，手机销售员7人。有效问卷共27份。

二、问卷的效度

1. 框架效度

框架效度是指我要调查的高档手机具体包含了多少个因素。因素全不全依赖于专家访谈。针对第一次调查的基本排序情况笔者总结出了6个一级因素，每个一级因素下面又包含了多个二级因素、三级因素、四级因素。问题就从质量、功能、外观、使用、高科技、服务这几个大方面入手去问。具体因素见下表：

高档手机的相关因素 表 2 - 10 - 1

一级因素	二级因素	三级因素	四级因素
1. 质量	1. 使用寿命	1. 电池寿命	1. 电池 2. 充电器
		2. 防水防尘	
		3. 抗摔防震	
		4. 外壳耐磨	
		5. 通话质量	1. 网络传输速度 2. 天线 3. 芯片
	2. 手机性能	1. 主屏	1. 材料 2. 分辨率 3. 尺寸 4. 显示效果
		2. 副屏	1. 尺寸 2. 提示信息
		3. 显示	1. 菜单显示 2. 墙纸设置 3. 开关机动画 4. 亮度对比度
		4. 铃声	1. 扬声器 2. 支持格式 3. 铃声资源
	3. 硬件配置	1. 待机时间	1. 连续通话时间 2. 非通话时间 3. 航续时间 4. 待机时间
		2. 数据连接	1. 内存 2. 平台程序扩展
	4. 使用安全	1. 较低辐射	
		2. 隐私保护	1. 通话保护 2. 信息加密
2. 功能	1. 通话	1. 呼叫	1. 自动重拨 2. 紧急呼叫
		2. 接听	1. 拒接电话
		3. 通话信息	1. 来电转接 2. 通话时间费用 3. 显示或隐藏号码 4. 翻盖接听 5. 免提功能
	2. 通讯录	1. 电话本	1. 储存容量 2. 输入名片方式 3. 快速拨号 4. 语音控制拨号 5. 群组
		2. 通话记录	
	3. 短信	1. 储存容量	
		2. 输入文字方式	
		3. 多媒体短信	
		4. 电子邮件	
		5. 语音邮箱	

一级因素	二级因素	三级因素	四级因素
2. 功能	4. 娱乐	1. 游戏	1. 内置游戏 2. 联机游戏
		2. 收音机	
		3. 录音	
	5. 拍摄	1. 摄像头	1. 像素 2. 分辨率
		2. 拍照	1. 拍摄辅助 2. 拍摄效果 3. 编辑相片
		3. 视频录制	1. 分辨率 2. 存储空间 3. 播放格式
	6. 音乐	1. 载体容量	
		2. 音效	1. 播放器本身音质 2. 耳机质量
		3. 播放方式	
		4. EQ 调节	
		5. 音频解码	
	7. 工具箱	1. 闹铃	
		2. 计算器	
		3. 日历	
		4. 便笺	
		5. 秒表	
		6. 备忘录	
		7. 中英文字典	
		8. 倒数计时器	
	8. 手机设定	1. 密码设置	
		2. 快捷键设置	
		3. 铃声图片设置	
		4. 语言设置	
	9. 连接	1. 蓝牙	1. 连接支持 2. 声效 3. 上传/下载速率 4. 浏览器 5. WEB 兼容
		2. 红外	
		3. 互联网	
3. 外观	1. 整体设计	1. 体积	
		2. 重量	
		3. 整体风格	1. 精美华丽 2. 简约纯正 3. 怪异
		4. 开合方式	1. 翻盖 2. 直板 3. 滑盖 4. 旋盖

一级因素	二级因素	三级因素	四级因素
3. 外观	1. 整体设计	5. 细节处理	1. 边角平整 2. 过渡线面 3. 尺寸配合精度 4. 接缝处
		6. 色彩搭配	1. 单色 2. 双色：机身＋按键 3. 多色搭配
		7. 外壳材料	1. 金属 2. 塑料 3. 其他：皮革、布料、木头 4. 新材料
		8. 表面质感	1. 镜面金属 2. 磨砂亚光金属 3. 拉丝金属 4. 抛光塑料 5. 亚光塑料 6. 透明塑料 7. 其他
	2. 正面设计	1. 按键	1. 按键的接触面积 2. 间距的设置 3. 键程下潜深度 4. 操控的手感 5. 键盘灯
		2. 屏幕	
		3. LOGO 标注	
	3. 侧面设计	1. 侧面按键	
		2. 各种插口	1. 耳机接口 2. 数据线接口 3. 充电接口
	4. 背面设计	1. 绳扣设计	
		2. 电池位置	
		3. LOGO 标注	
4. 使用	1. 开合手感	1. 开合次数	
		2. 稳定顺滑性能	
	2. 抓握手感		
	3. 人机界面	1. 主题	
	4. 菜单结构		
	5. 界面色彩		
	6. 图标设计		
5. 高科技	1. 3G 手机	1. 数据传输速度	
		2. 无线接口标准	
	2. 智能手机	1. 开放的操作系统	
		2. PDA 功能	1. 个人信息管理 2. 日程记事 3. 安排任务 4. 多媒体应用 5. 浏览网页
		3. 接入互联网能力	
		4. 普通手机功能	

一级因素	二级因素	三级因素	四级因素
6. 服务	1. 增值服务	1. 售后保修	
		2. 包装运输	
		3. 赠送附件	
		4. 手机说明书	
	2. 网络环境	1. 覆盖范围	
		2. 漫游情况	
		3. 资费	
		4. 辐射强度	

2. 内容效度

内容效度是指每个因素下的问题能不能真实全面地反映这个因素。笔者在每个因素后都列了数个问题，但是在问卷中，并不是要把所有问题写进去。有些东西，譬如说一些基本功能，高档手机是肯定具有的。因素是要考虑到，但不必写在问卷中。

具体问题见下表：

高档手机各因素与题目的关系 　　　　　　　　表 2 - 10 - 2

一级因素	二级因素	三级因素	四级因素	相关问题
1. 击穿质量	1. 使用寿命	1. 电池寿命	1. 电池 2. 充电器	• 电池的实际容量是否足够大 　电池是否有短路保护功能 　电池上是否标注额定容量、正负极性等 • 充电器是否会保护过充的电池 　充电器是否能安全使用，不会过热燃烧击穿等
		2. 防水防尘		• 湿的手指按键盘是否会让手机键盘失灵 　手机不慎掉入水里是否还能正常工作 　手机在落满灰尘时是否还能正常使用
		3. 抗摔防震		• 不慎摔在地上的手机是否还能正常使用 　时常使用铃声震动模式是否会影响手机性能
		4. 外壳耐磨		• 外壳是否长久不变形 　外壳使用久了是否会掉漆或有划痕
		5. 通话质量	1. 传输速度和信号强度 2. 天线 3. 芯片	• 信号是否覆盖区域广 　网络传输速度是否足够用 • 是否能良好地接收到信号 • 芯片是否质量过硬
	2. 手机性能	1. 主屏	1. 材料 2. 分辨率 3. 尺寸 4. 显示效果	• 是否是 TFT 材料 • 是否足够高 • 是否能让人容易看清楚 • 色彩饱和度是否高，颜色过渡是否均匀自然，亮度是否均匀，画面显示是否细腻
		2. 副屏	1. 尺寸 2. 提示信息	• 是否能让人看清提示的信息 • 是否清晰明了

续表

一级因素	二级因素	三级因素	四级因素	相关问题
1. 击穿质量	2. 手机性能	3. 显示	1. 菜单显示 2. 墙纸设置 3. 开关机动画 4. 亮度对比度	• 是否清晰 • 是否可选择 • 是否能更换 • 是否可调节 是否能在光照极强条件下也能看清
		4. 铃声	1. 扬声器 2. 支持格式 3. 铃声资源	• 是否为环绕立体铃声 声音穿透力是否良好 最大音量下是否没有爆音 • 是否同时支持 mp3、AAC、AAC +、Eaac +、Real、wav、M4A、AWB、SP - Midi、AMR、AMR - WB、原音、AMR - NB 等基本格式 • 公司网站是否提供丰富的铃声资源供下载
	3. 硬件配置	1. 待机时间	1. 连续通话时间 2. 非通话时间 3. 航续时间 4. 待机时间	• 连续通话时间是否不少于 3 小时 • 非通话使用时间是否能持续 25 小时 • 是指充满电量后,有限度的使用手机的基本功能,其使用时间不少于 20 小时 • 待机时间是否不少于 6 天
		2. 数据连接	1. 内存 2. 程序扩展	• 手机内存是否足够,是否配备 SD 插槽能够扩展内存 • 是否支持安装其他程序
	4. 使用安全	1. 较低辐射		• 是否能降低辐射不影响人的健康
		2. 隐私保护	1. 通话保护 2. 信息加密	• 是否能防止别人窃听通话 是否具备黑名单功能 • 是否提供短消息、电话本的加密功能
2. 功能	1. 通话	1. 呼叫	1. 自动重拨 2. 紧急呼叫	• 是否能在呼叫不通时手机自动重拨 • 是否在没有 SIM 卡或没有信号处实现紧急呼叫
		2. 接听	1. 拒接电话	• 是否能按希望拒接电话
		3. 通话信息	1. 来电转接 2. 通话时间费用 3. 显示或隐藏号码 4. 翻盖接听 5. 免提功能	• 是否具有来电转接功能 • 通话后是否能提示通话时间和费用 • 是否能根据需要显示或隐藏自己的号码 • 是否能实现一翻手机盖就接听 • 是否能实现免提接听功能
	2. 通讯录	1. 电话本	1. 储存容量 2. 输入名片方式 3. 快速拨号 4. 语音控制拨号 5. 群组	• 容量是否在 1000 条以上 是否有类似名片的简易管理模式 每个人名下是否有多个号码供储存,是否提供 E-mail 地址储存,是否提供大头照和个性铃声表示不同人物 • 是否提供手写或者扫描识别的名片输入方式 • 是否能快速查找到名片 • 是否具有快速拨号功能 • 是否能够说谁的名字,手机就给谁拨号 • 是否能够按自己想法划分人们的群组
		2. 通话记录		• 是否能详细记录各种电话的呼叫名称、呼叫次数、呼叫时间

一级因素	二级因素	三级因素	四级因素	相关问题
2. 功能	3. 短信	1. 储存容量 2. 输入文字方式 3. 多媒体短信 4. 电子邮件 5. 语音邮箱		• 是否能储存 200 条以上短消息 • 是否简便，不用时刻切换，是否有联想提示 • 是否提供图片、音乐供发送 • 是否支持发送邮件、阅读邮件 • 是否支持使用语音邮箱
	4. 娱乐	1. 游戏 2. 收音机 3. 录音	1. 内置游戏 2. 联机游戏	• 是否提供容量小、有趣的小游戏 • 是否支持联机游戏 • 是否能接受各个频段 • 是否提供长时间高质量的录音效果

	5. 拍摄	1. 摄像头
		
		2. 拍照
		
		3. 视频录制
			1. 像素
			2. 分辨率
			1. 拍摄辅助
			2. 拍摄效果
			3. 编辑相片
			1. 分辨率
			2. 存储空间
			
			3. 播放格式
				• 是否为 300 万像素之上
				• 是否足够高
				• 是否提供自拍，提供一定时间的自动定时拍摄，提供全屏取景
				• 是否具有自动、晴天、阴天、白芷灯、荧光灯几种白平衡调节功能
				  拍摄色调上是否需提供普通、怀旧色、黑白、补色四种效果
				  是否设置闪光灯
				  是否支持夜景拍摄
				• 是否提供相片的趣味编辑，如加镜框等
				• 是否有足够的分辨率
				• 是否能跟拍照一样有相同的个性化设置
				• 是否有足够的储存空间
				• 格式是否支持当前主流的 3GP 格式

	6. 音乐	1. 载体容量 2. 音效 3. 播放方式 4. EQ 调节 5. 音频解码	1. 播放器本身音质 2. 耳机质量	• 是否足够使用，能储存上千首歌曲 • 是否提供左右声道均衡以及立体声回响音效 • 是否为立体声耳机 • 是否提供循环等播放模式 是否提供线控 • 是否提供 6 种音效模式，支持用户对每一个 EQ 自行调节，8 段的调节 • 是否为专业音频解码芯片
	7. 工具箱	1. 闹铃 2. 计算器 3. 日历 4. 便笺 5. 秒表 6. 备忘录 7. 中英文字典 8. 倒数计时器		• 是否提供这些工具箱中的功能
	8. 手机设定	1. 密码设置 2. 快捷键设置 3. 铃声图片设置 4. 语言设置		• 是否能让人们自如地进行这类手机设定

续表

一级因素	二级因素	三级因素	四级因素	相关问题
2. 功能	9. 连接	1. 蓝牙	1. 连接支持 2. 声效 3. 上传/下载速率 4. 浏览器 5. WEB 兼容	• 是否提供 1.2 版本的连接支持 • 是否是立体声蓝牙 • 上传/下载速率是否足够 • 是否内置 WAP2.0 XHTML/HTML 多模式浏览器 • 是否支持 HTML4.01（提高 WEB 的兼容性）
		2. 红外		• 是否使用标准的红外数据通讯协议及规范 • 是否能正常传输文字、铃声、图片
		3. 互联网		
3. 外观	1. 整体设计	1. 体积		• 是否体积越小越高档
		2. 重量		• 是否重量越轻越高档
		3. 整体风格	1. 精美华丽 2. 简约纯正 3. 怪异	• 认为高档手机应具有哪种风格
		4. 开合方式	1. 翻盖 2. 直板 3. 滑盖 4. 旋盖	• 认为高档手机应该具有怎样的开合方式
		5. 细节处理	1. 边角平整 2. 过渡线面 3. 尺寸配合精度 4. 接缝处	• 边角是否平整 • 过渡面的线条是否标准，是否一致 • 手机开合中是否感到稳定、顺滑 • 接缝处是否细小 • 是否尽可能少地暴露螺钉在外
		6. 色彩搭配	1. 单色 2. 双色：机身 + 　按键 3. 多色搭配	• 认为怎样的搭配显得高档
		7. 外壳材料	1. 金属 2. 塑料 3. 其他：皮革、 　布料、木头 4. 新材料	• 认为高档手机应该使用怎样的材料
		8. 表面质感	1. 镜面金属 2. 磨砂亚光金属 3. 拉丝金属 4. 抛光塑料 5. 亚光塑料 6. 透明塑料 7. 其他	• 认为高档手机应该具有怎样的表面质感
	2. 正面设计	1. 按键	1. 按键的接触面积 2. 间距的设置 3. 键程下潜深度 4. 操控的手感 5. 键盘灯	• 是否足够大，能一下按着 • 是否在使用过程中不会按到旁边的按键 • 使用感觉舒适、稳定 • 是否长时间使用手指不酸痛 • 是否醒目，色彩搭配和谐
		2. 屏幕		

一级因素	二级因素	三级因素	四级因素	相关问题
3. 外观	2. 正面设计	3. LOGO 标注		• LOGO 设计是否有文化内涵 LOGO 的蚀刻方式是否显得高档
	3. 侧面设计	1. 侧面按键		• 分布是否均匀
		2. 各种插口	1. 耳机接口 2. 数据线接口 3. 充电接口	• 是否都为标准接口 • 排布是否合理
	4. 背面设计	1. 绳扣设计 2. 电池位置 3. LOGO 标注		• 是否精细，方便穿绳 • 是否方便拆卸，是否影响美观
4. 使用	1. 开合手感	1. 开合次数 2. 稳定顺滑性能		• 是否能达到数十万次依然稳定顺滑 • 翻盖、滑盖时是否不晃动，声音小，有稳定顺滑感
	2. 抓握手感			• 是否长时间抓握也能保持手部舒适
	3. 人机界面	1. 主题 2. 菜单结构 3. 界面色彩 4. 图标设计		• 菜单结构是否简单易找 • 界面色彩是否让人眼看上去舒适，色彩是否统一 • 图标是否易懂，是否应该用文字替换图标
5. 高科技	1. 3G 手机	1. 数据传输速度 2. 无线接口标准		
	2. 智能手机	1. 开放的操作系统		• 是否能在此系统上安装软件
		2. PDA 功能	1. 个人信息管理 2. 日程记事 3. 安排任务 4. 多媒体应用 5. 浏览网页	• 是否具有这些功能
		3. 接入互联网能力		
		4. 普通手机功能		
6. 服务	1. 增值服务	1. 售后保修 2. 包装运输 3. 赠送附件 4. 手机说明书		• 是否提供终身高质量的保修服务 • 是否能提供坚固的包装使之在运输过程中不受损坏 • 是否赠送数据线驱动程序、各种软件、多种图片铃声等附件 • 手机说明书是否简明易懂，是否提供各类故障的解答
	2. 网络环境	1. 覆盖范围 2. 漫游情况 3. 资费 4. 辐射强度		

3. 交流效度

　　首先，在发放问卷前，我们会跟被访谈者聊一会儿，让他说一说最新几款高档手机的特色，以此来判断他是否了解高档手机。问卷都是当面填写和回收的。

　　对于外观因素的题目，要考虑到手机销售和经理也并不是很了解，所以要提供直观的东西供他们选择，比如造型那个题，在第一次访谈中仅说圆润、直楞直角等词语，别人不能够理解，所以这次我们挑出了三张典型图片附在问卷上供选择。

您认为高档手机的造型是（单选）：可以参考图片

 a. 直楞直角，流畅的直线　　b. 柔和圆润的曲线，大圆弧设计

 c. 总体是直线，边角是曲线

问卷中要避免专业词汇，诸如"语音控制"，可以改成"拨号时说谁的名字就拨给谁"；再如"信息安全"，可以说"防止别人窃听电话，偷看手机里的短信、通讯录和其他机密"。

4. 分析效度

分析效度考虑用什么方法来分析以全面得到调查结果。我们根据自己列出来的框架因素设计的问卷，每个因素必然都跟高档有关，只是关系多少不一样。所以通过调查数据对这些因素排序。设计的时候要优先考虑前几位的因素。

有些因素之间是矛盾的，比如待机时间长就意味着电池会比较厚重，那么外观就不可能很薄。采用大的 TFT 显示屏会显得手机高档，但却容易挤坏屏幕，质量得不到保证。所以必须要对因素排序，看什么最主要。

三、问卷统计分析

1. 被调查者的组成：参见以下各表。

总人数 27 人。从表中可以看出，所调查者的年龄都趋于年轻化，收入、受教育程度也都偏低。但他们是销售人员，就算用不起高档手机，也是每天接触高档手机的一群人。他们对手机各种性能的了解，可能比在使用高档手机的那些人还要多。

性别　　　　　　　　　　　　　　　　　表 2 – 10 – 3

	人数（总 27 人）	百分比
男	14	51.9%
女	13	48.1%

年龄　　　　　　　　　　　　　　　　　表 2 – 10 – 4

	人数（总 27 人）	百分比		人数（总 27 人）	百分比
30 以下	22	81.5%	36 ~ 40	3	11.1%
31 ~ 35	2	7.4%	41 以上	0	0.0%

年收入　　　　　　　　　　　　　　　　表 2 – 10 – 5

	人数（总 27 人）	百分比		人数（总 27 人）	百分比
2 万以下	23	85.2%	8 万以下	1	3.7%
5 万以下	2	7.4%	10 万以上	1	3.7%

受教育程度　　　　　　　　　　　　　　表 2 – 10 – 6

	人数（总 27 人）	百分比		人数（总 27 人）	百分比
本科以下	18	66.7%	硕士	0	0.0%
本科	9	33.3%			

2. 造型的统计结果：参见下列各表：

手机是否越薄越高档（单选题） 表 2－10－7

	人数（总27人）	百分比		人数（总27人）	百分比
越薄越高档	4	14.8%	不清楚	0	0.0%
越薄不一定高档	23	85.2%			

手机是否体积越小越高档（单选题） 表 2－10－8

	人数（总27人）	百分比		人数（总27人）	百分比
越小越高档	1	3.7%	不清楚	2	7.4%
越小不一定高档	24	88.9%			

手机是否重量越轻越高档（单选题） 表 2－10－9

	人数（总27人）	百分比		人数（总27人）	百分比
越轻越高档	0	0.0%	不清楚	1	3.7%
越轻不一定高档	26	96.3%			

高档手机的造型（单选题） 表 2－10－10

	人数（总27人）	百分比		人数（总27人）	百分比
直楞直角，流畅的直线	5	18.5%	总体是直线，边角带有大的倒角和曲线	15	55.6%
柔和圆润的曲线，大圆弧的设计	7	25.9%			

高档手机的开合方式（单选题） 表 2－10－11

	人数（总27人）	百分比		人数（总27人）	百分比
直板	3	11.1%	旋盖	0	0.0%
翻盖	2	7.4%	无所谓	20	74.0%
滑盖	2	7.4%			

高档手机的表面材料（单选题） 表 2－10－12

	人数（总27人）	百分比		人数（总27人）	百分比
金属	16	59.3%	高新材料	9	33.3%
塑料	0	0.0%	其他：木头、皮革、布料等	2	7.4%

高档手机的颜色（多选题） 表 2－10－13

	人数（总27人）	百分比		人数（总27人）	百分比
红	3	11.1%	黑＋银灰/灰	9	33.3%
蓝	3	11.1%	黑＋白	3	11.1%
黑	21	77.8%	黑＋红	2	7.4%
白	0	0.0%	透明或半透明	4	14.8%
银	4	14.8%			

高档手机的表面质感是（多选题）　　　　　　表 2 - 10 - 14

	人数（总27人）	百分比		人数（总27人）	百分比
细腻磨砂感	13	48.1%	透明塑料感	0	0.0%
镜面般光亮	0	0.0%	抛光塑料	0	0.0%
钢琴表面般光亮	12	44.4%	拉丝金属	5	18.5%
温暖柔软触感	3	11.1%			

高档手机的按键（单选题）　　　　　　表 2 - 10 - 15

	人数（总27人）	百分比		人数（总27人）	百分比
触摸屏	11	40.74%	突出的按键	3	11.1%
很平的连体按键	13	48.1%			

高档手机的细节特征（多选题）　　　　　　表 2 - 10 - 16

	人数（总27人）	百分比
转动轴与轴销之间的间隙配合良好	20	74.0%
螺钉隐藏	12	44.4%
圆角处平整，每个圆角都有标准尺寸	12	44.4%
接缝细小	14	51.9%
按键处的缝隙小	15	55.6%
企业标识精致	12	44.4%
手机上没有电镀的塑料件	14	51.9%

3. 对因素的排序及设计指南：由于外观已经单独作了统计，所以不再排序，只需要知道外观这个大因素排在哪个位置。具体见表 2 - 10 - 17。

因素排序和设计指南　　　　　　表 2 - 10 - 17

一级因素	二级因素	三级因素	四级因素	设计指南
1. 质量	1. 手机性能	1. 显示	1. 亮度对比度 2. 菜单设置 3. 开关机动画 4. 墙纸设置	• 具备亮度对比度的方便调节，即使在强光下也能看清楚手机屏幕 • 菜单简单易用，用文字代替图标来表达 • 开关机动画和墙纸采取让用户自定义的方式
		2. 主屏	1. 材料 2. 显示效果 3. 分辨率 4. 尺寸	• TFT 材料 • 屏幕尺寸应该在不用的时候尽可能小，在用的时候尽可能大。考虑设计屏幕折叠的手机
		3. 副屏	1. 提示信息 2. 尺寸	• 能提示电力、信号、短消息、来电等简明信息
		4. 铃声	1. 扬声器 2. 支持格式 3. 铃声资源	• 立体声扬声器，针对中低音频进行优化 • 在最大音量下不出现爆音 • 支持 mp3、AAC、AAC +、Eaac +、Real、wav、M4A、AWB、SP - Midi、AMR、AMR - WB、原音、AMR - NB 等基本格式

一级因素	二级因素	三级因素	四级因素	设计指南
1. 质量	2. 使用安全	1. 隐私保护	1. 通话保护 2. 信息加密	• 提供电话本、短信等加密功能；丢失手机后有远程销毁数据或提取数据功能
		2. 较低辐射		
	3. 使用寿命	1. 电池寿命	1. 电池 2. 充电器	• 电池出厂前作充分的激活处理，充电器有过度充电保护功能
		2. 通话质量	1. 传输速度和信号强度 2. 天线 3. 芯片	• 天线要能敏锐地接受到信号
		3. 防摔抗震		• 在机件内部，重要的位置加入卡片式软垫，用以缓冲外力
		4. 防水防尘		• 盖上有硅酮垫板和防水膜；内置防水盖；电源接口和电池位置均加胶质保护层；耳筒、按键等位置需要独特处理
		5. 耐磨防划		• 使用硬性耐磨塑料或金属做外壳，喷涂 PU 或 UV 漆
	4. 硬件配置	1. 待机时间	1. 连续通话时间 2. 非通话时间 3. 航续时间 4. 待机时间	
		2. 数据连接	1. 内存 2. 程序扩展	
2. 功能	1. 连接	1. 蓝牙	1. 连接支持 2. 上传下载速率 3. 声效 4. 浏览器 5. WEB 兼容	• 提供广泛连接支持，不断提高传输速度
		2. 红外		
		3. 互联网		
	2. 短信息	1. 储存容量		• 增大短信的储存容量
		2. 多媒体短信		• 简化输入方式，尽量少次数地切换输入方式。可以向语音输入方向发展
		3. 输入文字方式		
		4. 语音邮箱		
		5. 电子邮件		
	3. 音乐功能	1. 音效	1. 播放器本身音质 2. 耳机质量	• 有立体声效果；保证耳机品质 • 足够储存音乐的容量 • 提供多种音效模式（摇滚、古典等）
		2. 容量		
		3. 播放方式		
		4. EQ 调节		
		5. 音频解码		
	4. 摄像功能	1. 拍照	1. 拍摄辅助 2. 拍摄效果 3. 编辑相片	• 支持自拍、定时拍等 • 有闪光灯、白平衡、支持夜景，有多种拍摄效果（黑白、怀旧等） • 提供趣味照片编辑、创意相框、变脸等
		2. 摄像头像素		
		3. 视频录制	1. 分辨率 2. 存储空间 3. 播放格式	

续表

一级因素	二级因素	三级因素	四级因素	设计指南
2. 功能	5. 通话	1. 接听	1. 拒接功能	
		2. 呼叫	1. 自动重拨	
			2. 紧急呼叫	
	6. 通讯录	1. 电话本	1. 储存容量	
			2. 语音拨号	
			3. 快速拨号	
			4. 名片识别	
			5. 群组	
		2. 通话记录	1. 来电转接	
			2. 通话时间费用	
			3. 显示或隐藏号码	
			4. 翻盖接听	
			5. 免提功能	
	7. 娱乐	1. 收音录音		
		2. 游戏		
	8. 基本功能			
	9. 手机设定			
3. 外观				
4. 使用	1. 开合手感	1. 稳定顺滑感		• 配合尺寸要精确
		2. 开合次数		• 使用材料不易磨损
	2. 人机界面	1. 主题		• 符合人的文化惯例，简明清晰
		2. 菜单结构		• 颜色不要过多，要提供人的视力保护
		3. 界面色彩		作用
		4. 图标设计		
	3. 抓握手感			• 手机背部弧度合适，适应手形
5. 高科技	1. 智能手机	1. PDA功能		
		2. 开放的操作系统		
		3. 接入互联网能力		
		4. 普通手机功能		
	2. 3G手机	1. 数据传输速度		
		2. 无线接口标准		
6. 服务	1. 增值服务	1. 售后保修服务		• 维修要快，且质量优良
		2. 说明书		• 说明书简明易懂，尽量列出可能出现的故障的解决方案
		3. 赠送附件		• 配送的附件（各种数据线、驱动程序、铃声图片）齐全
		4. 包装运输		
	2. 网络环境			

附录：高档手机调查问卷

高档手机调查问卷

您好！我们是西安交通大学机械工程学院的学生，因为课程需要做一份调查，绝无商业目的，请您放心填写。谢谢您的合作！

1. 您心目中的高档手机是否应该具有以下的特征：

	（不该→该）
	1 2 3 4 5
1. 电池的实际容量足够大	□ □ □ □ □
2. 电池有短路保护功能	□ □ □ □ □
3. 充电器使用安全，能保护过度充电的电池。不会击穿燃烧	□ □ □ □ □
4. 湿手指使用手机不会使按键失灵	□ □ □ □ □
5. 手机不慎掉入水中后仍不会坏掉	□ □ □ □ □
6. 手机落满灰尘的时候还能正常使用	□ □ □ □ □
7. 手机不慎摔在地上仍不会坏掉	□ □ □ □ □
8. 经常使用铃声震动模式也不会对手机性能造成不良影响	□ □ □ □ □
9. 手机外壳使用时间久了也不会变形	□ □ □ □ □
10. 手机外壳使用时间久了也不会掉漆或有划痕	□ □ □ □ □
11. 手机能接收到良好的信号，通话时不会总断线或听不清	□ □ □ □ □
12. 高档手机应该具有大的主屏幕	□ □ □ □ □
13. 高档手机主屏幕的分辨率很高，画面细腻	□ □ □ □ □
14. 高档手机的副屏能提示一些信息，比如来短信了，有未接电话了	□ □ □ □ □
15. 高档手机的屏幕即使在强光下也能看清楚	□ □ □ □ □
16. 高档手机的铃声是环绕立体声，穿透力好	□ □ □ □ □
17. 高档手机的铃声即使开到音量最大也不会出现爆音	□ □ □ □ □
18. 高档手机同时支持 mp3、Real、wav 等铃声基本格式	□ □ □ □ □
19. 高档手机连续 1 小时通话，收发 20 条短信和 10 条多媒体短信的时间为 60 小时以上	□ □ □ □ □
20. 高档手机的内存够大，并且可以在需要的时候再加大内存	□ □ □ □ □
21. 高档手机的辐射较低	□ □ □ □ □
22. 高档手机能防止别人窃听电话、偷看短信和电话本名单	□ □ □ □ □
23. 高档手机有自动重拨功能和拒接电话功能	□ □ □ □ □
24. 高档手机能储存 1000 份以上的名片，每个人名下都可以储存多个号码	□ □ □ □ □
25. 高档手机能通过扫描纸质名片来转换成电话本内的信息，省了输入的功夫	□ □ □ □ □
26. 高档手机能实现语音拨号，说谁的名字就拨给谁	□ □ □ □ □
27. 高档手机能详细记录各种电话的呼叫名称、呼叫次数、呼叫时间	□ □ □ □ □
28. 高档手机能储存 200 条以上的短信	□ □ □ □ □
29. 高档手机可以发送有图片音乐的短信，可以发送语音电子邮件	□ □ □ □ □
30. 高档手机提供有趣的内置小游戏，也支持联机游戏	□ □ □ □ □
31. 高档手机有强大的收音和录音功能	□ □ □ □ □
32. 高档手机上有高达 300 万像素以上的摄像头	□ □ □ □ □
33. 用摄像头可以拍摄质量很高的照片，并可以在手机内进行编辑	□ □ □ □ □
34. 高档手机可以进行高质量的视频录制	□ □ □ □ □
35. 高档手机内能储存上千首歌曲，并以很好的音质播放出来	□ □ □ □ □
36. 高档手机具有蓝牙、红外这些无线连接功能	□ □ □ □ □
37. 高档翻盖滑盖手机在开合时声音小，手感稳定顺滑，开合多次后也不会松动	□ □ □ □ □
38. 高档手机长时间抓握后手部也不会感到不舒适	□ □ □ □ □
39. 高档手机界面的菜单简单易懂，画面看起来舒适	□ □ □ □ □
40. 高档手机拥有一个开放的操作系统，可以在上面安装各类软件	□ □ □ □ □
41. 高档手机提供长期的良好的售后保修和升级	□ □ □ □ □
42. 高档手机的说明书通俗易懂，包含各类常见故障的解答	□ □ □ □ □
43. 高档手机细节处很精细，接缝小，边角平整，暴露的螺钉少	□ □ □ □ □

2. 您心目中的高档手机的外观特征：

---

44. 高档手机是否越薄越高档（单选）：
a. 是　　b. 不是　　c. 不清楚

---

45. 高档手机是否体积越小越高档（单选）：
a. 是　　b. 不是　　c. 不清楚

---

46. 高档手机是否重量越轻越高档（单选）：
a. 是　　b. 不是　　c. 不清楚

---

47. 您认为高档手机的造型是（单选）：可以参考图片

a. 直楞直角，流畅的直线　　b. 柔和圆润的曲线，大圆弧设计　　c. 总体是直线，边角是曲线

---

48. 您认为高档手机的开合方式是（单选）：
a. 直板　　b. 翻盖　　c. 滑盖　　d. 旋盖　　e. 无所谓

---

49. 您认为高档手机的表面材料是（多选）：
a. 金属　　b. 塑料　　c. 高新材料，如碳纤维　　d. 其他材料，如皮革、木头、布艺

---

50. 您认为高档冰箱的颜色是（多选）：
a. 红　　b. 蓝　　c. 黑　　d. 白　　e. 银　　f. 黑＋银灰　　g. 黑＋白　　h. 黑＋红　　i. 透明色

---

51. 您认为高档手机的表面质感是（单选）：
a. 细腻磨砂感　　b. 镜面般光亮　　c. 钢琴表面般光亮　　d. 温暖柔软触感　　e. 透明塑料感　　f. 抛光塑料
g. 拉丝金属

---

52. 您认为高档手机的按键应该是什么形式（单选）：
a. 触摸屏　　b. 和机身一样平的按键　　c. 突起的按键

---

53. 您认为高档手机的细节应有什么特征（多选）：
a. 转动轴与轴销之间的间隙配合良好　　b. 螺钉隐藏　　c. 圆角处平整，每个圆角都有标准尺寸　　d. 接缝细小
e. 按键处的缝隙小　　f. 企业标识精致　　g. 手机上没有电镀的塑料件

---

3. 您的基本资料：

性别：□男 □女	年龄段：□30 岁以下 □31～35 岁 □36～40 岁 □41～45 岁 □46～50 岁 □50 岁以上
婚姻状况：□已 □未	年收入：□2 万以下 □5 万以下 □8 万以下 □10 万以下 □10 万以上
	受教育程度：□本科以下 □本科 □硕士 □硕士以上

第十一节　高档手机设计调查（2）

一、调查目的

1. 明确"高档"产品的象征意义，通过调查达到对高档产品价值取向的正确认识。

2. 通过调查明确高档手机所包含的因素，并对各因素进行排序，总结在手机行业中如何具备"高档"产品应该具有的品质。

3. 探索设计调查的方法，为建立高档手机的用户模型和设计指南提供信息。

二、调查结论

1. 高档产品的价值定位

高档产品并不是指高价格与奢侈豪华，而主要应体现于高品质和超越用户期望的使用感受。在本次调查中，对高品质的总结如下：

- □ 造型设计：
  - ■ 造型有利于使用，充分满足用户舒适度要求
  - ■ 为用户提供良好的心理感受
  - ■ 设计风格纯正
- □ 材质选择：
  - ■ 坚固耐用
  - ■ 舒适的手感
  - ■ 选用真材实料
  - ■ 符合整体设计风格
  - ■ 制造工艺
  - ■ 体现先进的高科技含量
  - ■ 要求缜密、细致，对细节的极致追求是高档产品的硬件基础
  - ■ 能让用户具有直观可测的感觉
- □ 技术功能：
  - ■ 充分满足用户使用需求
  - ■ 合理利用先进技术，并不一味追求高科技、高智能，而是从可持续发展角度，倡导最新、最健康的生活方式和价值观念，引导用户不盲目追求奢华和高科技含量
  - ■ 具备较高的综合性能，具有部分高性能的产品并不能算作高档产品，高档需要的是在各个部分具备优良功能的同时，具备非常优秀的综合性能，即需要各部分合理的设计与协调
  - ■ 人机界面，满足易用、易学、灵活、简单
- □ 服务
  - ■ 提供良好的产品包装及运输体系
  - ■ 提供详细的产品功能及使用介绍，包括功能演示、用户手册、详细规格说明、常见问题解答和简易故障诊断信息
  - ■ 提供产品的相关套件
  - ■ 提供优良的保修与维护服务
- □ 销售
  - ■ 注重分众销售，根据用户特征建立完整的消费者数据库，进行有针对性的推广
  - ■ 为用户提供现场使用体验，精心演示产品使用方法及品质所在
  - ■ 在宣传过程中注重传承经典文化，倡导健康的生活方式

2. 高档手机包含各因素整理及排序

经过调查，对高档手机包含的各个因素进行了整理，并对各因素指标和设计要求进行了说明，具体内容如下表所示。

高档手机因素框架及因素框架结构 表 2 − 11 − 1

一级因素 序号	一级因素 因素名称	二级因素 序号	二级因素 因素名称	三级因素	四级因素	各因素指标和设计要求
1	基本功能	1	电话本	电话记录		信息详尽易于查找 合理设置记录格式，提供多种查找方式
		2	短信息	存储空间		适中，不小于 3.5Mbyte
				通话记录		提供快捷查找方式，易于查找
				编辑界面		简单、易学 彩信短信一体化
				手写文字识别	文字识别速度	快捷，采用多框输入
					拼音切换	采用无缝切换
		3	常用工具（包括记事本、闹钟、计算器、日程表、录音机等）	满足基本功能		界面设计一致 通过第三方软件如 JAVA 支持功能扩展
				操作过程		
				可扩展性		
2	待机时间	1	通话时间			连续通话不少于 3 小时
		2	使用时间			平均每天 1 小时通话、30 分钟 FM 收音机、20 条短信收发、10 张图片拍摄，其余时间正常待机的时间应不少于 25 小时
		3	续航时间			尽量增长续航时间
		4	待机时间			不少于 6 天
3	造型	1	整体设计	体积重量		93.5% 的人认为越轻巧越好，仅有 3.2% 的人倾向于复杂厚重
				设计风格		86.5% 的人认为现代风格（流线型、动感等）更能体现高档
						8.1% 的人倾向于传统风格（平衡、规则等）
						5.4% 的人倾向于奇异的造型风格（仿生、异型等）
				开合方式		各种造型虽各有不足，但之间没有优劣之分，在对用户的调查当中，有 52.3% 的人认为滑盖或旋盖的手机较为高档，而认为直板和翻盖及折叠手机较高档的人数次之
				边线处理		61.1% 的人认为圆弧及曲面的柔软感更能体现高档
						3.16% 的倾向于直角直面的硬朗感
				色彩搭配		52.3% 的人认为稳重的深色系更体现高档
						25% 的人倾向于黑色或白色
						12.4% 的人倾向于鲜艳的彩色
				材质及表面工艺		59.1% 的人认为高亮光泽的金属材质更能体现高档
						20.5% 倾向于磨砂感的塑料，9.1% 的人倾向于透明感塑料
						1.36% 的人倾向于柔软的高弹性材质
		2	正面设计	按键布局		按键的手感和灵敏度要好
						重点考虑使用频率高的按键的位置及使用时的自由切换
						功能键与快捷键合理布局
						数字键盘当中输入法和删除等快捷键与数字键的位置关系应合理布局
						按键灯应能够照亮整个键盘，且亮度适中

因素名称及因素间排序					各因素指标和设计要求
一级因素		二级因素		三级因素	四级因素	
序号	因素名称	序号	因素名称			

序号	因素名称	序号	因素名称	三级因素	四级因素	各因素指标和设计要求
3	造型	2	正面设计	屏幕位置及大小		根据手机的功能及手机的整体体积综合考虑,尽量增大显示面积
		3	侧面设计	按键布局		按键分布均匀
						平衡音量调节键、独立扬声器发声孔、数据线接口、充电接口、耳机接口、电源开关等的位置关系,保证用户操作的便利
				造型细节	边线处理	保证设计风格统一
					分型线处理	
					与相邻曲面的过渡	
		4	背面设计	手持舒适度		与正面形成呼应与对比,风格统一
				造型细节		曲面与边线符合手型,保证手持舒适度
4	硬件性能	1	芯片	实现无障碍连接		英飞凌:65 纳米工艺,可将 3000 多万个晶体管集成在 $33mm^2$ 的空间内 美国 Techno Concepts:采用 10mm 见方、88 针的 MLF 封装。美国捷智半导体(Jazz Semiconductor)的 180nm 级工艺制造
				缩小集成空间		
				高可靠性		
		2	屏幕	材料		目前较为先进的为 TFT(薄膜晶体管)液晶,可以显示较精确及高解析度的影像
				分辨率		像素越高,手机的显示效果越逼真,自然细节方面表现能力越强
				色数		越高的色数能够带来越高的色彩表现力,其屏幕更细腻,STN 只有极少数 65536 色的屏幕,而对于 TFT 可达 26 万色
				显示效果		应提供亮度调整
						色彩表现鲜艳
						层次表现丰富
						色与色之间的过渡良好
						画面细腻不粗糙
		3	发声设备	铃声	和弦	采用了音源硬件芯片,"和弦数"反映同一时刻手机可以同时发声的音源个数。具备复音效果并提供多种乐器音色
					扬声器	音量:扬声器音量、穿透力要好,目前较为先进的是使用立体声扬声器
						穿透力:针对中低音频进行优化,各频段均应体现出色品质
						破音控制:最大音量下应没有出现任何爆音
					支持格式	支持 mp3、AAC、AAC + 、Eaac + 、Real、wav、M4A、AWB、SP - Midi、AMR、AMR - WB、原音、AMR - NB 等基本格式、支持微软所开发的 WMA 格式
				音乐播放	载体容量	保证足够的承载载体容量
					音效	线控及耳机的品质
						提供左右声道均衡以及立体声回响音效
						提供 6 种音效模式

续表

因素名称及因素间排序					各因素指标和设计要求
一级因素		二级因素			
序号	因素名称	序号	因素名称	三级因素	四级因素
4	硬件性能	3	发声设备	音乐播放	播放方式	提供自定义的独立选项
					EQ 调节	支持用户对每个 EQ 自行调节，8 段的调节
					音频解码	具备专业音频解码芯片
						自动搜索添加硬盘上的所有音频文件
						支持各种不同的分类进行调整
		4	拍摄	摄像头	分辨率	像素越大，图像文件的尺寸越大，且与图像尺寸密切相关，目前手机摄像头中最高像素可达 300 万，而专业相机中像素最高达 40 亿级
					传感器	CCD 传感器制作技术起步较早，技术相对成熟，采用 PN 结合二氧化硅隔离层隔离噪声，成像质量相对 CMOS 传感器有一定优势
					所处机身位置	
					可变焦	支持光学变焦成为趋势，变焦倍数越大画面清晰度越高
					存放内存	
				拍照	拍摄辅助	采用自拍镜（自拍）
						提供 10、20、30 秒等的自动定时
						设置独立的拍摄快捷键（需进入菜单后启动摄像头）
						支持全屏取景
					效果控制	支持自动、晴天、阴天、白芷灯、荧光灯几种白平衡调节功能
						色调方面需提供普通、棕褐色、黑白、补色四种
						设置闪光灯（弱光拍摄）
						支持夜景模式
					后期编辑	支持趣味相框拍摄
				视频录制	分辨率	分辨率仍然为重要的因素
					存储空间	保证足够的存储空间
					设置	能够像图片拍摄一样进行各种设置
					视频格式	支持多种视频格式
		5	数据交换	数据线连接	接口	支持标准 USB 数据线连接
					硬盘	为硬盘提供良好的管理
					传输与读取速度	提高数据传输速度和读取速度
				蓝牙	连接支持	提供广泛的连接支持
					声效	提供先进的立体声蓝牙
					浏览器	配置多模式浏览器；保证 WEB 的兼容性
					上传/下载速率	提高上传/下载速率
				内存	机身内置内存	保证足够的机身内置内存及足够的联系方式的存储
					联系方式存储	
				软件扩展		提高 JAVA 处理能力
				安全保密		保证数据安全性、文件保密性
		6	电池	重量比能量；体积比重量		目前日本 KDDI 以燃料电池提供电力（预计比现在的锂电池持续时间多出 1 倍）
				工作电压		
				充、放电寿命		
				无记忆效应		
				自放电率		
				无污染		

一级因素		二级因素		三级因素	四级因素	各因素指标和设计要求
序号	因素名称	序号	因素名称			
因素名称及因素间排序						

一级因素序号	一级因素名称	二级因素序号	二级因素名称	三级因素	四级因素	各因素指标和设计要求
5	软件性能	1	自身设计	符合标准		应用以工业标准为基础的技术,确保应用程序与其他平台厂商提供的解决方案能够实现互操作
				面向对象软件和高度模块化结构		
				内存管理		针对嵌入软件环境而优化的内存管理;具有非常小的可执行文件,并具有基于 ROM 的代码,它能在需要的时候执行;运行时内存需求最小化
				安全机制		允许安全通信和安全数据存储
		2	稳定性	支持国际环境的应用程序		对国际环境的应用程序支持,具有内置 Unicode 字符集,容易实现本地化
				多任务		电话、发送信息和通信是基本功能部分;所有应用程序都应平行设计为无缝工作
				界面设计		对于一些面向"高强"型用户且要求同时按下两个键的功能,存在一些例外情况,如选择文本进行复制、粘贴。在高端手机中使用,具有如下个人信息管理 PIM 和多媒体应用程序:日历、通讯簿、文本和多媒体信息发送、电子邮件、WAP 和其他浏览器、图像
		3	兼容性	节电		通过严格的特定设备管理电能
6	服务	1	增值服务	包装运输		提供良好的产品包装及运输体系
				产品说明		提供详细的产品功能及使用介绍,包括功能演示、用户手册、详细规格说明、常见问题解答和简易故障诊断信息
				相关附件	数据线驱动程序	
					铃声、图片、动画	
					附加应用程序	
					PC 套件	
				保修维护		提供优良的保修与维护服务
		2	网络环境	覆盖范围		在支持未来 3G 移动通信技术下,无线网络必须能够支持不同的数据传输速度,也就是说在室内、室外和行车的环境中能够分别支持至少 2Mbps(兆字节/每秒)、384kbps(千字节/每秒)以及 144kbps 的传输速度
				漫游情况		
				资费		
				辐射强度		
7	销售	1	销售渠道			注重分众销售,根据用户特征建立完整的消费者数据库,进行有针对性的推广
		2	销售方式			为用户提供现场使用体验,精心演示产品使用方法及品质所在
						在宣传过程中注重传承经典文化,倡导健康的生活方式

三、效度分析

1. 调查资料的预测效度分析

在资料搜集阶段,预计调查 10 部高档手机的情况,方法是选择 5 个最具影响力的手机品牌进行调查,了解 2006 年年初至今这些品牌中高档手机的状况。

手机品牌的选择依据为：根据世界品牌实验室（World Brand Lab）发布的品牌排行选出了进入前一百位排行的 3 大手机品牌，世界品牌实验室是按照品牌影响力（Brand Influential）的三项关键指标：市场占有率（Share of Market）、品牌忠诚度（Brand Loyalty）和全球领导力（Global Leadership）对世界级品牌进行了评分，其中网络通讯类进入前 100 位的品牌包括列于 16 位的诺基亚、55 位的三星、88 位的摩托罗拉。鉴于索爱一直以中高端手机为主打产品，并收到了较多的好评，市场受欢迎度也较高，此次调查将索尼爱立信也列为调查对象。国内手机品牌则选择了 2005 年的市场占有率排名为第四的联想作为代表。

手机型号的选择依据是：此次调查对所选品牌的手机型号，均选择 2005 上市，至今仍处于 5000 元人民币以上价位的手机。同时在这些高价位手机中选择在某方面具有代表性和创新性的手机。

2. 访谈效度分析

访谈对象是 1 名专家用户，3 名有经验的销售员。访谈目的在于了解用户及销售人员心目中的高档手机特征，初步确定高档手机的因素。

（1）框架效度

对专家用户的访谈，调查对象为 25 岁的喜欢追求时尚和新鲜感的年轻手机发烧友，从 2005 年年初到现在换了三部手机，这三部均为定位于高档的手机，分别是：索爱的 V800，第二部是萨基姆 myX-8，第三部是现在使用的夏普 V903SH，其价位均在 4000 元以上，在对该用户的访谈中得到的信息包括：对高档手机的定位、高档手机的使用体验、审美倾向，为之前资料搜集阶段补充了关于性能、审美方面的因素，并了解到了对销售方式的态度等。该用户从 2001 年开始使用手机，对手机一直有很浓的兴趣，一直关注手机方面的杂志，对手机发展的历史较为清楚。在访谈中能够从手机的性价比、智能化程度、制造工艺等方面对手机进行横向比较。

对销售人员的访谈，调查对象分别为两名西安市大型手机销售市场中的销售人员和一名二手手机销售人员，销售人员能够从手机的开合声音和表面质感等方面来区分手机的产地，同时对于手机的各地区的售价和消费者的购买倾向有相当程度的了解。在对销售人员的访谈中，了解到了关于手机销售渠道、高档手机性能和价格特征、对高档手机的定位、高档手机购买人群等信息。

（2）交流效度

专家用户的访谈，分三次进行了调查，首先是在手机销售地点，随机地对看到的不同品牌和型号高档手机对调查者进行提问，同时也记录了调查者与销售人员交谈时的内容，并对所看到的高档手机就定位、审美、功能需求等问题进行了提问；其次是在一间餐厅中与对方进一步交谈，此时被访者处于放松状态，谈到了购买高档手机的动机并分别描述了所用过的三部手机的优劣、售后等信息，时间持续 1 个半小时；最后一次通过网络交谈，之前设置了问题提纲，主要让对方提供了自己所认为的一些具有代表性的高档手机品牌和型号。除最后一次访谈外，前两次均是在比较放松的状态下进行交流，主要按照调查者的思路进行记录，畅所欲言，最后一次根据前两次整理后的信息，对被调查者进行了系统提问。

（3）内容效度

提问的问题包括：对已用过的手机的描述；对高档手机的材质、造型、颜色等外观因素的提问；对智能手机的理解和使用经验；如何对手机性能好快进行判断；如何对手机内部设计合理性进行判断；对于局部设计如键盘、扬声器、摄像头、MP3 功能等方面进行提问；对使用习惯进行提问；如何打电话、发信息、操作娱乐功能、智能功能以及对其他一些附加功能的使用方式；最后请被访者列举了认为具有代表性的高档手机品牌及型号。

3. 问卷效度

问卷调查的目的在于通过统计分析得出人们对于高档手机关于造型及部分功能因素的偏好，此次问卷调查尝试采用了电脑填写的方法，对象主要针对 24～30 岁之间、主要从事 IT、通信行业的高收入人群。实际有效问卷为 43 份。

（1）框架效度

1）问卷的整体因素框架分析

在资料整理和专家访谈阶段整理出来的与手机相关的框架因素共 7 项，而每一个框架因素之下又进行了详细的细分，总数量超过 70 个，对于如此庞大的因素群不能够全部放在问卷当中进行调查，因此本次问卷设计选取了与用户较为相关的 3 个因素进行提问，分别是：审美方面因素，包括造型风格、色彩、材质、表面处理；功能方面，包括智能化、稳定性、故障率等；选取这些因素的原则为：对于个人意见差异较大的因素进行问卷调查，取得一定量的统计数据，如审美观、对手机的定位，而对于手机的功能方面，由于手机尚属于高科技产品，因此对于功能的考虑主要来自于科技的发展和提高，故对手机功能方面采用开放式的提问方法，让被调查者填出认为对自己影响较大的因素和遇到问题最多的因素。此外设置了对用户个人背景的提问并由用户进行因素排序和提出使用建议。

2）讨论对于因素的排序是否适合使用量表？

本次调查在保证完整全面地找到决定高档手机的各种因素外，还需要在因素间进行排序。排序的常用方法是采用量表，本次调查是否也适合于采用量表呢？如果采用量表方式，将各个因素罗列出来后，至少会有近 80 个因素需要让被调查者根据这些因素的重要程度或者符合高档产品要求的程度进行排序，这样无疑会带来以下问题：首先被调查者答题时是按照题目顺序依次进行答题的，看到某一因素就要在题后对其因素的重要程度进行回答，在没有对因素进行横向对比的情况下，就缺乏了因素间的权衡；其次对于因素的重要程度缺乏统一的标准，尤其在量表中的相邻强度的判断标准差异性很大，如"非常重要"和"重要"是按照何种方式进行判断的，很容易让被调查者感到迷惑，不排除被调查者会采用第一直觉的主观判断方式，效度较低；最后，对于某些因素的重要程度，用户可能进行过考虑，但不是全部，很容易理解在所有因素当中有相当部分的因素用户在日常使用过程并不会关注，并且不同的用户对于所关注的因素从数量上和类别上都会有所差异，在样本量有限的情况下，这样也就失去将这部分因素与用户所关注的那些因素之间进行排序的意义。因此因素排序不适合采用问卷调查的方式，而适合于对于不同类别的因素寻找不同的用户进行调查，如对于造型的设计因素可以寻找手机设计师进行访谈，而性能方面可由有经验的销售人员和手机的专家用户进行因素排序。

3）讨论如何在问卷中获得因素间的排序状况？

在问卷中可以让被调查者写出自己认为最重要的一些因素，这样，在填写之前调查者就会对因素提前进行排序，并且一定是自己印象最深刻的、受到最大影响的一些手机的因素，这样我们在问卷中统计出来的因素排序状况就较为真实地反映了因素间的排序情况，当然这样的方法排出的因素并不是全面的。

（2）内容效度

问卷共设置了 13 个与手机相关的问题和 7 个与个人背景相关的问题，共 20 题。

　　在对审美因素进行的调查中共设置 4 个问题,针对手机的造型、材质及表面处理、色彩及开合方式进行提问,出题方式为选择题,题目的语句结构为:你认为以下各种手机的……更能体现"高档",在选项设置的过程中涉及到对造型、材质及色彩的分类问题,分类原则是尽量保证选项的全面性和可区分性,同时保证每个选项表意清楚,使得被调查者的理解保持一致。如在对造型的提问中,从边线处理、体量感和风格三个方面进行选项的设置就是为了保证对各种风格的理解一致,又在每种风格之后用具体的词汇描述该风格的整体特征,让被调查者能够明白各种风格在形体上的表现,然后进行回答。

　　对手机的功能因素进行的调查中设置了 5 题,包括对各种主题功能的重要性提问,对手机关注程度的提问,对个人所属手机的功能实现状况的描述,对个人所属手机的不足之处进行描述、对今后手机使用方式方面的建议,该部分的提问主要以开放式问题为主,原因是对功能的考虑主要来自于科技的发展和提高,让被调查者填出认为对自己影响较大的因素和遇到问题最多的因素,笔者认为开放式的填写使用经验比让用户面对一些科技方面的内容进行选择更有效度。

　　在对高档手机的定位因素进行的调查中共设置了 5 个问题,包括高档手机的价值体现、对高档手机的价位界定,购买高档手机的必要性,个人所拥有的手机型号和对个人手机的定位,其中后两题置于对手机的造型、功能等因素的问题之后,目的在于一方面对个人拥有手机的特点进行了解,同时对前 3 个手机定位的问题进行验证。

　　对每个选择题均设置"其他"选项,避免遗漏设计因素;

　　因素排序题采用了关联式提问,区分对高档手机有着不同定位的被调查者对各因素重要程度的不同看法;

　　在个人背景资料中,在设置性别、年龄、收入等常规问题的基础上,设置了针对个人性格特点与情趣爱好的提问,为进一步的相关性分析提供数据。

　　(3) 分析效度

　　1) 对本次问卷主要进行了以下分析:

□ 对造型当中的各因素进行了描述性统计

□ 对各因素进行排序

□ 对因素间的关系进行比较

　　2) 问卷调查中的样本概况:

□ 调查对象的男女性别人数比例为 28∶15,如图 2-11-1 所示。

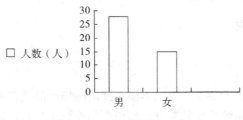

图 2-11-1　性别分布图

□ 受教育情况:大专程度的人数占总人数 28.0%,本科学历的人数占总人数 51.2%,
　硕士学历的人数占总人数 20.8%,如图 2-11-2 所示。

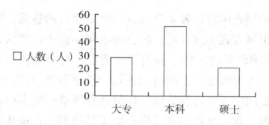

图 2 - 11 - 2 受教育情况分布图

□ 月收入情况为：1000 元以下收入人数占总人数的 25.6%，1000 ~ 3000 元收入人数占总人数的 27.9%，3000 ~ 10000 元收入人数占总人数的 41.9%，万元以上收入的人数占总人数的 7.0%，如图 2 - 11 - 3 所示。

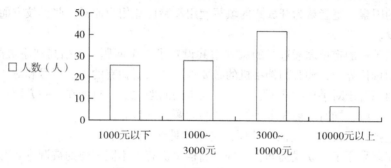

图 2 - 11 - 3 月收入情况分布图

四、信度分析

本次调查尝试采用了电子问卷的方式，即在公司内部通过电子文档的问卷形式对目标人群进行了调查，在问卷开篇作了填写说明（横线部分为需填写的部分，选项部分请将您要选择的选项字体改成红色），调查过程中大部分被调查者能够理解填写方式，同时对于这种电子输入的方式表示接受。

本次调查共发出 49 份问卷，剔除不合格问卷后实际进入统计的问卷为 43 份，问卷回收率较高，剔除问卷的标准为个人资料填写不完整或超过 3 题未填写的问卷。

由于本次调查的人群为 IT 和通信业从业人员，受教育程度均在大专以上，因素对于问卷所设问题的理解和填写完整度都较高。

五、对本次调查各阶段的总结

1. 第一次讨论

□ 李老师：

高档调查的意义、内容及要求：中国不能设计出高档产品就是指搞低档的东西，培养低档的学生，做不了高档的事情。我们要设计高档产品就要先让自己清楚什么是高档。因此通过这次调查必须能够说出高档产品是什么，要能够从造型、工艺、用什么技术等方面准确地说出来，在调查报告的最后，能够为建立用户模型和设计指南提供有用的信息。要理解高档都具备哪些因素，这些因素要找全，不能遗漏，遗漏一个因素就会砸掉一个厂。因素间要进行排序。

□ 总结：

通过这次的讨论明确了进行高档调查的重要性，高档调查不仅仅是了解人们对于高档产品的价值如何判断，更重要的是要通过这次调查明确如何设计和规划高档产品，找全高档产品的因素是很重要的方法，之前进行产品设计的调查只是如蜻蜓点水想到哪里做到哪里，缺乏全面的考虑，而运用找全因素的方法保证了考虑问题的全面性，且容易做得深入。

2. 第二次讨论

□ 李老师：

高档产品指的是高品质和高质量，包括：纯正的设计风格、没有制造安装的痕迹、要用真材实料、高科技含量及求实的态度。

高档产品的诸多因素是不断积累的结果。

□ 总结：

做高档产品重要的是要有精益求精的态度，对任何细节都不放过的求真和负责的态度，老师在讲课中提到了中国的插线板与德国插线板的差距，从中也体会到了从何种角度思考用户的使用方式，如何保护用户的使用安全以及保证产品的经久耐用。之后在模型室做护腿板的模型时，就想到了如何提高模型边缘倒角的光顺问题，采用手工的方法一方面保证倒角的顺滑程度，一方面保证各部位倒角大小一致，如此使产品模型有了较高的品质，同没有经过如此考虑的模型比较起来，比较明显地就看出了品质上的差异。这次进行高档调查的过程中意识到了倒角在产品的造型表现上的重要性，也体会到了精益求精的态度不论是在设计阶段还是制作阶段都起着关键的作用。

3. 第三次讨论

□ 李老师：

我们这次做的调查是设计调查的一部分，它与用户调查的区别是：用户调查主要涉及用户的使用行为、生活方式、生活价值等方面的信息，而设计调查则是要进行与设计制造、造型设计、材料选择、成本估计甚至是包装、运输等方面相关的调查，这些调查因素是直接影响产品品质的重要因素，其中很多因素虽然并没有表现在设计图纸当中，但是在设计过程中的每一步思维都需要紧紧围绕这些因素展开。我们以往的设计只考虑了造型、色彩、材质等因素，而即使每个因素都做到极致，也未必能做出高档产品。

做产品调查就是要从设计调查和用户调查入手，从这两方面提高设计师的水准，作为设计师各方面都要懂、都要会，包括设计、生产线等。希望这次的调查能够成为我们的起点，以后作设计都要综合考虑以上因素，提高我们的水准。

□ 总结：

在这次讨论中，首次明白了设计调查与用户调查的区别，意识到了设计调查的重要意义。应逐步积累设计调查和用户调查的经验，尽可能保证在调查阶段找全影响产品品质的因素。

4. 第四次讨论

□ 李老师（关于效度分析的方法）：效度应从四个部分进行分析：

a）框架效度：

分析的内容包括调查提纲、用户搜集方法、预调查。主要抓住两个要点，一是抓住专家用户，二是找全因素，所提的核心问题是"还有什么因素"？如可用性翻译的文章里可以看到，可用性先分成几个大类，然后在这些类中列出所要问的问题。

对专家用户的判断方法（10 条标准）：是否能够提出新的因素、是否能够判断出因素的重要性、对产品的使用年限是否熟悉、是否能够讲出产品的发展历史、是否能够对产品进行横向比较。

分析的主要标准在于因素框架是否全面。

b）内容效度：（准确、全面）

分析的内容包括提的问题全不全，要问的是什么，能不能让用户回答出来，是否能真实全面地反映问题。如"图标"、"高速处理器"，这两个词汇出现在问卷的量表处其效度就比较低，对于"图标"来说，主要问题是因素包含太多，在"图标"中还有很多因素可以进行细分；而对于"高速处理器"来说其问题在于不够准确。

保证问卷的内容效度就必须把框架中的因素在问题中体现，用哪几个问题能够全面真实地把框架中的因素问清楚，然后请专家用户进行判断是否真实、全面，对框架和内容进行检验。同时要针对用户的理解进行验证，如预测到用户哪个地方可能会不懂，就要针对这个问题进行提问，看用户是否有能力回答这类问题，问卷中必须有重复的类似问题，看其一致性，以此判断该问卷是否有效。

在这里专家用户是帮助我们找全因素的重要途径，但是要注意提问的方式，在提问中有两种典型的错误问法：

错误提问方法："请问在使用方面还有哪些因素没有问到？"（属于诱导型问题）

"请问是否全面地描述了 PDA"（大放手型问题）

正确提问方法："请问因素是不是全了？或还有哪些因素？"

"针对的每个因素是不是全面准确，我是不是都问到了？"

同时结构效度向内容效度转化的时候要进行考虑，问卷的设计必须根据结构效度和内容效度进行判断，对每一个问题还要进行内容框架等分析，如用户出错是一个因素，就要考虑要提哪些问题能够把这个因素全面真实地考虑进去，列问题的时候还要考虑分析效度，采用量表还是选择题要进行斟酌。

c）交流效度：

通过问试调查的人和问有经验的调查人员："请问您对这个问题是怎么理解的？"，判断的依据是看被调查者对问卷的重语句和问题含义是否理解、是否可答、是否愿意答。如果不满足这些条件，就要考虑再多试调查一些用户，如果仍旧有问题，就要重新修改问卷。

d）分析效度：（结论的真实性）

分析效度的内容主要是从逻辑推理、经验、验证（观察法、比较法等）三个方面进行分析。判断的依据是结果是否真实、全面地反映了情况，是否符合人的期待、价值、追求等。如果不满足这些条件就要对这种情况进行弥补，要改调查方法，案例统计方法也要进行分析（相关、因子等），这个方法是否有效，有效程度是多少，对数据量、误差量、方法进行估计。

分析效度还要包括对样本的选取效度分析，是看专家的水准，对专家进行分析，历史经验够不够，使用经验是否丰富。对专家的比较也很重要，验证专家就用专家比较的方法；另外还要说明最小样本量是多少，取样的方法是什么等。

附录一：调查问卷

由于课程的需要，我们正在做一个关于手机设计方面的调查，感谢您的配合和支持！

——西安交通大学 设计艺术学专业

填写说明：横线部分为需填写的部分，选项部分请将您要选择的选项字体改成红色
　　　例如：您现在使用的手机是 _____**诺基亚**_____ （品牌） _____ **N91** _____ （型号）
　　　您购买此款手机时的价位为
　　　　1．1500 元以下　　2．1500～3000 元　　**3．3000～5000 元**　　4．5000 元以上

1）手机对于您来说更多地意味着：

1．通信工具　　2．身份的象征　　3．娱乐工具　　4．随身饰物　　5．其他_____

2）不考虑价格问题，您认为是否有必要购买高档手机：

1．是　　　　　2．否

3）您认为以下各种手机的开合方式中更能体现"高档"的是：

1．直板　　　　2．翻盖或折叠　　3．滑盖或旋盖　4．旋屏　　　5．其他_____

4）以下各组手机的造型风格中更能体现"高档"的是：

□ 1．直角直面的硬朗感　　　　2．圆弧及曲面的柔软感　　　　3．其他_____

□ 1．简洁轻薄　　　　　　　　2．复杂厚重　　　　　　　　　3．其他_____

□ 1．传统风格（平衡、规则等）2．现代风格（流线型、动感等）
　　3．奇异的造型风格（仿生、异型等）

5）您认为以下各种手机机身的材质及表现处理效果中最能体现"高档"的是：

1．高亮光泽的金属　　　　　2．磨砂感的塑料　　　　　　3．透明感塑料

4．柔软的高弹性材质　　　　5．其他_____

6）您认为以下各种手机机身的色彩中最能体现"高档"的是：

1．黑色或白色　　　　　　　2．鲜艳的彩色　　　　　　　3．银色

4．稳重的深色系　　　　　　5．其他_____

7）您认为"高档"手机应具备以下哪些方面的功能更为重要：

1．高分辨率或高像素　　　　2．丰富的多媒体娱乐功能　　3．齐全的商务功能

4．智能化和扩展性　　　　　5．其他_____

8）您现在使用的手机是_____（品牌）_____（型号）

9）您购买此款手机时的价位为

1．1500 元以下　　　2．1500～3000 元　　　3．3000～5000 元　　　4．5000 元以上

10）您认为您的手机是否属于高档手机

1．是

您认为你的手机的高档之处在于
□ 造型方面 _____
□ 色彩方面 _____
□ 材质及工艺_____
□ 操作舒适度_____
□ 功能方面
　高新科技含量_____
　稳定性　　_____
　故障率　　_____
□ 经久耐用_____
□身份象征或装饰方面_____

2. 否

您认为这款手机的优良之处在于
- ☐ 造型方面 _____
- ☐ 色彩方面 _____
- ☐ 材质及工艺 _____
- ☐ 操作舒适度 _____
- ☐ 功能方面
  - 高新科技含量 _____
  - 稳定性 _____
  - 故障率 _____
- ☐ 经久耐用 _____

11）您认为您的手机不足之处是 _____

12）您平时对手机的使用和发展趋势是否关注

1. 是

2. 否

13）您对于今后手机的发展及使用方式方面有哪些建议

- ☐ 造型方面 _____
- ☐ 色彩方面 _____
- ☐ 材质及工艺 _____
- ☐ 功能方面 _____
- ☐ 操作舒适度 _____
- ☐ 使用方式 _____

我们将会对所有的问卷结果进行分析总结，请为我们留下您的以下信息以便统计，谢谢！

性别 _____

年龄 _____

学历 _____

职业 _____

月收入水平 _____

兴趣爱好 _____

性格特点 _____

再次谢谢您的支持，祝您工作顺利，身体健康！

附录二：调查问卷填写样例

由于课程的需要，我们正在做一个关于手机设计方面的调查，感谢您的配合和支持！

——西安交通大学 设计艺术学专业

填写说明：横线部分为需填写的部分，选项部分请将您要选择的选项字体改成红色

例如：您现在使用的手机是 _____诺基亚_____ （品牌） _____**N91**_____ （型号）

您购买此款手机时的价位为

1. 1500 元以下　　2. 1500~3000 元　　3. **3000~5000 元**　　4. 5000 元以上

1）手机对于您来说更多意味着：

1. 通信工具　　2. 身份的象征　　3. 娱乐工具　　4. 随身饰物　　5. 其他_____

2）不考虑价格问题，您认为是否有必要购买高档手机：

1. 是　　　　　2. 否

3）您认为以下各种手机的开合方式中更能体现"高档"的是：

1. 直板　　　　2. 翻盖或折叠　　3. 滑盖或旋盖　4. 旋屏　　　5. 其他_____

4）以下各组手机的造型风格中更能体现"高档"的是：

□ 1. 直角直面的硬朗感　　　2. 圆弧及曲面的柔软感　　　3. 其他_____

□ 1. 简洁轻薄　　　　　　　2. 复杂厚重　　　　　　　　3. 其他_____

□ 1. 传统风格（平衡、规则等）　2. 现代风格（流线型、动感等）

　　3. 奇异的造型风格（仿生、异型等）

5）您认为以下各种手机机身的材质及表现处理效果中最能体现"高档"的是：

1. 高亮光泽的金属　　　　　2. 磨砂感的塑料　　　　　　3. 透明感塑料

4. 柔软的高弹性材质　　　　5. 其他_____

6）您认为以下各种手机机身的色彩中最能体现"高档"的是：

1. 黑色或白色　　　　　　　2. 鲜艳的彩色　　　　　　　3. 银色

4. 稳重的深色系　　　　　　5. 其他_____

7）您认为"高档"手机应具备以下哪些方面的功能更为重要：

1. 高分辨率或高像素　　　　2. 丰富的多媒体娱乐功能　　3. 齐全的商务功能

4. 智能化和扩展性　　　　　5. 其他_____

8）您现在使用的手机是_____**诺基亚**_____（品牌）_____**8800**_____（型号）

9）您购买此款手机时的价位为

1. 1500 元以下　　2. 1500～3000 元　　3. 3000～5000 元　　4. 5000 元以上

10）您认为您的手机是否属于高档手机

1. 是

┌─────────────────────────────┐
│ 您认为你的手机的高档之处在于 │
│ □ 造型方面 │
│ □ 色彩方面 │
│ □ 材质及工艺 │
│ □ 操作舒适度 │
│ □ 功能方面 │
│ 　 高新科技含量 │
│ 　 稳定性 │
│ 　 故障率 │
│ □ 经久耐用 │
│ □ 身份象征或装饰方面 │
└─────────────────────────────┘

2. 否

> 您认为这款手机的优良之处在于
> □ 造型方面 _____
> □ 色彩方面 _____
> □ 材质及工艺 _____
> □ 操作舒适度 _____
> □ 功能方面
> 　高新科技含量 _____
> 　稳定性 _____
> 　故障率 _____
> □ 经久耐用 _____

11）您认为您的手机不足之处是 _____铃声小等_____

12）您平时对手机的使用和发展趋势是否关注

1. 是　　　　2. 否

13）您对于今后手机的发展及使用方式方面有哪些建议

□ 造型方面 _____简洁大方_____

□ 色彩方面 _____

□ 材质及工艺　可用透明感材质_防水、防摔性强、带电量大_____

□ 功能方面 _____上网更方便、手写板普及化_____

□ 操作舒适度_____按键大而不笨拙_____

□ 使用方式 _____简便_____

我们将会对所有的问卷结果进行分析总结，请为我们留下您的以下信息以便统计，谢谢

性别　　_____

年龄　　_____

学历　　_____

职业　　_____

月收入水平_____

兴趣爱好　_____

性格特点　_____

再次谢谢您的支持，祝您工作顺利，身体健康！

第十二节　高档小轿车设计调查

本次调查包括以下 9 个步骤，如下表所示：

高档轿车调查步骤表　　　　　　　　　　表 2 - 12 - 1

步骤	工作内容	注明	步骤	工作内容	注明
1	专家用户访谈		6	进行问卷调查	随机抽样
2	高档产品销售人员访谈	进一步细致地访谈	7	收集调查资料	
3	问卷设计		8	统计分析	
4	小组讨论	听取意见和建议	9	调查总结	
5	初步确定问卷				

一、调查问卷

1. 调查问卷的设计

为了设计高档产品的调查问卷，先后分别到九龙汽车城和西安西部国际车城去接触一些内行人。这些内行人包括专卖店负责销售经理、销售人员、中介人和顾客。通过访谈对轿车基本知识有了一定的认识，得到了一些设计高档产品问卷的第一手资料。访谈人员还包括一些从事汽车设计教学的教授和博士。以这些资料为基础确定了问卷的基本框架。

（1）调查问卷的因素框架的建立

由于高档产品与以下的因素很有关系，所以首先列出一些基本因素，如下表所示。

最基本因素表 表 2 – 12 – 2

序号	因素种类	内　容
1	个人背景	性别、年龄、职务、月收入、文化程度、地位
2	审美标准	外观审美、色彩审美
3	轿车相关	功能、外观、造型、材料、加工工艺、耐磨耐用、价格

（2）专家用户深入访谈及分析

通过专家用户深度访谈得到更多更详细的与设计问卷有关的因素（访谈内容见附录3访谈内容）。通过再三讨论和访谈，总共收集涉及高档轿车因素的词语425个，其中剔除内容不明显、不清楚、不完整词语126个，剩下的299个词语意思相同的、同一类型的词语组合在一起，形成8大类因素框架，即高档轿车概念的因素词语、制造工艺因素的词语、轿车功能（性能）因素的词语、外形（外观）设计因素的词语、实用性因素的词语、部件（配件或配置）因素的词语、结构（造型和装饰）因素的词语等。这些词语和语句都和设计高档产品有关系，而且起到很重要作用。笔者通过整理以上各种高档轿车的因素，列出设计相关的因素框架，如表 2 – 12 – 3 所示：

高档轿车因素表 表 2 – 12 – 3

因素间排序		因素细分内容排序		
序号	因素名称	序号	内容名称	内容解释
1	高档轿车基本概念的因素	1	价格昂贵的轿车	30万元以上的进口车
		2	跑车，或者是加长、改装车辆，大型房车	
		3	凭借独特的设计，设计新颖，典雅式设计	
		4	布局、造型、功能和材料集大成于一身	
		5	运动型轿车	新SUV运动型多功能车
		6	旗舰产品	性价比车型
		7	风格独特的轿车	美式大排量轿车
		8	高水平的性能和品位的高级车	
		9	炙手可热的经典车款	
		10	技术最先进	
		11	高档轿车品牌	超级豪华车、品牌车

因素间排序		因素细分内容排序		
序号	因素名称	序号	内容名称	内容解释
2	高档轿车制造工艺的因素	1	激光无缝焊接	
		2	二氧化碳保护焊接	
		3	点焊接	
		4	秉承精湛制作的传统	
		5	制造具有创新意识、杰出工艺	
		6	直接喷射技术	
		7	双点火花塞技术	
		8	发动机、离合器和变速箱被设计成一个整体，并与底盘脱离	
		9	制造典雅外形	
		10	单体式车身的加工方法	
		11	手工制造，一锤一锤地打造出来	
3	高档轿车功能（性能）的因素	1	排气量要大	采用双排气管
		2	轴距，FR重心位置合理，前后轴的负重比例合理	
		3	转向精确，转弯时的照明范围，增强夜间行驶的安全性	
		4	加速时间仅为8.8秒，最高时速230公里	
		5	前排座椅多角度调节，座椅和方向盘将自动移动，舒适的驾乘环境	
		6	电子控制的半主动减振系统	像悬挂在空中一样平稳
		7	峰值扭矩高，曲轴在7个轴承上旋转，运转非常柔和	
		8	无钥匙系统，自动识别自己的主人	
		9	加热和空调风扇功能	
		10	导航和蓝牙无线电话功能	
		11	发动机的功率比较高，卓越的动力系统，强大马力，高功率输出（210马力）	
		12	电磁式减振器	
4	高档轿车外形（外观）设计的因素	1	独特的车型；外形设计符合空气动力学	
		2	油漆工艺比较细腻，缝隙较小，而且比较均匀，表面非常光华；传统的漆木纹	
		3	车型大，弧形设计；楔形车身；瞩线型的侧翼，完美的比例分配和表面细节	
		4	饱满雄壮的车头，张扬的方格状前脸；车头做得非常高耸	
		5	精美镀铬合金环绕装饰，真皮表面；未经处理的桃木保留着天然的纹理	
		6	紧凑的尾部，高翘的尾巴，后部狭窄，细长的Spider	Spider是蜘蛛般的
		7	时代流行倾向	现代时尚的内外造型
		8	前卫的设计，线条流畅，整体雍容华贵	
5	高档轿车实用性的因素	1	操作性要高：易于操控，操纵结构简单，具有优异的灵活操控性能	
		2	空间要大；注重人体工程学的体现；驾驶的舒适性	
		3	防护性好；主/被动安全性和舒适性；安全气囊；安全性很高	
		4	驾驶的舒适性；极具平衡性；动力性高	
		5	整个设计超越传统，美观而且实用	
		6	平顺性非常好	高速时听不到很大的风噪
		7	发动机降温的问题	
		8	车体生锈的问题	

因素间排序		因素细分内容排序		
序号	因素名称	序号	内容名称	内容解释
6	高档轿车的零部件（配件或配置）的因素	1	有线线路，光纤传导	
		2	全铝直列四缸强涡轮增压发动机	
		3	全铝 4.3 升 V8 顶置双凸轮轴 32 气门发动机	
		4	5 速无级/手动一体式变速箱	
		5	6 档智能电子控制自动变速系统（ECT–i）	
		6	创新的铝质悬挂系统	
		7	适应式可调悬架 AVS	
		8	彩色触摸显示屏，8 英寸的 VGA 显示器	
		9	Bose 音响系统；环绕立体声系统；DVD 音频和视频系统	
		10	XM 卫星收音机	
		11	电磁式阻尼控制系统	
		12	革命性的汽油引擎	
		13	轿车动态综合管理系统 VDIM	
		14	雍容华贵的头灯，LED 尾灯	
		15	四环式光电子仪表盘；高反差仪表座与恒温系统	仪表控台采用了上黑（麂皮）下米黄（真皮）
		16	铝制气缸盖；Alcantara 材料（人造麂皮绒面革）；南欧最高级的 Poltrona Frau 细致真皮；羊毛织物；镁质材料；用特殊材料；双面优质镀锌钢板；镶嵌的金属质感材质	
		17	智能"一触式启动按钮"遥控钥匙	
		18	压力润滑系统	
		19	VVTi 可变气门	
7	高档轿车的结构（造型和装饰）的因素	1	与豪华的品位相匹配，内饰非常高档	
		2	宽敞的后座头部和腿部空间，更多的前、肩部空间和更大的行李箱容积	
		3	层压挡风玻璃和前侧玻璃，三层车门密封，三明治式的低碳钢横隔板	
		4	控制臂式前悬架；多连杆式后悬架；悬架衬套；独立前悬挂	
		5	舒适健康的乘驾环境；舒适室内空间；气派宽广的车内空间	
		6	车头灯维一般尺码；独特的菱形呈现，头灯与水箱罩之间刻意内缩	
		7	前后轴都配置了半椭圆结构的钢板弹簧；车体和底盘的各部件都是分离的	
		8	米色双彩真皮木纹内装；银翼天使和传统进气格栅装饰	
		9	发动机和变速箱都安装在橡胶垫上或发动机液力支撑；前置前桥驱动的发动机布置与驱动形式	

（3）问卷设计

通过多次访谈、讨论，结合本调查项目的要求，考虑到时间、地点、条件和本人的实际经验等多方面的因素，最终设计出高档轿车调查问卷（三），之前设计过两次问卷，即高档轿车调查问卷（一）和高档轿车调查问卷（二）。

调查问卷共分四个部分。第一部分是被调查者的基本情况及有关高档轿车的文字性和描述性的问题，从中可以了解更多的信息。第二部分是高档轿车基本概念的问题，这部分由两大部分组成的：第一，高档轿车的基本特点；第二，高档轿车的制造工艺和功能。这部分的问题中，对每个因素给定五种选择，被调查者从中选择惟一的选项。第三部分是高档轿车的审美观念问题，它包括审美感受和颜色等两大内容。这部分是多项选择题，通过这种形式可以了解不同人群对高档轿车的审美观念。第四部分是高档轿车认知部分，这部分是列出一些高档轿车的品牌，被调查者可以从中选择他认为是高档轿车的品牌，如果没有列出，就请他另外填写（补充）。这部分问题是额外的，和高档轿车因素无关，供笔者参考，不进行统计。

总之，调查问卷的结构比较合理，问题的形式多样化，题量适中，问题清楚。能够引起被调查者的兴趣，能够得到比较可靠的信息。问卷的这些特点为调查工作带来了方便。

二、效度分析

效度即准确度，指的是实证测量在多大程度上反映了概念的真实含义。本次调查报告的效度包括四个方面：预测效度、结构框架的效度、内容效度和表面效度。下面结合实际调查简单解释以上各类效度。

1. 框架的效度

本次调查针对高档轿车，与用户的生活方式无关，但是应该考虑被调查者基本材料，更要注重问卷的框架设计。本次问卷的问题结构形式是多样化的，很容易引起别人的注意和兴趣。第一部分的基本资料共5个问题，采用单项选择题的形式。第二部分由三项简答题组成，主要内容是高档轿车的象征、购买高档轿车人群特征和中国传统设计的特点等。第三部分为两项表格形式的选择题，主要内容是轿车的各种因素。这种设计方式显然提高了结构框架的效度。第四部分的多项选择题由轿车外观审美、颜色审美和认知程度组成。所有的问题简洁、通俗、易懂，不容易分散被调查者的注意力。总之，整个框架不限制一种形式，而且脱离了死板的框架。所以可以说本问卷具有一定的结构框架的效度。

另外，为了设计比较全面真实的问卷提纲，尽量找了一些汽车专家进行访谈。访谈的汽车专家一共有4人：一位是多年从事汽车教学的交通大学教授，两位是上海大众西安天坛路专卖店销售负责经理和销售人员，另外一位是西安红旗轿车莲湖路专卖店销售人员。围绕高档轿车认知的一些问题进行访谈，得到了比较完整和可靠的第一手资料，并用到问卷上去。具体的访谈内容见附录三。他们的描述对保证问卷的效度起到了很重要的作用。这个时候主要考虑他们能否说出与设计有关系的信息，有没有遗落的问题。

2. 内容效度

内容效度是指测量在多大程度上包含了概念的含义，包括调查的问题内容是否能够反映想调查的实际情况、调查的具体问题是否能够得到预期的解答、开放性问题或选择性问题、设计问卷时要考虑以后如何进行统计分析，调查的问题是否有诱导性、是否片面，等等。

本报告问卷问题均来自用户访谈、网上搜索。问题已经经过多次修改并获得了一些具体信息。在正式调查之前，就内容效度问题先后两次对个别用户进行了试调查，对问卷的问题和问题形式进行调整，保证了问卷的内容效度。另外通过讨论、争取专家意见、试调查等多种方式验证，终于得到了比较完整、真实的、全面与设计关系密切的信息的问卷格式。设计问卷的时候尽量考虑每一个因素的相似性和重复性。由于轿车的因素比较多，所以内容相近和相似的因素放在一起。这样处理避免了问卷篇幅较大而引起的错误。

3. 调查（交流）效度

设计调查的目的之一是了解人们对高档产品的认知和感知。本次调查主要针对开过、买过轿车的人群。因为他们对轿车的了解比较深刻，能够评价轿车的功能、造型、设计、种类等情况，又能够得到轿车设计方面的有效信息，即具有较高的预测效度。

调查效度是指实证测试的结果与我们的共识或我们头脑中印象的吻合程度。笔者在试调查过程中发现，一位被调查者对本问卷很有兴趣，他说问卷内容丰富而且全面，能够反映高档轿车的所有内容，问卷的版面、形式、问题的布置很合理，能够引起别人的兴趣，并且问笔者要一份问卷。另外一名被调查者看到本问卷以后，表示虽然他是高档轿车销售人员，但他的水准不够回答这些问题，无法评价问卷的总体布置（包括内容、布置），因为他认为问卷的内容很细致，包括的内容很多，一些因素他自己也不知道。这表明，问卷的表面效度可以接受。

因为他们平时比较忙，所以我等到他们注意并主动跟我说话的时候，才表示了我的目的。整个访谈过程非常融洽。

4. 分析效度

本问卷采用 SPSS11.5 软件进行统计分析，分析结果比较真实全面。每个因素的前后根据软件提供的功能进行排序，即最高频率的方式进行排序。这个结果完全符合大部分人的期待、追求和价值。调查证明人们心目中的高档产品的因素不仅仅在于外观，更重要的是在于其防护性和安全性，以及舒适的驾乘环境及人体工程学的体现，操作性和实用性，制造和装饰的金属和皮革材质，制造具有创新意识、杰出工艺等。

5. 调查过程

本问卷利用"五一"长假进行调查，采用随机抽样方法。调查地点有西安五龙汽车城、西安西部汽车城、陕西省汽车贸易中心和西安北城高档汽车服务中心。虽然调查过程中遇到一些麻烦，但是基本完成了调查任务。调查问卷印刷数量为 31 份。由于一位被调查者对问卷很感兴趣，因此问笔者要一份参考和保存。共发放 31 份，其中合格的问卷共 30 份。

调查过程遇到的问题：

（1）第三部分的第一大内容没有设置"其他（请描述）"选项。调查时给一些被调查者强调这一项，但是一些被调查者没有强调，结果有些人没有机会写出自己所想而在列表中没有的一些轿车品牌。

（2）一些文字描述性问题空缺。原因在于抽样对象的认知和思维能力欠缺或者没有足够的思考时间，或者有些人是文盲。

（3）有些销售人员对汽车的理解不深入，各种功能不熟悉，无法解释高档汽车的概念。这种情况为调查工作带来很大的困难。

（4）有些开车的人更不理笔者，不支持笔者的调查工作。遇到这种情况，不能勉强，必须马上换地方，换其他人进行调查。

（5）之前调查的失败，使笔者换了一种策略，即每次跟别人交流的时候不主动跟对方说话，而是引起对方注意，通过这种方式在对方的心目中产生与笔者对话的动机。然后对方主动与笔者说话的时候，才表明目的并开始调查。

（6）本人长相也为调查工作带来了一些方便。

6. 问卷录入

根据统计学问卷录入的规定和方法，本次调查的问卷严格遵守统计学的有关录入格式，并利用 SPSS11.5 统计软件进行录入。问卷录入时遇到了以下问题：

（1）部分被调查者没有填写基本资料的某一项，遇到这种情况，把相应的单元格空下。

（2）一些被调查者没有选择一些选择题，这种情况采取同样的方法空下。

（3）遇到印刷和排版错误。基本资料的职务项问题中欠缺编号"3"。第二部分的2-1问题中编号"g"字母错印为"j"。第三部分3-1问题中少印"o 其他（请描述）"选项。3-2问题的编号方式和问卷的总体格式不统一，这给统计带来了不便。

（4）问题的编号方式不合适。基本资料和描述性问题的编号方式比较散，统计不方便。

（5）虽然问卷里面有象征、特征、中国传统轿车设计的特点和选择轿车图片的问题，但对他们不进行统计分析，只作为访谈和调查的补充材料。

三、问卷统计分析

本次高档轿车调查问卷用 EXCEL2003 和 SPSS11.5 统计软件进行统计。统计内容共有三个部分，第一部分是被调查者的基本材料统计；第二部分是高档轿车因素统计，包括最高频率统计；第三部分是高档轿车审美感受的统计；第四部分是色彩审美感受的统计。下面具体说明统计结果。

1. 基本资料统计

本次调查人群为开车或有车的车主、销售人员和一些百姓与学生。虽然调查任务比较重，但是通过有效的措施，完成了调查任务。从下面两个表中可知，本次调查人群的平均年龄为41~50岁男士，占总人数的56.7%。可以说这个年龄段的人群比较成熟，而且有一定的社会地位和经济基础，大部分都开过车或买过车，所以能够描述出轿车的总体情况。

被调查者年龄统计表　　　　　　　　　　　　　　　　表 2 - 12 - 4

年龄范围	人数	百分比	年龄范围	人数	百分比
20 岁以下	5	16.7	51~60	1	3.3
21~30	2	6.7	60 岁以上	1	3.3
31~40	4	13.3	综合	30	100.0
41~50	17	56.7			

被调查者的性别统计　　　　　　　　　　　　　　　　表 2 - 12 - 5

性别	人数	百分比	性别	人数	百分比
男	23	76.7	缺失	3	10.0
女	4	13.3	综合	30	100.0

从表中可以看出来，其他行业的人数比较多。人数为14人，占总人数的46.7%，调查人群里面只有两名国家官员和两名经理。这说明该时段参与调查工作的国家官员和经理比较少。

被调查者的职务统计　　　　　　　　　　　　　　　　表 2 - 12 - 6

成份	人数	百分比	成份	人数	百分比
国家官员	2	6.7	经营者	5	16.7
干部（医生、教师等）	7	23.3	其他	14	46.7
经理	2	6.7	综合	30	100.0

从下表可以看出来，调查人群中收入 1000 ~ 3000 元的人比较多，人数为 11，占总人数的 36.7% 。高收入的人数为 8 名，月收入为 3000 ~ 6000 元；占总人数的 26.7% 。

月收入统计　　　　　　　　　　　　　　　表 2 – 12 – 7

月收入	人数	百分比	月收入	人数	百分比
1000 元以下	9	30.0	缺失	2	6.7
1000 ~ 3000	11	36.7	综合	30	100.0
3000 ~ 6000	8	26.7			

从下表可以看到，被调查人群里面大学文化程度的人比较多，人数为 15 人，占总人数的 50% 。这对问卷的效度和信度起着很重要的作用。

文化程度统计　　　　　　　　　　　　　　表 2 – 12 – 8

文化程度	人数	百分比	文化程度	人数	百分比
本科	15	50.0	初中和小学	3	10.0
大专	3	10.0	其他	1	3.3
中专或高中	8	26.7	综合	30	100.0

2. 高档轿车因素统计

不同人群对轿车的各种因素有不同的看法，他们的选择某种意义上表达了不同人群对高档轿车的不同价值观。

从下表可以看出，53.3% 的人认为 30 万元以上的性价比车型是高档轿车的重要因素，3.3% 的人认为这个因素非常不重要，26.7% 和 10% 的人认为它是无所谓和非常重要。

30 万元以上的性价比车型　　　　　　　　表 2 – 12 – 9

选项	人数	百分比	选项	人数	百分比
非常不重要	1	3.3	非常重要	3	10.0
无所谓	8	26.7	缺失	2	6.7
重要	16	53.3	综合	30	100.0

从下表可以看出，40% 的人认为车形设计符合空气动力学与否是高档轿车的重要因素，3.3% 的人认为这个因素非常不重要，20%、23.3% 和 13.3% 的人认为它是不重要、无所谓和非常重要。

车型外形设计符合空气动力学　　　　　　表 2 – 12 – 10

选项	人数	百分比	选项	人数	百分比
非常不重要	1	3.3	重要	12	40.0
不重要	6	20.0	非常重要	4	13.3
无所谓	7	23.3	综合	30	100.0

从下表可以看出来，43.3%人认为设计新颖、独特是高档轿车的重要因素，3.3%的人认为这个因素非常不重要，10%、30%和13.3%的人认为它是不重要、无所谓和非常重要。

设计新颖、独特　　　　　　　　　　表 2 - 12 - 11

选项	人数	百分比	选项	人数	百分比
非常不重要	1	3.3	重要	13	43.3
不重要	3	10.0	非常重要	4	13.3
无所谓	9	30.0	综合	30	100.0

从下表可以看出来，43.3%的人认为典雅的外形是高档轿车的重要因素，3.3%的人认为这个因素非常不重要，20%、13.3%和16.7%的人认为它是不重要、无所谓和非常重要。

典雅的外形　　　　　　　　　　表 2 - 12 - 12

选项	人数	百分比	选项	人数	百分比
非常不重要	1	3.3	非常重要	5	16.7
不重要	6	20.0	缺失	1	3.3
无所谓	4	13.3	综合	30	100.0
重要	13	43.3			

从下表可以看出来，36.7%的人认为油漆工艺是高档轿车的重要因素，3.3%的人认为这个因素非常不重要，6.7%、30%和23.3%的人认为它是不重要、无所谓和非常重要。

油漆工艺　　　　　　　　　　表 2 - 12 - 13

选项	人数	百分比	选项	人数	百分比
非常不重要	1	3.3	重要	11	36.7
不重要	2	6.7	非常重要	7	23.3
无所谓	9	30.0	综合	30	100.0

从下表可以看出来，43.3%的人认为现代时尚、流行的内外造型、装饰是高档轿车的重要因素，3.3%的人认为这个因素非常不重要，16.7%、13.3%和20%的人认为它是不重要、无所谓和非常重要。

现代时尚、流行的内外造型、装饰　　　　表 2 - 12 - 14

选项	人数	百分比	选项	人数	百分比
非常不重要	1	3.3	非常重要	6	20.0
不重要	5	16.7	缺失	1	3.3
无所谓	4	13.3	综合	30	100.0
重要	13	43.3			

　　从下表可以看出来，分别有 36.7% 的人认为操作性和实用性是高档轿车的重要和非常重要因素，分别有 13.3% 的人认为它是不重要、无所谓。

操作性和实用性　　　　　　　　　　　　　　　表 2 - 12 - 15

选项	人数	百分比	选项	人数	百分比
不重要	4	13.3	非常重要	11	36.7
无所谓	4	13.3	综合	30	100.0
重要	11	36.7			

　　从下表可以看出来，46.7% 的人认为防护性和安全性是高档轿车的非常重要因素，3.3% 的人认为这个因素不重要，13.3% 和 36.7% 的人认为它是无所谓和重要。

防护性和安全性　　　　　　　　　　　　　　　表 2 - 12 - 16

选项	人数	百分比	选项	人数	百分比
不重要	1	3.3	非常重要	14	46.7
无所谓	4	13.3	综合	30	100.0
重要	11	36.7			

　　从下表可以看出来，36.7% 的人认为平衡性和平顺性是高档轿车的重要因素，分别有 3.3% 的人认为这个因素非常不重要和不重要，26.7% 和 30% 的人认为它是无所谓和非常重要。

平衡性和平顺性　　　　　　　　　　　　　　　表 2 - 12 - 17

选项	人数	百分比	选项	人数	百分比
非常不重要	1	3.3	重要	11	36.7
不重要	1	3.3	非常重要	9	30.0
无所谓	8	26.7	综合	30	100.0

　　从下表可以看出来，40% 的人认为是否为超级豪华品牌车对高档轿车来说无所谓，6.7%、10%、10%、33.3% 的人认为这个因素非常重要、非常不重要、不重要和重要。

超级豪华品牌车　　　　　　　　　　　　　　　表 2 - 12 - 18

选项	人数	百分比	选项	人数	百分比
非常不重要	3	10.0	重要	10	33.3
不重要	3	10.0	非常重要	2	6.7
无所谓	12	40.0	综合	30	100.0

　　从下表可以看出来，46.7% 的人认为焊接（激光无缝、二氧化碳保护和点焊接）是高档轿车的重要因素，6.7%、10%、26.7% 的人认为这个因素非常重要、非常不重要、无所谓。

焊接（激光无缝、二氧化碳保护和点焊接） 表 2 – 12 – 19

选项	人数	百分比	选项	人数	百分比
非常不重要	3	10.0	重要	14	46.7
不重要	8	26.7	非常重要	2	6.7
无所谓	3	10.0	综合	30	100.0

从下表可以看出来，分别有 26.7% 的人认为制造具有创新意识、杰出工艺对高档轿车不重要和非常重要，分别有 23.3% 的人认为这个因素是无所谓和重要。

制造具有创新意识、杰出工艺 表 2 – 12 – 20

选项	人数	百分比	选项	人数	百分比
不重要	8	26.7	非常重要	8	26.7
无所谓	7	23.3	综合	30	100.0
重要	7	23.3			

从下表可以看出来，36.7% 的人认为是否采用直接喷射技术对高档轿车无所谓。3.3%、3.3%、23.3%，30% 的人认为这个因素非常重要、非常不重要、不重要和重要。

直接喷射技术 表 2 – 12 – 21

选项	人数	百分比	选项	人数	百分比
非常不重要	1	3.3	非常重要	1	3.3
不重要	7	23.3	缺失	1	3.3
无所谓	11	36.7	综合	30	100.0
重要	9	30.0			

从下表可以看出来，36.7% 的人认为双点火花塞技术是高档轿车的重要因素。3.3%、10%、16.7%、30% 的人认为这个因素非常不重要、非常重要、不重要和无所谓。

双点火花塞技术 表 2 – 12 – 22

选项	人数	百分比	选项	人数	百分比
非常不重要	1	3.3	非常重要	3	10.0
不重要	5	16.7	缺失	1	3.3
无所谓	9	30.0	综合	30	100.0
重要	11	36.7			

从下表可以看出来，43.3% 的人认为发动机的功率和动力是高档轿车的重要因素。6.7%、13.3%、16.7%、20% 的人认为这个因素非常不重要、不重要、无所谓和非常重要。

发动机的功率和动力 表 2 – 12 – 23

选项	人数	百分比	选项	人数	百分比
非常不重要	2	6.7	重要	13	43.3
不重要	4	13.3	非常重要	6	20.0
无所谓	5	16.7	综合	30	100.0

从下表可以看出来，30.0%的人认为排气量大、使用双排气管是高档轿车的重要因素。6.7%、26.7%、36.7%的人认为这个因素非常重要、不重要和无所谓。

排气量要大、使用双排气管　　　　　　表 2 - 12 - 24

选项	人数	百分比	选项	人数	百分比
不重要	8	26.7	非常重要	2	6.7
无所谓	11	36.7	综合	30	100.0
重要	9	30.0			

从下表可以看出来，36.7%的人认为轴距、前后轴的负重比例、峰值扭矩是重要的。6.7%、13.3%、40.0%的人认为这个因素非常重要、不重要和无所谓。

轴距、前后轴的负重比例、峰值扭矩　　　表 2 - 12 - 25

选项	人数	百分比	有效百分比	选项	人数	百分比	有效百分比
不重要	4	13.3	13.8	非常重要	2	6.7	6.9
无所谓	12	40.0	41.4	缺失	1	3.3	
重要	11	36.7	37.9	综合	30	100.0	

从下表可以看出来，分别有40%的人认为照明度，即转弯时的照明范围是高档轿车的重要因素或无所谓，6.7%、13.3%的人认为这个因素非常重要和不重要。

照明度，即转弯时的照明范围　　　　　表 2 - 12 - 26

选项	人数	百分比	选项	人数	百分比
不重要	4	13.3	非常重要	2	6.7
无所谓	12	40.0	综合	30	100.0
重要	12	40.0			

从下表可以看出来，40%的人认为加速时间和最高时速无所谓，6.7%、26.7%、26.7%的人认为这个因素不重要、重要和非常重要。

加速时间和最高时速　　　　　　　　表 2 - 12 - 27

选项	人数	百分比	选项	人数	百分比
不重要	2	6.7	非常重要	8	26.7
无所谓	12	40.0	综合	30	100.0
重要	8	26.7			

从下表可以看出来，33.3%的人认为舒适的驾乘环境及人体工程学的体现是高档轿车的非常重要因素，13.3%、26.7%、26.7%的人认为这个因素不重要、无所谓和重要。

舒适的驾乘环境及人体工程学的体现　　　表 2 - 12 - 28

选项	人数	百分比	选项	人数	百分比
不重要	4	13.3	非常重要	10	33.3
无所谓	8	26.7	综合	30	100.0
重要	8	26.7			

从下表可以看出来，26.7%的人认为适应式可调悬架系统 AVS 是高档轿车的重要因素，6.7%、16.7%、23.3%、23.3%的人认为这个因素非常不重要、不重要、无所谓和非常重要。

适应式可调悬架系统 AVS　　　　　　　　　　　　　表 2 - 12 - 29

选项	人数	百分比	选项	人数	百分比
非常不重要	2	6.7	非常重要	7	23.3
不重要	5	16.7	缺失	1	3.3
无所谓	7	23.3	综合	30	100.0
重要	8	26.7			

从下表可以看出来，53.3%人认为无钥匙系统、自动识别自己的主人对高档轿车是无所谓的，3.3%、16.7%、26.7%的人认为这个因素是非常不重要、不重要和重要。

无钥匙系统、自动识别自己的主人　　　　　　　　　表 2 - 12 - 30

选项	人数	百分比	选项	人数	百分比
非常不重要	1	3.3	重要	8	26.7
不重要	5	16.7	综合	30	100.0
无所谓	16	53.3			

从下表可以看出来，40%的人认为加热和空调风扇功能是高档轿车的重要因素，3.3%、13.3%、13.3%、30%的人认为这个因素非常不重要、不重要、无所谓和非常重要。

加热和空调风扇功能　　　　　　　　　　　　　　表 2 - 12 - 31

选项	人数	百分比	选项	人数	百分比
非常不重要	1	3.3	重要	12	40.0
不重要	4	13.3	非常重要	9	30.0
无所谓	4	13.3	综合	30	100.0

从下表可以看出来，43.3%的人认为导航和蓝牙无线电话以及 XM 卫星收音机对高档轿车是无所谓的，3.3%、3.3%、23.3%、23.3%的人认为这个因素是非常不重要、非常重要、不重要和重要。

导航和蓝牙无线电话以及 XM 卫星收音机　　　　　　表 2 - 12 - 32

选项	人数	百分比	选项	人数	百分比
非常不重要	1	3.3	非常重要	1	3.3
不重要	7	23.3	缺失	1	3.3
无所谓	13	43.3	综合	30	100.0
重要	7	23.3			

从下表可以看出来，46.7%的人认为全铝直列四缸强涡轮增压发动机对高档轿车是无所谓的，3.3%、13.3%、36.7%的人认为这个因素是不重要、非常重要和重要。

全铝直列四缸强涡轮增压发动机 表 2 – 12 – 33

选项	人数	百分比	选项	人数	百分比
不重要	1	3.3	非常重要	4	13.3
无所谓	14	46.7	综合	30	100.0
重要	11	36.7			

从下表可以看出来，43.3%的人认为6档智能电子控制自动变速系统（ECT-i）对高档轿车是无所谓的，6.7%、23.3%、26.7%的人认为这个因素是不重要、非常重要和重要。

6 档智能电子控制自动变速系统（ECT-i） 表 2 – 12 – 34

选项	人数	百分比	选项	人数	百分比
不重要	2	6.7	非常重要	7	23.3
无所谓	13	43.3	综合	30	100.0
重要	8	26.7			

从下表可以看出来，40%的人认为 Bose 音响与环绕立体声及 DVD 音视频系统是高档轿车的重要因素。10%、30%、40%的人认为这个因素不重要、非常重要和无所谓。

Bose 音响与环绕立体声及 DVD 音视频系统 表 2 – 12 – 35

选项	人数	百分比	选项	人数	百分比
不重要	3	10.0	非常重要	6	20.0
无所谓	9	30.0	综合	30	100.0
重要	12	40.0			

从下表可以看出来，33.3%的人认为轿车动态综合管理系统 VDIM 对高档轿车是无所谓的，10%、26.7%、33.3%的人认为这个因素是不重要、非常重要和重要。

汽车动态综合管理系统 VDIM 表 2 – 12 – 36

选项	人数	百分比	选项	人数	百分比
不重要	3	10.0	非常重要	8	26.7
无所谓	10	33.3	综合	30	100.0
重要	9	30.0			

从下表可以看出来，33.3%的人认为制造和装饰的金属与皮革材质是高档轿车的的重要因素。6.7%、30%、30%的人认为这个因素不重要、重要和无所谓。

制造和装饰的金属与皮革材质　　　　　　　　表 2－12－37

选项	人数	百分比	选项	人数	百分比
不重要	2	6.7	非常重要	10	33.3
无所谓	9	30.0	综合	30	100.0
重要	9	30.0			

从下表可以看出来，40%的人认为后座头部和腿部空间与行李箱容积对高档轿车是无所谓的。3.3%、10%、16.7%、30%的人认为这个因素是非常不重要、不重要、非常重要和重要。

后座头部和腿部空间与行李箱容积　　　　　　　　表 2－12－38

选项	人数	百分比	选项	人数	百分比
非常不重要	1	3.3	重要	9	30.0
不重要	3	10.0	非常重要	5	16.7
无所谓	12	40.0	综合	30	100.0

从下表可以看出来，53.3%的人认为层压挡风玻璃和前侧玻璃、三层车门密封是高档轿车的重要因素，3.3%、6.7%、36.7%的人认为这个因素不重要、非常重要和无所谓。

层压挡风玻璃和前侧玻璃、三层车门密封　　　　　　　　表 2－12－39

选项	人数	百分比	选项	人数	百分比
不重要	1	3.3	非常重要	2	6.7
无所谓	11	36.7	综合	30	100.0
重要	16	53.3			

从下表可以看出来，43.3%的人认为前置前桥驱动的发动机布置与驱动形式是高档轿车的重要因素。6.7%、10%、40%的人认为这个因素不重要、非常重要和无所谓。

前置前桥驱动的发动机布置与驱动形式　　　　　　　　表 2－12－40

选项	人数	百分比	选项	人数	百分比
不重要	2	6.7	非常重要	3	10.0
无所谓	12	40.0	综合	30	100.0
重要	13	43.3			

统计过程中，笔者发现不同因素在同一条件下的频率也不同。这种情况导致高档产品的因素排序。对这些因素进行从高到低的排序，可以得出高档产品因素最高频率表。从下表可知，人们普遍认为防护性和安全性，舒适的驾乘环境及人体工程学的体现，操作性和实用性，制造和装饰的金属与皮革材质，制造具有创新意识、杰出工艺等 5 个因素对高档轿车非常重要。30 万元以上的性价比车型等 17 个因素对高档轿车比较重要。无钥匙系统、自动识别自己的主人等 12 因素对高档轿车是无所谓的。

　　另外，一半的人群认为制造具有创新意识、杰出工艺这一因素对高档轿车是不重要的，另一半人群认为非常重要。这两种看法的频率是相同的，这为确定高档轿车因素带来一些不便。所以需要进一步大范围地进行调查。

高档轿车因素最高频率表　　　　表 2 – 12 – 41

因素间排序		因素细分内容排序		
序号	因素类型	序号	因素内容	因素频数（人数）
1	非常重要	1	防护性和安全性	14
		2	舒适的驾乘环境及人体工程学的体现	12
		3	操作性和实用性	11
		4	制造和装饰的金属与皮革材质	10
		5	制造具有创新意识、杰出工艺	8
2	重要	1	30 万元以上的性价比车型	16
		2	层压挡风玻璃和前侧玻璃、三层车门密封	16
		3	焊接（激光无缝、二氧化碳保护和点焊接）	14
		4	设计新颖、独特	13
		5	前置前桥驱动的发动机布置与驱动形式	13
		6	典雅的外形	13
		7	现代时尚、流行的内外造型、装饰	13
		8	发动机的功率和动力	13
		9	车型外形设计符合空气动力学	12
		10	照明度，即转弯时的照明范围	12
		11	加热和空调风扇功能	12
		12	Bose 音响与环绕立体声及 DVD 音视频系统	12
		13	油漆工艺	11
		14	操作性和实用性	11
		15	平衡性和平顺性	11
		16	双点火花塞技术	11
		17	适应式可调悬架系统 AVS	8
3	无所谓	1	无钥匙系统，自动识别自己的主人	16
		2	全铝直列四缸强涡轮增压发动机	14
		3	导航和蓝牙无线电话以及 XM 卫星收音机	13
		4	6 档智能电子控制自动变速系统（ECT-i）	13
		5	超级豪华品牌车	12
		6	轴距，前后轴的负重比例，峰值扭矩	12
		7	照明度，即转弯时的照明范围	12
		8	加速时间和最高时速	12
		9	后座头部和腿部空间与行李箱容积	12
		10	直接喷射技术	11
		11	排气量大，使用双排气管	11
		12	汽车动态综合管理系统 VDIM	10
4	不重要	1	制造具有创新意识、杰出工艺	8

3. 轿车审美感受统计

本次调查中还有人们对高档轿车的审美感受一项。被调查者的基本资料不同，其对高档轿车的审美感受也不同。下表列出了一些频率较高的审美感受。下图是高档轿车审美感受的柱形图。从中可以看到，引人注目、舒适、雍容典雅、张扬、敏捷、优雅的加速感、更具动感、美观大方是高档轿车的重要审美感受，它们的百分比也是居于前列的。

轿车审美感受统计表　　　　　　　　表 2－12－42

序号	审美感受	人数	百分比	序号	审美感受	人数	百分比
1	引人注目	22	73.3	10	雍容典雅	11	36.7
2	敏捷	9	30	11	独具个性	8	26.7
3	张扬	10	33.3	12	优雅的加速感	9	30
4	融合和谐	7	23.3	13	激进的姿态	5	16.7
5	求新求异	7	23.3	14	更加纤细	5	16.7
6	沉稳	8	26.7	15	更具动感	9	30
7	清新	5	16.7	16	雅致朴素	5	16.7
8	复古风味	6	20	17	舒适	14	46.7
9	气势强劲	8	26.7	18	美观大方	9	30

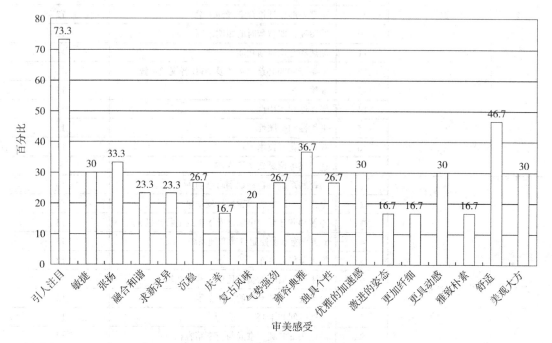

图 2－12－1　高档轿车审美感受柱形图

下表和下图是高档轿车色彩审美感受的排序。色彩审美由高到低排序是黑色、白色、红色、灰色、金色、银色和间色（红加黄），76% 人认为黑色是高档轿车的颜色。

高档轿车色彩审美感受统计　　　　　　　　　　　表 2 – 12 – 43

序号	色彩	人数	百分比	序号	色彩	人数	百分比
1	白色	15	50	5	金色	5	16.7
2	黑色	23	76.7	6	银色	11	36.7
3	红色	12	40	7	间色（红加黄）	5	16.7
4	灰色	6	20				

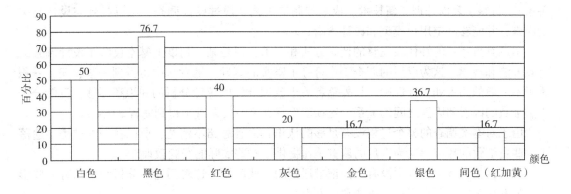

图 2 – 12 – 2　轿车色彩审美感受柱形图

从表 2 – 12 – 44 和图 2 – 12 – 3 中可以看到，人们认同的高档轿车有劳斯莱斯、林肯、宝马、凯迪拉克和奥迪 A6。它们的百分比分别是 80%、80%、76.7%、60% 和 50%。

高档轿车品牌统计　　　　　　　　　　　表 2 – 12 – 44

序号	轿车品牌	人数	百分比	序号	轿车品牌	人数	百分比
1	奥迪 A6	15	50	6	凯迪拉克 CADILLAC	18	60
2	林肯（LINCOLN）	24	80	7	雷克萨斯 DIDIBABA	5	16.7
3	克莱斯勒 300C	6	20	8	丰田皇冠（CROWN）	10	33.3
4	捷豹	5	16.7	9	宝马（BMW）	23	76.7
5	阿尔法·罗密欧	11	36.7	10	劳斯莱斯	24	80

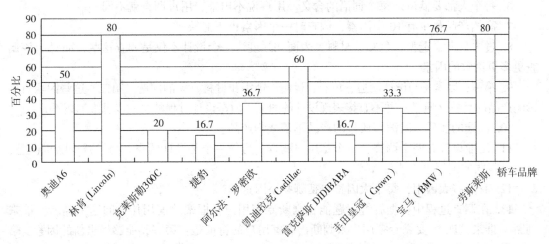

图 2 – 12 – 3　高档轿车认知柱形图

四、调查结论

通过本次调查基本掌握了高档调查的思路，弄清了用户调查和高档调查的区别。之前我们先进行了用户调查。用户调查是从心理学角度出发，针对用户的思维方式和行为方式进行调查。用户调查的内容是用户的使用行为、要求、生活方式、价值，使用的调查方法是访谈法、观察法，最后建立用户认知模型和思维模型。高档调查的内容是质量、服务（与设计有关系）、材料、表面处理、新技术、成本和制造工艺。通过设计调查，可以找到与设计有关的因素，并能够制定用户模型和设计指南。

本调查虽然不能够代表完整的调查方法和要求，但是某一角度上基本反映了设计调查的有效方法和规律。这为以后的调查工作打好了坚实的基础。笔者从中也得到一些收获，并积累了不一般的调查和设计经验。另外笔者关于数理统计的统计分析的知识还不够，没能分析出更细致的因素和因素之间的关系。这项工作将在之后的调查中得到完善。

由于对本次调查的整个过程没有足够的认识，而且思路不清楚，所以在调查过程中遗落了一些更细致的环节。这为以后的调查工作提供了一些实际的经验教训。

另外，整个调查过程中没有全面记录遇到的一些问题。这对问卷的分析和总结有一些影响。笔者在今后的调查实践中将注意这方面。

附录一：李老师对高档产品调查的要求

李老师对高档产品调查的教导和要求，可以总结为以下几个要点：

1. 设计问卷的时候术语要简化，要考虑功能和性能。功能和性能是指对机器而言。

2. 要把调查对象的每个部分都弄清楚，应该掌握使用寿命。调查必须到厂家去调查。找人要找高水准的人，不能找一般的人。

3. 调查高档产品技术和基础有关系，有什么方法排序，怎么排序。

4. 高档之下的质量问题。高档不是高价格，而是高质量。

5. 产品外观是高档产品很重要的一项因素。因为人们一般根据产品的外观判断该产品是否高档。比如，各种高档轿车的外观有自己的风格，根据这种独特的风格人们才能判断是否是高档汽车。

6. 每个人都要搞清楚每个词语的含义。用户说不出来，用户调查就不同。

7. 高档产品最少有 10 个因素，调查时一个因素也不能缺。

8. 过去只考虑造型、色彩、材料、表面和强度。一个设计不仅是调查这些，而且应该调查更多更细致的因素。

9. 第一，因素是与设计制造、色彩、运输、销售和材料有关的问题。第二，这些因素直接影响产品的品质（质量）并不直接表现设计的图上，但是设计过程的每一步思维都离不开。

10. 问题的实质。欧洲高质量的产品不是豪华产品。

11. 工业设计有两个调查，一个是用户调查，另外一个是设计调查。为了减少随机误差，连一个很弱的因素也不能放弃。

12. 有哪些大因素，每个大因素包括哪些小因素？

13. 在调查过程中根据解答问题能否判断专家用户？框架效度用什么问题来判断？谁来判断？谁来验证？要靠专家用户来判断。专家用户的特征是：第一，能够提出新的因素；第二，重要性。横向的比较，纵向说出历史。

14. 怎样判断框架效度？考虑的核心问题是什么？还有什么因素是最简单的问题？因素发展是否全面？

15. 内容效度问题。必须将访谈问题列出来，从中可以看出内容效度，怎样深入，方法都列出来。内容效度上专家用户解决什么问题？内容效度首先是因素是否全，其次是问题是否真实、全面，再次是还有哪些问题还没有表达清楚。

16. 可用性。首先考虑结构效度和内容效度。哪些因素全面、真实地包含进去了？量表法设计的方法都要有目的，需要验证。

17. 内容效度怎样考虑？内容因素是否齐全？操作、功能的因素一个也不能缺。哪几个问题可以真实、全面地把问题调查清楚？还有什么问题是对结构和内容效度起作用的？

18. 图标是否容易记忆？是否容易识别？

19. 交流效度。这个问题应该问谁？要试调查。最重要的是新手用户。

20. 问题不清楚。是否理解？是否可答？是否可懂？愿意回答吗？换人是不得已情况下采取的措施。

21. 我们应该理解调查什么样的人？怎样解决遇到的问题？

22. 分析效度：解决什么问题？用什么方法分析。一般用三种方法：第一，逻辑推理；第二，看经验；第三，验证。最后的结构是否真实全面，是否符合用户的期待、追求、价值，这就是分析方法。

23. 如果调查不成功，要改变调查方法和调查问题。分析效度是否真实、全面反映真实情况。用什么方法进行分析（因子法、相关法、误差量等）？样本信度问题。

24. 专家的水准，经验丰富不丰富？专家和专家之间进行比较。最少样本量是多少？大样本取样方法。（能够代表本区域的人群）

25. 从结构效度来看，哪些因素符合预测性？数据是否需要预测？是否问题恰当？

附录二：调查问卷

高档轿车调查问卷（一）

1. 你认为高档汽车应该是：
（1）价格高　（2）造型独特　（3）加工工艺精美　（4）油耗　（5）维修保养费用
（6）操控性　（7）动力性　（8）耐磨耐用　（9）品牌　（10）内饰和空间

2. 你认为高档汽车的颜色是什么？ _____

3. 高档汽车有什么象征吗？

_____

4. 高档汽车的其他特点： _____

5. 购买高档汽车的人群的特征是什么？

_____

6. 中国传统汽车设计有什么特点吗？

_____

7. 你觉得哪些是高档汽车？（排名不分先后）：（　　　）
（1）捷达　（2）红旗　（3）宝来　（4）爱迪尔　（5）高尔夫　（6）凯越
（7）阳光　（8）POLO　（9）新蓝鸟　（10）中华　（11）赛欧　（12）富康

（13）羚羊　　　（14）菲亚特　（15）奥迪　　　　（16）国产宝马（17）帕萨特　（18）爱丽舍
（19）菱帅　　　（20）福美来　（21）马自达6　（22）君威　　　（23）桑塔纳（24）千里马
（25）威驰　　　（26）威姿　　（27）奇瑞风云（28）东方之子（29）QQ　　　　（30）嘉年华
（31）索纳塔　（32）赛纳　　（33）蒙迪欧　（34）雅酷　　　（35）优利欧（36）夏利
（37）哈飞路宝（38）派力奥　（39）吉利　　　（40）奥拓　　　（41）雅阁　（42）飞度
（43）其他（请注明品牌）

基本资料：

性别：1. 男　2. 女

年龄：1. 20岁以下　2. 21～30岁　3. 31～40岁　4. 41～50岁　5. 51～60岁　6. 60岁以上

职务：1. 国家官员　2. 干部（医生、教师等）　　3. 经理　4. 经营者　5. 其他

月收入：1. 1000元以下　2. 1000～3000元　3. 3000～6000元　4. 6000～10000元
　　　　5. 10000元以上

文化程度：1. 博士或硕士　2. 本科　3. 大专　4. 中专或高中　5. 初中和小学　6. 其他

高档轿车调查问卷（二）

1. 高档汽车的基本情况描述

1 - 1. 你认为高档汽车应该是（请按照5分制进行重要性评估。1分表示非常不重要，5分表示非常重要）：

序号	语　句	非常不重要	不重要	无所谓	重要	非常重要
1	30万元以上的进口车，大型房车	1	2	3	4	5
2	跑车，或者是加长、改装车辆	1	2	3	4	5
3	凭借独特的设计，设计新颖，典雅式设计	1	2	3	4	5
4	布局、造型、功能和材料集大成于一身	1	2	3	4	5
5	运动型轿车，新SUV运动型多功能车	1	2	3	4	5
6	旗舰产品，性价比车型	1	2	3	4	5
7	风格独特的汽车，美式大排量轿车	1	2	3	4	5
8	高水平的性能和品味的高级车	1	2	3	4	5
9	炙手可热的经典车款	1	2	3	4	5
10	技术最先进，非常经典的发动机	1	2	3	4	5
11	高档汽车品牌、超级豪华车、品牌车	1	2	3	4	5

1 - 2. 高档汽车制造工艺是（请按照5分制进行重要性评估。1分表示非常不重要，5分表示非常重要）：

序号	语　句	非常不重要	不重要	无所谓	重要	非常重要
1	激光无缝焊接	1	2	3	4	5
2	二氧化碳保护焊接	1	2	3	4	5
3	点焊接	1	2	3	4	5
4	秉承精湛制作的传统	1	2	3	4	5
5	制造具有创新意识、杰出工艺	1	2	3	4	5
6	直接喷射技术	1	2	3	4	5
7	双点火花塞技术	1	2	3	4	5
8	发动机、离合器和变速箱被设计成一个整体，并与底盘脱离	1	2	3	4	5
9	制造典雅外形	1	2	3	4	5
10	单体式车身的加工方法	1	2	3	4	5
11	手工制造，一捶一捶地打造出来	1	2	3	4	5

1-3. 高档汽车功能的要求是（请按照 5 分制进行重要性评估。1 分表示非常不重要，5 分表示非常重要）：

序号	语 句	非常不重要	不重要	无所谓	重要	非常重要
1	发动机的功率比较高，卓越的动力系统，强大马力，高功率输出（210 马力）	1	2	3	4	5
2	排气量大	1	2	3	4	5
3	轴距，FR 重心位置合理，前后轴的负重比例合理	1	2	3	4	5
4	转向精确，转弯时的照明范围，增强夜间行驶的安全性	1	2	3	4	5
5	加速时间仅为 8.8 秒，最高时速 230 公里	1	2	3	4	5
6	前排座椅多角度调节，座椅和方向盘将自动移动，舒适的驾乘环境	1	2	3	4	5
7	电子控制的半主动减振系统，系统像悬挂在空中一样平稳	1	2	3	4	5
8	峰值扭矩高达，曲轴在 7 个轴承上旋转，运转非常柔和	1	2	3	4	5
9	无钥匙系统，自动识别自己的主人	1	2	3	4	5
10	加热和空调风扇功能	1	2	3	4	5
11	导航和蓝牙无线电话功能	1	2	3	4	5

1-4. 高档汽车的外形（外观）设计是（请按照 5 分制进行重要性评估。1 分表示非常不重要，5 分表示非常重要）：

序号	语 句	非常不重要	不重要	无所谓	重要	非常重要
1	车型外形设计符合空气动力学；独特的车型	1	2	3	4	5
2	油漆工艺比较细腻，缝隙较小，而且比较均匀，表面非常光滑；传统的漆木纹；	1	2	3	4	5
3	车型大而弧形设计；楔形车身；瞩线型的侧翼，完美的比例分配和表面的细节；整体雍容华贵	1	2	3	4	5
4	饱满雄壮的车头，张扬的方格状前脸，车头做得非常高耸	1	2	3	4	5
5	精美镀铬合金环绕装饰，真皮表面；未经处理的桃木保留着天然的纹理	1	2	3	4	5
6	紧凑的尾部；高翘的尾巴；后部狭窄，细长的 Spider	1	2	3	4	5
7	时代流行倾向；现代时尚的内外造型	1	2	3	4	5
8	前卫的设计，线条流畅，整体雍容华贵	1	2	3	4	5

1-5. 高档汽车的实用性的要求（请按照 5 分制进行重要性评估。1 分表示非常不重要，5 分表示非常重要）：

序号	语　句	非常不重要	不重要	无所谓	重要	非常重要
1	操作性要高；易于操控；操纵结构简单；具有优异的灵活操控性能	1	2	3	4	5
2	空间要大；注重人体工程学的体现；驾驶的舒性	1	2	3	4	5
3	防护性好；主/被动安全性和舒适性；安全气囊；安全性很高	1	2	3	4	5
4	驾驶的舒适性；极具平衡性；动力性高	1	2	3	4	5
5	整个设计超越传统，美观而且实用	1	2	3	4	5
6	平顺性非常好，高速时听不到很大的风噪	1	2	3	4	5
7	发动机降温的问题；车体生锈的问题	1	2	3	4	5

1-6. 高档汽车的零部件（配件或配置）是（请按照 5 分制进行重要性评估。1 分表示非常不重要，5 分表示非常重要）：

序号	语　句	非常不重要	不重要	无所谓	重要	非常重要
1	有线线路；光纤传导	1	2	3	4	5
2	全铝直列四缸强涡轮增压发动机或采用全铝 4.3 升 V8 顶置双凸轮轴 32 气门发动机	1	2	3	4	5
3	5 速无级/手动一体式变速箱和或 6 档智能电子控制自动变速系统（ECT-i）	1	2	3	4	5
4	创新的铝质悬挂系统；适应式可调悬架 AVS	1	2	3	4	5
5	彩色触摸显示屏；Bose 音响系统；环绕立体声系统；DVD 音频和视频系统；XM 卫星收音机；8 英寸的 VGA 显示器；Sigma 平台	1	2	3	4	5
6	电磁式阻尼控制系统；革命性的汽油引擎；汽车动态综合管理系统 VDIM	1	2	3	4	5
7	雍容华贵的头灯，LED 尾灯和双排气管	1	2	3	4	5
8	四环式光电子仪表盘；高反差仪表座与恒温系统；仪表控台采用了上黑（麂皮）下米黄（真皮）	1	2	3	4	5
9	真皮的 PoltronaFrau 皮革；铝制气缸盖 Alcantara 材；南欧最高级的 PoltronaFrau 细致真皮；羊毛织物；镁质材料；用特殊材料；双面优质镀锌钢板；镶嵌的金属质感材质	1	2	3	4	5
10	智能"一触式启动按钮"遥控钥匙；无钥匙系统	1	2	3	4	5
11	压力润滑系统；VVTi 可变气门；汽车动态综合管理系统 VDIM；电磁式减振器；革命性的汽油引擎	1	2	3	4	5

1-7. 高档汽车的结构（造型和装饰）（请按照 5 分制进行重要性评估。1 分表示非常不重要，5 分表示非常重要）：

序号	语　句	非常不重要	不重要	无所谓	重要	非常重要
1	豪华的品位相匹配；内饰非常高档	1	2	3	4	5
2	宽敞的后座头部和腿部空间，更多的前、肩部空间和更大的行李箱容积	1	2	3	4	5
3	层压挡风玻璃和前侧玻璃，三层车门密封，三明治式的低碳钢横隔板	1	2	3	4	5
4	控制臂式前悬架；多连杆式后悬架；悬架衬套；独立前悬挂	1	2	3	4	5
5	舒适健康的乘驾环境；舒适室内空间，气派宽广的车内空间	1	2	3	4	5
6	车头灯维持一般尺码；独特的菱形呈现，头灯与水箱罩之间刻意内缩	1	2	3	4	5
7	前后轴都配置了半椭圆结构的钢板弹簧；车体和底盘的各部件都是分离的	1	2	3	4	5
8	米色双彩真皮木纹内装；银翼天使和传统进气格栅装饰	1	2	3	4	5
9	发动机和变速箱都安装在橡胶垫上或发动机液力支撑；前置前桥驱动的发动机布置与驱动形式	1	2	3	4	5

2. 综合问题

（1）高档汽车有分类吗？有哪几种分类？_____

（2）高档汽车有什么象征吗？_____

（3）高档汽车的颜色是：_____

（4）购买高档汽车的人群的特征是什么？

_____

（5）中国传统汽车设计有什么特点吗？

_____

（6）你知道那些高档汽车？可以说明特点吗？

_____

3. 背景资料

性别：1. 男　2. 女

年龄：1. 20 岁以下　2. 21～30 岁　3. 31～40 岁　4. 41～50 岁　5. 51～60 岁　6. 60 岁以上

职务：1. 国家官员　2. 干部（医生、教师等）　3. 经理　4. 经营者　5. 其他

月收入：1. 1000 元以下　2. 1000～3000 元　3. 3000～6000 元　4. 6000～10000 元　5. 10000 元以上

文化程度：1. 博士或硕士　2. 本科　3. 大专　4. 中专或高中　5. 初中和小学　6. 其他

你的性格：1. 内向　2. 内向偏外向　3. 外向偏内向　4. 外向

你的血型：1. A　2. B　3. AB　4. O　5. 不知道

高档轿车调查问卷（三）

尊敬的先生/女士：

您好！我是西安交通大学的在校生，由于课程需要，正在进行一项关于高档汽车的调查，本调查属于课程作业的一部分，无任何经济利益。衷心希望能得到您的配合！

性别：1. 男　2. 女

年龄：1. 20 岁以下　2. 21～30 岁　3. 31～40 岁　4. 41～50 岁　5. 51～60 岁　6. 60 岁以上

职务：1. 国家官员　2. 干部（医生、教师等）　3. 经理　4. 经营者　5. 其他

月收入：1. 1000 元以下　2. 1000～3000 元　3. 3000～6000 元　4. 6000～10000 元
　　　　5. 10000 元以上

文化程度：1. 博士或硕士　2. 本科　3. 大专　4. 中专或高中　5. 初中和小学　6. 其他

（1）高档汽车的象征是什么？ _____

（2）购买高档汽车的人群的特征是什么？

_____

（3）中国传统汽车设计有什么特点？

_____

1. 高档汽车基本概念的问题

1－1. 你认为高档汽车的特点是（请按照 5 分制进行重要性评估。1 分表示非常不重要，5 分表示非常重要）：

序号	语　句	非常不重要	不重要	无所谓	重要	非常重要
1	30 万元以上的性价比车型	1	2	3	4	5
2	车型外形设计符合空气动力学	1	2	3	4	5
3	设计新颖、独特	1	2	3	4	5
4	典雅的外形	1	2	3	4	5
5	油漆工艺	1	2	3	4	5
6	现代时尚、流行的内外造型、装饰	1	2	3	4	5
7	操作性和实用性	1	2	3	4	5
8	防护性和安全性	1	2	3	4	5
9	平衡性和平顺性	1	2	3	4	5
10	超级豪华品牌车	1	2	3	4	5

1－2. 高档汽车制造工艺和功能是（请按照 5 分制进行重要性评估。1 分表示非常不重要，5 分表示非常重要）：

序号	语　句	非常不重要	不重要	无所谓	重要	非常重要
1	焊接（激光无缝、二氧化碳保护和点焊接）	1	2	3	4	5
2	制造具有创新意识、杰出工艺	1	2	3	4	5
3	直接喷射技术	1	2	3	4	5
4	双点火花塞技术	1	2	3	4	5

续表

序号	语　　句	非常不重要	不重要	无所谓	重要	非常重要
5	发动机的功率和动力	1	2	3	4	5
6	排气量大，使用双排气管	1	2	3	4	5
7	轴距，前后轴的负重比例，峰值扭矩	1	2	3	4	5
8	照明度，即转弯时的照明范围	1	2	3	4	5
9	加速时间和最高时速	1	2	3	4	5
10	舒适的驾乘环境及人体工程学的体现	1	2	3	4	5
11	适应式可调悬架系统 AVS	1	2	3	4	5
12	无钥匙系统，自动识别自己的主人	1	2	3	4	5
13	加热和空调风扇功能	1	2	3	4	5
14	导航和蓝牙无线电话及 XM 卫星收音机	1	2	3	4	5
15	全铝直列四缸强涡轮增压发动机	1	2	3	4	5
16	6 档智能电子控制自动变速系统（ECT-i）	1	2	3	4	5
17	Bose 音响与环绕立体声及 DVD 音视频系统	1	2	3	4	5
18	汽车动态综合管理系统 VDIM	1	2	3	4	5
19	制造和装饰的金属与皮革材质	1	2	3	4	5
20	后座头部和腿部空间、行李箱容积	1	2	3	4	5
21	层压挡风玻璃和前侧玻璃，三层车门密封	1	2	3	4	5
22	前置前桥驱动的发动机布置与驱动形式	1	2	3	4	5

2. 高档汽车审美观念的问题

2-1. 高档汽车的外形可以让人感受到下列哪些情绪？（可以多选）

a. 引人注目　b. 敏捷　　　c. 张扬　　d. 融合和谐　e. 求新求异　f. 沉稳

g. 清新　　　h. 复古风味　i. 气势强劲　j. 雍容典雅　k. 艳羡　　　l. 独具个性

m. 浑然　　　n. 优雅的加速感 o. 依然常青　p. 激进的姿态　q. 更加纤细　r. 更具动感

s. 雅致朴素　t. 光滑平顺　u. 舒适　　v. 坚硬　　　w. 柔顺　　　x. 美观大方

y. 令人缅怀　z. 其他（请描述）

2-2. 分别从下列各种颜色中选择你喜欢的高档汽车颜色：（可以多选）

a. 白色　　　b. 粉色　　　c. 黑色　　d. 红色　　　e. 黄色　　　f. 灰色

g. 金色　　　h. 蓝色　　　i. 绿色　　j. 青色　　　k. 褐色　　　l. 银色

m. 紫色　　　n. 天蓝色　　o. 橙色　　p. 米色　　　q. 间色（红加黑加白）

r. 墨绿　　　s. 间色（橄榄绿加粉）　　t. 间色（绿加白银加红）

u. 配色　　　v. 间色（红加黄）　　w. 间色（黄加蓝）

x. 间色（土黄加灰）　　y. 其他（请描述）

3. 高档汽车认知的问题，下列车型中你认为是高档车型的是（可以多选）：

a. 萨博 Saab93　　　b. 奥迪 A6　　　c. 林肯（Lincoln）　　d. 广本新雅阁

e. 克莱斯勒 300C　　f. 捷豹　　　　g. 阿尔法·罗密欧　　h. 凯迪拉克 Cadillac

i. 雷克萨斯 DIDIBABA　j. 天籁　　　k. 蓝旗亚（LANCIA）　l. 丰田皇冠（Crown）

m. 宝马（BMW）　　　n. 劳斯莱斯　　o. 其他（请描述）

附录三：访谈内容

访谈地点：西安品牌汽车修理中心（西安交通大学南门东 200 米处）

访谈对象：中心负责人

访谈内容：关于高档轿车的有关问题。

这是一个大多数购车者的疑问，或许还有很多人把进口车等同于高档车。对高档车目前没有一个准确的定义。北京亚运村汽车交易市场商务中心主任且小刚说，"30 万元以上的车型是人们比较认可的高档车。" 价格昂贵的汽车不一定是高档汽车，不过价格也是高档汽车的一个因素。评价一个高档汽车，我们还可以考虑它的制造工艺。一些高档汽车是用手工制造的，汽车的壳体是敲出来的。为了制造一辆汽车需要很长时间，甚至一年到一年半。所以这种车一年内只能制作十几辆。另外，品牌车不一定是高档车，但是高档车肯定是品牌车。品牌车和高档车在功能方面有相似的地方，但是高档车往往是利用特殊的材料制作的。比如：这种车的座椅是真皮，一些高档车用是木头做的。在内饰配置上，高档车的车内更多地采用真皮、桃木、羊毛这样的天然材料。真皮在国内的车型中也只是用在车门内饰板和座椅上，而真正的高档车连仪表盘也是用真皮包裹的。高档车的发动机的功率也比较高。

访谈地点：西安西北国际车城（丈八北路）

访谈对象：中心负责人

访谈内容：关于高档汽车的有关问题。

据了解，现在汽车大概可以分为三个类型，即 A 级、B 级和 C 级车。例如，像奔驰 F 系列、宝马系列等属于高档车，即 A 级车；像大众、Passat 属于 B 级中高档车。

拿一款大众轿车来说，第一，它的车型外形设计符合空气动力学，而且跟同级轿车相比，它的轴距要长将近 20 厘米。这款车的油漆工艺比较细腻，缝隙较小，而且比较均匀，表面非常光滑。从制造工艺来说，是使用激光无缝焊接，而本田雅阁等轿车则使用二氧化碳保护焊接或者是点焊。从这方面来说，已经接近高档车，即像宝马，Audi A6 等高档车。第二点，高级轿车里头最重要的就是轴距感、动力感，操作性要高，内饰漂亮，配置要高，工艺要好，空间要大，排气量要大。像大众汽车排气量就是 1.4，其他的排气量在 1.3 到 1.5 的车都属于中级轿车，属于轻型轿车。Passat 属于高级轿车，属于高级轿车就在于它的排气量高、动力性高。当然在 B 型车里最好的就包括劳斯莱斯，非常豪华。像 Audi A6 属于 C 型车，车型大，动力性好，而且内饰非常高档，安全性很高。

汽车原来的线路是有线线路，而现在的大部分汽车的线路是光纤传导，汽车的各项功能配置和各项系统形成互联的状态，所以信息共享方面更好，安全性更高，防护性好，性能更高。像大众的汽车一般是 12 道油漆工艺，激光无缝焊接，双面优质镀锌钢板，从生产工艺来说属于 C 级车。

从汽车的外观设计来说，要有审美感，即动态美和静态美，像日本的汽车大部分都是静态美，而德国的大众或其他系列车则注重动态美，在运动中才体现他的美。包括车的弧形设计、使用的材料等。

低档车和高档车的主要区别在于它的生产成本低，制造工艺和生产工艺比较简陋，材料也是用比较粗陋的，安全性低等。而高档车在用料上是比较讲究的，生产和设计要比低档车要好，配置更豪华，动力性更好。

几乎所有的高档车在发动机布置与驱动形式上都采用发动机前置后桥驱动，简称

FR。FR 重心位置合理，驱动与附着可靠，操纵结构简单，前后轴的负重比例合理，转向精确。而很多中、小型轿车采用发动机前置前桥驱动，简称 FF，这种形式结构简单、紧凑。不妙的是前驱的轿车，前桥既负担了传动的功能又有转向的职责，所以前桥的负担过重，两项任务都不能完美地完成，车辆的重心也不是很合理。而在国内生产的轿车都采用发动机前置前桥驱动的发动机布置与驱动形式，这是我们认为国内没有真正意义上的高档车的重要原因。V6 和 L4（直列 4 缸）一样都是普通轿车上用的发动机，V6 的血统已经不再高贵。现在高档车上的发动机已经普遍采用 V8、V12 或者 W12，如果用 6 缸发动机也会用 L6（直列 6 缸）或者水平对置 6 缸，因为这两种形式的发动机的平稳性优于 V6。

高档豪华车也必然有一个高档品牌。大众的名字就告诉人们它属于老百姓，本田的日本血统也够不上层次，别克在美国的位置不上不下，奥迪的品牌形象更偏重于运动化。品牌形象的树立不是一朝一夕的事，必须有深厚的历史和文化底蕴。日本丰田为了改变自己生产廉价汽车的形象，花费重金来塑造一个新的品牌 LEXUS，并且坚持用高档车采用的发动机前置后桥驱动、直列 6 缸发动机等技术才逐渐被市场认可，高档品牌不是吹出来的。

最近很多高档品牌都相继推出新产品，在保持原有风格基础上，外形设计都实现了一定的突破，普遍增加了时尚、运动的元素，使产品能更加符合现代人的审美需求，更加引人瞩目，赢得更多的"回头率"。据记者调查，对于高档车的购买者来说，引人注目的外观是不可或缺的部分。汽车在中国已经越来越普及，一般汽车已不再是身份、地位的象征。但对于高档车而言，在很大程度上仍然承担着这部分功能。尤其是外观，是体现这方面的功能的最直接方式。对于许多消费者而言，高档车引人注目的外观，可以动感、可以经典、可以张扬、可以内敛，而平庸则不可以接受。然而随着世界汽车巨头不断将最新、最好的产品引入中国，人们能够看见"好车"的几率已经越来越高，许多在两三年前引得路人啧啧称赞的车，如今已经很难吸引人们的眼球。并非是消费者减少了对这些车的认同和热情，只是车型过于普遍，习以为常。现在，除非是一些超级豪华车、跑车，或者是加长、改装车辆，否则很难赢得较高的"回头率"。对于高档车而言，要想抓住消费者足够的眼球并非易事。这也不难理解今年高档车为何普遍出现外观求新求异的局面，不变则难以吸引消费者了。高档车的定位与经济型车不同，有自己的购买群体。

附录四：其他必要调查内容

本次调查对另外三个方面进行了额外的调查，下面分别列出调查结果：

1. 高档汽车的象征

高档产品的象征

调查内容	调查结果
高档汽车的象征	品牌很能说明问题；良好的外形设计；价格；汽车内部配置；高贵；地位；象征财富；社会地位；身份；养眼；骨子里透出的一种王者风范；性能好；有固定收入，家庭安稳；名气；社会和经济地位；有钱；经济实力；富有，实力；豪华，舒适；荣誉；豪华，舒服，费钱；个人品位

2. 购买高档轿车人群特征

购买高档轿车人群特征

调查内容	调查结果
购买高档轿车人群特征	有一个良好的经济实力和社会地位，也有一些是为适应商业需求；有钱；高收入；高收入人群，有一定的社会地位；有经济条件；穿西服，有啤酒肚；有社会上层，注意品位，不关注价格；有一定经济实力，有运输方面需求；爱面子；当官的人；有存款；大部分是国家干部和经营者；有固定高收入；有地位；有钱人，有需要；富有；略微奢侈；高学历，高地位（社会地位）；存款丰厚，收入稳定；白领阶层

3. 中国传统汽车设计的特点

中国传统汽车设计的特点

调查内容	调查结果
中国传统汽车设计的特点	在我印象中，非常呆板，不气派；外形比较传统，性能一般；保守；坚硬；样式单一；复合，内在性能欠佳，工艺较差；较为经济，但很少属于高档车；复古，内在性能欠佳，含蓄，内敛；很古典；家用价值高；朴素；外观朴素而且很坚硬；造型朴素，实用，传统；难看；缺乏美感；车仓小，外形小，不注重流线型；注重功能，忽视造型，小修改，五大创作；朴实，实用

第十三节　高档空调设计调查

一、调查统计结果

2006 年 6 月份，在西安的几个大的家用电器商城就高档家用空调进行了调查。高档家用空调的设计要考虑全部的因素，一个因素不全就不称其为高档家用空调，但是在产品的设计和生产中，由于条件所限，必须对其因素进行优先级排序，以确定其重要性程度。这次调查对所得数据进行了统计分析，对高档家用空调的相关因素进行了重要性排序，期望能为设计提供一定的依据。调查共总结出 11 个主因素 52 个子因素，总因素为 63 个。

1. 主因素排序

高档家用空调的主因素为 11 个，因素细分以后，因素总和达到了 63 个，因素的寻找方法会在第二、第三部分中详细描述。主因素是影响家用空调高档与否的最重要部分，通过调查统计，主因素排序结果如表 2 – 13 – 1。

高档家用空调主因素排序表　　　　　　　　　　　表 2 – 13 – 1

序　号	主因素	序　号	主因素
1	质量	7	维护简单
2	节能	8	环保
3	功能齐全（舒适性）	9	外观
4	性能（技术指标）	10	品牌
5	售后服务	11	容易控制
6	安全性		

主因素排序出现了并列现象，性能与售后服务并列第四位，安全性与维护简单并列第五位。从表中的排序我们可以发现，质量是第一位的，紧接着第二位的就是节能，外观因素排在了第八位上。

2. 总的因素排序

高档家用空调的因素细分以后达到 63 个，我们按其重要性进行排序，并对部分因素的内容进行一定的解释，旨在为设计提供一定的参考。由于一部分因素的内容牵涉到相关的技术，限于排序的篇幅问题，相关技术的详细情况会在附录中的技术参考中给出。总的因素排序中同样出现了部分因素并列的情况。外观因素中的颜色、表面处理部分在问卷的第二部分进行了详细的划分，也把调查结果排在总的因素排序表中。高档家用空调的总的因素排序如表 2 – 13 – 2。

高档家用空调总因素框架结构　　　　　　　　表 2 – 13 – 2

主因素排序		因素细分排序		
序号	主因素名称	序号	二级因素名称	因素内容的解释
1	质量	1	制冷（热）效果	各因素涉及到的相关技术问题，会在附录的技术参考中给出
		2	性能稳定	
		3	机身结实	"机身结实"这一因素在安全性中也出现了，为免啰嗦，所以在问卷中只出现一次，但排序时出现在两处
		4	使用寿命长	
2	节能	1	耗电量低	牵涉到能效比，国家对此制定了明确的标准
		2	节能方式	节能方式如变频节能，国内变频空调的标准今年刚刚在上海亮相
3	功能	1	噪声不打扰休息	空调的众多功能主要是为了增加人们生活环境的舒适性，所以有助于增加舒适性的一些因素都列在了功能之下
		2	睡眠设定	根据人身体睡眠的温度变化来自动调节室内温度
		3	净化室内空气	
		4	环绕立体风	上下吹风，不吹人，不易使人生病
		5	双制式	可以制冷，也可以制热
		6	换气	循环室内空气
		7	室内温差小	调节温度恒定，不会造成室内局部温差较大
		8	负离子	产生负氧离子，对身体有益
		9	自动感应	
		10	空气加湿、抽湿	
4	性能	1	制冷（热）量	主要为家用空调的技术指标
		2	制冷（热）速度	
		3	控温范围	
		4	换气速度	
	售后服务	1	免费添加制冷剂	这两种服务是部分商家才提供的
		2	免费移动机器	
		3	服务网络健全	
		4	免费维修期长	
		5	维修周期短	
		6	免费安装	这是大部分商家都提供的服务

续表

主因素排序		因素细分排序				
序号	主因素名称	序号	二级因素名称		因素内容的解释	
5	安全性	1	制冷剂密封好			
		2	防触电保护		防触电是有国家标准的，详细的说明在附录的相关技术中	
		3	机身稳固		防止柜机倒地砸到人	
		4	机身结实			
	维护	1	过滤网易拆洗		过滤网是要定期清洗的，所以易拆洗很重要	
		2	表面易清洗			
		3	空调不滴水		空调冷凝空气中的水，水在冷凝管上凝聚，形成水滴，滴在室内或者墙壁上，会造成尴尬	
		4	过滤网免清洗			
		5	易损件容易更换			
6	环保	1	使用环保制冷剂		现在真正环保型制冷剂还没有大范围应用，但很多商家使用相对环保的制冷剂	
		2	机身用料环保		机身用料指机身材料、粘结剂	
7	外观	1	与家居环境协调		室内机与家居环境协调	
		2	机身颜色	1 浅色系	室内机的颜色	
				2 白色		
				3 根据家庭装修搭配		
				4 深色系		
				5 灰色系		
		3	机身表面	1 抛光塑料	室内机机身的表面处理	
				2 防划钢化玻璃		
				3 亚光塑料		
		4	机身造型			
		5	机身使用材料			
8	品牌	1	社会评价			
		2	品牌知名度			
		3	广告宣传			
9	容易控制	1	有显示屏		带有电子显示屏，显示空调的当前状态	
		2	对遥控反应灵敏			
		3	有操作反馈		比如嘀嘀声或者音乐	
		4	图标清晰易懂		图标包括显示屏上的图标和遥控上的图标	
		5	智能控制			
		6	显示的角度位置			
		7	触摸屏			

3. 个人资料分析

本次调查共发放问卷40份，回收40份，其中有效问卷为36份。调查采用问卷调查的方法，以偶遇法进行抽样，对家电商场中的销售人员和消费者进行了调查。对于被调查者的个人资料的统计分析，可以印证之前对于各种学历、职业、年龄的人对于空调要求的假设。

调查中的个人资料主要有性别、年龄、学历、职业、使用或销售空调的年限、家庭月收入，下面分别进行了统计。

调查的性别，男性为58%，女性为42%，男性稍多于女性，但没有太大的差别。性别统计如下表2－13－3。

性别 表 2 – 13 – 3

性别	人数	百分比（%）	性别	人数	百分比（%）
男性	21	58	总计	36	100
女性	15	42			

年龄是影响被调查者对空调了解的重要因素，调查中 31～40 岁的被调查者占 80.56%，符合前期的预期，这些人有足够的经济能力使用空调，而且对空调有一定的了解。

年龄 表 2 – 13 – 4

年龄	人数	百分比（%）	年龄	人数	百分比（%）
31～40 岁	29	80.56	41～50 岁	2	5.56
30 岁以下	5	13.89	总计	36	100.00

高档调查的调查对象预期应该是高学历、高收入的人群，从学历统计来看，有 75% 的人是大专/本科学历，没有低于高中学历的被调查者，基本符合预期。从家庭月收入统计信息来看，也基本符合预期。学历统计信息如表 2 – 13 – 5，家庭月收入统计信息即表 2 – 13 – 6。

学历 表 2 – 13 – 5

学历	频数	百分比	学历	频数	百分比
大专/本科	27	75	总计	36	100
高中/技校/中专	9	25			

家庭月收入 表 2 – 13 – 6

家庭月收入	人数	百分比	家庭月收入	人数	百分比
3000～6000 元	20	55.56	总计	36	100V
6000～10000 元	16	44.44			

空调的销售或者使用年限是衡量被调查者的空调使用经验的重要因素，也是衡量调查信息可靠性的重要因素，从统计信息来看，空调的平均销售或者使用年限为 4.5 年，他们的使用经验应该是比较丰富的了。空调的销售或使用年限统计信息即下表 2 – 13 – 7。

销售或使用年限 表 2 – 13 – 7

销售或使用年限	人数	百分比	销售或使用年限	人数	百分比
7	2	5.71	3	6	17.14
6	9	25.71	2	3	8.57
5	8	22.86	1	1	2.86
4	6	17.14	总和	35	100.00

预期被调查者的职业会影响到空调特性的选择。从问卷上来看，主妇主要关心的是它的清洗维护、舒适性（功能），销售人员主要关心它的技术指标等，证实了预期的想法。被调

查者职业统计信息如下表 2 – 13 – 8。

			职业		表 2 – 13 – 8
职业	人数	百分比	职业	人数	百分比
主妇	7	19.44	教师	1	2.78
经理	7	19.44	经商	1	2.78
干部	6	16.67	公务员	1	2.78
销售	5	13.89	缺失	3	8.33
职员	3	8.33	总和	36	100
主任	2	5.56			

4. 结论

此次调查地区为西安市区的几个大型家电商场。调查通过前期的资料整理，并对 3 位销售人员和 3 位用户进行了访谈，得出关于高档家用空调的 11 个主因素，52 个子因素，因素总数达到 63 个。通过问卷调查，调查各个因素的重要性，进而通过统计对因素的重要性进行排序，结论如下：

- 11 个主因素的重要性由高到低的排序依次为质量、节能、功能齐全（舒适性）、性能、售后服务、安全性、维护简单、环保、外观、品牌、容易控制。因素的重要性排序为设计在受到条件限制的情况下，提供了因素优先级排序的依据。
- 质量排在第一位，其子因素制冷效果排在第一位，反映了空调的传统性。排第二位的是节能，这就反应了空调的特殊性，因为空调的耗电量大，而且开机时间很长，所以对它的节能性能就要求比较高一些。
- 功能齐全代表的是空调的舒适性。功能越是齐全，空调对人体和室内环境越好，这个排在第三位也在意料之中。外观因素排在了第七位，也反应了外观因素在空调的设计中相对于其他的因素来说，不是很重要。
- 各个因素的重要性是以 5 分制来打分并进行重要性评定的，各因素是以因素平均得分来排序的，但各因素之间的得分相差不大，可见缺失任何一个因素的家用空调都不会成为高档空调。
- 各因素排序结果出来以后，不是要在设计中按照重要性舍弃因素，而是要根据设计中的侧重点不同，对不同的因素给予不同的关注程度。

二、调查过程

2006 年 6 月笔者在西安就影响高档家用空调的因素进行了调查，调查以问卷调查的形式进行，调查地点为西安的几个大型家电商场。调查共发放问卷 40 份，回收 40 份，36 份为有效问卷。

此次进行的高档家用空调的调查过程主要有资料的收集、访谈、因素框架的搭建、讨论、设计问卷、讨论、修改问卷、试调查（问卷访谈）、修改问卷、讨论、设计出新问卷、讨论、调查、对数据进行统计分析。

1. 调查目的

此次调查的目的主要是明确影响高档家用空调的各个因素，并对其进行重要性排序，以期能为设计提供依据。影响家用空调高档与否的因素很多，但是由于技术和生产条件的限制，要进行因素之间的取舍，所以要对因素进行优先级排序。排序的依据就是其影响的重要性，所以这次调查的形式就是调查各因素的重要性，从而对各因素进行排序，并对一些因素进行解释，牵扯到的技术问题也在附录的技术参考中给出，希望这些信息能为设计提供依据。

2. 资料收集

资料收集阶段主要利用的手段就是网络和图书，主要目的就是寻找家用空调的因素。去各种不同公司的网站，了解它们的产品，查看它们的产品描述来获得相关因素。从各种描述中发现不懂的问题，继续利用搜索引擎进行搜索，来解决技术上的问题，如果还不能解决就去查看图书。资料收集共收集了关于家用空调的原理、制冷剂、压缩机、各种功能的原理及实现、家用空调的发展趋势以及技术瓶颈等资料，这些资料由于与因素中列出的各因素技术都有一定的关系，所以放在附录的技术参考中。

收集这些资料的目的主要有：

（1）从这些资料中寻找高档家用空调的因素，以此来建立初步的因素框架。

（2）从这些资料来了解现在家用空调的行情，以及一些现在流行的功能与技术，保证在访谈中能够很敏感地抓住被访者提供的信息。

（3）希望收集到的这些资料能为设计提供一定的参考。

3. 访谈

资料收集差不多以后，开始进行访谈，访谈要带着问题来做，问题就是从收集到的资料中来的。此次访谈的对象主要为销售人员和用户，先对销售人员进行访谈，此次访谈的销售人员是一位销售经理和两位具有 5 年销售经验的营业员，销售经理又是学习社会学出身，对笔者的这些调查帮助很大。对用户的访谈主要就是验证性的，没有多少启发性信息。

对销售人员的访谈由于是在销售场所中进行的，有空调样机可以作为访谈的道具，所以访谈起来比较顺利，但是由于处在营业时间，购买者的介入使访谈断断续续，无法计算准确的时间，大概每位半小时左右。

访谈的目的主要有：

（1）明确因素框架，对因素进行补充。

（2）获得行业用语，以便调查中使用时不会让被调查者搞不清楚。

（3）获得一个大体的对各种因素的预期，以及用户的个人资料预期。

4. 设计问卷

根据收集到的资料以及访谈所得，列出新的因素框架，然后进行讨论。讨论主要是在小组之间进行的，讨论完善了框架，共增加 4 个因素，改善了 5 个因素。根据完善的框架进行问卷的设计，然后又就问卷进行了小组讨论，对问卷进行了修改，主要是针对一些措辞与格式问题。这就形成了第一次的问卷，然后对此问卷进行了试调查。

5. 问卷试调查

问卷试调查的时候，先去找了访谈时的三位销售人员，以问卷为媒介对他们进行了第二次的访谈，访谈效果不错，对问卷进行了比较大的修改，主要增加了 3 个因素，去除了 3 个不相干或者重复的因素，对一些问卷的措辞进行了修改，更接近于用户的语言，访谈时间大约每位为 20 分钟。

以问卷为媒介进行的访谈优点主要有：

（1）交流上直观，不会进行空谈。

（2）对问卷的修改立刻就可以见效果，改了问卷以后，马上就可以以改过的问卷来进行下一个访谈。

（3）节省时间，有了具体的交流工具，交流起来也有效率，可以节省时间。

（4）对问卷的修改不会因为记录不准确而出现问题，因为修改就写在问卷上。

以问卷为媒介进行访谈要注意的要点：

（1）要有一个比较完整的问卷，就是要尽可能考虑到每一个因素，宁可多，不可少，这样访谈起来，不容易被束缚。

（2）要找到适合的人选，能找到专家最好。

（3）一定要明确访谈的目的，就是完善你的问卷，不要忽略被访者的任何问题和改进，都要让他们写在问卷上，或者自己原话记录在问卷上，以便对问卷进行修改。

6. 修改问卷

根据问卷访谈得来的信息，对问卷进行修改，然后再在小组间进行讨论，确定最后的问卷。问卷这样的迭代设计，应该多进行几次，以确保能涵盖所有的因素，调查的措辞能够很好地为被调查者所理解。由于本调查的时间有限，所以只进行了一次这样的问卷迭代设计，就进行了最后的调查，略显遗憾。

7. 问卷调查

问卷的调查主要在西安市区的几个大的家电商场进行，被调查者主要为销售人员和购买人员，他们的一些统计资料已在第一部分中进行了分析。调查形式是问卷形式，由于条件所限，调查抽样只能采用偶遇的方法进行。调查共进行了三天，全部为周末，因为周末商场内购买者比较多，可供选择为调查对象的人也就多一些。

调查共发放问卷40份，由于现场填答，回收问卷40份，其中36份为有效问卷。四份作废的问卷主要因为两份没有答完，两份明显存在应付心理，完全选一样的选项，所以作废。

三、对调查的讨论

对调查的信度和效度影响比较大的地方就是访谈、问卷设计和问卷调查。对此次调查的问题与不足在这一部分也进行了讨论。

1. 访谈的信度分析

前期进行的访谈，访谈对象有销售人员和用户，人数为6个，访谈地点为家电商场，方法就是以空调样机为道具进行面对面的问答，并进行了观察和旁听。销售人员有三名，一名为销售经理，学社会学出身，另外两名为具有5年销售经验的营业员。对销售人员的访谈大都是直接关系到空调的很实际的信息。观察他们介绍产品的情形，倾听他们介绍时使用的术语和产品的指标。应该说，销售人员提供的这些信息都是可靠的。对用户的访谈就主要是对从销售人员处得来的信息进行确认。用户也访谈了三个，由于用户大都在关心购买的空调，而且有一定的空调使用经验，所以他们对空调有一定的了解，向他们证实这些信息是可以的。

2. 访谈效度分析

（1）框架效度

框架效度就是要考虑因素的全面性和真实性。在访谈前期先根据收集到的资料列出一个粗略的因素框架，然后进行访谈，确保当被访者提到相关因素时能很敏感地觉察到，提到没有在框架中出现的因素时，能及时记录下来。

访谈的对象选择了销售人员和用户各半，对于销售人员的访谈可以得到产品间的性能比较，产品的性能参数，用户的关注点，对于他们访谈这些是合适的。但是在他们那里得不到产品的使用信息，所以对用户的访谈一方面证实了销售人员提供的信息，另一方面获得用户的使用信息。

这样销售人员访谈与用户访谈结合的方法提高了框架完整的可能性。

（2）内容效度

内容效度就是对访谈问题的效度分析，由于在商场中，环境比较嘈杂，而且销售人员和消费者都没有空闲的时间来与笔者进行一问一答式的访谈，况且那样的访谈效果也不会很理想。所以对访谈的问题，只能大体列出一个框架，然后随机变化。

对销售人员访谈的典型问题有：

- 顾客在挑选空调时主要关心哪些指标？你们是怎么来说明这些指标的？
- 你们在介绍产品时偏重于介绍哪些指标？这些指标又是怎么介绍的？
- 你能给我介绍一些你们这儿的高档家用空调吗？说得越详细越好？
- 现在比较流行的空调技术主要有哪些？最新的是什么？介绍一下？
- 现在比较流行的空调功能有哪些？最新的是什么？介绍一下？术语怎么说的？
- 顾客有没有给你们一些反馈意见？主要有哪些？你们是怎么回复的？
- 现在顾客最看重空调的是什么因素？
- 高档空调与普通空调有什么重要区别？详细说一下？
- 高档空调在节能上有什么好的考虑？
- 销售空调时使用的一些术语？

对用户访谈的典型问题有：

- 您主要看重空调的什么性能？
- 你听得懂销售人员说的那些术语吗？
- 你看的这种空调，你看上了它的哪些优点？它不好的地方在哪里？
- 你在乎空调的功能很多吗？
- 维护空调很麻烦吗？麻烦在什么地方？
- 你在空调使用中，碰到过什么意外情况？怎么回事？怎么解决的？

这些只是一个问题的大体范围，具体的问题是根据具体的场景进行提问的，但这也正是这次访谈的优势所在，因为在具体场景中进行访谈，人们很容易进入状态，回答的问题效度应该比一对一的访谈高得多。

（3）交流效度

访谈是在商场中进行的，商场的环境就是访谈的场景，被访谈者处在一个自然的环境中，没有一种被约束的感觉，没有一对一的尴尬，交流上很顺畅。

其次，由于接受访谈的销售人员都有5年以上的销售经验了，交流经验相当丰富，而且对产品的解说可以说是非常熟练，所以在对销售人员的访谈中，交流效度不会存在问题。对用户的访谈也同样是在商场中进行，他们来购买空调，而且根据调查统计信息看，他们大都有空调的使用经验，他们也知道很多空调的知识，所以交流起来，也不存在问题，况且对用户的访谈大部分都是在确认信息，没有发掘很多其他的信息，所以交流效度是基本可以保证的。

（4）分析效度

分析效度就是看得来的信息是否经得起推敲，访谈信息是否全面真实，是否符合经验、人们的期待和逻辑推理。对访谈信息的分析，主要根据收集到的资料进行小组讨论。根据收集到的资料进行访谈，所得的访谈信息是对资料的印证和补充，这也正是分析效度要证实的事情。

访谈信息与收集的信息是相互印证的，举例说明，收集信息中节能是空调发展的大方向，访谈信息中，用户对节能的关注度是很高的，他们宁肯多花两百块也要买节能型的空调。

把访谈信息转化为问卷，是需要认真考虑的。由于访谈中获得的信息是比较零碎的，首先需要把它们归于不同的主因素下，然后对它们的措辞和调查方法进行考虑。主要就是让措辞更接近于平时交流语言，对于特别专业的词汇，也要对被访谈者进行一些说明，如功能（舒适性）、性能（技术参数）。

3. 问卷效度分析

（1）框架效度

框架效度就是看问卷所列的因素全不全，是否真实。框架效度要靠专家用户来保证。此次问卷设计经过了一个迭代过程，这个过程中，问卷访谈是保证框架效度的一个很好的方法（调查过程中已说明）。问卷访谈就是把专家访谈和试调查结合起来，对专家进行试调查，让他们直接对问卷提出问题和改进。保证框架效度的方法主要有访谈专家、小组讨论、试调查。

此次调查保证框架效度的努力主要有访谈专家 3 人，访谈用户 3 人，然后进行了四次小组讨论，一次问卷访谈。最后获得主因素 11 个，如下表 2-13-9，因素细分为 52 个子因素，共计 63 个因素，总因素框架表如表 2-13-10。

主因素框架表　　　　　　　　　　　表 2-13-9

序号	主因素	序号	主因素
1	质量	7	节能
2	功能（舒适性）	8	控制
3	性能（技术指标）	9	安全性
4	外观	10	品牌
5	维护	11	售后服务
6	环保		

总因素框架表　　　　　　　　　　　表 2-13-10

主因素		二级因素		因素说明
序号	主因素名称	序号	二级因素名称	
1	质量	1	制冷（热）效果	请教专家后添加的因素
		2	机身结实，不易损坏	
		3	使用寿命长	
		4	性能稳定	
2	功能（舒适性）	1	空气加湿、抽湿	
		2	换气	循环室内空气
		3	净化室内空气	杀菌、除臭
		4	负离子	

续表

主因素		二级因素		因素说明
序号	主因素名称	序号	二级因素名称	
2	功能（舒适性）	5	上下吹风，不吹人	冷（热）气流动方式
		6	双制式	可制冷、制热
		7	自动感应功能	
		8	睡眠设定	根据人体睡眠时的温度变化，自动调节室内温度
		9	室内温差小	
		10	噪声不打扰休息	由于功能主要体现的是舒适性，所以把噪声这一项放在功能主因素下
3	性能（技术指标）	1	制冷速度	
		2	控温范围	
		3	换气速度快	
		4	制冷量	
4	外观	1	材料	
		2	颜色	
		3	表面处理	
		4	造型	
		5	与家居环境协调	
5	维护	1	表面易清洗	
		2	过滤网易拆卸、清洗	
		3	过滤网免清洗（清洗周期长）	
		4	易损件容易更换	
		5	空调不滴水	
6	环保	1	机身用料环保	机身材料、粘结剂
		2	制冷剂环保	环保制冷剂
7	节能	1	耗电量	
		2	节能方式（变频节能）	
8	控制	1	带有显示屏	
		2	触摸屏	
		3	有操作反馈	比如嘀嘀或者音乐。讨论后添加的因素
		4	图标清晰易懂	图标包括遥控图标和空调的状态图标
		5	对遥控反应灵敏	
		6	智能控制	
		7	显示的角度和位置	讨论后添加的因素
9	安全性	1	防触电	使用者的安全
		2	机身稳固	防止砸到人，重要的是小孩（柜式机）
		3	材料结实	机器自身的安全，与质量因素下的机身结实、不易损坏是同一因素
		4	制冷剂密封好	防止制冷剂的泄漏造成污染或损伤。讨论后添加的因素
10	品牌	1	品牌知名度	
		2	社会评价	
		3	广告宣传	
11	售后服务	1	免费安装	
		2	免费维修期长	
		3	维修周期短	
		4	服务网络健全	
		5	免费移动机器	请教专家后添加的因素
		6	免费添加制冷剂	

（2）内容效度

内容效度考虑的是问卷问题能否全面真实地反应因素所要衡量的内容。保证内容效度的方法主要是进行试调查和小组讨论。此次调查就是要保证子因素能够全面真实地反映主因素的内容，因此试调查采用了问卷访谈的形式，小组讨论也为此作出了贡献。

- 在第一次问卷的小组讨论问题上增加了四个因素，即空调不滴水、操作反馈、显示的角度和位置、制冷剂密封好；针对措辞问题，改善了五个因素，如净化室内空气改为净化室内空气（杀菌、除臭）。
- 问卷访谈对内容效度的保证作用也是很大的。最后调查结果排在第一位的制冷（热）效果就是问卷访谈中补充的因素。问卷访谈补充了三个因素，分别是制冷（热）效果、免费移动机器、免费添加制冷剂；去除了三个因素，主要是因为跟其他因素重复。
- 从因素框架转换到问卷问题，还有些问题无法由五分量表来提问，如颜色、表面处理，所以只能在问卷第二部分中单独把它们列出来。

外观因素下的颜色和表面处理两个子因素的转化如下表，表 2 - 13 - 11。

因素转化　　　　　　　　　　　　　表 2 - 13 - 11

因素	二级因素	因素内容
外观	颜色	白色
		浅色系
		深色系
		灰色系
		根据家庭装修搭配
	表面	抛光塑料
		亚光塑料
		防划钢化玻璃

（3）交流效度

在问卷调查之前，对高档家用空调的使用者已经有了一个预期，那就是他们通常是高学历、高收入人群。所以在被调查者的选择上，也往这个方向上靠，选择被调查者首先要像那种高收入、高学历的人，然后以调查家庭主妇为主，但是调查中男性回答的比较多一些。

问卷的调查是当场填答，这样保证了问卷的回收率，也可以对被调查者进行一定的指导。问卷经过了两次修改，措辞上基本没有问题，被调查者基本都能明白。

调查中出现问题的就是对重要性的理解，很多人对重要性的理解不同。有的被调查者认为各个因素都是最重要的。有人为了赶时间没有把问卷填完，还有两份纯粹为应付而做，全部打一样的分数，所以这样的问卷都作为作废卷处理。还有部分个人资料不是很完整，但是这不妨碍对因素的排序。

（4）分析效度

分析效度要考虑的就是用什么方法分析得到的信息，能够更全面真实地表达出这些信息。此次调查的预期就是要根据调查结果，对各个影响高档家用空调的因素进行排序，这是因为在生产条件、成本等因素的限制下，要考虑的因素应该有一个优先级排序，以此确定对各个因素的关注程度。以此为出发点，问卷的设计也是以五分量表的形式出现，来测量因素的重要性。

对测得的数据的分析，就是要对因素进行重要性排序。笔者采用均值的方法对其进行分析，来获得最后的因素排序。重要性的排序是以因素获得的平均分来进行排序，这就把各个因素摆在了同一个平台上。如此排序的理由主要有：

- 我们无法根据经验对因素进行排序。因为用户认为的各个因素的重要性跟我们的经验不同，我们不能武断地把自己的经验加到用户身上。但是我们可以以经验来验证部分排序的正确性，我们的经验告诉我们，产品的质量排在第一是比较正确的，空调的特殊性又决定了节能排在第二位，也是我们可以接受的。
- 我们无法以逻辑来判断次序，推理逻辑在这个排序问题上无用武之地。
- 经验虽能验证部分因素的排序正确性，但是对于因素细分以后，经验就没有多大作用了。

4. 调查讨论

（1）调查中的问题

此次调查中也遇到了一些问题，在这里列出以供以后调查时参考。

- 此次调查的题目为高档家用空调调查，越是调查到最后，笔者越是觉得这是在进行空调的需求调查，因为我们调查的分值比较高的都是普通空调需要考虑的因素，真正对于高档空调重要的是那些分值不高的因素。
- 调查中，由于问卷的篇幅过长，造成被调查者的反感，从而影响了部分调查结果。
- 由于进行因素排序是在调查前就定下的目标，所以在调查时有时盲目追求对因素的重要性的调查。

（2）调查中的不足

此次调查也存在很多不足，在这里写出来，供以后调查参考。

- 此次调查时间仓促、资源有限，所以样本量不大，造成一定的统计误差，要消除误差，只能增大样本量。
- 调查中发生了一些不愉快的事情，主要是因为在调查中没有选好被调查者，所以调查中被调查者的选择是很重要的。
- 调查的性质使调查遇到了一定的阻力，在调查中把调查目的表达清楚是很必要，也是很重要的。

附录一：问卷

1. 第一次问卷：

高档家用空调调查问卷

尊敬的先生/女士：

您好！我是西安交通大学的在校生，由于课程需要，正在进行一项关于高档家用空调的调查，本调查属于课程作业的一部分，无任何经济利益。衷心希望能得到您的配合！

问题说明：

请按照您认为的高档家用空调的标准，对以下因素进行重要性评分。

因　素	重要程度评分 低 1 2 3 4 5 高				
1. 质量	1	2	3	4	5
2. 功能齐全（舒适性）	1	2	3	4	5
3. 性能（技术指标）	1	2	3	4	5
4. 外观漂亮	1	2	3	4	5
5. 维护简单	1	2	3	4	5
6. 环保	1	2	3	4	5
7. 节能	1	2	3	4	5
8. 容易控制	1	2	3	4	5
9. 安全性	1	2	3	4	5
10. 品牌	1	2	3	4	5
11. 售后服务	1	2	3	4	5
12. 机身结实，不易损坏	1	2	3	4	5
13. 使用寿命长	1	2	3	4	5
14. 性能稳定	1	2	3	4	5
15. 双制式（可制冷、制热）	1	2	3	4	5
16. 空气加湿、抽湿功能	1	2	3	4	5
17. 循环室内空气	1	2	3	4	5
18. 净化室内空气（杀菌、除臭）	1	2	3	4	5
19. 负离子（可产生负氧离子）	1	2	3	4	5
20. 自动感应功能	1	2	3	4	5
21. 睡眠温度变化设定（V 睡眠）	1	2	3	4	5
22. 冷（热）气流动方式	1	2	3	4	5
23. 制冷（热）速度	1	2	3	4	5
24. 控温范围	1	2	3	4	5
25. 换气速度快	1	2	3	4	5
26. 制冷（热）量	1	2	3	4	5
27. 机身使用的材料	1	2	3	4	5
28. 机身颜色	1	2	3	4	5
29. 机身表面处理	1	2	3	4	5
30. 表面有图案	1	2	3	4	5
31. 机身造型	1	2	3	4	5
32. 与家居环境协调	1	2	3	4	5
33. 表面易清洗	1	2	3	4	5
34. 过滤网易拆卸、清洗	1	2	3	4	5
35. 过滤网免清洗（或清洗周期长）	1	2	3	4	5
36. 易损件容易更换	1	2	3	4	5
37. 润滑容易	1	2	3	4	5
38. 空调不滴水	1	2	3	4	5
39. 噪声不打扰休息	1	2	3	4	5
40. 机身用料环保	1	2	3	4	5

续表

因　　素	重要程度评分 低　1　2　3　4　5　高				
41. 使用环保型制冷剂	1	2	3	4	5
42. 耗电量低	1	2	3	4	5
43. 节能方式（如变频节能）	1	2	3	4	5
44. 带有显示屏	1	2	3	4	5
45. 触摸屏	1	2	3	4	5
46. 有操作反馈	1	2	3	4	5
47. 图标清晰易懂	1	2	3	4	5
48. 显示的角度和位置	1	2	3	4	5
49. 智能控制	1	2	3	4	5
50. 对遥控反应灵敏	1	2	3	4	5
51. 防触电保护	1	2	3	4	5
52. 制冷剂密封好	1	2	3	4	5
53. 机身稳固（不容易倒地）	1	2	3	4	5
54. 品牌知名度	1	2	3	4	5
55. 社会评价	1	2	3	4	5
56. 广告宣传	1	2	3	4	5
57. 免费安装	1	2	3	4	5
58. 免费维修期长	1	2	3	4	5
59. 维修周期短	1	2	3	4	5
60. 服务网络健全	1	2	3	4	5

下面是一些选择题，在您认为对的地方打勾（√）就可以了。谢谢您的合作！

一、您认为高档家用空调的安装应该是_____

1. 隐藏式　　　2. 壁挂式　　　3. 柜式机　　　4. 吊顶式

二、您认为高档家用空调的整体颜色应该是_____

1. 白色　　　2. 浅色系　　3. 深色系　　　4. 灰色系　　　5. 仿木色系

三、您认为高档家用空调的表面处理应该是_____

1. 抛光塑料　　2. 亚光塑料　　3. 仿木花纹

个人资料：

性别：男　女　　　　年龄：30 岁以下　31～40 岁　41～50 岁　50 岁以上

我使用或者销售空调已经有_____年。

月收入：1000 元以下　1000～3000 元　3000～5000 元　5000 元以上

谢谢您的合作！

2. 第二次问卷：

高档家用空调调查问卷

尊敬的先生/女士：

　　您好！我是西安交通大学的在校生，由于课程需要，正在进行一项关于高档家用空调的调查，本调查属于课程作业的一部分，无任何经济利益。衷心希望能得到您的配合！

问题说明：

请按照您认为的高档家用空调的标准，对以下因素进行重要性评分。

因　　素	重要程度评分				
	低　1　2　3　4　5　高→				
61. 质量	1	2	3	4	5
62. 功能齐全（舒适性）	1	2	3	4	5
63. 性能（技术指标）	1	2	3	4	5
64. 外观漂亮	1	2	3	4	5
65. 维护简单	1	2	3	4	5
66. 环保	1	2	3	4	5
67. 节能	1	2	3	4	5
68. 容易控制	1	2	3	4	5
69. 安全性	1	2	3	4	5
70. 品牌	1	2	3	4	5
71. 售后服务	1	2	3	4	5
72. 制冷（热）效果	1	2	3	4	5
73. 机身结实，不易损坏	1	2	3	4	5
74. 使用寿命长	1	2	3	4	5
75. 性能稳定	1	2	3	4	5
76. 双制式（可制冷、制热）	1	2	3	4	5
77. 空气加湿、抽湿功能	1	2	3	4	5
78. 换气（循环室内空气）	1	2	3	4	5
79. 净化室内空气（杀菌、除臭）	1	2	3	4	5
80. 负离子（可产生负氧离子）	1	2	3	4	5
81. 自动感应功能	1	2	3	4	5
82. 睡眠温度变化设定（V 睡眠）	1	2	3	4	5
83. 上下吹风，不吹人	1	2	3	4	5
84. 制冷（热）速度快	1	2	3	4	5
85. 室内温差小	1	2	3	4	5
86. 控温范围	1	2	3	4	5
87. 换气速度快	1	2	3	4	5
88. 制冷（热）量	1	2	3	4	5
89. 机身使用的材料	1	2	3	4	5
90. 机身颜色	1	2	3	4	5
91. 机身表面处理	1	2	3	4	5
92. 机身造型	1	2	3	4	5
93. 与家居环境协调	1	2	3	4	5
94. 表面易清洗	1	2	3	4	5
95. 过滤网易拆卸、清洗	1	2	3	4	5
96. 过滤网免清洗（或清洗周期长）	1	2	3	4	5

续表

因　素	重要程度评分 低　1　2　3　4　5　高				
97. 易损件容易更换	1	2	3	4	5
98. 空调不滴水	1	2	3	4	5
99. 噪声不打扰休息	1	2	3	4	5
100. 机身用料环保	1	2	3	4	5
101. 使用环保型制冷剂	1	2	3	4	5
102. 耗电量低	1	2	3	4	5
103. 节能方式（如变频节能）	1	2	3	4	5
104. 带有显示屏	1	2	3	4	5
105. 触摸屏	1	2	3	4	5
106. 有操作反馈（比如嘀嘀或者音乐）	1	2	3	4	5
107. 图标清晰易懂	1	2	3	4	5
108. 显示的角度和位置	1	2	3	4	5
109. 智能控制	1	2	3	4	5
110. 对遥控反应灵敏	1	2	3	4	5
111. 防触电保护	1	2	3	4	5
112. 制冷剂密封好	1	2	3	4	5
113. 机身稳固（不容易倒地）	1	2	3	4	5
114. 品牌知名度	1	2	3	4	5
115. 社会评价	1	2	3	4	5
116. 广告宣传	1	2	3	4	5
117. 免费安装	1	2	3	4	5
118. 免费维修期长	1	2	3	4	5
119. 维修周期短	1	2	3	4	5
120. 服务网络健全	1	2	3	4	5
121. 免费移动机器	1	2	3	4	5
122. 免费添加制冷剂	1	2	3	4	5

下面一些选择题，在您认为对的地方打勾（√）就可以了。谢谢您的合作！

四、您喜欢的高档家用空调的整体颜色应该是_____

1. 白色　2. 浅色系　3. 深色系　4. 灰色系　5. 根据家庭装修搭配

五、您喜欢的高档家用空调的表面处理应该是_____

1. 抛光塑料　2. 亚光塑料　3. 防划钢化玻璃

个人资料：

性别：男　女　　年龄：30 岁以下　31～40 岁　41～50 岁　50 岁以上

学历：初中，高中/技校/中专，大专/本科，研究生及以上；职业：_____，我使用或者销售空调已经有_____年。

家庭月收入：1000～3000 元　3000～6000 元　6000～10000 元　10000 元以上

谢谢您的合作！

附录二：技术参考

1. 空调组成、原理及分类

组成：

家用空调一般是由一台主机（压缩机、冷凝器、蒸发器、节流装置）、一台室内机（出热风或者冷风）或者一台主机、多台室内机（一拖多）组成。

原理：

首先，低压的气态制冷剂被吸入压缩机，被压缩成高温高压的气体；而后，气态制冷剂流到室外的冷凝器，在向室外散热过程中，逐渐冷凝成高压液体；接着，通过节流装置降压（同时也降温）又变成低温低压的气液混合物。此时，气液混合的制冷剂就可以发挥空调制冷的"威力"了：它进入室内的蒸发器，通过吸收室内空气中的热量而不断汽化，这样，房间的温度降低了，它也又变成了低压气体，重新进入了压缩机。如此循环往复，空调就可以连续不断的运转工作了。

分类：

空调首先分为家用空调和商用空调。家用空调又可以分为窗式空调、壁挂式空调、柜式空调、吊顶式空调、嵌入式空调五大类。

窗式空调：一般安装于窗口，外形单一，噪声较大，一般不适合家庭使用，现已基本被分体式空调替代。

分体壁挂式空调：安装位置局限性小，易与室内装饰搭配，具备超宁静工作特性，噪声低，具有多重净化功能，操作方便，美观大方，适合一般家庭使用；

分体柜式空调：制冷制热功率大，风力强，适合大面积房间、商店、饭店及公共场所使用；

吊顶、嵌入式空调：基本上是商用机系列（2P－3P），制冷制热功率强劲，不占用地面空间，一般适合商场等一些公共场所使用以及家庭小型中央空调首选；

根据空调功能，可以将空调分为单冷式空调和冷暖式空调。

单冷式空调：不具制热功能，适用于夏天较热或冬天有充足暖气供应的地区。

冷暖式空调：具有制热功能，根据其制热方式又可分为热泵型和电辅助加热型。热泵型适用于夏季炎热、冬季较冷的地区；电辅助加热型因加了电辅助加热部件，制热强劲，所以适用于夏季炎热、冬季寒冷的地区。

2. 空调优劣三大指标

制冷（热）量、能效比和噪声大小是衡量空调优劣的 3 个最为关键的指标。

制冷（热）量：空调器运转时单位时间内从密闭空间除去的热量。法定计量单位 W（瓦）。国家标准规定空调实际制冷量不应小于额定制冷量的 95%。输入功率：空调器在额定情况下进行制冷（热）运转时消耗的功率，单位 W。

空调制冷量该怎么计算：所谓的空调"匹"数，原指输入功率，包括压缩机、风扇电机及电控部分，制冷量以输出功率计算。一般来说，1 匹的制冷量大致为 2000 大卡，换算成国际单位应乘以 1.162，故 1 匹之制冷量应为 2000 大卡 × 1.162 = 2324（W），这里的 W（瓦）即表示制冷量，则 1.5 匹的应为 2000 大卡 × 1.5 × 1.162 = 3486（W），以此类推。根据此情况，则大致能判定空调的匹数和制冷量，一般情况下，2200W ~ 2600W 都可称为 1 匹，4500W ~ 5100W 可称为 2 匹，3200W ~ 3600W 可称为 1.5 匹。

制冷量确定后，即可根据实际情况估算制冷量，选择合适的空调机。家用电器要消耗制冷量的较大部分，电视、电灯、冰箱等每 W（瓦）功率要消耗制冷量 1（W），门窗的方向也要消耗一定的制冷量，东面窗 $150W/m^2$，西面窗 $280W/m^2$，南面窗 $180W/m^2$，北面窗 $100W/m^2$，如果是楼顶及西晒可考虑适当增加制冷量。

能效比：又称性能系数，是指空调器制冷运转时，制冷量与制冷功率之比，单位 W/W。国家标准规定，2500W 空调的能效比标准值为 2.65；2500W ~ 4500W 空调能效比标准值为 2.70。

噪声：空调器运转时产生的杂音，主要由内部的蒸发机和外部的冷凝机产生。国家规定，制冷量在 2000W 以下的空调室内机噪声不应大于 45 分贝，室外机不大于 55 分贝；2500W ~ 4500W 的分体空调室内机噪声不大于 48 分贝，室外机不大于 58 分贝。

3. 制冷剂

制冷剂历史：

第一阶段：19 世纪早期制冷剂（1830 ~ 1930 年）有二乙醚、甲基乙醚、水、硫酸、酒精、氨、水、粗汽油、二氧化碳、汽油、二氯甲烷等，主要特征是易获得，但多数是可燃的或有毒的，具有腐蚀性和不稳定性；

第二阶段：20 世纪 90 年代前的氯氟烃 CFC_S 与含氢氯氟烃 $HCFC_S$ 制冷剂（1930 ~ 1990年）。氯氟烃在紫外线的照射下分解出 Cl 自由基，参与臭氧的消耗。一个 Cl 自由基通常能够消耗 10 万个臭氧分子，1977 年发现，每年 9 月下旬南极洲上空的臭氧总量开始迅速减少一半左右，形成臭氧空洞，持续到 11 月逐渐恢复。1989 年科学家发现北极也有季节性臭氧空洞。

第三阶段：绿色环保制冷剂，主要为氢氟烃 HFC_S 和天然工质类，目前（2003 年）正在使用的环保制冷剂有 3 大类：含氢氟烃 HFC 类；回归第一代的天然工质（像氨、炭氢类、CO_2等）；含氢氯氟烃 HCFC 和含氢氟烃 HFC 混合制冷剂。家庭和楼宇空调系统主要使用的是含氢氟烃混合制冷剂，HFC 混合制冷剂，虽然能减少对臭氧层破坏，但不能同时解决温室效应的影响。

制冷剂种类：制冷剂可分为有机化合物和无机化合物；也可分为纯工质和混合工质；还可分为天然工质和合成工质。

有机化合物中，又可分为卤化烃、环状有机化合物、碳氢化合物和有机氧化物等。目前，在蒸汽压缩制冷空调中使用的大多数制冷剂是卤代烃和碳氢化合物。卤代烃是一个碳氢化合物分子包含有一个或多个卤原子。制冷剂中用得最多的卤族元素是氯和氟。

混合工质中又可分为共沸混合物和非共沸混合物，介于两者之间的称为近共沸混合物。只有特定的两种组元工质在某一比例下混合才有可能形成共沸混合物。一般情况下，由任意两种组元工质混合形成的是非共沸混合物。

我国当前家用空调制冷剂：

在我国当前（2003 年）家用空调灌充的制冷剂为 $HCFC_{22}$（R22）含氢氯氟烃。国际上的替代技术朝 HFC 混合制冷剂方向进行。HFC 混合制冷剂虽然能减少对臭氧层破坏，但不能同时解决温室效应的影响。在一些自然制冷剂中，二氧化碳是在冷冻空调应用中最有潜力的。

在自然制冷剂尚未成熟之前，R410A 系目前最被认可为取代 R22 用于家用空调器的新制冷剂。这种制冷剂为 HFC 近共沸的混合制冷剂，组成为 HFC32/HFC125（50/50，质量分数比）。R410A 在一般空调条件下，其作用压力高于 R22 制冷剂 1.5 倍以上，因此，如何设计耐高压的各元部件，是发展 R410A 制冷剂应用于产品的技术重点。由于 R410A 制冷剂在空调用途的热力循环中，其流动性佳，传热效率好，所使用的压缩机及空调系统元件的尺寸皆可缩小，材料也随之减少，但所有元件的模具需要重新开发。

空调的制热：

空调的制热方式分为电热制热和热泵制热两种。

电热制热是用电热管作为发热原件来加热室内空气；热泵制热是利用制冷系统的压缩冷凝热来加热室内空气，将制冷系统的吸排气管位置对换，原来制冷工作时作蒸发器的室内盘管，变成制热时的冷凝器，这样使制冷系统在室外吸热，向室内放热，实现制热的目的。热泵空调器在0℃以上使用效率较高。

4. 压缩机

制冷压缩机在制冷系统中起着水泵的作用，主要是将低温物体中的热量移向高温物体，达到制冷的目的。在空调中，制冷压缩机的作用就是将空调蒸发器中吸热蒸发的低温制冷剂蒸汽抽出，经过制冷压缩机压缩成高温高压气体，再通过冷凝器将热量传递给周围的空气。这样高温高压的制冷剂蒸汽经降温而成为低温低压的液体，此液体经节流后再次进入蒸发器降压变成气体而吸热，以此循环下去，实现制冷的目的。

压缩机分类常用电动机与压缩机的组合形式来分类。此分类可分为开启式压缩机、半封闭式压缩机和全封闭式压缩机三种。家用空调上使用的主要是全封闭式压缩机。压缩机和电动机共同装在一个封闭壳体内的压缩机叫做全封闭式压缩机。它结构紧凑，体积小，重量轻，机组与壳体之间一般都设有减震装置，运转平稳，噪声低。全封闭式压缩机中按其结构的不同可分为往复活塞式、旋转式和涡旋式。空调器多使用旋转式压缩机，只有当需要的功率较大时（如柜式空调器中），才采用曲轴连杆式压缩机。

5. 变频空调节能的原理

所谓的"变频空调"是与传统的"定频空调"相比较而产生的概念。众所周知，我国的电网电压为220伏、50赫兹，在这种条件下工作的空调称之为"定频空调"。由于供电频率不能改变，传统的定频空调的压缩机转速基本不变，依靠其不断地"开、停"压缩机来调整室内温度，其一开一停之间容易造成室温忽冷忽热，并消耗较多电能。而与之相比，"变频空调"变频器改变压缩机供电频率，调节压缩机转速。依靠压缩机转速的快慢达到控制室温的目的，室温波动小、电能消耗少，其舒适度大大提高。而运用变频控制技术的变频空调，可根据环境温度自动选择制热、制冷和除湿运转方式，使居室在短时间内迅速达到所需要的温度并在低转速、低能耗状态下以较小的温差波动，实现了快速、节能和舒适控温效果。

供电频率高，压缩机转速快，空调器制冷（热）量就大；而当供电频率较低时，空调器制冷（热）量小。这就是所谓"定频"的原理。变频空调的核心是它的变频器，变频器是20世纪80年代问世的一种高新技术，它通过对电流的转换来实现电动机运转频率的自动调节，把50Hz的固定电网频率改为30~130Hz的变化频率，使空调完成了一个新革命。同时，还使电源电压范围达到142~270V，彻底解决了由于电网电压的不稳定而造成空调器不能正常工作的难题。变频空调每次开始使用时，通常是让空调以最大功率、最大风量进行制热或制冷，迅速接近所设定的温度。由于变频空调通过提高压缩机工作频率的方式，增大了在低温时的制热能力，最大制热量可达到同品牌、同级别空调器的1.5倍，低温下仍能保持良好的制热效果。此外，一般的分体机只有四档风速可供调节，而变频空调器的室内风机自动运行时，转速会随压缩机的工作频率在 12 档风速范围内变化，由于风机的转速与空调器的能力配合较为合理，实现了低噪声的宁静运行。当空调高功率运转，迅速接近所设定的温度后，压缩机便在低转速、低能耗状态运转，仅以所需的功率维持设定的温度。这样不但温度稳定，还避免了压缩机频繁开开停停所造成的对寿命的衰减，而且耗电量大大下降，实现了高效节能。

6. 负离子简介

空气负离子的产生：负离子是指带负电荷的氧离子，无色无味。正常大气中的分子部分是互相分离的，每个分子从整体上来看是电中性的，当外界某种因素作用于气体分子，则外层电子摆脱原子核的束缚从轨道中出来，此时气体分子呈正电性，变为正离子，跃出的自由电子，自由程极短（108cm），它很快就附着在某些气体分子或原子上（特别容易附着在氧或水分子上），成为空气负离子。根据大地测量学和地球物理学国际大气联合委员会采用的理论负离子是 $O_2-(H_2O)n$，或 $OH-(H_2O)n$，或 $CO_4-(H_2O)_{2[2]}$。空气中负离子的主要来源是地面的放射性岩石，太阳的紫外线，瀑布、溪水、喷泉等激起的水花、雨水的分解，森林、植物光合作用所制造的新鲜空气等。

发生负离子的原理：

负离子是通过负离子发生器，利用脉冲、振荡电器将低电压升至直流负高压，利用碳毛刷尖端直流高压产生高电晕，高速地放出大量的电子（e-），而电子无法长久存在于空气中（存在的电子寿命只有 ns 纳秒级），立刻会被空气中的氧分子（O_2）捕捉，形成负离子，它的工作原理与自然现象"打雷闪电"时产生负离子的现象相一致。

空气负离子的评价：

从卫生学角度评价大气环境中空气质量的清洁度，目前尚未有国内外公认的标准。据有关文献报道，主要评价指数有：单极系数、重离子与轻离子比、空气离子舒适带（英国）、空气离子相对密度（德国）、空气离子评议系数（日本）。单极系数 $q=n+/n-$，其中 n+ 为空气正离子、n- 为空气负离子。有的学者认为单极系数应等于或小于 1，因为这样才能给人以舒适感。空气离子评议系数 $CI=n-/1000q$，CI 值要大于或等于 0.7 时空气才属清洁。

负离子的分布状况及其浓度与人体健康表

空 间	含量 N-ion pcs/cm³	关系程度
森林、瀑布区	10~50 万	具有自然痊愈力
高山、海边	5~10 万	杀菌，减少疾病传播
郊外、田野	0.5~50 万	增强人体免疫力及抗菌力
都市住宅封闭区	40~50 万	诱发生理障碍、头痛、失眠等
室内空调房间	0~25 万	引发"空调病"
适量负离子房间	10~50 万	具有自然痊愈力

负离子的人工生产方法

产生负离子的主要方法是使空气人工"电离"，从空气分子或原子夺取一部分电子，与其他的中性分子或原子结合形成新的负离子。常用发生负离子的人工方法有如下几种：

（1）勒纳尔效应（瀑布效应）：利用人工水流、瀑布、喷泉、波浪的撞击力使水分子电离，产生负离子。这种方法的工程规模很大，造价很高，只适合于园林工程和街市人造景观。

（2）电晕放电：利用高压电极的电晕放电作用使空气中的水分子电离，产生负离子。这种方法会同时产生臭氧，环境臭氧浓度过高时对人体健康有害。

（3）加热、挤压、摩擦：利用电热或人体对保健用品的挤压摩擦使空气中的水分子电离，产生负离子。这种方法一般利用保健品的使用过程中产生的能量，使用比较方便，适合于家用电器、保健饰品、寝具衣物等。

（4）天然矿物材料：利用电气石或其他负离子矿物材料的天然能量激发空气电离产生负离子。这种方法不需要外加的机械、热量或电能，是一种最经济实用的无源负离子发生器。

（5）负离子激励剂：利用光线或紫外线照射光触媒材料，或者利用天然矿物励起剂，激发能量使空气中的水分子电离，产生负离子。这种方法是前一种方法的延伸，可以达到更加理想的效果。

7. TCL 钛金空调技术

长期以来，空调换热器亲水性随时间的推移而下降，使得制冷时产生的冷凝水在铝箔翅片间形成水桥，堵塞风道，导致空调制冷效果大幅降低，制冷效果随使用年限增长而衰减，一直困扰着空调行业。

"钛"作为一种质轻、高强度、抗磨损、耐腐蚀的金属材料，被广泛应用于航空航天等高科技领域。钛金技术是 TCL 空调引进的韩国专利，创造性地应用于空调的蒸发器和冷凝器，将消费者从繁重的清洗中解脱出来，解决了普通空调随使用时间推移而制冷制热效果性能衰减的问题，让"长久节能、长久健康"成为行业新的标杆。

TCL 空调研发制造中心总工程师郑双名介绍，纳米复合材料含有复合纳米银的纳米钛，具有较强的综合性能，即优良的亲水性、基材表面自清洁功能、较强的附着力、耐流水冲刷和耐冷热冲击等物理性能，并能有效防止蒸发器和冷凝器发霉和产生水桥，同等条件下能保持两器的换热性能。

纳米钛强大的氧化分解能力，能够分解、清除附着在氧化钛表面的各种有机物。再加上纳米钛涂层的换热器，具有超强的、不衰减的亲水性污染物不易粘附在其表面上。纳米银或阳光中的紫外线的作用，足以维持纳米钛薄膜表面的亲水性，从而使其表面具有长期的自清洁去污效应，把消费者从繁琐的清洗中解脱出来。

同时，纳米钛、纳米银离子，具有独特的自除菌功能，在极其微弱的光线下，即可产生具有强大分解能力的活性氧，能杀灭各种细菌和病毒，且材料本身对环境无污染。

同时，能够有效祛除室内装修的空气污染，在除甲醛效果方面非常突出。据了解，广州分析测试中心和华南绿色产品认证中心对 TCL 钛金空调多次进行了整机除甲醛试验。试验数据表明，钛金空调对甲醛的有效去除率达到92%以上（40m³ 大房间）。

8. 家用电器安全标准和电气安全性能

家用电器的分类：

家用电器是指用于家庭和类似家庭使用条件的日常生活用电器。

家电一般按用途大致可划分以下 9 类产品：

（1）空调器具：主要用于调节室内空气温度、湿度以及过滤空气之用，如电风扇、空调器、加湿器、空气清洁器等。

（2）制冷器具：利用制冷装置产生低温以冷却和保存食物、饮料，如电冰箱、冰柜等。

（3）清洁器具：用于清洁衣物或室内环境，如洗衣机、吸尘器等。

（4）熨烫器具：用于熨烫衣服，如电熨斗等。

（5）取暖器具：通过电热元件，使电能转换为热能，供人们取暖，如电加热器、电热毯等。

（6）保健器具：用于身体保健的家用小型器具，如电动按摩器、负离子发生器、周林频谱仪等。

（7）整容器具：如电吹风、电动剃须刀等。

（8）照明器具：如各种室内外照明灯具、整流器、启辉器等。

（9）家用电子器具：是指家庭和个人用的电子产品。它不仅门类广，而且品种多。我国主要有以下几类：

① 音响产品，如收录机等；

② 视频产品，如黑白电视机、彩色电视机、录像机、VCD、DVD 等；

③ 计时产品，如电子手表、电子钟等；

④ 计算产品，如计算器、家用计算机等；

⑤ 娱乐产品，如电子玩具、电子乐器、电子游戏机等；

⑥ 其他家用电子产品，如家用通讯产品、电子稳压器、红外遥控器、电子炊具等。

家用电器安全标准概述：

家用电器产品安全标准，是为了保证人身安全和使用环境不受任何危害而制定的，是家用电器产品在设计、制造时必须遵照执行的标准文件。严格执行标准中的各项规定，家用电器的安全就有了可靠的保证。贯彻实施这一系列国家标准，对提高产品质量及其安全性能将产生极大影响，并为我国家电产品大量进入国际市场开辟了广阔的前景。

安全标准涉及的安全方面，分为对使用者和对环境两部分。对于使用者的安全包括 5 项。

首先是防止人体触电。触电会严重危及人身安全，如果一个人身上较长时间流过大于自身的摆脱电流（IEC 报告，60 公斤体重成年男子为 10mA，妇女为 70%，儿童为 40%），就会摔倒、昏迷和死亡。防触电是产品安全设计的重要内容，要求产品在结构上应保证用户无论在正常工作条件下，还是在故障条件下使用产品，均不会触及到带有超过规定电压的元器件，以保证人体与大地或其他容易触及的导电部件之间形成回路时，流过人体的电流在规定限值以下。据统计，每年我国因触电造成死亡人数均超过 3000 人，其中因家用电器造成触电死亡人数超过 1000 人。因此，防触电保护是安全标准中首先应当考虑的问题。

第二是防止过高的温升。过高的温升不仅直接影响使用者的安全，而且还会影响产品其他安全性能，如造成局部自燃，或释放可燃气体造成火灾；高温还可使绝缘材料性能下降，或使塑料软化造成短路、电击；高温还可使带电元件、支承件或保护件变形，改变安全间隙引发短路或电击的危险。因此，产品在正常或故障条件下工作时应当能够防止由于局部高温过热而造成人体烫伤，并能防止起火和触电。

第三是防止机械危害。家用电器中像电视机、电风扇等，儿童也可能直接操作。因此对整机的机械稳定性、操作结构件和易触及部件的结构要特殊处理，防止台架不稳或运动部件倾倒。防止外露结构部件边棱锋利、毛刺突出，直接伤人。还要能保证用户在正常使用中或做清洁维护时，不会受到刺伤和损害。例如产品外壳、上盖的提手边棱都要倒成圆角，电视机、收录机的拉杆天线顶端要安装一定尺寸的圆球，用来保证既清楚可见，不易误刺伤人，又能传递不致压刺伤人的压力。

第四是防止有毒有害气体的危害。家用电器中所装配的元器件和原材料很复杂，有些元器件和原材料中含有毒性物质，它们在产品发生故障，发生爆炸或燃烧时可能挥发出来。常见的有毒有害气体有一氧化碳、二硫化碳及硫化氢等，因此，应该保证家用电器在正常工作和故障状态下，所释放出的有毒有害气体的剂量在危险值以下。

第五是防止辐射引起的危害。辐射会损伤人体组织的细胞，引起机体不良反应，严重的还会影响受到辐射者的后代。家用电器中电视机显像管可能产生 X 射线，激光视听设备会产生激光辐射，微波炉会产生微波辐射，这些都会影响到消费者的安全，因此在设计这些产品时应使其产生的各种辐射泄漏限制在规定数值以内。

对于环境的安全方面包括两项。

第一项是防止火灾。起火将严重危及人们生命财产安全。据报道，某地一家庭由于电视机变压器无电源输入端保险丝装置造成过热爆炸而引发火灾，死 2 人，火灾损失 16 万元。北京市每年平均因家用电器引发火灾 66 起。由于使用劣质"热得快"，造成触电、火灾时有发生。由于劣质电热毯引发火灾每年达 700 起，烧毁民居、商店损失达数千万元。因此家用电器的阻燃性防火设计十分重要。在产品正常或故障甚至短路时，要防止由于电弧或过热而使某些元器件或材料起火，如果某一元器件或材料起火，应该不使其支承件、邻近元器件起火或整个机器起火，不应放出可燃物质，防止火势蔓延到机外，危及消费者生命财产安全。

第二是防止爆炸危险。家用电器有时在大的短路电流冲击下发生爆炸，电视机显像管受冷热应力或机械冲击产生爆炸。安全标准要求，电视机显像管万一发生爆炸，碎片不能伤害在安全区内的观众，安全区是指正常收看位置（最佳收看距离约为屏幕高度的 4～8 倍），以及离电视接收机更远的地区。第三是防止过量的噪声。第四是防止摄入和吸入异物。第五是防止跌落造成人身伤害或物质损失。这些都是从维护消费者人身健康和安全、保护生态环境所必需的。

家用电器的使用寿命是由其设计寿命决定。各种家用电器的功能、使用环境和使用率不同，决定了它们的使用寿命各有差异。除设计、工艺和材料等因素外，使用寿命受实际使用环境的影响。恶劣的使用环境和不正确操作，会影响家用电器的局部或整机使用寿命，如受潮、经常骤冷骤热、强烈震动等都对家用电器使用寿命产生影响。

当一件家用电器接近使用寿命时，由于整体老化会不断出现故障，从安全和经济角度，应尽早弃旧更新。

由于家用电器是关系到安全的产品，必须首先制订和贯彻实施安全标准，以保证产品质量，创造企业平等竞争的客观环境，发展商品经济，切实保护广大消费者人身和财产安全，还要将我国家用电器产品打入国际市场，促进对外贸易。我国各类家用电器均参照国际电工委员会（IEC）出版物制订了安全标准，如 GB 4706 1 1998《家用和类似用途电器的安全通用要求》，对各类家用和类似用途电器安全通用要求作出了规定。在该标准基础上，根据各类家用电器的性能，制订不同的安全特殊要求标准，达到保护用户使用安全的目的。如 GB 4706 2－GB 4706 49《家用和类似用途电器的安全特殊要求》中所含的一系列标准，就是根据电熨斗、食物搅拌器、电水壶、电炒锅、自动电饭锅、真空吸尘器、电热毯、电热垫、电热裤、电动剃须刀、电推剪、电动按摩器、快热式电热水器、贮水式电热水器、家用电冰箱和食品冷冻箱、电烤箱、面包烘烤器、华夫烙饼模、皮肤及毛发护理器、电池驱动电动剃须刀、电动机—压缩机、电池充电器、液体加热器、微波烹调器、室内加热器、洗衣机、洗碟机、电风扇和调速器、吸排油烟机、电磁灶等家用和类似用途电器的安全，制订的该产品安全特殊要求标准。这一系列标准都是针对某一特定产品的特殊安全要求，结合一定时期内，各个产品的具体情况，对通用安全标准中有关章、条、款、项的内容进行补充、增加和更换。凡在特殊安全标准中未作补充、增加和替换的章、条、款、项，应该执行通用安全标准中相应的章、条、款、项的规定，即安全特殊要求必须与通用要求配合使用。

家用电器的基本安全要求：

家用电器都是在通电后才能工作，而且大多数家用电器使用的都是 220V 交流电，属于非安全电压。此外，有的家用电器，例如电视机本身会产生 10000V 以上的高压，人体一旦接触这样高的电压，发生触电，就会有生命危险。还有的家用电器中某些元器件存在着爆炸危险，如显像管等。所谓安全性就是指人们在使用家用电器时免遭危害的程度。因此，安全性是衡量家用电器的首要质量指标。举个例子，在上述的国家标准 GB 4706 1 1998《家用和类似用途电器的安全通用要求》中，要求家用电器必须有良好的绝缘性能和防护措施，以保护消费者使用的安全。如：规定了防触电保护，过载保护，防辐射、毒性和类似危害的措施。上述标准还规定了家用电器的设计和制造，应保证在正常使用中安全可靠地运行，即使在使用中可能出现误操作，也不会给使用者和周围环境带来危害。

家用电器安全防护分为两大类：一类是按防触电保护方式分，另一类是按防水程度分。为阐明家用电器 5 种防触电保护方式，先介绍几个基本概念：

（1）基本绝缘。是指在电器中的带电部件上，用绝缘物将带电部件封闭起来，对防触电起基本保护作用的绝缘，如套有绝缘材料的铜、铝等金属导线。从结构上，这种绝缘都置于带电部件上，直接与带电部件接触。

（2）附加绝缘。在基本绝缘万一损坏时，为对电击提供保护而另外施加于基本绝缘的独立绝缘。如电热毯电热丝外包覆的塑料套管。

（3）双重绝缘。由基本绝缘和附加绝缘构成的绝缘系统，同时具有基本绝缘和附加绝缘保护作用的绝缘，一旦基本绝缘失效时，由附加绝缘起保护作用。如电视机电源线就采用双重绝缘。

（4）加强绝缘。在 GB 47061 规定的条件下，提供与双重绝缘等效的防电击等级，而施加于带电部件的单一绝缘。它提供的防触电保护程度相当于双重绝缘，但它是一种单独的绝缘结构，可以由几个不能像基本绝缘或附加绝缘那样单独试验的绝缘层组成。

下面介绍五种防触电保护方式：

（1）O 类电器　依靠基本绝缘防止触电的电器。它没有接地保护，在容易接近的导电部分和设备固定布线中的保护导体之间，没有连接措施。在基本绝缘损坏的情况下，便依赖于周围环境进行保护的设备。一般这种设备使用在工作环境良好的场合。近年来对家用电器的安全要求日益严格，O 类电器已日渐减少，老式单速拉线开关控制的吊扇是 O 类电器。

（2）O I 类电器　至少整体具有基本绝缘和带有一个接地端子的电器，电源软线中没有接地导线、插头上也没有接地保护插脚，不能插入带有接地端的电源插座。老式国产波动式电动洗衣机大多是 O I 类电器。只备有接地端子，而没有将接地线接到接地端子上，使用时由用户用接地线将机壳直接接地。

（3）I 类电器　除依靠基本绝缘进行防触电保护外，还包括一项附加安全措施，方法是将易触及导电部件和已安装在固定线路中的保护接地导线连接起来，使容易触及的导电部分在基本绝缘失效时，也不会成为带电体。例如，国产冰箱都是 I 类电器。

（4）II 类电器　不仅仅依赖基本绝缘，而且还具有附加的安全预防措施。一般是采用双重绝缘或加强绝缘结构，但对保护接地是否依赖安装条件，不作规定。例如，国产电热毯大多是Ⅱ类电器。Ⅱ类电器上标有特殊符号。

（5）Ⅲ类电器 这类电器是依靠隔离变压器获得安全特低电压供电来进行防触电保护。同时在电器内部的电路的任何部位，均不会产生比安全特低电压高的电压。

国际电工委员会（IEC）出版物中的安全特低电压，是指为防止触电事故而采用的特定电源供电的电压系列。这个电压的上限值，为在任何情况下，两个导体间或任一导体与地之间，均不得超过交流（50～500Hz）有效值50V。

我国规定安全特低电压额定值等级为42V、36V、24V、12V、6V，当电器设备采用了超过24V的安全电压时，必须采取防止直接接触带电体的保护措施。目前使用的移动式照明灯多属Ⅲ类电器。

家用电器安全防护按防水保护程度可分为4种：普通型器具、防滴型器具、防溅型器具、水密型器具。家用电淋浴器、快速式电热水器。部分房间用空调器属于防溅型电器，吸尘器有普通型、防溅型电器两种，部分电热毯也有做成水密型电器，标志为IPX0～IPX7。

第十四节 高档复印机设计调查

一、调查概述

1. 调查目的

调查用户对高档复印机的功能、材质、造型、色彩、易用性、表面处理等方面的需求，理解用户需要的高档复印机，为复印机的设计提供参考。

使用各种调查方法独立完成调查，提高交流表达能力。

2. 调查范围

访谈调查对象：佳能、理光、松下、夏普、东芝、富士施乐复印机总代理的销售人员8名。

问卷调查对象：办公室、复印部、复印店经常使用复印机的用户和销售人员。

高档复印机调查的范围：办公用黑白复印机，包括数码复印机、模拟复印机和多功能复合机，不包括工程复印机和彩色办公用复印机。

3. 调查方法

（1）搜集资料，了解复印机的主流品牌，通过访谈各品牌的销售人员熟悉复印机的各种功能和性能参数以及高档机和中低档机的主要区别。

（2）搜集资料，熟悉各主流品牌复印机的功能、结构、技术、工艺、性能、材质、造型、色彩，通过生产厂商的产品分类总结高档复印机具备的主要因素。

（3）3次修改问卷，进行2次试调查，一共调查70人次。调查对象是经常使用复印机的用户、复印机的维修和销售人员，确定用户关注的主要因素，同时补充调查用户对复印机易用性的重视程度。

4. 高档产品的含义

调查初期访问销售人员和用户，高档复印机的评价通常以复印速度和标准配置的部件为准，似乎价格越高越高档。针对不同复印量和工作复杂程度不同的用户，高档复印机具备的特性也是不同的，调查高档产品同样是寻找不同的用户对高档产品的需要，设计各种类型的高档产品。

根据老师讲解和搜集资料的信息，归纳出针对复印机的高档的含义：

（1）高品质、高质量。复印机的高性能，具体指复印机的扫描分辨率高、灰度等级高、速度高，适于大量高要求的工作，输出时对边缘进行平滑处理，稿件文字图像清晰，图表曲线更柔和。采用激光静电转印技术、非晶体硅感光鼓和专利定影技术复印更快更清晰。

（2）具有综合因素，不能缺少因素。高档复印机是办公室的文件处理和管理中心。

功能特性包含：高复印性、易于操作、通用设计、耗材的品质和价格、服务、文件保护、易于维护和管理、控制噪声、合理的人机设计、减少臭氧对用户的伤害、机器待机状态下节能、用户根据需要选择或者扩展功能。

审美特性包含：与办公环境相协调、产品的外形尺寸、比例、颜色搭配、节省空间、边角接缝的细节处理。

（3）任何因素必须完美，没有瑕疵，每个因素完美的关键在于以用户为中心进行设计。复印的结构、尺寸、整体比例、色彩搭配、主机长高比例、材质、表面处理、面板位置、边角细节、人机尺寸等因素必须合理、协调，复印性能参数必须达到标称值，能保证性能稳定，实现承诺的售后服务，用户能容易地安装、调试、掌握复印机的操作。

因素完美还包括从用户的角度出发减轻工作负担和工作的记忆量，合理帮助用户进行文件的管理和分类，保护文件的安全和知识产权，自动操作节省时间，提高效率，自动分页和辅助制作手册，减少用户的出错。

（4）设计的风格纯正，没有明显的制造痕迹、安装痕迹。复印机整体的颜色搭配和办公环境的颜色协调、不刺眼。主机和部件的造型、边角处理风格一致，统一体现现代几何感、张力感或者传统审美的柔和、精致。复印机的正面没有安装痕迹，接缝和转角体现不同功能的部件。

（5）求实态度，使用真实材料，使用成熟技术、独创技术和新技术，造型和结构体现功能，不采用夸张的造型和装饰，耗材和墨粉能保证用户的正常使用，表面处理体现塑料材质的特性而不是模仿其他材质。

从使用和社会环境影响的角度来看，复印机应该为用户提供节省纸张、耗材、墨粉，采用步进电机和新送纸机构减少工作噪声，用激光静电转印或者 CCD 成像方式减少高压电电离空气产生的臭氧。考虑机器处于待机状态是否能节省能源，是否获得美国环保署的"能源之星"认证和德国"蓝天使"环保标志。"能源之星"认证介绍详见附录。

二、效度、信度分析

（一）效度分析

调查的目的提供设计线索和参考，规划高档产品的前景并明确用户的需求。根据该目的采取的调查方式是访谈复印机总代理销售人员 8 人，搜集资料，进行试调查并修改问卷。共调查用户 70 人次。

审美、工作方式、价值观等因素难以直观测量，作者从性能、材质、功能、技术、造型、色彩、易用性等方面描述用户对高档复印机因素的重视程度，复印机是否高档的影响因素分为使用因素和审美因素。使用因素包含 13 个方面，审美因素包含外形尺寸、比例、主机造型、造型一致、主机颜色、颜色搭配、主机材质、部件材质、按键位置和颜色 8 个因素。

复印机调查的结果，按因素和因素的内容排序，结果如表 2 - 14 - 1 至表 2 - 14 - 3 所示。

使用因素框架结构与内容 表 2 – 14 –1

因素排序		因素细分内容排序		
序号	因素名称	序号	内容名称	对应题目
1	售后服务	1	修理快	能够在较短时间内解决用户的问题或者修好机器故障
		2	买配件方便	能方便地买到配件和耗材
		3	维修到达快	机器出现故障，半天之内就能得到维修
2	节约成本	1	经济复印	经济复印功能，减少墨粉使用量
		2	墨粉用量省	一支墨粉能复印 2 万张以上的稿件
		3	节电设计	待机耗电量符合"能源之星"认证标准
		4	多合一复印	多张原稿缩小复印到一张纸上
		5	统计纸张、墨粉用量	计算打印、复印、传真、扫描的数量和尺寸，控制成本
3	可靠耐用	1	性能稳定	使用性能稳定
		2	隔离故障	自动隔离供纸盒或双面器故障，保证其他功能运转
4	输出效率	1	自动双面复印	具有自动双面打印、复印功能
		2	速度快	连续复印速度大于 45 页每分钟
		3	首页时间短	首页复印时间少于 6 秒
5	灵活性	1	识别原稿尺寸	可自动复印尺寸不同的原稿
		2	缩放比例自由调节	能以 25% ~400% 任意倍率缩放复印
		3	插入紧急任务	中断进行中的工作转向更紧急的工作
		4	按照装订页码排序	原稿自动排列成适合鞍式装订的页码顺序后输出
		5	自动插入封面	自动插入厚度不同的纸张作为封面和封底
6	复印性能	1	除黑边	能除去复印书籍产生的黑边
		2	分辨率高	输出分辨率能达到 1200dpi × 600dpi 以上
		3	复印量多	最高连续复印量达到 999 张以上
		4	输出多种尺寸	输出多种尺寸复印稿（A3 ~ B5、16K、8K、信封等）
		5	复印多种类型纸张	能复印多种类型的纸张（60 ~216 克）
7	易管理	1	察看纸张墨粉余量	通过电脑直观显示打印设定、纸张尺寸、纸张和墨粉余量
		2	部件维护方便	主要部件位于主机前方便于更换墨粉、排除故障
		3	保存机器设定	能存储常用的版式、画质、排纸设定
		4	联网管理	通过互联网确认机器状态、更改设定，管理机器
		5	合并原稿	把多个纸张类和电子类文件组合在一起输出
8	环保	1	噪声小	噪声小
		2	无铅零件	采用无铅零部件、无铅电线、无铅焊接
		3	臭氧少	机器工作时产生臭氧较少
9	方便操作	1	图标易理解	操作图标容易理解
		2	辅助制作手册	辅助用户排版和制作手册
		3	触摸屏显示	触摸屏显示操作
		4	适合站姿坐姿	机身尺寸、操作面板和部件便于坐姿和站姿操作
10	部件性能	1	长寿命感光鼓	长寿命的感光鼓
		2	内存硬盘容量大	具有较大内存（>128M）和硬盘容量（>20G）
		3	选购件灵活搭配	选购件可选择性较大
		4	主结构件为钢件	主结构件为钢件
11	节省时间	1	检查任务队列	能检查等待输出的文件，并且提前、插入、取消文件
		2	多任务	输出过程中能同时扫描其他原稿
		3	存储常用文件	存储并迅速输出常用的文件
		4	输出测试稿	大量输出前能输出测试复印稿
12	外观	1	表面光顺	表面光滑、接缝紧密，无明显制造痕迹
13	扩展功能	1	多功能	具有复印、打印、扫描等多功能
		2	可扩展功能	可扩展其他功能（如传真、自动装订、折页等）
		3	安全账户	设置用户账户，保护复印机硬盘中的资料
		4	直接输出多格式文档	不打开文件直接输出 Word、Excel、PPT、PDF 等格式的文件

体现高档外观因素排序　　　　　　　　　　　　表 2 - 14 - 2

序号	外观因素	序号	外观因素
1	主机外形尺寸	7	颜色搭配
2	主机部件造型一致	8	主机长高比
3	主机造型	9	部件材质
4	整体高宽比	10	主机颜色
5	主机材质	11	部件尺寸
6	细节处理	12	部件造型

外观因素排序　　　　　　　　　　　　表 2 - 14 - 3

排序 / 因素	1	2	3	4	5	6	7	8
颜色搭配	触屏面板	按键面板	输稿器托盘	供纸盒把手	内出纸托盘	出纸托盘	按键	其他
部件材质	不透明亚光塑料	半透明高光塑料	不透明高光塑料	透明高光塑料	高光金属	半透明亚光塑料	其他	透明亚光塑料
主机造型风格	紧凑小巧	厚重稳定	几何造型	边缘圆角	表面弧面	其他		
按键颜色	与面板对比色	与面板同色系浅色	与面板同色系深色	与面板同色	黑色			
主机材质	不透明塑料	金属	透明塑料	其他				
主机颜色	浅色	深色	白色	其他				
部件颜色	浅色	深色	其他					
按键位置	显示屏右侧	显示屏左侧	其他					

　　首先考虑框架效度。框架效度指调查高档复印机的因素框架是否是高档的因素，是否能完整描述高档复印机应具备的因素。

　　调查前期通过广泛的资料搜集，确定 12 个复印机的主流品牌和销售方式。根据以往经验和搜集资料，发现复印机目前的主要销售方式是通过特许经营专卖店，访谈 6 名主流品牌的销售人员（1 名理光陕西总代理，1 名东芝销售经理，4 名销售员），调查产品为普通办公用复印机。根据各品牌的市场占有率确定目前市场的主流品牌为佳能、理光、松下、夏普、东芝、富士施乐、京瓷、施乐，以选择产品的角度从功能、效率、价格、结构、材质、部件、操作便利性等方面询问销售人员高档机与中低档机的区别。访谈问题：

　　适用于办公室的高档复印机是哪种？这种机型具备哪些功能？推荐的原因是什么？

　　高档复印机的复印技术是什么？数码机和模拟机之间有高档低档之分吗？

　　高档复印机与中低档机在复印质量、速度、效率等方面的主要区别是什么？

　　高档复印机与中低档机在主要功能上的主要区别是什么？

　　高档复印机与中低档机在整体结构和材质的主要区别是什么？

　　高档复印机的价格在什么水平上？选购件价格是多少？

　　高档复印机的配件和耗材与普通机型是否有区别？高档机是否能节省耗材？

　　复印机是否高档主要由哪些因素决定？具备多种功能的复印机是否一定高档？

　　操作简便是否是高档复印机的基本特征？

　　比较佳能、理光、松下、夏普、东芝、富士施乐、施乐、京瓷、柯尼卡美能达的同类产品，归纳出高档复印机可能具备的主要使用因素，见表 2 - 14 - 4。

高档复印机因素框架 表 2－14－4

主要因素			因素细分内容	
序号	因素名称	序号	内容名称	内容说明
1	复印性能	1	输出分辨率能达到 1200dpi × 600dpi 以上	采用 CCD 激光静电成像的数码复印机通常达到 600dpi×600dpi，平滑技术能使分辨率最高达到 4800dpi×600dpi
		2	输出多种尺寸复印稿（A3～B5、16K、8K、信封等）	通用大幅面办公复印机尺寸为 A3～B5，增加旁路进纸器可以输入信封、16 开、8 开尺寸
		3	能复印多种类型的纸张（60～216 克）	复印机通用的纸张为 70～128 克，复印纸的厚度影响复印机结构，太厚的复印纸可能损坏复印机部件
		4	最高连续复印量达到 999 张以上	与复印机主结构耐热性能和复印速度有关，高速复印机连续复印量一般较高
		5	能除去复印书籍产生的黑边	数码复印机具备该功能
2	输出效率	1	具有自动双面打印、复印功能	标准配置带自动双面输稿器
		2	每分钟连续复印速度高（＞45 页）	处理器 Power PC 750CX，主频 500Hz 以上
		3	首页复印时间短（＜6 秒）	
3	节省时间	1	大量输出前能输出测试复印稿	复印机配备 20G 以上的硬盘
		2	输出过程中能同时扫描其他原稿	
		3	能检查等待输出的文件，并且提前、插入、取消文件	
		4	存储并迅速输出常用的文件	
4	灵活性	1	可自动复印尺寸不同的原稿	可识别原稿尺寸并配备 A3～B5 尺寸的进纸盒和能输入信封纸、16 开、8 开的旁路进纸器
		2	能以 25%～400% 任意倍率缩放复印	
		3	自动插入厚度不同的纸张作为封面和封底	
		4	原稿自动排列成适合鞍式装订的页码顺序后输出	电子分页功能
		5	中断进行中的工作转向更紧急的工作	
5	扩展功能	1	复印、打印、扫描等多功能	
		2	可扩展其他功能（如传真、自动装订、折页等）	采用组合设计根据用户的需要选配传真组件、分页装订器、纸盒、旁路送纸器
		3	设置用户账户，保护复印机硬盘中的资料	选购加密组件对硬盘中保存的文件进行加密，要求用户输入密码访问加密文件
		4	不打开文件直接输出 word、excel、ppt、pdf 等格式的文件	
6	部件性能	1	具有较大内存（＞128M）和硬盘容量（＞20G）	
		2	长寿命的感光鼓	通用复印机感光鼓寿命为 8000～10000 张，京瓷复印机非晶体硅感光鼓寿命为 18000 张
		3	主结构件为钢件	
		4	选购件可选择性较大	
7	方便操作	1	机身尺寸、操作面板和部件便于坐姿和站姿操作	复印机的高度、宽度符合人体工学，操作面板、双面器角度可调节适应坐姿操作
		2	触摸屏显示操作	图形用户界面直观显示操作
		3	操作图标容易理解	
		4	辅助用户排版和制作手册	

主要因素		因素细分内容		
序号	因素名称	序号	内容名称	内容说明
8	易管理	1	通过互联网确认机器状态、更改设定，管理机器	配备高速双向并口（IEEE1284）、USB2.0（高速）、10/100Base-TX 以太网接口
		2	把多个纸张类和电子类文件组合在一起输出	
		3	通过电脑直观显示打印设定、纸张尺寸、纸张和墨粉余量	复印机具有进程反馈功能或专用的复印机管理软件
		4	主要部件位于主机前方便于更换墨粉、排除故障	可加墨粉的粉盒位于主机正面上部
		5	能存储常用的版式、画质、排纸设定	
9	可靠耐用	1	自动隔离供纸盒或双面器故障，保证其他功能运转	
		2	使用性能稳定	
10	售后服务	1	机器出现故障，半天之内就能得到维修	售后维修承诺市内当天到达
		2	能够在较短时间内解决用户的问题或者修好机器故障	
		3	能方便的买到配件和耗材	
11	环保	1	噪声小	采用步进电机，在符合 JB/T 7476 - 94 中规定的检测条件下产生的噪声应小于 70dB（A）
		2	机器工作时产生臭氧较少	激光静电复印比模拟复印机臭氧少，复印机在符合 GB 12749 - 91 中规定的检测条件下产生的臭氧浓度应 ≤0.04mg/m³
		3	采用无铅零部件、无铅电线、无铅焊接	
12	节约成本	1	计算打印、复印、传真、扫描的数量和尺寸，控制成本	符号 ISO14001 标准
		2	一支墨粉能复印 2 万张以上的稿件	
		3	多张原稿缩小复印到一张纸上	
		4	经济复印功能减少墨粉使用量	
		5	节电设计	符合"能源之星"认证标准
13	外观	1	表面光滑、接缝紧密，无明显制造痕迹	复印机正面无螺钉安装痕迹，接缝处无毛刺，表面看不到注塑痕迹
		2	体现高档的主要外观因素	包含：主机尺寸、主机比例、整体比例、部件尺寸、主机造型、部件造型、造型一致、颜色、材质、边角细节处理
		3	造型风格	
		4	颜色	与办公环境的协调一致，耐脏
		5	材质	
		6	按键布局	考虑经常使用的按键出现失灵，设置备用按键

其次考虑内容效度。内容效度指每个因素包含的问题是否能全面、准确地反映这个因素的全部情况。内容效度除了专家评价以外，小组讨论也是评价内容效度的方法。

（1）每分钟复印速度是衡量复印机是否高档的重要指标，问卷中给出的速度是大于 25 页。调查复印店时被访问者提出一般能够满足需要的速度是 50 ~ 60 页每分钟，至少是 45 页。这个问题能够反映用户对这个指标的重视程度，并不能很清楚地描述用户需要的速度究竟是多少，复印店用户和普通办公室对复印速度有多少差异。问卷调查中，调查对象扩大到复印机的维修和销售人员能比较全面地评价复印机的各项特性指标。

（2）彩色复印机和黑白复印机属于两类不同的产品，复印机的结构和使用的耗材均不同。目前80%的复印机属于黑白复印机，把能输出彩色文档作为调查的指标并不能判断黑白复印机是否高档。

（3）第一次试调查少于500份文档时能代替印刷这个指标是调查印刷不能满足用户的需要时，复印机是否能以高速、高质量、低成本代替胶印。4～5位6年以上使用经验的用户提出复印机耗材的成本远高于胶印，而且数量越多成本越高，实际成本与胶印差距不大。是否能代替胶印取决于耗材的成本和复印机节省耗材。该指标在后面的调查中改为统计稿件的数量和尺寸。

（4）第二次调查中发现多数用户对数码复印机和模拟复印机使用之间的区别并不清楚，无法判断这个指标对高档复印机的重要性。问卷调查中把该问题转换为消除黑边、噪声小、臭氧少和首页时间短等用户经常考虑的指标。

（5）前两次试调查以品牌作为高档的因素非常不明确，品牌因素的含义可能包括售后服务、服务效率、技术领先、宣传、市场占有率、进入市场的时间，这些因素并不是普通的用户能够回答和评价的，不应当作为问卷的内容而是访谈专家用户的问题。品牌因素替换为售后服务因素。

（6）第一次调查提出的因素主要包括复印机的性能、技术、材料、结构、造型，张煜老师提出如果产品的易用性和可操作性问题对用户的使用同样非常重要，在试调查中补充了方便操作、易管理、节约时间因素，调查中反映用户对这些因素的重视程度排在7～9位。

（7）试调查中一位专家用户提出复印机常用的复印纸重量位70～128克，一般的复印机很难复印厚纸，因为厚纸会对复印机部件产生损伤，只有非常高档的复印机能够复印150克以上的纸张。没有删除该问题的目的是要考察用户对复印机的熟悉程度。

（8）试调查中一名10年以上使用经验的用户提出复印机工作时的臭氧对操作者的危害很大，容易造成呼吸系统的刺激，环保的因素首先考虑的是保护用户的健康。修改问卷时环保因素增加臭氧少这个因素。这个因素也可以判断用户对使用复印机的熟悉程度和关注程度。

（9）针对每个问题用重要性和是否需要两个指标同时衡量用户的重视程度。

再考虑交流效度。交流效度考察被访者对问卷题目的理解是否和提问的意图相符，被访者是否有能力、愿意回答这些问题。

1）在性能参数、速度问题表述的后面注明具体的指标，防止被访者误解问题的含义，进行试调查时发现第一次没有标注参数，大多数被访者给分辨率特征评分几乎都为5分，第二次标明参数后有1半被访者对这项的评分变为4分，能明确反映被访者对这项性能的重视程度。

2）试调查中售后服务因素只提到售后服务好，用户理解和提问的目的很可能不一致，在试调查中询问被访者后确定售后服务好的含义为机器出现故障市内当天得到维修。考虑维修效果增加了快速解决问题因素。

最后分析效度，它指用逻辑推理、经验判断、验证的分析方法分析的调查结果是否真实全面反映调查情况。

调查对象选择，试调查中尝试雁塔路高速复印店、西安交大各学院及图书馆办公复印部和设备管理进行调查，发现高速复印店主大部分为有6年以上使用经验而且具有复印机横向比较经验的用户。但这些用户关注的复印机性能比较单一，调查中选择调查销售、维修人员、少量公司用户补充。

问卷采用李克特量表形式测量被访者态度，通过均值反映被访者对各问题的重视程度，能够通过方差分析、因子分析、信度分析检验调查框架的真实、有效程度和调查结果的稳定性、一致性。

（二）信度分析

（1）调查方式保证信度

调查问卷经过两次试调查，调查过程中访谈过 3～5 位专家用户，剔除不合理的问题和专业术语，使用与操作复印机相关的口语表达。

（2）选择调查对象提高信度

调查熟悉产品的专业用户，如复印机采购和管理负责人、专业复印店主，当面指导被试者填写问卷，讨论问卷的建议并及时修改问卷。

（3）统计学信度检验

本调查采用折半信度和内部一致性信度检验调查信度。折半信度在无复本且不准备重测的情况下，将调查来的结果按目的单双分成两半计分，再根据各个人的这两部分的总分计算其相关系数，得到折半信度，测量两半试题的一致性。试题数量越多，得到的折半信度越高，采用折半信度必须用斯布校正公式（Spearman-Brown）校正低估的信度值。折半信度实际表示的是一半量表的信度，并不能完全描述量表的信度。对高档复印机的 48 个问题量表进行折半信度分析如下表。

高档调查量表折半信度　　　　　　　　　　　　　表 2-14-5

信度统计			
柯能毕曲 α 信度系数	第一部分	值	0.760
		题目数量	24
	第二部分	值	0.827
		题目数量	24
两部分间相关系数			0.721
斯皮尔曼-布朗校正信度		等距	0.838
		非等距	0.838
折半信度系数			0.838

校正的信度系数为 0.838，表明量表有较高的信度。

内部一致性信度 alpha 信度系数指所有可能的折半信度的平均值。BrymanCramer（1997年）主张 α 系数若在 0.8 以上，则表示该量表有很高的信度。48 题的柯能毕曲 α 信度系数（Cronbach's Alpha）为 0.88，修正信度系数（Cronbach's Alpha Based on Standardized Items）为 0.89，说明量表具有较高的可信度。

三、调查分析

1. 基本数据

调查数据来源于 2006 年 5 月 6 日、5 月 8 日在西安市雁塔北路对 30 位复印机的销售人员、维修人员和用户的调查，具体如下。

性别   表 2 – 14 – 6

性别	人数	百分比（%）	性别	人数	百分比（%）
男	20	60.6	总数	33	100.0
女	13	39.4			

复印机相关经验   表 2 – 14 – 7

使用时间	人数	百分比（%）	使用时间	人数	百分比（%）
半年以内	2	6.7	6 ~ 7 年	3	10.0
半年 ~ 1 年	7	23.3	8 ~ 10 年	4	13.3
1 ~ 2 年	3	10.0	10 年以上	2	6.7
3 ~ 5 年	9	30.0	总数	30	100.0

职业分类   表 2 – 14 – 8

职业	人数	百分比（%）	职业	人数	百分比（%）
复印	9	27.3	销售	12	36.4
维修	12	36.4	总数	33	100.0

2. 功能因素分析

（1）功能因素重要性分析

用户认为最重要的因素是售后服务，重要性的评分超过 4.5，用户评价的平均差异不超过 0.5 分，说明用户对售后服务都非常重视。用户在灵活性、复印性能和环保 3 项的评分在 4.2 ~ 4.4 分之间，用户评价的平均差异都在 0.7 左右，比较一致。

评分超过 4.4 分的是节约成本、可靠耐用、输出效率，在这 3 项上用户的评价差异较大，可能有被调查者不同经验和职业的影响。易管理、方便操作、部件性能的评价平均差异在 0.9 左右。节省时间、扩展功能和外观评价的平均差异最高，约 1 分。

如图 2 – 14 – 1 所示，13 种因素最重要和最不重要的差距是 1.06 分，说明用户对这些因素都比较重视，对售后服务、灵活性、复印性能、环保的重视程度较高。其他 9 个因素受用户职业、经验的影响用户重视的程度各有偏重。

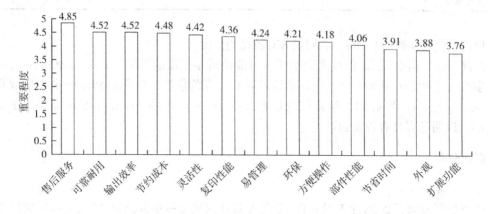

图 2 – 14 – 1　用户对 13 种功能因素的重视程度排序

从表 2 - 14 - 9 中能够看出显著性没有小于 0.05 的功能因素，在 0.05 的显著性水平上用户的经验对各功能因素的重要性评价没有显著的差异，用户评价的差异是由其他因素引起的。

不同使用经验对功能因素影响的方差分析　　　　表 2 - 14 - 9

因素		方差值	自由度	F	显著性
复印性能	组间方差	5.780	6	1.770	0.150
	组内方差	12.520	23		
	总和	18.300	29		
输出效率	组间方差	4.661	6	1.207	0.338
	组内方差	14.806	23		
	总和	19.467	29		
节省时间	组间方差	8.549	6	0.960	0.474
	组内方差	34.151	23		
	总和	42.700	29		
灵活性	组间方差	5.883	6	2.420	0.058
	组内方差	9.317	23		
	总和	15.200	29		
扩展功能	组间方差	3.221	6	0.483	0.814
	组内方差	25.579	23		
	总和	28.800	29		
部件性能	组间方差	1.766	6	0.335	0.912
	组内方差	20.234	23		
	总和	22.000	29		
方便操作	组间方差	2.399	6	0.377	0.886
	组内方差	24.401	23		
	总和	26.800	29		
易管理	组间方差	2.371	6	0.433	0.849
	组内方差	20.996	23		
	总和	23.367	29		
可靠耐用	组间方差	7.054	6	1.648	0.179
	组内方差	16.413	23		
	总和	23.467	29		
售后服务	组间方差	2.060	6	1.922	0.120
	组内方差	4.107	23		
	总和	6.167	29		
环保	组间方差	4.013	6	1.152	0.365
	组内方差	13.353	23		
	总和	17.367	29		
节约成本	组间方差	6.693	6	1.530	0.213
	组内方差	16.774	23		
	总和	23.467	29		
外观	组间方差	6.013	6	0.691	0.659
	组内方差	33.353	23		
	总和	39.367	29		

（2）特性指标的重要性分析

用户认为最重要的指标是修理快和买配件方便，是售后服务因素的指标，指标和因素是相符的。第三位性能稳定是可靠耐用的指标，与功能因素排序是一致的。重要性超过4.5分的指标和因素基本一致，长寿命感光鼓同时可以认为是节约成本因素的指标。重要性超过4分的指标有26项，前8项的重要性差异相对较小，重要性小于4分的22项指标重要性的差异相对较大，具体排序见表2-14-10。

高档复印机相关特性排序（总人数30）　　　　表2-14-10

序号	特性名称	最小值	最大值	均值	标准差
1	修理快	4	5	4.79	0.415
2	易买配件	1	5	4.67	0.777
3	性能稳定	0	5	4.67	1.021
4	长寿命感光鼓	3	5	4.64	0.742
5	查看纸墨余量	1	5	4.61	0.864
6	图标易理解	1	5	4.58	0.867
7	到达快	1	5	4.52	1.121
8	识别原稿尺寸	1	5	4.52	1.064
9	经济复印	2	5	4.48	0.870
10	墨粉	2	5	4.48	0.834
11	除黑边	0	5	4.48	1.228
12	节电	1	5	4.42	1.001
13	缩放比例	1	5	4.42	1.001
14	方便维护	2	5	4.42	0.936
15	自动双面复印	1	5	4.30	1.104
16	噪声小	1	5	4.27	0.977
17	表面光顺	1	5	4.24	1.091
18	内存硬盘容量大	1	5	4.24	0.969
19	多合一	1	5	4.21	1.166
20	隔离故障	2	5	4.21	1.053
21	插入紧急任务	1	5	4.21	1.111
22	触摸屏显示	1	5	4.18	1.236
23	分辨率高	1	5	4.15	1.004
24	臭氧少	0	5	4.12	1.409
25	无铅部件	0	5	4.06	1.298
26	统计纸墨用量	0	5	4.03	1.403
27	速度快	1	5	4.03	1.212
28	首页时间短	1	5	4.00	1.275
29	辅助制作手册	2	5	3.97	1.015
30	适合站姿坐姿	1	5	3.94	1.197
31	多功能	1	5	3.94	1.223
32	检查任务队列	0	5	3.91	1.182
33	存储常用文件	1	5	3.88	1.083
34	按照装订页码排序	0	5	3.82	1.357
35	自动插入封面	1	5	3.79	1.386
36	联网管理	1	5	3.79	1.244
37	可扩展功能	1	5	3.79	1.139
38	输出多种尺寸	0	5	3.76	1.714
39	复印量多	0	5	3.76	1.300

序号	特性名称	最小值	最大值	均值	标准差
40	选购件	1	5	3.73	1.232
41	保存设定	1	5	3.73	1.306
42	多任务	1	5	3.70	1.311
43	安全账户	1	5	3.67	1.291
44	主结构件为钢件	1	5	3.64	1.194
45	输出测试稿	1	5	3.64	1.295
46	直接输出多格式文档	0	5	3.58	1.415
47	合并原稿	1	5	3.45	1.175
48	复印多种类型纸张	1	5	3.27	1.306

如表 2 - 14 - 11 所示，不同使用经验的用户在分辨率高、首页时间短、适合站姿坐姿、查看纸墨余量、经济复印 5 项上具有明显差异。结合具体的数据，经验 3~5 年的用户在机器长度和宽度、适合站姿坐姿操作和直观查看纸墨余量上比其他几组评价低，经验半年至 1 年和 8~10 年经验的用户对分辨率高的评价较低。经验半年至 1 年和 10 年以上经验的用户对经济复印指标评价较低，这种评价可能是这两组被调查者较少造成的。

不同使用经验对特性评价的方差分析（显著性水平 0.05）　　　表 2 - 14 - 11

特性		方差	自由度	均方值	显著性
分辨率高	组间方差	14.152	6	2.359	0.018
	组内方差	16.548	23	0.719	
	总和	30.700	29		
首页时间短	组间方差	19.926	6	3.321	0.042
	组内方差	28.774	23	1.251	
	总和	48.700	29		
适合站姿坐姿	组间方差	16.919	6	2.820	0.056
	组内方差	26.548	23	1.154	
	总和	43.467	29		
查看纸墨余量	组间方差	12.367	6	2.061	0.005
	组内方差	11.000	23	0.478	
	总和	23.367	29		
经济复印	组间方差	15.863	6	2.644	0.000
	组内方差	7.603	23	0.331	
	总和	23.467	29		

（3）用户对复印机各种特性的需要程度分析

表 2 - 14 - 12 是用户对各种特性的需要程度，修理快、查看纸墨余量、性能稳定的需要程度超过 95%，需要程度超过 90% 的有 7 项：易购买配件、任意缩放比例、统计用量、经济复印、多功能、图标容易理解、无铅部件。用户除了重视和需要售后服务、可靠稳定、节约成本外，还需要灵活操作、容易管理、操作方便、扩展功能和环保。行业划分复印机性能的速度指标在 35 位，有 77% 的用户需要。和外观因素相关的表面光顺无明显制造痕迹在 15 位，87% 的被调查者认为需要，说明用户对复印机外观不十分重视，但是优良的工艺和结构设计是复印机外观体现高档的重要因素。用户对各种特性的需要程度具体见下表。

用户对各种特性的需要程度　　　　　　　　　表 2－14－12

序号	特性	总人数	数量	百分比(%)	序号	特性	总人数	数量	百分比(%)
1	修理快	30	29	97	25	分辨率高	30	24	80
2	查看纸墨余量	30	29	97	26	检查任务队列	30	24	80
3	性能稳定	29	28	97	27	首页时间短	30	24	80
4	易买配件	30	28	93	28	节电	30	24	80
5	缩放比例	30	28	93	29	隔离故障	30	24	80
6	统计纸墨用量	29	27	93	30	内存硬盘容量大	30	24	80
7	经济复印	30	27	90	31	按照装订页码排序	30	24	80
8	多功能	30	27	90	32	触摸屏显示	30	24	80
9	图标易理解	30	27	90	33	自动插入封面	30	23	77
10	无铅部件	29	26	90	34	输出多种尺寸	30	23	77
11	方便维护	30	26	87	35	速度快	30	23	77
12	辅助制作手册	30	26	87	36	选购件	30	22	73
13	长寿命感光鼓	30	26	87	37	可扩展功能	30	22	73
14	识别原稿尺寸	30	26	87	38	直接输出多格式文档	30	22	73
15	表面光顺	30	26	87	39	保存设定	30	21	70
16	臭氧少	30	26	87	40	存储常用文件	30	21	70
17	适合站姿坐姿	30	26	87	41	输出测试稿	30	21	70
18	多合一	30	25	83	42	多任务	28	19	68
19	噪声小	30	25	83	43	安全账户	30	20	67
20	到达快	30	25	83	44	复印量多	30	20	67
21	自动双面复印	30	25	83	45	合并原稿	30	20	67
22	墨粉	30	25	83	46	主结构件为钢件	30	19	63
23	插入紧急任务	30	25	83	47	复印多种类型纸张	30	18	60
24	除黑边	30	25	83	48	联网管理	30	18	60

3. 造型因素分析

（1）影响高档的主要外观因素

在复印机外观因素中主要能体现高档的是主机尺寸、造型、造型一致、整体比例和主机材质，50%以上的被调查者认为主机外形尺寸和造型一致能够体现高档。影响复印机高档的外观因素如表 2－14－13 和图 2－14－2 所示。

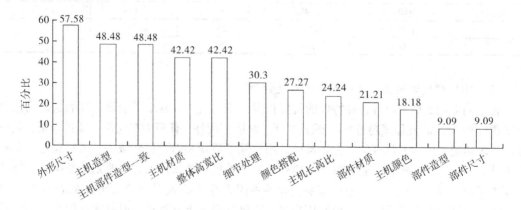

图 2－14－2　体现高档的外观因素排序

影响复印机高档的外观因素（总人数33）　　　　　　　表2－14－13

序号	外观因素	人数	百分比（%）	序号	外观因素	人数	百分比（%）
1	外形尺寸	19	57.58	7	颜色搭配	9	27.27
2	主机造型	16	48.48	8	主机长高比	8	24.24
3	主机部件造型一致	16	48.48	9	部件材质	7	21.21
4	主机材质	14	42.42	10	主机颜色	6	18.18
5	整体高宽比	14	42.42	11	部件造型	3	9.09
6	细节处理	10	30.30	12	部件尺寸	3	9.09

（2）主机造型风格

用户对复印机造型的审美有两种主要的趋势，各占被调查者总人数的36%左右，现代审美的厚重感和传统审美的精致（小巧）感都能体现复印机的高档。造型风格排序如下表所示。

用户对高档复印机造型风格排序（总人数33）　　　　　表2－14－14

序号	造型	人数	百分比（%）	序号	造型	人数	百分比（%）
1	小巧	13	39.39	4	圆角	6	18.18
2	几何	11	33.33	5	弧面	4	12.12
3	厚重	12	36.36	6	其他	3	9.09

（3）按键位置

细节的处理是高档的必要因素，63.64%的用户认为操作按键的位置在显示屏（触摸屏）的右侧符合人的习惯，能体现高档。

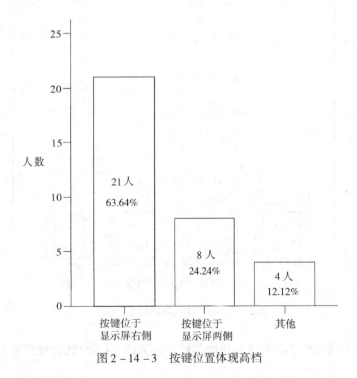

图2－14－3　按键位置体现高档

4. 色彩因素分析

（1）复印机主机色彩喜好

　　喜欢浅色主机的被调查者占总体比例的 66.76%，其中男女各半，喜欢深色主机的用户为 15.2%，男女比例相同。没有女性喜欢白色或者其他颜色，81.8% 女性用户对常用主机颜色比较喜欢。男性用户除了常用的主机颜色外，还有 9.09% 喜欢不同的颜色或者不重视复印机的颜色。复印机主机颜色排序见下表。

体现高档的主机颜色　　　　　　　　　　　　　　　　　　　表 2-14-15

序号	主机颜色	人数	百分比（%）	有效百分比（%）
1	浅色	22	66.7	66.7
2	深色	5	15.2	15.2
3	白色	3	9.1	9.1
4	其他	3	9.1	9.1
	总数	30	100.0	100.0

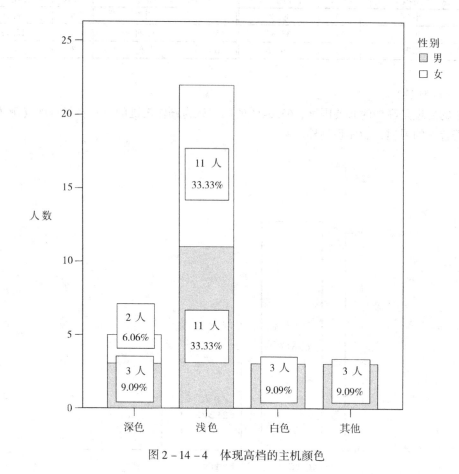

图 2-14-4　体现高档的主机颜色

　　复印机常用不同的颜色搭配区分功能部件，81.82% 的用户认为触摸屏面板和主机搭配能够体现高档，其次实按键面板，说明用户认为这两部分应当明显与主机区别体现操作的功能，避免整体色彩过于单调。具体颜色搭配排序如下表所示。

与主机颜色搭配体现高档的部件（总人数33）　　　　表 2 - 14 - 16

序号	部件名称	人数	百分比	序号	部件名称	人数	百分比
1	触屏面板	27	81.82	5	供纸盒把手	4	12.12
2	按键面板	20	60.61	6	内出纸托盘	4	12.12
3	输稿器托盘	11	33.33	7	出纸托盘	3	9.09
4	按键	6	18.18	8	其他	1	3.03

（2）部件搭配的色彩喜好

60.60%的用户认为上述部件应当采用浅色和主机搭配，男性用户喜欢浅色的较多，女性用户在部件颜色的喜好上差别不大。部件颜色搭配偏好如下图所示。

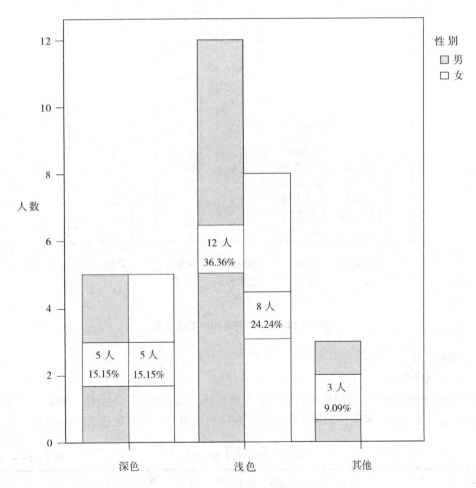

图 2 - 14 - 5　体现高档的部件颜色

（3）按键颜色

40.63%的用户认为按键应该和面板的颜色是同色系浅色比较协调，能体现高档，37.5%的用户认为按键的颜色是面板同色系的浅色比较醒目体现高档。设计时按键颜色应与面板保持同一色系，需要考虑颜色明度使按键比较醒目。按键颜色喜好如下图所示。

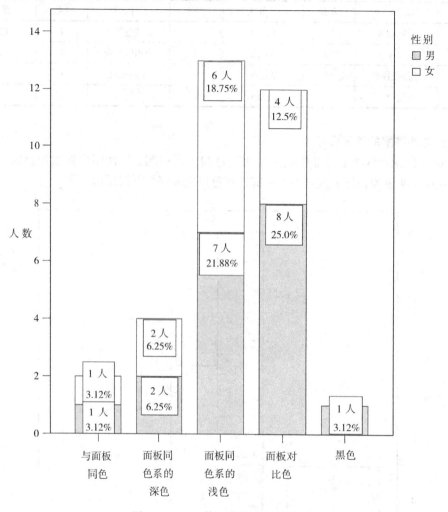

图2-14-6　体现高档的按键颜色

5. 材质因素

（1）主机材质

进行试调查时64.7%的用户喜欢不透明塑料，认为结实耐用，不会给人刺激。透明塑料会露出内部零件，显得凌乱，金属价格太贵。复印机主机材质排序见表2-14-17。

主机材质（总人数：17）　　　　　　　　　表2-14-17

序号	材质	人数	百分比	序号	材质	人数	百分比
1	不透明塑料	11	64.7	3	透明塑料	2	11.8
2	金属	3	17.6	4	其他	2	11.8

（2）部件材质

超过 20% 的用户认为不透明的亚光塑料和半透明的高光塑料搭配主机的材质都能体现高档。喜欢半透明高光塑料的用户女性占 80% 左右，喜欢不透明亚光塑料的男性占 75% 左右。女性喜欢有透明性的高光材料，男性喜欢不透明材料。复印机部件材质排序见下表。

部件材质

表 2 - 14 - 18

序号	材质	人数	百分比	有效百分比
1	不透明亚光塑料	8	26.7	27.6
2	半透明高光塑料	6	20.0	20.7
3	不透明高光塑料	5	16.7	17.2
4	透明高光塑料	3	10.0	10.3
5	高光金属	2	6.7	6.9
6	半透明亚光塑料	2	6.7	6.9
7	其他	2	6.7	6.9
8	透明亚光塑料	1	3.3	3.4
	总数	29	96.7	100.0
	缺失	1	3.3	

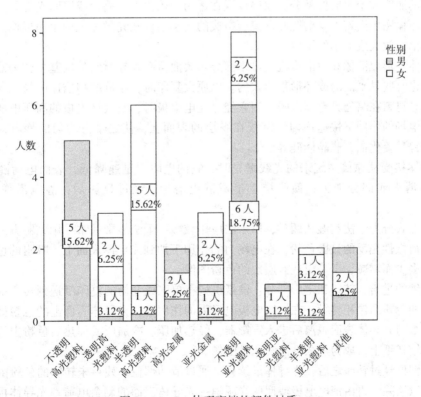

图 2 - 14 - 7　体现高档的部件材质

四、附录

附录一：资料整理

复印机的基本原理和结构：

模拟静电复印机的工作原理：通过曝光、扫描将原稿的光学模拟图像通过光学系统直接投射到已被充电的感光鼓上产生静电潜像，再经过显影、转印、定影等步骤，完成复印过程。

激光静电复印机的工作原理：通过 CCD（电荷耦合器件）传感器对通过曝光、扫描产生的原稿的光学模拟图像信号进行光电转换，然后将经过数字技术处理的图像信号输入到激光调制器，调制后的激光束对被充电的感光鼓进行扫描，在感光鼓上产生有点组成的静电潜像，再经过显影、转印、定影等步骤，完成复印过程。

激光复印机通过 CCD 成像后能够直接保存图像数据，图像质量由 CCD 元件决定，灰度达到 256 级，并且对图像进行曝光、修改、边缘的优化处理（输出的效果接近 2400dpi × 600dpi），去除书籍产生的黑边。

模拟机直接把原稿投射到感光鼓上，感光鼓充电需要高压电电离周围的空气，这个过程中产生的臭氧距复印机 0.5m 的范围内浓度达到 0.12 毫克/升，对人体产生危害。

静电复印主机结构：

原稿的照明和聚焦成像部分：原稿放置在透明的稿台上，稿台或照明光源匀速移动对原稿扫描。原稿图像由若干反射镜和透镜所组成的光学系统在光导体表面聚焦成像。光学系统可形成等倍、放大或缩小的影像。

光导体上形成潜像和对潜像进行显影部分：表面覆有光导材料的底基多数为圆形，称为光导鼓，也有些是平面的或环形带形式的。以原大复印时，原稿的扫描速度与光导体线速度相同。光导材料在暗处具有高电阻，当它经过充电电极时，空气被电极的高压电所电离，自由离子在电场的作用下快速均匀地沉积在膜层的表面上，使之带有均匀的静电荷。材料为硒、氧化锌、硫化镉、非晶体硅等。

光导体接受从原稿系统来的光线曝光时，它的电阻率迅速降低，表面电荷随光线的强弱程度而消失或部分消失，使膜层上形成静电潜像。经过显影后，静电潜像即成为可见像。

显影方式分为干法和湿法两类，以干法应用较多。干法显影通常采用磁刷方式，将带有与潜像电荷极性相反的显影色粉，在电场力的作用下加到光导体表面上。吸附的色粉量随潜像电荷的多少而增减，于是出现有层次的色粉图像。

复印纸的进给、转印和定影部分：输纸机构将单张或卷筒的复印纸送到转印部位，与光导体表面的色粉图像相接触。在转印电极电场力的作用下，光导体表面上的色粉被吸到纸面上。复印纸与光导体表面脱离后进入定影器，经热加压、冷加压或加热后色粉中所含树脂便融化而粘结在纸上，成为永久性的复印品图像。

色粉图像经过转印之后，光导体继续移动通过清洁部位。残存未转印的色粉由毛刷或弹性刮板加以清除，再由消电电极或照明光源消去光导体表面的剩余电荷。光导体再进入充电区时即开始了下一个复印周期。

复印机常用的定影方式为热辊定影，开机后需要对热辊加温到定影所需的 220℃，时间为 6 分钟，Canon 公司采用的 IH 定影（Induction Heating Fuser）预热时间需要 29 秒，并且大量降低耗电量。

复印机的环保技术包含减少污染技术和节能技术。

减少污染

目前使用最广泛的是有碳复印机。目前的复印机采用干式显影剂，干性显影粉用特级碳黑制作，其中的环芳烃具有致癌作用。但因碳黑多聚体物质混溶后被包裹起来，故在复印过程中，干性显影粉极少分解，非常稳定。科学家曾发现，显影粉中含有微量硝基芘，硝基芘有改变染色体正常结构的能力，会导致肿瘤的发生。经过技术改进，现在的干性显影粉中的硝基芘含量已大大减少，按常规方法已检测不出其致癌作用。

在复印机工作时，因静电作用使复印室内具有一定的臭氧。臭氧具有很强的氧化作用，在经常使用复印机的地方，臭氧浓度足以危害人体。通过对一些使用复印机的办公室和公共图书馆的监测发现，在距复印机 0.5m 的地方，臭氧浓度达 0.12 毫克/升。臭氧具有很高的氧化作用，可将氮气化成氮氧化物，对人的呼吸道有较强的刺激性。臭氧的比重大、流动慢，加之复印室内因防尘而通风不良，容易导致复印机操作人员发生"复印机综合征"。主要症状是口腔咽喉干燥、胸闷、咳嗽、头昏、头痛、视力减退等，严重者可发生中毒性水肿，同时也可引起神经系统方面的症状。

复印机的噪声主要来自输纸机构离合器齿轮啮合声、齿轮摩擦声和快速进纸纸张摩擦的声音。京瓷复印机采用步进电机除去离合器部件，消除齿轮运转产生的噪声。复印机噪声标准按照 ISO7779 测试。

节能技术

按照美国环保署（EPA）的能源之星（Energy Star）认证要求，复印机在睡眠、待机或者关机接电的状态下能耗为普通复印机的 40%。高速复印机必须具备自动双面复印的功能，每月减少纸张成本 60 美元，还应该具备多张原稿缩小合在一张纸上输出的功能。商用复印机还需要保持室内空气质量。

附录二：调查问卷

试调查问卷

关于高档复印机的调查

尊敬的先生/女士，您好！我是西安交通大学的在校生，根据课程需要正在进行关于高档复印机的调查，本调查无任何经济利益。我们希望了解您对高档复印机的看法，衷心感谢您的配合！

您的背景资料

性别：□男 □女 职业：_____

使用复印机时间：□半年以内 □半年~1年 □1~2年 □3~5年 □6~7年
□8~10年 □10年以上

A. 下列是高档复印机可能的功能影响因素，请在"非常不重要~非常重要"栏进行勾选评分。您的日常工作中需要该功能请在"需要该功能"栏中勾选

功　　能	需要该功能	非常不重要——非常重要				
1. 复印质量	☐	☐	☐	☐	☐	☐
输出分辨率能达到 1200dpi×600dpi 以上	☐	☐	☐	☐	☐	☐
复印纸尺寸 A3～A5	☐	☐	☐	☐	☐	☐
复印纸重量 60～220 克	☐	☐	☐	☐	☐	☐
最高连续复印量达到 999 张以上	☐	☐	☐	☐	☐	☐
是数码复印机	☐	☐	☐	☐	☐	☐
2. 输出效率	☐	☐	☐	☐	☐	☐
具有自动双面打印、复印功能	☐	☐	☐	☐	☐	☐
每分钟连续复印速度高（＞45 页）	☐	☐	☐	☐	☐	☐
首页复印时间少于 6 秒	☐	☐	☐	☐	☐	☐
3. 节省时间	☐	☐	☐	☐	☐	☐
大量输出前能输出测试复印稿	☐	☐	☐	☐	☐	☐
输出过程中可以同时扫描其他原稿	☐	☐	☐	☐	☐	☐
能检查等待输出的队列，并且提前、插入、取消文件	☐	☐	☐	☐	☐	☐
存储并迅速输出常用的文件	☐	☐	☐	☐	☐	☐
4. 灵活性	☐	☐	☐	☐	☐	☐
可自动复印尺寸不同的原稿	☐	☐	☐	☐	☐	☐
能以 25%～400% 任意倍率缩放复印	☐	☐	☐	☐	☐	☐
自动插入不同厚度的纸张作为封面和封底	☐	☐	☐	☐	☐	☐
原稿自动排列成适合鞍式装订的页码顺序后输出	☐	☐	☐	☐	☐	☐
中断进行中的工作转向更紧急的工作	☐	☐	☐	☐	☐	☐
5. 扩展功能	☐	☐	☐	☐	☐	☐
复印、打印、扫描等多功能	☐	☐	☐	☐	☐	☐
可扩展其他功能（如传真、自动装订等）	☐	☐	☐	☐	☐	☐
直接输出 word、excel、ppt、pdf 等多种文件格式	☐	☐	☐	☐	☐	☐
6. 部件性能	☐	☐	☐	☐	☐	☐
具有较大内存（128M）和硬盘容量（20G）	☐	☐	☐	☐	☐	☐
长寿命的感光鼓	☐	☐	☐	☐	☐	☐
主结构件为全刚件	☐	☐	☐	☐	☐	☐
选购件可选择性较大	☐	☐	☐	☐	☐	☐
7. 方便操作	☐	☐	☐	☐	☐	☐
操作面板角度可调适应站姿和坐姿操作	☐	☐	☐	☐	☐	☐
自动双面输稿器便于坐姿使用	☐	☐	☐	☐	☐	☐

功　　能	需要该功能	非常不重要——非常重要				
机身宽度和高度适应站姿和坐姿操作	□	□	□	□	□	□
宽触摸屏显示操作	□	□	□	□	□	□
操作图标容易理解	□	□	□	□	□	□
辅助用户排版和制作手册	□	□	□	□	□	□□
8. 易管理	□	□	□	□	□	□
通过互联网确认机器状态、更改设定，管理机器	□	□	□	□	□	□
把多个纸张类和电子类文件组合在一起输出	□	□	□	□	□	□
通过电脑直观显示打印设定、纸张尺寸、纸张/墨粉余量	□	□	□	□	□	□
主要部件位于主机前方便于更换墨粉、排除故障	□	□	□	□	□	□
能存储版式、画质、排纸等打印设定	□	□	□	□	□	□
9. 可靠耐用	□	□	□	□	□	□
自动隔离供纸盒或双面器故障，保证其他功能运转	□	□	□	□	□	□
使用性能稳定	□	□	□	□	□	□
10. 品牌	□	□	□	□	□	□
完善的售后服务	□	□	□	□	□	□
有信誉的品牌	□	□	□	□	□	□
拥有行业领先技术	□		□	□	□	□
11. 环保	□	□	□	□	□	□
噪声小	□	□	□	□	□	□
采用无铅零部件、无铅电线、无铅焊接	□	□	□	□	□	□
12. 节约成本	□	□	□	□	□	□
统计打印、复印、传真、扫描的数量和尺寸，控制成本	□	□	□	□	□	□
一支墨粉能打印 2 万张以上的稿件	□	□	□	□	□	□
多张原稿缩小复印到一张纸上	□	□	□	□	□	□
经济复印功能减少墨粉使用量	□	□	□	□	□	□
节电设计	□	□	□	□	□	□
13. 外观结构	□	□	□	□	□	□
机身内出纸节省空间	□	□	□	□	□	□

B. 高档复印机审美因素

1. 您认为下列哪些外观因素体现复印机高档（多选）

□主机的外形尺寸　　□主机长度与高度比例　□主机和选购件整体的宽度高度比例

□部件尺寸　　　　　□主机造型　　　　　　□部件造型

□主机和选购件造型一致□主机颜色　　　　　　□主机和部件颜色搭配

□主机材质　　　　　□部件材质

2. 您觉得下列哪些复印机主机的造型可以体现高档（多选）

□小巧紧凑的　　　　　□厚重稳定的　　　　　□几何造型的

□边缘圆弧过渡的　　　□表面圆弧的

3. 您觉得下列哪些复印机主机的颜色可以体现高档（多选）

□深色（如黑色、深灰色）　　　　　□浅色（如乳白色、浅灰色）

□白色搭配_____色　　　　　　□其他_____

4. 您觉得下列哪些复印机的部件与主机颜色搭配可以体现高档（多选）

□输稿器托盘　□出纸托盘　□触摸屏面板　□供纸盒把手　□机身内出纸托盘

□按键面板　□按键　　□其他_____

5. 您觉得上述部分采用哪种颜色能够体现高档（单选）

□深色（如黑色、深灰色、深蓝色、深绿色）　□浅色（如乳白色、浅灰色、灰白色）

□金属色_____（请写出具体颜色，如蓝色）□其他_____

6. 您觉得上述部分采用哪种材质能够体现高档（单选）

□不透明高光塑料　□透明高光塑料　□半透明高光塑料　□高光金属　□亚光金属

□不透明亚光塑料　□透明亚光塑料　□半透明亚光塑料　□拉丝金属　□其他____

7. 您觉得按键应当放在哪个位置能体现高档（单选）

□显示屏两侧　　□显示屏右侧　　□其他_____

8. 您觉得按键采用哪种颜色能体现高档（单选）

□与面板同色　　　　□与面板同色系深色　　　□与面板同色系浅色

□面板对比色　　　　□白色　　　　　　　　　□黑色

高档复印机调查问卷

关于高档复印机的调查

尊敬的先生/女士，您好！我是西安交通大学的在校生，根据课程需要正在进行关于高档复印机的调查，本调查无任何经济利益。我们希望了解您对高档复印机的看法，衷心感谢您的配合！

您的背景资料

性别：□男　□女　　职业：_____

使用复印机时间：□半年以内　□半年~1年　□1~2年　□3~5年　□6~7年

□8~10年　□10年以上

A. 下列是高档复印机可能具有的特征，请对每个特性影响高档的重要性评分（1分表示非常不重要，5分表示非常重要）。并且请在"是否需要该特征"栏中选择您在工作中是否需要该特征。

特　征	非常不重要—非常重要					是否需要该特征
1. 复印性能	1	2	3	4	5	
输出分辨率能达到1200dpi×600dpi以上	1	2	3	4	5	是　　否

续表

特　征	非常不重要—非常重要					是否需要该特征	
输出多种尺寸复印稿（A3～B5、16K、8K、信封等）	1	2	3	4	5	是	否
能复印多种类型的纸张（60～216克）	1	2	3	4	5	是	否
最高连续复印量达到999张以上	1	2	3	4	5	是	否
能除去复印书籍产生的黑边	1	2	3	4	5	是	否
2. 输出效率	1	2	3	4	5		
具有自动双面打印、复印功能	1	2	3	4	5	是	否
每分钟连续复印速度高（>45页）	1	2	3	4	5	是	否
首页复印时间短（<6秒）	1	2	3	4	5	是	否
3. 节省时间	1	2	3	4	5		
大量输出前能输出测试复印稿	1	2	3	4	5	是	否
输出过程中能同时扫描其他原稿	1	2	3	4	5	是	否
能检查等待输出的文件，并且提前、插入、取消文件	1	2	3	4	5	是	否
存储并迅速输出常用的文件	1	2	3	4	5	是	否
4. 灵活性	1	2	3	4	5		
可自动复印尺寸不同的原稿	1	2	3	4	5	是	否
能以25%～400%任意倍率缩放复印	1	2	3	4	5	是	否
自动插入厚度不同的纸张作为封面和封底	1	2	3	4	5	是	否
原稿自动排列成适合鞍式装订的页码顺序后输出	1	2	3	4	5	是	否
中断进行中的工作转向更紧急的工作	1	2	3	4	5	是	否
5. 扩展功能	1	2	3	4	5		
复印、打印、扫描等多功能	1	2	3	4	5	是	否
可扩展其他功能（如传真、自动装订、折页等）	1	2	3	4	5	是	否
设置安全账户保护复印机硬盘中的资料	1	2	3	4	5	是	否
不打开文件直接输出word、excel、ppt、pdf等格式的文件	1	2	3	4	5	是	否
6. 部件性能	1	2	3	4	5		
具有较大内存（>128M）和硬盘容量（>20G）	1	2	3	4	5	是	否
长寿命的感光鼓	1	2	3	4	5	是	否
主结构件为钢件	1	2	3	4	5	是	否
选购件可选择性较大	1	2	3	4	5	是	否
7. 方便操作	1	2	3	4	5		
机身尺寸、操作面板和部件便于坐姿和站姿操作	1	2	3	4	5	是	否
触摸屏显示操作	1	2	3	4	5	是	否

特　　征	非常不重要—非常重要					是否需要该特征	
操作图标容易理解	1	2	3	4	5	是	否
辅助用户排版和制作手册	1	2	3	4	5	是	否
8. 易管理	1	2	3	4	5		
通过互联网确认机器状态、更改设定，管理机器	1	2	3	4	5	是	否
把多个纸张类和电子类文件组合在一起输出	1	2	3	4	5	是	否
通过电脑直观显示打印设定、纸张尺寸、纸张和墨粉余量	1	2	3	4	5	是	否
主要部件位于主机前方便于更换墨粉、排除故障	1	2	3	4	5	是	否
能存储常用的版式、画质、排纸设定	1	2	3	4	5	是	否
9. 可靠耐用	1	2	3	4	5		
自动隔离供纸盒或双面器故障，保证其他功能运转	1	2	3	4	5	是	否
使用性能稳定	1	2	3	4	5	是	否
10. 售后服务	1	2	3	4	5		
机器出现故障，半天之内就能得到维修	1	2	3	4	5	是	否
能够在较短时间内解决用户的问题或者修好机器故障	1	2	3	4	5	是	否
能方便的买到配件和耗材							
11. 环保	1	2	3	4	5		
噪声小	1	2	3	4	5	是	否
机器工作时产生臭氧较少	1	2	3	4	5	是	否
采用无铅零部件、无铅电线、无铅焊接	1	2	3	4	5	是	否
12. 节约成本	1	2	3	4	5		
计算打印、复印、传真、扫描的数量和尺寸，控制成本	1	2	3	4	5	是	否
一支墨粉能复印 2 万张以上的稿件	1	2	3	4	5	是	否
多张原稿缩小复印到一张纸上	1	2	3	4	5	是	否
经济复印功能减少墨粉使用量	1	2	3	4	5	是	否
节电设计	1	2	3	4	5	是	否
13. 外观	1	2	3	4	5		
表面光滑、接缝紧密，无明显制造痕迹	1	2	3	4	5	是	否

B. 高档复印机审美因素

1. 您认为下列哪些外观因素主要影响复印机的高档（多选）

A. 主机的外形尺寸　　　　B. 主机长度与高度比例　　　　C. 整体的宽度高度比例

D. 部件尺寸　　　　　　　E. 主机造型　　　　　　　　　F. 部件造型

G. 主机和选购件造型一致　H. 主机颜色　　　　　　　　　I. 主机和部件颜色搭配

J. 主机材质　　　　　　　K. 部件材质　　　　　　L. 边角细节处理

2. 您觉得下列哪些复印机主机的造型可以体现高档（多选）

A. 小巧紧凑的　　　　　　B. 厚重稳定的　　　　　　C. 几何造型的

D. 边缘圆弧过渡的　　　　E. 表面圆弧的　　　　　　F. 其他_____

3. 您觉得复印机主机采用哪种颜色可以体现高档（单选）

A. 深色（如黑色、深灰色）B. 浅色（如乳白色、浅灰色）　C. 白色　　D. 其他_____

4. 您觉得下列哪些复印机的部件与主机颜色搭配可以体现高档（多选）

A. 输稿器托盘　　　B. 出纸托盘　　　C. 触摸屏面板　　　D. 供纸盒把手

E. 机身内出纸托盘　F. 按键面板　　　G. 按键　　　　　　H. 其他_____

5. 您觉得复印机部件采用哪种颜色可以体现高档（单选）

A. 深色（如黑色、深灰色）　　　　B. 浅色（如乳白色、浅灰色）　　　C. 其他_____

6. 您觉得上述部分采用哪种材质能够体现高档（单选）

A. 不透明高光塑料　　B. 透明高光塑料　　C. 半透明高光塑料

D. 高光金属　　　　　E. 亚光金属　　　　F. 拉丝金属

G. 不透明亚光塑料　　H. 透明亚光塑料　　I. 半透明亚光塑料　　J. 其他_____

7. 您觉得按键应当放在哪个位置能体现高档（单选）

A. 显示屏两侧　　　　B. 显示屏右侧　　　C. 其他_____

8. 您觉得按键采用哪种颜色能体现高档（单选）

A. 与面板同色　　　B. 与面板同色系深色　　　C. 与面板同色系浅色

D. 面板对比色　　　E. 白色　　　　　　　　　F. 黑色

附录三　"能源之星"认证介绍

History of ENERGY STAR

In 1992 the US Environmental Protection Agency（EPA）introduced ENERGY STAR as a voluntary labeling program designed to identify and promote energy-efficient products to reduce greenhouse gas emissions. Computers and monitors were the first labeled products. Through 1995, EPA expanded the label to additional office equipment products and residential heating and cooling equipment. In 1996, EPA partnered with the US Department of Energy for particular product categories. The ENERGY STAR label is now on major appliances, office equipment, lighting, home electronics, and more. EPA has also extended the label to cover new homes and commercial and industrial buildings.

Through its partnerships with more than 8000 private and public sector organizations, ENERGY STAR delivers the technical information and tools that organizations and consumers need to choose energy-efficient solutions and best management practices. ENERGY STAR has successfully delivered energy and cost savings across the country, saving businesses, organizations, and consumers about ＄12 billion in 2005 alone. Over the past decade, ENERGY STAR has been a driving force behind the more widespread use of such technological innovations as LED traffic lights, efficient fluorescent lighting, power management systems for office equipment, and low standby energy use.

Recently, energy prices have become a hot news topic and a major concern for consumers. ENERGY STAR provides solutions. ENERGY STAR provides a trustworthy label on over 40 product categories (and thousands of models) for the home and office. These products deliver the same or better performance as comparable models while using less energy and saving money. ENERGY STAR also provides easy-to-use home and building assessment tools so that homeowners and building managers can start down the path to greater efficiency and cost savings.

（来源：http：//www. energystar. gov/index. cfm？ c = about. ab_history）

Copiers earning the ENERGY STAR

- Copiers that have earned the ENERGY STAR "sleep" or power down when not in use, and use 40% less electricity compared to standard models.

- ENERGY STAR qualified high-speed copiers may feature duplexing units that automatically make double-sided copies, reducing paper costs by about $60 a month. Using less paper also saves energy because it takes 10 times more energy to manufacture a piece of paper than it does to copy an image onto it.

- Businesses that use ENERGY STAR enabled office equipment may realize additional savings on air conditioning and maintenance.

（来源：http：//www. energystar. gov/index. cfm？ fuseaction = find_a_product. showProductGroup&pgw_code = CP）

参考文献

Age (1982): The Age Lifestyle Study for the Eighties. Melbourne: D Syme and Co.

巴比，艾尔 (2002)：社会研究方法。北京：华夏出版社。

Bell, D. (1976): The Cultural Contradictions of Capitalism. London: Heinemann.

Bevan, Nigel / Macleod, Miles (1994): Usability measurement in context. Behavior and Information Technology, 13, 132 – 145.

Biehler, Robert F. & Snowman, Jack (1997): Psychology applied to teaching, Chapter 11, 8/e, Houghton Mifflin.

Brettschneider, W. D. (1990): Adolescents, Leisure, Sports and Lifestyle. Paper to the Association International de Sport et Education Physique conference Moving Towards Excellence, Loughborough University, England, July (Author: Univ. Paderhorn, Germany)

Cattell, R. B. (1966). The scree test for the number of factors. *Multivariate Behavioral Research*, *1*, 245 – 176.

Cosmas, S. C. (1982): Lifestyle and consumption patterns. Journal of Consumer Research, 8 (March), 453 – 455.

戴维，K. 希尔德布兰德等 (2005)：社会统计方法与技术，北京：科学技术文献出版社。

Frank, R. E. and Strain, C. E. (1972): A segmentation research design using consumer panel data. Journal of Marketing Research, 9, Nov., pp. 285 – 390.

Ginzberg, E. et al. (1966): Life Styles of Educated Women. New York: Columbia University Press. Pp. 144 – 165.

Greenberg, M. G. and Frank, R. E. (1983): Leisure lifestyles: segmentation by interests, needs, demographics, and television viewing. American Behavioral Scientist, 26 (4), 439 – 459.

Gruenberg, B. (1983): The social location of leisure styles. American Behavioral Scientist, 26 (4), 493 – 508.

Izeki, T. (1975): Life – style Types and Consumer Choice Patterns in Japan, unpublished manuscript. Quoted by Bosserman, P. (1983): Cultural values and new life – styles. In Problems of Culture and Cultural Values in the Contemporary World, Paris: UNESCO, 23 – 35.

Kahle, L. R. (Ed., 1983): Social Values and Social Change: Adaptation to Life in America. New York: Praeger.

Kaiser, H. F. (1960). The application of electronic computers to factor analysis. *Educational and Psychological Measurement*, 20, 141 – 151.

康德 (1985)：判断力批判。商务出版社。

Kleinginna, P. Jr. & Kleinginna, A. (1981) . A categorized list of motivation definitions, with suggestions for a consensual definition. Motivation and Emotion, 5, 263 – 291.

Murata S. / Iseki, T. (1974): A New Approach to Market Segmentation. Japan: Dentsu Advertising.

Murphy, J. F. (1974): Leisure determinants of life style. Leisure Today: Selected Readings. Washington DC: American Alliance for Health, Physical Education and Recreation, 9 – 11.

Noble, Amy B. (2001): Lifestyle market research for the design of production houses. http: // www. jchs. harvard. edu/publications/noble_W01 – 2. pdf.

Nuttin, J. (1984): Motivation, planning, and action: A relational theory of behavior dynamics. Hillsdale, NY: LEA.

O'Brien, S. / Ford, R. (1988): Can we at last say goodbye to social class? An examination of the usefulness and stability of some alternative methods of measurement Journal of the Market Research Society, 30 (3), 289 – 332.

Plummer, J. T. (1974): The concept and application of life style segmentation. Journal of Marketing, 38 (1), 33 – 37.

Przeclawski, K. (1989): Tourism and transformations in the style of living. In D. Botterill (Ed.), Leisure Participation and Experience: Models and Case Studies. Conference papers 37, Eastbourne, UK: Leisure Studies Association, 36 – 42

Rokeach, M. (1973): The nature of human values. New York: Free Press.

罗斯金, 约翰 (2005): 现代画家, 共 5 册, 广西师范大学出版社。

Schutz, H. G. / Baird, P. C. / Hawke, G. R. (1979): Lifestyle and Consumer Behavior of Older Americans. New York: Praeger.

Tokarski, W. (1984): Interrelationships between leisure and life styles. WLRA Journal, 26 (1, Jan), 9 – 13.

扬克洛维奇, 丹尼尔 (1982): 新价值观——人能自我实现吗? 东方出版社。英文: Daniel Yankelovich, New Rules: Searching for Self – Fulfillment in a World Turned Upside Down. New York: Bantam Books, Inc.

Yuspeh, S. (1984): Syndicated values/life styles segmentation schemes: use them as descriptive tools, not to select targets. Marketing News, 18 (May 25), 1, 12.

Veal, A. J. (2000): Leisure and Lifestyle.

www. business. uts. edu. au/lst/research/bibliographies. html。

Wind, J. and Green, P. (1974): Some conceptual, measurement, and analytical problems of life style research. In W. D. Wells (Ed.), Life style and Psychographics. Chicago: American Marketing Assn, 99 – 126.

席勒 (2003): 审美教育书简。上海人民出版社。